Alain Foucault

Climatologie et paléoclimatologie

3e ÉDITION

DUNOD

Graphisme de couverture : Elizabeth Riba

Illustration de couverture : © My Photo Buddy – shutterstock.com

Mise en pages : Nord Compo

11 rue Paul Bert, 92240 Malakoff
www.dunod.com
ISBN 978-2-10-082835-7

PRÉFACE

Climatologue, impliqué dans la reconstruction des variations passées de notre climat et de notre environnement à partir des archives glaciaires, je me suis naturellement intéressé au climat que nous connaissons aujourd'hui et à son évolution future. En matière de climat, il y a une continuité entre passé, présent et futur à laquelle j'ai été sensibilisé à travers les travaux auxquels j'ai contribué et grâce à ma participation, de 1994 à 2015, à l'élaboration des rapports du GIEC, le Groupe Intergouvernemental d'experts sur l'Évolution du Climat. La conviction que l'étude des climats du passé est susceptible de fournir des informations pertinentes vis-à-vis de son évolution future a été au cœur de ma démarche de chercheur. Elle peut être illustrée à travers quelques exemples.

Dans les années 1980, les analyses conduites sur les glaces du forage antarctique de Vostok mettent en évidence un lien étroit entre le climat de ces régions et l'effet de serre au cours du dernier cycle climatique. Plus il fait froid, moins les concentrations de CO_2 et CH_4 sont élevées, et inversement. L'extension de ce forage et celui réalisé au Dôme C indiquent que cette caractéristique vaut pour les 800 000 dernières années et que les niveaux atteints aujourd'hui en réponse aux activités humaines n'y sont jamais observés. Avec, à la clé, l'idée désormais acceptée que ces variations de composition de l'atmosphère servent d'amplificateur au forçage, d'ailleurs relativement faible, lié aux paramètres astronomiques. En résulte une meilleure connaissance de la façon dont notre climat réagit face à des variations de l'effet de serre qui, à ces échelles de temps, sont, bien sûr, d'origine naturelle. Au-delà, ces travaux – mis en exergue au moment de la création du GIEC en 1988 – offrent un moyen d'estimer la sensibilité du climat vis-à-vis de l'augmentation future de l'effet de serre.

Quelques années plus tard, les deux forages réalisés au centre du Groenland confirment l'existence de variations climatiques rapides. Même si ces séries ne permettent pas de remonter de façon fiable au-delà de 110 000 ans, l'information est riche avec la mise en évidence d'une série de 25 événements caractérisés par des réchauffements rapides et importants, jusqu'à 16 °C en quelques décennies voire moins, suivis de refroidissements plus lents. Des changements soudains de circulation océanique et atmosphérique en sont probablement à l'origine. Témoignage de la fragilité de notre climat, ces résultats ont donné naissance à la notion de « surprise climatique » et conduit les modélisateurs à s'interroger sur la stabilité du Gulf Stream dans un monde plus chaud.

L'élévation du niveau des mers nous offre un autre exemple. Au dernier interglaciaire, il y a 125 000 ans, il était de 6 à 10 mètres plus élevé qu'aujourd'hui alors que la température moyenne de la planète n'était que légèrement plus chaude, de 1 à 2 °C environ. Cette observation crédibilise l'idée qu'il suffit d'un réchauffement modéré maintenu sur une longue durée – on parle ici d'échelle millénaire – pour conduire à une hausse du niveau des mers de plusieurs mètres avec des contributions significatives des calottes glaciaires du Groenland et de l'Antarctique de l'Ouest.

Cette continuité entre passé et futur de notre climat, qui pourrait être illustrée par de nombreux autres exemples y compris dans le domaine des impacts du changement climatique, est au cœur de ce livre d'Alain Foucault. Celui-ci la met en avant dans son avant-propos en soulignant qu'il est « *devenu obligatoire d'utiliser, en climatologie, l'apport des sciences permettant d'étudier le passé* ». Nous partageons ce constat au même titre que de nombreux climatologues. Mais force est de reconnaître la quasi-absence, à ce jour, d'ouvrages destinés à des étudiants et à des chercheurs, embrassant de façon aussi large, complète et approfondie les domaines de la climatologie et de la paléoclimatologie généralement traités de façon séparée. En 2009, Alain Foucault avait abordé cette dualité entre climatologie et paléoclimatologie. Dans cette nouvelle édition, il nous en livre une mise à jour très enrichie dont j'apprécie la construction – part importante consacrée à ces deux volets dans les deux premières parties suivies d'une troisième illustrant leur complémentarité dès que l'on s'intéresse à « l'évolution des climats » – et la grande qualité des différents chapitres qui la composent. Tout aussi appréciable est l'intérêt porté aux différentes composantes du système climatique – atmosphère, océan et biosphère –, au cycle de l'eau et aux cycles biogéochimiques, en premier lieu celui du carbone, lui-même influencé par ceux de l'azote et du phosphore, dont le rôle est essentiel dans l'évolution passée et future de notre climat. Cet ouvrage répond pleinement à l'objectif d'un « *panorama équilibré des phénomènes climatiques* » extrêmement utile pour tous ceux qui s'intéressent à cette évolution qui sera au cœur du développement de nos sociétés dans les décennies et siècles à venir.

Jean Jouzel

Directeur de recherche émérite au CEA, Jean Jouzel a été co-récipiendaire de la médaille d'or du CNRS en 2002 et, en 2012, du prix Vetlesen, considéré comme le « Nobel des sciences de la Terre et de l'Univers ». Il a été vice-président du groupe scientifique du GIEC de 2002 à 2015.

TABLE DES MATIÈRES

PARTIE 2 • LES MÉTHODES DE LA PALÉOCLIMATOLOGIE

PARTIE 3 • L'ÉVOLUTION DES CLIMATS, PASSÉ, PRÉSENT, AVENIR

Avant-propos

Pourquoi ce livre ?

Les progrès des sciences de la Terre et de la vie ont, peu à peu, abattu les cloisons qui séparaient les différentes disciplines qui composaient ces sciences. Il est difficile aujourd'hui d'étudier une de ces disciplines tout à fait indépendamment des autres. Géologie, volcanologie, aéronomie, océanologie, botanique, zoologie, biologie, écologie, etc. ne peuvent plus s'ignorer tant il est devenu évident que la Terre, ses enveloppes, liquide et gazeuse, et les êtres vivants qui la peuplent, forment un système dont tous les éléments interagissent.

L'étude des climats, dont les modélisations prennent maintenant en compte non seulement l'atmosphère et l'océan mais aussi les cycles géochimiques et biologiques, ne fait pas exception. De plus, alors qu'elle était limitée à des périodes de temps n'excédant guère le siècle, elle s'est, depuis surtout quatre décennies, ouverte à des temps beaucoup plus longs qui se mesurent en milliers ou millions d'années. Cette ouverture est le fruit de progrès faits dans la lecture, la datation et l'interprétation des enregistrements climatiques portés par les sédiments, les glaces, les arbres et, de façon générale, tout ce qui, à la surface du globe, a la capacité de retenir le message climatique. Il est donc devenu obligatoire d'utiliser, en climatologie, l'apport des sciences permettant d'étudier le passé, y compris celles qui sont susceptibles d'expliquer les variations des climats dans le temps, comme l'astronomie.

On peut donc dire que l'étude des climats du passé fait aujourd'hui partie de la climatologie, au sens large, et ce livre veut en porter témoignage. Il est divisé en trois parties. La première donne des notions de climatologie, en se limitant à l'essentiel, ce qui, parfois, exige de côtoyer la météorologie. La deuxième est consacrée aux méthodes de la paléoclimatologie, notamment en faisant la revue des indices qui permettent la reconstitution des climats du passé. La troisième, enfin, concerne l'évolution des climats, domaine dans lequel des progrès considérables ont été faits au cours des dernières décennies, et dont les résultats ont tellement d'importance pour l'avenir des sociétés humaines et, plus largement, pour le fonctionnement de la planète.

Le fait qu'y soient distinguées climatologie et paléoclimatologie ne résulte pas d'une différence d'essence entre elles, mais de ce que les renseignements sur les périodes récentes, où l'on peut observer directement les caractéristiques climatiques, sont beaucoup plus variés et plus précis que sur les périodes anciennes. Ces périodes récentes sont donc *a priori* plus aptes à donner accès aux mécanismes intimes du fonctionnement du climat et à leur modélisation, seule façon d'assurer des prévisions de ses variations, y compris en y incluant les modifications que l'Homme y apporte par ses activités. Pour cela, des développements physiques sont indispensables, au-delà de ce qu'apporte cet ouvrage du fait de son objectif pédagogique, et de son volume limité. On y trouvera cependant, en annexe, quelques éléments de physique et de statistique qui peuvent servir de départ à la réflexion.

La climatologie étant une discipline déjà ancienne, l'exposé qui en est fait ici se tient dans des limites classiques. Il en va différemment de la paléoclimatologie qui a beaucoup progressé récemment. Pour en rendre compte, nous avons choisi de l'illustrer en faisant appel, très souvent, aux figures originales des auteurs. Ces figures ont été sélectionnées avec soin parmi des publications ayant valeur d'exemple. Nous avons en effet considéré que, pour les étudiants, il était bon de connaître ces figures telles que les auteurs les avaient données, et non d'en fournir des versions simplifiées qui leur auraient fait perdre leur valeur documentaire. De plus, les références des articles correspondants, données dans les légendes de ces figures, sont autant de pistes de lectures et de réflexions qui peuvent être mises à profit par étudiants et professeurs. Nous avons préféré cette approche bibliographique, complétée par quelques références en fin d'ouvrage, à une longue liste de publications, lesquelles peuvent aujourd'hui se retrouver aisément par l'usage d'Internet. Concernant ce monde informatique mouvant, nous avons donné quelques indications sur des sites qui offrent des garanties de stabilité et qui sont dignes de confiance. L'utilité de ce réseau est considérable, et l'on pourra y trouver une quantité de renseignements complétant nos propos où nous tentons de donner ce qui nous a paru essentiel dans ces disciplines.

Quant à ce qui concerne la prévision de l'évolution des climats, nous nous sommes référés essentiellement aux publications du Groupe d'experts intergouvernemental sur l'évolution du climat (GIEC) qui sont une mine de renseignements, mine consistant en quelques milliers de pages dont l'exploitation exige un gros effort, mais dont l'accès est aisé sur Internet (`www.ipcc.ch`).

C'est donc un ouvrage de base que nous proposons au lecteur, en souhaitant qu'il lui donne les moyens d'avoir un panorama équilibré des phénomènes climatiques dont la compréhension est aujourd'hui si utile pour se situer dans le monde où nous vivons et pour envisager son avenir.

Cette troisième édition comporte des compléments sur le volcanisme et sur le climat du dernier millénaire.

Climat, climats, paléoclimat, des définitions difficiles

La planète Terre est essentiellement formée d'un ensemble solide qui, à une échelle de temps de l'ordre de l'année, du siècle, voire du millénaire, ne montre guère de changements, si l'on excepte des manifestations volcaniques ou séismiques, et çà et là, quelques mouvements superficiels et locaux. Cet ensemble est surmonté par des enveloppes fluides : l'hydrosphère (liquide et discontinue) et l'atmosphère (gazeuse et continue). Ces enveloppes sont très mobiles et soumises à des mouvements, qui peuvent être très rapides et très inconstants en ce qui concerne l'atmosphère. Elles sont principalement, mais pas uniquement, le lieu de développement des êtres vivants, ce qui explique en partie l'intérêt qu'on leur porte. L'étude de la variation à courte échéance des paramètres atmosphériques (tels que la température, la pression, les vents, la nébulosité, les précipitations, etc.), et la prévision de cette variation, est l'objet de la **météorologie** (du grec *meteos*, élevé dans les airs).

Les conditions atmosphériques ont, de tout temps, été l'objet d'attentions particulières, compte tenu de l'importance qu'elles revêtent pour le développement des activités humaines. On a très tôt pris conscience que, en plus de leur grande variabilité dans le temps, ces conditions montraient des variations dans l'espace qui dépendaient largement de la latitude des lieux où l'on se tenait. Ces variations sont à l'origine de la notion de climat, ce que traduit l'étymologie, le terme étant emprunté au grec *klima*, qui signifie inclinaison. C'est à l'inclinaison des rayons du soleil qu'il est fait allusion : même si le monde grec n'avait pas exploré toutes les latitudes, il en savait assez pour comprendre que si le climat d'Athènes n'était pas le même que celui du sud de l'Égypte, c'était surtout parce que le soleil était plus haut dans le ciel au sud qu'au nord, écrasant de chaleur, par des rayons verticaux au solstice d'été, les régions thébaines. Le terme a été généralisé à toutes les conditions atmosphériques, avec des acceptions diverses qui exigent qu'on précise son utilisation.

Aujourd'hui, en effet, le terme de climat désigne habituellement l'état physique de l'atmosphère à longue échéance, notamment sa température, avec un intérêt spécial pour l'eau qu'elle contient, sous forme de vapeur (hygrométrie), de liquide plus ou moins dispersé (nuages, brouillards, précipitations) ou de solide (grêle, neige) et une focalisation sur la partie basse de l'atmosphère, la troposphère qui, il est vrai, comprend la plus grande partie de la masse atmosphérique, et dans laquelle nous nous mouvons habituellement.

ENCART A.1 Une définition de la climatologie par l'Organisation météorologique mondiale, OMM (World Meteorological Organisation, WMO)

« La climatologie est l'étude du climat, de ses variations et de son impact sur diverses activités dont (sans exhaustivité) celles qui affectent la santé humaine, la sécurité et le bien-être. En un sens restreint, le climat peut être défini comme le temps qu'il fait en moyenne. En un sens plus large, c'est l'état du système climatique. Le climat peut être décrit en termes de description statistique de la tendance centrale et de la variabilité d'éléments pertinents comme la température, les précipitations, les vents, ou au travers d'une combinaison d'éléments comme les types de temps caractéristiques d'un lieu, d'une région ou du monde pour une période de temps déterminée. »

Ce sont surtout les durées envisagées qui différencient la météorologie, science du temps qu'il fait (courtes durées), et la science du climat, ou **climatologie** (longues durées). Il est cependant difficile de fixer sur quel espace de temps doit être défini le climat. Il est clair que cette durée doit comprendre les quatre saisons, leurs différences, en une certaine mesure répétitives, formant un cycle qui doit être envisagé dans son ensemble. Mais si cette durée est le minimum que l'on doit respecter, est-elle suffisante pour fournir une image stable du climat ? Certainement pas car, on le sait, les années se suivent et ne se ressemblent guère, sans que d'ailleurs on ait, aujourd'hui, une idée claire des causes de cette variabilité.

Pour lisser ces différences interannuelles, il est fréquent que l'on utilise des moyennes (dites **normales climatiques**) souvent calculées sur une durée de trente ans. Mais cette durée est arbitraire. Si elle a pour avantage d'effacer les variations brusques que, faute de pouvoir les expliquer, on considère comme aléatoires, elle a comme inconvénient, justement, de faire disparaître des variations courtes qui pourraient éventuellement trouver une explication. En fait, la durée à prendre pour la définition du climat dépend des phénomènes que l'on veut mettre en évidence et, plus précisément, de leurs fréquences (au sens physique du terme, c'est-à-dire du rythme de leurs répétitions). Ainsi, des moyennes sur 30 ans, ou même sur un siècle, pourront mettre en évidence des tendances à long terme, mais si l'on cherche à étudier des phénomènes à haute fréquence, par exemple l'influence éventuelle des variations undécennales (c'est-à-dire de 11 ans environ) de l'activité solaire, de telles moyennes sont à proscrire.

Encart A.2 Les normales climatiques, selon l'OMM (WMO)

Pour permettre des comparaisons entre les climats des différentes régions du globe et ceux de différentes époques, dans le passé ou dans l'avenir, on utilise des normales climatiques. L'OMM a émis un certain nombre de recommandations à cet égard. Ces normales doivent être les moyennes arithmétiques de paramètres climatiques (par exemple, température, précipitations) calculées pour chaque mois de l'année à partir des données quotidiennes. Le principe est d'utiliser, pour ces normales, des périodes de 30 ans, préférentiellement 1901-1930, 1931-1960, 1961-1990, etc. Cette pratique repose en grande partie sur le fait que, lorsque cette recommandation fut faite, au début du xxe siècle, il n'était guère possible de faire ce calcul sur des périodes plus longues, ce qui était le but alors visé. Cependant, maintenant que l'on a reconnu l'existence d'importantes dérives séculaires des paramètres climatiques, il apparaît que l'intérêt d'une telle durée de 30 ans se réduisait et pouvait même masquer des variations intéressantes. C'est ainsi qu'il est recommandé, pour des usages prédictifs, d'utiliser des moyennes faites sur des durées plus courtes (5 ans, 10 ans). L'OMM émet aussi des recommandations pour les cas où il existe des données manquantes et sur la façon de calculer les moyennes journalières de température. Dans ce dernier cas, la méthode la plus fiable pour effectuer des comparaisons est d'utiliser la moyenne entre la température maximale et la température minimale du jour.

À noter que l'utilisation de moyennes pour l'usage climatologique doit être faite avec discernement, sous peine de masquer la réalité des phénomènes : une même moyenne pluviométrique n'a évidemment pas la même signification si les précipitations sont réparties sur plusieurs mois de l'année ou sur seulement quelques jours (figure A.1). En particulier, l'utilisation de moyennes ne devrait pas se faire au préjudice de la prise en compte d'évènements comme les cyclones, les précipitations exceptionnelles, etc., qui, pour n'être pas quotidiens, ont de très importants effets sur les conditions environnementales.

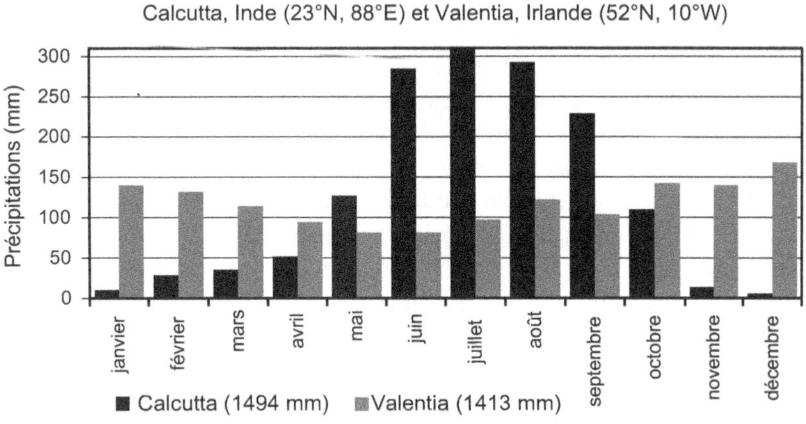

Figure A.1 – **Comparaison de deux régimes pluviométriques ayant le même cumul annuel de précipitations.**

Pour un même cumul annuel de précipitations, on peut avoir des répartitions mensuelles très différentes, comme ici en Inde (pluies concentrées en été), et en Irlande (pluies réparties sur toute l'année).

ENCART A.3 Prévoir les changements climatiques

Lorsqu'on demande aux scientifiques comment il leur est possible de prévoir le climat dans 50 ans alors qu'ils ne peuvent pas prévoir le temps qu'il fera dans quelques semaines, on commet une confusion courante entre la météorologie et la climatologie. Il est vrai que la nature chaotique des phénomènes atmosphériques rend la prévision du temps impossible au-delà de quelques jours. Mais la prévision des évolutions climatiques (c'est-à-dire de moyennes à long terme) du fait de divers changements, par exemple dans la composition atmosphérique, est une question très différente et beaucoup plus gérable. Par analogie, alors qu'il est impossible de prévoir l'âge auquel un homme pris en particulier mourra, nous pouvons calculer avec une grande confiance l'âge moyen de décès pour les hommes dans les pays industrialisés qui est d'environ 75 ans. (Extrait de Le Treut, H., Somerville, R. *et al.*, 2007. In *IPCC Climate Change 2007*, Working Group I, p. 104).

Il faut donc aussi tenir compte de la variabilité de ces phénomènes. Cette variabilité, qui existe à différentes échelles de temps et d'espace, peut être exprimée de différentes façons, soit graphiquement, par exemple en représentant les paramètres climatiques des différents mois de l'année, ou des différents jours du mois, ou des différentes heures de la journée, etc., soit mathématiquement, en utilisant les calculs classiques de la statistique (moyenne, écarts-types, etc., voir annexe 4).

En définitive, on peut proposer de définir le climat comme étant l'ensemble des conditions physiques qui règnent dans l'atmosphère sur une durée au moins annuelle, choisie en fonction de la variabilité des phénomènes que l'on veut étudier. Cette durée, et les dates des relevés correspondants, doivent être précisées dans la présentation de moyennes climatiques, et les données judicieusement choisies pour ne pas trop restreindre, voire déformer, l'information sur ces conditions physiques.

Si le terme de climat, utilisé absolument, concerne la planète entière, compte tenu de variabilités temporelles et géographiques, on le précise lorsqu'on veut l'appliquer à une région particulière (par exemple : le climat de la France) et on en réserve généralement le pluriel (les climats) pour désigner les différents types qui peuvent être distingués selon les régions (climat méditerranéen, climat tropical, etc.).

Le terme de **paléoclimat(s)** désigne le(s) climat(s) du passé. On les reconstitue à partir des enregistrements qu'ils ont pu laisser dans les sédiments, les glaces, le bois, etc. Cependant, ces enregistrements n'ont pas la précision des observations actuelles. Il faut s'en souvenir en faisant des comparaisons entre le climat d'aujourd'hui et ceux du passé.

En quelques mots

- La **météorologie** étudie l'évolution du temps qu'il fait à court terme, la **climatologie** l'étudie à long terme. Le climat est habituellement défini sur une durée de 30 ans. Mais cette durée est arbitraire et doit être ajustée selon les caractéristiques des changements climatiques que l'on souhaite mettre en évidence, et des méthodes statistiques que l'on utilise à cette fin.

Partie 1

Éléments de climatologie

COMPOSITION ET PHYSIQUE DE L'ATMOSPHÈRE

1

PLAN

1.1 LES GAZ ATMOSPHÉRIQUES

L'atmosphère est essentiellement constituée d'un mélange gazeux, l'air. Ce mélange (figure 1.1) comprend surtout de l'azote (N_2, 78 % en volume) et de l'oxygène (O_2, 21 %). Pour le reste, soit 1 %, on y trouve de l'argon (Ar, presque 1 %), du dioxyde de carbone, ou gaz carbonique, (CO_2, 0,03 %) et des traces infimes d'une multitude d'autres gaz : néon, krypton, hélium, ozone, hydrogène (tableau 1.1).

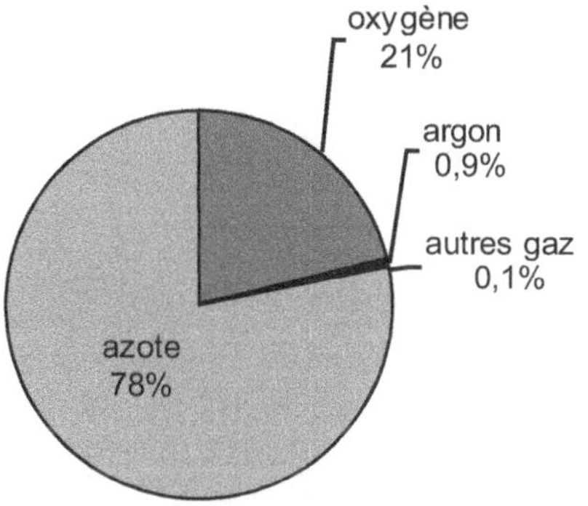

Figure 1.1 – Composition de l'air en volume.

L'air est composé de 78 % d'azote, 21 % d'oxygène et 1 % d'autres gaz (parmi lesquels seulement 0,03 % de dioxyde de carbone), ainsi que d'une proportion variable de vapeur d'eau.

Cette composition est assez constante jusque vers 85 km d'altitude sauf pour certains gaz, par exemple l'ozone qui est surtout présent entre 20 km et 30 km d'altitude.

En plus de ces gaz, on trouve des proportions variables de vapeur d'eau (rarement plus de 5 % ou 6 % du total) dont il faut rappeler qu'elle est transparente (c'est de l'eau à l'état gazeux) et que c'est sa condensation en fines gouttelettes ou en cristaux de glace qui donne les nuages.

Enfin, des particules solides plus ou moins fines sont présentes. Elles peuvent être constituées par des poussières arrachées aux déserts par le vent (argiles, sable, etc.), par des cendres volcaniques éjectées dans l'atmosphère lors d'éruptions, par des résidus de combustion (feux de forêts, usines, etc.) dont les quantités ont augmenté considérablement depuis le début de l'ère industrielle, et par de fins cristaux de chlorure de sodium provenant des océans. Ces particules ont un rôle important, non seulement dans les phénomènes d'absorption des rayonnements, mais aussi dans la formation des nuages et des précipitations, car elles constituent des noyaux autour desquels se condensent les gouttelettes d'eau.

Tableau 1.1 – **Composition de l'atmosphère.**

Gaz atmosphériques	En volume	En masse
Azote (N_2)	780 836	755 192
Oxygène (O_2)	209 475	231 418
Argon (Ar)	9 340	12 882
Dioxyde de carbone (CO_2)	322	489
Néon (Ne)	18,18	12,67
Krypton (Kr)	1,14	3,30
Méthane (CH_4)	1,5	0,83
Hélium (He)	5,24	0,724
Dioxyde d'azote (NO_2)	0,27	0,410
Ozone (O_3)	0,04	0,065
Xénon (Xe)	0,087	0,395
Hydrogène (H_2)	0,5	0,035
Monoxyde de carbone (CO)	0,19	0,19

Elle est ici exprimée en ppm (parties pour un million, c'est-à-dire millionièmes) par rapport à l'air sec. Pour l'exprimer en pourcentage, il faut diviser ces chiffres par 10 000, ce qui fait, en volume, pour l'azote 78 %, pour l'oxygène 21 %, pour l'argon 0,9 % et, pour le dioxyde de carbone, 0,03 %.

1.2 Division de l'atmosphère en couches

Les propriétés de l'atmosphère varient selon l'altitude. D'une part, l'air est d'autant plus dense que l'on se trouve près du sol, car les molécules de gaz sont attirées et retenues par l'attraction terrestre. D'autre part, notamment du fait des réactions successives engendrées par les radiations solaires pendant leur traversée de l'atmosphère, les équilibres physico-chimiques ne sont pas les mêmes aux différents niveaux et entraînent des variations dans les proportions relatives de certains gaz. L'absorption des rayonnements énergétiques, reçus principalement du Soleil, mais aussi réémis par la surface de la Terre, dépendant de l'abondance de plusieurs de ces gaz, il en résulte que les températures de l'air peuvent varier considérablement selon l'altitude. En fonction de ces variations, l'on distingue quatre couches principales (figure 1.2).

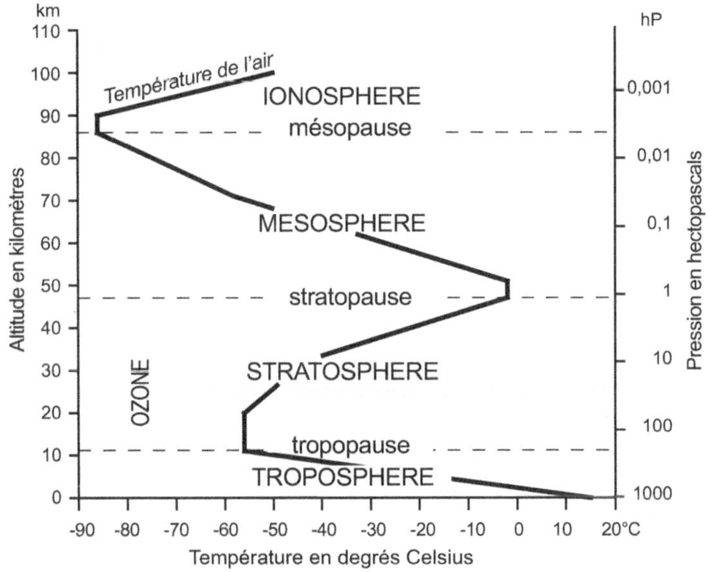

Figure 1.2 – **Division de l'atmosphère en couches.**

Ce schéma est établi en utilisant les valeurs de l'atmosphère standard internationale (voir tableau 1.2 et annexe 1). Ce sont des moyennes, les vraies valeurs peuvent varier notablement, en particulier de l'équateur aux pôles.

ENCART 1.1 Atmosphère standard

Les propriétés de l'atmosphère varient sensiblement dans le temps et dans l'espace. Mais, pour les besoins de l'aéronautique notamment, on a besoin de se référer à un modèle fixe, décrivant une atmosphère moyenne dit « atmosphère standard ». On trouvera au tableau 1.2 les valeurs d'un tel modèle défini par l'*International Organization for Standardization.*

1. La **troposphère**. Elle commence, vers le bas, à la surface du sol et sa limite supérieure, appelée tropopause, se situe vers 8 km au-dessus des pôles et vers 16 km au-dessus de l'équateur. Dans les conditions normales, la température y décroît lentement avec l'altitude pour ne plus atteindre que – 50° à – 60 °C à son sommet. C'est la région de l'atmosphère où la vie se développe. Elle contient 80 % de la masse totale de l'air atmosphérique, dont la pression diminue avec l'altitude (figure 1.3), et pratiquement toute sa vapeur d'eau. C'est donc là que se forment les nuages et que les principaux phénomènes météorologiques se manifestent.

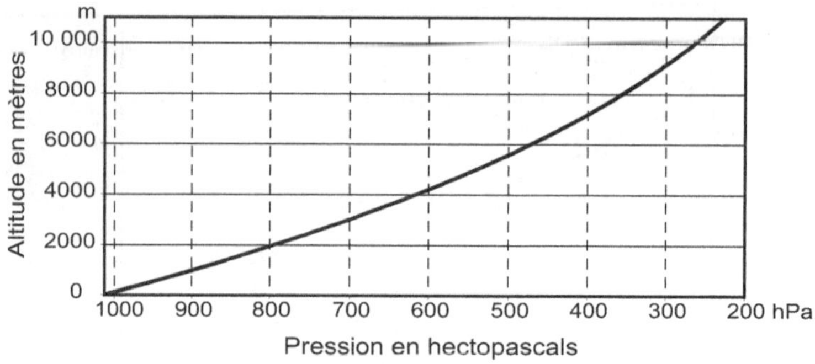

Figure 1.3 – Pression atmosphérique standard en fonction de l'altitude dans la troposphère.

Pour son calcul, voir l'annexe 1.

Tableau 1.2 – Atmosphère standard internationale (ISA), définie par l'International Organization for Standardization (ISO).

Couche	Niveau	Altitude géopotentielle de la base de la couche (en km)	Altitude géométrique de la base de la couche (en km)	Gradient thermométrique dans la couche (en °C/km)	Température de la base de la couche (en °C)	Pression à la base de la couche (en hPa)
7	Mésopause	84,852	86,000		– 86,2	0,003734
6	Mésosphère	71,000	71,802	– 2,0	– 58,5	0,039564
5	Mésosphère	51,000	51,413	– 2,8	– 2,5	0,66939
4	Stratopause	47,000	47,350	0,0	– 2,5	1,1091
3	Stratosphère	32,000	32,162	2,8	– 44,5	8,6802
2	Stratosphère	20,000	20,063	1,0	– 56,5	54,749
1	Tropopause	11,000	11,019	0,0	– 56,5	226,32
0	Troposphère	0,000	0,000	– 6,5	15,0	1 013,25

Ces valeurs sont conventionnelles et doivent être comprises comme étant des moyennes. Dans la réalité, elles varient notablement de l'équateur (tropopause à 18 km) aux pôles (tropopause à 8 km) ainsi que selon les saisons et selon des caractéristiques locales (zones de hautes et de basses pressions). Au-dessus de la mésopause commence l'ionosphère.

2. La **stratosphère** surmonte la troposphère et est limitée vers le haut par la stratopause située aux environs de 50 km d'altitude. L'air y est de 10 à 1 000 fois moins dense que près du sol et sa température y augmente lentement vers le haut jusqu'à atteindre environ 10 °C en été. Cette augmentation de température est due principalement à la présence d'ozone qui, bien qu'en proportion infime, absorbe intensément le rayonnement ultraviolet du Soleil.

3. La **mésosphère**, plus élevée encore, est limitée en haut, vers 80 km, par la mésopause. Les températures y décroissent de bas en haut jusque vers –80 °C.
4. L'**ionosphère** représente la partie la plus élevée de l'atmosphère. L'air y est très raréfié et les molécules de gaz sont ionisées par les rayonnements de haute énergie qui les frappent.

Si l'on considère la Terre entière, l'épaisseur de l'atmosphère est très petite : à l'échelle d'une boule de 10 cm de diamètre, elle correspondrait à quelque chose comme 0,1 mm. Ne l'oublions pas en regardant les schémas représentant l'atmosphère, y compris dans cet ouvrage : ils ne peuvent évidemment que rarement la dessiner à l'échelle.

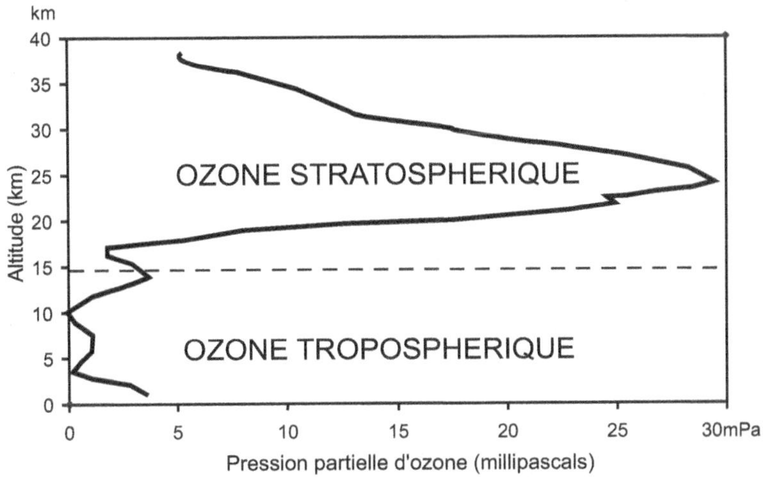

Figure 1.4 - Valeurs moyennes de la concentration atmosphérique en ozone en fonction de l'altitude.

En quelques mots

- L'atmosphère est constituée principalement de 78 % d'oxygène et de 21 % d'azote (en volume). Les autres gaz (dioxyde de carbone, ozone, gaz rares, méthane, etc.) sont donc en proportions très faibles. De la vapeur d'eau y est présente en quantité variable.
- On distingue dans l'atmosphère des couches superposées, de bas en haut la *troposphère*, la *stratosphère* (où l'ozone joue un rôle important), la *mésosphère* et *l'ionosphère*. La pression atmosphérique diminuant de bas en haut selon une loi exponentielle, 80 % de la masse de l'atmosphère est contenue dans la troposphère où s'observent les phénomènes météorologiques.
- Une concentration d'ozone vers 25 km d'altitude fait obstacle aux rayons ultraviolets et protège la matière organique de leurs effets nocifs.

ENCART 1.2 L'ozone atmosphérique

L'ozone, ou trioxygène, est un gaz très oxydant dont les molécules sont composées de trois atomes d'oxygène. Il existe dans l'atmosphère à des concentrations extrêmement faibles (0,000 06 %), mais son rôle, dans le contrôle des climats et dans la préservation de la vie sur Terre, est très important. La concentration de l'ozone dans l'atmosphère peut s'exprimer en pourcentage, en pression partielle ou, globalement, en unités Dobson (une unité Dobson correspondant à une épaisseur de 0,01 mm de ce gaz ramené à la pression atmosphérique). En moyenne, la concentration actuelle de l'ozone atmosphérique est de 300 unités Dobson (correspondant à une épaisseur de 3 mm).

On doit distinguer l'ozone stratosphérique (90 % du total) et l'ozone troposphérique (figure 1.4).

L'ozone stratosphérique est présent principalement entre 15 et 35 km d'altitude, avec un maximum vers 25 km (voir figure 1.2). Sa concentration résulte d'un équilibre entre deux réactions, l'une le produisant, l'autre le détruisant. Sa production en haute atmosphère est due à l'action des rayons ultraviolets de courte longueur d'onde sur les molécules de dioxygène, donnant deux ions oxygène qui réagissent avec du dioxygène :

$$O_2 + \text{photon} \rightarrow 2O \quad \text{puis} \quad O + O_2 \rightarrow O_3$$

La destruction de l'ozone s'opère par réaction avec l'oxygène atomique :

$$O_3 + O \rightarrow 2O_2$$

Si l'ozone est un gaz très transparent, qui donc n'absorbe pas le rayonnement solaire dans le domaine du visible, il est absorbant dans le domaine des ultraviolets. À ce titre, il constitue une protection pour la matière vivante puisque, notamment, l'ADN est facilement détruit par ce rayonnement. La présence d'une quantité suffisante d'ozone dans l'atmosphère est donc une condition nécessaire à l'existence de la vie en dehors du milieu aquatique, naturellement protégé des ultraviolets.

Il est à noter que, dans la période récente, on a constaté une baisse de la concentration de l'ozone stratosphérique au-dessus du pôle Sud où elle a pu descendre jusqu'à 100 unités Dobson. Cette baisse, qui a été mise en relation avec des émissions anthropiques de chlorofluorocarbures (CFC) réagissant avec l'ozone, semble s'atténuer, peut-être par l'effet d'une réglementation rigoureuse concernant ces émissions.

Par ailleurs, l'ozone, étant aussi absorbant dans le domaine de l'infrarouge, constitue un gaz à effet de serre.

Quant à l'ozone troposphérique, localisé à de faibles altitudes, il a essentiellement pour origine des réactions impliquant des oxydes d'azote (NO_x), de l'oxyde de carbone (CO) et des composants volatils sous l'influence de la lumière et dont, globalement, le résultat est :

$$CO + 2O_2 \rightarrow CO_2 + O_3$$

Les composants mis en réaction sont principalement des produits des activités anthropiques. L'ozone, dont ils favorisent la production, a un effet négatif sur la santé humaine.

L'ÉNERGIE DES CLIMATS

2

Pour comprendre le fonctionnement des climats, il est nécessaire de savoir comment se comportent les éléments qui les conditionnent. C'est-à-dire comment et pourquoi se déplacent les masses d'air de l'atmosphère ou les masses d'eau des océans, comment elles s'échauffent, comment se forment les nuages, comment ils donnent des précipitations. En dernière analyse, tous ces phénomènes sont liés à des échanges d'énergie, aussi bien entre les constituants du système qu'avec l'espace. Le premier problème qui se pose est donc de savoir d'où provient cette énergie, sous quelle forme elle est fournie au système climatique, et comment elle se répartit dans le temps et dans l'espace.

2.1 L'ÉNERGIE SOLAIRE

L'énergie la plus apparente est celle qui nous vient du Soleil. C'est une source de rayonnement dont la puissance peut être considérée comme constante à l'échelle de temps d'une vie humaine, à quelques variations près. Au sommet de l'atmosphère terrestre, cette puissance est, en moyenne, de 1,361 kW/m^2, valeur appelée **constante solaire** (encart 2.1). La puissance totale reçue sur Terre est égale à celle interceptée par un disque ayant le même diamètre que la Terre, perpendiculaire au rayonnement, soit $1{,}7 \cdot 10^{14}$ kW, environ 13 000 fois la consommation mondiale d'énergie. Comme la surface de la Terre est quatre fois plus grande que celle du disque de même diamètre, la puissance reçue en moyenne par mètre carré de surface au sommet de l'atmosphère est de 340 W/m^2 (figure 2.1).

ENCART 2.1 La constante solaire... n'est pas constante

La valeur de la constante solaire est sujette à des variations, notamment selon un cycle d'environ 11 ans (voir chapitre 19). Ces variations sont faibles (de l'ordre de 0,01 %). En 2008, année de faible activité, elle était de 1 360,8 ± 0,5 W/m^2. En 2014, elle était de 1 361,4 W/m^2.

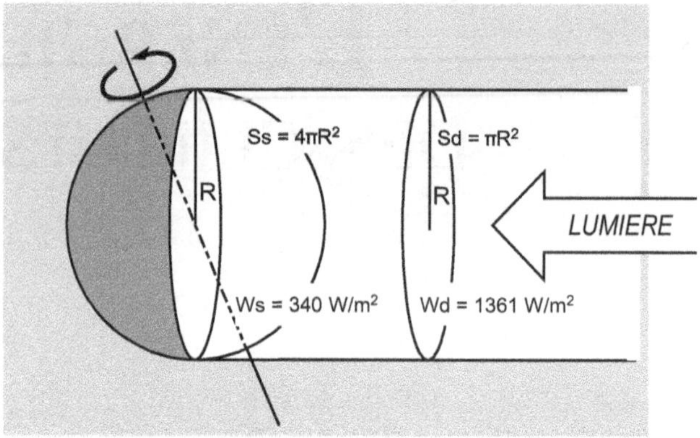

Figure 2.1 – Énergie solaire reçue sur Terre.

L'énergie solaire reçue par la Terre par unité de temps est égale au produit de la constante solaire Wd par la surface Sd d'un disque de même rayon R que la Terre ($6{,}366 \cdot 10^6$m), soit $1{,}361 \times 1{,}27 \cdot 10^{14} = 1{,}7 \cdot 10^{14}$kW. La surface d'une sphère ($Ss = 4\pi R^2$) étant quatre fois plus grande que la surface d'un disque de même rayon ($Sd = \pi R^2$), cela fait en moyenne 340 W par mètre carré (mais avec une répartition très inégale selon les lieux et les moments).

2.2 L'énergie géothermique

Une autre source d'énergie importante existe à la surface de la Terre : c'est l'énergie qui provient de l'intérieur. Elle n'a pas comme origine, comme on l'a longtemps cru, la chaleur primitive du Globe non encore dissipée, mais procède de réactions nucléaires liées à la désintégration d'éléments radioactifs, uranium et thorium.

Cette énergie se manifeste essentiellement par un flux de chaleur dirigé positivement de l'intérieur vers l'extérieur du Globe. À ce flux correspond un gradient géothermique caractérisé par le fait que la température s'élève en moyenne d'un degré lorsque l'on s'enfonce d'une trentaine de mètres dans le sol. Ce flux d'énergie, très variable selon les lieux, est en moyenne de 0,05 W/m^2, 7 000 fois moins que celui du rayonnement solaire ; il joue donc un rôle direct beaucoup plus faible que lui dans les phénomènes climatiques. Cependant, il est à l'origine des perturbations atmosphériques entraînées par les éruptions volcaniques et, sur des laps de temps bien plus considérables, des mouvements des plaques lithosphériques ayant un effet climatique, soit du fait des modifications de la répartition des masses continentales, soit par la création de chaînes de montagnes.

2.3 Quelques lois du rayonnement

La connaissance de quelques lois physiques est essentielle pour comprendre comment est répartie et utilisée par le système climatique l'énergie qui provient du Soleil.

Rayonnement du corps noir

D'une façon générale, les corps émettent des rayonnements électromagnétiques dont les caractéristiques dépendent de leur température. Lorsque ces rayonnements sont visibles, le phénomène est appelé incandescence. La répartition, selon les différentes longueurs d'onde, de ces rayonnements lumineux est souvent complexe, mais il existe un cas où elle est très simple : c'est pour ce que l'on appelle le corps noir, corps idéal qui absorbe tous les rayonnements qu'il reçoit.

Il n'existe pas de corps noir parfait mais on peut l'approcher, par exemple en fabriquant une sphère creuse tapissée de noir à l'intérieur et percée d'un petit trou. Elle répond pratiquement à la définition du corps noir car un rayonnement lumineux pénétrant par ce petit trou n'a presque aucune chance d'en ressortir. Si l'on chauffe cette sphère et que l'on observe par le trou ce qui s'y passe, on constate que des rayonnements s'y manifestent selon des lois très simples. Nous mentionnerons les plus importantes pour ce qui nous concerne.

- **Loi de Stefan** (énoncée en 1879). L'énergie rayonnée par unité de surface du corps noir et par unité de temps est proportionnelle à la puissance quatre de sa température absolue (celle-ci est mesurée en kelvins K, échelle identique à celle des degrés celsius (°C), mais avec une origine située à – 273,15 °C), ce qui s'écrit $W = \sigma \cdot T^4$. La constante σ, appelée constante de Stefan, est égale à $5{,}67 \cdot 10^{-8}$ (W étant alors en watts pour une surface de 1 m^2). Sur cette base, on peut calculer par exemple qu'une plaque de cuisinière de 10 cm de rayon portée à 220 °C rayonnera une puissance de 105 W (mais elle chauffe surtout par conduction…).
- **Loi de Wien** (énoncée en 1896). Le rayonnement n'est pas concentré sur une seule longueur d'onde mais réparti autour d'un maximum (figure 2.2). Ce maximum (L_{max}) se déplace en fonction de la température T du corps noir selon une loi très simple (loi de Wien) qui s'écrit : $L_{max} = 2\,898/T$, L_{max} étant exprimé

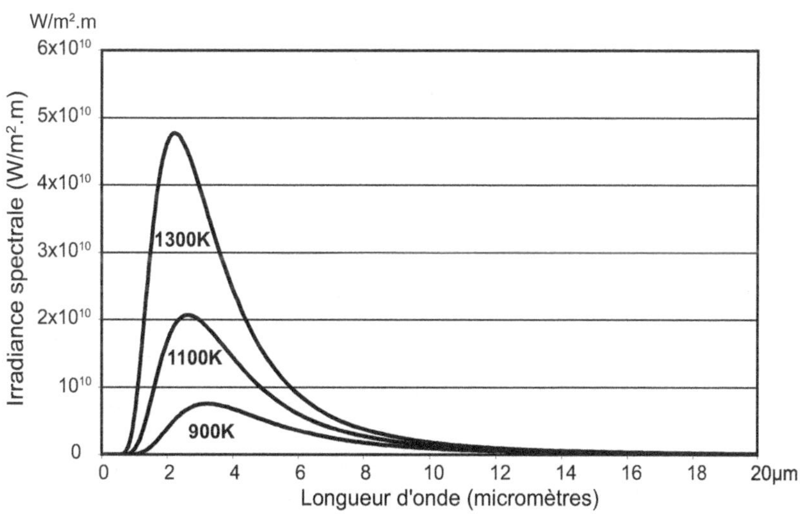

Figure 2.2 – Rayonnement du corps noir.

La figure montre la répartition de l'énergie de rayonnement émise par le corps noir à différentes températures. Plus la température augmente, plus l'énergie émise est importante et plus la longueur d'onde correspondant au maximum de cette émission est courte.

en micromètres (µm). Pour la plaque de cuisinière ci-dessus, le maximum de rayonnement sera donc à 5,9 µm, dans la gamme des infrarouges.

Ainsi, pour connaître la température d'un corps dont les caractéristiques sont voisines de celles du corps noir, il suffit de mesurer la longueur d'onde de son maximum de rayonnement. Par exemple, dans le domaine des rayonnements visibles, en regardant l'intérieur d'un haut-fourneau, la simple considération de la couleur du métal en fusion permet d'en évaluer la température. Dans le domaine des infrarouges, il existe des appareils, aujourd'hui très courants, basés sur ce principe et permettant de mesurer des températures à distance.

ENCART 2.2 Le rayonnement du corps noir

Pour calculer comment se répartit le rayonnement du corps noir selon les longueurs d'onde, compte tenu de sa température, on utilise la formule de Planck :

$$W_\lambda = \frac{2\pi hc^2}{\lambda^5(e^{hc/\lambda kT} - 1)}$$

avec :

W_λ : irradiance spectrale (densité de puissance spectrale) exprimée en watts par mètre carré et par mètre de longueur d'onde (pour exprimer cette longueur d'onde en micromètres, ce qui est plus habituel, il faut diviser W_λ par 10^6).
c (vitesse de la lumière dans le vide) : 3×10^8 m/s.
h (constante de Planck) : $6{,}6 \times 10^{-34}$ J·s.
k (constante de Boltzman) : $1{,}380 \times 10^{-23}$ J·K^{-1} .
T : température absolue du corps en kelvins (K).
λ : longueur d'onde en mètres (m).
À noter que l'irradiance totale est l'intégrale de la fonction (c'est-à-dire, à l'échelle utilisée, la surface enfermée par la courbe W_λ). On retrouve alors la formule de Stephan.

On peut appliquer la loi de Wien au Soleil en posant, en première approximation, qu'il a les propriétés du corps noir. La longueur d'onde du maximum du rayonnement qu'il nous envoie est de 0,50 µm (bleu-vert). Ce rayonnement nous est fourni par sa couche extérieure, la photosphère, dont nous pouvons calculer la température par la formule ci-dessus, ce qui nous donne $Tk = 2\,898/0{,}50 = 5\,796$ K. Par ailleurs, en admettant que le Soleil rayonne exactement comme le corps noir, compte tenu de son éloignement de la Terre et de la constante solaire, on peut calculer, par la formule de Stephan, que sa température serait de 5 770 K. Les valeurs trouvées permettent ainsi, en première approximation, d'assimiler son rayonnement à celui du corps noir à 5 780 K (figure 2.3).

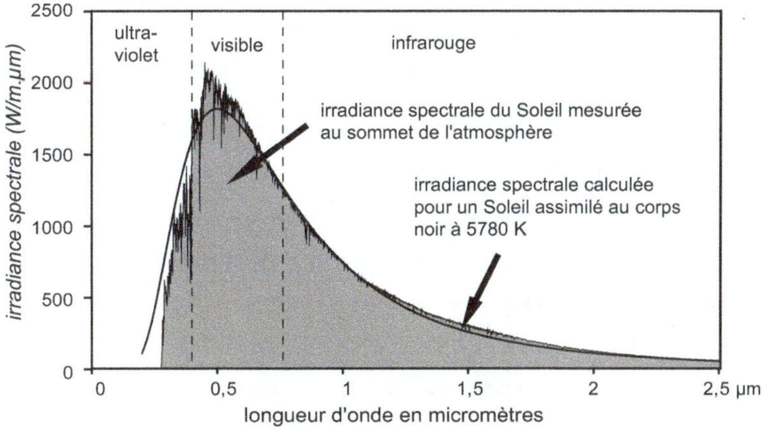

Figure 2.3 – Spectre du rayonnement solaire.

Le spectre du rayonnement solaire est proche de celui du corps noir à 5 780 K. Seule la partie dont les longueurs d'onde sont situées entre 0,38 et 0,78 µm nous est visible.

Tableau 2.1 – Température de la Terre et des planètes.

	Mercure	Vénus	Terre	Mars
Distance au Soleil (UA)	0,387	0,723	1	1,523
Albédo A	0,119	0,750	0,306	0,250
Température calculée	161 °C	–41 °C	–18 °C	–63 °C

Les lois du rayonnement permettent de calculer la température de la Terre et des planètes en dehors de leur éventuelle atmosphère, compte tenu de leur albédo (proportion du rayonnement directement renvoyé vers l'espace). UA : unité astronomique (distance moyenne de la Terre au Soleil). Pour ce calcul, voir l'annexe 2. Comparer avec le tableau 3.1.

Corps non assimilables au corps noir

Pour que les raisonnements qui suivent puissent être fondés, il nous faut encore parler du comportement des corps qui s'éloignent beaucoup de la définition du corps noir, c'est-à-dire qui n'absorbent pas tout le rayonnement qu'ils reçoivent, soit qu'ils le renvoient, au moins en partie, soit qu'ils soient traversés par lui, étant transparents pour la longueur d'onde considérée.

Dans le domaine du rayonnement visible (longueurs d'onde comprises entre 0,38 et 0,78 µm), ces corps, s'ils ne sont pas totalement transparents ou réfléchissants, sont colorés lorsqu'on les éclaire avec une lumière blanche. En effet, un corps est coloré parce qu'il renvoie, transmet, ou émet certaines longueurs d'onde plutôt que d'autres. Pour les gaz, par exemple, on constate qu'ils absorbent certaines longueurs d'onde très sélectivement. Cela peut être mis en évidence par l'analyse spectrale, au moyen d'un prisme, de la lumière qui a traversé ces gaz. Si certaines longueurs d'onde sont absorbées, le spectre observable à la sortie du prisme montrera, au milieu de l'arc-en-ciel, des raies sombres correspondant à ces longueurs d'ondes : c'est ce que l'on appelle un **spectre d'absorption**, qui peut aussi se représenter par une courbe indiquant l'intensité de l'absorption en fonction de la longueur d'onde (figure 2.4).

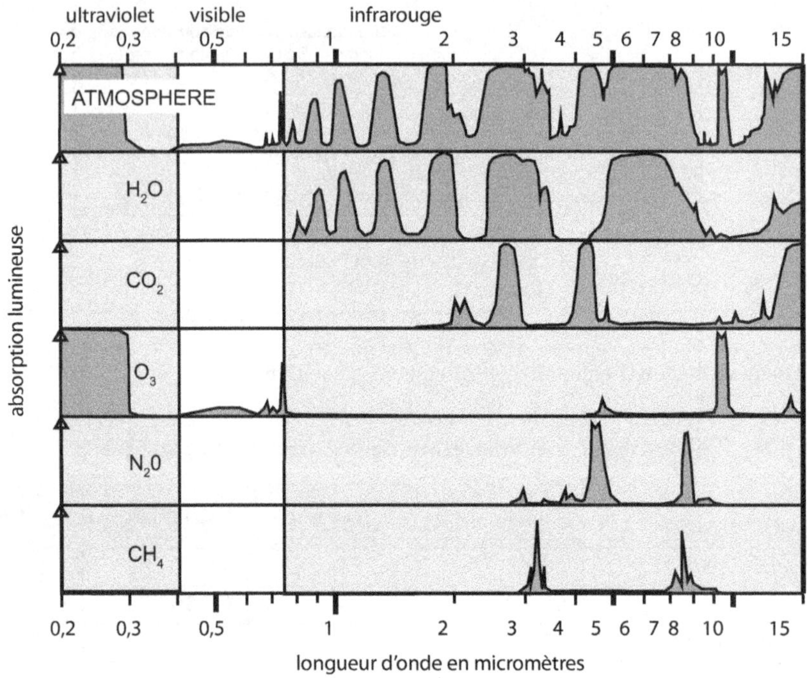

Figure 2.4 - Spectres d'absorption des gaz atmosphériques les plus absorbants.

Les spectres des gaz dépendent de leur composition et de leur structure moléculaire et sont différents pour chacun d'eux. On a donc là un moyen de les identifier à distance, s'ils sont incandescents ou s'ils sont traversés par une lumière connue, ce qui permet de les détecter dans les étoiles ou le cosmos. On notera le rôle important de la vapeur d'eau en ce qui concerne l'absorption des infrarouges. Dans ce même rôle, il faut aussi compter sur le dioxyde de carbone (CO_2), l'oxyde d'azote (N_2O) et le méthane (CH_4). L'ozone (O_3) absorbe la plus grande partie des ultraviolets, mais aussi certains des infrarouges vers 10 µm. En définitive, on voit que l'atmosphère (courbe du haut) laisse surtout passer le rayonnement visible et le proche ultraviolet.

Ces absorptions expliquent les différences entre le spectre du rayonnement solaire reçu à la surface de l'atmosphère et celui reçu au sol après que le rayonnement solaire l'a traversée (figure 2.5).

Le spectre d'absorption d'un gaz étant connu, on peut prévoir la façon dont, chauffé, il émettra un rayonnement, car l'intensité de celui-ci sera la même que pour le rayonnement du corps noir à la même température et pour la même longueur d'onde mais multiplié par le coefficient d'absorption du gaz pour cette même longueur d'onde (**loi de Kirchoff**). Autrement dit, pour les longueurs d'onde où il est parfaitement transparent, un gaz chauffé n'émet aucun rayonnement (cela est vrai aussi pour un corps parfaitement réfléchissant). Pour les autres longueurs d'onde, il émet d'autant plus de lumière qu'il est plus absorbant. En résumé, lorsqu'il est chauffé, un gaz émet un rayonnement dont le spectre (spectre d'incandescence) est composé de raies colorées situées exactement dans les positions des raies noires de son spectre d'absorption.

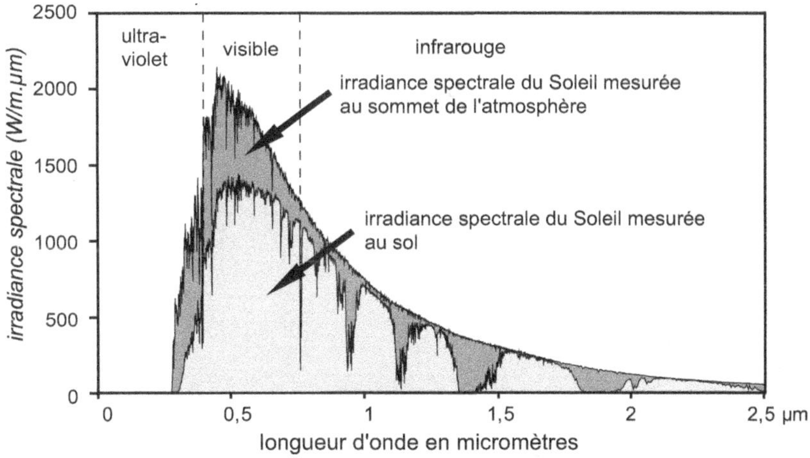

Figure 2.5 – Spectre du rayonnement solaire au sommet de l'atmosphère et au sol.

Les différences entre les deux spectres sont, dans cette gamme de longueurs d'onde, essentiellement dues à l'absorption par la vapeur d'eau.

En quelques mots

- L'essentiel de l'énergie reçue à la surface du globe nous vient du Soleil qui envoie à la surface de l'atmosphère une puissance d'environ 1,361 kW/m^2 (c'est la *constante solaire*), ce qui fait en moyenne 340 W/m^2 de sol. Le flux de chaleur géothermique ne s'élève qu'à 0,05 W/m^2 de sol et n'a pas d'influence sur les climats sauf en ce qui concerne l'effet des éruptions volcaniques et, à très long terme, de la tectonique des plaques.
- Les lois du rayonnement sont fondamentales pour comprendre le fonctionnement du système climatique. Le rayonnement émis par le corps noir (parfaitement absorbant pour toutes les longueurs d'onde) est régi par la *loi de Stefan* ($W = \sigma \cdot T^4$) et la *loi de Wien* ($L_{max} = 2\,898/T$). Les corps dont les coefficients d'absorption varient selon les longueurs d'onde, émettent, lorsqu'on les chauffe, des rayonnements dont l'intensité est fonction de ces coefficients d'absorption pour les mêmes longueurs d'onde (*loi de Kirchoff*).

Utilisation globale du rayonnement solaire par la Terre

3

PLAN

3.1 La traversée de l'atmosphère et l'arrivée au sol, l'albédo terrestre

Au sommet de l'atmosphère, le rayonnement solaire parvient avec sa répartition spectrale (figure 2.3). Au cours de son trajet dans l'atmosphère, une partie de ce rayonnement va être renvoyée dans l'espace sans guère de modifications. Si le système est en équilibre, le reste, après des transformations diverses, sera en définitive retourné vers l'espace sous forme de rayonnements de plus grande longueur d'onde (infrarouges). Nous allons détailler ci-dessous les phénomènes qui entrent en jeu et qui sont fondamentaux pour le fonctionnement du système climatique, et d'abord ceux correspondant au rayonnement incident (figure 3.1).

- **Absorption.** Les rayonnements des différentes longueurs d'onde vont être soumis à une absorption sélective par les gaz constituant l'atmosphère, principalement l'azote, l'oxygène, le dioxyde de carbone, l'ozone et la vapeur d'eau. Au total, c'est 23 % de l'énergie incidente qui est ainsi absorbée, dont environ 3 % par les nuages. Bien entendu, cette énergie n'est pas perdue : elle est transformée en chaleur et contribue à élever la température des différents gaz ayant absorbé ce rayonnement. En fonction de la répartition en altitude de ces gaz, ces réchauffements sont divers ce qui explique en partie les différences de température entre les diverses couches de l'atmosphère (figure 1.2).
  En définitive, cette traversée de l'atmosphère aboutit, dans l'ensemble, à éliminer les rayonnements infrarouges et ultraviolets. Seule parvient au sol, presque intacte, la partie du rayonnement solaire dont les longueurs d'onde sont comprises entre 0,3 µm et 0,75 µm (figure 2.4, courbe du haut). C'est pratiquement la bande de rayonnement qui est pour nous visible, celle aussi dans laquelle la chlorophylle montre ses maximums d'absorption : la vie s'est adaptée à ces conditions physiques.

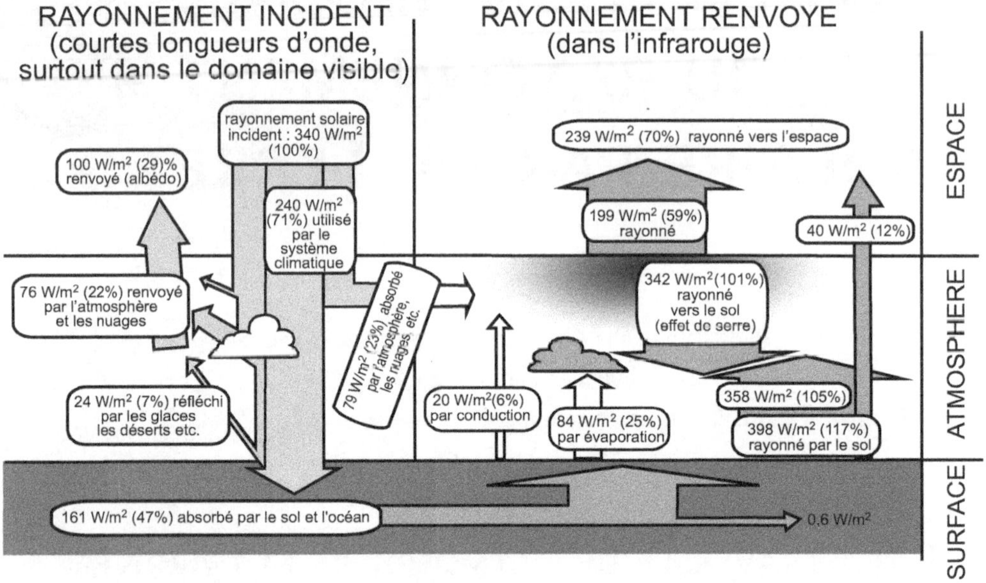

Figure 3.1 - Comment le rayonnement solaire est utilisé par la machine thermique Terre.

Partie gauche de la figure : rayonnement incident reçu sur Terre. 29 % est renvoyé directement vers l'espace (albédo), 47 % est absorbé par le sol et le réchauffe, 23 % est absorbé par l'atmosphère. Partie droite de la figure (les pourcentages se réfèrent au rayonnement incident total) : le rayonnement restitué par la Terre et l'atmosphère vers l'espace, sous forme d'infrarouges, est un peu inférieur à celui qu'elle a reçu (0,6 W/m²). Du fait de l'effet de serre, l'atmosphère rayonne vers le sol 342 W/m² (valeurs du 5e rapport du GIEC, *Assessment Report* WGI, p. 181).

La présence d'ozone permet donc l'élimination de la plupart des rayons ultraviolets. Cette présence est bienvenue en ce qui concerne la matière vivante, car les ultraviolets, surtout de courte longueur d'onde, décomposent cette matière, notamment les fragiles molécules des acides nucléiques. Une baisse de la concentration atmosphérique en ozone aurait donc des conséquences importantes, peut-être catastrophiques, sur le monde vivant.

- **Diffusion**. Les gaz de l'atmosphère ne font pas qu'absorber les rayons solaires. Avec les poussières, ils les diffusent également, ce qui signifie qu'ils les renvoient, sans changement de longueur d'onde, dans toutes les directions. La plus grande partie est dirigée vers le sol (23 % du rayonnement incident). Une autre partie, retournée vers l'espace (environ 3 %), est perdue pour le système climatique.
- **Réflexion**. D'autres obstacles se trouvent encore sur le chemin des rayons solaires : ils sont constitués principalement par les nuages dont la surface supérieure, extrêmement réfléchissante, joue un rôle fondamental dans les climats puisqu'elle renvoie vers le ciel 19 % du rayonnement incident. On voit combien une variation de la nébulosité pourrait avoir d'influence sur le climat.

En définitive, il ne parvient au sol (compte tenu des erreurs d'arrondi) que 54 % du rayonnement solaire incident. Encore doit-on tenir compte de la réflexion sur les surfaces claires du globe (glaces polaires et zones désertiques), qui renvoient vers l'espace 7 % du rayonnement incident, ce qui n'en laisse effectivement que 47 % pour chauffer le sol et l'océan.
Le total de tout le rayonnement renvoyé vers l'espace sans modification est de 100 W/m^2, ce qui fait 29,4 % du rayonnement reçu du Soleil. Ce pourcentage correspond à l'**albédo** de la planète, défini comme la proportion de l'énergie rayonnante renvoyée par rapport à l'énergie rayonnante reçue soit, dans ce cas, 0,29. C'est cette lumière qui rend la Terre visible de l'espace et qui en fait la « planète bleue ».

ENCART 3.1 L'albédo, quelques chiffres

L'albédo total de la planète, c'est-à-dire la proportion de rayonnement solaire renvoyé dans l'espace sans modification, est de 0,29. Mais, selon les surfaces éclairées, il peut varier considérablement. En voici quelques valeurs moyennes : neige fraîche : 0,85, nuages : 0,6 à 0,9, glace : 0,4, sable et champs : 0,2, forêts et eaux : 0,1. Noter que seuls les nuages et les surfaces enneigées ou englacées ont un albédo supérieur à la moyenne planétaire. Les variations de leurs surfaces peuvent donc avoir une grande importance dans l'équilibre des climats.

Le reste du rayonnement, soit quelque 71 %, est absorbé d'une manière ou d'une autre par l'atmosphère, les océans, le sol et la végétation. L'absorption, par l'atmosphère, les océans et le sol transforme l'énergie lumineuse essentiellement en énergie calorifique, ce qui conduit à une élévation de la température de ces milieux. L'absorption par la végétation transforme l'énergie lumineuse en énergie chimique, par le biais de la photosynthèse, avec maintien de la vie végétale, premier maillon des chaînes alimentaires.

3.2 Transferts de chaleur, rayonnement infrarouge

L'échauffement de la surface de la planète, sol et océans, par le rayonnement solaire va produire une série de phénomènes très importants.

Au contact de cette surface, l'atmosphère, qui a déjà par elle-même absorbé 23 % du rayonnement solaire, va s'échauffer davantage par conduction thermique, c'est-à-dire sous forme de ce que l'on appelle la **chaleur sensible** (celle que l'on sent lorsque l'on touche un corps chaud). Ce phénomène consomme 6 % de l'énergie solaire incidente totale.

Une partie bien plus grande de cette énergie calorifique sera utilisée dans le processus d'évaporation d'eau, changement physique de phase (l'eau liquide devient un gaz) qui consomme beaucoup d'énergie. L'eau évaporée provient des océans et des lacs, mais aussi des végétaux qui ont eux-mêmes un rôle actif dans la montée de l'humidité depuis le sol (on parle ici d'**évapotranspiration**). Cette chaleur, dite

chaleur latente (ou enthalpie de changement de phase), soustraite à la surface terrestre, va bientôt être cédée à l'atmosphère car la vapeur d'eau ainsi produite va se condenser en altitude pour donner des nuages, la condensation (changement de phase physique de gaz en liquide) restituant la même quantité d'énergie qu'elle en utilise en sens inverse. En définitive il s'agit d'un simple transfert d'énergie vers l'atmosphère qui gagne ainsi l'équivalent de 25 % du rayonnement incident.

Le sol va lui-même, du fait de son échauffement, émettre un rayonnement correspondant à 16 % de l'énergie reçue, 4 % servant à réchauffer l'atmosphère.

Le total des rayonnements infrarouges retournés vers l'espace est un peu plus faible (de 0,6 W/m^2) que le rayonnement reçu sous forme visible. Le système actuel n'est donc pas tout à fait en équilibre mais conserve une partie de l'énergie reçue, principalement stockée dans les océans.

Ainsi, du fait de son échauffement, la Terre rayonne vers l'espace 239 W/m^2 sur les 340 W/m^2 reçus. Si, par simplification, on l'assimile à un corps noir, on calcule, grâce à la loi de Stephan, que sa température, vue de l'espace, est de $(239/\sigma)^{1/4} = 255$ K (–18 °C), la longueur d'onde du maximum de puissance étant de 2 898/255 = 11,4 µm, ce qui est de l'infrarouge.

En définitive on peut dire que la Terre reçoit du Soleil de l'énergie rayonnante à courte longueur d'onde et la réémet vers l'espace à plus grande longueur d'onde (figure 3.2).

Ces caractéristiques sont celles de la Terre vue de l'espace. Mais la répartition des températures au sein de l'atmosphère doit tenir compte des phénomènes thermiques qui s'y produisent et, en particulier de l'effet de serre qui fait que la température de la basse troposphère est, en moyenne, de 16 °C.

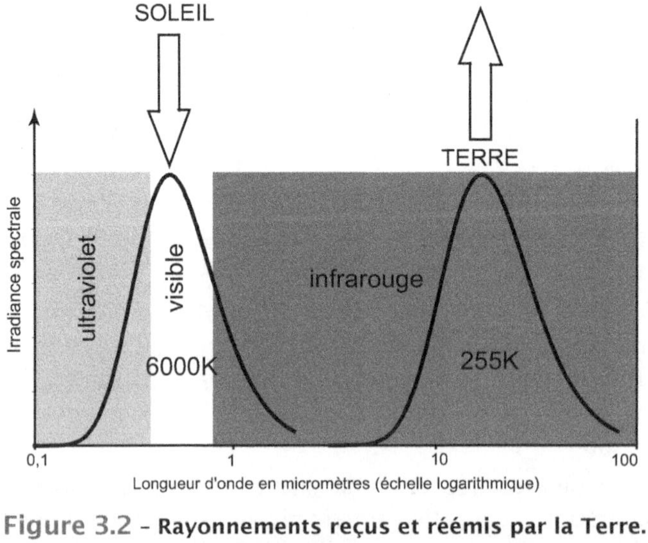

Figure 3.2 – Rayonnements reçus et réémis par la Terre.

Le rayonnement reçu du Soleil est approximativement celui du corps noir à 6 000 K, et embrasse le domaine du visible (maximum à 0,5 µm). Le rayonnement réémis vers l'espace est approximativement celui du corps noir à 255 K (–18 °C), et se trouve dans le domaine de l'infrarouge (maximum à 11,4 µm).

3.3 Effet de serre et effet de serre radiatif

Les échanges d'énergie au sein de l'atmosphère sont grandement dépendants des propriétés d'absorption des gaz qui la composent, dont le physicien français Joseph Fourier a été un des premiers à souligner l'importance, et qui produisent ce que l'on nomme effet de serre par comparaison à ce qui se passe dans ces constructions vitrées.

Encart 3.2 L'effet de serre : historique

En 1822, Joseph Fourier (1786-1830) s'illustre par la publication d'une théorie analytique de la chaleur extrêmement féconde qui a été, entre autres, à la base de l'analyse spectrale (séries de Fourier, transformée de Fourier). Deux ans plus tard, il publie des « Remarques générales sur la température du globe et des espaces planétaires » où il développe l'idée du rôle protecteur de l'atmosphère contre la perte de chaleur du sol par rayonnement.

Fourier compare la Terre à un dispositif imaginé par Horace Bénédict de Saussure, surtout connu par ses explorations des Alpes. Celui-ci avait construit un appareil composé de cinq caisses vitrées emboîtées dont les températures, mesurées à l'aide de thermomètres, s'élevaient d'autant plus qu'elles étaient plus au centre. L'interprétation de Fourier était conforme à ce que l'on nomme aujourd'hui « effet de serre » et montrait l'analogie de ce dispositif avec la Terre pour laquelle « *La température est augmentée par l'interposition de l'atmosphère parce que la chaleur trouve moins d'obstacles pour pénétrer l'air, étant à l'état de lumière, qu'elle n'en trouve pour repasser dans l'air lorsqu'elle est convertie en chaleur obscure* ». La chaleur obscure de Fourier et de ses contemporains est ce que l'on nomme aujourd'hui le rayonnement infrarouge.

Les idées de Fourier ont été reprises par le Français Claude Pouillet (1790-1868) puis par l'Irlandais John Tyndall (1820-1893) qui précisèrent le rôle de la vapeur d'eau et du gaz carbonique en tant que responsables de cet effet de serre. Mais c'est au Suédois Svante August Arrhenius (1859-1927) que l'on doit la généralisation et la large diffusion de ces idées. Selon les calculs de ce dernier, la température au sol en l'absence de gaz carbonique atmosphérique aurait été de 15 °C plus basse qu'elle n'est réellement (aujourd'hui, le calcul aboutit à 34 °C pour l'ensemble de l'effet de serre). Des variations climatiques importantes pourraient avoir été engendrées par des variations de concentration de l'atmosphère en gaz carbonique ayant pu atteindre dix fois la valeur actuelle. Ces variations de concentration auraient été en rapport avec l'activité des volcans, comme l'avait dès 1845 écrit le chimiste français J. J. Ebelman. Depuis ces travaux, l'effet de serre n'a cessé d'être pris en compte dans les études concernant les variations climatiques.

Ce terme d'effet de serre se réfère à l'idée que la température élevée observée dans une serre s'explique par l'effet décrit par Fourier : entrée facile des rayonnements visibles, sortie difficile des rayonnements infrarouges, le verre étant très absorbant pour leurs longueurs d'onde.

Considérons en effet une surface du sol que le rayonnement solaire de puissance W_1 porte à une température T_1, par exemple 10 °C (283 K). Si on la coiffe par une serre dont le verre absorbe 1/3 des rayonnements infrarouges émis à cette température, et si l'on s'en tient seulement aux phénomènes radiatifs, il faudrait, pour rétablir l'équilibre des énergies reçues et émises par la serre, que ce sol émette une énergie $W_2 = 1{,}5\ W_1$. L'application de la loi de Stephan nous indique que $W_2/W_1 = T_2^4/T_1^4$ et $T_2 = T_1 \cdot \sqrt[4]{1{,}5}$ soit 283 × 1,1067 = 313 K. L'élévation de température serait donc de 30 °C.

Mais ce calcul ne correspond pas à la réalité car il faut aussi tenir compte de la conduction thermique des parois et du confinement de l'air dans la serre qui augmente sa température et qui peut jouer y compris dans une enceinte où le verre est remplacé par une matière transparente aussi bien aux rayonnements visibles qu'aux infrarouges (la halite, par exemple). Cet effet de confinement a engendré des polémiques, amenant certains à nier l'importance de l'effet de serre (cf. Wood, R. W. (1909). "Note on the Theory of the Greenhouse". *The London, Edinburgh and Dublin Philosophical Magazine and Journal of Science,* vol. 17, p. 319-320). Ce terme d'effet de serre, quoique consacré, n'est donc pas satisfaisant, sauf à le compléter en parlant d'**effet de serre radiatif** pour souligner le fait que l'on n'y prend en compte que les phénomènes radiatifs.

Dans l'atmosphère, à la différence de ce qui se passe dans une serre, l'air n'est pas confiné et peut se refroidir grâce à des phénomènes de convection. L'effet de serre radiatif doit s'y produire puisque certains des gaz qui composent cette atmosphère (notamment la vapeur d'eau et le dioxyde de carbone) absorbent les infrarouges (figure 2.4). Ainsi, la plus grande partie du rayonnement infrarouge émis par le sol lui est renvoyée par l'atmosphère. Le résultat est que la température de la troposphère, et celle de la surface terrestre, sont beaucoup plus élevées que celles qu'elles devraient avoir sans cet effet. Sans effet de serre, la température terrestre serait d'environ –18 °C (voir annexe 2). La température moyenne au sol étant en fait de 16 °C, c'est 34 °C que nous fait gagner cet effet de serre naturel. En définitive, l'atmosphère se comporte globalement comme une paroi qui ne laisserait sortir que 60 % de l'énergie intérieure (figure 3.3). L'énergie est en quelque sorte piégée et l'équilibre thermique ne peut se rétablir que par une augmentation de température au sol. Cet effet de serre est évidemment différent selon les altitudes dans l'atmosphère.

Une variation de la concentration des gaz atmosphériques absorbant l'infrarouge ne peut donc pas être sans conséquences sur la température de la planète du fait de l'introduction d'un forçage radiatif (voir chapitre 17 et annexe 3) modifiant l'équilibre global du système climatique.

Tableau 3.1 - Température des planètes et effet de serre.

	Mercure	Vénus	Terre	Mars
Température calculée	161 °C	– 41 °C	– 18 °C	– 63 °C
Température mesurée au sol	167 °C	464 °C	16 °C	– 65 °C

Si l'effet de serre est absent sur Mercure et sur Mars, il n'en va pas de même sur Terre et, surtout, sur Vénus où il augmente la température au sol de plus de 500 °C par rapport à ce qu'elle serait sans sa très dense atmosphère. Voir aussi le tableau 2.1.

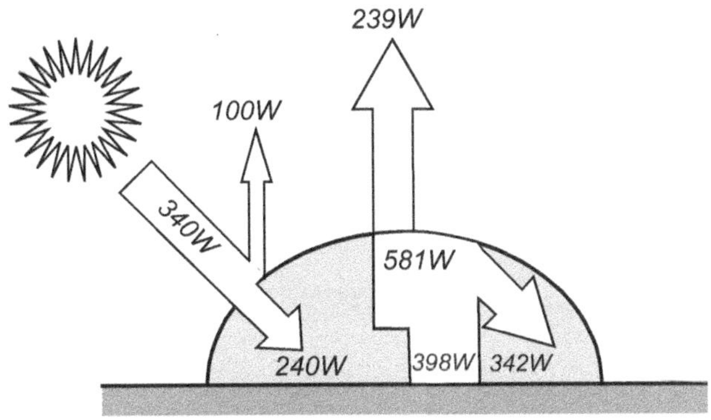

Figure 3.3 - **Bilan de l'effet de serre en bas de la troposphère.**

Les valeurs indiquées sont données par m² de surface terrestre. La puissance reçue du Soleil au sommet de l'atmosphère est de 340 W/m² dont 100 sont renvoyés vers l'espace sans modification par le jeu de l'albédo. Il en reste donc 240 pour échauffer le système climatique qui, avec seulement cette quantité, devrait atteindre une température de –18 °C (255 K). Mais, du fait de l'effet de serre, le sol rayonne 398 W/m², ce qui correspond à une température à la base de la troposphère de 16 °C.

En quelques mots

- Environ 29 % du rayonnement solaire envoyé sur Terre est réfléchi sans modification vers l'espace (*albédo*), 23 % est absorbé par l'atmosphère, le reste, soit environ 47 %, est absorbé par le sol, la végétation et l'océan.
- Ceux-ci, ainsi échauffés, vont restituer cette énergie 1) par conduction calorifique (*chaleur sensible*), 2) par évaporation d'eau (*chaleur latente*), 3) par émission de rayonnement infrarouge. L'absorption des infrarouges par les gaz à effet de serre augmente largement la température de la troposphère par rapport à ce qu'elle devrait être sans ces gaz (au sol, en moyenne, 16 °C au lieu de – 18 °C).

Répartition du rayonnement solaire à la surface de la Terre

4

Jusqu'ici, nous avons tenu des raisonnements et établi des bilans globaux pour toute la Terre. Mais rien dans le climat n'est compréhensible si l'on ne se penche pas sur le détail de ces échanges d'énergie, et d'abord sur la façon dont le rayonnement solaire est réparti à la surface de la Terre et en fonction du temps. On sait que de grandes différences existent dans ce domaine selon les latitudes et selon les saisons. Ce sont en effet les positions relatives du Soleil et de la Terre qui règlent cette répartition. En définitive, tout repose donc ici sur la détermination de l'orbite terrestre, problème dont la solution est connue aujourd'hui avec un haut degré de précision.

4.1 L'orbite terrestre, les saisons

Selon la première loi de Kepler, les orbites des planètes sont des ellipses dont un foyer est occupé par le Soleil (figure 4.1). Cette loi est valable en première approximation, une approche plus fine demandant de faire intervenir, en particulier, les interactions entre les planètes.

L'écliptique est le plan dans lequel la Terre se déplace autour du Soleil. Il est ainsi appelé parce que les éclipses, de Lune ou de Soleil, ne peuvent se produire que lorsque la Lune se trouve aussi dans ce plan. L'axe de la rotation de la Terre sur elle-même, mouvement qui donne les jours et les nuits, n'est pas perpendiculaire à ce plan mais oblique. Cette obliquité, caractérisée par l'angle entre la perpendiculaire au plan de l'écliptique et l'axe de rotation terrestre (actuellement 23° 27'), produit les saisons parce qu'elle engendre une inégalité variable entre les jours et les nuits.

Considérons, en effet, la figure 4.2, A. On voit qu'une moitié de la Terre est éclairée par le Soleil, l'autre étant dans la nuit. Le grand cercle qui sépare ces deux moitiés, et qui est perpendiculaire aux rayons du Soleil, est appelé cercle d'illumination.

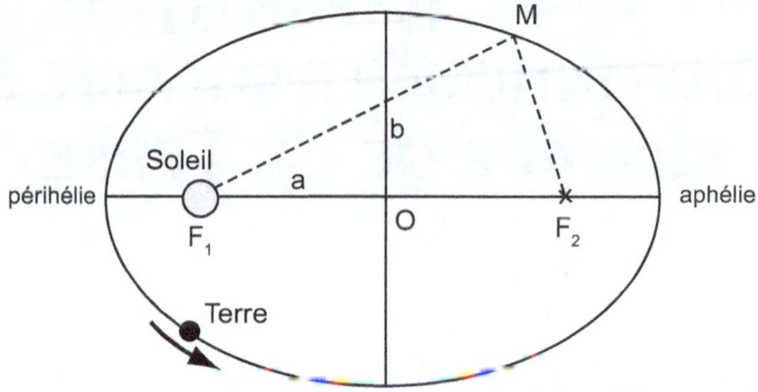

Figure 4.1 - L'orbite terrestre.

La Terre, comme toutes les planètes, tourne autour du Soleil selon une orbite elliptique. Une des définitions de l'ellipse est que, à partir de deux points F_1 et F_2 appelés foyers, tous les points M de l'ellipse sont tels que $F_1M + F_2M$ est constant. On peut ainsi facilement dessiner une ellipse avec une ficelle fixée aux deux extrémités par des pointes plantées aux foyers guidant un crayon prenant la position de tous les points M en gardant la ficelle tendue. Sur cette figure, O est le centre de l'ellipse, *a* le demi-grand axe et *b* le demi-petit axe. La demi-distance des foyers (soit $F_1F_2/2$) étant désignée par *c*, on définit l'excentricité comme le rapport $E = c/a$ (on montre qu'il vaut aussi $\frac{\sqrt{a^2 - b^2}}{a}$). L'aphélie est le point où la Terre se trouve le plus loin du Soleil, le périhélie celui où elle en est le plus près. Par définition, la durée de l'année (dite année tropique) est le temps que la Terre met pour parcourir entièrement son orbite.

ENCART 4.1 Les trois lois de Kepler

C'est à Kepler (1571-1630) que l'on doit la première image précise du mouvement des planètes. Il l'a défini en énonçant trois lois, les deux premières en 1609, la troisième, dix ans plus tard.

Première loi : les orbites des planètes sont des ellipses dont un foyer est occupé par le Soleil.

Deuxième loi (ou loi des aires) : le rayon vecteur (segment de droite qui joint le centre de la planète au centre du Soleil) balaye des aires proportionnelles au temps.

Troisième loi : les carrés des temps des révolutions sont proportionnels aux cubes des grands axes des orbites.

Ces lois ont trouvé leur généralisation quelque 70 ans plus tard dans la loi de la gravitation universelle énoncée par Newton qui permet d'expliquer les mouvements de tous les corps célestes, y compris les comètes. Nous verrons plus loin l'importance de ces lois dans le domaine de la paléoclimatologie.

La Terre tourne sur son axe, par rapport au Soleil, en une journée. Si l'obliquité était nulle, c'est-à-dire si cet axe de rotation était perpendiculaire aux rayons du Soleil, le cercle d'illumination (limite entre la moitié éclairée et la moitié dans l'ombre) passerait par les pôles. Tous les points de la Terre décriraient une moitié de leur parcours circulaire dans la lumière et l'autre moitié dans l'ombre. La rotation de la Terre sur son axe étant d'une grande régularité, la durée du jour serait partout égale à la durée de la nuit. La seule différence entre les différents points du globe serait la hauteur du Soleil sur l'horizon. À l'équateur, on le verrait toute l'année se lever à l'est, monter dans le ciel jusqu'au zénith, c'est-à-dire exactement à la verticale du point d'observation, six heures après son lever, puis décliner pour se coucher exactement à l'ouest, six heures plus tard. Aux pôles, il serait toujours à l'horizon qu'il décrirait sans relâche, de gauche à droite au pôle Nord, de droite à gauche au pôle Sud. Entre les pôles et l'équateur, levé exactement à l'est, il monterait dans le ciel jusqu'à occuper, six heures après son lever, sa plus grande hauteur. Celle-ci serait égale, en degrés d'élévation, à 90° moins la latitude du lieu d'observation. Il irait ensuite se coucher exactement à l'ouest.

Si l'obliquité n'est pas nulle, comme sur le dessin A de la figure 4.2, le cercle d'illumination ne passe plus, en général, par les pôles. Le trajet d'un point de la surface de la Terre, dans la rotation journalière de celle-ci sur son axe, n'a alors pas la même longueur dans la région illuminée et dans la région sombre (figure 4.2, B) et, par conséquent, le jour et la nuit n'y ont pas la même durée.

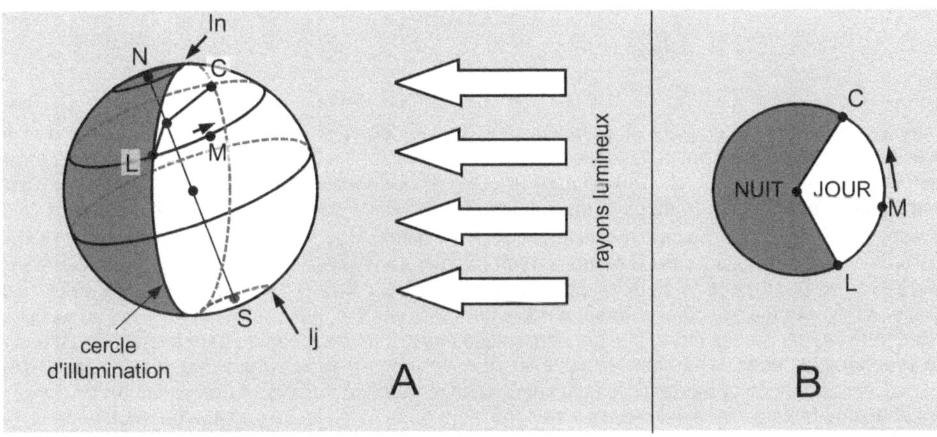

Figure 4.2 L'inégalité des jours et des nuits.

A) La partie éclairée de la Terre est limitée par le cercle d'illumination. La Terre faisant un tour sur son axe NS en une journée, chacun de ses points est tantôt éclairé, tantôt dans la nuit, à l'exception des points situés au nord de la latitude In (toujours dans la nuit) et de points situés au sud de la latitude lj (toujours éclairés). Ces deux latitudes sont, au moment des solstices, celles des cercles polaires.
B) Si on examine le plan dans lequel tourne le point M de la figure A, on voit que le jour s'y lèvera quand il passera en L et se couchera quand il passera en C. La vitesse de rotation angulaire de la Terre étant, à très peu près, constante, la durée du jour sera alors plus petite que la durée de la nuit. Dans cette situation, qui est celle de l'hiver boréal, cela est vrai pour tous les points de l'hémisphère nord situés entre la latitude In et l'équateur. C'est l'inverse dans l'hémisphère sud. À noter qu'à l'équateur les jours sont toujours égaux aux nuits.

Pour être plus complet, il faut ajouter que, au cours du trajet annuel de la Terre sur son orbite, son axe de rotation reste constamment parallèle à lui-même. Deux situations extrêmes sont alors observables au cours de l'année (figure 4.3).

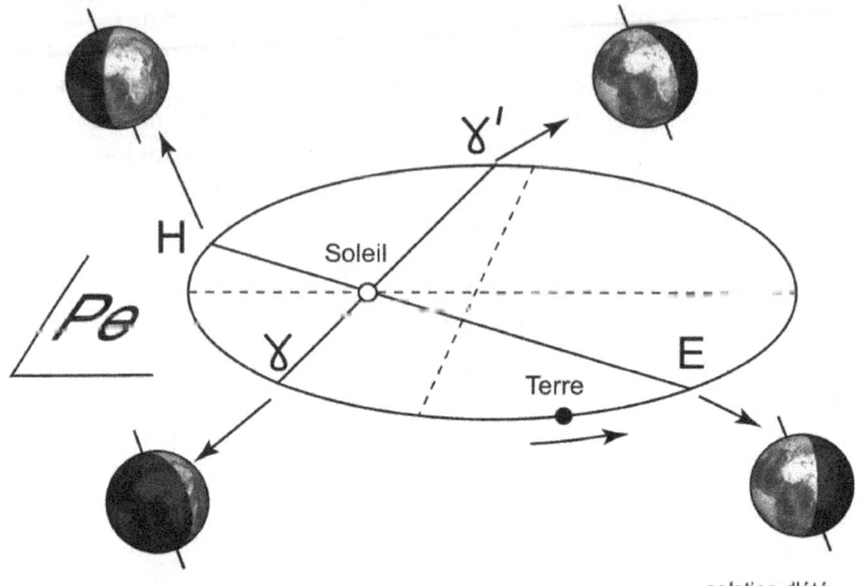

Figure 4.3 - **Les saisons.**

La figure montre l'orbite terrestre en perspective avec des détails sur quatre positions importantes de la Terre. Au point H, la Terre est au solstice d'hiver pour l'hémisphère nord : les jours y sont les plus courts possibles est les nuits les plus longues. Lorsque la Terre parvient au point γ (gamma), son axe de rotation ayant toujours la même orientation par rapport au plan de l'écliptique P_e qui contient l'orbite terrestre, cet axe est alors dans le plan du cercle d'illumination. Il en résulte que, pour tous les points de la Terre, les jours sont égaux aux nuits : c'est l'équinoxe de printemps dans l'hémisphère boréal. Au point E (solstice d'été) de l'hémisphère nord, la situation est l'inverse de celle du point H (jours les plus longs, nuits les plus courtes). Au point γ' (gamma prime, équinoxe d'automne de l'hémisphère nord), on retrouve le cas du point γ. Noter que : 1) les droites HE et $\gamma\gamma'$ sont perpendiculaires; 2) H n'est pas au périhélie et E n'est pas non plus à l'aphélie ; 3) les aires parcourues par le rayon vecteur Soleil-Terre durant chacune des saisons étant inégales, les durées de ces saisons le sont aussi (deuxième loi de Kepler) ; 4) les variations de durée des jours et des nuits, et donc l'existence des saisons, sont dues à l'obliquité de l'axe de rotation de la Terre par rapport au plan de l'écliptique : si cet axe était perpendiculaire à ce plan, le cercle d'illumination passerait toujours par les pôles et les jours seraient toujours égaux aux nuits. Noter aussi que les saisons de l'hémisphère sud sont décalées de 2 par rapport à celles de l'hémisphère nord.

Dans l'une, l'angle entre le cercle d'illumination et l'axe des pôles est maximal (points H et E). L'inégalité des jours et des nuits est alors la plus grande possible. Ceci se produit deux fois par an, au moment des solstices. Si l'on prend l'exemple de l'hémisphère nord, un de ces moments correspond à la situation où les jours sont les plus longs possibles, et les nuits les plus courtes (point E). C'est alors le solstice d'été, saison qui est en général la plus chaude à cause, justement, de cette longue exposition journalière aux rayons du Soleil, jointe à une montée de celui-ci haut dans le ciel au cours de la journée. L'autre moment est celui où les jours sont les plus courts possibles (point H) : c'est le solstice d'hiver, avec le Soleil pas bien haut dans le ciel, un ensoleillement réduit, et des températures en moyenne peu élevées. Pour l'hémisphère sud, la situation est symétrique : l'hiver austral correspond à l'été boréal, l'été austral à l'hiver boréal. Le solstice (du latin *sol*, soleil et *stare*, s'arrêter) est l'instant où le soleil cesse d'être tous les jours un peu plus haut dans le ciel (pour le solstice d'été), ou un peu plus bas (pour le solstice d'hiver).

Dans l'autre situation extrême, l'axe de rotation de la Terre est perpendiculaire aux rayons du Soleil. On est, momentanément, dans une situation analogue à celle que nous avons décrite pour une Terre où l'obliquité de l'écliptique serait nulle, puisque le cercle d'illumination passe alors par les pôles. Il en résulte, sur toute la Terre, une égalité entre les durées des jours et des nuits qui valent exactement 12 heures. Ces moments s'appellent équinoxes, étymologiquement du latin *aequus*, égal, et *nox*, nuit. Il existe deux équinoxes, l'un de printemps, entre les solstices d'hiver et d'été, l'autre d'automne, entre les solstices d'été et d'hiver. Du fait de la symétrie déjà soulignée pour les hémisphères en ce qui concerne les solstices, l'équinoxe de printemps boréal est l'équinoxe d'automne austral et inversement.

Par définition, on appelle point γ (gamma) le point où se trouve la Terre au moment de l'équinoxe de printemps boréal, et point γ' (gamma prime) celui où elle se trouve au moment de l'équinoxe d'automne boréal. Il est à noter, et c'est fondamental, que la droite qui joint les points des équinoxes est perpendiculaire à celle qui joint les points des solstices. Ces points, étant liés uniquement à l'inclinaison de l'axe de rotation, n'ont aucun rapport avec la forme de l'orbite terrestre et, notamment, n'ont aucune raison de se trouver préférentiellement à l'aphélie (point où la Terre est le plus loin du Soleil) ou au périhélie (point où elle en est le plus près).

L'obliquité de l'axe de rotation de la Terre par rapport à la perpendiculaire au plan de l'écliptique (actuellement 23° 27') fixe les latitudes des cercles polaires et des tropiques (respectivement 66° 33' et 23° 27'). À l'intérieur des cercles polaires, il existe des périodes pendant lesquelles les jours (pendant le printemps et l'été) ou les nuits (pendant l'automne et l'hiver) durent plus de 24 heures. Entre les tropiques, il existe des moments (pendant le printemps ou l'été) où le Soleil se trouve au zénith, c'est-à-dire exactement à la verticale de l'observateur. À l'équateur, jours et nuits ont toujours la même durée, soit 12 heures.

Les valeurs de différents paramètres de l'orbite terrestre (obliquité de son axe de rotation, position du point gamma, forme de son orbite) varient lentement au cours du temps et sont à l'origine de variations climatiques à l'échelle de dizaines ou de centaines de milliers d'années. Ces variations seront étudiées au chapitre 20.

4.2 Répartition géographique du rayonnement solaire au cours de l'année

L'inégalité des jours et des nuits, leurs variations au cours des saisons, conduit à une répartition du rayonnement solaire dans l'espace et dans le temps qui est donnée figure 4.4. Sur cette figure, on remarquera que le maximum de rayonnement solaire varie très notablement en latitude selon les saisons, allant de l'hémisphère sud à l'hémisphère nord. À l'intérieur des cercles polaires, des zones en grisé marquent les périodes de nuit permanente automnales et hivernales. À l'emplacement des pôles, leur durée est de six mois (d'un équinoxe à l'autre), et décroît quand on se dirige vers les cercles polaires. On constate que c'est paradoxalement dans ces mêmes régions que, vers les solstices d'été, boréal ou austral, l'insolation journalière est maximale. Cela correspond aux périodes pendant lesquelles le jour est permanent et où l'on peut observer le « soleil de minuit ». Ainsi, au cours de l'année, les variations de l'insolation dans les régions polaires sont-elles très grandes, passant de rien du tout aux valeurs maximales pour l'ensemble de la Terre. Entre les tropiques, les variations sont bien moins importantes. Les valeurs les plus élevées y suivent fidèlement le Soleil dans sa course et se rencontrent donc durant le printemps et l'été boréaux, c'est-à-dire à peu près d'avril à septembre, au nord de l'équateur, et durant l'automne et l'hiver boréaux, d'octobre à mars, au sud de l'équateur.

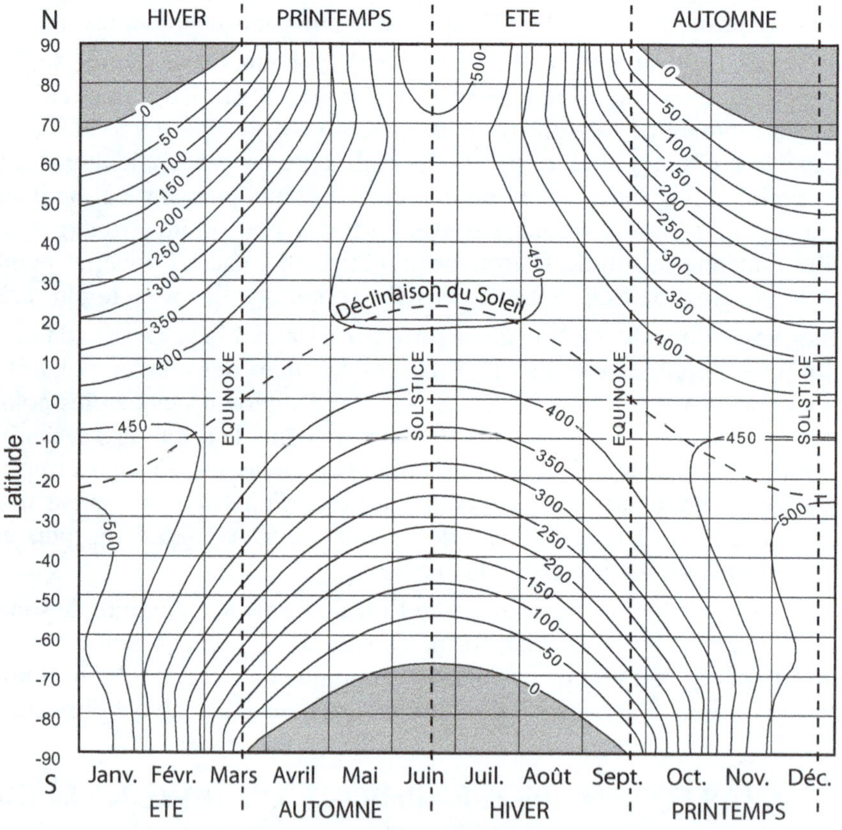

Figure 4.4 – Répartition du rayonnement solaire à la surface de l'atmosphère.

Les courbes indiquent, en watts par mètre carré, les valeurs du rayonnement solaire en fonction de la date dans l'année et de la latitude. Aux pôles, les mois d'hiver sont marqués par la nuit permanente et les mois d'été par une insolation importante due au jour permanent. Tout ce rayonnement n'est pas utilisé par le système climatique puisque, au total, près du tiers (29 %) est renvoyé vers l'espace. La proportion renvoyée varie selon les régions du fait, notamment, de la nébulosité variable et de la nature plus ou moins réfléchissante de la surface terrestre. (Modifié d'après A. Ivanoff, *Introduction à l'océanographie*, T. II, 1975, Vuibert, Paris).

Toute cette énergie n'est pas utilisée sur Terre puisque, nous l'avons vu, une partie est renvoyée sans modification vers l'espace. On peut représenter par une courbe (figure 4.5, courbe en trait plein) le rayonnement absorbé en moyenne par le système climatique selon les différentes latitudes. Cette courbe peut se comprendre comme les moyennes des insolations, latitude par latitude, représentées plus haut (figure 4.4), auxquelles on soustrait ce qui est directement renvoyé vers l'espace, l'ensemble étant rapporté à la durée d'une journée.

Si maintenant, dans les mêmes conditions, on regarde la répartition de l'énergie rayonnée dans l'infrarouge par la Terre et ses enveloppes telle qu'on la mesure depuis l'espace (figure 4.5, courbe en pointillé), on constate que, près de l'équateur, l'énergie dissipée par ce rayonnement est nettement plus faible que l'énergie reçue du Soleil alors que, vers les pôles, c'est l'inverse. Cependant, nous l'avons vu plus haut, les quantités des énergies reçue et renvoyée par le globe sont les mêmes puisque le bilan général est pratiquement équilibré. Ces faits, en apparence contradictoires, s'expliquent par l'existence d'un transfert d'énergie depuis les régions équatoriales, excédentaires, vers les régions polaires, déficitaires.

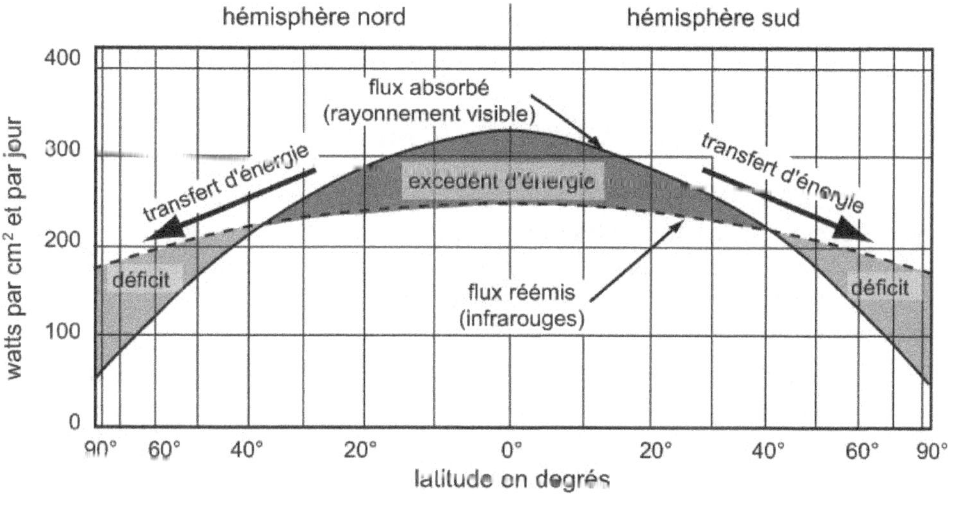

Figure 4.5 – Rayonnement reçu du Soleil à la surface de sol et rayonnement renvoyé vers l'espace à différentes latitudes.

La courbe (en trait plein) du flux absorbé de l'insolation est la moyenne des valeurs de la figure précédente selon les latitudes, diminuée du rayonnement renvoyé directement vers l'espace (albédo). On constate qu'elle est au-dessus de celle du rayonnement émis dans l'infrarouge (en pointillés) entre 40 °N et 40 °S (zone en grisé foncé) et au-dessous dans les régions de plus grande latitude (zones en grisé plus clair). Il est donc nécessaire qu'il y ait un transfert d'énergie de l'équateur vers les pôles, ce qui s'effectue par les mouvements des masses d'air et d'eau (flèches).

Comment s'effectue ce transfert d'énergie ? S'il n'y avait pas mobilité de matière à la surface de la Terre, on ne pourrait invoquer que l'intervention de la conduction de la chaleur à travers le sol. Mais, sur Terre, existent des masses mobiles gazeuses (l'air) ou liquides (l'eau) que l'on désigne ensemble sous le nom de **fluides géophysiques**. Chauffées directement ou indirectement par le Soleil, elles se déplacent et vont céder leur énergie dans les régions déficitaires. Cela fait de la Terre une gigantesque machine thermique où les déséquilibres locaux des bilans énergétiques du rayonnement sont compensés par les déplacements de masses d'air et d'eau. En ce qui concerne l'atmosphère, l'énergie excédentaire des régions équatoriales est transportée par une circulation atmosphérique générale en direction des pôles où elle contribue à équilibrer le déficit des quantités d'énergie rayonnante. En ce qui concerne les eaux océaniques, principalement entraînées par le frottement des masses d'air en mouvement, elles constituent une sorte de chauffage central qui puise de la chaleur aux environs de l'équateur et va la distribuer près des pôles, en contournant les obstacles que sont les continents et les îles. L'atmosphère intervient majoritairement dans ces transports d'énergie.

Ainsi, le moteur principal des mouvements des masses d'air atmosphériques, c'est-à-dire des vents, et des masses d'eau océaniques, c'est-à-dire des courants, se trouve dans les différences qui existent, en chaque point de la surface terrestre, entre l'énergie rayonnante reçue du Soleil et celle qui est renvoyée dans l'espace sous forme d'infrarouges. Toute modification de ces bilans énergétiques sera donc susceptible d'entraîner des variations climatiques.

En quelques mots

- L'orbite que la Terre décrit autour du Soleil en un an est une ellipse dont le Soleil occupe un des foyers (première loi de Kepler). L'axe de la rotation diurne (effectuée en un jour) de la Terre est incliné par rapport au plan de cette ellipse (plan de l'écliptique), ce qui conditionne l'inégalité des jours et des nuits et la succession des saisons.
- La répartition du rayonnement solaire à la surface du globe dépend de ces caractéristiques orbitales. Les régions équatoriales recevant, en moyenne, plus d'énergie que les régions polaires, un rééquilibrage s'effectue par le biais des courants atmosphériques et océaniques.

LES MOUVEMENTS DE L'ATMOSPHÈRE

5

PLAN

5.1 La convection thermique

La principale cause du mouvement des masses d'air est l'inégalité de la répartition de l'énergie calorifique en leur sein qui produit le phénomène de convection thermique. Quel est ce phénomène et comment l'expliquer ?

Dans une région où il n'y a pas de vent, l'immobilité des masses d'air correspond à un état d'équilibre des forces : dans le sens vertical, la pesanteur qui tend à faire descendre les masses d'air vers le sol est équilibrée par la pression atmosphérique ; dans le sens horizontal, les pressions des masses d'air sont égales pour une même altitude (ou, pour être plus exact, pour une même cote géopotentielle).

Si maintenant, pour une raison ou pour une autre, un échauffement se produit au bas de ces masses d'air, il va en résulter une dilatation de l'air de cette région. Cet air, rendu ainsi moins dense que celui qui l'entoure, va être soumis à la poussée d'Archimède ce qui va engendrer, au-dessus de la zone dilatée, une intumescence des courbes d'égale pression. Pour une même altitude, les pressions seront plus élevées à la verticale de la colonne d'air dilatée qu'alentour et, pour rétablir l'équilibre, l'air de cette région chauffée devra se déplacer du centre vers la périphérie, ce mouvement horizontal étant appelé **advection**. Dans les régions périphériques où l'air se transporte, cet apport va provoquer une augmentation de la pression qui va être ressentie sur toute la colonne d'air dont la base va se mettre en mouvement à son tour horizontalement vers le centre. En définitive, on va assister à un mouvement ascendant de l'air dans la région chauffée, avec une zone de divergence des masses d'air au sommet de la colonne et une zone de convergence vers le bas, l'air dispersé vers le haut étant renvoyé vers le bas dans ce dispositif qui est appelé **cellule de convection**. Au sol, la pression de la zone centrale échauffée sera donc plus faible que celle des régions qui l'entourent.

Ces cellules de convection peuvent se produire à n'importe quelle échelle dès lors qu'il y a échauffement d'une partie d'une masse d'air. Les pilotes de planeur savent utiliser ces colonnes ascendantes et les repérer par exemple en été au-dessus d'un champ de blé chauffé par le soleil.

Si l'on se place au niveau de la Terre entière, nous avons vu que, en moyenne, pendant l'année, le maximum de rayonnement solaire se trouvait dans les régions équatoriales (figure 4.5). C'est donc là que l'on doit, logiquement, trouver l'origine de la convection atmosphérique la plus importante. C'est en effet le cas, et l'on nomme cette zone de basse pression **zone de convergence intertropicale** (**ZCIT**). Les masses d'air y étant, dans leur ensemble, aspirées vers le haut, la composante horizontale de ce mouvement est pratiquement nulle, ce qui donne, au niveau de la surface terrestre, des vents faibles et hésitants. Cette zone de calme était redoutée du temps de la marine à voile car les bateaux, déventés, pouvaient mettre des semaines à la traverser. L'air, qui est ainsi entraîné dans un mouvement ascendant au droit de la zone de convergence, augmente de volume, puisque la pression baisse, et se refroidit (refroidissement dit adiabatique, lié à cette augmentation de volume sans échange thermique avec les masses d'air extérieures).

Si l'air est assez humide, ce refroidissement entraîne la condensation de la vapeur d'eau qu'il contient, de sorte que des nuages se forment habituellement dans ces régions. C'est le cas au-dessus des océans où les zones caractérisées par ces exceptionnelles nébulosités sont appelées le **pot-au-noir**. Ces régions sont aussi très arrosées, aussi bien lorsqu'elles sont océaniques que continentales, du moins si l'air peut être suffisamment approvisionné en vapeur d'eau par évaporation ou évapotranspiration (cas des forêts tropicales). La situation exacte de cette zone de convergence intertropicale (figure 5.1) varie au cours de l'année car elle suit les variations en latitude de la zone d'irradiation maximum (figure 4.4) : pendant la saison chaude boréale, elle se trouve dans l'hémisphère nord et pendant le reste de l'année dans l'hémisphère sud. Du fait de l'irrégularité de la situation des continents et des

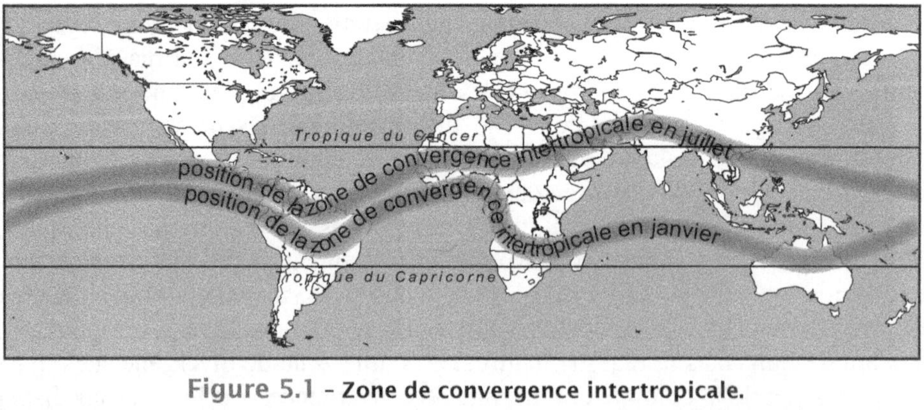

Figure 5.1 – Zone de convergence intertropicale.

Cette zone de convergence est loin d'être rectiligne et oscille, selon les saisons, entre des positions septentrionales et des positions méridionales dont on a marqué, en grisé, les situations moyennes. Contrôlée par la déclinaison du Soleil, elle l'est aussi par la répartition des terres et des mers qui induit, par place, un phénomène de mousson.

océans, elle ne se présente pas comme une ligne parallèle à l'équateur mais montre des sinuosités, particulièrement marquées sur l'Asie du Sud-Est.

Étant donné, malgré tout, la relative linéarité de la zone de convergence intertropicale, on pourrait imaginer que la circulation atmosphérique se fasse très simplement, les masses d'air s'élevant à partir d'elle pour diverger en haute atmosphère, se diriger directement vers les pôles en altitude, y redescendre pour converger vers l'équateur près du sol. En fait, ce qui se passe est plus complexe pour différentes raisons, l'une étant que la Terre tourne sur son axe, par rapport aux étoiles, ce qui oblige à considérer l'action de ce que l'on nomme « force de Coriolis ».

5.2 La force de Coriolis

Newton a montré qu'un corps de masse m auquel est appliqué une force F est entraîné avec une accélération g telle que $F = m \cdot g$. Cette relation (la seconde loi de Newton) constitue l'équation fondamentale de la dynamique. Il en résulte immédiatement que si aucune force n'est appliquée à ce corps, on a $F = 0$ et son accélération g est nulle. Ce corps est soit immobile, soit animé d'un mouvement rectiligne uniforme, c'est-à-dire de vitesse constante (première loi de Newton).

Cependant, cette formule simple n'est valable que dans ce que l'on nomme un **repère galiléen**, c'est-à-dire, pratiquement, par rapport aux étoiles, ou par rapport à n'importe quel repère animé d'un mouvement rectiligne uniforme par rapport aux étoiles, repère qui, par définition, n'a pas d'accélération. Il en va autrement, en effet, si la mesure a lieu à partir d'un repère ayant une accélération par rapport aux étoiles, par exemple si elle est faite à bord d'une fusée poussée par ses réacteurs. Si l'on regarde par le hublot de la fusée un point immobile par rapport aux étoiles, il semblera animé d'un mouvement accéléré par rapport à la fusée, en sens inverse du mouvement de celle-ci, bien entendu. Par rapport à la fusée, tout se passera donc comme si le point était animé par une force. On doit tenir compte de cette force si l'on veut décrire le mouvement d'un corps depuis un repère en mouvement accéléré, ce qui est le cas de la Terre et des mouvements atmosphériques et océaniques.

Pour faire saisir simplement l'application de cette notion sur la Terre, nous allons prendre l'exemple d'un mouvement dont la description est faite par rapport à un disque tournant avec régularité sur son axe. Cet exemple nous sera utile pour rendre compte des déplacements des masses atmosphériques ou océaniques par rapport au repère terrestre.

Rappelons d'abord qu'un corps animé d'un mouvement circulaire uniforme est soumis à une force dirigée vers le centre de rotation du mouvement. Par conséquent c'est un mouvement accéléré, et l'on peut s'attendre à ce que les mouvements décrits par rapport à ce corps fassent apparaître une force.

Pour simplifier notre exemple, plaçons-nous dans le plan d'un disque (figure 5.2, A à D). À l'extérieur de celui-ci, dessinons des axes de coordonnées (x,y) fixes par rapport aux étoiles. C'est un repère galiléen pour lequel s'applique la relation fondamentale de la dynamique. Sur le disque lui-même traçons un repère (x_c,y_c) qui va tourner avec le disque et à partir duquel on va pouvoir décrire les mouvements vus par un observateur tournant aussi avec le disque.

Imaginons maintenant un objet m se déplaçant avec un mouvement rectiligne uniforme par rapport au repère (x,y). Les figures A, B, C et D, qui sont en quelque sorte quatre photos prises à intervalles réguliers, montrent quatre positions de l'objet : m_0, m_1, m_2 et m_3.

La figure 5.2, E montre la trajectoire du point m enregistré par rapport à (x,y) : il s'agit bien d'un mouvement rectiligne uniforme. La figure F montre la trajectoire du point m enregistré par rapport à (x_c,y_c) : les positions successives de m ont été enregistrées en c_0, c_1, c_2 et c_3 qui dessinent une trajectoire incurvée vers la droite. Pour un observateur lié à ce repère, tout se passe comme si la trajectoire du mobile avait été déviée par une force, qui est la **force de Coriolis** (dite aussi **force géostrophique**), à laquelle correspond une accélération qui est l'**accélération complémentaire de Coriolis**.

Cette force de Coriolis est évidemment relative au repère utilisé. On remarquera (figure 5.2) qu'elle est dirigée en sens inverse de la rotation du repère par rapport au mouvement du corps, c'est-à-dire vers la droite (puisque la trajectoire du mobile semble incurvée vers la droite) alors que le repère tourne vers la gauche. Par le calcul, on peut trouver que l'intensité de cette force Fc est proportionnelle à la vitesse v du corps par rapport au repère et au double de la vitesse angulaire ω de rotation du disque, soit $Fc = 2\omega \cdot v$.

La situation que nous avons dessinée sur la figure peut s'appliquer à la Terre si l'on se place à un pôle, par exemple au pôle Nord. En imaginant alors, dans cette région, que des masses d'air se déplacent du fait de différences de pression, on est obligé d'admettre que, par rapport à un observateur terrestre, elles ne le feront pas de façon rectiligne, mais seront déviées vers la droite et qu'ainsi elles vont être entraînées dans un mouvement tourbillonnaire. Ce phénomène est fondamental pour comprendre comment se déplacent les masses d'air ou d'eau à la surface du globe. Du fait de la force de Coriolis, elles seront toujours déviées vers la droite dans l'hémisphère nord, vers la gauche dans l'hémisphère sud (où la situation est symétrique). C'est ce que l'on nomme parfois la règle de **Buys-Ballot**. En définitive, ces déplacements de masses atmosphériques ou océaniques se résolvent toujours en mouvements tourbillonnaires.

L'exemple du disque tournant, que nous avons exposé, s'applique exactement à l'endroit des pôles pour des déplacements horizontaux, c'est-à-dire s'effectuant dans le plan de la rotation terrestre. Des déplacements horizontaux ailleurs qu'aux pôles se font sur des plans obliques au plan de la rotation terrestre et c'est alors une force égale à la projection dans ces plans de celle que l'on vient de voir qui agit. Il faut donc, toutes choses égales par ailleurs, multiplier l'expression 2ω par $\sin(\phi)$, ϕ étant la latitude du point considéré. Comme ϕ va de 90° à 0° du pôle à l'équateur, et que $\sin(\phi)$ va, sur ce même parcours, varier de 1 à 0, on voit que la force de Coriolis est maximale au pôle, diminue lorsque l'on s'en éloigne, et devient nulle à l'équateur, bien entendu en considérant des mouvements horizontaux.

En définitive, et en résumé, pour des masses se déplaçant horizontalement sur Terre, la force de Coriolis Fc dépend de la vitesse angulaire de rotation de la Terre ω (pratiquement constante), de la latitude du point considéré ϕ, et de la vitesse v de déplacement de ces masses selon la formule $Fc = 2\omega \cdot \sin(\phi) \cdot v$. Elle dévie les trajectoires des masses mobiles vers la droite dans l'hémisphère nord, vers la gauche dans l'hémisphère sud. Soulignons que la force de Coriolis est nulle lorsque les masses ne sont pas en mouvement par rapport au repère accéléré (c'est-à-dire lorsque $v = 0$).

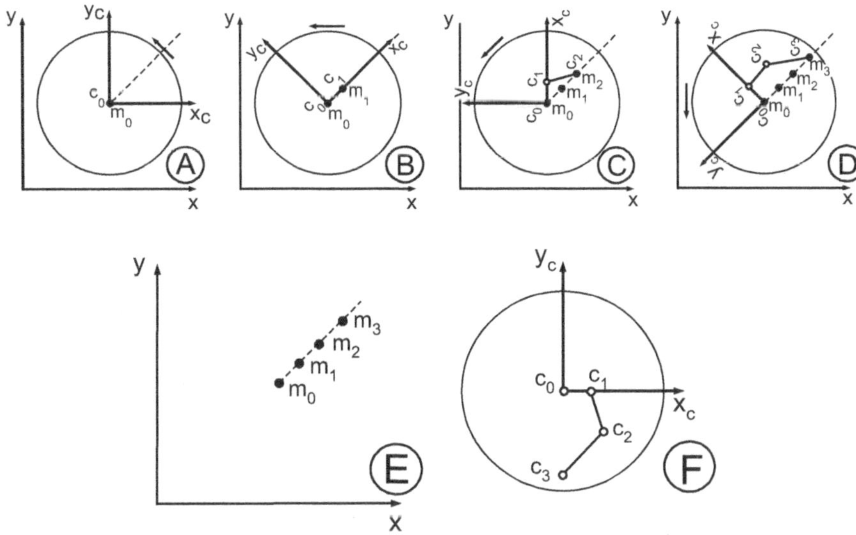

Figure 5.2 – La force de Coriolis.

En haut, un mobile parcourt la droite figurée en pointillé avec un mouvement rectiligne uniforme par rapport au repère x,y. Sur les figures A à D, on le voit successivement occuper les positions m_0, m_1, m_2 et m_3. Par rapport à un disque tournant avec le repère x_c,y_c (fig. F), le point occupe successivement les positions c_0 à c_3 et tout se passe comme si sa trajectoire avait été déviée vers la droite par une force, dite de Coriolis, dirigée dans le sens inverse de rotation du disque. Par rapport au repère x,y (fig. E), le mouvement résultant est bien rectiligne uniforme.

5.3 Équilibre géostrophique et tourbillons

La force de Coriolis qui se manifeste par rapport à un repère terrestre infléchit les trajectoires des masses d'air ou d'eau et les transforme en mouvements tourbillonnaires. Dans le cas de l'atmosphère, le mouvement qui se manifeste à l'origine est, pour une altitude donnée, le déplacement horizontal d'une masse d'air vers la zone de moindre pression (figure 5.3). Cette masse étant mue par une force, toujours dirigée de la haute pression vers la basse pression, elle a une accélération. Dès que cette masse est en mouvement, elle est sollicitée par la force de Coriolis, proportionnelle à sa vitesse, et se trouve déviée. Sa vitesse augmentant, la force de Coriolis augmente également et ceci jusqu'à ce que la force qui sollicite la masse en mouvement soit exactement équilibrée par la force de Coriolis correspondant à la vitesse alors prise : on dit qu'il y a **équilibre géostrophique**. La vitesse de la masse d'air (c'est-à-dire du vent) sera alors constante et d'autant plus grande que le gradient de pression sera plus fort, c'est-à-dire que les courbes d'égale pression, ou courbes isobariques, ou encore isobares, seront serrées. Ce vent sera donc parallèle aux courbes isobariques et dirigé de telle sorte qu'il ait les hautes pressions à sa droite dans l'hémisphère nord, à sa gauche dans l'hémisphère sud.

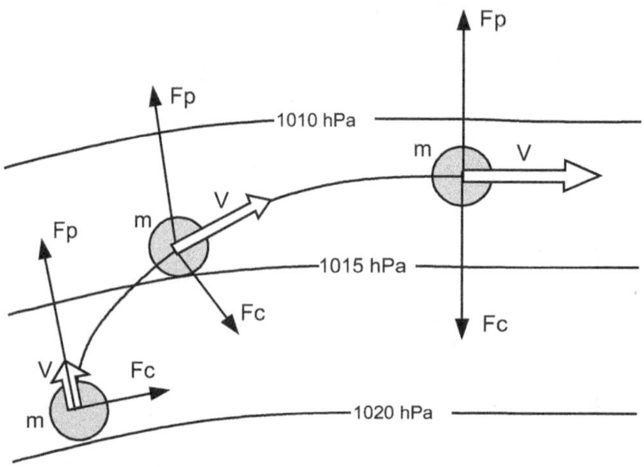

Figure 5.3 – Équilibre géostrophique.

Vue en plan, une particule d'air *m* se déplace (dans un repère terrestre) avec une vitesse *v* sous l'influence de la force F_p due à la pression indiquée ici par des courbes isobariques (1 020, 1 015, 1 010 hPa). L'exemple étant pris dans l'hémisphère nord, la trajectoire de *m* est déviée vers la droite par la force de Coriolis F_c jusqu'à ce que celle-ci équilibre la pression. On a alors atteint l'équilibre géostrophique et la trajectoire est parallèle aux courbes isobariques.

Cette situation est une limite d'autant mieux réalisée que les courbes isobariques sont plus rectilignes et que les frottements sont plus faibles. Elle exige évidemment que la force de Coriolis ait une certaine intensité c'est-à-dire que l'on soit assez loin de l'équateur (5° au moins) et loin du sol qui exerce des frottements sur les masses d'air. C'est le cas lorsque l'altitude atteint un millier de mètres. Plus bas, la direction des vents s'écarte d'autant plus de celle des courbes isobariques que les frottements au sol sont plus importants. Cet écartement peut être de l'ordre de 10 à 20 degrés d'angle près des surfaces océaniques, 20 à 40 degrés près des surfaces continentales, davantage si la surface du sol est très rugueuse (jusqu'à 90 degrés sur les forêts). Dans bien des cas, considérer qu'il y a équilibre géostrophique ou quasi géostrophique est une approximation suffisante pour donner le sens et l'intensité du vent. On peut ainsi avoir une première idée de ces deux grandeurs à partir d'une carte de répartition des pressions.

5.4 La circulation générale atmosphérique

Nous avons vu que la zone de convergence intertropicale était l'axe principal des mouvements à grande échelle des masses d'air à la surface du globe. Dans l'ensemble, les masses d'air situées dans cette région, très échauffées, seront beaucoup moins denses que dans les régions proches des pôles. Comme nous l'avons vu aussi, cela engendre des mouvements de convection dans l'atmosphère. Ces mouvements diffèrent selon les niveaux de l'atmosphère.

Encart 5.1 Représentation cartographique des pressions

La répartition des pressions (figure 5.4) est souvent représentée par des cartes en **courbes isobariques, ou isobares** (d'égale pression), rapportées au niveau de la mer. Sur de telles cartes, on ajoute généralement le dessin des fronts. Moins souvent, on utilise des cartes indiquant l'altitude (ou, plus précisément la cote géopotentielle) des surfaces d'égale pression indiquées par des **courbes isohypses** (d'égale hauteur). On peut les lire un peu comme des cartes topographiques, ces surfaces présentant des creux (basses pressions) et des bosses (hautes pressions).

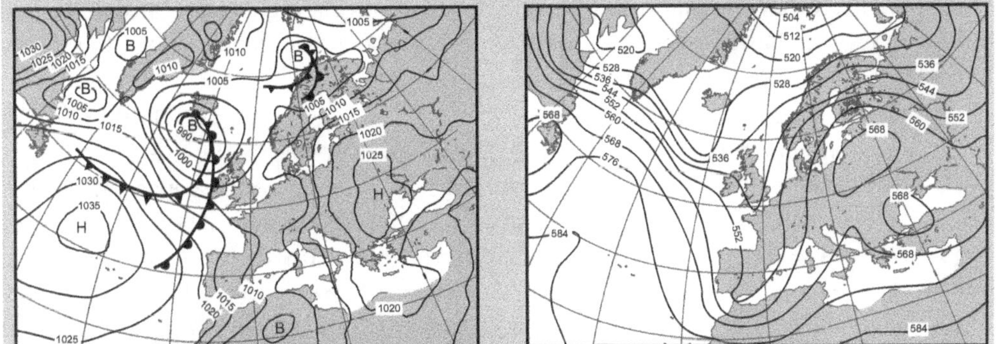

Figure 5.4 – Exemples de cartes de pression.

À gauche : carte des pressions réduites au niveau de la mer le 1er février 2008. À chacune des lignes est affecté un nombre correspondant à sa pression en hPa. Les centres de haute pression sont indiqués par un H, ceux de basse pression par un B. Les fronts des masses d'air sont dessinés en traits épais, les fronts froids sont marqués par des triangles (la pointe du côté de la masse chaude), les fronts chauds par des demi-cercles (tournés du côté de la masse froide), les fronts occlus par les deux symboles.
À droite : cotes géopotentielles (isohypses), en décamètres, de la surface de pression 500 hP pour le même jour que la carte de gauche. Les cotes les plus élevées sont approximativement au droit des zones de haute pression.

Pressions et vents en altitude

La situation est particulièrement simple en altitude. Pour la décrire, suivons la surface de pression 300 hPa (hectopascals) depuis l'équateur jusqu'au pôle Nord par exemple (figure 5.5). Située à une altitude de 10 km au-dessus de la zone de convergence intertropicale (ZCIT), cette surface s'abaisse progressivement en allant vers le nord (8,5 à 9 km d'altitude au pôle) avec une pente plus forte vers le milieu du parcours.

Cette pente indique un déséquilibre des pressions ainsi engendré, pour une altitude constante, qui va amener l'ensemble de l'air intertropical à migrer vers les pôles en engendrant des vents. Mais, du fait de la force de Coriolis, on va tendre vers un équilibre géostrophique (ou quasi géostrophique), c'est-à-dire que les vents seront orientés parallèlement aux directions isobariques. Ils vont donc former de gigantesques tourbillons centrés sur les pôles et tournant dans le sens inverse des aiguilles d'une montre si, depuis l'espace, l'on regarde le pôle Nord, dans l'autre sens si l'on regarde le pôle Sud, donc en définitive dans le sens de la rotation terrestre. Ces tourbillons, très forts autour des pôles, y sont désignés sous le nom de **vortex** (mot latin qui signifie tourbillon) polaires.

Des pentes plus accentuées de la surface des 300 hPa entre le pôle et l'équateur correspondent à des zones où les isobares se resserrent et où, corrélativement, les vents sont plus forts. On y trouve ce que l'on appelle des **courants de jet** ou **jet-streams** circulant dans des zones étroites, situées vers 10 à 12 km d'altitude, où les vents soufflent en permanence vers l'est à de très grandes vitesses, souvent 40 m/s (150 km/h), parfois plus de 100 m/s (400 km/h). On distingue les courants de jet polaires (vers les latitudes 60°), et les courants de jet subtropicaux (vers 30°), leurs latitudes variant avec les saisons.

Puisque ce système de pressions est engendré par l'échauffement de l'air par le soleil, directement ou indirectement, il se déplace avec ce dernier au gré des saisons. C'est ainsi qu'au solstice d'été boréal (fin juin), la zone de convergence intertropicale se trouve entre l'équateur et le tropique du Cancer, et les courants de jet polaires respectivement à quelque 45 °N et 30 °S, alors qu'au solstice d'hiver boréal (fin décembre), la zone de convergence intertropicale se trouve entre l'équateur et le tropique du Capricorne et les courants de jet vers 30 °N et 45 °S.

En définitive, on constate que, du fait de la force de Coriolis, alors que les surfaces de pression en altitude s'abaissent de l'équateur aux pôles, les vents engendrés sont pratiquement perpendiculaires à la pente de ces surfaces et dirigés de l'ouest vers l'est. C'est ce que l'on appelle des **vents zonaux**.

Pressions et vents à moyenne et basse altitude

La situation est moins simple à moyenne et basse altitude. La répartition des pressions dans le sens nord-sud est moins régulière. En effet, les masses d'air qui s'élèvent au droit de la zone de convergence intertropicale se refroidissent en allant vers les pôles et, vers 30° de latitude, redescendent en formant, de part et d'autre de la zone de convergence, des systèmes convectifs nommés **cellules de Hadley**. Du fait de la force de Coriolis, les vents qui, à basse altitude, convergent alors vers l'équateur, vont être déviés vers l'ouest pour donner les **alizés** qui soufflent du NE dans l'hémisphère nord, du SE dans l'hémisphère sud.

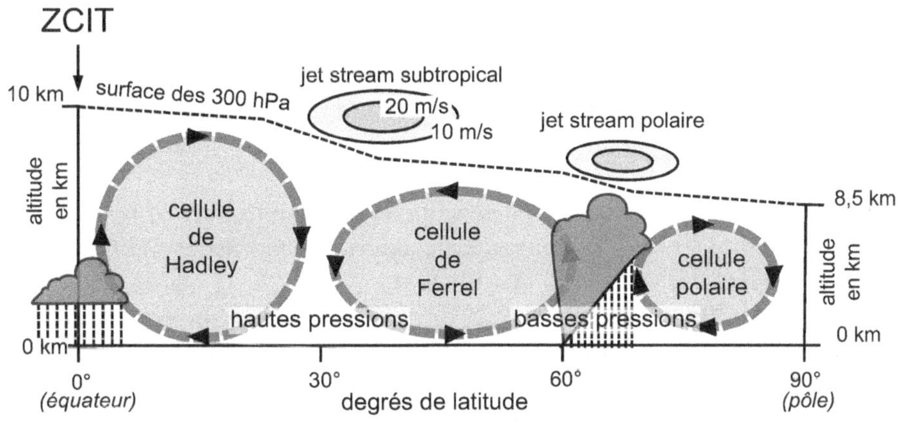

Figure 5.5 – La circulation générale atmosphérique.

Ce schéma, sans échelle, d'une coupe verticale de l'atmosphère ne tient pas compte de la rotondité de la Terre. Il vaut pour les deux hémisphères. En altitude, la circulation générale est dominée par les vents zonaux (soufflant d'ouest en est), conformément aux règles de l'équilibre géostrophique. Ils sont particulièrement forts là où les courbes isobariques se resserrent (inflexion, de la surface des 300 hPa) et donnent des courants de jet (« jet-stream »). Plus bas, la circulation méridienne, commandée par la convection, joue un rôle important avec, de l'équateur aux pôles, les cellules de Hadley et de Ferrel et la cellule polaire. Les zones de basse pression, où l'air s'élève, sont le siège de précipitations importantes. La zone de convergence intertropicale (ZCIT) se déplace au cours de l'année vers le nord ou vers le sud pour suivre approximativement les mouvements du maximum d'insolation. Pour certains, les notions de cellule de Ferrel et de cellule polaire prêtent à discussion.

Par contraste avec la zone de convergence intertropicale, très humide, les régions où les masses d'air prises dans les cellules de Hadley redescendent vers le sol sont extrêmement sèches puisque cet air a déjà condensé son humidité. Ce sont les grands déserts comme le Sahara, l'Arabie, le Kalahari, etc., au-dessus desquels règnent de hautes pressions.

Ces zones de haute pression vont distribuer une partie de leurs masses d'air vers les régions de plus haute latitude où elles vont souvent s'humidifier en passant au-dessus d'étendues marines. Il se forme ainsi deux autres cellules atmosphériques nommées **cellules de Ferrel**. Aux environs des latitudes 60°, elles vont entrer en contact avec des masses d'air froid et dense venues des pôles (**front polaire**) qui ont essentiellement pour origine l'air monté depuis la zone de convergence intertropicale qui s'est déplacé en altitude jusqu'aux pôles pour, enfin, y redescendre (**cellules polaires**). Ce contact engendre d'importantes perturbations (figure 5.5). Généralement, on voit l'air froid, plus lourd, s'insérer comme un coin sous l'air chaud, celui-ci montant de telle sorte que l'humidité se condense en nuages qui produisent des orages et des précipitations. C'est un phénomène habituel dans les climats tempérés. L'instabilité qui est liée à ce type de précipitations est en grande partie expliquée par la force de Coriolis : les fronts des masses d'air forment des ondulations (**ondes de Rossby**) qui se déforment en coins pris dans un mouvement tourbillonnaire où alternent fronts froids et fronts chauds. Pour celui qui se trouve au sol à ces latitudes, c'est l'incertitude assurée et, pour le météorologiste, ce sont des difficultés prévisionnelles.

Ainsi, on trouve, dans les régions basses de l'atmosphère, depuis la zone de convergence intertropicale jusqu'aux pôles :

1. Au droit de cette zone de convergence, une zone de basses pressions, axée sur les régions qui reçoivent le maximum d'insolation. L'air, le plus souvent chargé d'humidité, s'élève et la condensation qui s'ensuit produit nébulosité et précipitations.
2. Une zone de hautes pressions correspondant à la retombée d'une partie des masses d'air montées de la convergence intertropicale. Elles y ont laissé leur humidité et engendrent donc ici un climat sec.
3. Une zone de basses pressions où se heurtent les masses d'air venues des hautes pressions précédentes et les masses d'air polaires, ce qui engendre des phénomènes de fronts. Cet affrontement conduit à une instabilité et des précipitations souvent orageuses.
4. Une zone de hautes pressions polaires.

Les vents ainsi engendrés sont déviés par la force de Coriolis (figure 5.6).

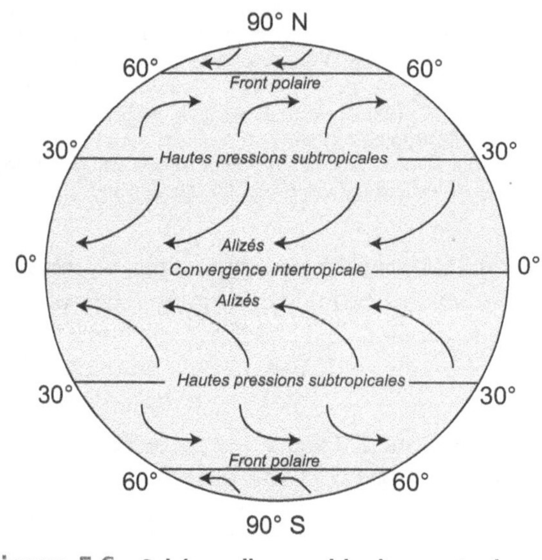

Figure 5.6 – Schéma d'ensemble des vents de surface.

Dans la basse atmosphère, les vents sont déviés vers la droite dans l'hémisphère nord, vers la gauche dans l'hémisphère sud.

Il est à noter que, du fait du déplacement saisonnier de la zone de convergence intertropicale, l'espace occupé par les cellules atmosphériques est plus restreint durant l'hiver que durant l'été : il en résulte des vents en moyenne plus forts en hiver qu'en été.

À ce schéma, qui traduit la **zonalité climatique terrestre**, il y a lieu de superposer l'effet de la répartition inégale des continents et des océans, ces derniers ayant un volant thermique plus grand que les premiers et constituant évidemment une source d'humidité plus importante. En été, les continents, soumis à un échauffement plus rapide seront plus favorables à la constitution de zones de basses pressions ; ce sera l'inverse en hiver. C'est ainsi qu'à cette structuration en grands mouvements atmosphériques selon des zones parallèles à l'équateur, se superpose une structure perpendiculaire avec des zones de basses pressions au-dessus des continents et des zones de hautes pressions au-dessus des océans : c'est la **circulation de Walker** (figure 5.7). En définitive, la circulation générale atmosphérique dans la plus grande partie de la troposphère se résout principalement en des alignements parallèles à l'équateur de zones de hautes et de basses pressions gouvernant de grands mouvements tourbillonnaires. Dans leur ensemble, ces alignements suivent les oscillations méridiennes de la zone de convergence intertropicale au cours des saisons (voir chapitre 10).

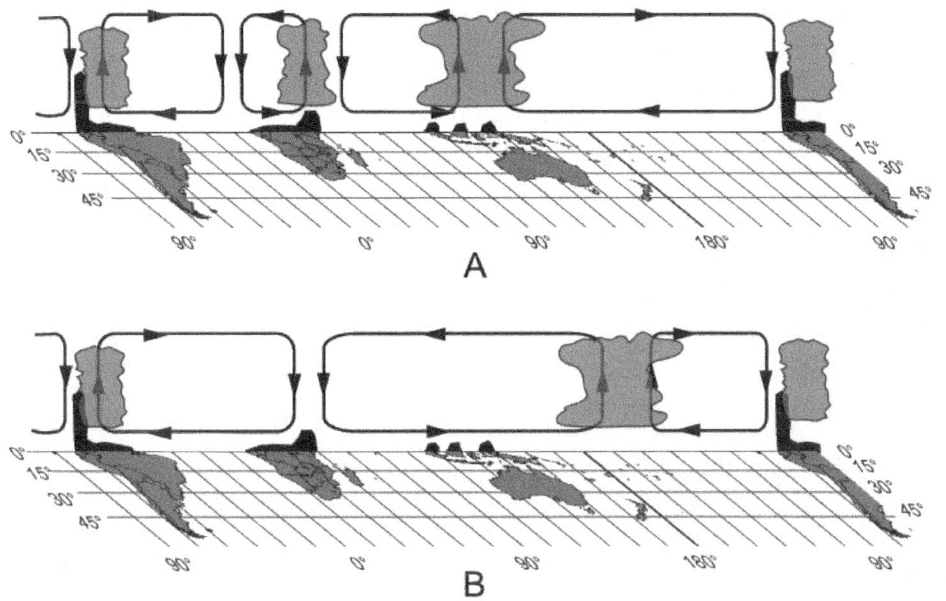

Figure 5.7 - La circulation de Walker.

Cette circulation est une composante est-ouest de la circulation générale. Elle est en grande partie conditionnée par la répartition des continents et des océans (schéma A). Sa structure peut varier dans le temps, en particulier pendant les périodes El Niño (schéma B, voir chapitre 9). Dessins inspirés de Webster, P. J., 1983 : The large-scale structure of the tropical atmosphere. *In*: Hoskins, B. J. et R. P. Pearce (Eds.), *Large Scale Dynamical Processes in the Atmosphere*, Academic Press, London, 235-275.

En quelques mots

- Un des principaux moteurs des mouvements de l'atmosphère est la convection thermique : si l'air est échauffé, il monte selon une colonne autour de laquelle, une fois refroidi, il redescend puis est repris de nouveau dans un mouvement d'ascension. Du fait de la rotation terrestre, toute masse d'air qui y est en mouvement horizontal est déviée par la force de Coriolis, vers la droite dans l'hémisphère nord, vers la gauche dans l'hémisphère sud. Cette force est maximale au pôle et nulle à l'équateur. Les masses d'air sont ainsi entraînées dans des mouvements tourbillonnaires. En l'absence de frottements, ces masses d'air se déplacent, à cote constante, selon des courbes d'égale pression : c'est le vent géostrophique.
- Dans les hautes régions de la troposphère (vers 10 km d'altitude), les masses d'air tournent autour des pôles (vortex polaires) dans le sens de la rotation terrestre. Ces mouvements sont particulièrement violents à certaines latitudes, variables selon les saisons (*jet-stream* ou *courants de jet*).
- Dans les régions plus basses, l'échauffement de l'air au droit de la zone de convergence intertropicale détermine de chaque côté de cette zone une cellule de convection (*cellule de Hadley*) bordée, dans chaque hémisphère, par deux autres cellules (*cellule de Ferrel*, *cellule polaire*). À cette structuration zonale, se superpose une structuration est-ouest (*circulation de Walker*) due à la répartition des océans (hautes pressions) et des continents (basses pressions).

L'EAU DANS L'ATMOSPHÈRE 6

PLAN

6.1 LA VAPEUR D'EAU DANS L'AIR

Comme tous les corps simples, l'eau peut se présenter sous différents états (ou phases) dont les propriétés physiques varient de façon continue. Ce sont principalement l'état solide (neige ou glace), l'état liquide, l'état gazeux (vapeur d'eau). Ces états ne dépendent que de la pression et de la température (figure 6.1). Si l'eau est

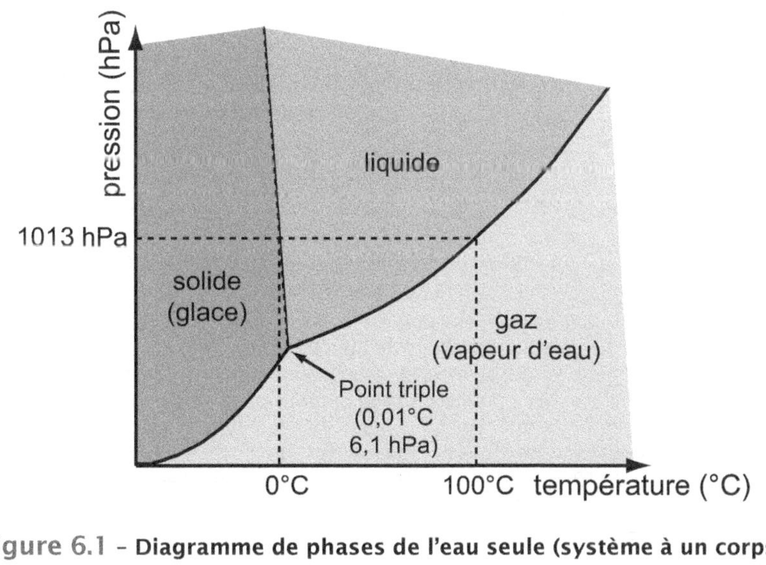

Figure 6.1 – **Diagramme de phases de l'eau seule (système à un corps).**

seule en cause (système à un corps), on pourra la trouver en un seul de ces états, ou bien en deux au moment d'un changement de phase : 1) passage solide-liquide (fusion) ou inversement (solidification), 2) passage liquide-gaz (évaporation) ou inversement (condensation), 3) passage solide-gaz (sublimation) ou inversement ; ou encore en trois pour une seule valeur de la pression et une seule valeur de la température (point triple). À noter que l'eau liquide peut exister en dessous de la température de solidification : c'est le phénomène de **surfusion**.

Lorsque l'eau est en présence d'air (ce n'est plus alors un système à un corps), celui-ci pourra en contenir une partie sous forme de gaz (vapeur d'eau). Cette vapeur pourra donc coexister avec de l'eau liquide à une température inférieure à l'ébullition (100 °C à la pression atmosphérique normale) ou avec de l'eau solide à une température inférieure à 0 °C. Cette vapeur contribue à la pression exercée par l'air d'une quantité appelée **pression partielle de vapeur d'eau**.

Cependant, l'air ne peut contenir qu'une quantité limitée de vapeur d'eau, quantité pour laquelle il est dit **saturé**, la pression de vapeur correspondante, qui dépend de la température, étant alors dite **saturante** (figure 6.2).

Il est à noter que, pour une même température, la pression de vapeur d'eau saturante de la glace est inférieure à celle de l'eau (en surfusion). Il résulte que, dans une enceinte contenant à la fois de l'eau en surfusion et de la glace, l'air sera saturé en vapeur d'eau au-dessus de l'eau liquide mais sursaturé au-dessus de la glace sur laquelle l'eau se condensera (figure 6.3). Nous verrons que ce phénomène (c'est l'**effet Bergeron**, du nom du météorologiste Tor Bergeron) joue un rôle dans la formation des précipitations.

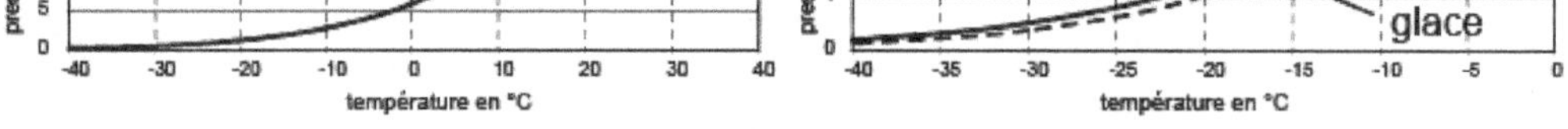

Figure 6.2 – Pression de vapeur d'eau saturante en fonction de la température.

La pression de vapeur d'eau saturante, très faible lorsque la température est basse, croît quasi exponentiellement avec celle-ci. La courbe de la figure de gauche est relative à l'eau liquide, y compris dans un état de surfusion. La figure de droite montre, au-dessous de 0 °C, les courbes relatives à l'eau liquide en surfusion et à la glace, cette dernière correspondant à des valeurs plus basses. Ces courbes ont été calculées avec les formules données par l'Organisation météorologique mondiale (WMO *Guide to Meteorological Instruments and Methods of Observation*, No. 8 (7th edition), chap. 4, p. 1.4-29), soit pour l'eau liquide : $p_w = 6{,}112 \exp(17{,}62\, t/(243{,}12 + t))$ et, pour la glace : $p_i = 6{,}112 \exp(24{,}46\, t/(272{,}62+t))$, avec t en °C.

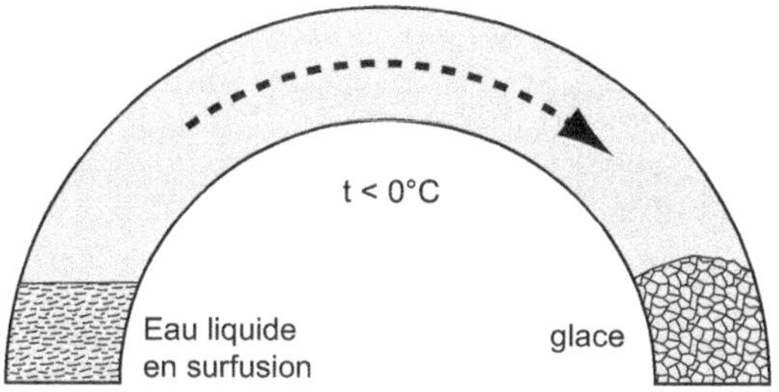

Figure 6.3 - Nourrissage de la glace par de l'eau en surfusion.
La vapeur d'eau de l'eau liquide en surfusion va nourrir la glace dont la pression de vapeur saturante est inférieure (effet Bergeron).

Le contenu de l'air en vapeur d'eau peut être exprimé de différentes façons (encart 6.1), ce qui peut engendrer des confusions. L'**humidité relative** (ou **degré hygrométrique**) est le rapport de la pression partielle de vapeur d'eau qu'il contient à la pression de vapeur d'eau saturante dans les mêmes conditions de pression et de température, exprimé en pourcentage : l'humidité relative d'un air saturé est donc de 100 %. On montre que c'est aussi le rapport de la masse de vapeur d'eau du volume d'air concerné à la masse qu'il pourrait contenir à saturation. L'**humidité absolue** est la masse de vapeur d'eau présente dans un certain volume d'air humide (généralement exprimée en grammes de vapeur d'eau par mètre cube d'air humide). Pour une certaine masse d'air, ces deux rapports dépendent de la pression, si bien qu'en météorologie on utilise plutôt des rapports massiques, constants pour une particule d'air donnée : l'**humidité spécifique** qui est le rapport de la masse de vapeur d'eau à la masse d'air humide qui la contient (en kg/kg ou en g/kg), et le **rapport de mélange** est le rapport de la masse de vapeur d'eau à la masse d'air sec qui la contient (en kg/kg ou en g/kg), ces deux valeurs différant peu.

Encart 6.1 Expressions de l'humidité de l'air

Soit les quantités suivantes, pour une particule d'air humide de volume V, de masse m et de pression p et de température absolue T:
p_a et m_a : pression et masse de l'air sec ;
p_w et m_w : pression partielle et masse de la vapeur d'eau ;
p_{ws} et m_{ws} : pression partielle et masse de vapeur d'eau saturante à la température T.
On a les définitions suivantes :
1) Humidité relative : $HR = (p_w/p_{ws}) \times 100$.
À noter que, conformément à l'équation des gaz parfaits, $PV = nRT$ (n : nombre de moles, R : constante des gaz parfaits), on a : $p_w V = (m_w/M_w) \cdot RT$ et, à saturation : $p_{ws} V = (m_{ws}/M_w) \cdot RT$, M_w étant la masse molaire de l'eau, d'où $p_w/p_{ws} = m_w/m_{ws}$ et donc $HR = (m_w/m_{ws}) \times 100$.

2) Humidité absolue : $HA = m_w/V$. C'est donc la masse volumique de la vapeur d'eau.
3) Humidité spécifique : $HS = m_w/(m_a+m_w)$
4) Rapport de mélange : $RM = m_w/m_a$
Entre ces deux derniers rapports, on a les relations : $HS = RM/(1 + RM)$ et $RM = HS/(1 - HS)$.
Le rapport de mélange RM peut être calculé en utilisant l'équation de gaz parfaits :
Soit une particule d'air humide de masse $(m_a + m_w)$, on a $p_aV = (m_a/M_a)\cdot RT$ et $p_wV = (m_w/M_w)$, avec M_a (masse molaire de l'air sec) = 28,9644 g/mol et M_w (masse molaire de la vapeur d'eau, c'est-à-dire de l'eau, compte tenu de sa composition isotopique moyenne) = 18,01528 g/mol.
On en tire $M_w/M_a = (p_a\cdot m_w)/(p_w\cdot m_a)$. La pression totale étant $p = p_a + p_w$, d'où $p_a = p - p_w$, on peut écrire
$m_w/m_a = (M_w/M_a)\cdot(p_w/(p - p_w))$, soit :

$$RM = 0{,}62198\frac{p_w}{p - p_w}$$

Tableau 6.1 - La vapeur d'eau dans l'air.

Température en °C	Pression de vapeur pour l'eau liquide (hPa)	Rapport de mélange vapeur-air sec à saturation (g/kg)	Pression de vapeur pour la glace (hPa)
40	73,67	48,77	
30	42,34	27,12	
20	23,33	14,66	
10	12,26	7,62	
0	6,11	3,77	6,11
-10	2,87	1,77	2,60
-20	1,26	0,77	1,03
-30	0,51	0,31	0,38
-40	0,19	0,12	0,13

Première colonne : température en °C.
Deuxième colonne : aux températures de la première colonne et à la pression atmosphérique, pression de vapeur d'eau pour l'eau liquide dans l'air à saturation (c'est le point de rosée), y compris pour des températures inférieures à 0 °C (eau en surfusion).
Troisième colonne : rapport de mélange pour ces points de rosée à la pression atmosphérique.
Quatrième colonne : pression de vapeur d'eau pour la glace dans l'air à saturation. Noter que ces valeurs sont inférieures à celles de l'eau liquide. Les mêmes formules que pour la figure 6.2 ont été utilisées.

La quantité de vapeur d'eau que l'air peut contenir augmente avec la température. À 30 °C, par exemple, l'air peut contenir sept fois plus de vapeur d'eau qu'à 0 °C (tableau 6.1). Cela a une conséquence. Imaginons de l'air à 30 °C contenant 7,62 g

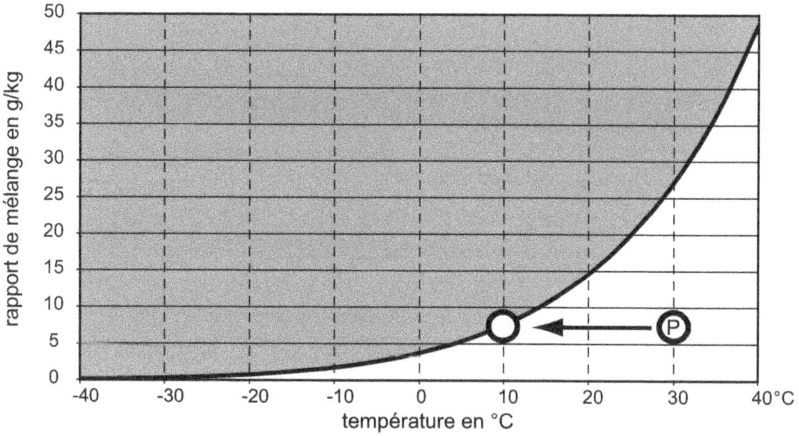

Figure 6.4 – **Température et rapport de mélange vapeur d'eau/air du point de rosée.**

La courbe est calculée pour des températures allant de – 40 °C à 40 °C. Noter l'augmentation de sa pente lorsque les températures croissent : il peut y avoir beaucoup plus de vapeur d'eau dans un air chaud que dans un air froid. Le rapport de mélange ne peut prendre les valeurs de la zone en grisé du fait de la saturation. Une particule d'air P à la température de 30 °C ayant un rapport de mélange 7,62 atteindra le point de rosée si elle se refroidit à 10 °C.

de vapeur d'eau par kg d'air sec. Cet air est bien loin de la **saturation** : son humidité relative est de 28 %. Si on le refroidit jusqu'à 10 °C, on va alors juste atteindre la saturation, et si on continue à le refroidir, l'eau va se condenser en fines gouttelettes (au moins si des noyaux de condensation sont présents dans l'air). On dit que l'on a atteint le **point de rosée** (figure 6.4) car c'est de cette façon que se forme la rosée visible dans les prés le matin, condensée à la faveur de la fraîcheur de la nuit à partir d'air humide. C'est ce phénomène qui, avec des modalités diverses, est à l'origine de la formation des brouillards et des nuages. Beaucoup de précipitations proviennent de la montée de l'air humide provoquant son refroidissement jusqu'à une température où il est saturé d'eau. Cette montée peut se produire par échauffement d'une masse d'air ou par sa rencontre avec un relief.

6.2 Chaleur sensible, chaleur latente

Un corps peut être échauffé par l'absorption de rayonnements. Mais des échanges de chaleur peuvent s'effectuer par d'autres processus.

On appelle **chaleur sensible** la chaleur que peut gagner ou perdre un corps par conductibilité thermique sans changement de phase. Lorsqu'un changement de phase affecte un corps, alors que les deux phases en présence restent à une température constante, ce corps, selon les cas, perd ou gagne de la chaleur dite **chaleur latente** (ou **enthalpie** de changement de phase). La quantité de chaleur perdue ou gagnée lors d'un certain changement de phase est égale à la quantité de chaleur respectivement gagnée ou perdue lors du changement de phase opposé.

6.3 Gradients de température dans l'atmosphère

Gradient vertical de température, émagrammes

Habituellement, la température de l'air décroît avec l'altitude. Cela tient au fait que la source de chaleur fournissant l'énergie calorifique de l'atmosphère est principalement le sol, qui absorbe l'énergie lumineuse solaire et la réémet en infrarouge et, pour une part, à la diminution de l'intensité de l'effet de serre en fonction de l'altitude. Cependant, les gradients verticaux réels de température ne peuvent être expliqués par les seuls processus radiatifs, et il est nécessaire de faire aussi intervenir la dynamique de l'atmosphère : convection, nébulosité, etc. (figure 6.5).

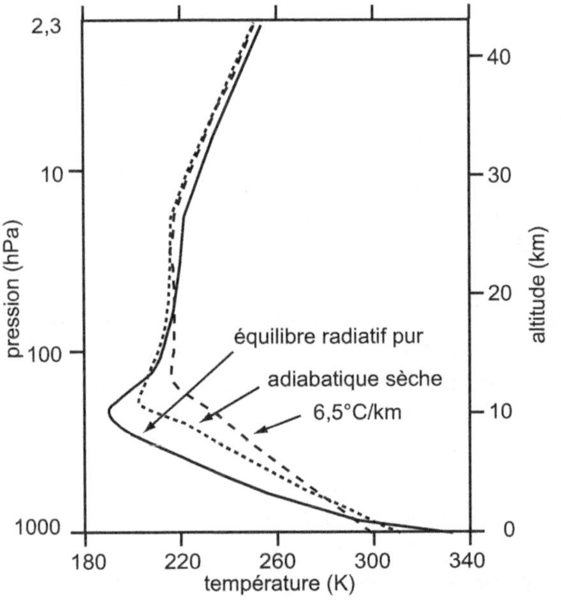

Figure 6.5 - Modélisation de la variation de la température atmosphérique en fonction de l'altitude.

Courbes de variations calculées de la température pour un équilibre radiatif pur, ajustée à un gradient adiabatique sec de 10 °C/km et à un gradient « normal » de 6,5°/km. L'équilibre radiatif pur ne peut, à lui seul, expliquer les variations réelles.
Extrait de Manabe, S et Strickler, R. F., 1964, *J. Atmosph. Sci.*, 21 : 361-385, fig 4.

En mesurant les températures de l'air à différentes altitudes grâce à des sondages atmosphériques (par des ballons munis d'appareils de mesure), on peut définir un gradient vertical de température qui, décroissant vers le haut, est en moyenne de 6,5 °C par km d'altitude (**gradient** dit **normal**). Mais ce gradient peut être très variable selon les conditions locales et l'histoire des masses d'air, et il est loin de rester constant selon les altitudes. À noter que l'on observe parfois des gradients où la température de l'air croît avec l'altitude, correspondant à ce que l'on appelle des **inversions de température**.

Les profils verticaux de température peuvent être tracés sur des diagrammes avec, en abscisses, les températures et, en ordonnées, les pressions et/ou les altitudes. Ces diagrammes sont nommés **émagrammes,** ou **téphigrammes**. Ils peuvent être représentés en coordonnées rectangulaires, mais très généralement, on dessine les lignes d'égale température inclinées vers la droite (souvent à 45°) de telle sorte que la courbe correspondant à un gradient de température standard soit plus proche de la verticale, ce qui en facilite la lecture, souvent difficile. En France, on utilise couramment l'émagramme oblique dit « 761 ».

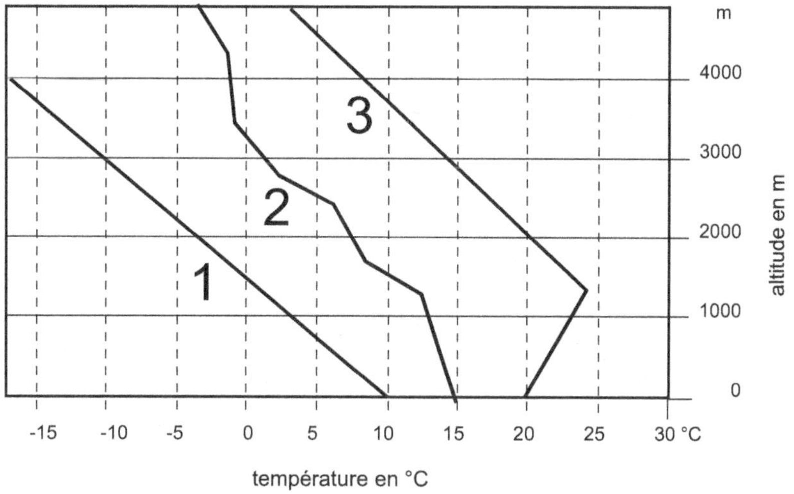

Figure 6.6 – Gradients verticaux de température.

Diagramme montrant différents gradients verticaux de température.
1 : gradient de température uniforme dit « normal » (6,5 °C/km) ;
2 : exemple de gradient de température réel résultant d'un sondage atmosphérique ;
3 : gradient de température positif jusqu'à 1 200 m d'altitude (inversion de température), négatif ensuite.

Gradient de température adiabatique

On dit qu'un processus affectant un système physique est adiabatique lorsqu'il se produit sans échange de chaleur avec l'extérieur. C'est pratiquement ce qui se passe dans l'atmosphère car l'air est un très mauvais conducteur de la chaleur.

Si une certaine particule d'air, entraînée dans un mouvement ascendant, est portée à des altitudes croissantes, sa pression va diminuer et elle va donc se détendre en augmentant de volume. Cette augmentation de volume correspond à un travail effectué en repoussant l'air extérieur, ce qui va se traduire par un abaissement de température. On calcule qu'il est, en valeur absolue, d'environ 1 °C pour 100 m si l'air ne contient pas de vapeur d'eau : c'est le **gradient de température adiabatique sec** (figure 6.7). Si, au lieu de monter, l'air est amené à des altitudes décroissantes, il se réchauffera au gradient opposé.

En se détendant dans sa montée, l'air peut se refroidir jusqu'à une température et une pression où il est saturé en vapeur d'eau : des gouttelettes pourront alors apparaître (sous certaines conditions que nous verrons plus loin), formant brouillard ou nuage. Cette condensation se faisant avec dégagement de chaleur latente, le refroidissement de la masse d'air en fonction de la baisse de pression sera plus lent, de l'ordre de 0,6 °C pour 100 m : c'est le **gradient de température adiabatique (ou pseudo-adiabatique) saturé**.

Le gradient de température adiabatique d'une atmosphère normale (c'est-à-dire contenant de la vapeur d'eau sans saturation) se situe entre ces deux gradients.

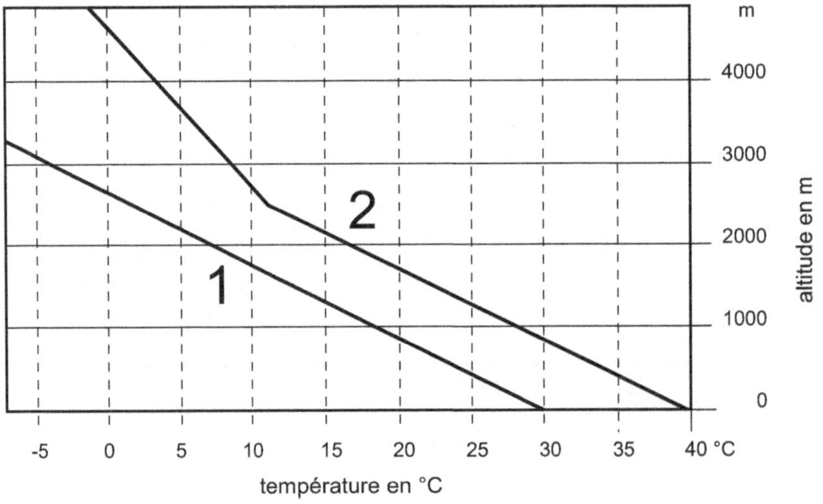

Figure 6.7 - **Gradients de température adiabatiques.**

Diagramme montrant 1) une courbe correspondant à un gradient adiabatique sec ; 2) une courbe correspondant à un gradient adiabatique sec jusqu'à 2 400 m d'altitude, puis saturé.

6.4 Stabilité ou instabilité de l'air

Les considérations ci-dessus sur les gradients thermiques permettent de comprendre les conditions dans lesquelles des mouvements ascendants des masses d'air peuvent, ou non, engendrer des instabilités.

Si, dans une certaine région, le gradient thermique vertical atmosphérique réel est plus grand, en valeur absolue, que le gradient thermique adiabatique (on dit qu'il est suradiabatique), alors, une masse d'air entraînée dans un mouvement vertical deviendra moins froide que les masses d'air environnantes. Elle sera donc moins dense que celles-ci, ce qui favorisera sa montée. Cela est encore plus marqué si la masse d'air ascendante se sature en humidité car, alors, elle se refroidit encore moins vite. On dit de ces gradients thermiques qu'ils sont instables (figure 6.8).

Au contraire, si le gradient thermique vertical réel est plus petit, en valeur absolue, que le gradient thermique adiabatique, une masse d'air ascendante restera

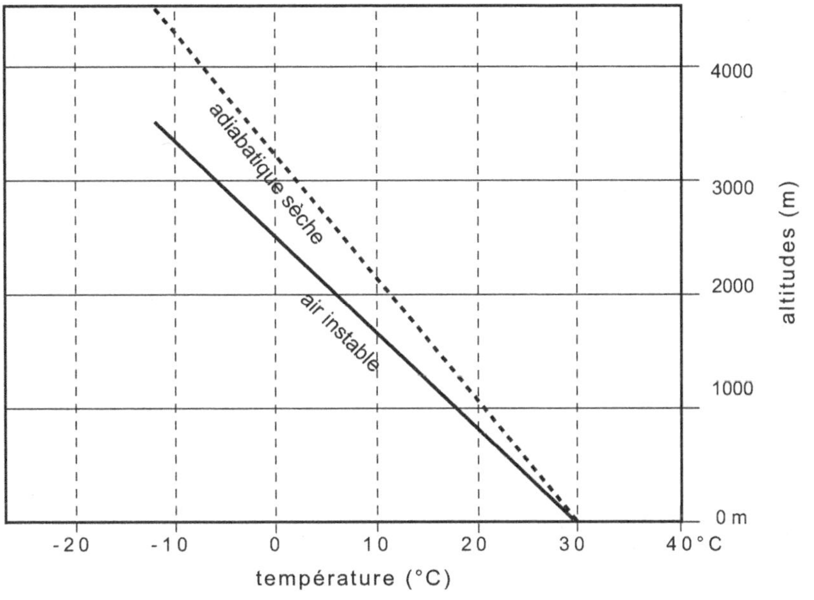

Figure 6.8 – Gradient de température d'un air instable.
Un air dont le gradient thermique vertical est plus faible que celui d'une adiabatique sèche est instable.

toujours plus froide, et donc plus dense, que son entourage, ce qui aura tendance à contrarier sa montée, et non à la favoriser. On dit que ce gradient thermique est stable (figure 6.9).

Cette stabilité est particulièrement marquée dans le cas d'une inversion de température, ou le gradient thermique est inverse. L'air étant plus chaud vers le haut que vers le bas, les masses d'air basses ne peuvent s'élever et sont, en quelque sorte, prisonnières de cette inversion.

À partir de ces deux cas typiques, bien des modalités peuvent être rencontrées car le gradient réel peut varier selon les altitudes : une masse d'air ascendante peut ainsi être stable à certains niveaux et instable à d'autres.

Par ailleurs, un gradient thermique atmosphérique situé entre le gradient adiabatique sec et le gradient adiabatique humide donne lieu à une **instabilité conditionnelle** : il y aura stabilité pour une masse d'air ascendante non saturée, mais instabilité pour une masse d'air ascendante saturée.

6.5 Condensation, précipitations

Conditions de la condensation, sursaturation

On a vu que l'air ne pouvait contenir qu'une quantité limitée de vapeur d'eau, croissante avec la température. Le maximum de cette quantité définit le point de rosée, à partir duquel l'air est saturé en vapeur d'eau et au-delà duquel l'eau se condense.

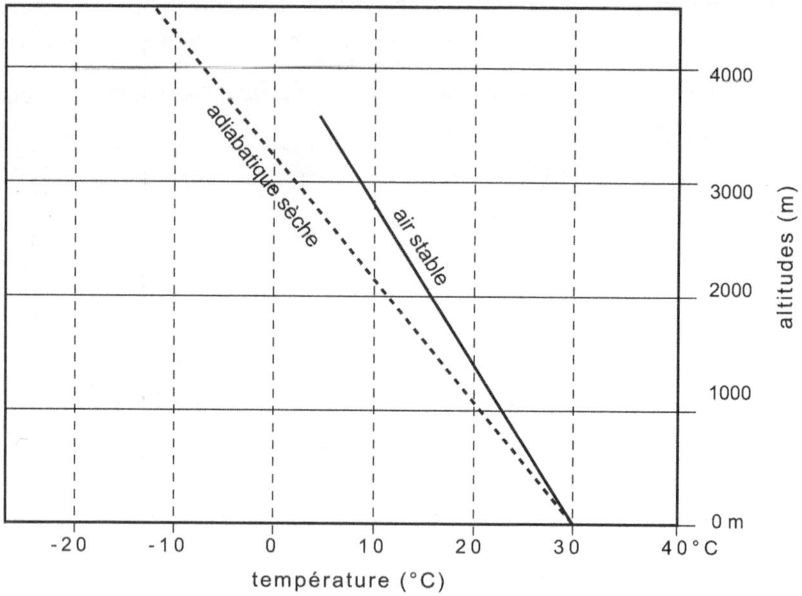

Figure 6.9 - **Gradient de température d'un air stable.**
Un air dont le gradient thermique vertical est plus fort que celui d'une adiabatique sèche est stable.

Cependant, dans l'atmosphère, cette condensation exige la présence de noyaux de condensation, le plus souvent de très petites particules en suspension (poussières, ou cristaux de sel). En l'absence de tels noyaux, l'eau peut rester à l'état de vapeur largement au-delà de la quantité définie par le point de rosée, et l'air est alors dit **sursaturé** en vapeur d'eau.

Lorsque la condensation s'effectue, il y a formation de très petites gouttelettes d'eau ou de très petits cristaux de glace, de diamètre habituellement de l'ordre de 0,01 mm. Vu leur petite taille, ces particules peuvent rester en suspension très longtemps et être entraînées dans des mouvements ascendants. Elles peuvent aussi aisément se vaporiser si elles sortent de la masse d'air où il y a saturation.

Précipitations (pluie, grêle, neige)

Pour que la pluie se produise, il est nécessaire que les gouttelettes formées par condensation grossissent pour former des gouttes dont le poids soit supérieur à la force dirigée vers le haut que leur appliquent les masses d'air dans leur mouvement ascendant. Plusieurs processus aboutissent à ce résultat.

Le processus le plus simple est celui où les gouttelettes se réunissent par coalescence au cours de collisions. Comme les probabilités de ces collisions ne sont pas très élevées, cela explique que beaucoup de nuages ne donnent pas de pluie. C'est cependant le seul processus utilisable pour des nuages chauds, c'est-à-dire qui ne peuvent donner lieu à la formation de glace.

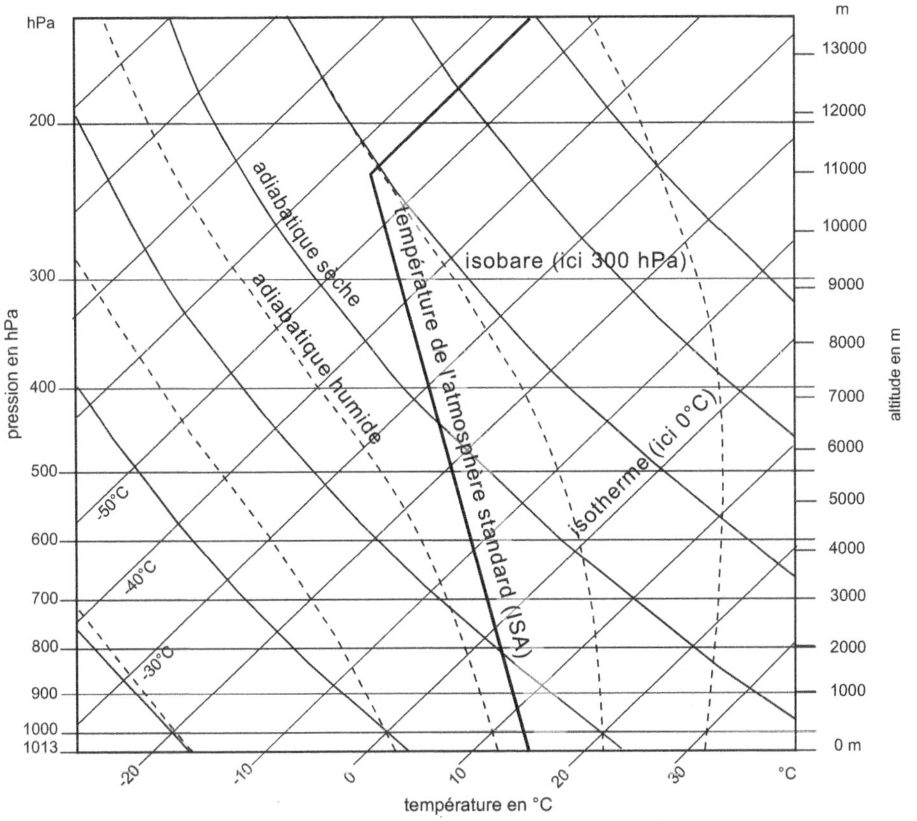

Figure 6.10 – **Exemple d'émagramme oblique.**

Les émagrammes sont habituellement dessinés avec des lignes de températures obliques, comme sur le schéma ci-dessus. La courbe de température de l'atmosphère standard et les adiabatiques sont alors plus proches de la verticale, ce qui permet de les dessiner et de les lire plus aisément. D'autres renseignements sont souvent indiqués ou annexés, notamment le point de rosée (les nuages se forment alors) et la vitesse et la direction des vents aux différentes altitudes.

Beaucoup de nuages, cependant, sont au moins en partie à une altitude où la température est au-dessous de zéro, ce qui permet que s'y forment des cristaux de glace. Très souvent, cette formation se fait alors qu'existent des gouttelettes d'eau en surfusion, parfois à des températures très basses (–10 °C, voire –30 °C ou moins). Comme on l'a vu plus haut (figure 6.3), la pression de vapeur au-dessus de la glace étant plus faible que la pression de vapeur au-dessus de l'eau, l'eau des gouttelettes tend à s'évaporer pour venir se condenser sur les cristaux de glace, entraînant leur croissance selon l'**effet Bergeron**. Lorsque les cristaux de glace (c'est-à-dire de neige) sont suffisamment pesants, ils vont tomber à une vitesse plus grande que les gouttelettes, les collisions ainsi engendrées augmentant encore leur masse. Le processus va ainsi s'accélérer et on aura une chute de neige qui pourra atteindre le sol si les températures sont négatives. Si les températures deviennent positives, la neige va fondre au niveau de l'isotherme 0 °C et se transformera en pluie.

À noter que la pluie peut se produire alors que l'eau est en surfusion. Elle se transforme alors immédiatement en glace en atteignant le sol : c'est la pluie verglaçante.

La taille des flocons de neige, et celle des gouttes d'eau, dépendent des conditions locales dans le nuage : épaisseur et température, courants ascendants. En tout état de cause pour que ces processus soient actifs, un nuage doit avoir une épaisseur suffisante, habituellement supérieure à 1 500 m.

Les violents mouvements d'air dirigés vers le haut se produisant dans certains nuages à développement vertical important (cumulonimbus) amènent les gouttes d'eau produites à retourner en altitude puis à redescendre, et cela à plusieurs reprises. Au cours de ces transports, elles gèlent, puis accumulent des couches de glace qui leur donnent parfois une structure en écailles d'oignon. Lorsque leur poids est suffisant pour vaincre les forces d'ascension, elles tombent en donnant de la grêle dont les grains peuvent atteindre, exceptionnellement, 15 cm de diamètre.

6.6 Brouillard, brume et nuages

Selon les conditions atmosphériques, la condensation de la vapeur d'eau peut former des ensembles d'aspects très divers. On peut établir une classification de ces types de nébulosités selon leur altitude et leur développement. Près du sol, on a des brouillards et des brumes, loin du sol on distinguera (figure 6.11) des nuages formant principalement des couches, à différentes altitudes, et des nuages se développant verticalement. Les termes utilisés pour décrire les nuages proviennent du latin et se rapportent à leur forme (stratus : en couche ; cumulus : accumulation ; cirrus : formant des cheveux ; nimbus : nuage). Ils ont été codifiés par l'Organisation météorologique mondiale.

Brouillard et brume

Le brouillard, météorologiquement défini par une visibilité inférieure à 1 km, se forme par la condensation, près du sol, de très fines gouttelettes. Cette condensation résulte du refroidissement d'une masse d'air humide à une température plus basse que le point de rosée. Selon les causes de ce refroidissement, on peut distinguer plusieurs types de brouillards.

Le **brouillard de rayonnement** est le plus fréquent. Il résulte du refroidissement du sol par rayonnement, lequel peut être important, surtout en fin de nuit par ciel dégagé. Ce refroidissement se communique à l'air proche dont la vapeur d'eau se condense s'il est suffisamment humide. Il est favorisé par un air se déplaçant lentement et est généralement corrélatif d'une inversion de température. Il stagne ainsi fréquemment dans des zones déprimées ou dans des vallées fluviales.

Le **brouillard d'évaporation** se produit à la surface d'une nappe d'eau relativement chaude par rapport à un air plus froid qui le surplombe. L'eau évaporée se condense dans cet air stable.

Le **brouillard d'advection** résulte de l'advection d'une masse d'air chaude et humide sur une surface d'eau ou de terre plus froide. Une telle surface peut être par exemple celle de grands lacs froids, ou bien de zones côtières froides recevant de l'air marin plus chaud. Un bon exemple de ce dernier cas est celui des brouillards de côtes à *upwellings* par advection d'eaux marines humides plus chaudes, comme en Californie et au Chili.

Le **brouillard de pente** se produit lorsque des masses d'air humide en mouvement sont contraintes de s'élever du fait de la présence d'un relief. Cette élévation provoque détente, refroidissement et condensation.

Lorsque le brouillard est peu dense (visibilité de 1 km à 5 km), on parle de **brume**. Cependant, les brumes ne sont pas toujours le résultat de la condensation de vapeur d'eau. Certaines sont dues à la présence, dans l'air, de particules solides, la plupart du temps de très fines poussières d'argile ou de sable arrachées par le vent à des zones désertiques. On parle alors de **brumes sèches**.

Nuages bas (base typiquement au-dessous de 2 km)

Les **stratus**, ne se distinguent guère d'un brouillard que par leur altitude. D'ailleurs un brouillard matinal peut évoluer en stratus.

Les **stratocumulus** sont des stratus à structure globulaire, souvent à arrangement régulier.

Les **nimbostratus** sont des nuages bas, épais, sombres, à aspect déchiré, générateurs de pluies continues.

Nuages d'altitude moyenne (base typiquement entre 2 et 7 km)

Les **altostratus** sont des nuages étendus, gris, peu denses, à aspect souvent fibreux, générateurs de pluies fines et continues.

Les **altocumulus** ressemblent à des altostratus, mais montrent une structure globulaire.

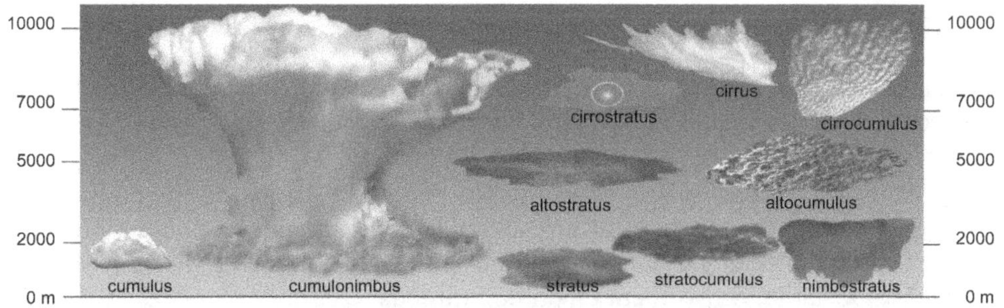

Figure 6.11 – Principaux types de nuages.

ENCART 6.2 Les phénomènes optiques liés à la nébulosité ou aux précipitations

Des phénomènes lumineux peuvent être produits par la réfraction ou la diffraction de la lumière sur les gouttelettes d'eau ou les cristaux de glace des nuages. Les arcs-en-ciel sont des arcs de cercle irisés dont le centre se situe à l'opposé du soleil par rapport à l'observateur, ce qui explique qu'ils ne soient visibles que lorsque le soleil est bas sur l'horizon. Ils sont produits par la réfraction des rayons du soleil sur les fines gouttelettes d'eau. Un premier arc peut se former à une distance angulaire d'environ 42° par rapport au point opposé au soleil, un second à une distance d'environ 51°, avec un ordre des couleurs inverse de celui du précédent. Entre les deux, le ciel est assombri et forme ce que l'on nomme une bande d'Alexandre.
Un halo est un anneau autour du soleil ou de la lune à une distance angulaire de 22°. Le ciel dans l'anneau est un peu plus brillant qu'à l'extérieur. On peut y voir parfois des parhélies, images atténuées du soleil ou de la lune, en des points situés à 22° de part et d'autre de ces astres. Ces images sont produites par la réfraction de la lumière par les cristaux hexagonaux de glace dont est formé ce nuage. Dans le premier cas, ces cristaux sont orientés aléatoirement, dans le second cas, leur axe est vertical.
Une couronne est un disque irisé entourant étroitement la lune ou le soleil. Elle résulte de la diffraction de la lumière par les gouttelettes d'eau d'un nuage. Elle est parfois multiple.

Nuages de haute altitude (base typiquement entre 5 à 14 km)

Les **cirrus** sont des nuages peu épais, clairs, très bien caractérisés par un aspect fibreux. Ils sont signe de beau temps s'ils sont peu serrés et détachés les uns des autres.

Les **cirrostratus** sont des voiles blanchâtres étendus donnant au ciel un aspect laiteux. Le soleil peut y montrer un halo. Ils annoncent du mauvais temps.

Les **cirrocumulus** sont des groupes de petits nuages globulaires, assemblés généralement en alignements parallèles.

Nuages à développement vertical

Des mouvements ascendants de masses d'air dans une atmosphère instable donnent naissance à des nuages à développement vertical plus ou moins important. Leur base se situe habituellement vers 2 km ou moins.

Les **cumulus** sont des nuages épais, blancs, à développement limité en hauteur à quelques centaines de mètres. Leur base est plane et leur sommet bourgeonnant. Ils sont souvent groupés et ne sont pas producteurs de pluie, sauf lorsque, dans un contexte très instable, ils évoluent en cumulonimbus.

Les **cumulonimbus** ressemblent à des cumulus dont ils ont la base plane, l'aspect dense et des limites bourgeonnantes, mais leur développement en altitude est bien plus grand, pouvant dépasser 10 km. Leur sommet s'aplatit et s'étale souvent en forme d'enclume. Ces nuages peuvent donner naissance à de violents orages avec éclairs, fortes pluies et, parfois, grêle.

En quelques mots

- L'air peut contenir une proportion d'autant plus grande de vapeur d'eau que sa température est élevée. Lorsque de l'air humide se refroidit, l'eau peut se condenser à une température dite point de rosée. Si l'air est entraîné dans un mouvement ascendant, il se détend et se refroidit selon un gradient de température adiabatique sec. Si la température atteint le point de rosée, sa montée se fait selon un gradient adiabatique saturé. De l'air dont le gradient thermique vertical est plus faible que le gradient thermique adiabatique est instable. Il est stable dans le cas contraire.
- La condensation de la vapeur d'eau atmosphérique donne naissance à des brumes, à des brouillards et à différents types de nuages : nuages bas (stratus, stratocumulus, nimbostratus), d'altitude moyenne (altostratus, altocumulus), de haute altitude (cirrus, cirrostratus, cirrocumulus) et à développement vertical (cumulus, cumulonimbus).

PERTURBATIONS 7

PLAN

7.1 MASSES D'AIR, FRONTS

Les caractéristiques de l'atmosphère ne varient pas de façon régulière. On peut ainsi y distinguer, avec plus ou moins de précision, des masses d'air ayant des propriétés physiques (température, contenu en vapeur d'eau) relativement homogènes et des frontières définissables avec les masses d'air voisines. Les caractéristiques de ces masses d'air ont été acquises soit du fait de leur situation dans le cadre de la circulation atmosphérique générale (masses d'air polaire, par exemple), soit du fait d'un séjour prolongé dans des conditions déterminées, en principe anticycloniques (masses d'air océanique, par exemple). On peut ainsi distinguer des **régions sources** sur lesquelles, habituellement, de telles masses d'air peuvent se former.

Compte tenu de ces contingences, on peut, dans un premier temps, diviser les zones sources en polaires et tropicales et en continentales et maritimes, ce qui donne quatre combinaisons de masses d'air : polaire continentale, polaire maritime, tropicale continentale, tropicale maritime. À cela, il y a lieu d'ajouter les masses d'air arctique ou antarctique continentales formées sur les inlandsis (tableau 7.1).

Le déplacement de ces masses d'air conditionne les changements de temps. La limite entre deux de ces masses d'air constitue un **front**. Lorsque les contrastes entre deux masses d'air voisines sont importants, des perturbations dites frontales se produisent. C'est notamment le cas entre les masses d'air polaires et les masses d'air tropicales dont l'affrontement est la source de cyclones extra-tropicaux.

Tableau 7.1 - **Caractéristiques et régions sources des principales masses d'air.**

Masse d'air	Température	Humidité	Stabilité	Régions sources
Arctique (ou antarctique) continentale	Très froid	Très sec	Très stable	Antarctique, Groenland
Polaire continentale	Froid à très froid	Sec	Stable ou très stable	Continents au-delà de 55° de latitude
Polaire maritime	Froid à tiède	Humide	Instabilité conditionnelle	Océans au-delà de 45° de latitude
Tropicale continentale	Très chaud	Sec	Instabilité conditionnelle	Déserts subtropicaux
Tropicale maritime	Chaud	Très humide	Instabilité conditionnelle	Océans tropicaux et subtropicaux, forêt pluviale

7.2 Lignes de grains (Squall lines)

À proximité du front séparant deux masses d'air ayant des propriétés physiques différentes peuvent se former des orages alignés sur plusieurs centaines de kilomètre en formant ce que l'on nomme des **lignes de grains**. Très souvent, ce phénomène s'explique par le déplacement d'une masse d'air froid et sec vers une masse d'air plus chaud et plus humide ce qui détermine un **front froid**. La masse d'air froid, plus dense, s'insinue sous la masse d'air chaud et la soulève. Dans cette ascendance, l'air chaud va se refroidir, son eau va se condenser en donnant des nuages qui, si l'instabilité est suffisante, vont évoluer en cumulonimbus (figure 7.1). Des orages, parfois violents et accompagnés de fortes pluies, en résulteront.

Ces lignes de grains peuvent évoluer en cyclones extra-tropicaux ou en constituer une branche. On constate souvent que des lignes de grains, parallèles à ce dispositif, le précèdent ; on parle alors de lignes de grain préfrontales (figure 7.2). D'autres lignes de grains peuvent avoir comme origine diverses autres instabilités.

7.3 Cyclones extra-tropicaux

L'affrontement entre les masses d'air polaires et les masses d'air tropicales (figure 7.3, A) s'effectue au droit de la zone de divergence entre les cellules polaires et les cellules de Ferrel, c'est-à-dire dans une zone de basse pression. Une baisse localisée de cette pression y induit, du fait de l'accélération de Coriolis, un mouvement des masses d'air, dans le sens inverse des aiguilles d'une montre dans l'hémisphère nord, dans le sens contraire dans l'hémisphère sud (figure 7.3, B). Ce mouvement donne naissance à un cyclone extra-tropical, phénomène dont une inter-

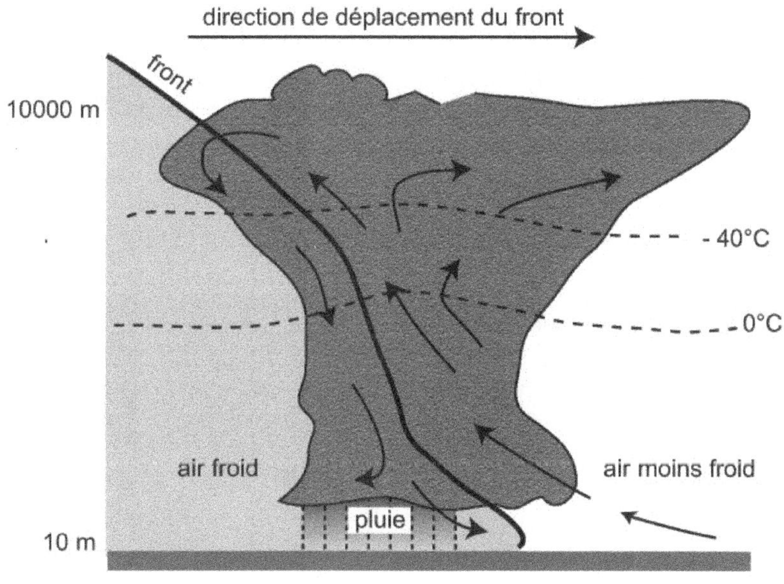

Figure 7.1 – **Coupe schématique dans un cumulonimbus.**
Cumulonimbus se formant sur un front froid. Les flèches, dans le nuage, indiquent la direction des vents.

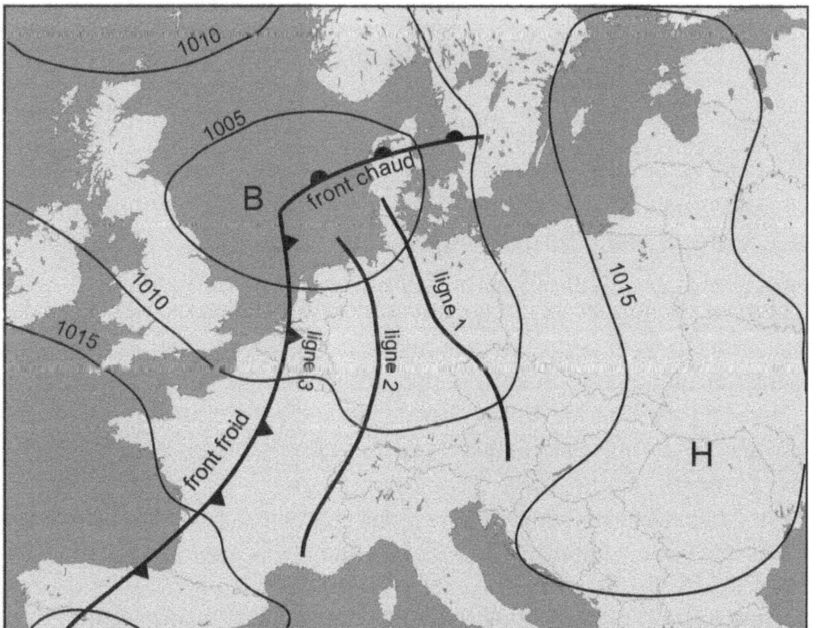

Figure 7.2 – **Lignes de grains dans une perturbation frontale tempérée.**
Un exemple : la situation au 21 juillet 1992 à 12 h TU en Europe occidentale. La ligne de grain d'un front froid (ligne 3) a été précédée de deux autres lignes de grains (ligne 1, ligne 2).

prétation générale a été élaborée dans les années 1920 par le Norvégien J. Bjerknes, d'où le nom de modèle norvégien parfois donné à cette interprétation.

Entraîné dans ce mouvement giratoire, le front séparant les deux masses d'air se courbe de telle sorte que, au niveau du sol, l'air plus chaud forme, en plan, un coin au milieu de l'air plus froid (figure 7.3, C). On peut ainsi distinguer deux fronts. Un front froid, ou l'air froid et dense soulève l'air chaud et, en avant de ce front, un front chaud, où l'air chaud vient surmonter l'air froid, chacun de ces contacts se faisant selon un plan peu incliné par rapport à l'horizontale.

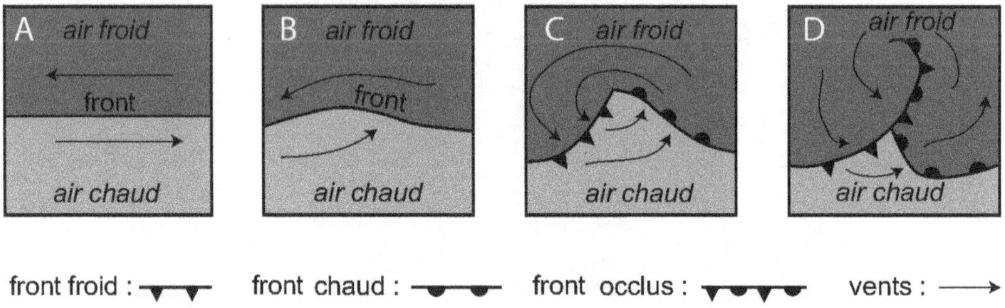

Figure 7.3 – Évolution d'un front en cyclone extra-tropical.

Cette évolution est ici indiquée schématiquement en plan pour l'hémisphère nord (pour l'hémisphère sud, les situations sont symétriques par rapport à un plan vertical parallèle à l'équateur). Les flèches indiquent le mouvement des masses d'air.
De gauche à droite : A) Front séparant des masses d'air de températures différentes. B) Une perturbation locale y induit une sinuosité. C) Cette sinuosité, entraînée par la force de Coriolis, forme un coin où l'on distingue un front chaud et un front froid. D) Ce coin se ferme en formant une occlusion.

Ces contacts sont, en fait, des zones de transition, épaisses de dizaines, voire de centaines de kilomètres, au sein desquelles un fort gradient thermique horizontal effectue le raccord entre les températures des deux masses d'air. Au niveau des fronts, on observe d'importantes perturbations atmosphériques dont les modalités dépendent de la stabilité et du contenu en vapeur d'eau des masses d'air (figure 7.4).

Au niveau du front chaud, l'air se soulevant va, par détente, voir sa vapeur d'eau se condenser en nuages donnant des précipitations. Au niveau du front froid, l'air froid soulevant l'air chaud va, de même, provoquer l'apparition de nuages et de précipitations. Ces nuages sont souvent des nimbostratus pouvant évoluer en cumulonimbus si l'air est très instable.

Les cyclones extra-tropicaux se déplacent de l'ouest vers l'est, suivant en cela le mouvement des vortex polaires. Ils induisent au sol des variations météorologiques considérables. Un observateur situé à terre et sur lequel vient à passer successivement les deux fronts voit d'abord, au passage du front chaud, la température remonter en même temps que la pression s'abaisse. Le temps se détériore et des pluies, souvent abondantes, tombent. Une période de calme, avec un ciel découvert succède à la pluie. L'arrivée du front froid voit revenir des pluies, souvent moins intenses que les précédentes, alors que la température s'abaisse et que la pression remonte (figure 7.5).

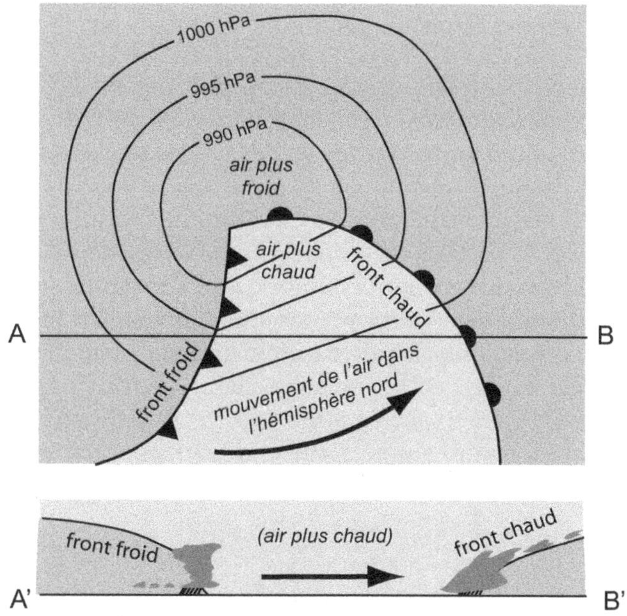

Figure 7.4 - Structure d'un cyclone extra-tropical.
Figure du haut : vue, en plan, à la surface du sol, de la structure d'un cyclone extra-tropical.
Figure du bas : coupe A'-B' dans un plan vertical selon le trait A-B de la figure du haut.
Des précipitations se produisent aussi bien au passage du front chaud que du front froid.

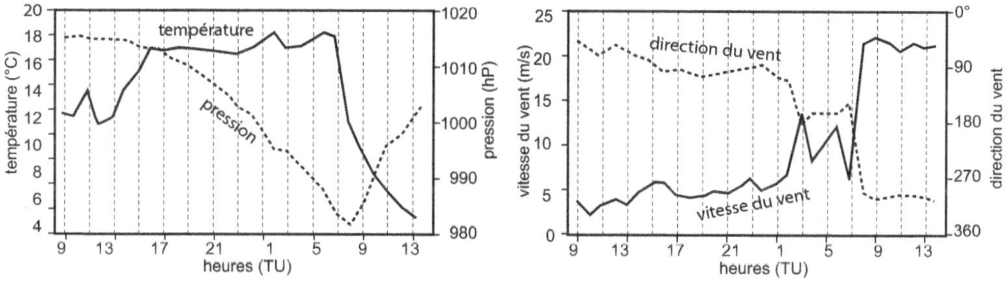

Figure 7.5 - Enregistrement du passage d'un cyclone extra-tropical.
Un cyclone extra-tropical particulièrement violent (il a été nommé la tempête du siècle) s'est produit les 12 et 13 mars 1993 dans l'est des États-Unis. La montée de la température, ici enregistrée en Floride le 12 mars entre 13 et 17 heures, correspond au passage du front chaud ; la baisse de température le 13 mars à partir de 7 heures, à celui du front froid. La pression, qui a baissé depuis le début de l'enregistrement, remonte brusquement au passage du front froid. La vitesse du vent est particulièrement intense après son passage. La direction du vent a pratiquement tourné de 180° entre le début et la fin du phénomène. (Données NOAA).

La suite de l'évolution d'un cyclone extra-tropical voit généralement l'air froid soulever entièrement l'air chaud, le coin d'air chaud au sol diminuant d'importance jusqu'à disparaître lorsque les deux fronts se rencontrent en donnant une **occlusion**.

7.4 CYCLONES TROPICAUX

Les cyclones tropicaux ont une origine et un mécanisme différents de ceux des cyclones extra-tropicaux. Pour trouver leur énergie, ils doivent se former au-dessus d'eaux marines dont la température excède 27 °C sur au moins une cinquantaine de mètres d'épaisseur, eaux qui ne se trouvent guère qu'en deçà de 30° de latitude. Par ailleurs, ils exigent une intensité de l'accélération de Coriolis suffisante qui ne se trouve qu'au-delà de 5° de latitude. Ainsi, ces cyclones ne peuvent se développer que dans deux bandes situées de part et d'autre de l'équateur entre les latitudes 5° et 30°. Dans ces conditions, une petite perturbation atmosphérique peut donner naissance à une ascendance d'air chaud et humide. Dans sa montée, il se détend, se refroidit, son eau se condense en libérant sa chaleur latente, ce qui augmente l'énergie utilisable par le système. L'accélération de Coriolis entraîne les masses d'air en un mouvement tourbillonnaire qui peut être extrêmement rapide (figure 7.6).

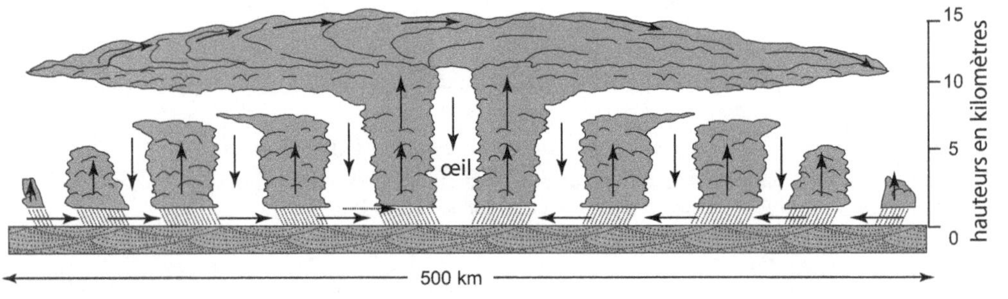

Figure 7.6 - Coupe schématique dans un cyclone tropical.

L'air échauffé et humide monte rapidement et s'enroule dans le sens inverse des aiguilles d'une montre dans l'hémisphère nord, dans le sens contraire dans l'hémisphère sud.

En définitive, on assiste à la formation d'une colonne d'air tourbillonnaire, occupée par d'épais nuages dessinant, en plan, des bras spiralés et donnant d'abondantes précipitations. Le centre de la colonne forme une cheminée où la composante horizontale du vent est presque nulle : c'est **l'œil du cyclone** où la pression atmosphérique est très basse (parfois moins de 900 hPa) et le ciel souvent au moins en partie dégagé. Autour de ce centre, les vents peuvent être extrêmement violents, dépassant parfois 250 km/h. L'intensité des vents, et les gradients de pression, provoquent une montée des eaux marines pouvant atteindre plusieurs mètres (**marées de tempête**).

Si ces cyclones, dans leur déplacement, abordent une surface continentale, ils perdent bientôt de leur force, privés de l'air humide et chaud qui leur donnait sa chaleur latente. Ils passent alors à une tempête tropicale puis se perdent dans une simple dépression, à moins que, ce qui arrive parfois, ils ne soient repris dans une autre perturbation.

Ces phénomènes ont des noms différents selon les régions : le terme de cyclone est utilisé dans l'océan Indien, celui de **typhon** dans le Pacifique, et celui d'**ouragan** dans l'Atlantique.

Tableau 7.2 – **Échelle d'intensité des ouragans de Saffir-Simpson.**

Catégorie	Vents (km/h)	Pression (hPa)	Marée de tempête (m)	Dommages
1	119-153	> 979	1,2-1,7	Minimes
2	154-177	965-979	1,8-2,6	Modérés
3	178-209	945-964	2,7-3,8	Étendus
4	210-249	920-944	3,9-5,6	Extrêmes
5	> 249	< 920	> 5,6	Catastrophiques

Pour caractériser la puissance des ouragans, on utilise l'**échelle de Saffir-Simpson** (tableau 7.2). Au-dessous de leur catégorie 1, on définit aussi les **tempêtes tropicales**, avec des vents de 60 km/h à 118 km/h. À noter que d'autres échelles d'intensité existent, ce qui exige, pour éviter les confusions, de préciser à laquelle on se réfère.

Bien que les cyclones tropicaux n'occupent qu'une part réduite de l'espace terrestre, ils ont une grande importance par leur effet destructeur, accentué par le fait qu'ils intéressent parfois des régions très peuplées. C'est ainsi que le cyclone qui a ravagé le Bangladesh en 1970 a fait entre 300 000 et 500 000 morts. Un exemple particulièrement éloquent de ces dommages est ceux qu'a causés l'ouragan Katrina qui, en août 2005, a ravagé le nord du golfe du Mexique (voir encart 7.1).

Encart 7.1 L'ouragan Katrina (23-30 août 2005)

L'ouragan Katrina, qui s'est abattu du 23 au 30 août 2005 sur le golfe du Mexique, a été l'un des plus destructeurs jamais enregistrés aux États-Unis (figure 7.7).

Figure 7.7 – **L'ouragan Katrina et les positions successives de son centre du 23 au 30 août 2005.**

À gauche, image depuis le satellite GOES-12 de l'ouragan le 28 août à 17 h 45 UTC, près de son maximum d'intensité.
À droite : parcours du centre de cet ouragan. Passé le 26 août au-dessus de la Floride, il n'a abordé la côte de la Nouvelle-Orléans que trois jours plus tard. Bien des cyclones affectant ces régions adoptent des trajectoires sinueuses comparables dans leurs grandes lignes. Cependant, il est très difficile d'en prévoir le cheminement exact.
Source : NOOA, National Hurricane Center, rapport de R. D. Knabb, J. R. Rhome, et D. P. Brown, 2005-2006.

C'est dans la soirée du 23 août qu'une dépression tropicale, restée jusque-là dans les limites habituelles, a commencé à s'organiser au-dessus des Bahamas centrales. Au matin du 24 août, elle avait pris un mouvement tourbillonnaire avec l'intensité d'une tempête tropicale : on la nomma Katrina. Se dirigeant d'abord vers le NW, elle obliqua vers l'ouest, le 25 août, en se renforçant. Ce même jour, à 21 h TU, 2 heures avant d'aborder la côte de la Floride, elle atteignit la force d'un ouragan, avec des vents de 120 km/h autour d'un centre de basse pression de 985 hPa (figure 7.8). L'ouragan traversa le sud de la péninsule en prenant une direction WSW. Il aborda le golfe du Mexique dans cette direction, passant au large de Cuba pour infléchir son parcours vers l'ouest, le NW, puis le nord. Au milieu de ce parcours, à 300 km au sud des bouches du Mississippi, le 28 août à 18 h TU, il atteignit son maximum d'intensité, classifié alors comme ouragan de catégorie 5, avec des vents de 280 km/h autour d'un centre de dépression de 902 hPa. Noter que plusieurs ouragans, dans cette région, ont montré, en leur centre, des pressions moindres, notamment l'ouragan Wilma, en octobre de la même année, avec 882 hPa. Ayant perdu un peu de son intensité, mais classé encore au degré 3 avec des vents de 200 km/h, il aborda la côte au SE de la Nouvelle-Orléans, près de Buras, le 29 août vers 11 heures. Une fois à terre, il poursuivit sa route vers le nord et, le 30 août au matin, baissa notablement d'intensité devenant une tempête tropicale. Il se déplaça ensuite rapidement vers le nord pour, le 31 août, être absorbé dans une dépression frontale au-dessus des Grands Lacs.

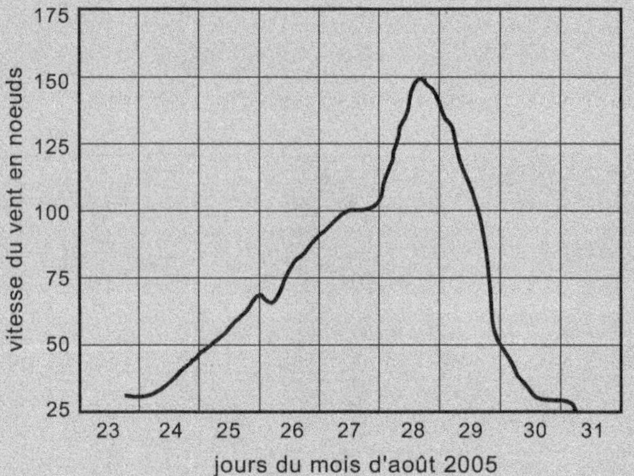

Figure 7.8 - **Intensité des vents près du centre de l'ouragan Katrina du 23 au 30 août 2005.**

Cette courbe d'intensité des vents de surface sur la trajectoire du cyclone Katrina résulte de la synthèse d'observations diverses (surface, sondes, avions, etc.). La vitesse maximale (150 nœuds, soit 280 km/h) a été atteinte au soir du 28 août sur les eaux du golfe du Mexique (modifié d'après NOAA, National Hurricane Center, rapport de R. D. Knabb, J. R. Rhome, et D. P. Brown, 2005-2011).

Le passage de l'ouragan a provoqué des dommages considérables, notamment le long de la rive nord du golfe du Mexique, et en particulier sur la Nouvelle-Orléans.

Les vents forts en sont une cause, des rafales ayant, sur cette ville, atteint presque 200 km/h. Mais la montée des eaux (marée de tempête), consécutive à la baisse de pression, en est une autre. Elle a pu atteindre 8 m sur une partie de la côte. Les digues protégeant la Nouvelle-Orléans s'étant rompues, 80 % de la cité s'est trouvée sous des eaux, hautes, par endroits, de 6 m. Enfin, il a fallu compter sur des précipitations extrêmement intenses qui, par endroits, ont dépassé les 4 m.

Par ailleurs, l'ouragan a, alors qu'il faiblissait, engendré des tornades. Pendant les journées du 29 et du 30 août, on en a compté 42, en Géorgie, Alabama et Mississippi.

Les dommages causés par l'ouragan Katrina sont, à plus d'un titre, les plus importants jamais enregistrés par un tel phénomène aux États-Unis. On lui rapporte plus de 1 800 morts, la plupart du fait des inondations. Des milliers d'habitations ont été détruites ainsi que des ateliers, des usines, des routes, des ponts, des raffineries de pétrole. Des centaines de milliers de personnes ont dû être déplacées, beaucoup pour toujours. La vie économique de ces régions en a été bouleversée. On évalue la perte financière totale à 125 milliards de dollars US, dont la moitié à la charge des compagnies d'assurance. Si on y ajoute les dommages causés par les deux ouragans qui ont suivi Katrina dans la même année (Rita, en octobre, et Wilma, en novembre), on arrive au total impressionnant de 165 milliards de dollars US.

7.5 Tornades

Une tornade (ou **trombe**) est un phénomène atmosphérique se manifestant par une colonne d'air en rotation rapide (c'est un tourbillon, ou **vortex**) située à la base d'une formation nuageuse dans un contexte très convectif, habituellement un cumulonimbus, et rejoignant le sol, à moins qu'il ne forme qu'un entonnoir nuageux pointant vers le bas. Ce phénomène se produit parfois sur un lac ou sur la mer dont il entraîne les eaux. C'est alors que le terme de trombe est plus spécialement utilisé ou, pour plus de précision, celui de **trombe marine**.

Le diamètre d'une tornade est habituellement de l'ordre de quelques dizaines de mètres, mais peut dépasser un kilomètre. Sa durée de vie peut aller de quelques minutes à quelques heures, pendant lesquelles elle peut parcourir des dizaines de kilomètres.

La formation d'une tornade commence à la base d'un nuage dans lequel s'organisent, à la faveur de cisaillement de vents, des zones en rotation (mésocyclones). Des pluies intenses peuvent provoquer la descente de ces zones qui dessinent alors un entonnoir pointant vers le bas. Si le phénomène s'accentue, l'entonnoir va rejoindre le sol en donnant une colonne nuageuse (ou **tuba**) au centre de laquelle la pression est bien plus basse qu'alentour. Dans le détail, la forme des tubas est très variable. Dessinant parfois de longues, fines et flexueuses colonnes, ils peuvent aussi être courts et massifs.

La vitesse des vents engendrés par la tornade peut être considérable et dépasser de loin les vitesses connues par ailleurs : on y a mesuré plus de 400 km/h dans le sens horizontal et plus de 200 km/h dans le sens vertical, de bas en haut. L'effet de ces vents est destructeur, mais ne s'applique que sur des surfaces limitées. Des échelles d'intensité de ces tornades ont été proposées. Celle de **Fujita-Pearson améliorée** (qui a remplacé l'échelle de Fujita-Pearson en 2007) comprend six degrés, de EF0 à EF5. La catégorie EF5 correspond aux tornades les plus destructrices connues qui, avec des vents de plus de 320 km/h, ne laissent debout pratiquement aucune installation (tableau 7.3).

Tableau 7.3 - **Échelle d'intensité des tornades Fujita-Pearson améliorée.**

Degré d'intensité	Vitesse du vent en km/h	Dommages
EF0	105-137	Pas de dommages, ou mineurs
EF1	138-178	Dommages modérés
EF2	179-218	Dommages considérables
EF3	219-266	Dommages sévères
EF4	267-322	Dommages dévastateurs
EF5	> 322	Destruction totale

Encart 7.2 Les tornades du « Super-Tuesday » (Super mardi) 2008 aux États-Unis

Le mardi 5 février 2008 fut, aux États-Unis, un jour spécial, car des scrutins destinés à départager les candidats républicains ou démocrates à la présidence du gouvernement devaient avoir lieu dans de nombreux États. Pour les Américains, c'était un mardi particulier, un « Super Tuesday ». Mais cette journée devait être endeuillée par des phénomènes météorologiques catastrophiques survenus dans certains États du Sud, parmi lesquels une quantité de tornades destructrices.
Des systèmes de basses pressions s'étaient formés, la veille, sur les plaines du Sud, et un puissant front froid traversait la région. Le matin du 5, une ligne de grains s'était développée sur le Texas et le Missouri en avant de laquelle, une inversion de température s'étant dissipée, se formèrent de puissantes supercellules orageuses. Des tornades prirent alors naissance à la base de ces cellules : on en a dénombré près de 90. Plusieurs de ces tornades, de degré 4 dans l'échelle de Fujita, traversèrent des zones peuplées (figure 7.9). C'est ainsi que des dégâts très importants furent enregistrés dans le Tennessee, à Memphis, Jackson et Nashville, dans le Kentucky, l'Arkansas et l'Alabama. De nombreuses maisons furent rasées et l'on releva 57 morts.

En plus de ces tornades, le même système orageux provoqua d'abondantes pluies, engendrant des inondations, de la grêle dans le Sud et, dans le Nord, des chutes de neige.
D'autres ensembles de tornades ont été encore plus destructeurs : le 31 mai 1985, l'un d'eux, dévastant notamment le Tennessee et l'Ohio, avait fait 76 morts ; un autre, en juin 1953, en avait fait 519.

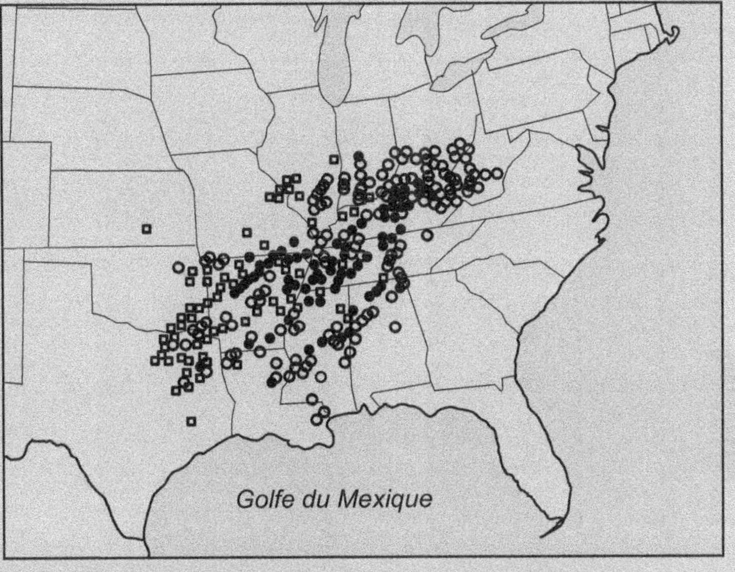

Figure 7.9 - Grêle, vents et tornades aux États-Unis pour le « Super-Tuesday » du 5 février 2008.

Pendant la seule journée du 5 février 2008, ont été enregistrés près de 90 tornades (ronds noirs), 267 coups de vent (cercles vides) et 126 orages de grêle (carrés). Les dégâts ont été évalués à plus d'un demi-milliard de dollars.
Données (parfois groupées sur ce schéma) NOAA's National Weather Service, Storm Prediction Center.

Les tornades sont connues dans bien des pays, mais sont particulièrement communes et puissantes dans les plaines du centre et du sud des États-Unis (figure 7.10) où, chaque année, on en compte plus de 1 000. À plusieurs reprises ces tornades y ont fait d'importants dégâts et des dizaines de morts. Entre 1950 et 2005, elles seraient la cause de plus de 4 500 morts et de plus de 80 000 blessés.

Malgré certaines apparences, leur nombre ne semble pas en augmentation (figure 7.11).

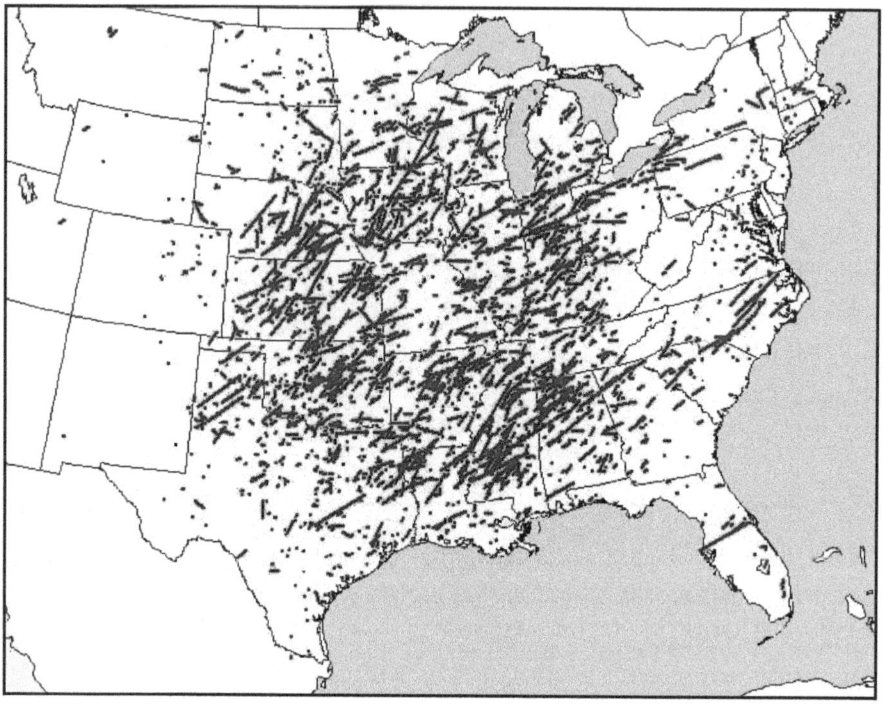

Figure 7.10 – **Localisations et tracé des tornades aux États-Unis entre 1950 et 2005.**

Cette carte donne le parcours des tornades de degré 3 à 5 de Fujita de 1950 à 2005. On notera leur concentration, essentiellement sur les plaines du centre et du sud, et leur tracé, du sud-ouest vers le nord-est.

Source : University of Nebraska-Lincoln, High Plains Regional Climate Center.

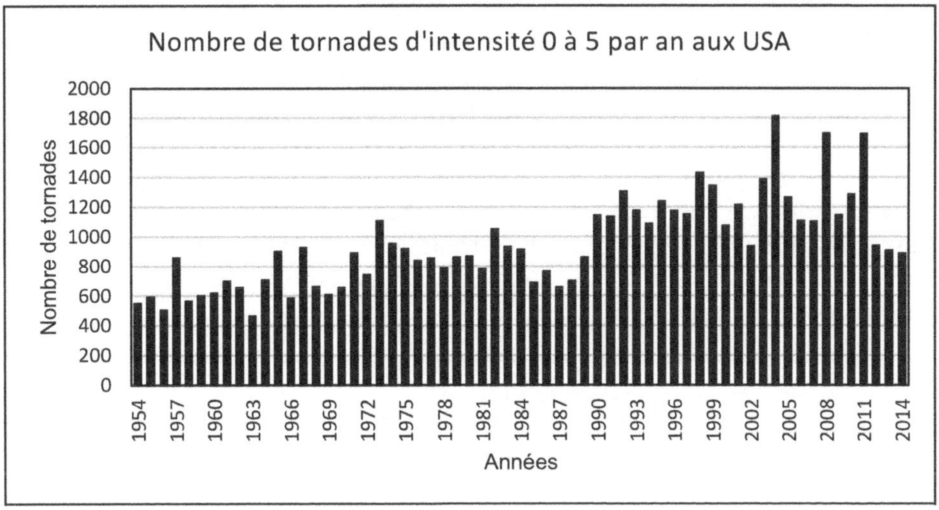

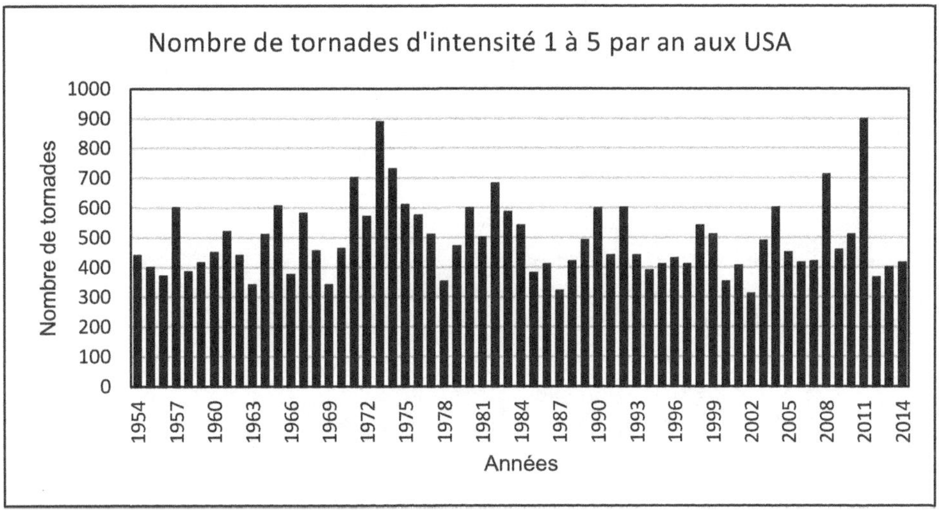

Figure 7.11 L'accroissement du nombre de tornades aux États Unis depuis 1954.

En haut, nombre de tornades recensées aux États-Unis de 1954 à 2014. L'accroissement en fonction du temps que l'on constate est probablement lié en grande partie au fait que le comptage de ces événements a progressé depuis 1950. En effet, si l'on examine (figure du bas) l'évolution du nombre des tornades d'intensité supérieure à 1, moins susceptible d'être affectée par des biais de comptage, on ne constate aucune augmentation. En l'état actuel, il est donc difficile de mettre en évidence une liaison entre le réchauffement climatique récent et l'évolution du nombre de ces tornades.
Source des données : NOAA, National Climate Data Center.

En quelques mots

- Les perturbations atmosphériques peuvent avoir différentes origines. Aux latitudes moyennes, la rencontre entre des masses d'air de températures différentes donne naissance à des fronts. Entraînés dans des mouvements giratoires du fait de la force de Coriolis, ces fronts évoluent en cyclones extra-tropicaux. Aux basses latitudes, l'eau évaporée des mers chaudes nourrit des cyclones tropicaux particulièrement destructeurs. Dans un contexte très convectif, des tornades peuvent causer, très localement, d'importants dégâts du fait de vents pouvant dépasser 400 km/h.

LE MILIEU OCÉANIQUE 8

8.1 LE RÔLE DE L'OCÉAN

Les océans occupent 72 % de la surface du globe et contiennent 97 % de l'eau terrestre. Si leur profondeur maximale est de 11 800 m dans la fosse des Mariannes, leur profondeur moyenne n'est que de quelque 3 700 m, soit seulement 1/1 700e du rayon terrestre (tableau 8.1). Malgré cette faible épaisseur relative, ces masses d'eau ont un rôle très important dans le climat de la planète.

Tableau 8.1 – **Quelques données sur les océans.**

Profondeur moyenne des océans	3 682 m
Volume des eaux océaniques	$1,332 \times 10^9$ km^3
Densité moyenne	1,0267
Masse des eaux	$1,368 \times 10^{18}$ t
Concentration saline	35,15 ‰
Masse des sels dissous	$48,1 \times 10^{15}$ t
Apports en sel par les fleuves	$\sim 3,5 \times 10^9$ t/an

Ce rôle est joué par les interactions que les océans entretiennent avec l'atmosphère, puisque des échanges constants s'effectuent entre ces deux constituants essentiels du système climatique. Les caractéristiques de ces constituants diffèrent grandement : l'océan par sa grande capacité thermique et ses grandes constantes de temps s'oppose à l'atmosphère, à la capacité thermique beaucoup plus faible, à la masse beaucoup plus petite, et aux constantes de temps bien plus courtes.

Ainsi, l'océan joue un rôle modérateur dans le fonctionnement du système climatique. Du fait de son inertie thermique, il se réchauffe moins et moins vite que l'atmosphère ou les continents, mais il conserve plus longtemps son énergie thermique. Il a un rôle majeur dans la redistribution de la chaleur à la surface de la planète. C'est aussi le plus grand réservoir de carbone. D'un côté c'est un puits de carbone, aussi bien du fait de la dissolution de dioxyde de carbone dans ses couches superficielles que par les synthèses du plancton végétal qui le peuple et par le stockage dans les sédiments (essentiellement carbonates et matière organique). D'un autre côté, c'est une source de carbone qu'il restitue à l'atmosphère, au moins pour partie, sous forme de dioxyde de carbone avec un temps de latence parfois considérable (plusieurs siècles), ce qui modère, ou accentue, les variations climatiques.

8.2 Salinité et densité des eaux

La salinité est une caractéristique importante des eaux marines. Elle est en grande partie due à la présence des ions chlorure (Cl^-) et sodium (Na^+), mais aussi sulfate (SO_4^{2-}), magnésium (Mg^{2+}), calcium (Ca^{2+}) et potassium (K^+).

La salinité moyenne des océans est de 35 g/l (soit 35 ‰ ou encore 35 **PSU**, *Practical salinity units*, synonyme de **PSS**, *Practical salinity scale*, figure 8.1), mais peut varier quelque peu du fait de l'évaporation en surface ou de l'apport d'eaux douces par les précipitations ou par les fleuves. C'est ainsi que dans les zones tropicales, où

Chlore (Cl^-)	19,345
Sodium (Na^+)	10,752
Sulfate (SO_4^{2-})	2,701
Magnésium (Mg^{2+})	1,295
Calcium (Ca^{2+})	0,416
Potassium (K^+)	0,390
Bicarbonate (HCO_3^-)	0,145
Brome (Br^-)	0,066
Borate (H_3BO_3)	0,027
Strontium (Sr^{2+})	0,013
Fluor (F^-)	0,001
Total	35,15

Concentration chimique des ions en ‰ dans une eau de mer moyenne

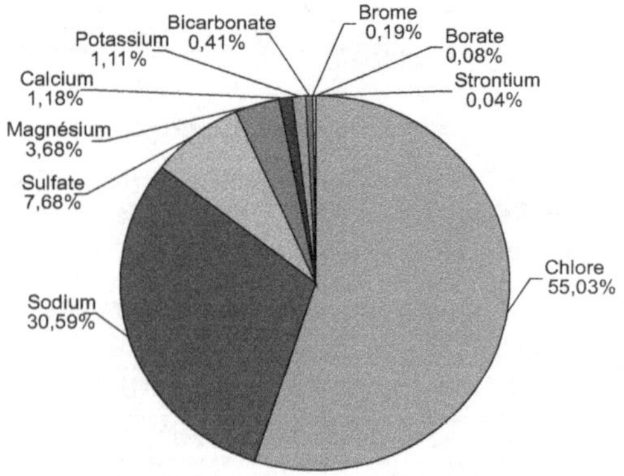

Proportion de la salinité totale

Figure 8.1 – **Concentration des sels dans l'eau océanique.**

l'évaporation est forte, la salinité des eaux de surface est renforcée (de l'ordre de 36 g/l dans le Pacifique et plus de 37 g/l dans l'Atlantique) alors que dans les hautes latitudes elle peut tomber à 34 g/l ou moins. Des mers intérieures, ou en médiocre communication avec l'océan, peuvent atteindre des salinités bien plus élevées si l'évaporation dépasse l'apport d'eau douce par les fleuves. À titre d'exemple pour des mers fermées, la salinité de la mer Morte est de 275 g/l. Pour des mers ouvertes, la mer Rouge a une salinité de 40 g/l et la Méditerranée de 36 g/l au détroit de Gibraltar et de 39 g/l dans sa partie orientale. Au total, la masse des sels actuellement dissous dans l'océan est évaluée à 48×10^{15} t.

Si l'origine de l'eau océanique pose encore des questions (cette eau résulterait d'un apport par le bombardement de corps célestes, météorites, astéroïdes ou comètes), sa concentration saline dépend du bilan entre les sels entrants et les sels sortants.

Du côté des sels entrants, la majeure partie résulte du lessivage des continents par les précipitations et, pour une moindre part, de l'hydrothermalisme. On a longtemps considéré qu'un calcul de l'âge des océans pouvait se faire en divisant leur contenu en sels par l'apport des fleuves (~ $3{,}5 \times 10^9$ t/an). Ce calcul, qui donne, pour cet âge, quelque 14 millions d'années, bien inférieur à ce qu'il est en réalité, montre que cette hypothèse ne peut être retenue.

On doit tenir compte, en effet, de plusieurs processus qui soustraient des sels à l'eau des océans et doivent être inscrits au côté négatif du bilan. Le principal est le dépôt de sels (dans l'ordre, après les carbonates, gypse $CaSO_4,2H_2O$, halite NaCl, carnallite $KMgCl_3,6H_2O$, sylvite KCl, etc.) au fond de mers peu profondes et sursaturées du fait de l'évaporation. Ces cortèges de dépôts salins sont désignés ensemble par le terme d'**évaporites**. Un autre est la formation d'aérosols par les embruns marins composés de fines gouttelettes d'eau salée entraînées par les vents sur les continents, un autre, encore, les échanges chimiques au niveau des dorsales océaniques.

En tout état de cause, la composition saline des océans d'aujourd'hui résulte d'un équilibre dynamique entre le flux de sels entrants et le flux de sels sortants. La durée de 14 millions d'années calculée plus haut correspond donc au **temps de résidence** de ces sels dans l'océan.

Il s'agit là d'une moyenne, mais les temps de résidence sont très différents selon les ions. Par exemple, le temps de résidence est de l'ordre de 200×10^6 ans pour le sodium, de quelques millions d'années pour le calcium, et de l'ordre du siècle pour le fer.

La répartition de la salinité des eaux superficielles océaniques dépend essentiellement de celles de la pluviométrie et de l'évaporation. En moyenne, un minimum de salinité s'observe aux environs de l'équateur (figures 8.2 et 8.3, B) : cela est dû aux fortes précipitations qui s'y produisent et qui compensent largement l'évaporation liée à des températures élevées. Vers les tropiques, au contraire, la faiblesse des précipitations, alors que l'évaporation est encore notable, entraîne des maximums de salinité. Vers les régions polaires, une faible évaporation et des précipitations élevées justifient de faibles salinités.

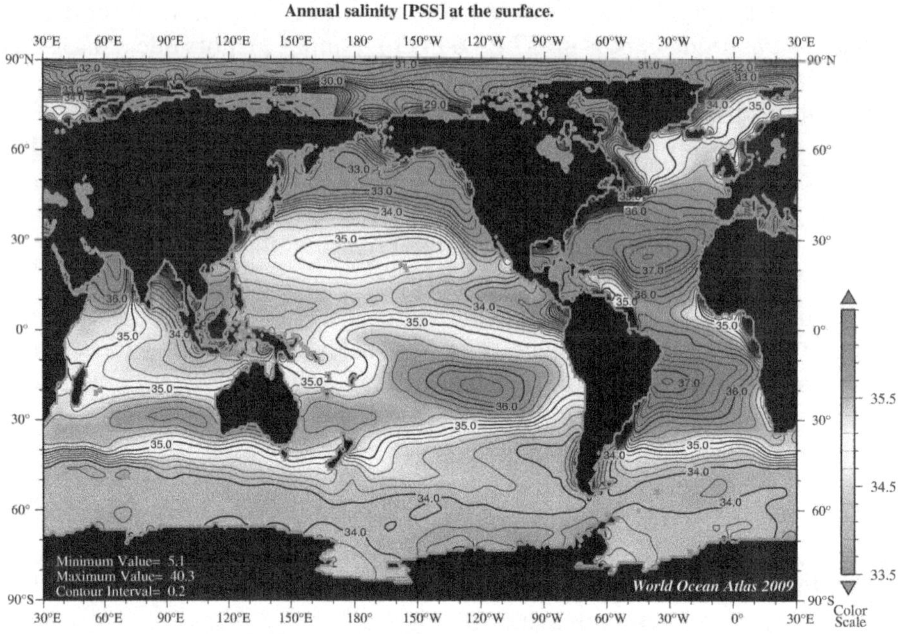

Figure 8.2 – Répartition de la salinité dans les océans.
Les courbes d'égale salinité (courbes isohalines) sont en ‰. Des minimums de densité s'observent dans les régions équatoriales et dans les régions polaires.
Source : NOAA (https://www.nodc.noaa.gov/OC5/indprod.html)

La **densité des eaux** dépend essentiellement de leur salinité et de leur température. Pour les eaux douces, cette densité s'accroît alors que la température baisse et cela jusqu'à 4 °C où la densité est maximale et décroît ensuite jusqu'à son point de congélation (0 °C s'il n'y a pas surfusion, figure 8.4, A). Il en résulte que, dans un lac où une partie des eaux sera plus froide que 4 °C, la température au fond du lac sera de 4 °C, les eaux plus froides les surmontant.

En ce qui concerne les eaux des océans, leur contenu en sel fait qu'elles ne présentent pas de maximum de densité (figure 8.4, B), leur température de solidification étant supérieure à celle calculée pour ce maximum (figure 8.5). Ainsi, la température du fond des océans peut-elle descendre au-dessous de 4 °C. En fait, sur la plupart de ces fonds, elle est actuellement de l'ordre de 2 °C.

De la combinaison entre les variations latitudinales de la salinité et de la température (figure 8.3, C) résulte une variation de la densité qui montre un minimum de densité vers l'équateur et des maximums dans les hautes latitudes (figure 8.3, D).

Lorsque la densité des eaux superficielles est plus grande que celles des eaux sous-jacentes, elles s'enfoncent pour former des courants profonds. Ce phénomène est particulièrement net dans certaines régions polaires où, du fait de la formation de banquise (qui expulse le sel), les eaux froides de surface concentrent les sels dissous.

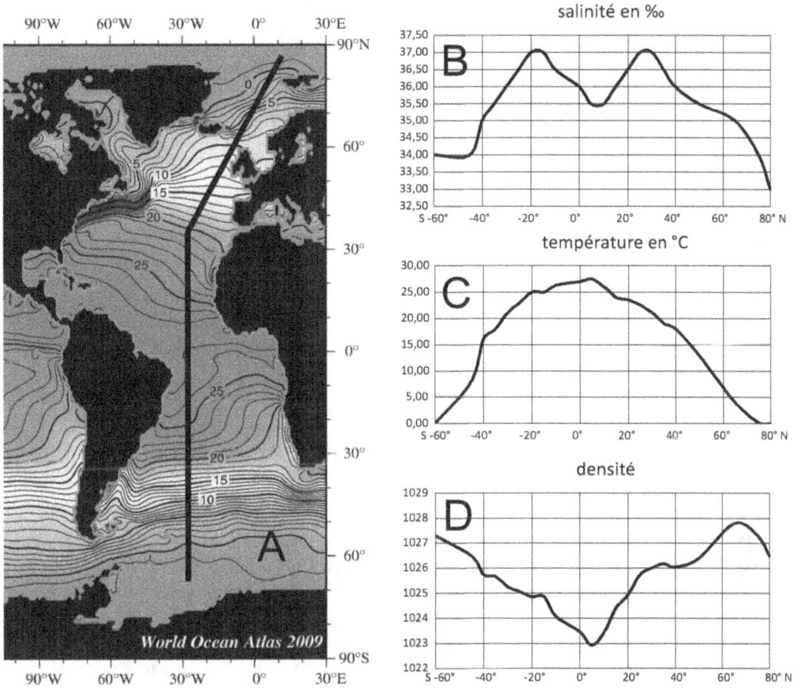

Figure 8.3 – Salinité, température et densité des eaux océaniques.

A : Répartition de la température moyenne des eaux de surface de l'Atlantique et situation de la transversale des figures B, C et D sur lesquelles les latitudes sont en abscisses.

B : Salinité moyenne (de 1995 à 2012) des eaux de surface sur une transversale nord-sud de l'Atlantique. Le minimum de salinité aux alentours de l'équateur est dû à l'abondance des précipitations.

C : Température moyenne sur la même transversale.

D : Densité des eaux (résultant de la combinaison de leur température et de leur salinité) sur la même transversale.

Source des données : NOAA. https://www.nodc.noaa.gov/OC5/indprod.html)

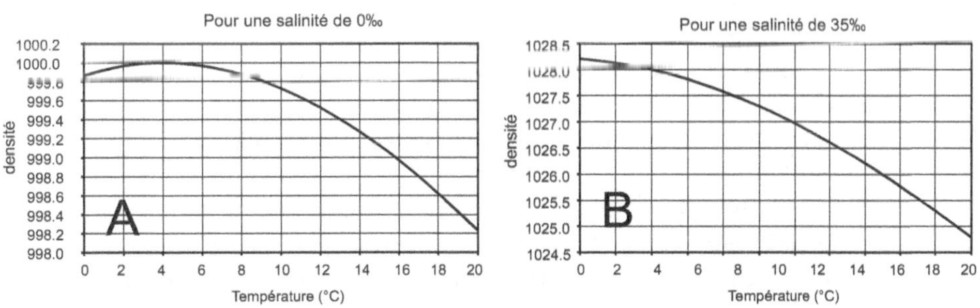

Figure 8.4 – Densité des eaux douces ou salées en fonction de la température.

A) Les eaux douces montrent un maximum de densité à 4 °C.

B) Les eaux salées à 35 ‰ ne montrent pas de maximum de densité.

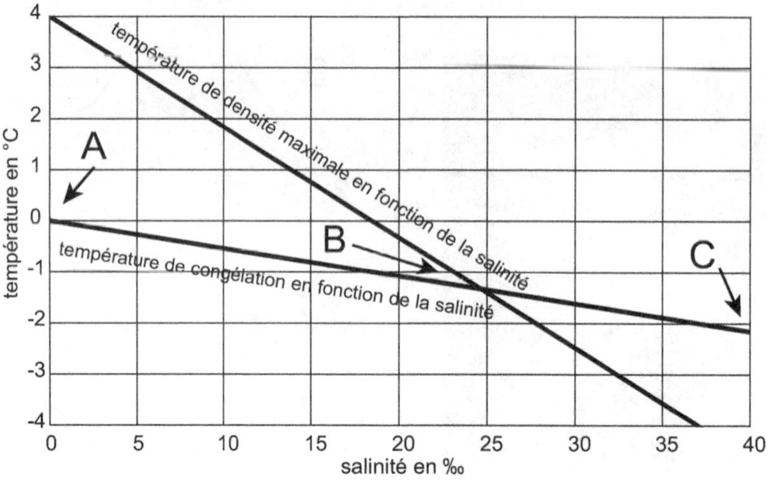

Figure 8.5 - **Maximums de densité de l'eau en fonction de sa salinité.**

L'eau douce gèle à 0 °C (point A) et présente un maximum de densité à 4 °C, bien au-dessus de son point de congélation. Jusqu'à une salinité de 24,7 ‰, et une température de – 1,53 °C (point B), c'est-à-dire entre les points A et B, les eaux salées présentent un maximum de densité indiqué par le graphique. Au-delà de cette salinité, l'eau n'a pas de maximum de densité : l'eau serait gelée avant d'atteindre sa densité maximale calculée. Dans un lac froid à la surface gelée, les eaux de fond seront donc à 4 °C, mais ce ne sera pas le cas dans les océans, où la température des eaux profondes peut varier (actuellement elle est de l'ordre de 2 °C).

8.3 Banquise

Le refroidissement de la surface marine au-delà de – 1,8 °C, température de solidification de l'eau salée à 35 g/l, entraîne, sur une certaine épaisseur, son gel. Cette couche gelée constitue la **banquise** qui n'est surtout pas à confondre avec les icebergs, masses de glaces dérivantes beaucoup plus épaisses issues de la fragmentation de glaciers.

La formation de la banquise commence par celle de petits cristaux de glace qui s'agrègent ensuite en plaques arrondies, ou **pancakes**, lesquelles se réunissent pour former une couche continue. Cette couche continue, fragile, s'épaissit jusqu'à former une croûte de 1 à 2 mètres. Les mouvements de la mer peuvent la fragmenter et faire se chevaucher ces fragments, lui donnant, avec une épaisseur augmentée, une surface très irrégulière.

Comme les sels dissous n'entrent pas dans la composition de la glace, ils se concentrent dans les eaux sous la banquise, lesquelles, devenues plus denses que les eaux sous-jacentes, vont s'y enfoncer donnant naissance à une **circulation thermohaline**.

Certaines surfaces marines sont en permanence recouvertes par la banquise, mais une grande partie n'est recouverte que durant la saison froide. La banquise ayant un albédo de l'ordre de 0,7, alors que celui de l'océan est d'environ 0,15, on voit que son extension plus ou moins grande a un effet climatique important. Cet effet est d'autant plus marqué qu'il est lié à une rétroaction positive : une augmentation de la surface de la banquise augmente la réflexion de l'énergie lumineuse reçue, ce qui produit un refroidissement et augmente la production de banquise.

8.4 COUCHE DE MÉLANGE, THERMOCLINE, HALOCLINE, PYCNOCLINE

Les échanges entre atmosphère et océan peuvent concerner de la chaleur, de l'énergie cinétique, des gaz et des aérosols. Ils s'effectuent dans la partie superficielle de l'océan où la turbulence, trouvant son origine essentiellement dans l'action du vent, engendre le brassage des eaux et l'activation des échanges avec l'atmosphère. Cette partie superficielle, homogénéisée par la turbulence, est appelée **couche de mélange**. Son épaisseur est variable dans le temps et dans l'espace, parfois quelques mètres, parfois plusieurs centaines de mètres. Les gaz dissous au contact de l'atmosphère sont notamment de l'oxygène, du dioxyde de carbone et de l'azote. Ils sont en rapports étroits avec les êtres vivants marins et entrent dans les cycles biogéochimiques.

Alors que la couche de mélange est marquée, du haut vers le bas, par de faibles gradients concernant les principales caractéristiques des eaux, ces gradients peuvent augmenter brusquement d'intensité vers le bas à des niveaux divers pour que les valeurs de ces caractéristiques se raccordent à celles des eaux plus profondes. Les zones de transition correspondantes sont désignées selon les caractéristiques envisagées par des termes utilisant le suffixe **–cline** (figure 8.6).

C'est ainsi que le terme de **thermocline** désigne la zone de transition où un gradient de température marqué fait le raccord entre la température de la couche de mélange et celle des eaux profondes. La couche de mélange peut montrer d'importantes variations de température en fonction de celle de l'atmosphère avec laquelle elle est en contact. Les eaux profondes, au contraire, ont une température à peu près constante (2 °C pour les eaux de fond). Le gradient de température de la thermocline, de même que son épaisseur, peut ainsi varier considérablement selon les saisons et la situation géographique, la différence de température entre son sommet et sa base pouvant atteindre ou dépasser 20 °C.

Le terme de **halocline** s'applique à une couche océanique où un fort gradient de salinité existe entre des eaux de surface et des eaux plus profondes. Une halocline marquée peut exister dans certaines régions océaniques, du fait de l'évaporation ou de la production de banquise.

La densité des eaux varie essentiellement en fonction de leur salinité et de leur température. Lorsqu'un fort gradient de densité est observé entre les eaux superficielles et les eaux profondes, on désigne la couche de transition correspondante sous le nom de **pycnocline**. Une pycnocline marquée, correspondant à des eaux superficielles peu denses parce que moins salées et/ou plus chaudes que les eaux sous-jacentes, rend ces eaux stables et empêche leur plongement. Celui-ci ne peut se faire que si la densité des eaux superficielles est égale ou supérieure à celle des eaux plus profondes.

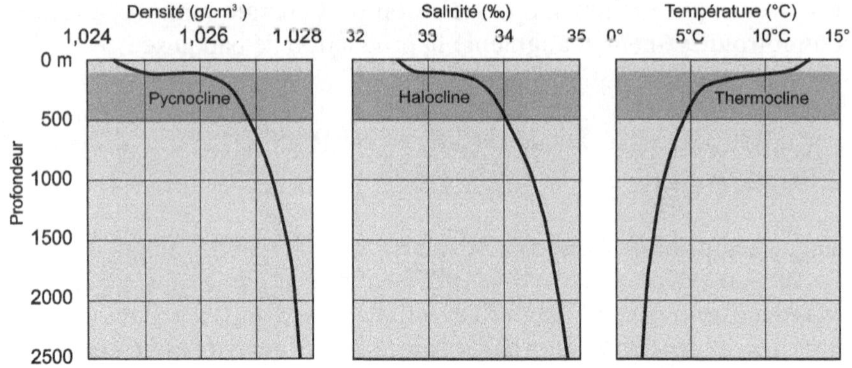

Figure 8.6 – **Couche de mélange, pycnocline, halocline, thermocline.**

Ces figures schématiques montrent des profils de densité, salinité, et température en fonction de la profondeur des eaux océaniques. On y voit la couche de mélange, superficielle, surmontant une zone où les gradients des paramètres varient rapidement en fonction de la profondeur (respectivement pycnocline, halocline et thermocline), elle-même surmontant des eaux profondes où les gradients sont faibles. Ce sont des situations moyennes, mais ces profils peuvent varier considérablement selon les régions océaniques auxquelles on se réfère (figure 8.7).

Selon les régions, et les saisons, les profils sont variables et révèlent de caractéristiques physicochimiques différentes (figure 8.7).

8.5 Zone de minimum d'oxygène

Les organismes qui vivent dans la colonne d'eau consomment de l'oxygène. Dans la zone de mélange, la concentration en ce gaz est élevée du fait de sa dissolution au contact de l'atmosphère, et de la production saisonnière d'oxygène par la respiration du phytoplancton marin. Ces conditions sont favorables au développement d'une abondante vie aquatique, surtout si les nutriments sont abondants. Mais, dans les eaux sous-jacentes, peu d'oxygène parvient et, au-dessous d'une centaine de mètres, l'absence de lumière ne permet pas la photosynthèse, et donc la production d'oxygène. Il en résulte une diminution dans sa concentration avec la profondeur, diminution caractérisée par une **oxycline** (de 100-200 m à 1 000-2 000 m de profondeur), cela d'autant plus que l'oxygène est utilisé pour oxyder la matière organique présente dans l'eau du fait de la chute des organismes morts et non consommés. Comme les eaux plus profondes sont souvent oxygénées par le biais des circulations profondes, il existe ainsi une zone de minimum d'oxygène, peu propice à la vie, mais favorable à la conservation de la matière organique (figure 6.8). Cette zone de minimum d'oxygène laisse sa trace dans les sédiments qui se déposent à son niveau et qui, si elle conduit à l'anoxie, sont sombres (à cause de leur concentration en matière organique) et montrent une structure laminaire (les variations fines de la sédimentation n'étant pas gommées par une bioturbation, ici inexistante en l'absence d'organismes fouisseurs).

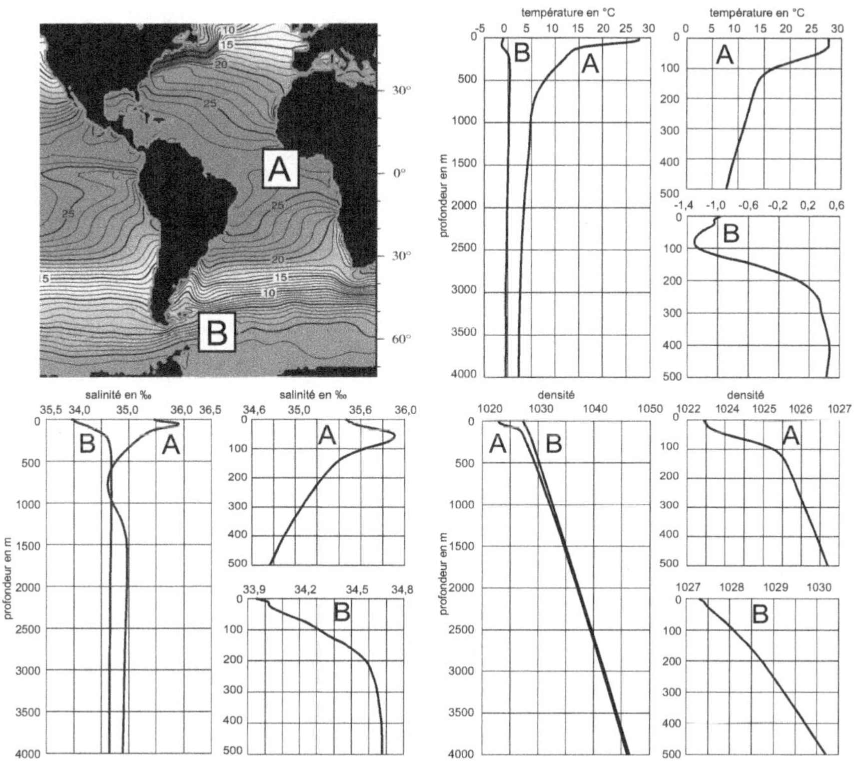

Figure 8.7 - Comparaison de profils de masses d'eaux au sud de l'Atlantique et près de l'équateur.

Exemples de profils de paramètres (moyennes annuelles) des eaux océaniques pris près de l'équateur (A, 5°N, 25°W) et dans une région australe (B, 60° S, 30° W). Pour chacun des profils, qui vont de la surface à une profondeur de 4 000 m, on a figuré le détail des premiers 500 m.
Profils de salinité. Près de l'équateur (A), une nette zone de mélange montre une faible salinité résultant de fortes précipitations. Ce n'est pas le cas dans la zone australe où on observe une nette halocline jusque vers 200 m de profondeur.
Profils de température. Près de l'équateur (A), on observe une couche de mélange peu épaisse où la température est constante, surmontant une nette thermocline qui se raccorde aux eaux profondes vers 120 m. Dans la région australe (B) sur quelques décamètres, la température moyenne des eaux est proche de la congélation, qui intervient en hiver. Sur 200 m, une nette thermocline raccorde cette courbe à celle des eaux profondes.
Profils de densité. Sur la plus grande partie de ces profils, le gradient de densité est le même. Cependant, près de l'équateur, on constate que la partie superficielle est nettement moins dense, ce qui assure la stabilité des eaux. En revanche, dans la région australe (B), il n'y a pas de baisse de densité et un faible refroidissement hivernal, avec formation de banquise, en accroissant cette densité peut provoquer le plongement des eaux.
Source des données : NASA.

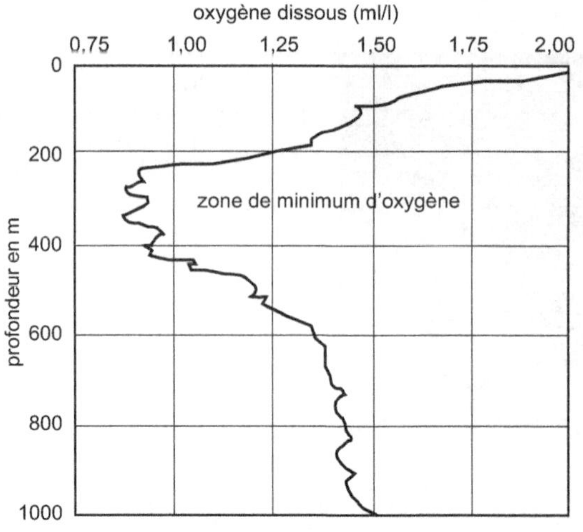

Figure 8.8 - **Zone de minimum d'oxygène.**
Courbe prise dans l'Atlantique sur l'équateur au large de l'Afrique (10 °W). Données du programme CLIVAR/ Pirata.

En quelques mots

- Occupant 72 % de la surface de la Terre et contenant 97 % de son eau, les océans ont un rôle capital dans le fonctionnement du système climatique. Leur partie superficielle, où s'effectuent leurs échanges avec l'atmosphère, est la zone de mélange. Sous cette couche homogénéisée, les raccords de ses différentes caractéristiques avec celles des eaux plus profondes se font *via* la thermocline (pour la température), la halocline (pour la salinité) et la pycnocline (pour la densité). Une zone de minimum d'oxygène peut s'observer à une certaine profondeur.

LES CIRCULATIONS OCÉANIQUES

9

9.1 LES CIRCULATIONS INDUITES PAR LE VENT

Les masses d'eau océaniques sont, à des degrés divers, entraînées par des courants qui, si on les considère dans leur ensemble et à l'échelle de la planète, constituent la circulation générale océanique. En surface, cette circulation a comme moteur essentiel l'entraînement de l'eau par le frottement des vents. Il est donc normal que les courants océaniques de surface suivent les principales directions de la circulation générale atmosphérique. Il y a lieu cependant de tenir compte des obstacles que constituent les continents, qui n'ont pas leur équivalent dans l'atmosphère, ainsi que de la force de Coriolis.

Force de Coriolis et spirale d'Ekman

En effet, à partir du moment où elles se mettent en mouvement, les masses d'eau sont affectées par la force de Coriolis qui, sur elles, produit des effets plus complexes que sur les masses d'air et, parfois, paradoxaux. Imaginons une surface océanique sur laquelle s'applique un vent horizontal. Du fait du frottement du vent sur cette surface, il va y avoir entraînement des molécules d'eau superficielles. Une fois en mouvement, ces molécules vont subir l'action de la force de Coriolis et être déviées vers la droite dans l'hémisphère nord, vers la gauche dans l'hémisphère sud. La pellicule de surface, ainsi mue, va à son tour, par frottement, entraîner la couche immédiatement sous-jacente, dans la direction de son mouvement. Cette couche va elle aussi être déviée par la force de Coriolis, davantage que la pellicule de surface qui l'a entraînée, et ce processus va se poursuivre vers le bas jusqu'à ce qu'il n'y ait plus d'énergie à transmettre. Si l'on représente les mouvements de ces couches d'eau par des flèches dirigées dans le sens du mouvement, d'autant plus longues que le mouvement est plus rapide (figure 9.1), on voit que ces flèches forment une sorte d'escalier en colimaçon dont les marches sont de plus en plus courtes en allant vers le bas. C'est ce que l'on nomme la spirale d'Ekman. En définitive, le mouvement moyen de ces masses d'eaux superficielles (quelques dizaines de mètres d'épaisseur) s'effectuera à 90° de la direction du vent (vers la droite dans l'hémisphère nord, vers la gauche dans l'hémisphère sud) : c'est le transport (ou courant de dérive) d'Ekman.

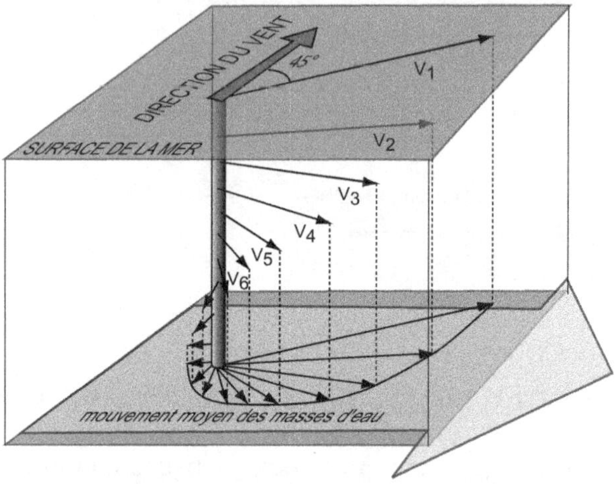

Figure 9.1 – La spirale d'Ekman.

Ce dessin schématise classiquement l'action de la force de Coriolis sur des masses d'eau entraînées par le vent. Le frottement du vent sur la surface de la mer entraîne les particules d'eau qui, du fait de la force de Coriolis, prennent une direction oblique (vecteur V1, qui schématise leur vitesse) par rapport à celle du vent. Le frottement de ces particules d'eau entraîne, à son tour, les particules plus profondes qui prennent une direction oblique (vecteur V2) par rapport à V1. Ce phénomène se propage en profondeur jusqu'à dissipation complète de l'énergie disponible. Le mouvement résultant global des masses d'eau (transport d'Ekman) s'effectue à 90° (ici à droite) de la direction du vent. Ce dessin vaut pour l'hémisphère nord ; pour l'hémisphère sud, les déviations se feraient vers la gauche.

Upwellings

Parmi les mouvements des masses d'eau océaniques, ceux qui permettent à des eaux profondes de venir à la surface ont un intérêt économique et climatique particulier : on désigne ce phénomène d'ascendance par son nom anglais **upwelling** (remontées d'eau). Ils sont engendrés par l'action de la force de Coriolis s'appliquant sur des eaux entraînées par le vent. On peut distinguer trois situations principales où ce phénomène s'observe : les upwellings côtiers, les upwellings équatoriaux et les tourbillons cycloniques.

Upwellings côtiers

Ce phénomène se produit lorsque des vents soufflent parallèlement à une côte située à leur gauche dans l'hémisphère nord, à leur droite dans l'hémisphère sud (figure 9.2). L'eau qu'ils entraînent est déviée vers le large par la force de Coriolis ce qui produit, le long de la côte, un pompage des eaux profondes.

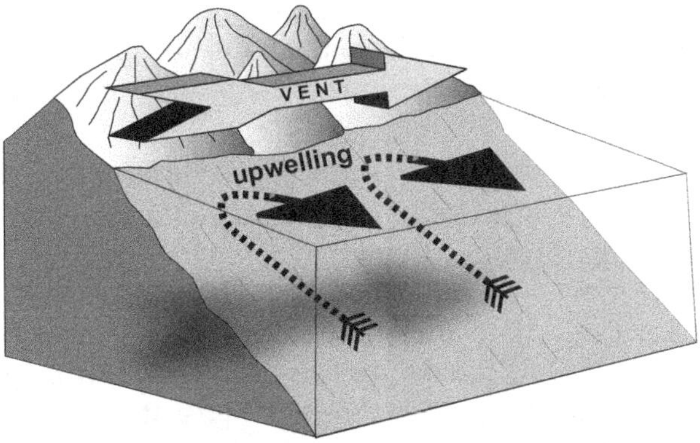

Figure 9.2 – **Mécanisme des upwellings côtiers.**

Sur cet exemple, le vent souffle parallèlement à la côte et entraîne les eaux superficielles. Du fait de la force de Coriolis, ces eaux sont déviées par la dérive d'Ekman, ici vers la droite (l'exemple correspond à l'hémisphère nord). Ces eaux sont remplacées par des eaux plus profondes, plus froides et chargées en éléments nutritifs : c'est le phénomène d'upwelling.

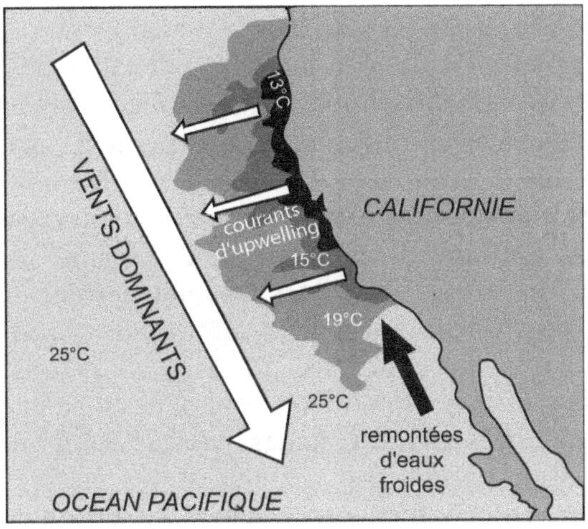

Figure 9.3 – **L'upwelling californien.**

Le long de la côte californienne, les vents soufflent fréquemment vers le SW. Lorsque c'est le cas, le transport d'Ekman, appliqué aux masses d'eau entraînées par le frottement du vent, tend à les éloigner de la côte. Pour les remplacer, des eaux profondes, plus froides que les eaux superficielles (ici à 25 °C), sont aspirées (phénomène d'upwelling). On a indiqué ici par des grisés plusieurs de leurs températures (13 °C, 15 °C et 19 °C). Ces eaux froides sont également riches en éléments nutritifs qui, tombés plus bas que la zone photique, n'ont pas été consommés par le plancton photosynthétique qui va, du fait de cette circonstance, proliférer.

On prend souvent comme exemple l'upwelling se manifestant le long de la côte californienne (figure 9.3). Le vent y souffle habituellement du NW vers le SE : il longe la côte qui est donc située à gauche de ce mouvement. L'eau de surface entraînée par ce vent est déviée vers la droite conformément à ce que l'on a dit plus haut de la force de Coriolis et du transport d'Ekman. L'eau est ainsi déviée vers le large par ce courant résultant de l'action du vent. Le long de la côte, l'eau entraînée va être remplacée par de l'eau venue du dessous. Cela produit un courant ascendant qui est un upwelling.

Cette eau est différente de l'eau de surface, qu'elle remplace, par deux caractères :

1. Elle est plus froide, car les eaux profondes sont à une température inférieure à celle des eaux superficielles. Cette caractéristique rend le climat de cette côte particulièrement frais pour cette latitude. Il en résulte aussi un fort gradient thermique entre l'océan et le continent, très ensoleillé, ce qui produit la formation d'une cellule de convection axée sur le rivage. L'air marin, qui se déplace vers le continent, va condenser son humidité en produisant fréquemment des brouillards d'advection et des nuages bas, et s'élever jusque vers 1 000 ou 1 500 m pour retourner vers l'océan et y redescendre. Cette ascension est cependant trop faible pour donner lieu à des précipitations significatives et, comme cette cellule de convection forme une barrière infranchissable pour l'air marin, qui ne peut aller plus à l'intérieur du pays, il s'ensuit que ce dernier n'est pratiquement jamais l'objet de précipitations. On trouve donc dans ces régions de magnifiques déserts aux reliefs popularisés par les westerns : Painted Desert, Monument Valley et la célèbre Death Valley (Vallée de la mort). D'une façon générale, les zones continentales bordées par des upwellings sont les déserts les plus arides qui soient.
2. Elle est riche en substances nutritives. Dans la couche superficielle, en effet, ces substances (essentiellement des sels dissous, comme des phosphates, etc.) sont en grande partie consommées par les êtres vivants microscopiques flottant dans l'eau (plancton), qui sont essentiellement des algues ne pouvant vivre qu'en présence de lumière, c'est-à-dire dans les quelques décamètres superficiels. Ce plancton se situe au début des chaînes alimentaires et sa présence conditionne celle des autres habitants des océans, crustacés et poissons essentiellement. Dans l'eau de fond, les substances nutritives sont plus abondantes car elles ne peuvent être ainsi consommées par les algues puisque la lumière n'y parvient pas. Lorsque ces substances nutritives remontent des profondeurs dans la zone où pénètre la lumière solaire, on assiste à une prolifération du plancton et donc des animaux qui en sont tributaires, notamment des poissons : les régions d'upwelling sont ainsi des zones de pêche particulièrement intéressantes.

À l'instar de la côte californienne, des upwellings côtiers s'observent en bien des endroits comme au Pérou, en Mauritanie, au SW du continent africain, en Somalie, etc., et entraînent une grande aridité sur l'arrière-pays. Leur rôle économique est considérable, conditionnant les rendements de la pêche.

Upwellings équatoriaux

Les upwellings équatoriaux sont conditionnés par la tension des vents alizés qui produit, au niveau de l'équateur, un courant dirigé vers l'ouest (figure 9.4). Bien que peu importante à ces latitudes, la force de Coriolis dévie ce courant vers la droite dans l'hémisphère nord et vers la gauche dans l'hémisphère sud. Il s'ensuit, vers l'équateur, une divergence des eaux qui, comme pour les upwellings côtiers, doit être compensée par une montée des eaux profondes froides. Ces eaux froides sont aussi riches en éléments nutritifs dont se nourrit le phytoplancton, à la base des chaînes alimentaires, faisant de ces zones des régions de haute productivité primaire.

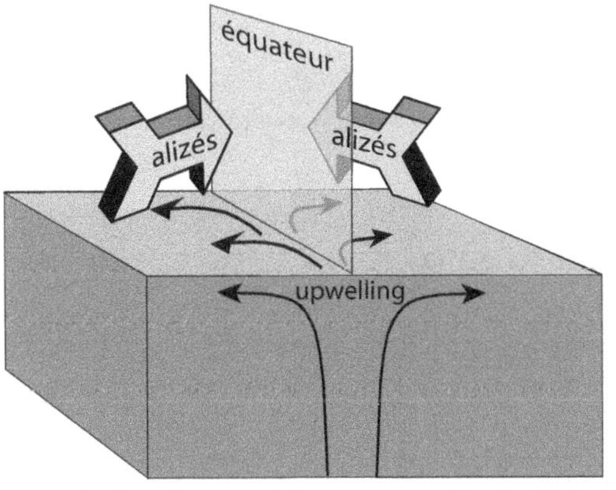

Figure 9.4 – Mécanisme des upwellings équatoriaux.

Les alizés des deux hémisphères convergent vers l'équateur. Ces vents entraînent les eaux superficielles que la dérive d'Ekman dévie vers les hautes latitudes en formant une divergence. En conséquence, les eaux profondes viennent remplacer ces eaux superficielles par un mécanisme d'upwelling.

Ces upwellings sont particulièrement développés dans le Pacifique où la tension des alizés provoque une accumulation des eaux chaudes de surface dans la partie occidentale de cet océan, accentuant la mousson indienne. Les variations de la tension des alizés sont en relation avec le phénomène El Niño (voir ci-après).

Tourbillons anticycloniques et cycloniques

Un des effets de la force de Coriolis se fait sentir lorsque des eaux superficielles sont entraînées dans des mouvements tourbillonnaires du fait de l'action de vents cycloniques ou anticycloniques. Dans le premier des cas (figure 9.5, A), qui se produit au droit d'une dépression atmosphérique, le transport d'Ekman entraîne les eaux de surface à l'extérieur du tourbillon. Il se crée donc une **divergence** des eaux qui sont remplacées par des eaux plus profondes : cette sorte d'upwelling est appelée **pompage d'Ekman**. Dans le cas de vents anticycloniques (figure 9.5, B), correspondant à une haute pression atmosphérique, le transport d'Ekman produit une **convergence** des eaux qui sont entraînées vers le centre du tourbillon puis en profondeur. Ces eaux étant oxygénées, on parle de **ventilation**.

Les grands courants de surface

Soumises à la tension du vent, les eaux superficielles océaniques sont entraînées dans des circulations, induites, en définitive, par la répartition des pressions atmosphériques à la surface du globe. Sous les hautes pressions atmosphériques, engendrant des vents cycloniques, vont se former des courants océaniques.

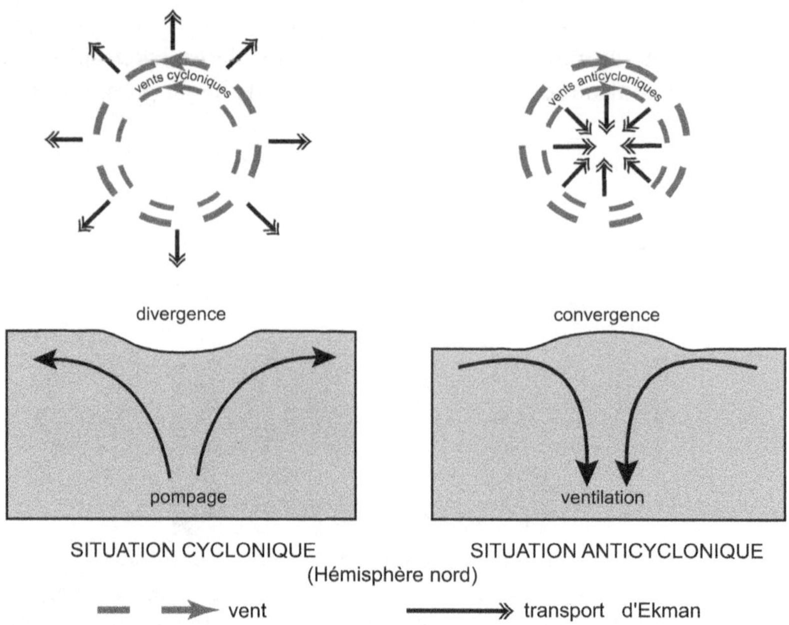

Figure 9.5 - Effets du transport d'Ekman sur des tourbillons océaniques.
À gauche : un tourbillon engendré par un vent cyclonique (tournant dans le sens inverse des aiguilles d'une montre dans l'hémisphère nord, dans l'autre sens dans l'hémisphère sud) produit une remontée des eaux profondes (pompage d'Ekman).
À droite : un tourbillon engendré par un vent anticyclonique (tournant à l'inverse d'un vent cyclonique) produit une descente des eaux superficielles oxygénées (ventilation).

Du fait de la force de Coriolis, les déplacements de ces eaux dessinent fréquemment, à diverses échelles, des mouvements circulaires. C'est ainsi que la circulation océanique, vue dans son ensemble, se résout en immenses tourbillons, ou **gyres** (figure 9.6). On peut en distinguer cinq principaux : deux au nord de l'équateur (Atlantique nord et Pacifique nord) qui tournent dans le sens des aiguilles d'une montre, trois au sud de l'équateur (Atlantique sud, Pacifique sud et océan Indien) qui tournent dans le sens inverse. Des noms ont été affectés à divers courants faisant partie de ces gyres (par exemple le Gulf Stream dans l'Atlantique du NW, le courant de Benguela au large des côtes sud-africaines, le courant de Humboldt au large du Pérou).

À noter que la seule région où un courant peut faire un tour complet de l'axe terrestre sans rencontrer d'obstacle est la bordure nord du continent antarctique, longé par sa grande dérive d'ouest.

La vitesse des courants de surface peut atteindre 2 ou 3 m/s. Ils peuvent déplacer des masses d'eau considérables dont les débits sont souvent indiqués en utilisant une unité pratique, le **sverdrup** qui vaut 10^6 $m^3.s^{-1}$. À titre d'exemple, le débit du Gulf Stream est, selon les endroits, de quelque 3 à 120 sverdrups.

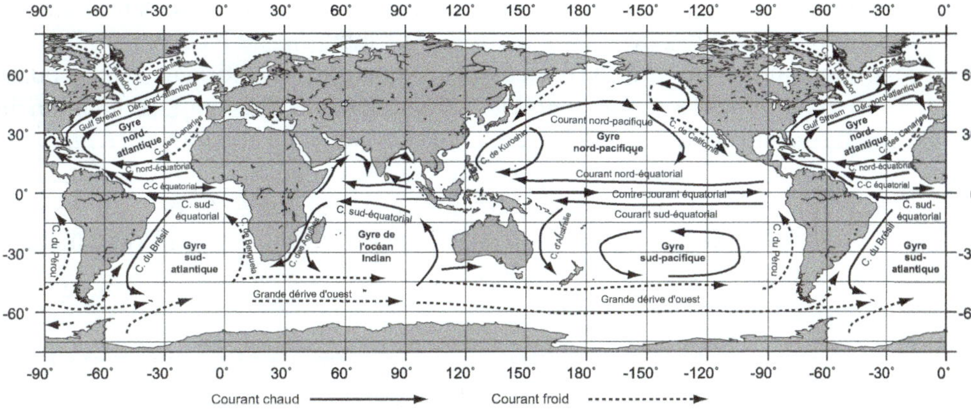

Figure 9.6 - **Schéma général des courants de surface.**

On y voit cinq gyres majeurs : deux tournant dans le sens des aiguilles d'une montre dans l'hémisphère nord (gyres nord-atlantique et nord-pacifique) et trois tournant en sens inverse dans l'hémisphère sud (gyres sud-atlantique, indien, et sud-pacifique).

Du point de vue climatique, tous ces courants ont pour conséquence essentielle la redistribution de l'énergie thermique fournie par le rayonnement solaire, ce qui tempère les contrastes géographiques de température. Cette redistribution explique en effet plus du tiers des transferts d'énergie des régions équatoriales vers les régions polaires, le reste étant le fait de la circulation atmosphérique. Si cette redistribution par les mouvements des masses océaniques n'existait pas, elle devrait s'opérer seulement par les mouvements atmosphériques qui en seraient d'autant augmentés.

Les climats de certaines régions étant très dépendants de l'énergie thermique transportée par les courants océaniques, des modifications de ceux-ci, par exemple par ouverture de détroits ou fermeture d'isthmes au cours des temps géologiques, ont pu avoir une influence importante sur ces climats.

Oscillations climatiques des océans

L'observation des océans a montré que certains phénomènes régionaux ont des correspondants dans des régions éloignées, ce qui conduit à imaginer, entre ces régions, des téléconnexions. Fréquemment, ces phénomènes, qui intéressent notamment courants superficiels, pressions, vents et températures, se répètent dans le temps avec une certaine périodicité, au moins approximative. Pour ces phénomènes, on parle d'oscillations.

Cinq sont bien documentées : El Niño-oscillation australe, l'oscillation nord-atlantique, l'oscillation nord-pacifique, l'oscillation décennale pacifique, l'oscillation arctique.

El Niño-oscillation australe (*El Niño – Southern Oscillation* ou ENSO)

Près des côtes du Pérou, non loin de l'équateur, l'effet d'entraînement des alizés sur la surface marine engendre, en temps habituel, un fort upwelling. La présence de ce dernier, en favorisant la prolifération du plancton, permet le foisonnement des poissons, mis à profit pour des pêches fructueuses. Aux environs de Noël, cependant, on observe fréquemment un réchauffement des eaux qui, ralentissant ou bloquant l'upwelling, rend la pêche moins rentable. Ce phénomène a été baptisé localement *El Niño*, ce terme faisant allusion à la période de l'année où il apparaît (*El Niño* désignant l'enfant Jésus, en espagnol). Or, certaines années, le phénomène est particulièrement accentué et la pêche ne peut reprendre avant le mois de mai ou de juin. Parfois, il se prolonge pendant plus d'un an. C'est à ces périodes que l'on a maintenant réservé le terme de *El Niño* (figure 9.7).

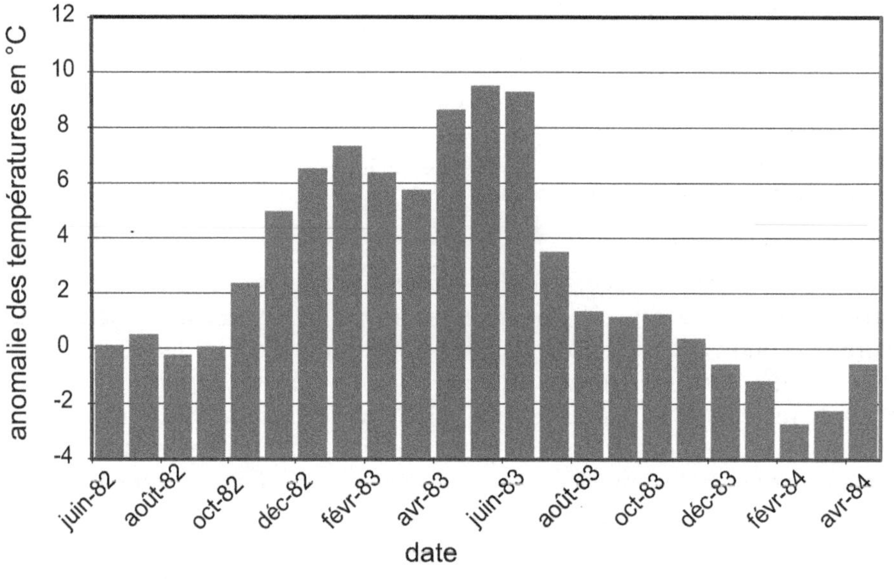

Figure 9.7 - Anomalies des températures marines au Pérou durant El Niño de 1982-1983 (en °C).

Ces anomalies sont calculées par rapport à la moyenne de 1950 à 2000 à Puerto Malabrigo (anciennement Puerto Chicama), 7°42'S, 79°26'W. Le réchauffement des eaux, commencé dès le mois d'octobre 1982, s'est affirmé en décembre pour durer jusqu'au mois d'octobre suivant. Il a atteint presque 10 °C.

On a remarqué que ce phénomène était corrélé à des modifications des pressions sur le Pacifique. Connues sous le nom d'**oscillation australe**, ces modifications ont été décrites dès 1923 par Gilbert T. Walker : des variations périodiques de la pression atmosphérique dans le Pacifique austral étaient corrélées avec des variations de sens opposé dans le centre du Pacifique. Pour les caractériser, on a créé divers indices qui font appel aux variations de pression et de température dans ces régions. De fait, on montre qu'il existe de grandes analogies entre ces indices et les températures relevées sur les côtes du Pérou (figure 9.8). C'est pourquoi on groupe souvent l'ensemble de ces phénomènes sous le nom de El Niño-oscillation australe (El Niño - Southern Oscillation ou ENSO).

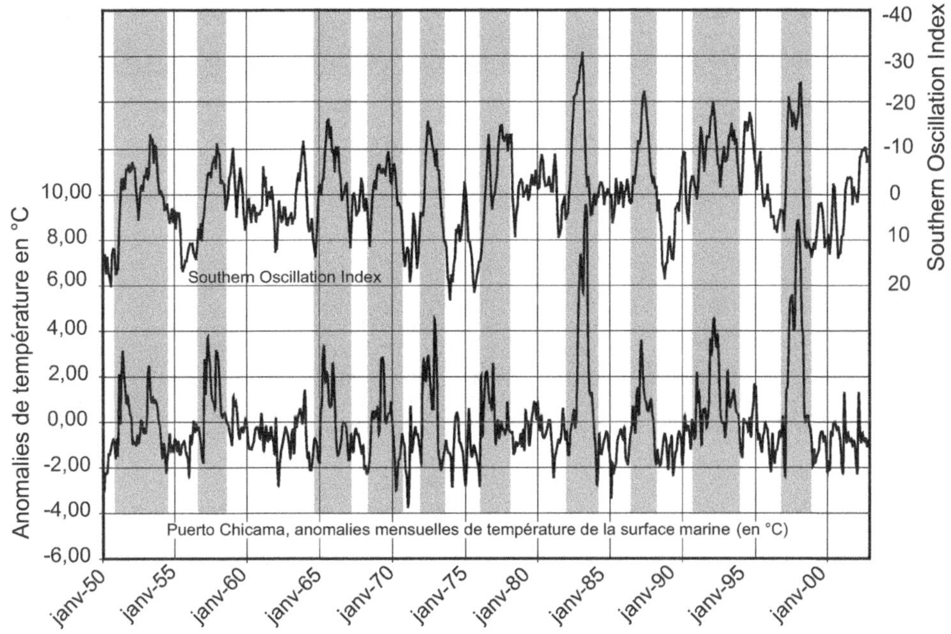

Figure 9.8 – L'ENSO depuis 1950.

En haut : index SOI de l'ENSO. (L'échelle des ordonnées est en écarts-types × 10.)
En bas : anomalies des températures moyennes mensuelles de l'eau de mer (par rapport à la moyenne de 1950 à 2000) à Puerto Malabrigo, Pérou (données de l'Instituto geofísico del Perú). On constate la ressemblance entre les courbes. On a indiqué par des grisés verticaux les maximums des périodes El Niño.

ENCART 9.1 Un indice pour caractériser l'ENSO : SOI (*Southern Oscillation Index*)

Cet indice utilise des mesures de pression effectuées d'une part à Darwin, en Australie et d'autre part à Tahiti (figure 7.9). Il en existe plusieurs variantes. Celle indiquée ici est celle du Bureau australien de météorologie. Le calcul se fait mois par mois. On a

$$SOI = 10\frac{Pdiff - Pdiffav}{SD(Pdiff)}$$

où :
Pdiff = (*PMNM* à Tahiti pour le mois) – (*PMNM* à Darwin pour le mois), avec *PMNM* : pression moyenne au niveau de la mer ;
Pdiffav = moyenne à long terme de *Pdiff* pour le mois en question ;
SD(*Pdiff*) = écart-type à long terme de *Pdiff* pour le mois en question.

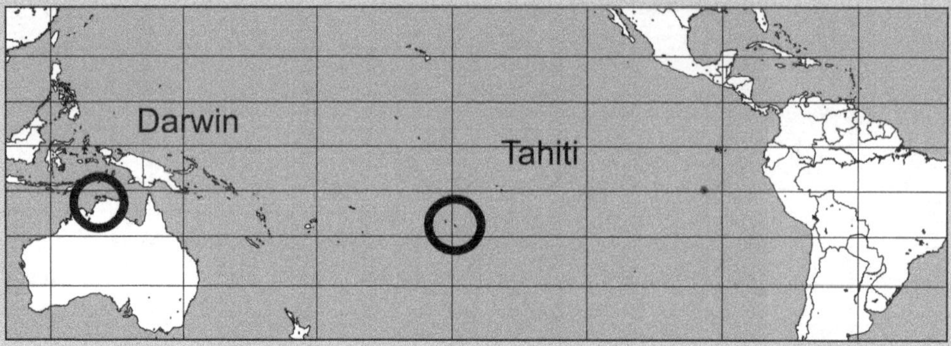

Figure 9.9 – Darwin et Tahiti : deux sites de mesures pour caractériser l'ENSO.

On a montré que, lors des périodes El Niño, les fortes pressions régnant à l'ouest du Pacifique étaient à l'origine d'une accentuation des composantes ouest-est des vents entraînant vers les côtes américaines les eaux superficielles chaudes qui bloquent l'upwelling (figure 9.10).

De fait, pendant ces périodes, les mesures satellitaires montrent que, près des côtes du Pérou, le niveau de l'océan peut s'élever de plus de 25 cm. Lorsque, au contraire, ce sont de faibles pressions qui règnent dans l'ouest du Pacifique, le niveau de la mer s'y élève ; par symétrie, on a donné à ces périodes le nom de **La Niña** (figure 9.11).

On constate que les périodes El Niño se répètent à une cadence qui va de 2 à 7 ans. Il ne s'agit donc pas à proprement parler d'une oscillation, mais d'un phénomène de bascule entre deux états du système climatique.

Les effets de El Niño ne se limitent pas au réchauffement des eaux le long de la côte du Pérou. La répartition des températures dans les régions équatoriales de l'océan Indien modifie en effet sensiblement la circulation de Walker en déplaçant les zones de maximum de convection qui se situent au-dessus des eaux océaniques les plus chaudes.

Ces déplacements ont des conséquences sur les régions continentales aussi bien à l'est qu'à l'ouest de l'océan Pacifique. Côté ouest, les périodes El Niño ont été mises en relation avec des sécheresses sur l'Australie et l'Indonésie et avec des moussons renforcées sur le continent indien. Côté est, on les rend responsables de fortes pluies sur les côtes pacifiques américaines et sur le nord du continent, alors qu'elles seraient responsables de sécheresses au Brésil. Enfin, on leur attribue, parfois, une augmentation des précipitations sur le centre de l'Afrique.

Oscillation nord-atlantique, ONA (*North Atlantic Oscillation*, NAO)

L'oscillation nord-atlantique est caractérisée par une variation annuelle ou pluriannuelle des différences des écarts de pression par rapport aux moyennes entre la

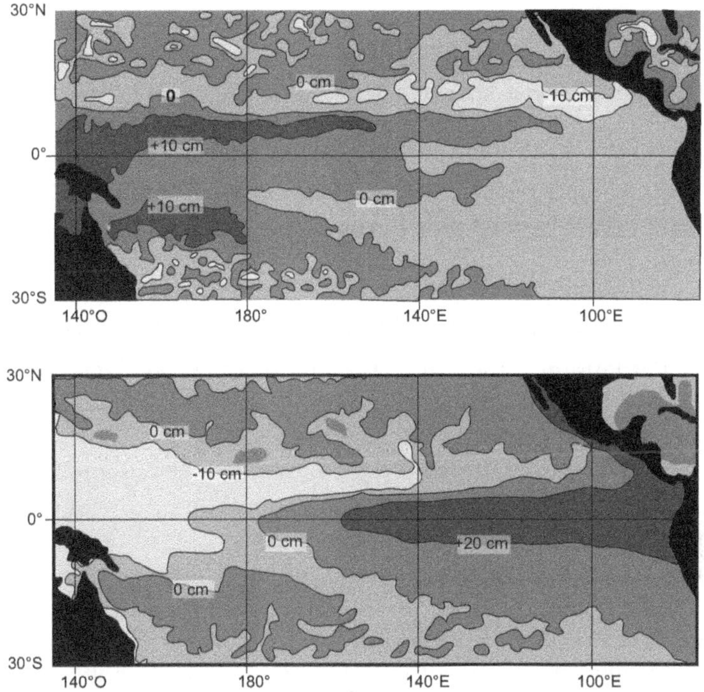

Figure 9.10 - Anomalies des hauteurs de la surface marine de l'océan Pacifique.

En haut, pendant une période La Niña (novembre 1996).
En bas, pendant une période El Niño (novembre 1997).

partie nord de cet océan (dépression d'Islande) et la partie sud (anticyclone des

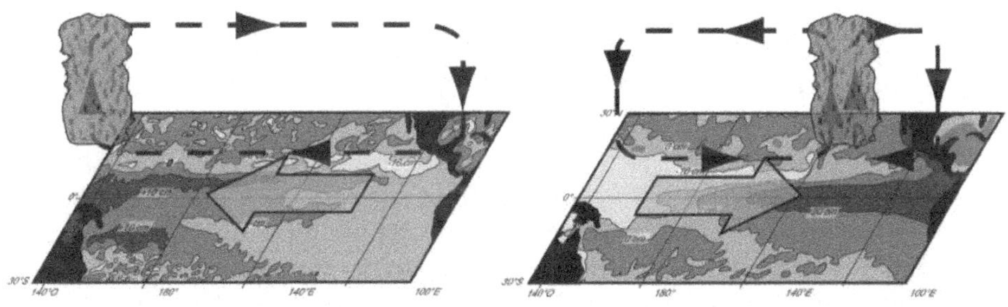

Figure 9.11 - Les deux états extrêmes de la circulation de Walker au-dessus du Pacifique.

À gauche : conditions « La Niña » ; à droite : conditions « El Niño ».

Açores). On caractérise cette variation par un indice calculé chaque année à partir de la différence de pression entre Lisbonne (Portugal) et Reykjavik (Islande).

L'indice est positif lorsque, au cours de l'hiver, la pression est plus élevée que la moyenne à Lisbonne et plus faible que la moyenne en Islande. L'anticyclone des Açores est plus fort que la normale, alors que la dépression d'Islande est plus creuse. Le régime des vents d'ouest affectant le nord de l'Europe est alors renforcé, et les masses d'air océaniques y amènent humidité et douceur alors que le sud de la France jouit d'un temps sec.

Inversement, lorsque l'indice est négatif, les vents d'ouest faiblissent, les hivers sont froids et secs dans le nord de l'Europe alors que les régions méditerranéennes sont humides.

Oscillation nord-pacifique, ONP (*North Pacific Oscillation*, NPO)

Comme dans l'Atlantique nord, il existe une oscillation dans le Pacifique nord notamment caractérisée par les variations des différences de pression entre l'Alaska (basses pressions) et Honolulu (hautes pressions).

Durant ses phases positives (basses pressions des Aléoutiennes renforcées), on constate, en hiver, un réchauffement sur la côte ouest du continent nord-américain et un refroidissement sur le sud-ouest des États-Unis et la Sibérie. Les précipitations sont renforcées sur l'Alaska et sur les grandes plaines des États-Unis. Des chutes de neige peuvent intervenir sur la côte est des États-Unis.

Durant ses phases négatives, l'ouest des États-Unis se refroidit alors que l'est se réchauffe. Des sécheresses peuvent être enregistrées sur la côte ouest, alors qu'au contraire les précipitations sont augmentées sur la côte est et les prairies canadiennes.

Des liaisons, cependant non systématiques, semblent exister avec le phénomène ENSO.

Oscillation décennale pacifique, ODP (*Pacific Decadal Oscillation*, PDO)

L'oscillation décennale pacifique est un phénomène à long terme caractérisé par les variations de la température des eaux de surface qui, à la différence de l'oscillation nord-pacifique, intéressent l'ensemble du Pacifique. Cette oscillation peut se faire à des rythmes divers, interannuels ou pluridécennaux. À l'origine détectées par les variations de productivité du saumon, on a mis en évidence qu'elles correspondaient à des variations climatiques autour du Pacifique. Durant les périodes positives (ou chaudes), une partie de ces eaux de surface se réchauffe alors que le Pacifique ouest se refroidit. Au nord-ouest du continent américain, les hivers et les printemps sont relativement doux alors qu'ils sont froids au sud-est des États-Unis. Les précipitations sont faibles au nord-ouest des États-Unis, au Mexique et dans les régions situées au nord-ouest du Pacifique. Durant les périodes négatives (ou froides), c'est l'inverse.

Oscillation arctique, OA (*Arctic Oscillation*, AO)

L'oscillation arctique est définie par les variations de la différence des pressions atmosphériques mesurées au pôle Nord et aux moyennes latitudes (vers 45°). Comme telle, elle intéresse une grande partie de l'hémisphère nord.

Elle est en phase positive lorsque la pression atmosphérique est inférieure à la moyenne au pôle Nord et supérieure à la moyenne vers 45° N. Dans ces conditions, les vents d'ouest sont renforcés formant un anneau autour du pôle qui confine l'air froid dans les hautes latitudes, ce qui entraîne de basses températures hivernales dans ces zones alors qu'elles sont plus élevées en Europe et dans l'ouest des États-Unis. En phase négative, ces vents deviennent moins forts et laissent pénétrer vers le sud les masses d'air froides arctiques.

Ainsi, on a détecté de nombreux phénomènes de téléconnexions dans les océans se traduisant par des oscillations climatiques à des rythmes plus ou moins réguliers divers, de l'année à plusieurs décennies. Ces oscillations ne sont pas indépendantes et leurs effets peuvent, selon les cas et les régions, s'ajouter ou se retrancher.

9.2 La circulation océanique thermohaline

Alors que les courants océaniques superficiels sont engendrés par la tension des vents, des circulations profondes ont comme origine des différences de densité des eaux. Ces différences s'expliquent par des gradients de densité liés à la température et à la salinité d'où le nom de **circulation thermohaline** que l'on utilise pour nommer les mouvements de masses d'eau qu'elles engendrent.

On observe ainsi un plongement des eaux superficielles dans des régions où leur densité devient plus forte que celle des eaux environnantes. Un processus majeur de production de ces eaux profondes est la formation de banquise. En effet, lors de cette formation, le réseau cristallin de la glace qui se constitue n'admet pas, ou peu, la présence de sels, lesquels se concentrent ainsi dans l'eau sous-jacente. Cette eau, froide et salée, donc plus dense que celle qu'elle surmonte, va plonger pour donner des eaux profondes.

Une des régions les plus importantes pour la production de ces eaux profondes est la mer de Weddell, dans l'Antarctique (figure 9.12). Ses eaux plongeantes sont appelées **eaux de fond antarctiques** (*Antarctic Bottom Water*, **AABW**). Elles progressent dans les profondeurs océaniques vers l'océan Indien à une vitesse de l'ordre de 0,05 km/h

Une autre zone de production est l'Atlantique nord, au large du Groenland et dans la mer de Norvège. Les masses d'eau ainsi formées sont appelées **eaux profondes nord-atlantiques** (*North Atlantic Deep Water*, **NADW**) et s'écoulent vers le sud-ouest dans l'Atlantique en formant une sorte de langue qui s'insinue au milieu de masses d'eau dites **eaux intermédiaires antarctiques** (*Antarctic Intermediate Water*, **AIW**), elles-mêmes superposées aux eaux de fond antarctiques.

Le chemin des eaux profondes est conditionné par la répartition des profondeurs océaniques. C'est ainsi que les eaux de fond antarctiques et les eaux profondes nord-

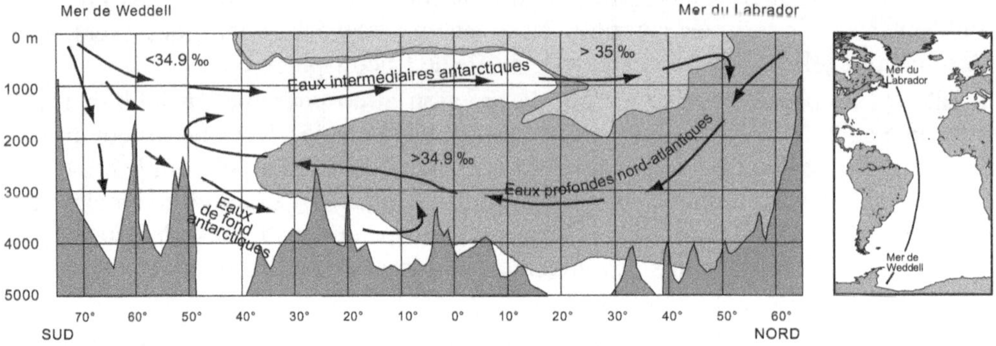

Figure 9.12 – Coupe N-S de l'océan Atlantique montrant les circulations de grandes masses d'eau.

Sur cette coupe nord-sud de l'Atlantique (schéma de situation à droite), on voit les eaux plongeantes de la mer de Weddell se diviser en deux masses (eaux intermédiaires antarctiques et eaux de fond antarctiques) séparées par les eaux profondes nord-atlantiques en provenance de la mer du Labrador. Ces masses d'eau, ici caractérisées par leur salinité, sont entraînées dans la circulation thermohaline (figure 9.14).

atlantiques, qui se rejoignent au sud de l'Atlantique, sont pour partie dirigées vers l'océan Indien et pour partie vers le Pacifique, sans compter les masses qui restent à circuler vers l'est autour du continent antarctique.

Les eaux qui s'enfoncent dans les profondeurs se mélangent peu et lentement avec celles qui les environnent. Elles conservent donc en grande partie les caractéristiques qu'elles avaient acquises au contact avec l'atmosphère, en particulier les gaz et les substances dissoutes. Elles les restitueront au moment où elles émergeront de nouveau. C'est, entre autres, le cas du dioxyde de carbone CO_2 dont on sait l'important rôle climatique. Cette restitution peut se faire au bout d'un temps considérable car la circulation profonde est beaucoup plus lente que la circulation superficielle. On peut mesurer cette vitesse en utilisant des traceurs et en particulier le radiocarbone (voir encart 9.2) qui donne l'âge des masses d'eau, c'est-à-dire la différence entre le moment de la mesure et celui où elles avaient perdu contact avec la surface. Il peut dépasser 1 000 ans dans l'océan Indien et 1 500 ans dans l'océan Pacifique (figure 9.13).

Arrivées au bout des zones profondes où elles transitent, les masses d'eaux vont émerger, en se mélangeant plus ou moins aux eaux environnantes. Reprises alors dans les courants de surface et se réchauffant, elles vont continuer leur périple qui va les ramener, en définitive, à leur point de départ. L'ensemble de ces circulations forme ce que l'on a appelé le « *Conveyor belt* » (bande transporteuse, ou tapis roulant, figure 9.14). Il a notamment pour effet de recycler, à long terme, les substances nutritives et les gaz, comme le CO_2, qu'il transporte.

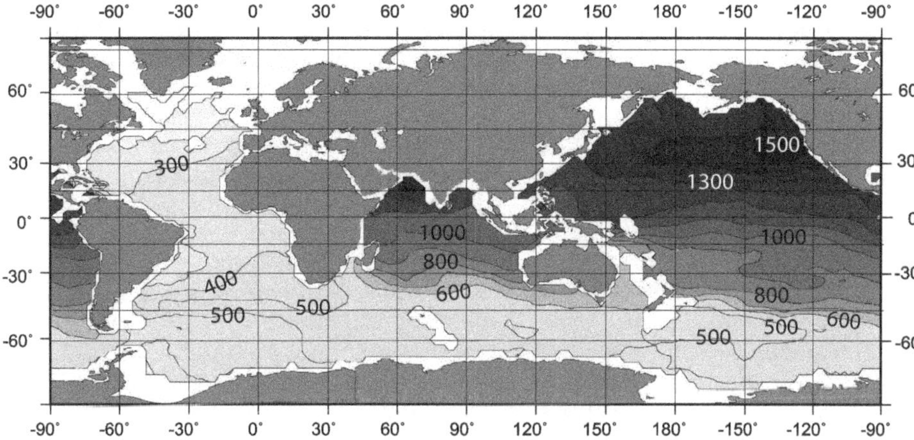

Figure 9.13 - **L'âge des eaux.**

Les courbes donnent l'âge des eaux en années (depuis qu'elles ont quitté la surface) à 2 500 m de profondeur, calculées par l'analyse du radiocarbone d'après Gebbie, G., & Huybers P., 2012, *J. Physic. Océano.*, 42.

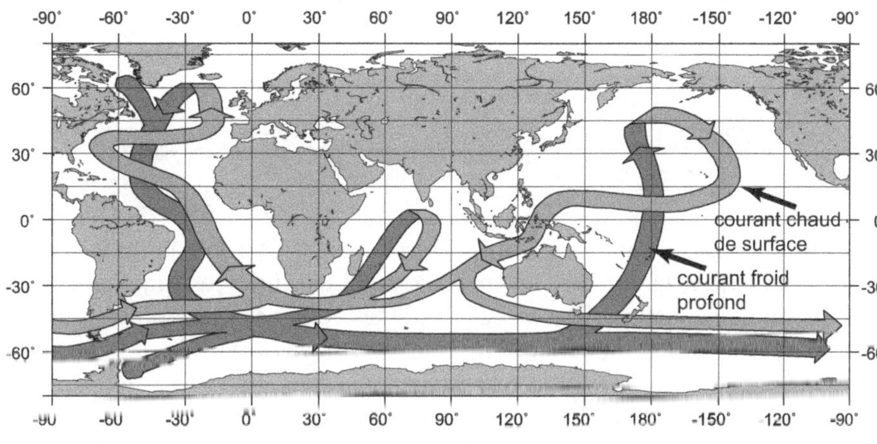

Figure 9.14 - **La « bande transporteuse » ou le « tapis roulant » (« *Conveyor belt* »).**

Parmi les mouvements des masses océaniques, on a l'habitude de distinguer ce qu'il est classique d'appeler le « Conveyor belt ». C'est un courant thermohalin qui prend naissance dans la mer du Labrador et dans la mer de Weddell. Les eaux froides et à la salinité diminuée par la formation de banquise, devenues denses, y plongent vers les profondeurs. À partir de la mer du Labrador, les masses d'eau profondes se dirigent vers le sud le long des côtes américaines. Elles sont rejointes par les eaux venues de la mer de Weddell et se dirigent alors vers l'est. Une partie gagne le Pacifique et remonte en se réchauffant pour regagner l'Atlantique, rejointes par des eaux ayant parcouru l'océan Indien. Le long des côtes de l'Atlantique nord, ces eaux relativement chaudes forment le Gulf Stream qui contribue à réchauffer ces régions.

ENCART 9.2 Les traceurs des eaux profondes océaniques

On peut tracer le cheminement des courants d'eaux profondes en mesurant certaines de leurs caractéristiques, à condition qu'elles diffèrent suffisamment des eaux qui les environnent. On utilise classiquement, depuis longtemps, la salinité, la température et le contenu en oxygène. L'avancée des masses d'eaux peut ainsi se lire sur des profils océaniques où sont dessinées des courbes d'égales valeurs (figure 9.12). Mais un grand progrès a été fait depuis que l'on a pu dater ces eaux par le radiocarbone. Le dioxyde de carbone présent dans les eaux océaniques a été prélevé à la surface de ces eaux, et donc son contenu en radiocarbone était alors en équilibre avec celui de l'atmosphère. À partir du moment où les eaux le contenant plongent, la proportion de radiocarbone va diminuer du fait de sa désintégration, ce qui permet de calculer le temps qui sépare le moment de plongement de ces eaux et celui où le prélèvement est effectué. Une correction doit être faite cependant : les eaux de surface subissant des mélanges avec les eaux sous-jacentes, leur proportion de radiocarbone est moindre que celle qu'elles devraient avoir. Elles paraissent ainsi plus vieilles d'un âge, dit âge réservoir, dont il faut tenir compte dans le calcul.
Par ailleurs, on a pu utiliser comme traceurs certains produits injectés par l'Homme dans l'atmosphère et qui se retrouvent dans l'océan : les fréons (chlorofluorocarbures, CFC), injectés depuis 50 ans par les bombes aérosols et les fluides des réfrigérateurs, et le tritium (H_3) injecté dans l'atmosphère lors des essais nucléaires des années 1960. La mesure de leurs concentrations à plusieurs périodes permet, par comparaison, de mettre en évidence la progression des eaux qui les contiennent.

En quelques mots

- Le frottement des vents induit les grands courants de surface de l'océan qui dépendent donc des mouvements atmosphériques et de l'action de la force de Coriolis engendrant la dérive d'Ekman, laquelle explique les mouvements des upwellings côtiers, équatoriaux ou cycloniques. Les caractéristiques des eaux superficielles varient selon des oscillations plus ou moins régulières (ENSO, ONA, etc.) engendrant des effets climatiques marqués. En particulier, le phénomène El Niño-Oscillation australe (ENSO) caractérise, surtout dans le Pacifique, un basculement pluriannuel entre des types de temps pouvant entraîner des perturbations largement réparties géographiquement.
- Les différences de température et de salinité des masses d'eau sont à l'origine de la circulation thermohaline, notamment caractérisée par une plongée des eaux denses dans les hautes latitudes, eaux qui peuvent cheminer plusieurs siècles avant de remonter à la surface. Courants superficiels et courants profonds se conjuguent pour contribuer à une redistribution de la chaleur à la surface du globe (ex. : le « *Conveyor belt* »).

Zonalité et azonalité des climats 10

Nous avons vu que le principal moteur des mouvements des enveloppes fluides de la Terre, atmosphère et océan, était l'énergie fournie par le rayonnement solaire. Du fait des caractéristiques de l'orbite terrestre, cette énergie est répartie différemment selon les latitudes, avec, en moyenne, un maximum à l'équateur. Il en résulte une structuration des mouvements atmosphériques qui, en première approximation, peuvent être décrits comme des cellules de convection définies de l'équateur aux pôles : c'est la circulation générale atmosphérique. Cette structuration entraîne une zonalité des climats, c'est-à-dire une répartition selon des bandes comprises entre des parallèles. Cependant, cette zonalité est modifiée par une répartition hétérogène des mers, des terres et des reliefs.

10.1 Climats zonaux

Climat zonal équatorial

La zone recevant le plus de rayonnement solaire, jamais très éloignée de l'équateur, est, à basse altitude, la zone de convergence intertropicale (ZCIT). C'est une zone de basse pression où, du fait de la convergence des masses d'air, celles-ci sont contraintes de s'élever (figure 10.1). Elles constituent la partie montante des cellules de Hadley. Chaudes et très humides lorsqu'elles se situent au-dessus d'un océan, elles se refroidissent en montant, par détente adiabatique. Leur humidité se condense en nuages épais (c'est ce que les marins appellent le « **pot-au-noir** ») qui sont à l'origine de pluies intenses. On peut donc définir, dans cette zone, un climat équatorial, chaud et humide. Au cours de l'année, la zone de convergence intertropicale se déplace en suivant, dans sa course, le soleil (figure 5.1). Au printemps boréal et en été boréal, elle se situe, en première approximation, dans l'hémisphère nord ; en automne boréal et en hiver boréal, elle se situe dans l'hémisphère sud. Le maximum de pluviosité suit ces mouvements, se trouvant ainsi tantôt en majeure partie dans l'hémisphère nord, tantôt dans l'hémisphère sud, ce balancement s'effectuant entre les tropiques, qui sont les latitudes au-delà desquelles le soleil n'est jamais au zénith. C'est pourquoi ce climat zonal est parfois qualifié d'intertropical. Cette zone a aussi comme caractéristique le développement des alizés.

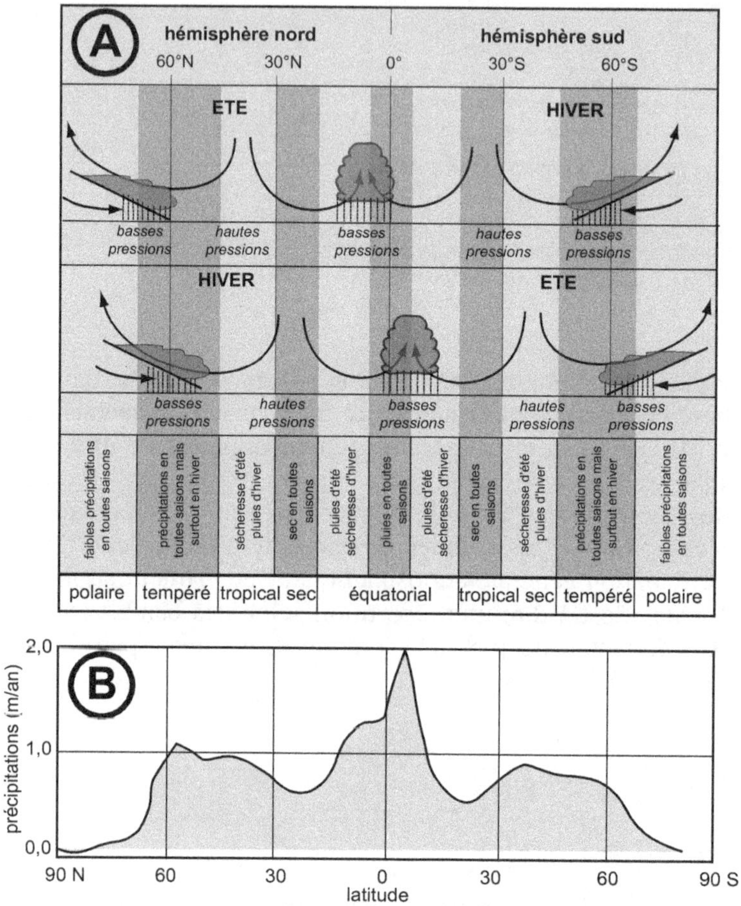

Figure 10.1 – **Répartition des zones climatiques en fonction de la position de la zone de convergence intertropicale.**

A : Schéma montrant la répartition des zones climatiques déterminées par la circulation générale atmosphérique, et leur déplacement en fonction des saisons.

D'après Petterssen, S., *Introduction to meteorology*, 2e éd., 1958, McGraw-Hill, fig. 196. Voir aussi Trewartha G.T. & Horn L.H., *An introduction to climate*, 5e éd., 1980, McGraw-Hill.

B : Moyennes annuelles de précipitations en fonction de la latitude (m/an).

Climat zonal tropical sec

La retombée de l'air des cellules de Hadley s'effectue aux environs des latitudes ± 30°. Avec les branches descendantes des cellules de Ferrel, elles forment, au sol, des zones de hautes pressions où divergent les masses d'air. Ces masses d'air ayant perdu leur humidité dans les branches montantes de leurs cellules de convection respectives engendrent, au sol, un climat sec. Lui correspondent des zones désertiques, tel le Sahara, dans l'hémisphère nord, les déserts australiens, dans l'hémisphère sud. À noter que, pour des raisons tenant à l'azonalité, certaines régions tropicales sont humides (Amérique du Sud, Indonésie).

Climat zonal tempéré

Les zones de contact entre les cellules de convection de Ferrel et les cellules polaires sont des zones de basses pressions où convergent des masses d'air humides. Nous avons vu qu'elles étaient aussi des zones de fronts entraînés dans des mouvements tourbillonnaires par la force de Coriolis. Ainsi, y alternent, de manière chaotique, périodes de beau temps et périodes pluvieuses. Cependant, des différences statistiques peuvent être notées selon les saisons du fait du déplacement de la ligne de fronts en fonction de la position du soleil. En hiver, toute cette zone, entre les parallèles 30° et 70° environ est l'objet de pluies, plus accusées vers les hautes latitudes. En été, du fait d'un déplacement des zones de basses pressions vers les hautes latitudes, ces dernières restent pluvieuses, alors que les latitudes plus basses deviennent sèches.

Climat zonal polaire

Les zones polaires sont caractérisées par des nuits, ou des jours, durant plus de 24 heures pendant une partie de l'année. Si la quantité de rayonnement solaire peut être importante au cœur de l'été, son intensité y est toujours faible du fait d'une faible hauteur du soleil sur l'horizon. Le climat y est donc toujours froid, encore bien davantage en hiver qu'en été.

Les régions polaires continentales où les précipitations sont suffisantes voient s'accumuler la glace qui constitue des inlandsis épais de plusieurs kilomètres où le climat est particulièrement rigoureux et la végétation absente.

10.2 Azonalité des climats

La structuration en zones parallèles à l'équateur constitue le trait fondamental de la répartition des climats terrestres. Cependant, celle-ci est modifiée, et parfois occultée, par la répartition irrégulière des mers, des terres et des reliefs, qui engendre une azonalité des climats.

En ce qui concerne la répartition des terres et des mers, deux phénomènes sont à souligner. L'un concerne les différences entre les comportements thermiques des continents et des océans, qui modifient la répartition des centres de pressions, et donc celle des vents et des précipitations, et engendre la circulation de Walker et les moussons. L'autre concerne l'éloignement plus ou moins grand entre des surfaces continentales et des étendues marines, ce qui rend l'arrivée des masses d'air humides sur les continents, et en conséquence celle des précipitations, d'autant plus difficile que cet éloignement est plus grand : c'est la **continentalité**.

En ce qui concerne les reliefs, leur présence intervient non seulement par le fait que les climats sont, régionalement, modifiés par l'altitude mais aussi par l'effet de barrière que ces reliefs jouent sur l'avancée des masses d'air.

Circulation de Walker

La répartition zonale des pressions à la surface du globe est grandement modifiée par la présence de surfaces continentales et marines.

Si l'on se réfère à la situation du mois de janvier, on constate que, dans l'hémisphère sud, la zone de haute pression qui caractérise ses latitudes moyennes est interrompue sur les régions continentales, Amérique du Sud et Australie, échauffées par le soleil de l'été austral (figure 10.2). Dans l'hémisphère nord, ce sont des zones marines de basses pressions qui interrompent la zone de haute pression des latitudes moyennes : leur volant thermique en fait des zones moins refroidies durant l'hiver boréal.

Pour le mois de juillet, des phénomènes identiques se produisent, en inversant les hémisphères. Pour l'hémisphère nord, la zone de haute pression qui caractérise les latitudes moyennes est interrompue dans les régions continentales, Amérique du Nord et Eurasie. Ces zones, échauffées par le soleil de l'été boréal, sont en effet l'objet de convections atmosphériques qui y engendrent des basses pressions. Dans l'hémisphère sud, où c'est l'hiver, la zone de haute pression correspondante est, elle, pratiquement continue.

Pour qualifier cette structuration est-ouest, on parle, nous l'avons vu, de circulation de Walker, laquelle peut être décrite en partie par une section de l'atmosphère au droit de l'équateur (figure 5.6). On constate qu'elle rend compte de la répartition azonale des précipitations sur cette transversale.

Moussons

Les différences entre les caractéristiques thermiques des étendues continentales et celles des étendues marines expliquent aussi l'existence de **moussons**. Ce sont des vents saisonniers (le terme signifie saison en arabe) se produisant dans les régions, notamment tropicales, où continents et océans entrent en contact. C'est par exemple le cas en Inde et dans le Sud-Est asiatique. En été, le sud de l'Eurasie (Tibet, Himalaya) et l'Inde s'échauffent beaucoup plus que l'océan Indien et les pressions y sont bien plus faibles. Il s'ensuit un déplacement des masses d'air vers le NE (figure 10.3). Venues de l'océan, ces masses d'air sont humides et entraînent des pluies torrentielles sur le continent avec des inondations souvent catastrophiques. En hiver, le continent se refroidit davantage que l'océan et est le siège de hautes pressions. Le sens de déplacement des masses d'air s'inverse. Elles viennent alors du NE et sont très sèches, puisqu'il s'agit d'air venu du continent asiatique.

Des phénomènes de mousson se produisent à une échelle comparable dans d'autres régions du monde, en Afrique (Golfe de Guinée), au nord de l'Australie et sur la côte sud-est des États-Unis, mais peuvent aussi se produire sur des surfaces plus réduites.

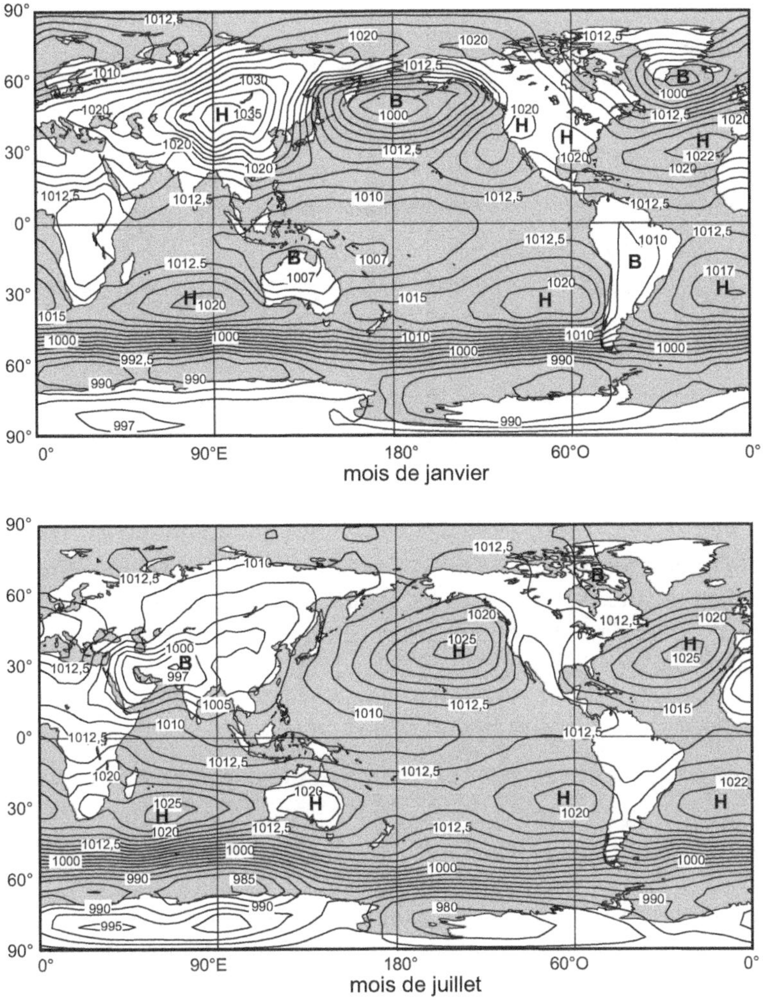

Figure 10.2 – Répartition des pressions à la surface du globe.

Cette répartition est donnée (réduite au niveau de la mer, en hectopascals) pour le mois de janvier (en haut) et pour le mois de juillet (en bas). H : centres de haute pression. B : centres de basse pression. Noter les différences, particulièrement importantes sur les continents.
Données : NOAA-CIRES Climate Diagnostics Center.

Continentalité

Dans les régions continentales, la plus ou moins grande proximité des surfaces marines, lorsque les masses d'air en proviennent, explique que ces régions soient plus ou moins arrosées et que l'étendue des variations saisonnières soit, pour une même latitude, très différente entre l'ouest et l'est.

Cette plus ou moins grande continentalité est particulièrement visible en Eurasie selon un gradient ouest-est. Alors que les régions les plus occidentales sont large-

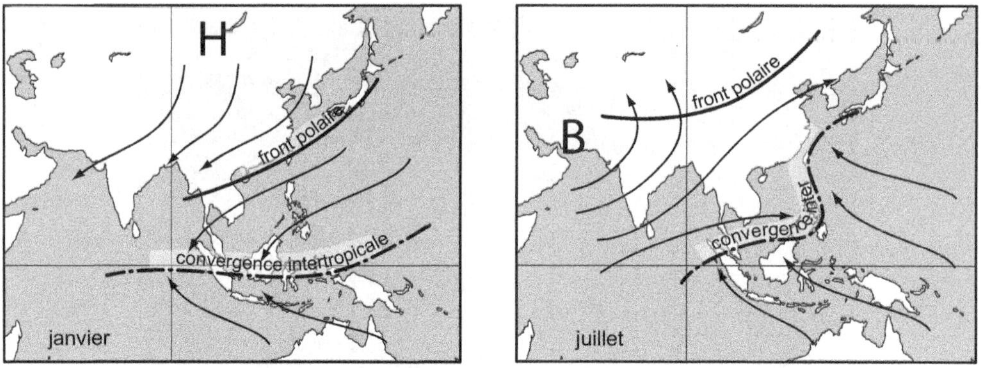

Figure 10.3 – La mousson asiatique.

Situation des principales circulations atmosphériques en janvier (pas de mousson) et en juillet (mousson d'été, avec des pluies abondantes).

ment arrosées (Brest, 1 130 mm/an), celles situées plus à l'est le sont beaucoup moins (Varsovie, 470 mm/an). Pour les températures (figure 10.4), les moyennes hivernales diminuent rapidement en allant vers l'est alors que les moyennes estivales augmentent. Il en résulte que les écarts de température entre les saisons peuvent être très faibles en bordure de l'Atlantique (par exemple 15,7 °C en juillet contre 6,0 °C en février à Brest, soit un écart de 9,3 °C), alors qu'ils sont beaucoup plus marqués vers l'est (par exemple 18,7 °C en juillet contre – 3,3 °C en février à Varsovie, soit un écart de 22 °C).

Gorczynski a proposé de qualifier la continentalité par un indice :

$$K_G = 1{,}7\frac{A}{\sin\varphi} - 20{,}4$$

A étant la différence entre la moyenne mensuelle des températures du mois le plus chaud et celle du mois le plus froid, et φ étant la latitude en valeur absolue. Cet indice, qui rend assez bien cette caractéristique climatique (figure 10.5), a cependant l'inconvénient de donner des valeurs tendant vers l'infini en s'approchant de l'équateur où sin φ tend vers zéro. Elles ne sont donc pas à prendre en compte dans ces régions.

Rôle des reliefs

Altitude et température

On a vu que la température de l'air décroissait avec l'altitude avec un gradient moyen de 6,5 °C par kilomètre. On doit donc s'attendre à ce que, en moyenne, les climats régionaux soient d'autant plus froids que l'altitude des régions considérées est plus grande. C'est ce qui l'on constate en effet, au moins dans l'ensemble car, dans le détail, les irrégularités des reliefs introduisent des nuances dans ce tableau général. En voici trois exemples.

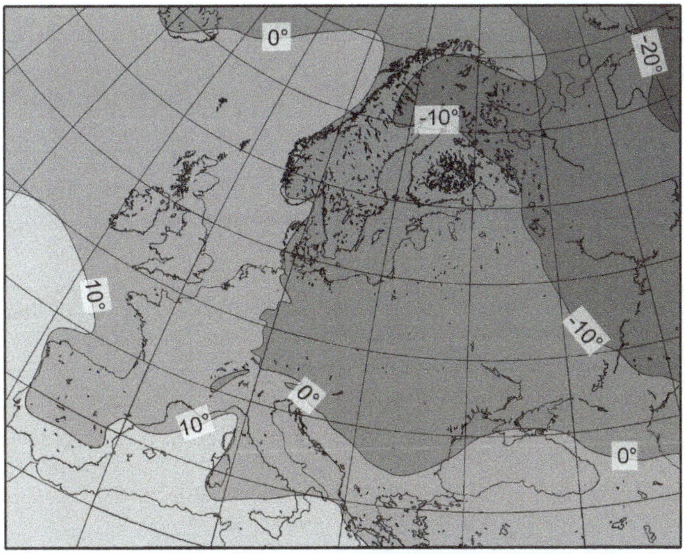

Figure 10.4 – Les isothermes de janvier en Europe.

Leur position est une des manifestations du phénomène de continentalité. Au lieu de présenter une structure zonale, c'est-à-dire dans la direction des parallèles géographiques, ces isothermes du mois de janvier sur l'Europe sont presque méridiennes. Elles marquent un fort gradient négatif vers l'est, les températures étant de plus en plus basses en s'éloignant de l'océan Atlantique.

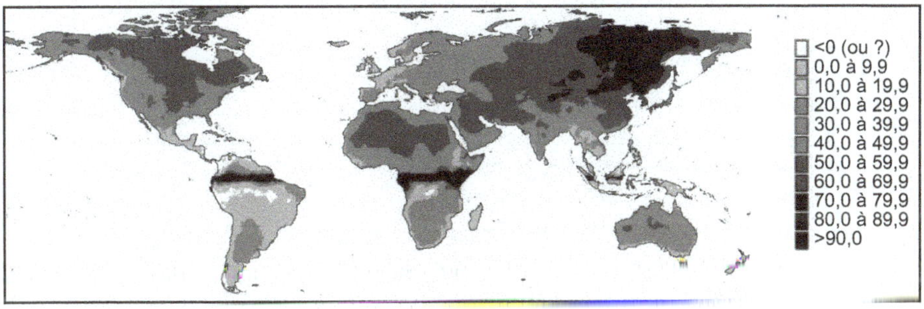

Figure 10.5 – Zones caractérisées par leur valeur de l'indice de continentalité de Gorczynski.

Il est ici calculé pour la période 1951-2000 (source : FAO). La continentalité est d'autant plus grande que l'indice est plus élevé.

Le premier est pris dans le sud-est de la France et compare les températures du mont Aigoual (44,1 °N ; 3,6 °E), à 1 567 m d'altitude, et celles de la ville de Nîmes, située à 70 km au SE, à 60 m d'altitude (figure 10.6). Les évolutions des températures dans l'année sont tout à fait identiques, mais avec un décalage moyen de 9,6 °C. Cette différence, ramenée à 1 km d'altitude est ainsi de 6,3 °C, ce qui est proche du gradient moyen de température.

Un second exemple est pris en Amérique du Sud et compare les températures de deux villes de l'Équateur, Quito (0,1 °S ; 78,5 °W), à 2 810 m, et Esmeraldas

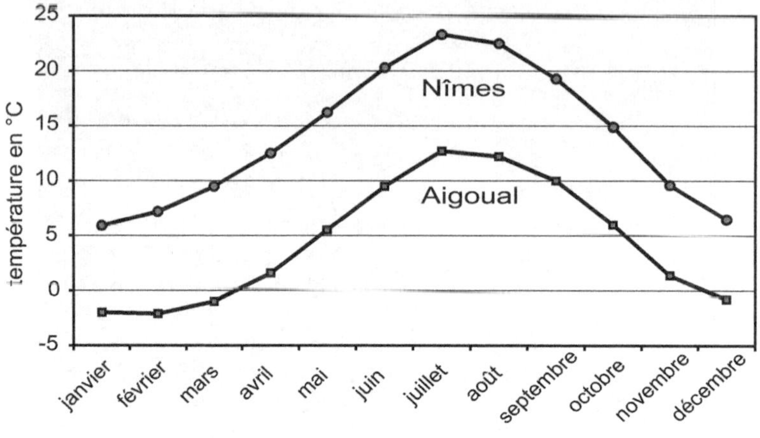

Figure 10.6 - Températures moyennes mensuelles comparées au mont Aigoual et à Nîmes (France).

Pour ces deux lieux, proches mais dont l'altitude diffère de 1 500 m, l'évolution saisonnière des températures est la même mais avec un décalage moyen de 9,6 °C (soit 6,3 °C/km).

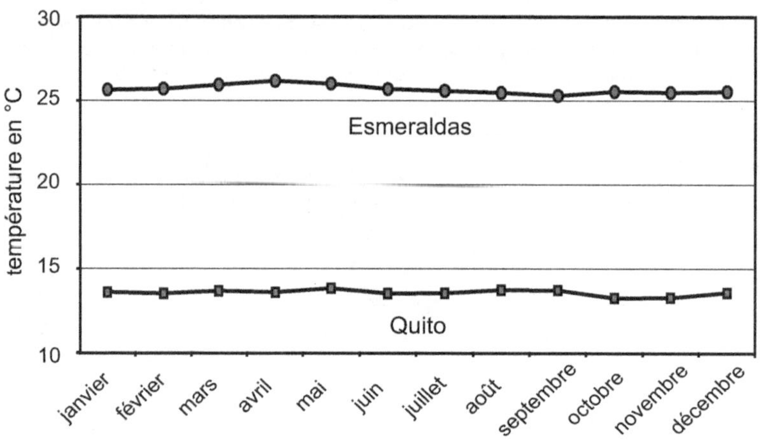

Figure 10.7 - Températures moyennes mensuelles comparées à Quito et à Esmeraldas (Équateur).

Pour ces deux lieux, proches mais dont l'altitude diffère de 2 800 m, l'évolution saisonnière des températures est la même mais avec un décalage moyen de 12 °C (soit 4,3 °C/km).

(0,9 °S ; 79,6 °W), à 180 km au nord-ouest, à 8 m d'altitude (figure 10.7). Dans les deux cas, les températures varient très peu au long de l'année, mais sont décalées en moyenne de 12 °C. Cela ne correspond qu'à un gradient de 4,3 °C par kilomètre d'altitude, ce qui s'explique par la situation exactement à l'équateur, où ce gradient est plus faible.

Un troisième exemple est pris aux États-Unis, et compare les températures de Denver, Colorado (39,8 °N ; 104,9 °W), ville connue pour être située à un mile d'altitude, soit 1 610 m, et celles d'une station de ski se trouvant 50 km plus à l'ouest, Berthoud Pass (39,79 °N ; 105,77 °W) dans les Rocheuses, à 3 580 m d'altitude (figure 10.8). Comme dans les cas précédents, les évolutions des températures au cours de l'année sont très semblables, à ceci près qu'elles sont décalées de presque 12 °C, ce qui correspond à un gradient kilométrique de 6 °C.

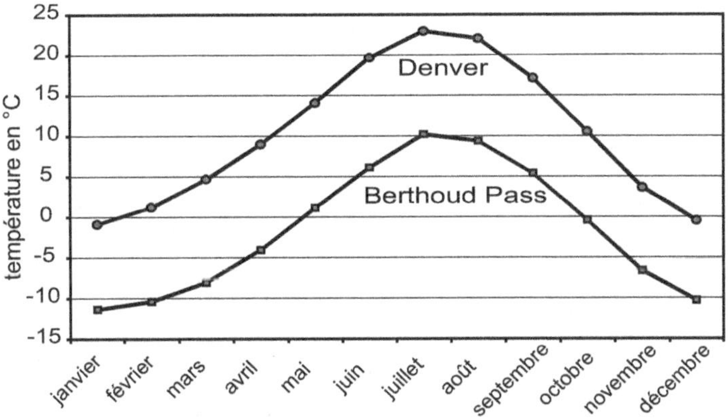

Figure 10.8 – Températures moyennes mensuelles comparées à Denver et à Berthoud Pass (Colorado, États-Unis).

Pour ces deux lieux, proches mais dont l'altitude diffère de 1 970 m, l'évolution saisonnière des températures est la même mais avec un décalage moyen de 12 °C (soit 6 °C/km).

Comme on le verra plus loin, ces baisses de température en fonction de l'altitude ont un profond retentissement sur la répartition de la végétation des zones montagnardes.

Pluies orographiques

Lorsque des masses atmosphériques en mouvement abordent un relief, elles sont contraintes de s'élever. Il s'ensuit une baisse de leur pression, une détente adiabatique et un refroidissement. Si leur humidité est suffisante, ce refroidissement produit une condensation qui, selon son intensité, va se manifester par l'apparition de brouillards ou de nuages. Des précipitations peuvent alors intervenir. Dans un contexte d'air très instable, ces précipitations peuvent être extrêmement violentes, voire catastrophiques, surtout si, comme c'est parfois le cas, elles durent plus de 24 heures.

Ce cas est souvent observé, en France, sur la bordure est des Cévennes, à la fin du mois de septembre ou au début du mois d'octobre (ce sont des épisodes cévenols). Une situation où de basses pressions se situent au nord du golfe de Gascogne et des hautes pressions dans le centre de l'Europe entraîne, dans le sud-est de la France, une circulation atmosphérique orientée vers le nord ou le nord-est. Les masses d'air chaudes et humides, car ayant séjourné au-dessus de la Méditerranée encore chaude, rencontrent, dans leur progression, les hauteurs continentales, d'abord des collines de la région nîmoise (les Garrigues) puis celles de la barrière cévenole qui culmine à plus de 1 500 m. D'abondantes précipitations en résultent, provoquant des inondations catastrophiques. Des records pluviométriques ont été observés dans ces conditions : en 24 heures, 792 mm le 9 octobre 1827 à Joyeuse (Ardèche), 828 mm à Vallaurgues (Gard) les 20 et 21 septembre 1890 et, au même endroit, 950 mm en 10 heures le 29 septembre 1900. Plus près de nous, 621 mm les 30 et 31 octobre 1963 au mont Aigoual, 667 mm le 8 septembre 2002 (figure 10.9) à Anduze (Gard).

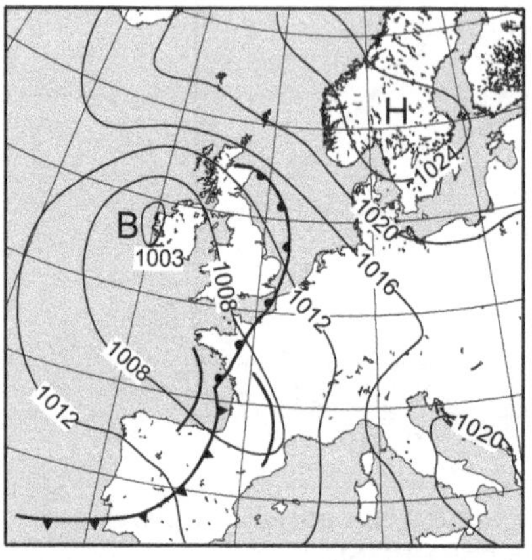

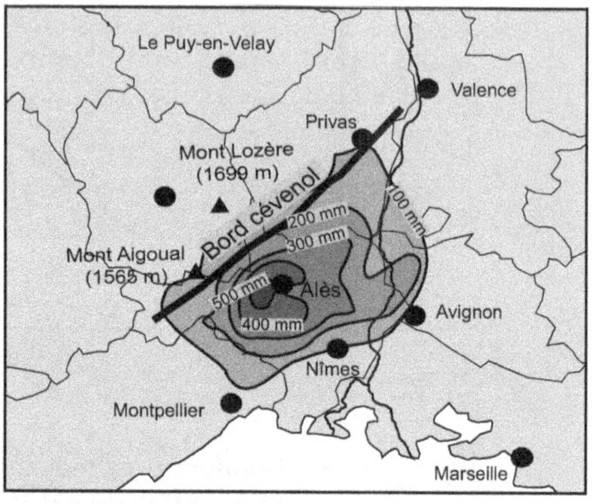

Figure 10.9 – L'épisode cévenol du 8 et 9 septembre 2002.

À gauche, carte des pressions sur la France le 9 septembre. Une dépression sur l'Irlande induit une configuration nord-sud des isobares sur le golfe du Lion et une entrée de l'air maritime humide vers le nord.

À droite, cet air humide rencontrant les contreforts de Cévennes, est conduit à s'élever : sa vapeur d'eau se condense et donne naissance à de très abondantes précipitations dont cette carte donne les répartitions.

Foehn, chinook

Au cours de leur montée forcée sur des reliefs, les masses d'air humide se refroidissent donc et perdent leur humidité en engendrant des précipitations. Si elles franchissent la barre des reliefs, elles vont redescendre et se comprimer de nouveau. Cette compression adiabatique va entraîner leur réchauffement. À noter que, pour une même différence d'altitude, elles se réchaufferont davantage dans leur descente qu'elles ne se sont refroidies dans leur montée car le gradient adiabatique, obligatoirement sec dans cette descente, est plus grand que le gradient en partie humide (et plus faible) de la montée. Ainsi, c'est un vent sec et chaud qui soufflera au pied de ces reliefs. Ce phénomène s'observe dans les Alpes, où les masses d'air humides méditerranéennes poussées vers le nord ou le nord-ouest perdent leur humidité sur le flanc sud de ces massifs, puis les franchissent en donnant naissance à des vents chauds et secs connus sous le nom de **foehn** (figure 10.10). Ce terme est utilisé largement pour désigner des vents issus du même phénomène dans d'autres régions où, cependant, on utilise aussi des noms locaux, tel **chinook** sur le revers est des montagnes Rocheuses, au Canada et aux États-Unis.

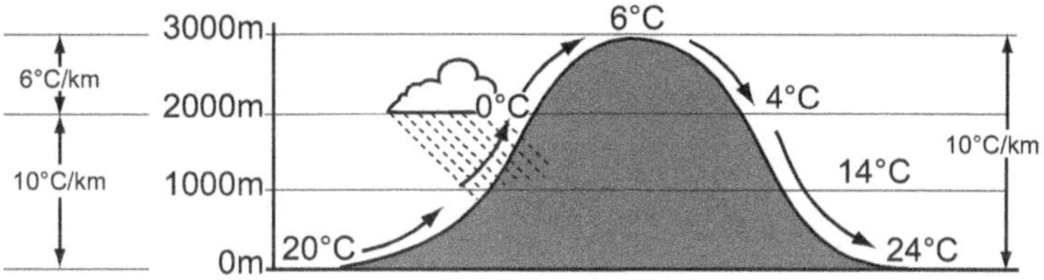

Figure 10.10 - **Mécanisme du foehn.**

Ce schéma représente, en coupe, une montagne abordée par une masse d'air se déplaçant de gauche à droite (mouvement indiqué par les flèches). On pose que cette masse d'air a une température de 20 °C et une humidité spécifique de 3,75 g/kg. Obligée de monter du fait de l'obstacle, elle va se refroidir selon un processus adiabatique avec un gradient sec de 10 °C par kilomètre d'altitude. À 2 000 m d'altitude, sa température sera de 0 °C, ce qui correspond à son point de rosée. La condensation intervenant alors, elle montera selon un gradient adiabatique humide de 6 °C pour 100 m. Après avoir franchi la crête de la montagne, ayant perdu son eau, elle redescendra selon un gradient adiabatique sec et donc pourra se réchauffer bien plus en descendant qu'elle ne s'est refroidie en montant.

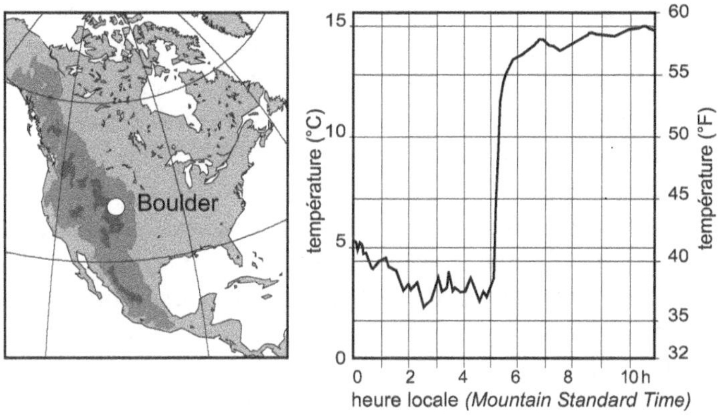

Figure 10.11 - **Épisode de chinook (foehn) à Boulder (Colorado, États-Unis).**

Au pied est des Rocheuses, des arrivées de foehn venues de l'ouest peuvent, comme sur cet exemple, pris le 7 décembre 1987, faire monter très rapidement la température de plusieurs degrés, voire de plusieurs dizaines de degrés (données université du Colorado)

Il faut souligner que, lorsque ces vents soufflent, parfois très violemment, ils peuvent, en quelques heures, faire monter la température de plusieurs dizaines de degrés (figure 10.11). À Loma (Montana, États-Unis) elle est passée de – 48 °C à + 9 °C dans la journée du 15 janvier 1972, et à Pincher Creek (Alberta, Canada), le 27 janvier 1962, elle est passée en une heure de – 19 °C à + 22 °C.

Vents catabatiques

Des régions élevées, surtout si elles sont situées aux hautes latitudes, sont productrices de masses d'air froides donnant des zones de hautes pressions. Fréquemment, l'air le plus froid est près du sol, et cette inversion de température l'empêche de s'élever, si bien que les masses d'air s'écoulent le long des pentes entourant ces reliefs en donnant des vents dits **catabatiques** (du grec *katabatos*, qui descend).

Un cas typique est celui des calottes glaciaires, antarctique ou groenlandaise. Lors des périodes de faible insolation, la vitesse des vents sur leurs bordures peut y être très grande. Au Groenland, on a enregistré des rafales de vent à 330 km/h à la base aérienne de Thulé (76° 32' N ; 68° 42' O, altitude 77 m) le 8 mars 1972 et, en Antarctique, des rafales à 320 km/h à la base scientifique Dumont-d'Urville (66° 40' S ; 140° 01' E, altitude 43 m) le 16 juin de la même année. De tels vents peuvent être très érosifs et susceptibles de transporter des particules sédimentaires à de grandes distances (c'est l'origine des lœss).

Des vents catabatiques sont fréquents autour des zones montagneuses, surtout dans un contexte synoptique favorable, et sont souvent désignés par des noms locaux comme la **bora**, vent du nord qui souffle des montagnes bordant la côte dalmate vers l'Adriatique.

Climats régionaux, climats locaux, microclimats

À l'intérieur des divisions climatiques résultant de la zonalité et des grands traits de l'azonalité, on peut souvent définir des climats régionaux. Ces définitions impliquent, pour la région considérée, une relative homogénéité des caractéristiques climatiques (température, précipitations, vents et leur répartition au cours de l'année, etc.) qui est, la plupart du temps, le reflet d'une homogénéité de ses caractéristiques géographiques (relief, végétation, etc.). On pourra ainsi parler de climats californien, acadien, bourguignon, centre-australien, etc. Il ne faut cependant pas se dissimuler la difficulté de définir avec précision ces caractéristiques.

À l'intérieur d'une région pour laquelle on a défini un climat régional, on peut parfois désigner des aires moins étendues auxquelles on peut associer des climats locaux, du fait de leurs caractéristiques particulières. C'est ainsi que, dans le climat régional sud-alpin, on définit souvent quatre climats locaux : d'adret, d'ubac, de crête et de fond de vallée.

À une échelle plus petite encore, on distingue aussi des microclimats. Ils se définissent sur des parcelles géographiques souvent très petites, ayant des limites assez nettes, comme une prairie, un espace protégé par des arbres ou un mur, une rue, une place dans une agglomération, etc.

En quelques mots

- La répartition du rayonnement solaire à la surface de la Terre, en moyenne décroissant de l'équateur aux pôles, entraîne une certaine zonalité des climats (depuis l'équateur : climats zonaux équatoriaux, tropicaux secs, tempérés, polaires). Cette zonalité est largement perturbée par la répartition irrégulière des terres et des mers (structuration est-ouest de la circulation de Walker, moussons, continentalité, climats de montagne).

VÉGÉTATION ET CLIMATS, BIOMES

11

11.1 BIOMES

On peut définir les biomes comme des associations végétales et animales suffisamment homogènes et suffisamment caractéristiques pour être distinguées d'autres associations.

Cette définition, très large, appelle des commentaires. Les caractères retenus pour définir ces associations ne sont pas les espèces qu'elles rassemblent, mais l'ensemble des caractères adaptatifs que celles-ci présentent en fonction de leurs besoins écologiques. Par exemple, les steppes sont essentiellement caractérisées par le fait que leur végétation est surtout constituée de plantes herbacées, les espèces pouvant être très diverses en fonction des continents considérés ; les forêts intertropicales n'auront pas la même composition spécifique en Amazonie et en Extrême-Orient. Par ailleurs, on ne prend en considération que des associations ayant atteint leur maturité ou climax. Les actions anthropiques ayant profondément modifié beaucoup d'associations, cette condition n'est pas toujours aisée à réaliser.

Selon les auteurs, les caractéristiques retenues peuvent varier, et donc la définition des biomes. On comparera donc les différentes publications avec précaution car, sous le même nom, on peut y trouver différents contenus. En particulier, il est clair que si l'on utilise des caractéristiques ne variant que dans des limites très étroites, le nombre de biomes définis peut être très grand, ce qui en rend l'utilité moins évidente. C'est pourquoi il est nécessaire que ces associations puissent être reconnues sur des espaces géographiques suffisamment grands. Inversement, de trop larges définitions feront grouper des associations n'ayant que de lointaines ressemblances.

La notion de biome a un rôle descriptif, et ne se confond pas avec celle d'écosystème, laquelle implique que soient prises en compte les relations de subsistance entre les différentes espèces. Un même biome peut ainsi être représenté par différents écosystèmes.

Sur le plan pratique, les définitions des biomes se réfèrent surtout à leur contenu végétal. Comme celui-ci est, très majoritairement, contrôlé par les facteurs climatiques, ces derniers interviennent largement dans la nomenclature des biomes. D'autres facteurs peuvent influer sur la composition des biomes, comme la nature des substratums. Ceux-ci jouent un rôle non seulement du fait de leurs caractéristiques chimiques (substratum calcaire et granitique, par exemple) mais aussi de leurs caractéristiques hydrologiques (substratum perméable ou imperméable, par exemple), ces dernières pouvant être liées aux climats comme dans le cas des pergélisols imperméables. D'autres facteurs entrent aussi en compte comme la fréquence des incendies, l'action des animaux (broutage, piétinement, etc.).

Compte tenu des caractéristiques principales de la végétation, on peut, après Whittaker (1975), définir six grandes catégories de biomes : forêt (*Forest*), bois (*Woodland*, arbustes généralement distants), buissons (*Shrubland*), steppe (*Grassland*), semi-désert (*Semi-desert scrub*), désert (*Desert*).

Dans ces catégories, un certain nombre de biomes sont généralement retenus dont nous donnons les principaux dans un ordre qui correspond, grosso modo, à leur répartition latitudinale en partant de l'équateur.

Forêt intertropicale. Elle est parfois désignée sous le terme de forêt équatoriale, ou encore de forêt tropicale, bien que caractérisée près l'équateur ou, plus précisément, dans la zone de convergence intertropicale, où les précipitations sont abondantes. On la trouve notamment en Afrique équatoriale, en Amérique centrale et méridionale (bassin de l'Amazone), en Indonésie, à Bornéo, en Nouvelle-Guinée. Près de l'équateur, où les saisons n'existent pas ou sont peu marquées, se trouvent des **forêts intertropicales humides** (ou **pluviales**, en anglais *rainforest*) caractérisées par des arbres de grande taille au feuillage persistant, croissant rapidement, formant une épaisse canopée laissant difficilement passer les rayons du soleil. Les températures moyennes annuelles varient peu et sont de l'ordre de 20 °C à 25 °C. Le cumul annuel des précipitations excède 2 000 mm. En s'écartant de la zone de convergence intertropicale, les précipitations sont moins abondantes et, surtout saisonnières (pluies d'été), de telle sorte que l'on a des **forêts intertropicales décidues**, moins hautes et moins denses que les précédentes.

Savane. La savane se trouve dans des régions chaudes à saison sèche marquée, où les précipitations (de l'ordre de 1 000 mm par an) sont insuffisantes pour que la forêt puisse s'y constituer. De fait, les arbres qui y poussent sont éloignés les uns des autres par des espaces où croissent des herbes hautes, si bien que l'on considère parfois qu'il s'agit de steppes boisées. On les trouve typiquement au nord et au sud des régions occupées par la forêt intertropicale, aussi bien en Afrique qu'en Amérique ainsi que dans le nord et dans l'est de l'Australie et en Inde.

Steppe. On peut grouper sous ce nom, dans un sens large, toutes les associations composées uniquement ou essentiellement de plantes herbacées (en anglais *grassland*). Elles se développent dans des régions avec une saison sèche marquée où les précipitations annuelles oscillent entre 400 et 600 mm, parfois davantage. Les températures moyennes annuelles peuvent varier très largement entre 6 °C et 12 °C. Dans cette catégorie, on peut comprendre les **prairies** des grandes plaines d'Amérique du Nord, les **pampas** d'Argentine, les steppes d'Asie centrale, le **veld** d'Afrique du Sud. Dans un sens strict, le terme de steppe s'applique aux associations les plus sèches où abonde le genre *Stipa*. Les steppes sont habituellement parcourues par des troupeaux, parfois immenses, de grands herbivores.

Semi-désert. Les semi-déserts sont caractérisés par une végétation rare, dispersée, constituée uniquement de buissons épineux et de cactées. Les températures sont élevées (parfois plus de 30 °C) et très variables quotidiennement. Les précipitations sont très faibles (quelques cm par an).

Désert. Dans les déserts, une pluviométrie quasi nulle ne permet aucune végétation appréciable. C'est le cas en particulier dans les grands déserts chauds (Sahara, Kalahari, etc.).

Forêt méditerranéenne. La forêt méditerranéenne est caractérisée par des arbres de petite taille ou des buissons adaptés à la sécheresse (feuilles coriaces et persistantes). La température moyenne annuelle va de 12 °C à 20 °C, le cumul annuel des précipitations est de 300 à 1 000 mm. La saison sèche est marquée. Ce biome est typique des zones côtières de Méditerranée, mais se trouve aussi en Californie (**chapparal**), au Chili, dans le sud de l'Afrique, dans l'ouest et le sud de l'Australie.

Forêt tempérée caducifoliée. Ces forêts se développent sous des climats à saisons marquées avec des températures annuelles moyennes variant entre 6 °C et 18 °C et des cumuls annuels de précipitations allant de 800 à 1 200 mm. Elles comprennent de grands arbres à feuilles caduques, selon les régions, chênes, hêtres, charmes, châtaigniers, érables. On les trouve développées en Europe occidentale et centrale où, cependant, le défrichement corrélatif des activités agricoles les a fait largement disparaître, dans le sud du Canada, l'est des États-Unis, le nord de la Chine et au Japon.

Forêt tempérée humide. Dans des conditions proches de celles des forêts tempérées caducifoliées, mais avec des cumuls annuels de précipitations bien plus importants (de l'ordre de 1 500 mm ou davantage), on trouve des associations forestières composées de grands ou de très grands résineux. Un bon exemple se trouve sur la côte pacifique nord-américaine, qui se prolonge vers le sud en Californie par les forêts à séquoias géants.

Forêt boréale, taïga. Les forêts boréales se trouvent dans des régions où règnent des températures annuelles de l'ordre de 0 °C et qui reçoivent des précipitations annuelles cumulées de 400 à 800 mm environ, essentiellement sous forme neigeuse. Elles sont constituées par des associations plus ou moins denses de résineux, sapins, pins, mélèzes et de bouleaux. On les trouve en Europe du Nord, en Sibérie centrale (taïga), en Alaska et dans une grande partie du Canada, du Yukon au Labrador.

Toundra. La toundra est caractérisée par une absence presque complète d'arbres. Cela s'explique par l'existence d'un sol gelé en permanence en profondeur (pergélisol ou permafrost), parfois sur plusieurs hectomètres. Seule la partie superficielle dégèle sur 1 ou 2 mètres pendant l'été. La température moyenne annuelle est en effet au-dessous de zéro, pouvant descendre jusqu'à –15 °C. Les précipitations annuelles cumulées, essentiellement neigeuses, sont faibles (100 à 500 mm), mais la faible évaporation, et l'imperméabilité du pergélisol, favorisent l'existence de zones humides. La végétation est ainsi réduite à des mousses, à des lichens et à quelques buissons nains. La toundra règne dans tout le nord de la Sibérie et du Canada.

11.2 Répartition climatique des biomes

Puisque les biomes dépendent essentiellement des conditions climatiques dans lesquels ils se développent, on peut penser pouvoir établir une relation entre biomes et climats. Cette relation pourrait être utilisée, par exemple, pour élaborer des processus où, à partir de modèles climatiques, on puisse déduire une répartition géographique des biomes. Il serait ainsi possible de reconstituer la répartition passée des biomes et de prévoir celle qu'elle pourrait avoir dans l'avenir, compte tenu de scénarios d'évolution climatique.

Cette relation est cependant difficile à établir, essentiellement pour deux raisons :

1. Comme nous l'avons vu, la définition des biomes est imprécise et n'a pas fait l'objet d'une codification internationale.
2. Compte tenu de l'histoire évolutive des différents continents, chacun possédant ses particularités floristiques et faunistiques, il n'est pas possible de proposer des définitions de biomes valables universellement. Par exemple, certaines espèces d'eucalyptus australiens peuvent constituer des forêts sous des climats qui, sur d'autres continents, ne peuvent voir se développer que des steppes ou des étendues broussailleuses.

Plusieurs tentatives ont cependant été faites pour proposer des liaisons climats-biomes. Nous en examinerons deux, celle de Whittaker (1970) et celle de Holdridge (1967).

Celle de Whittaker a souvent été reprise (figure 11.1) Présentée avec prudence par cet auteur comme considérablement simplifiée, elle place les principaux biomes dans un système de coordonnées rectangulaires, avec, en abscisse, les précipitations annuelles moyennes et, en ordonnée, les températures annuelles moyennes. On notera la difficulté qu'il y a à situer sur ce schéma les biomes qui correspondent à des précipitations d'environ 500 à 1 000 mm par an, l'échelle linéaire des précipitations permettant difficilement de représenter les biomes correspondant à ces régions peu arrosées.

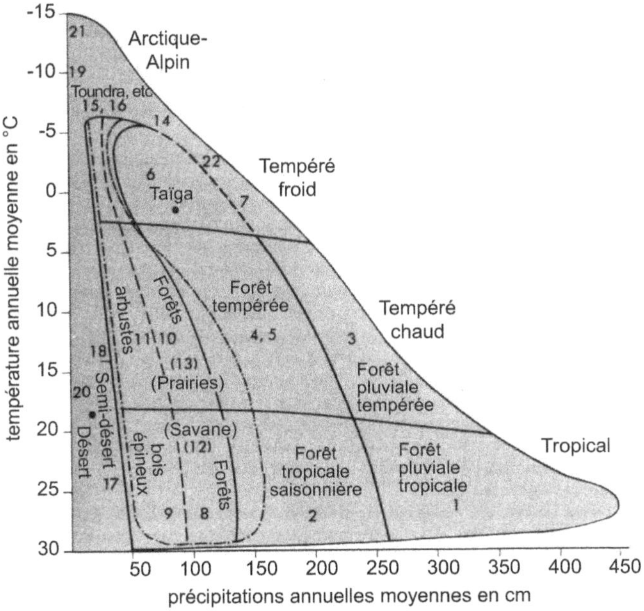

Figure 11.1 – **Répartition climatique des biomes selon Whittaker.**

Répartition schématique des types de biomes en fonction de la température et de l'humidité des climats. Les limites entre ces types sont bien entendu approximatives. La région entourée par une ligne en tirets comprend un large échantillonnage d'environnements dans lesquels soit des prairies, soit des associations arborées peuvent dominer selon les régions. Les chiffres correspondent à des biomes distingués par l'auteur : 1) *Tropical rainforest* (forêts pluviales tropicales), 2) *Tropical seasonal forests* (forêts tropicales saisonnières), 3) *Temperate rainforests* (forêts pluviales tempérées), 4) *Temperate deciduous forests* (forêts décidues tempérées), 5) *Temperate evergreen forests* (forêts tempérées sempervirentes), 6) *Taiga* (taïga), 7) *Elfinwoods* (forêts naines), 8) *Tropical broadleaf woodlands* (bois tropicaux feuillus), 9) *Thornwoods* (bois épineux), 10) *Temperate woodlands* (bois de climats tempérés), 11) *Temperate shrublands, chapparal* (*arbustes de climat tempérés, maquis*), 12) *Savannas* (savanes), 13) *Temperate grasslands* (prairies tempérées), 14) *Alpine shrublands* (arbustes alpins), 15) *Alpine grasslands* (prairies alpines), 16 *Tundras* (toundras), 17) *Warm semidesert scrubs* (broussailles de semi-déserts chauds), 18) *Cool semideserts* (semi-déserts froids), 19) *Arctic-alpine semideserts* (semi-déserts arctiques ou alpins), 20) *True deserts* (vrais déserts), 21) *Arctic-alpine deserts* (déserts arctiques ou alpins).

Tiré de Whittaker, R.H., *Communities and ecosystems*, 2e éd., 1975.

ENCART 11.1 Évaporation, évapotranspiration

L'évaporation est un phénomène physique qui voit se transformer un liquide en vapeur. Il est fonction de la température et de la pression. Dans la nature, ce phénomène est pris en charge en partie par l'action des végétaux, notamment par la voie des stomates des feuilles. La somme de ces effets est appelée évapotranspiration et s'exprime généralement en épaisseur d'eau évaporée pendant un certain temps.

On peut aussi définir une évaporation ou une évapotranspiration potentielle comme étant l'évaporation, ou l'évapotranspiration, que l'on pourrait observer si assez d'eau était fournie. Dans les régions arides, l'évapotranspiration potentielle dépasse les précipitations.

La classification de Holdrige évite cette difficulté en utilisant des échelles logarithmiques (figure 11.2). Elle se présente comme un diagramme triangulaire où se situent les différents biomes. Un côté du triangle porte comme échelle l'**évapotranspiration potentielle** (quantité d'eau que les plantes pourraient transférer à l'atmosphère), un autre le cumul annuel des précipitations. Une échelle verticale est affectée aux températures. Il est à noter que, en dépit des apparences, ce diagramme est bivarié : les valeurs de deux paramètres donnent celle du troisième. Il se ramène donc, sous une forme différente, au diagramme de Whittaker. Dans leur ensemble, les deux diagrammes donnent des indications compatibles, celui de Holdridge étant plus détaillé pour des biomes correspondant à des précipitations annuelles inférieures à 1 000 mm.

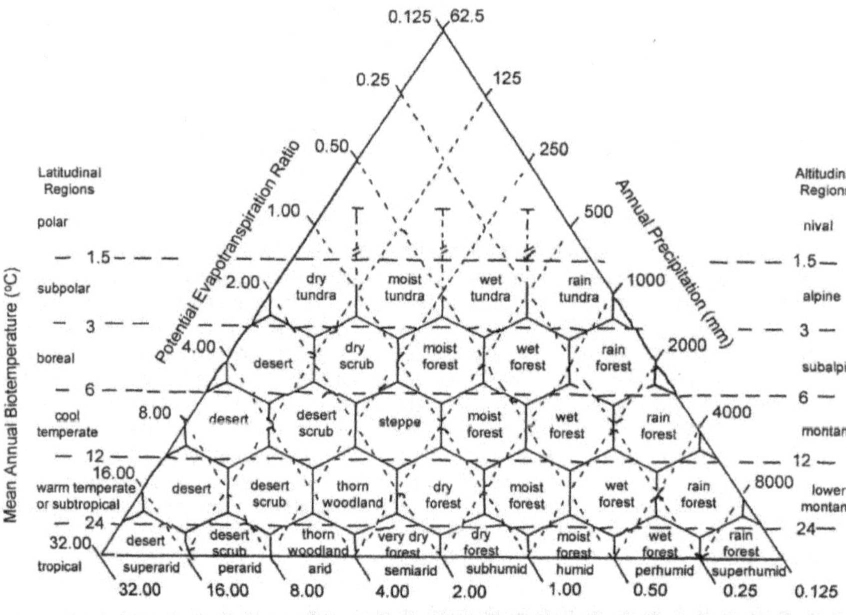

Figure 11.2 – Répartition climatique des biomes selon Holdridge.
Cette répartition des biomes prend en compte la température, les précipitations et l'évapotranspiration potentielle. Elle met en évidence la répartition latitudinale et altitudinale de ces biomes. (*Dry, moist, wet, rain tundra* : toundra sèche, humide, mouillée, pluviale. *Dry, desert scrub* : broussailles sèches, désertiques. *Thorn woodland* : bois épineux. *Very dry, dry, moist, wet, rain forest* : forêt très sèche, sèche, humide, mouillée, pluviale).
Tiré de Bonan, G., 2002, *Ecological Climatology*, d'après Holdridge, 1967.

11.3 Modélisation biogéographique

Trouver une relation liant la végétation potentielle au climat doit autoriser l'élaboration de modèles permettant de déterminer l'extension des biomes actuelle, passée et future. La classification de Holdridge a été utilisée à cette fin et a permis l'élaboration de cartes de répartition des biomes. Cependant, il a été reconnu que la caractérisation des conditions déterminant cette répartition par la température moyenne et le cumul annuel des précipitations était insuffisante. On a ainsi mis au point des modèles utilisant davantage de paramètres (contraintes écophysiologiques, limitation des ressources, concentration en CO_2, etc.), auxquels est venue s'ajouter la considération de flux biogéochimiques (carbone, etc.). Ces modèles cherchant à représenter la répartition des biomes en équilibre avec le climat sont dits **modèles en équilibre**.

Par ailleurs, la notion de biome a été précisée par celle de **types fonctionnels végétaux** (*Plant functional types*, PFTs), qui sont des catégories de plantes asservies à des conditions bien définies climatiques (température, précipitations, etc.), ou géographiques (sols, etc.). Un biome peut alors être défini comme la somme d'un certain nombre de types fonctionnels végétaux.

Le besoin d'élaborer des modèles tenant compte des changements climatiques en fonction du temps a conduit à mettre en œuvre des **modèles dynamiques**. Ces modèles prennent en compte, de plus, les différentes réactions des éléments du système et leurs constantes de temps (figure 11.3). Un caractère important de ces modèles est la considération des rétroactions entre les différents éléments du système.

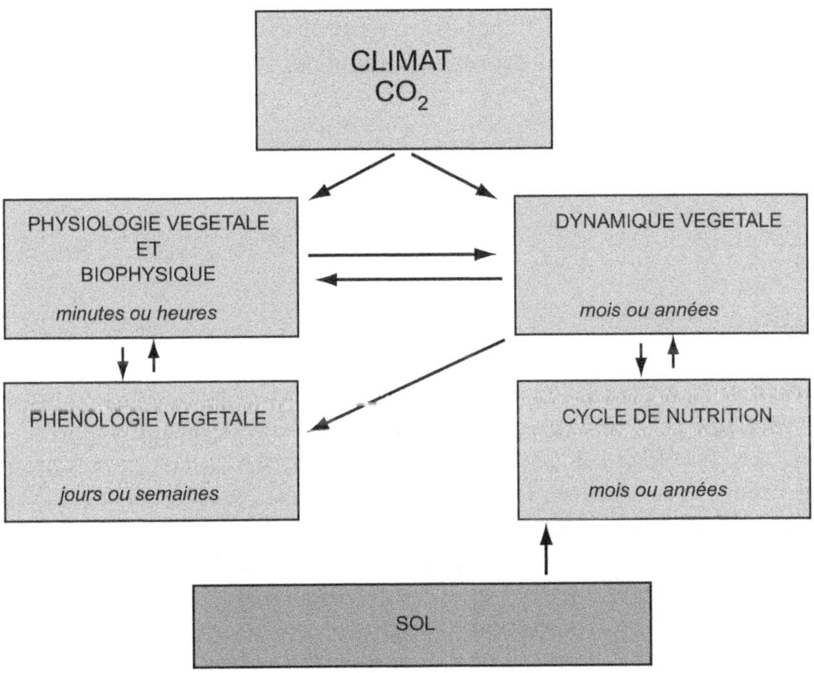

Figure 11.3 – Exemple de structure modulaire d'un modèle dynamique de végétation globale.

Les relations entre les différents éléments du système sont indiquées par des flèches. Les ordres de grandeur de leurs temps de réaction sont indiqués en italiques.
D'après Cramer *et al.*, 2001, *Global Change Biology*, 7 : 357-373.

11.4 ÉTAGEMENT VÉGÉTAL

Une importante conséquence des refroidissements en fonction de l'altitude se voit sur la végétation. Lorsque l'on gravit un relief, on constate que les associations végétales se modifient. De façon générale, on peut définir, entre deux altitudes, des zones, ou **étages végétaux**, correspondant à des associations définissables, le passage entre deux étages, ou **écotone**, s'effectuant avec une netteté suffisante pour permettre leur cartographie. D'autres éléments, plus ou moins directement liés à l'altitude, entrent en jeu dans les caractéristiques de ces associations végétales, parmi lesquels l'intensité, la répartition et la nature des précipitations, la nature du sous-sol, l'exposition des versants, au sud (**adret**) ou au nord (**ubac**). L'histoire climatique régionale est aussi à considérer, la répartition de bien des espèces végétales ne s'expliquant que par l'existence de refuges occupés par des plantes ayant eu une bien plus large extension durant le dernier maximum glaciaire. Enfin, l'intervention humaine (défrichement, agriculture, introduction d'espèces étrangères) a modifié si profondément les paysages végétaux qu'il est souvent difficile de savoir ce que serait leur composition sans ces bouleversements s'ils avaient atteint leur état de maturité ou **climax**.

Une définition classique de l'étagement végétal en fonction de l'altitude est celle des Alpes. Elle a souvent été appliquée dans d'autres régions du globe. On y distingue cinq étages dont les limites altitudinales varient grandement selon les régions avec, de bas en haut :

1. étage collinéen
2. étage montagnard
3. étage subalpin
4. étage alpin
5. étage nival

Les trois premiers étages sont caractérisés par des forêts diverses (feuillus pour le premier, résineux pour les deux autres), le quatrième ne montre que des plantes herbacées, des buissons ou des arbustes rabougris. Entre ces deux ensembles se trouve la limite supérieure de la forêt, que l'on désigne sous le nom de **zone de combat** (et, en anglais, *timber zone*). Quant à l'étage nival, les conditions climatiques sont si rudes que l'on n'y trouve pratiquement que des lichens. On verra, dans le tableau joint, deux exemples typiques d'étagement végétal pris l'un dans les Alpes françaises, l'autre en Californie (États-Unis).

Tableau 11.1 – **Étagement végétal dans le nord des Alpes françaises (latitude 46 °N) et dans la Sierra Nevada, Californie (43 °N).**

Étages de végétation	Alpes du Nord	Sierra Nevada de l'Ouest (Californie)
Étage collinéen	250-700 m : forêts de feuillus chêne pubescent (*Quercus pubescens*) chêne pédonculé (*Q. robur*) chêne sessile (*Q. petrea*) frêne (*Fraxinus excelsior*) charme (*Carpinus betulus*) bouleau blanc (*Betulus pendula*) pin sylvestre (*Pinus sylvestris*)	300-900 m : forêts de piémont et chaparral (broussailles et chênes à feuilles persistantes) chamise (*Adenostoma fasciculatum*) manzanita (*Arctostaphylos manzanita*) lilas de Californie (*Ceanothus sp*). chêne noir de Californie (*Quercus kelloggii*) chêne vert de l'intérieur (*Q. wislizeni*) pin gris de Californie (*Pinus sabiniana*)
Étage montagnard	700-1 600 m : forêts de sapins et de feuillus sapin (*Abies alba*) épicéa (*Picea abies*) pin sylvestre (*Pinus sylvestris*) hêtre (*Fagus sylvatica*) érable (*Acer pseudoplatanus*) orme (*Ulmus glabra*)	Étage montagnard inférieur : 900-2 100 m : forêt à pin jaune pin jaune (*Pinus ponderosa*) chêne noir de Californie (*Quercus kelloggii*) cèdre à encens (*Calocedrus decurrens*) sapin du Colorado (*Abies concolor*) séquoia géant (*Sequoiadendron giganteum*) Étage montagnard supérieur : 2 100-2 750 m : forêt à sapin rouge sapin rouge (*Abies magnifica*) pin tordu (*Pinus contorta*) pin de Jeffrey (*P. jeffreyi*) genévrier occidental (*Juniperus occidentalis*)
Étage subalpin	1 600-2 200 m : forêts de mélèzes et de pins mélèze (*Larix decidua*) pin cembro (*Pinus cembra*) pin à crochet (*P. uncinata*) épicéa (*Picea abies*) genévrier (*Juniperus communis*) aulne (*Alnus viridis*)	2 750-2 900 m : forêt subalpine pin argenté (*Pinus monticola*) pin tordu (*P. contorta*) pruche subalpine (*Tsuga mertensiana*)
Limite supérieure de la forêt	Zone de combat	Timber zone
Étage alpin	2 200-3 000 m : pelouse alpine laîche ferme (*Carex firma*) laîche ferrugineuse (*C. ferruginea*) fétuque violette (*Festuca violacea*) fétuque bigarrée (*F. varia*) nard raide (*Nardus stricta*)	Au-dessus de 2 900 m : pelouse alpine
Étage nival	Au-dessus de 3 000 m : lichens	

En quelques mots

- Les biomes sont des associations végétales et animales que l'on caractérise habituellement par leurs végétaux supérieurs. On y distingue souvent la forêt intertropicale, la savane, la steppe, le semi-désert, le désert, la forêt méditerranéenne, la forêt tempérée caducifoliée, la forêt boréale (ou taïga) et la toundra.
- La répartition des biomes est étroitement liée aux climats, aussi bien dans leur zonalité que dans leur azonalité (en particulier en ce qui concerne l'étagement végétal altitudinal).

CLASSIFICATIONS DES CLIMATS 12

12.1 CLASSIFICATIONS GÉNÉTIQUES ET CLASSIFICATIONS EMPIRIQUES

Bien que les différences de climat à la surface du globe soient évidentes, il est difficile d'en établir la classification, et cela pour trois raisons principales.

L'une est qu'il est difficile de choisir des critères généraux pour définir des climats. Les moyennes annuelles de températures ou de précipitations sont insuffisantes, la variabilité pouvant différer notablement pour une même moyenne. La variabilité elle-même est difficile à définir simplement : des séries de précipitations ou de température peuvent avoir une même variabilité alors que leurs valeurs extrêmes peuvent s'appliquer à des moments différents de l'année.

Une autre est qu'il n'existe pas de limite nette entre les climats de zones voisines et qu'il est par conséquent souvent arbitraire d'en tracer une.

La troisième est que la définition de climats régionaux est insuffisante dans bien des problèmes pratiques lesquels se posent généralement dans les quelques mètres au-dessus du sol et donc dans le domaine des climats locaux ou des microclimats qui peuvent différer notablement dans des localités très voisines.

Deux voies ont été utilisées pour, malgré tout, tenter de telles classifications. L'une, dite génétique, se base sur les phénomènes qui contrôlent les climats ; l'autre, dite empirique ou physionomique, consiste à les définir grâce à certaines de leurs caractéristiques.

Classifications génétiques

Les classifications génétiques sont fondées sur les mécanismes qui engendrent les climats. Le principal est bien entendu la circulation générale atmosphérique. Il serait suffisant si la surface terrestre était uniforme : on pourrait en effet se contenter de définir des zones de climat parallèles à l'équateur. Mais ce n'est pas le cas puisqu'il existe des surfaces océaniques et des surfaces terrestres dont la répartition est capricieuse, ces dernières montrant, de plus, un relief inégalement réparti. On doit donc, à une zonalité climatique, ajouter des composantes azonales dont les définitions sont, en partie, arbitraires.

Nous donnons ci-dessous, en matière d'illustration, les éléments d'une classification génétique tenant compte des remarques ci-dessus. Ses grandes divisions font référence à la circulation atmosphérique ; les correspondances approximatives avec les zones de végétation (biomes) sont indiquées.

Climats zonaux	Principaux types de climats	Biomes principaux
Climat des basses pressions intertropicales	Climats intertropicaux	Forêt pluviale
	Climats subtropicaux	Savane
Climats des hautes pressions subtropicales	Climats arides	Déserts, steppes tropicales
	Climats méditerranéens	Arbustes à feuilles persistantes
Climats des basses pressions tempérées	Climats tempérés tièdes	Forêts caducifoliées
	Climats tempérés froids	Forêts de résineux
Climats des hautes pressions polaires	Climats subpolaires	Toundra
	Climats des glaces	Pas de végétation

Classifications empiriques

De nombreuses classifications empiriques ont été proposées : nous n'en examinerons que deux, celle de de Martonne et celle de Köppen.

Classification des climats de de Martonne

La classification d'Emmanuel de Martonne est fondée sur un indice d'aridité qu'il a défini en 1926. Cet indice I se calcule par la formule

$$I = \frac{P}{T + 10}$$

où P est le total annuel des précipitations en millimètres (mm) et T la température moyenne annuelle en degrés Celsius (°C). Élaboré principalement pour qualifier les zones arides, il n'est pas utilisable dans les régions froides : en effet, il n'est pas défini pour $T = -10$ °C et il est négatif pour $T < -10$ °C (figure 12.1).

Classification des climats de Köppen

La classification de **Köppen** (ou de Köppen-Geiger, ce deuxième auteur en ayant donné une version un peu modifiée et une cartographie en 1961), bien qu'ancienne

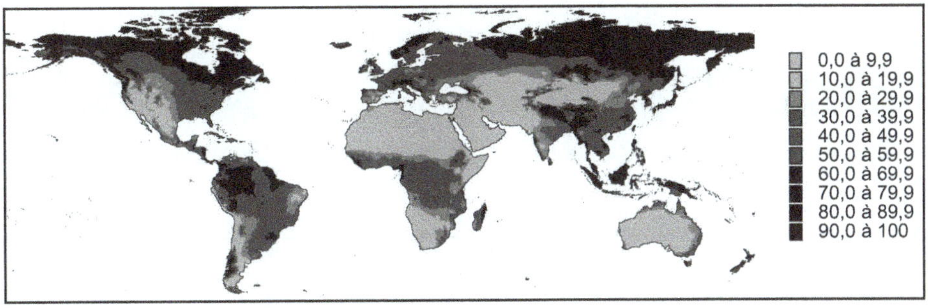

Figure 12.1 - Zones caractérisées par leur valeur de l'indice d'aridité de Martonne.

Il est ici calculé pour la période 1951-2000. On l'a mis à 100 là où la température annuelle moyenne était inférieure à – 10 °C (source : FAO). Les chiffres les plus bas correspondent aux zones les plus arides.

(1900), est encore largement utilisée, parfois sous une forme modifiée (figure 12.2). Il faut souligner que Köppen, botaniste de formation, donnait beaucoup d'importance aux relations entre le climat et la végétation, ce qui transparaît dans sa classification. Celle-ci utilise trois critères d'importance décroissante et désignés, pour chaque catégorie, par trois lettres successives.

La première lettre, de A à E, correspond à la caractéristique principale de la catégorie climatique et donc aux grands types de climats selon le schéma ci-dessous :

A	Climats tropicaux pluvieux (en allemand : *Tropische Regenklimate*)
B	Climats secs (*Trocken-Klimate*)
C	Climats humides tempérés (*Warmgemäßigte Regenklimate*)
D	Climats boréaux subarctiques (*Boreale subarktische Klimate*)
E	Climats neigeux (*Schneeklimate*)

La deuxième lettre correspond essentiellement au régime pluviométrique, parfois à la température. Cette lettre, tantôt une majuscule, tantôt une minuscule, est l'initiale d'un mot allemand : F : *Frost* (gel), f : *feucht* (humide), m : *Monsunregen* (pluies de mousson), S : *Steppe*, s : *Sommertrockenzeit* (sécheresses d'été), T : *Tundra*, W : *Wüste* (déserts), w : *Wintertrockenzeit* (sécheresses d'hiver).

La troisième lettre se réfère uniquement à la température moyenne : a, b, c, d, h (*trocken-heiss* : sec et chaud) et k (*trocken-kalt* : sec et froid).

Ainsi, le climat des steppes péri-sahariennes sera désigné par l'abréviation BSh alors que celui des steppes d'Asie centrale sera désigné par BSk.

On ne retiendra, dans le tableau 12.1, que les principales catégories sous une forme donnée par M. Kottek *et al.* (2006), légèrement différente de celle de Köppen.

Tableau 12.1 – **Grands types de climats de Köppen-Geiger (version de Kottek *et al.*).**

Types de climats	Sous-types de climats	Caractéristiques (voir légende)
A : climats équatoriaux (Tmin +18 °C)	Af : forêt humide équatoriale	Pmin 60 mm
	Am : mousson équatoriale	Pann 25(100–Pmin)
	As : savane équatoriale avec été sec	Pmin < 60 mm en été
	Aw : savane équatoriale avec hiver sec	Pmin < 60 mm en hiver
B : climats arides Pann < 10 Pth	BS : climat de steppe	Pann > 5 Pth
	BW : climat de désert	Pann 5 Pth
C : climats tempérés –3 °C < Tmin < +18 °C	Cs : climats tempérés avec été sec	Psmin < Pwmin, Pwmax > 3 Psmin and Psmin < 40 mm
	Cw : climats tempérés avec hiver sec	Pwmin < Psmin and Psmax > 10 Pwmin
	Cf : climats tempérés toujours humides (ni Cs ni Cw)	
D : climats neigeux Tmin –3 °C	Ds : climats neigeux avec été sec	Psmin < Pwmin, Pwmax > 3 Psmin and Psmin < 40 mm
	Dw : climats neigeux avec hiver sec	Pwmin < Psmin and Psmax > 10 Pwmin
	Df : climats neigeux toujours humide (ni Ds ni Dw)	
E : climats polaires Tmax < +10 °C	ET : climat de toundra	0 °C Tmax < +10 °C
	EF : climat des glaces	

Ils sont donnés selon M. Kottek, J. Grieser, C. Beck, B. Rudolf et F. Rubel, 2006, *Meteorol. Z.*, 15 : 259-263. Abréviations. P : précipitations en mm, avec Pmin (précipitations du mois le plus sec), Pann (cumul annuel), Psmin (précipitations du mois le plus sec du semestre estival), Pwmin (idem pour le semestre hivernal), Psmax (précipitations du mois le plus humide du semestre estival), Pwmax (idem pour le semestre hivernal) ; T : températures en °C, avec Tann (température moyenne annuelle), Tmax : température moyenne du mois le plus chaud, Tmin : température moyenne du mois le plus froid. Pth (th pour *threshold*, seuil) est égal à 2xTann si au moins les 2/3 des précipitations annuelles ont lieu en hiver, 2xTann+28 si au moins les 2/3 des précipitations annuelles ont lieu en été, 2xTann+14 dans les autres cas. Voir aussi M. C. Peel, B. L. Finlayson, and T. A. McMahon, 2007. Updated world map of the Köppen-Geiger climate classification. *Hydrol. Earth Syst. Sci.*, 11 : 1633-1644, 2007.

12.2 Les climats de la planète selon Köppen (version de Kottek *et al.*)

La description des principaux climats de la planète que l'on trouvera dans les pages ci-après suit la classification de Köppen. Beaucoup d'auteurs y ont vu des inconvénients et ont tenté d'y remédier en y apportant des modifications plus ou moins importantes. Elle présente effectivement un caractère en partie arbitraire, au demeurant obligatoire dans un tel domaine. Cependant il nous semble plus important de la

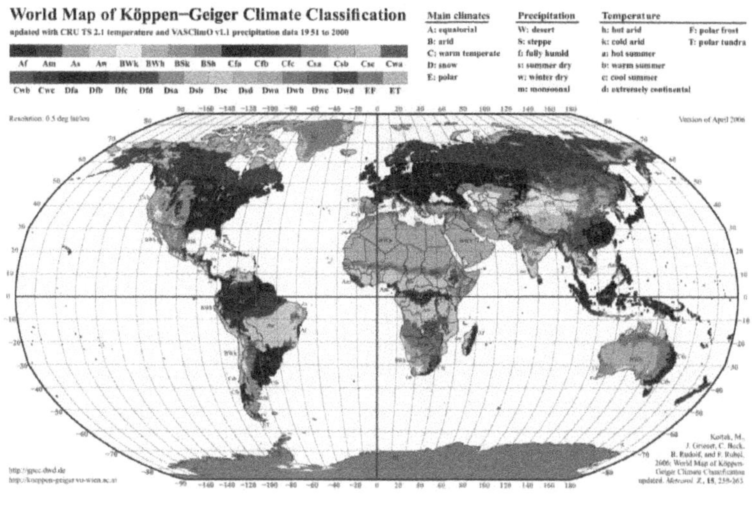

Figure 12.2 – Carte mondiale des climats selon la classification de Köppen-Geiger.

Carte mise à jour, extraite de Kottek, M., Grieser J., Beck C., Rudolf B., Rubel F., 2006, *Meteorol. Z.*, 15(3):259-263. Site internet : `koeppen-geiger.vu-wien.ac.at`.

conserver telle qu'elle est afin qu'elle puisse servir de référence pour tous, plutôt que d'y apporter des modifications, au demeurant aussi arbitraires, entraînant obligatoirement des confusions, les mêmes abréviations pouvant alors avoir des significations différentes.

De fait, aucune classification ne peut prétendre à représenter l'ensemble des conditions climatiques terrestres et à rester simple, cette dernière condition étant fondamentale si on veut pouvoir l'utiliser. Elle ne doit pas chercher à jouer le rôle qui est celui des modélisations climatiques, lesquelles doivent tenir compte de tous les facteurs qui jouent pour déterminer l'état de la troposphère.

Climats équatoriaux (type A de Köppen)

Les climats équatoriaux (ou intertropicaux) correspondant au type A de Köppen se trouvent dans des régions proches de la zone de convergence intertropicale où la température moyenne du mois le plus froid n'est pas inférieure à 18 °C. Conformément aux idées de cet auteur, les différents sous-types, définis à partir de la pluviométrie, se réfèrent autant à des zones de végétation qu'à des zones climatiques.

Les différences entre les sous-types du climat A tiennent principalement à la position des régions considérées par rapport à la zone de convergence intertropicale du fait du déplacement saisonnier de celle-ci (figure 12.3). Dans les régions toujours proches de cette zone, c'est-à-dire, dans l'ensemble, près de l'équateur, les pluies, intenses, sont réparties sur toute l'année (sous-type Af). Dans les régions situées plus au nord ou plus au sud, l'influence de la zone intertropicale ne se fait sentir qu'en été où se concentrent les pluies, et les différences saisonnières sont marquées (sous-type Aw).

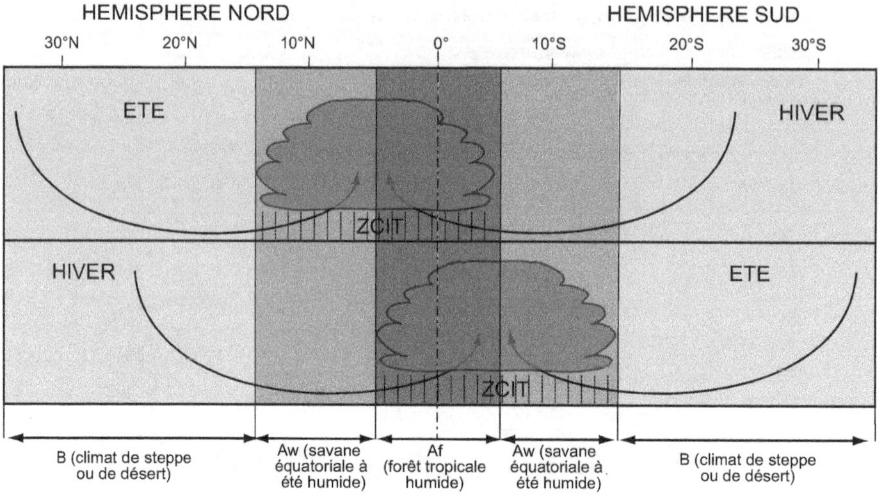

Figure 12.3 - Types de climats influencés par le déplacement saisonnier de la zone de convergence intertropicale.

Le déplacement saisonnier de la zone de convergence intertropicale entraîne, au cours de l'année, un balancement méridien des zones les plus arrosées. Des zones tropicales constamment humides sont ainsi encadrées par des zones à saisons sèches et humides marquées. Les types de climats de Köppen ont été indiqués. Ce dessin, très schématique, n'est qu'indicatif (inspiré de S. Petterssen, voir figure 10.1).

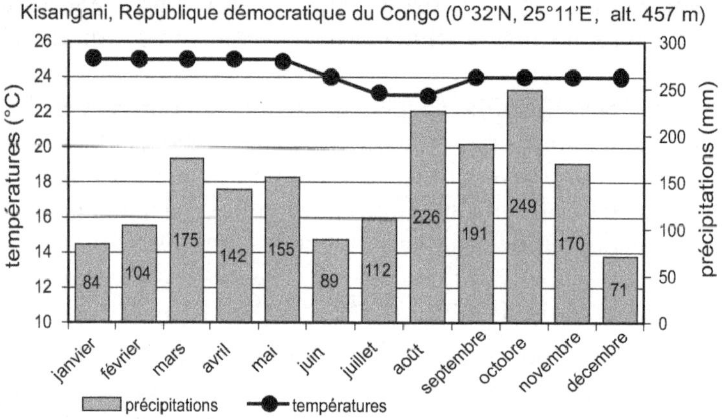

Figure 12.4 - Diagramme des températures et des précipitations à Kisangani, République démocratique du Congo.

Type Af, forêt humide équatoriale. Température moyenne annuelle : 24 °C, total annuel des précipitations : 1 768 mm.

Climats de forêt humide équatoriale (ou intertropicale, sous-type Af)

Les précipitations cumulées du mois le moins humide sont supérieures à 60 mm. Le cumul annuel de ces précipitations atteint fréquemment 4 000 mm. Ainsi défini, ce climat n'est observable que sur des surfaces limitées, en Amérique du Sud (nord-ouest du Brésil, Pérou, Colombie, Venezuela, Surinam), Amérique centrale (Costa

Rica), Bassin du Congo (figure 12.4), Sri Lanka, Asie du Sud-Est (Malaisie, Singapour, Java, Bornéo, Nouvelle-Guinée). Dans ces régions, la température, toujours élevée est aussi très peu variable au cours de l'année, l'étendue des variations étant souvent inférieure à 2 °C. Les jours et les nuits ayant toujours la même durée à l'équateur, les saisons y sont absentes ou très peu marquées.

Climats de mousson équatoriale (sous-type Am)

Ce sous-type est défini par des précipitations aussi abondantes que pour Af, et même parfois davantage (parfois plus de 10 m de cumul annuel), mais avec une saison des pluies, généralement engendrées par un phénomène de mousson marqué. On le trouve dans des régions encadrant celles où règne le climat de type Af, notamment en Amérique centrale (Guatemala et sud du Mexique), en Amérique du Sud (une partie de la Colombie et du Venezuela, nord du Brésil central), en Afrique (Sierra Leone, Libéria, Cameroun, Congo), sur la côte ouest de l'Inde (figure 12.5), et sur les régions côtières de la péninsule indochinoise.

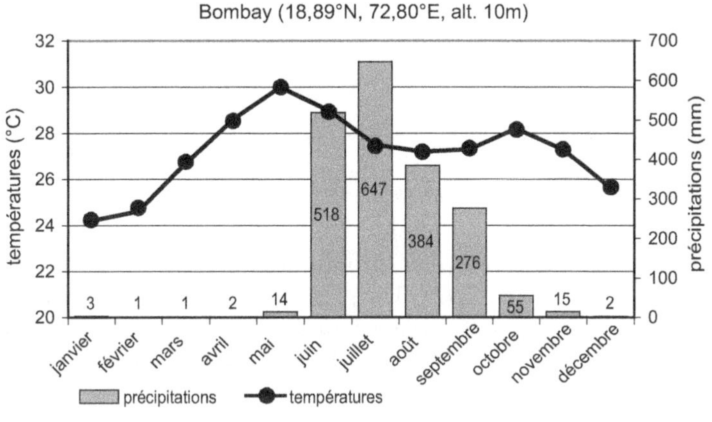

Figure 12.5 - Diagramme des températures et des précipitations à Bombay (Mumbai), Inde.

Type Am, mousson équatoriale. Température moyenne annuelle : 27 °C, total annuel des précipitations : 2 130 mm.

Climats de savane équatoriale avec été humide (sous-type Aw)

Ce type de climat chaud se caractérise par des saisons marquées, avec des pluies d'été engendrées par le passage, à la verticale de ces régions, de la zone de convergence intertropicale. Il se trouve donc, très généralement, dans des zones qui encadrent, au N et au S, les régions où règnent les climats Af et Am. C'est ainsi qu'on l'observe en Amérique centrale sur la côte ouest entre 10 °N et 20 °N au Mexique ainsi qu'au Yucatan, à Cuba, au Guyana, dans le sud du Brésil, en Afrique (figure 12.6) entre les parallèles 10° (excepté dans les zones où règnent les types Af et Am), dans la plus grande partie de l'Inde péninsulaire, dans le centre de la péninsule indochinoise et dans les régions les plus septentrionales de l'Australie.

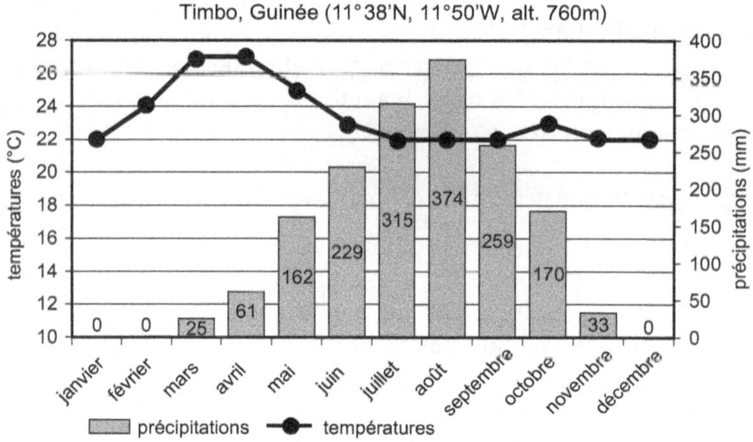

Figure 12.6 - Diagramme des températures et des précipitations à Timbo, Guinée.

Type Aw, savane équatoriale avec été humide. Température moyenne annuelle : 23 °C, total annuel des précipitations : 1 628 mm.

Climats arides (type B)

La définition d'un climat aride ne peut se suffire de la mesure de l'intensité des précipitations mais doit aussi prendre en compte celle de l'évaporation. Dans l'ensemble, celle-ci est d'autant plus importante que la température est plus élevée au moment où elle se produit. Cette classification cherche à rendre compte de ce fait par le moyen d'une formule définissant une valeur seuil. Tann étant la température annuelle moyenne en °C, cette valeur seuil, ici désignée par Pth (en millimètres de précipitations) est égale à :

- 2×Tann, si au moins les 2/3 des précipitations ont lieu en hiver ;
- 2×Tann + 28, si au moins les 2/3 des précipitations ont lieu en été ;
- 2×Tann + 14, dans les autres cas.

Le climat est alors considéré comme aride si les précipitations annuelles Pann sont inférieures à 10 Pth. Par exemple, si Tann = 18 °C et Pann = 500 mm avec des pluies d'été, on a Pth = 36 + 28 = 64, et comme Pann < 640, ce climat est considéré comme aride.

Deux subdivisions sont pratiquées dans ce type de climat (figure 12.7) : si Pann > 5 Pth, on a un climat de steppe (BS) ; si Pann < 5 Pth, on a un climat de désert (BW).

Climats de steppe (sous-type BS)

Les climats de steppe ont une large distribution géographique car ils peuvent se trouver sous des latitudes très diverses.

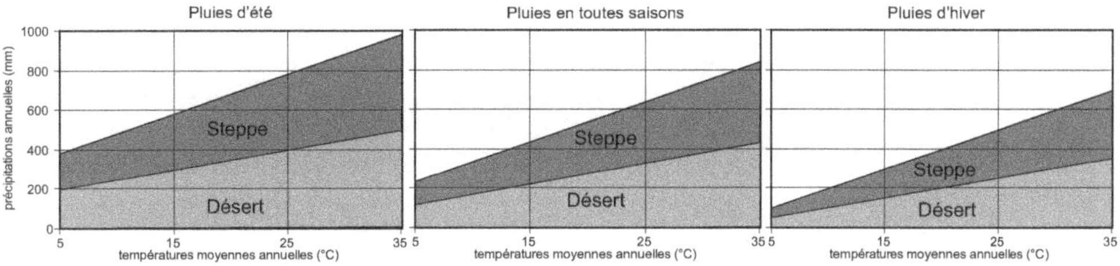

Figure 12.7 - Définitions des climats arides selon Köppen.

Ces définitions dépendent de la répartition saisonnière des pluies, selon qu'elles se produisent majoritairement en été, en hiver ou qu'elles sont réparties plus largement. Pour chacun de ces cas, ces définitions limitent les caractéristiques de ces climats arides (steppes et déserts) aux surfaces en grisé encadrées par des lignes calculées à partir des formules de Köppen.

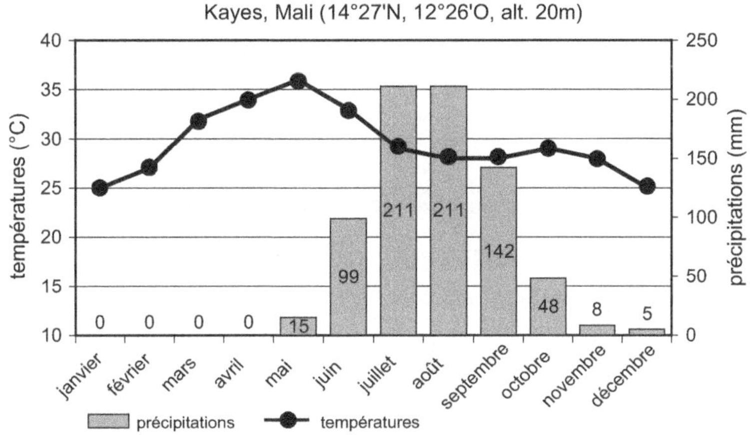

Figure 12.8 - Diagramme des températures et des précipitations à Kayes, Mali.

Type BSw, climat de steppe chaude. Température moyenne annuelle : 29 °C, total annuel des précipitations : 736 mm, Pth = 86.

Dans les régions subtropicales, on les trouve aux environs des latitudes de 15° à 25°, sous l'influence des hautes pressions tropicales, mais encore suffisamment proches de la zone de convergence intertropicale pour en recevoir des pluies d'été. Il s'agit des climats de steppes chaudes désignées par l'abréviation BSh. C'est le cas notamment en Afrique, où ils règnent dans une bande située autour de 15 °N, ainsi que vers 20 °S (figure 12.8). Mais on les trouve aussi dans l'est du Mexique, dans le nord-ouest de l'Argentine (partie nord des pampas), dans le nord-ouest de l'Inde et dans de vastes domaines du nord et de l'est de l'Australie.

Dans les régions plus éloignées de l'équateur, au-delà de 25° de latitude, on trouve des climats de steppes tempérées ou froides (BSk), particulièrement caractérisés dans les grandes plaines de l'Amérique du Nord (prairies, figure 12.9), et dans le sud de l'Argentine (partie sud des pampas). Ils règnent aussi en Asie centrale, au nord du Kazakhstan, en Mongolie centrale (figure 12.10) et dans le nord de la Chine, ainsi que dans le sud de l'Australie.

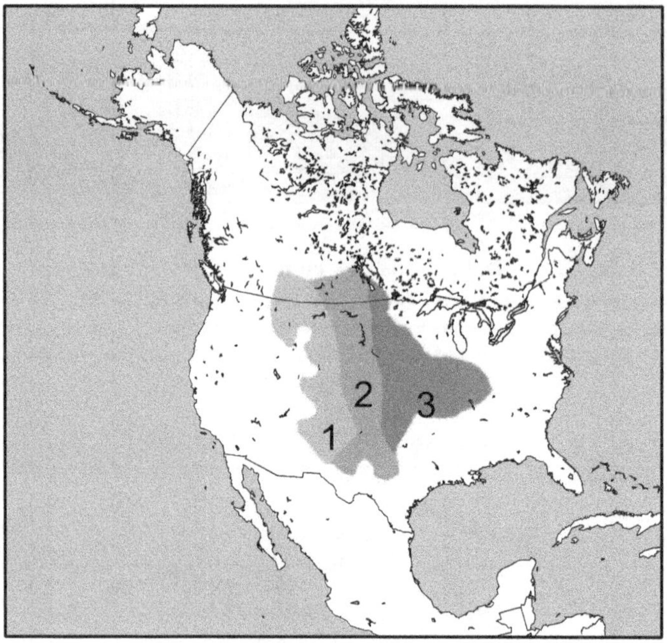

Figure 12.9 – Répartition des prairies dans le centre des États-Unis.

L'existence de ces prairies est liée au climat de steppes tempérées froides. 1 : Prairies basses (taille moyenne des herbes : 50 cm ; précipitations annuelles : 375 à 625 mm). 2 : Prairies mixtes (taille : 90-100 cm ; précipitations : 500-750 mm). 3 : Prairies hautes (taille 1,5-2 m ou davantage ; précipitations : 750-1 000 mm).

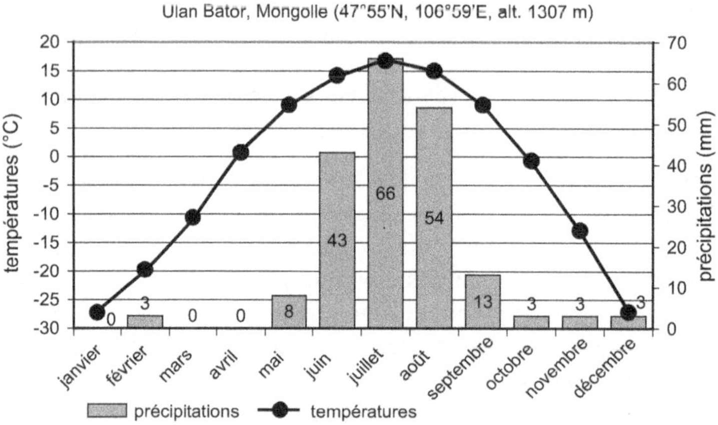

Figure 12.10 – Diagramme des températures et des précipitations à Ulan Bator, Mongolie.

Type BSk, climat de steppe froide, ici en altitude. Température moyenne annuelle : –2 °C, total annuel des précipitations : 196 mm, Pth = 24.

Climats de désert (sous-type BW)

Les climats de désert sont caractérisés par une pluviométrie extrêmement faible, qui ne permet la croissance d'aucune végétation, ou seulement d'une végétation rabougrie.

On en distingue souvent les climats de semi-désert, qui forment la transition avec ceux de steppes chaudes et qui donnent des paysages où croissent de rares buissons (*shrublands*) ou des associations d'épineux, notamment des cactacées (*thorn deserts*).

La plupart des grands déserts sont localisés dans les zones de hautes pressions tropicales, à la retombée des masses d'air des cellules de Hadley. On les trouve notamment dans la presqu'île californienne, dans le centre du Mexique, entre les latitudes nord 15° et 32°, en Afrique (Sahara, Libye, Égypte, figure 12.11), dans la péninsule arabique, en Irak, en Iran et au Pakistan. On les trouve aussi dans le centre de l'Australie. Par opposition à ces climats désertiques chauds (BWh), le climat de régions désertiques continentales élevées et froides, comme le Kirghizistan, le nord de la Chine (désert de Taka Maklan), le sud de la Mongolie (désert de Gobi) sont rapportés au sous-type BWk.

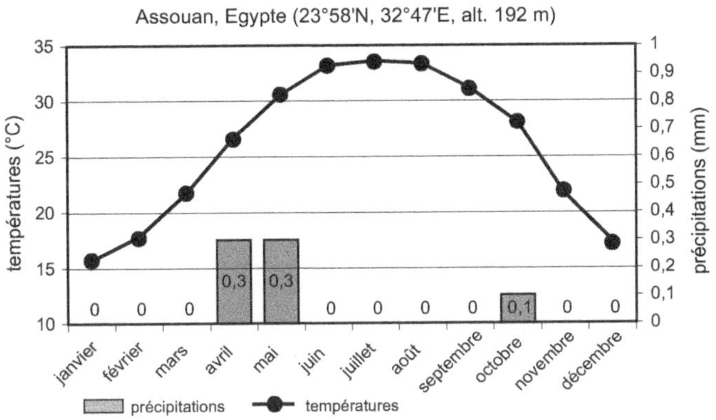

Figure 12.11 - Diagramme des températures et des précipitations à Assouan, Égypte.

(type BW, climat de désert. Température moyenne annuelle : 26 °C, total annuel des précipitations : 1,1 mm).

Mais des déserts particulièrement secs sont localisés le long des côtes où se situent des upwellings (figure 12.12). Le contraste entre les eaux océaniques profondes froides remontées par l'upwelling et les terres donne naissance à des brises de mer dirigées vers le continent (V. chapitre 9). Celles-ci induisent une advection de l'air humide océanique qui, au-dessus des eaux froides de l'upwelling va condenser un brouillard d'advection s'étalant souvent sur les zones côtières. Mais, bientôt, sur le continent échauffé, le brouillard se dissipe alors que les masses d'air s'élèvent pour retomber ensuite sur l'océan, en formant une cellule de convection approximativement axée sur la ligne de côte. Ainsi, si la zone côtière est souvent, une partie de la journée, obscurcie par des brouillards et des formations nuageuses, non seulement celles-ci ne donnent que rarement des précipitations, l'air échauffé ne montant pas assez haut, mais cet air humide n'accède pratiquement jamais aux zones à l'intérieur des terres, lesquelles sont donc presque dépourvues de toute précipitation.

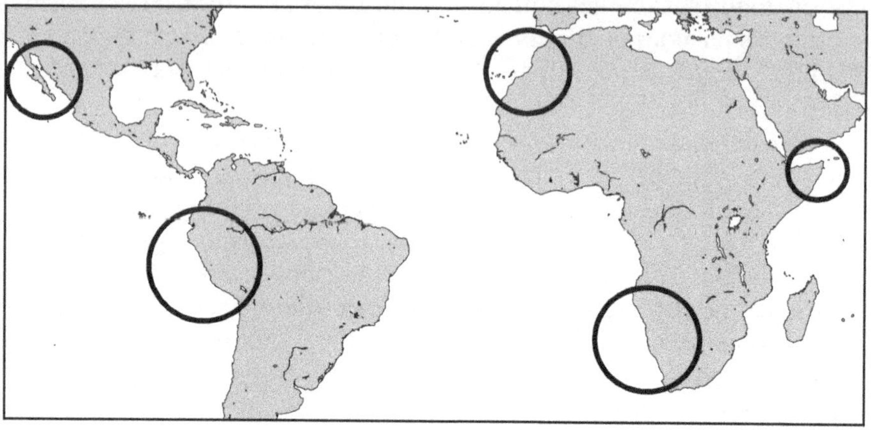

Figure 12.12 – Situation des déserts côtiers en relation avec des upwellings.

Ces déserts côtiers, qui forment des bandes étroites en face d'importants upwellings sont, à l'exception des Somalies, situés sur les façades ouest des continents. À leur contact avec le domaine maritime, les inversions de températures sont fréquentes, ainsi que les brouillards d'advection.

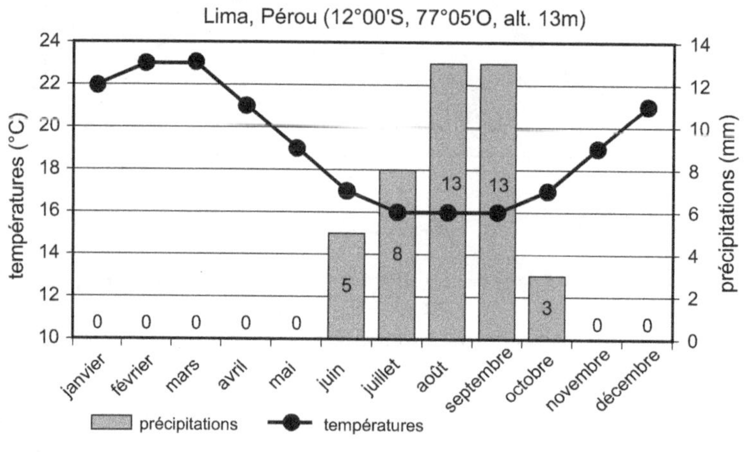

Figure 12.13 – Diagramme des températures et des précipitations à Lima, Pérou.

Ce climat de désert est en relation avec un upwelling côtier. Température moyenne annuelle : 19 °C, total annuel des précipitations : 42 mm.

C'est le cas dans l'ouest des États-Unis et du Mexique (Californie, désert de Sonora), dans l'ouest du Pérou (figure 12.13), de la Bolivie (désert d'Atacama) et du Chili, sur les côtes atlantiques du Maroc, de Mauritanie, de Namibie, et sur la côte somalienne.

Climats tempérés (type C)

Les climats tempérés sont définis par une température moyenne annuelle comprise entre –3 °C et +18 °C. On y distingue trois sous-types, selon que les pluies sont concentrées, sur l'hiver (Cs) ou sur l'été (Cw), ou réparties sur l'ensemble de l'année (Cf). Dans la plupart des cas, ces climats se développent sous les latitudes correspondant à la zone de divergence située entre les cellules de Ferrel et les cellules polaires, là où les fronts polaires induisent des cyclones extra-tropicaux.

Climats tempérés avec été sec (sous-type Cs)

C'est, typiquement ce que l'on désigne aussi comme **climat méditerranéen**, terme qui s'applique évidemment autour de la mer Méditerranée (figure 12.14), mais qui est couramment étendu aux autres régions ayant un climat identique : la Californie du Nord, entre les latitudes 32 °N et 45 °N (figure 12.15), le centre du Chili, la pointe sud de l'Afrique et les parties les plus méridionales de l'Australie (figure 12.16). Dans l'ensemble, ces régions sont, l'été, sous l'influence des masses d'air sec des hautes pressions tropicales et, l'hiver, bénéficient des masses d'air humide prises dans les mouvements cycloniques nés des fronts polaires.

Ce climat est caractérisé par des étés chauds ou très chauds, avec des précipitations faibles et un ciel habituellement dégagé. Les hivers ne sont habituellement pas froids, sauf en certaines périodes où ce froid peut être très vif. Les précipitations se concentrent sur l'automne et l'hiver.

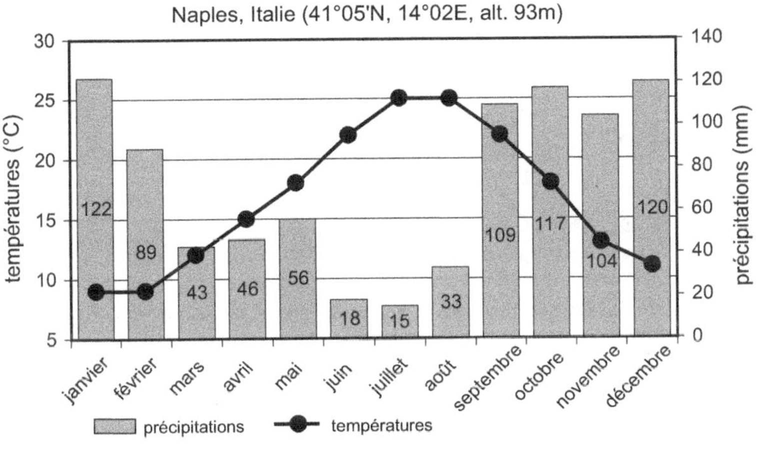

Figure 12.14 - **Diagramme des températures et des précipitations à Naples, Italie.**

Sous-type CS, climat méditerranéen. Température moyenne annuelle : 17 °C, total annuel des précipitations : 872 mm.

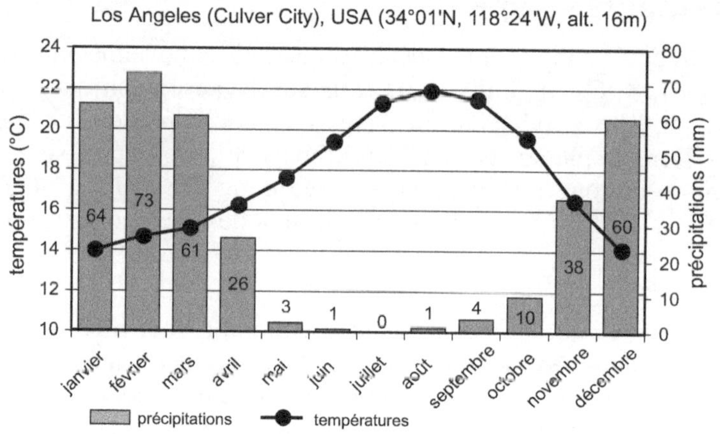

Figure 12.15 – Diagramme des températures et des précipitations à Los Angeles, Californie, États-Unis.

Sous-type CS, climat méditerranéen. Température moyenne annuelle : 17,7 °C, total annuel des précipitations : 342 mm.

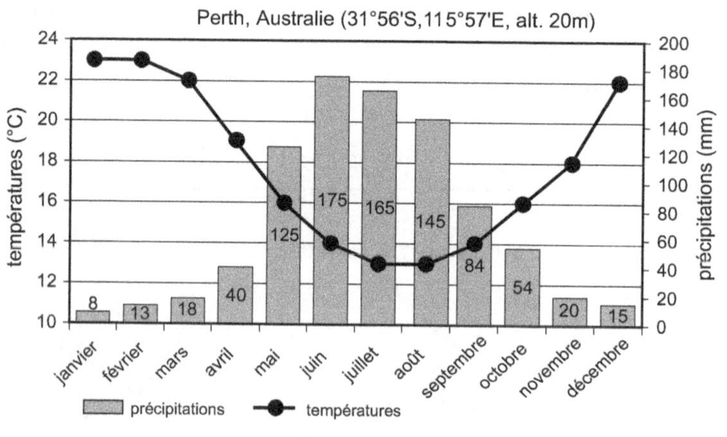

Figure 12.16 – Diagramme des températures et des précipitations à Perth, Australie.

Sous-type CS, climat méditerranéen. Température moyenne annuelle : 18 °C, total annuel des précipitations : 862 mm. Noter sa ressemblance avec celui de Naples, avec un décalage de 6 mois.

Climats tempérés avec hiver sec (sous-type Cw)

Typiquement, ces climats, peu répandus, se trouvent dans les régions du nord de l'Inde et du Bengladesh, au Bhoutan et dans le sud de la Chine (figure 12.17). Leur particularité, qui est d'avoir des étés humides, est due à leur situation aux marges de la zone des moussons tropicales, dont ils reçoivent l'influence. Ce type de climat se retrouve en Zambie et au Zimbabwe.

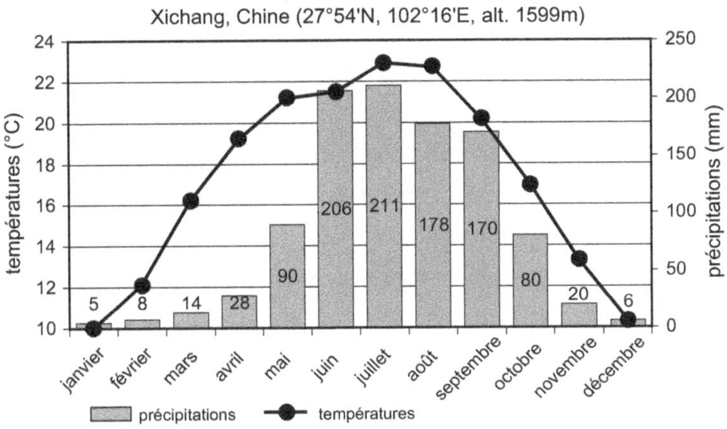

Figure 12.17 – Diagramme des températures et des précipitations à Xichang, Chine.

Sous-type Cw, climat tempéré à hiver sec. Température moyenne annuelle : 17,3 °C, total annuel des précipitations : 1 034 mm.

Climats tempérés toujours humides (sous-type Cf)

Ces climats sont caractérisés par le fait que, si l'intensité des précipitations peut varier au cours de l'année, aucune saison ne peut être vraiment considérée comme sèche. En effet, les régions où on les trouve sont situées à des latitudes où le front polaire oscille fréquemment, entraînant avec lui des mouvements cycloniques générateurs de nébulosité et de précipitations. Les instabilités atmosphériques marquées de ces régions rendent malaisées les prévisions météorologiques.

Ces climats règnent essentiellement sur le quart sud-est des États-Unis (figure 12.18), le sud du Brésil, le Chili, entre les latitudes 30 °S et 40 °S, les îles Britanniques et l'Europe occidentale (figure 12.19).

Climats neigeux (type D)

Les climats neigeux sont caractérisés par des températures moyennes annuelles inférieures à – 3 °C : à ces températures, les précipitations se font majoritairement sous forme de neige. C'est ce qui les différencie essentiellement des climats tempérés dont ils ont par ailleurs bien des caractéristiques. C'est pourquoi on y distingue trois sous-types analogues, selon que les précipitations sont concentrées, sur l'hiver (Ds) ou sur l'été (Dw), ou réparties sur l'ensemble de l'année (Df).

Climats neigeux avec été sec (sous-type Ds)

Ce sous-type de climat, à vrai dire peu répandu, ne se trouve que dans des régions montagneuses du Yukon (Canada), du Montana (États-Unis), de Turquie, d'Irak et d'Iran.

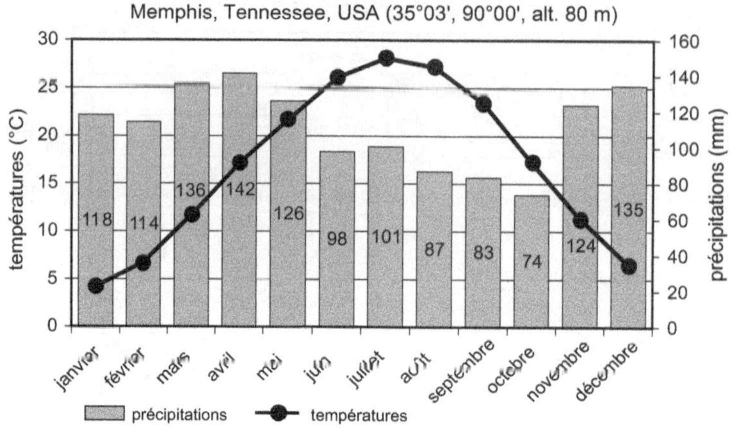

Figure 12.18 - Diagramme des températures et des précipitations à Memphis, Tennessee, États-Unis.

Sous-type Cf, climat tempéré toujours humide. Température moyenne annuelle : 16,8 °C, total annuel des précipitations : 1 337 mm.

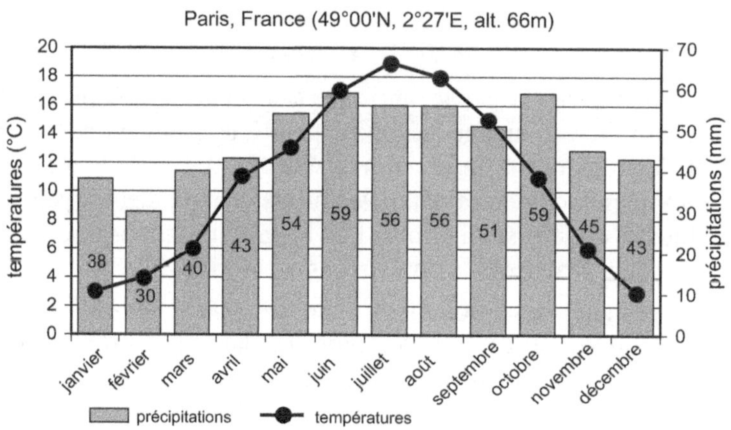

Figure 12.19 - Diagramme des températures et des précipitations à Paris, France.

Sous-type Cf, climat tempéré toujours humide. Température moyenne annuelle : 10 °C, total annuel des précipitations : 574 mm.

Climats neigeux à hiver sec (sous-type Dw)

Ce type de climat n'est développé que dans l'est de l'Asie : nord de la Mongolie, sud-est de la Sibérie, nord-est de la Chine.

Climats neigeux toujours humides (sous-type Df)

Contrairement aux deux précédents, ce sous-type est très largement répandu, au moins dans l'hémisphère nord, car il est pratiquement inconnu dans l'hémisphère

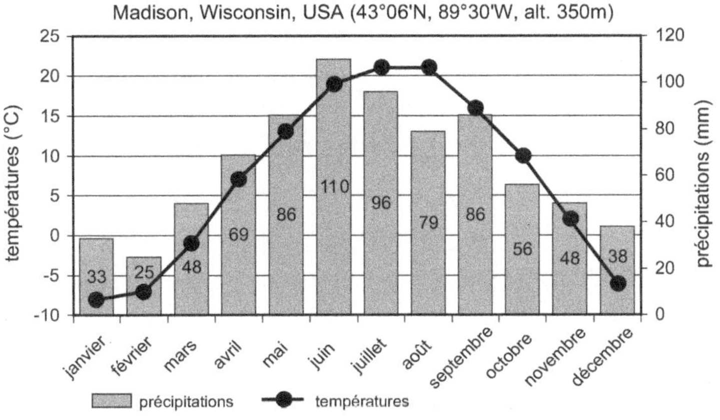

Figure 12.20 – Diagramme des températures et des précipitations à Madison, Wisconsin, États-Unis.

Type Df, climat neigeux toujours humide. Température moyenne annuelle : 7 °C, total annuel des précipitations : 774 mm.

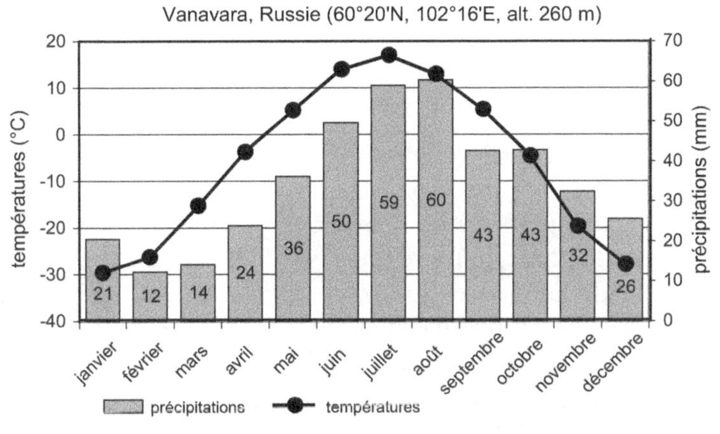

Figure 12.21 – Diagramme des températures et des précipitations à Vanavara, Russie.

Type Df, climat neigeux toujours humide. Température moyenne annuelle : – 6,2 °C, total annuel des précipitations : 419 mm.

sud. On le trouve dans le nord-est des États-Unis (figure 12.20), dans la plus grande partie du Canada, sauf dans ses régions les plus septentrionales, en Europe centrale et orientale, et dans la plus grande partie de la Sibérie (figure 12.21).

Climats polaires (type E)

Ces climats sont caractérisés lorsqu'aucun mois n'a une température moyenne supérieure à 10 °C.

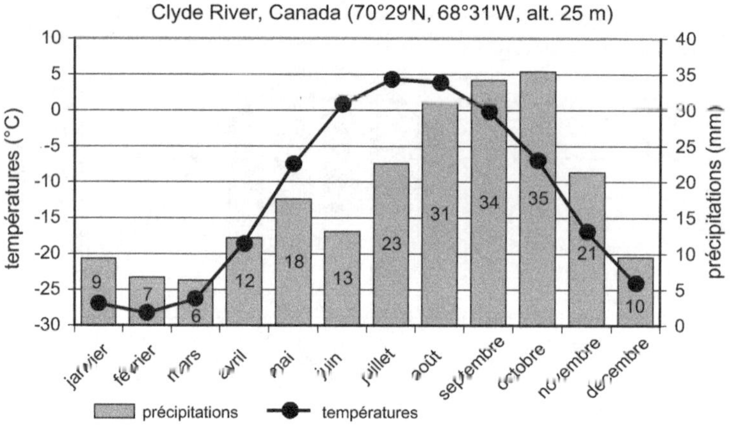

Figure 12.22 - Diagramme des températures et des précipitations à Clyde River, Canada.

Type ET, climat de toundra. Température moyenne du mois le plus chaud : 4,3 °C, température moyenne annuelle : – 12,2 °C, total annuel des précipitations : 219 mm.

Climats de toundra (sous-type ET)

Même si la température moyenne mensuelle peut s'approcher de 10 °C, ce sous-type de climat est habituellement très froid. Il en résulte que, la plupart du temps, les précipitations se font sous forme de neige. Ces précipitations sont habituellement peu importantes, surtout lorsque les régions considérées sont continentales. Mais la faible évaporation, et le fait que les sols soient en permanence gelés (c'est un pergélisol ou permafrost), donc imperméables, empêchent les eaux de fonte d'été de s'infiltrer, ce qui donne naissance à une quantité de lacs.

Ces climats intéressent de vastes surfaces du nord du Canada (figure 12.22) et du nord de la Sibérie (figure 12.23). Ils sont aussi caractérisés sur le plateau du Tibet, dans un contexte d'altitude. Dans l'hémisphère sud, on ne les trouve que dans la cordillère des Andes et dans l'extrême sud du continent américain.

Climats des glaces (sous-type EF)

Ce type de climat est celui des surfaces couvertes de glaces continentales. On ne le trouve donc caractérisé que sur la calotte glaciaire groenlandaise, dans l'hémisphère nord, et sur la calotte glaciaire antarctique, dans l'hémisphère sud. Les températures y sont toujours extrêmement basses, le record actuel dans ce domaine ayant été enregistré à Vostok (figure 12.24), en Antarctique, avec – 85,6 °C le 9 septembre 1998. Les précipitations, neigeuses, y sont aussi faibles que dans les déserts tropicaux, ou moindres. Rappelons aussi que des vents catabatiques y soufflent parfois avec violence.

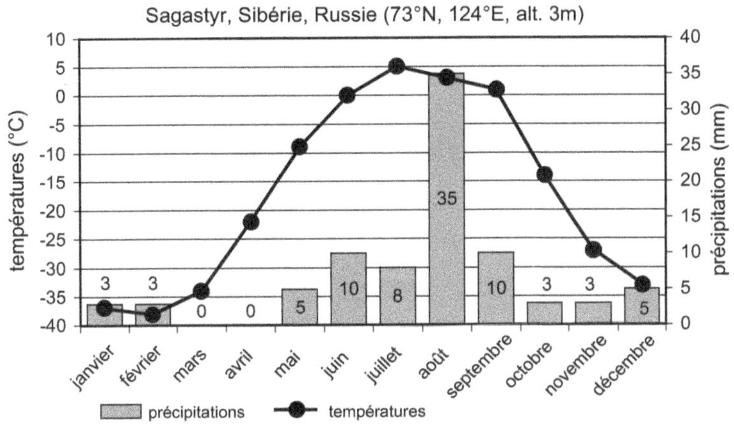

Figure 12.23 - Diagramme des températures et des précipitations à Sagastyr, Sibérie.

Type ET, climat de toundra. Température moyenne du mois le plus chaud : 5 °C, température moyenne annuelle : – 17 °C, total annuel des précipitations : 85 mm.

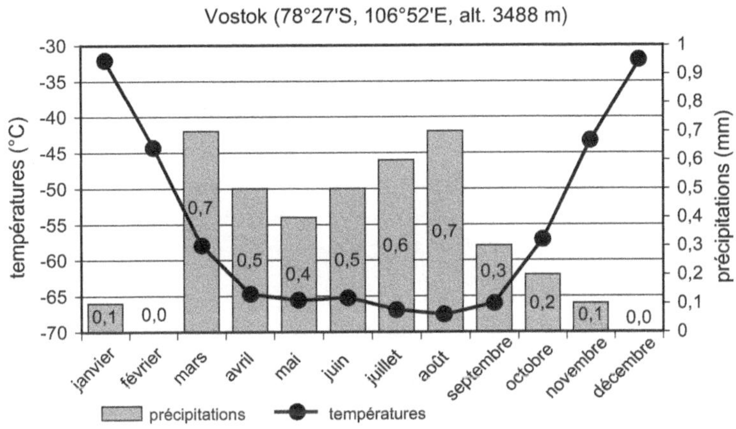

Figure 12.24 - Diagramme des températures et des précipitations à Vostok, Antarctique.

(type EF, climat des glaces. Température mensuelle moyenne maximale : –32 °C, température mensuelle moyenne minimale : – 67,6, température moyenne annuelle : – 55 °C, total annuel des précipitations : 4,5 mm).

Partie 2

Les méthodes de la paléoclimatologie

HISTOIRE DE LA PALÉOCLIMATOLOGIE

13

PLAN

Il est curieux de constater que, avant le XIXe siècle, on ne trouve pratiquement nulle part trace d'une idée de ce que nous appelons aujourd'hui variations climatiques. Il est pourtant certain que l'histoire humaine s'est déroulée en grande partie au cours de celles qui se sont produites au Quaternaire, les plus importantes que la Terre ait subi depuis le Permien ; cependant elles n'ont laissé aucun souvenir dans la mémoire collective. On ne peut en effet ranger dans la catégorie des changements climatiques le Déluge, mentionné dans beaucoup de documents anciens, que nous mettons aujourd'hui au rang des mythes, et dont l'idée trouve probablement son origine dans des phénomènes météorologiques exceptionnels. Si beaucoup d'auteurs voyaient la trace du Déluge dans des sédiments nommés « Diluvium », il semble qu'ils considéraient que ce phénomène paroxysmal n'avait pas affecté la continuité des climats.

Horace-Bénedict de Saussure (1740-1799), visiteur attentif et opiniâtre des chaînes alpines (il était le troisième à être parvenu en haut du mont Blanc en 1787), avait noté que les limites des glaciers avaient fluctué, sur la foi de la situation de leurs moraines anciennes. Mais, dans son ouvrage *Voyages dans les Alpes*, paru en 1779, il concluait « *Ce n'est qu'après avoir rassemblé beaucoup de faits que l'on pourra décider avec certitude si la masse totale des glaces augmente, diminue, ou demeure constamment la même* », sans que cette conclusion l'amène à envisager un changement climatique.

13.1 LES DÉBUTS DE LA PALÉOCLIMATOLOGIE

Mis à part Saussure, peu de savants avaient pratiqué des observations dans les vallées alpines : c'est pourtant de ces observations, et non de considérations théoriques, que devait naître l'idée de grandes variations climatiques. Elle est en effet venue de la constatation que les glaciers avaient occupé, par le passé, des volumes beaucoup plus importants qu'aujourd'hui.

Certains habitants des vallées alpines avaient déjà constaté que des stries sur les rochers visibles aux bords de ces vallées témoignaient du travail d'érosion des glaciers qui les avaient jadis occupées. En tout cas, on sait que cette opinion avait été exprimée par un paysan éclairé demeurant à Lourtier (figure 13.1), village du Valais (Suisse), Jean-Pierre Perraudin (1767-1858), d'abord oralement, comme l'a rapporté le géologue Jean de Charpentier (1786-1855) qui l'a entendue en 1815, ensuite, en 1818, de façon autographe (encart 13.1).

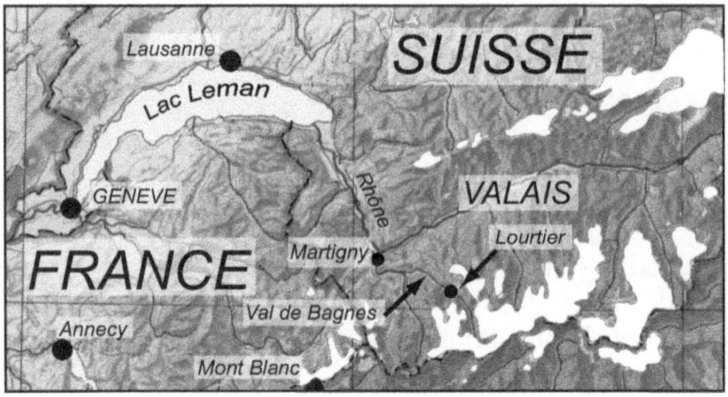

Figure 13.1 - Le Val de Bagnes.

Le Val de Bagnes a joué un rôle important dans la naissance de la paléoclimatologie. On y trouve le village de Lourtier, patrie de J.-P. Perraudin, et le glacier du Giétroz dont la catastrophe survenue en 1818 a attiré l'attention sur cette région.

Encart 13.1 Le premier pas de la paléoclimatologie

Henri Gilliéron (1769-1838), pasteur protestant de Vevey, était monté dans la vallée de Bagnes en 1818 pour se rendre compte des dégâts causés par une inondation due à la rupture, en amont de Lourtier, d'un barrage de glace derrière lequel s'était formé un lac. L'ingénieur Ignace Venetz, chargé de faire la vidange du lac, n'avait pu éviter cette catastrophe. Sur le carnet de notes de Gilliéron, on peut lire le texte manuscrit suivant, considéré comme le premier témoignage écrit se rapportant, indirectement, à un changement climatique : « *Observations faites par un paysan de Lourtier. Ayant depuis longtemps observé des marques ou cicatrices (elles sont toutes dans la direction des vallons) faites sur du roc vif et qui ne se décompose pas, et dont je ne connaissais pas la cause, j'ai enfin, en m'approchant des glaciers, jugé qu'elles étaient faites par la pression ou pesanteur desdites masses dont je trouve des marques au moins jusqu'à Champsec. Cela me fait croire qu'autrefois la grande masse de glace remplissait toute la vallée de Bagne et je m'offre à le prouver aux curieux par l'évidence, en rapprochant lesdites traces de celle que les glaciers découvrent à présent. Par l'observateur Jean-Pierre Perraudin* ».

Aujourd'hui, la maison de Jean-Pierre Perraudin abrite un petit musée de la paléoclimatologie.

C'est un ingénieur, Ignace Venetz (1788-1859), ayant eu des contacts avec Jean-Pierre Perraudin aux cours de ses travaux dans le Val de Bagnes qui, le premier du monde scientifique, émit l'opinion que les glaciers de cette région avaient, dans le passé, occupé un espace beaucoup plus grand qu'aujourd'hui. Il l'exprima en 1821 devant la Société helvétique des sciences naturelles en lisant un mémoire qui ne parut qu'en 1833.

En 1834, l'année suivant cette parution, à la même Société helvétique des sciences naturelles, Jean de Charpentier reprend et développe les idées, dont il avait d'abord douté, émises par Perraudin puis par Venetz. Parmi l'auditoire, se tenait un jeune paléontologue, déjà connu par ses travaux sur les poissons fossiles : Louis Agassiz (1807-1873, figure 13.2). D'abord sceptique, Agassiz fut converti par les preuves de terrain que lui avaient montrées de Charpentier. En 1837, dans un discours à la Société helvétique des sciences naturelles, il généralisa l'idée d'une période pendant laquelle le climat, beaucoup plus froid que celui d'aujourd'hui, avait permis une extension des glaciers sur l'ensemble du massif alpin et sur des montagnes d'autres pays. À cette période, on donna, après Karl Friedrich Schimper (1837), le nom d'âge de la glace (*Eiszeit*).

Les travaux d'Agassiz, notamment ses *Études* sur les glaciers (1840), appuyés par son autorité reconnue, ont largement répandu cette idée dans le milieu scientifique.

Figure 13.2 - Louis Agassiz (1807-1873).

Né à Môtier, entre Neuchâtel et Berne, d'une famille de pasteurs protestants. Louis Agassiz avait, très tôt, été attiré par l'histoire naturelle, s'étant particulièrement intéressé aux poissons. Venu à Paris en 1831, après des études de médecine, il y rencontra Cuvier, qui lui confia, un an avant sa mort, l'étude d'une collection de poissons fossiles. Cela décida de sa carrière puisqu'il publia, de 1833 à 1844, des *Recherches sur les poissons fossiles* en cinq volumes et 384 planches qui sont encore utilisées de nos jours, avec les principes de la classification qu'il y avait élaborée. C'est donc en même temps qu'il développa ses études sur les glaciers qui ont, plus encore, établi sa réputation jusqu'à aujourd'hui. À partir de 1846, la carrière d'Agassiz s'est continuée aux États-Unis, presque entièrement à l'université de Cambridge, Massachusetts, où il a développé des recherches en anatomie comparée et consacré une partie de son temps, avec grand succès, à l'enseignement et la diffusion de la culture scientifique dans ce domaine.

Du même coup il donnait la clé d'une énigme longtemps débattue concernant les **blocs erratiques** (encart 13.2) observés surtout dans le Jura, que l'on pouvait maintenant attribuer au transport par des glaciers aujourd'hui disparus. Ainsi, on constate que, de scepticisme en scepticisme, les différents acteurs de cette histoire ont été tour à tour convaincus, non par les discours ou les raisonnements, mais par l'examen attentif des témoignages que leur montrait la nature.

ENCART 13.2 Les blocs erratiques

Dans la plaine suisse, et sur la partie sud-est du Jura jusqu'à une altitude de quelque 1 000 m, on trouve, reposant sur un substratum de molasse oligo-miocène ou de terrains jurassiques ou crétacés surtout calcaires, des blocs rocheux dont la taille peut atteindre plusieurs mètres. La nature pétrographique de ces blocs, souvent granitique ou métamorphique, montre qu'ils ont une origine lointaine car, dans cette région, ce n'est que dans les Alpes que ce type de roches affleure. Cette constatation, faite depuis longtemps, a conduit à imaginer divers mécanismes pour expliquer le transport de ce que l'on a appelé des blocs erratiques.

La plupart faisaient appel à de puissants courants d'eau. Pour Horace-Bénedict de Saussure (1779), grand explorateur des régions alpines, ces courants auraient été provoqués par l'ouverture de cavités dans lesquelles se seraient précipitées les eaux de l'océan qui, selon lui, couvrait alors ces régions, les eaux s'étant ensuite écoulées par l'échancrure du défilé de l'Écluse, au SW de Genève, par où le Rhône passe aujourd'hui. Pour Leopold von Buch, (1811, 1818), il se serait agi de plusieurs courants ayant dévalé les régions alpines. Pour Arnold Escher von der Linth (1819), ces courants auraient résulté de la vidange subite de lacs. Pour Léonce Élie de Beaumont (1830), ils auraient eu comme origine une brusque fonte des neiges due à un réchauffement corrélatif du soulèvement des montagnes alpines.

Le fait que ces blocs erratiques présentent des formes anguleuses, et non arrondies comme cela aurait dû être en cas de transport aquatique, a incité certains auteurs, parmi lesquels Bernhard Friedrich Kuhn (1787), Charles Lyell (1830) et Charles Darwin (1838) à proposer qu'ils aient été transportés par des glaces flottantes, icebergs et banquise.

D'autres explications avaient été aussi avancées, comme celle d'un simple glissement de ces blocs sur les pentes alpines, ou celle développée par Jean André de Luc (1778) qui les voyait projetés au loin par des sortes d'explosions souterraines engendrées par de gigantesques effondrements.

Si James Hutton (1795), John Playfair (1815) et Jens Esmark (1829) avaient fait état succinctement du rôle de glaciers dans la mise en place de ces blocs, ce sont les recherches d'Ignace Venetz (1821, 1833), de Jean de Charpentier (1834, 1840) et, surtout, la généralisation du rôle et de l'étendue de ces glaciers par Louis Agassiz (1837, 1840) qui ont fait abandonner toutes ces hypothèses, non sans résistance. Aujourd'hui, on admet que ces blocs sont des restes de moraines dont les éléments plus petits ont été enlevés par l'érosion.

À noter qu'Agassiz, suivant en cela les idées de Cuvier, auxquelles il restera toujours fidèle, croyait à une glaciation subite ayant « anéanti toute vie organique à la surface de la Terre », glaciation qu'il pensait antérieure au soulèvement des massifs alpins.

On a ensuite réalisé, par l'étude des moraines et des terrasses fluviatiles, qu'il n'y avait pas une, mais plusieurs périodes glaciaires successives ; cela résulte des travaux des frères Archibald Geickie (1835-1924) et James Geickie (1839-1914), pour l'Écosse, publiés notamment en 1863 et 1877, de Thomas C. Chamberlin (1843-1928), pour l'Amérique du Nord, et de Albrecht Penck (1858-1945) et Eduard Brückner (1862-1927), pour les Alpes, dont l'ouvrage en trois volumes *Die Alpen im Eiszeitalter*, paru en 1901 et en 1909, a fixé une chronologie encore parfois utilisée aujourd'hui pour les quatre stades glaciaires de Günz, Mindel, Riss et Würm (figure 13.3).

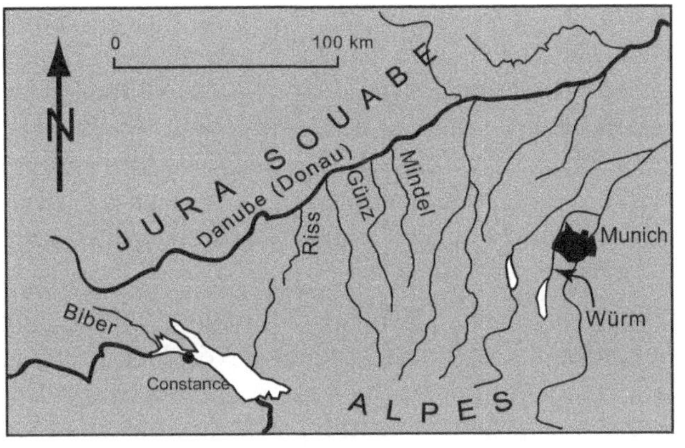

Figure 13.3 – Glaciations alpines et Danube.

Quatre affluents de rive droite du Danube ont donné leurs noms aux stades classiques des glaciations du Quaternaire : Günz, Mindel, Riss, Würm. Deux stades plus anciens (Biber et Donau) ont été dénommés d'après ce fleuve et une rivière se jetant dans le lac de Constance (ou Bodensee).

13.2 La question des causes des variations climatiques

La mise en évidence d'abord d'un âge glaciaire, ensuite de plusieurs phases de glaciations, a fait rechercher les causes de ces phénomènes. Plusieurs ont été invoquées, parmi lesquelles des causes astronomiques, déjà évoquées, pour les rejeter, par de Charpentier, notamment les irrégularités de l'orbite terrestre.

Un des premiers à les avoir prises en compte est Joseph Alphonse Adhémar (1797-1862) qui insista, dans une publication de 1842, sur le rôle fondamental de la précession des équinoxes. Si le solstice d'hiver a lieu lorsque la Terre est à l'aphélie, la saison froide (automne et hiver) est plus longue que la saison chaude (V. chapitre 20) et, pour lui, cette situation devait déclencher une période glaciaire. Le même phénomène devrait se produire quelque 11 000 ans (soit la moitié de la précession comptée par rapport à l'orbite terrestre) plus tard dans l'autre hémisphère, ce qui conduirait à une alternance de glaciations et de déluges opposée entre le Nord et le Sud.

Une objection faite en 1852 par Alexandre de Humboldt ne contribua pas à assurer la crédibilité de cette hypothèse : lors de la saison chaude, la quantité d'énergie reçue sur Terre est d'autant plus importante qu'elle est faible lors de la saison froide. Le total des énergies reçues du Soleil durant une année étant ainsi constant, il était dans ces conditions difficile à Humboldt de croire à la possibilité d'une glaciation dans quelque situation que ce soit.

James Croll (1821-1890), autodidacte de génie, publia en 1875 un ouvrage où il reprit l'ensemble du dossier. Lui aussi pense que les glaciations doivent se faire pendant les périodes où les hivers sont longs et rigoureux mais il introduit dans ses calculs les effets des variations de l'obliquité et de l'excentricité de l'orbite. Celle-ci accentue d'autant plus les effets de la précession qu'elle est plus grande. Il estime que non la quantité d'énergie reçue par la Terre, mais sa répartition en latitude explique les variations climatiques : moins les hautes latitudes reçoivent d'énergie, plus elles se couvriraient de neige, une rétroaction positive (augmentation de l'albédo) amenant alors une glaciation. Les travaux de Croll eurent un grand succès, mais ils conduisaient à dater le réchauffement postérieur à la dernière glaciation à quelque 80 000 ans, ce qui est apparu progressivement très peu vraisemblable, et a conduit à jeter le doute sur cette théorie.

On a alors avancé l'hypothèse inverse, à savoir que c'était lorsque la saison chaude était longue avec des températures peu élevées que les neiges fondaient peu aux hautes latitudes et que s'enclenchait alors un processus de glaciation. Cette manière de voir a été notamment soutenue par Milutin Milankovitch (1879-1958), que l'on considère aujourd'hui comme le père de la théorie astronomique des climats qu'il a énoncée dans des publications détaillées (1920, 1941).

Malheureusement, il a été longtemps impossible de tester cette hypothèse, non plus que la validité générale de la théorie astronomique des climats, et ceci principalement pour trois raisons :

1. Le phénomène qu'essayait d'expliquer Milankovitch ne lui était connu que par des enregistrements extrêmement discontinus (essentiellement les maximums glaciaires) qui ne peuvent que difficilement être comparés à la variation continue de l'insolation qu'il lui était possible de calculer.
2. Il n'existait pas, à son époque, de méthode fiable permettant d'avoir une échelle de temps absolue pour dater les phénomènes glaciaires, à part celle utilisant les comptages de varves. Actuellement, les échelles que nous utilisons sont pratiquement toutes basées directement ou indirectement sur la radioactivité qui n'a été mise à profit à cet effet qu'à partir des années 1950.
3. Même si les deux difficultés ci-dessus avaient été résolues, il aurait été sans doute impossible d'aboutir à un test satisfaisant sur une longue période, les constantes astronomiques utilisées par Milankovitch manquant de précision.

Ces trois points expliquent en partie que, malgré l'intérêt qui lui avait été témoigné à sa publication, il a été fait peu de cas de l'hypothèse de Milankovitch jusque dans les années 1970, où sa capacité explicative a été reconnue. C'est à partir d'elle, en effet, que l'on peut aujourd'hui expliquer une grande partie des variations climatiques à l'échelle de la dizaine ou de la centaine de milliers d'années et interpréter leur enregistrement dans les glaces ou les sédiments.

Si la théorie astronomique rend ainsi bien compte de certains rythmes des variations climatiques (ceux de la précession, de l'obliquité et de l'excentricité), elle ne s'oppose pas à ce qu'interviennent d'autres causes pour ces variations. En particulier, on a très tôt invoqué le rôle du dioxyde de carbone et de la vapeur d'eau en tant que gaz atmosphériques absorbant les rayonnements infrarouges et pouvant ainsi contribuer à l'échauffement de la basse troposphère par ce que l'on a appelé l'effet de serre. Parmi les travaux précurseurs dans ce domaine, on peut citer ceux publiés en 1824 de Joseph Fourier (1786-1830), en 1830 de Claude Pouillet (1790-1868), en 1861 de John Tyndall (1820-1893) et en 1896 de Svante Arrhenius (1859-1927).

13.3 Progrès récents

Les progrès qui ont suivi, depuis 1950, ont surtout concerné le recueil et la datation de données paléoclimatiques, dans les sédiments marins ou continentaux et dans les glaces, ainsi que la mise en évidence et la modélisation des réactions du système climatique.

De très nombreuses données ont été recueillies suite à la multiplication des programmes de sondages ou de carottages dans les sédiments océaniques. Le plus spectaculaire de ces programmes a été le DSDP (*Deep See Drilling Project*) qui a donné lieu à des sondages profonds effectués par le navire *Glomar Challenger*, équipé d'une tour de forage, durant les années 1968 à 1983. Mais il ne doit pas éclipser la quantité de carottages effectués dans des eaux moins profondes, notamment grâce aux carottiers par gravité de type « *Kullenberg* », par des navires plus petits, et dont l'étude a fait faire d'énormes progrès à la connaissance de l'évolution climatique du Quaternaire. Il faut aussi mentionner les carottages lacustres permettant d'étudier les changements des flores continentales. Par ailleurs, des carottages dans les glaciers ont, depuis 1970 (début des forages dans la calotte polaire antarctique à Vostok), apporté des renseignements très précieux concernant notamment l'évolution de la composition de l'atmosphère depuis plusieurs centaines de milliers d'années.

Dans l'étude des matériaux ainsi récoltés, des progrès considérables ont été dus à l'utilisation de la géochimie isotopique comme marqueur d'abord des températures océaniques, ensuite du volume des glaces stockées dans les calottes polaires et des températures atmosphériques. Ces progrès ont bénéficié largement des travaux fondamentaux de Harold Clayton Urey (1893-1981), appliqués aux foraminifères par Cesare Emiliani (1922-1995) dès 1955.

L'interprétation des données des séries sédimentaires ainsi étudiées en termes paléoclimatiques a fait l'objet de nombreux travaux parmi lesquels on retiendra particulièrement ceux de John Imbrie et Nilva G. Kipp, concrétisées dans un article paru en 1971 appliquant la régression multilinéaire au calcul de paramètres paléoclimatiques à partir d'associations de foraminifères.

Il a été possible, grâce aux résultats alors obtenus, de confirmer le rôle de la répartition de l'insolation contrôlée par l'orbite terrestre (répartition précisée successivement par les calculs de Anandu Vernekar, de André Berger, puis de Jacques Laskar) sur les changements climatiques, confirmant ainsi les vues de Milankovitch. Un article de James D. Hays, John Imbrie, et Nicholas John Shackleton (1937-2006), paru en 1976, en a donné une claire illustration.

La compréhension du fonctionnement des systèmes climatiques a été particulièrement éclairée par les travaux de John et John Z. Imbrie qui ont montré (1980) comment la répartition de l'insolation pouvait s'exprimer en termes climatiques, du fait des déphasages induits par les constantes de temps des calottes glaciaires polaires.

BUT ET MÉTHODES DE LA PALÉOCLIMATOLOGIE

14

Le but général de la paléoclimatologie est de reconstituer l'histoire du climat et d'en comprendre les mécanismes. Pour ce faire, trois étapes, qui d'ailleurs correspondent dans l'ensemble au parcours historique de cette science, peuvent être distinguées dans les études correspondantes : reconstituer les paramètres climatiques du passé, les dater, trouver les lois qui rendent compte de leurs changements.

14.1 RECONSTITUER LES PARAMÈTRES CLIMATIQUES DU PASSÉ

Indicateurs paléoclimatiques (proxies)

La première étape des études paléoclimatiques consiste à reconnaître, dans les enregistrements du passé, la trace des variations climatiques. Cela est rendu possible par le fait que les conditions climatiques ont une influence sur les matières et sur les êtres vivants que l'on peut aujourd'hui retrouver, en tout ou partie, principalement sous la forme de sédiments, de glace ou de fossiles. Cependant, les paramètres paléoclimatiques (température, pluviométrie, etc.) n'y sont pas directement accessibles. Pour en avoir les valeurs, il est nécessaire de mettre en évidence, dans les objets étudiés, des caractéristiques corrélées le plus étroitement possible à ces paramètres climatiques. Ces caractéristiques sont ainsi des **indicateurs paléoclimatiques**, souvent désignées par le terme anglais de ***proxies*** (au singulier ***proxy***). De façon générale, ces indicateurs paléoclimatiques peuvent être considérés comme ayant une partie corrélée à un paramètre paléoclimatique et une partie non corrélée, que l'on peut parfois, au moins partiellement, considérer comme un bruit aléatoire. Il est clair que seront à retenir préférentiellement comme ayant une signification paléoclimatique les enregistrements où le rapport signal (partie corrélée) sur bruit (partie non corrélée) est le plus grand possible.

Instruments statistiques (voir annexe 4)

Les méthodes quantitatives de la paléoclimatologie, les seules qui permettent d'en établir les lois, reposent sur des mesures. Toute mesure comporte des incertitudes, l'une étant sa précision, d'autant plus grande que l'écart entre des mesures successives, faites avec le même appareil dans les mêmes conditions, est plus petit. On montre que, si l'appareil est fidèle, la valeur qui s'approche le plus de la quantité à mesurer est la moyenne de ces mesures. Afin de rendre compte de la dispersion de ces mesures, on en donne l'écart-type σ. Si cette dispersion suit une loi statistique normale, la valeur réelle de la quantité à mesurer a 68 % de chances de se trouver à moins d'un écart-type de la moyenne, et 95 % de s'en trouver à moins de deux écarts-types (figure 14.1).

Les précisions avec lesquelles on pourra fournir des valeurs de paramètres paléoclimatiques à partir d'indicateurs dépendent étroitement de la sensibilité des matières ou êtres vivants étudiés aux conditions climatiques dans lesquelles ils ont été formés. C'est ainsi que si la température et la pluviosité sont des paramètres dont l'influence sur la constitution de la glace, des sédiments ou des êtres vivants est marquée, ce qui permet souvent de les reconstituer, beaucoup d'autres paramètres importants, mais moins propres à laisser leur trace, nous sont peu ou pas accessibles (vents, courants, pressions, nébulosité, etc.).

Une des méthodes de reconstitution des paléoclimats repose sur ce que l'on nomme les **fonctions de transfert**, par extension de ce terme qui, au sens strict, désigne la relation entre le signal d'entrée et le signal de sortie d'un système. Ces fonctions permettent de calculer les valeurs de paramètres climatiques, pour des périodes anciennes où l'on ne possède pas ces paramètres, à partir de mesures d'indicateurs effectuées sur des enregistrements paléoclimatiques. Pour les mettre au point, il faut d'abord constituer un ensemble de mesures d'un ou de plusieurs paramètres climatiques (température, précipitations, etc.), ainsi que les mesures des indicateurs correspondants pour une même période, dite **période de calibration**. On calcule alors une relation mathématique entre ces deux ensembles, souvent par **régression linéaire** en considérant que les mesures relatives aux indicateurs sont des valeurs d'une variable contrôlée, et que les paramètres climatiques doivent être considérés comme une variable aléatoire. Par exemple, on peut chercher une relation entre la taille des individus d'une certaine espèce et la température du milieu où ils vivent, le but étant d'évaluer la température de ce milieu dans le passé en mesurant la taille des individus fossiles. Il est clair que cette taille est une variable que l'on contrôle, alors que la température a le caractère d'une variable aléatoire. La formule obtenue peut être ainsi utilisée pour calculer, avec une certaine imprécision, des paramètres paléoclimatiques.

Ce principe peut être adapté en utilisant les diverses méthodes statistiques permettant de mettre en évidence les liaisons entre une variable climatique et des indicateurs qui peuvent être nombreux, par exemple la **régression multiple** si l'on veut calculer des températures océaniques en fonction d'espèces de foraminifères qui y vivent.

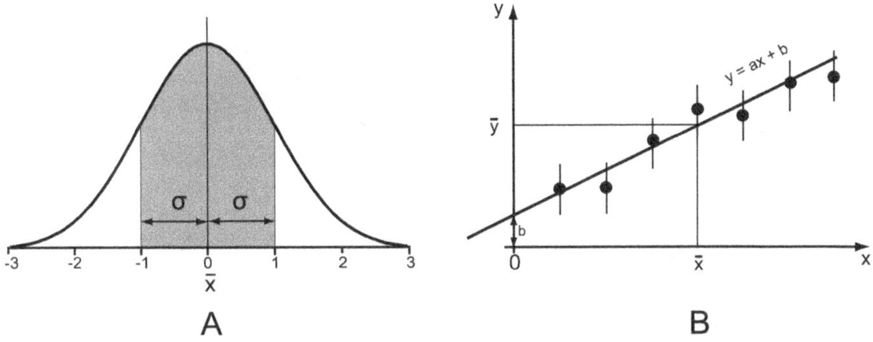

Figure 14.1 - **Courbe de Gauss, régression linéaire.**

A : La courbe en cloche dite courbe de Gauss est la représentation de la densité de probabilité d'une loi normale. Si l'on connaît l'écart-type σ d'une variable aléatoire suivant cette loi statistique, on peut dire qu'une mesure x de cette variable indique que sa valeur à une probabilité de 68 % (% de l'aire en grisé par rapport à l'aire enfermée dans la courbe) d'être dans l'intervalle x ± σ.
B : La régression linéaire permet de calculer au mieux une relation linéaire y = ax + b entre la variable indépendante x et la variable dépendante y (ici représentée avec des barres d'erreur, habituellement dessinées égales à son écart-type).

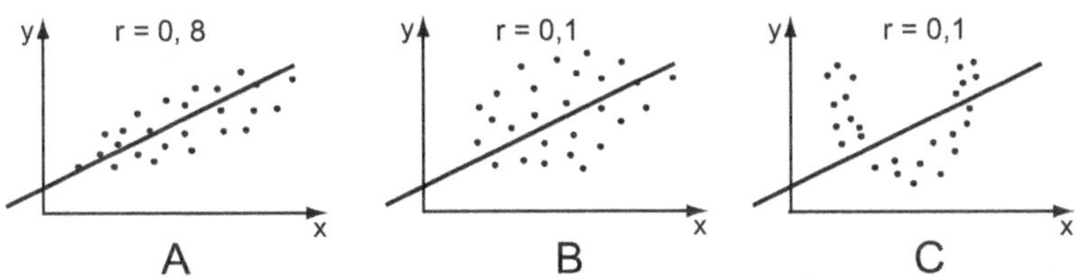

Figure 14.2 - **Corrélation linéaire.**

A : Bonne corrélation linéaire, la liaison entre les variables peut être convenablement représentée par une fonction y = ax + b. B : mauvaise corrélation linéaire. Il n'y a pas de relation évidente entre les variables, en tout cas, pas sous la forme y = ax + b. C : mauvaise corrélation linéaire, ce qui n'empêche pas de voir qu'il existe une claire relation entre les variables, mais elle n'est pas de la forme y = ax + b. Le coefficient de corrélation linéaire est *r*.

Pour caractériser l'intensité de la liaison entre deux quantités, on peut calculer leur coefficient de **corrélation linéaire** (figure 14.2) dont la valeur, nulle s'il n'y a pas de corrélation, varie de – 1 à + 1. Insistons sur le fait qu'une corrélation n'implique pas une relation de causalité entre deux phénomènes (ils peuvent tous les deux résulter d'une même cause) et sur le fait qu'une faible valeur du coefficient de corrélation linéaire n'exclut pas une liaison ou une dépendance entre les deux phénomènes, cette liaison pouvant être non linéaire. En tout état de cause, il est très recommandable de tracer des graphiques représentant ces données, plutôt que d'avancer des conclusions sur la seule base de calculs.

Ces méthodes ont été mises en œuvre notamment par J. Imbrie et N.G. Kipp (1971). Ces auteurs ont considéré que les assemblages de foraminifères planctoniques extraits de sédiments de sommets de carottes océaniques, donc actuels ou

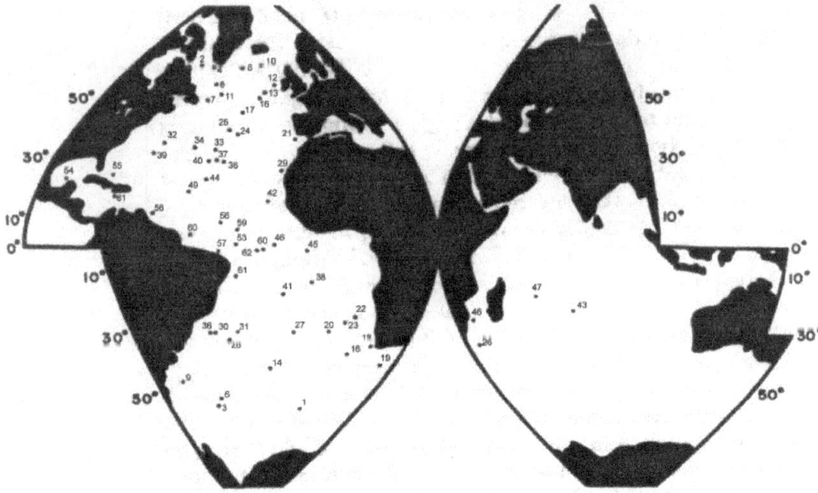

Figure 14.3 – Situation des 61 carottes dont les sommets ont été utilisés pour constituer une fonction de transfert en Atlantique.

Les échantillons ont une répartition géographique suffisante pour représenter un large spectre de situations climatiques. Ils ont été utilisés notamment pour donner les corrélations de la figure 14.4.
Extrait de J. Imbrie et N. G. Kipp, 1971, In "*The Late Cenozoic Glacial Ages*" (K. K. Turekian, Ed.), p. 71-181. Yale University Press, New Haven.

sub-actuels, pouvaient être légitimement comparés à des sédiments plus anciens issus eux aussi de carottages. Connaissant les conditions environnementales (température, salinité) régnant dans les eaux superficielles au-dessus de ces carottes, conditions dans lesquelles devaient vivre les foraminifères sédimentés il y a peu, ils ont établi une relation mathématique entre ces assemblages actuels et les paramètres environnementaux de leurs milieux de vie. Cette relation peut, ensuite, être appliquée aux assemblages anciens, en postulant que leurs exigences écologiques n'aient pas, ou guère, varié depuis lors.

Pour que cette relation soit valable, il est nécessaire d'avoir suffisamment d'échantillons actuels représentant une large variété d'environnements. Les auteurs ont utilisé pour cela 61 sommets de carottes, la plupart prélevées dans l'Atlantique (figure 14.3), et compté les individus de 22 espèces. Dans la pratique, pour procéder à une régression linéaire multiple, ils n'ont pas utilisé directement le tableau mettant en relation échantillons, pourcentage des espèces contenues et paramètres environnementaux, mais les résultats d'une analyse factorielle des correspondances calculée à partir de ces tableaux. Ils ont ainsi retenu cinq facteurs de cette analyse, cumulant 83 % de la variance totale. Ces cinq facteurs ont été respectivement désignés par les termes de assemblage tropical, subtropical, polaire, subpolaire et gyre (*gyre assemblage*, en rapport avec la gyre sub-tropicale), interprétations tenant compte de leur répartition géographique dominante.

À partir des coordonnées des échantillons sur ces facteurs (où les assemblages tropical, subtropical, subpolaire et gyre sont désignés respectivement par les lettres

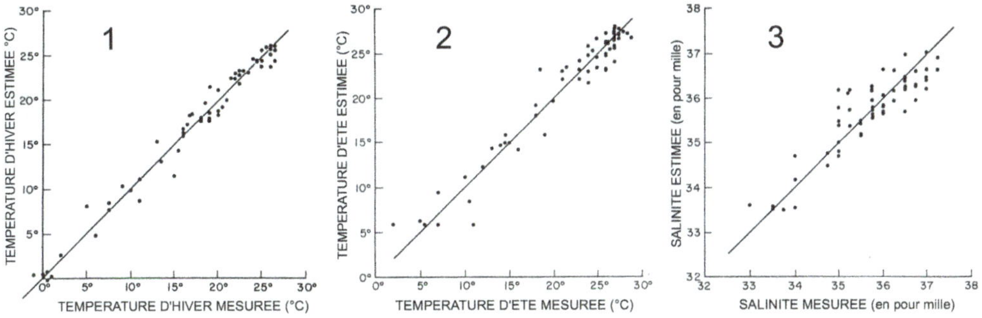

Figure 14.4 – Corrélations obtenues entre valeurs mesurées et valeurs estimées par Imbrie et Kipp (1971).

Graphiques montrant les bonnes corrélations entre les mesures et les évaluations pour les eaux marines superficielles du dernier maximum glaciaire 1) des températures hivernales, 2) des températures estivales et 3) des salinités. Ces corrélations ont été obtenues à partir des carottes situées sur la figure 14.3.
D'après J. Imbrie et N. G. Kipp, 1971.

A à D), ils ont pu établir des relations du type $X = a\text{A} + b\text{B} + c\text{C} + d\text{D} + k$, X étant une évaluation d'un paramètre environnemental et a, b, c, d et k des coefficients résultant des calculs.

Il est à noter que la nature du paramètre X dépend de celle que l'on a utilisée pour effectuer la régression linéaire. Ainsi, Imbrie et Kipp ont pu donner ces coefficients pour évaluer les températures des eaux marines superficielles (figure 14.4) en été (Te), et en hiver (Th), ainsi que leur salinité (S).

À titre d'illustration, on donnera ces équations, qui ne sont évidemment valables que dans le cas étudié :

$$\text{Te} = 19{,}7\text{A} + 11{,}6\text{B} + 2{,}7\text{C} + 0{,}3\text{D} + 7{,}6$$

$$\text{Th} = 23{,}6\text{A} + 10{,}4\text{B} + 3{,}7\text{C} + 2{,}7\text{D} + 2{,}0$$

$$\text{S} = 1{,}96\text{A} + 1{,}95\text{B} + 0{,}83\text{C} - 1{,}56\text{D} + 33{,}8$$

Cette méthode s'est révélée extrêmement fructueuse. Elle a permis d'estimer les variations de température au cours du temps par l'examen du contenu en microfossiles de carottes prélevées dans des sédiments océaniques (figure 14.5).

Elle a aussi été utilisée dans le programme de recherche CLIMAP qui a été en mesure, de 1976 à 1984, de dessiner des cartes de température des eaux marines superficielles océaniques durant le dernier maximum glaciaire, il y a 21 000 ans, et le dernier interglaciaire, il y a 122 000 ans (figure 14.6).

Une autre méthode a été préconisée qui semble présenter moins de biais que celle d'Imbrie et Kipp : la **méthode des analogues modernes** ou *Modern Analog Technique*, MAT). Elle compare des assemblages fauniques ou floristiques fossiles dont les environnements climatiques sont inconnus avec des assemblages actuels (ou réputés tels, par exemple des sommets de carottes), d'environnements climatiques

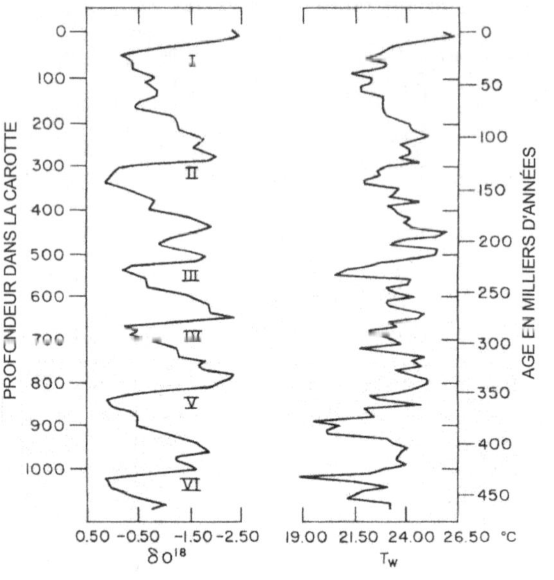

Figure 14.5 - Une application des fonctions de transfert.

Valeurs mesurées du $\delta^{18}O$ (courbe de gauche, avec numérotation des stades isotopiques) et valeurs estimées des paléotempératures (courbe de droite) des eaux marines de surface basées sur l'étude d'une carotte des Caraïbes (V12-122). Le calcul des paléotempératures a été effectué au moyen d'une fonction de transfert selon la méthode d'Imbrie et Kipp exposée dans le texte.
Extrait de Imbrie, J. *et al.*, 1973. *Quaternary Res.* 3 :10-38.

connus. À condition de posséder une base de données suffisamment étendue d'échantillons actuels, on peut sélectionner ceux qui sont les plus proches, dans leur composition, des échantillons fossiles, ce qui permet d'estimer les conditions climatiques dans lesquels ces derniers se sont constitués. Pour effectuer ces comparaisons, on définit des coefficients de similarité. L'un des plus employés est la distance dite « *squared chord distance* » *d* :

$$d = \sum_{i=0}^{n-1} (\sqrt{s_i} - \sqrt{t_i})^2$$

avec n : nombre de taxons présents dans les deux échantillons s et t à comparer ; s_i et t_i les proportions (rapports ou pourcentages) des taxons i dans chaque échantillon. Si $d = 0$, les échantillons ont la même composition.

Géochimie isotopique

On appelle **isotopes**, des éléments chimiques dont les atomes comportent le même nombre de protons (électriquement positifs) mais un nombre de neutrons (sans charge électrique) différents (figure 14.7). Ils ont donc le même numéro atomique (c'est le nombre de leurs protons) mais des masses atomiques différentes (c'est le

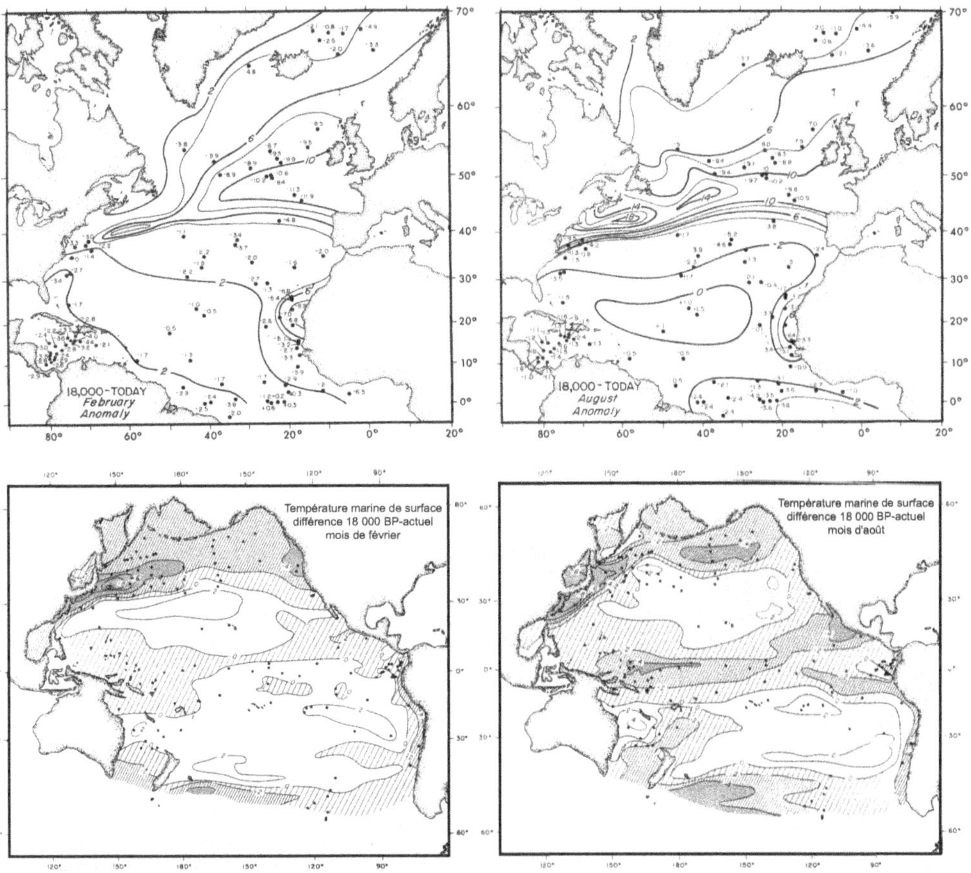

Figure 14.6 - Estimation des températures durant le dernier maximum glaciaire pour les mois de février et d'août dans l'Atlantique nord et le Pacifique.

Différence entre les températures marines de surface actuelles et celles de 18 000 ans BP (soit 21 000 ans BP, âge calibré). Les paléotempératures (en °C) ont été calculées par la méthode d'Imbrie et Kipp exposée dans le texte. Les points correspondent aux positions des carottes étudiées ; les courbes de température sont interpolées à partir de ces points.
En haut : Situation dans l'Atlantique nord (extrait de McIntyre, A. *et al.*,1976 in R.M. Cline et J.D. Hays, *Geol. Soc. Am.*, Memoir 145, p. 43-76). À gauche, calcul pour le mois de février, à droite, calcul pour le mois d'août.
En bas : situation dans le Pacifique. À gauche, calcul pour le mois de février, à droite, calcul pour le mois d'août. En grisé foncé, paléotempératures inférieures de plus de 4 °C aux températures actuelles, en grisé moyen, inférieures de 2 à 4 °C, en grisé clair, inférieures de 0 à 2 °C. On notera le fait important que le réchauffement depuis cette période n'a pas été identique en tout lieu.
Extrait de Moore, T.C. *et al*, 1980. *Mar. Micropal.* 5 : 215-247.

total de leurs nucléons : protons et neutrons). Comme les propriétés chimiques de ces éléments sont liées au nombre de leurs protons, les isotopes d'un même élément ont des propriétés chimiques identiques. Mais comme la masse de leurs atomes n'est pas la même, ils ont des propriétés physiques légèrement différentes. L'identité des

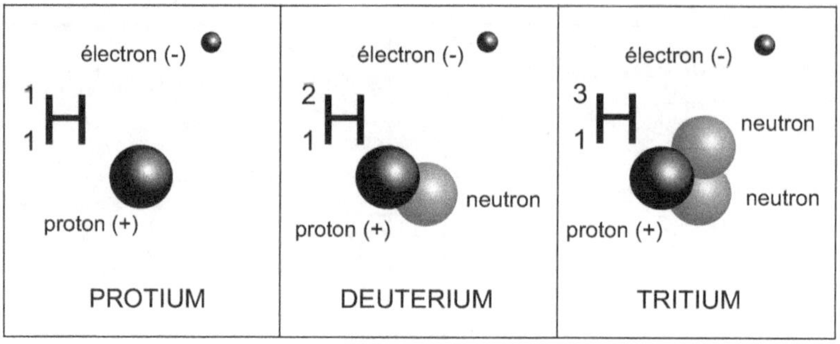

Figure 14.7 - Les isotopes de l'hydrogène.
L'hydrogène, de numéro atomique 1, comporte 3 isotopes, respectivement de masse atomique 1 (protium), 2 (deutérium) et 3 (tritium).

propriétés chimiques fait qu'ils sont inclus indistinctement dans des composés les contenant ; la différence des propriétés physiques fait qu'eux, ou leurs composés, sont affectés différemment par des transformations physiques telles que fusion, cristallisation, évaporation, etc. Par exemple, la vapeur d'eau OH_2 comporte une moindre proportion de ^{18}O que l'eau liquide dont elle est issue. Certains isotopes sont stables, d'autres sont radioactifs et se transforment, au cours du temps, en d'autres isotopes ou en d'autres éléments.

Toutes les études concernant les isotopes nécessitent l'utilisation de **rapports isotopiques**, c'est-à-dire des proportions de deux isotopes d'un même élément. Généralement, on utilise ces rapports par référence à un standard, qui est un échantillon de composition connue avec une grande précision qui peut être distribué entre différents laboratoires, ce qui a l'intérêt de rendre les mesures de ces derniers à coup sûr comparables. Pour l'oxygène, par exemple, des standards utilisés couramment sont, pour les époques récentes une eau océanique moyenne artificielle dite, en anglais, « *Standard Mean Ocean Water* » (SMOW), et pour les périodes anciennes un rostre de bélemnite (céphalopode fossile) extrait de la « *Peedee Formation* », couches crétacées de Caroline du Nord, (PDB).

On définit alors le δ isotopique (delta isotopique) qui est la différence entre le rapport isotopique de l'échantillon et celui du standard exprimé en pour mille de ce dernier, ce qui s'écrit :

$$\delta = \frac{Re - Rs}{Rs} \times 1\,000 \text{ ou } \delta = \left(\frac{Re}{Rs} - 1\right) \times 1\,000$$

Re et Rs étant respectivement les rapports isotopiques de l'échantillon et du standard. Ainsi, un delta isotopique de 1, par exemple, signifie que le rapport isotopique de l'échantillon est supérieur de 1 pour mille à celui du standard.

Ces mesures sont effectuées au **spectromètre de masse** (figure 14.8), instrument qui utilise le principe de la déviation différente d'ions de même charge électrique mais de masses différentes se déplaçant dans un champ magnétique, ce qui, en quelque sorte, permet de trier des isotopes selon leur masse atomique. Il peut être

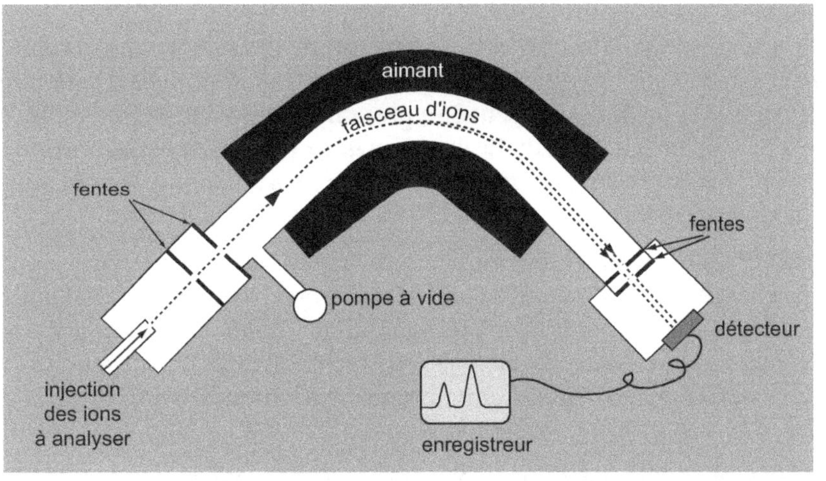

Figure 14.8 – Schéma de fonctionnement d'un spectromètre de masse.

L'échantillon à analyser est ionisé par divers procédés et injecté à l'entrée de l'appareil. Accélérés par un champ électrique, les ions sont déviés par l'action du champ magnétique d'un aimant, cette déviation étant d'autant plus forte que les ions sont plus légers. Cela permet de discriminer leurs faisceaux et de mesurer leurs abondances respectives grâce à un dispositif de détection. Afin d'augmenter la sensibilité de l'appareil, on peut accélérer davantage les ions en leur appliquant de très intenses champs électriques avant leur déviation par l'aimant (dispositif dit *Acceleration Mass Spectrometer*, AMS).

rendu plus efficace par un dispositif d'accélération des atomes ionisés (en anglais, *Acceleration Mass Spectrometer*, AMS) qui permet de pratiquer des analyses sur seulement quelques milligrammes de matière.

La géochimie isotopique a trouvé une quantité d'applications. Concernant la paléoclimatologie, sont couramment utilisés les isotopes stables pour l'évaluation de différents paramètres (dont les paléotempératures), et les isotopes radioactifs pour les datations.

14.2 Dater les témoignages paléoclimatiques

Préciser des conditions climatiques du passé n'aurait qu'un intérêt limité si on ne les datait pas. Il existe aujourd'hui, heureusement, des quantités de méthodes permettant de faire ces datations. Deux applications en découlent qui permettent :

1. Sur une certaine aire géographique, en réunissant ce que l'on sait de valeurs de paramètres climatiques contemporains, la cartographie de ces valeurs, moyennant des interpolations convenables, ce qui permet d'appuyer une réflexion sur la situation climatique de l'époque correspondante.
2. En un lieu donné, par exemple un site de carottage, la reconstitution de l'évolution dans le temps d'un ou de plusieurs paramètres climatiques. On peut donc, de cette façon, considérer que l'on a un véritable enregistrement paléoclimatique permettant de constituer des séries temporelles auxquelles peuvent s'appliquer les méthodes mathématiques d'étude du signal.

Un **signal** est une quantité variable en fonction du temps et qui porte une information. Par exemple, les variations de température dans le temps, éventuellement moyennées par mois ou par année, constituent un signal porteur d'une information sur le climat. Cette information peut être plus ou moins pure. Par exemple, un signal sonore est parfois brouillé par un bruit qui en gêne l'audition et peut même le rendre inintelligible. Par extension, on appelle bruit toute variation indésirable qui se superpose à un signal.

L'intérêt d'avoir recours à des signaux physiques, pour caractériser et étudier un phénomène, est qu'il existe un arsenal mathématique important permettant d'en tirer le meilleur parti. Il est notamment possible d'améliorer la qualité d'un signal, de comparer des signaux entre eux, de voir s'ils présentent des décalages dans le temps, de décomposer un signal en ses composantes périodiques, en pratiquant l'analyse spectrale.

L'analyse spectrale est l'ensemble des méthodes qui permettent de mettre en évidence les composantes périodiques existant dans un signal. Grâce aux séries et à la **transformée de Fourier** (figure 14.9), il est possible, à partir d'une fonction continue du temps, de calculer l'amplitude des composantes périodiques du signal en fonction de leur fréquence, et réciproquement. Notons à ce sujet l'importance de la densité d'échantillonnage de ces enregistrements : il en dépend la fréquence des variations qu'il est possible de mettre en évidence. Dans la pratique, il est souvent nécessaire d'éliminer certains éléments du signal qui, du point de vue de l'utilisateur, constituent des parasites et notamment ce que l'on a désigné plus haut sous le nom de bruit, et de souligner certaines particularités de ce signal. De nombreuses méthodes ont été développées pour y parvenir.

Les progrès dans la constitution de signaux climatiques ont ainsi permis d'avancer considérablement dans la compréhension de l'évolution des climats. Dans les deux dernières décennies, les explorations océaniques et les carottages des sédiments quaternaires qui s'y sont déposés se sont multipliés. De très longues carottes de glace ont été prélevées dans les glaciers. Les études de ces sédiments et de ces glaces, lesquels ont enregistré les variations environnementales des temps où ils se sont formés, ont permis de reconstituer de nombreux signaux.

14.3 Comprendre les mécanismes du climat

Si la considération des phénomènes météorologiques permet de comprendre un grand nombre des lois physiques qui expliquent le fonctionnement du système climatique à courte et moyenne échéance, seule l'étude paléoclimatologique permet d'accéder à celles qui en expliquent le fonctionnement à longue échéance. La reconstitution de l'évolution des paramètres paléoclimatiques dans le temps et dans l'espace rend possible, en effet, l'élaboration d'hypothèses concernant ce fonctionnement. Cela implique la mise en œuvre de modèles mathématiques faisant appel, dans la mesure du possible, à des lois physiques connues. Ces modèles doivent être

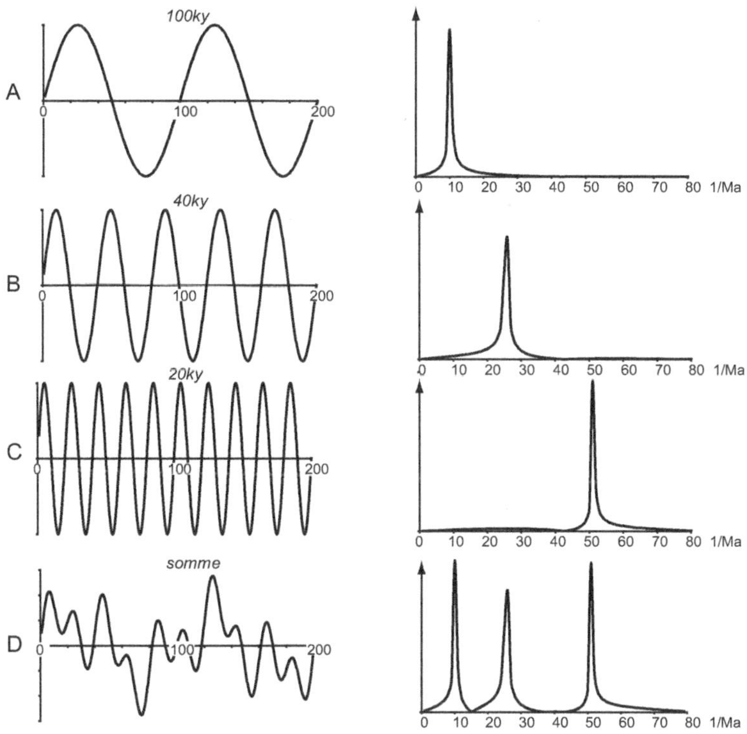

Figure 14.9 – Transformée de Fourier.

Grâce à la transformée de Fourier, des signaux (à gauche) dont les intensités (en ordonnée) sont fonction du temps (en abscisse), peuvent être représentés de façon équivalente par (à droite) des fonctions de la fréquence de ce signal (en ordonnée, variance du signal, en abscisse, sa fréquence, fonction inverse de sa longueur d'onde, ici en nombre de cycles par millions d'années). À gauche, de haut en bas, on a représenté trois signaux sinusoïdaux avec des longueurs d'onde équivalant respectivement à des durées de 100 000 ans, 40 000 ans et 20 000 ans. La courbe du bas représente la somme de ces trois signaux. À droite, on a dessiné les spectres de Fourier correspondants de ces quatre courbes. On voit, sur le spectre du bas, que les trois longueurs d'onde peuvent être discriminées dans leur somme par cette analyse.

capables, à partir d'une situation climatique donnée, de simuler des situations climatiques postérieures. Il est clair que cette condition est nécessaire si l'on veut que ces modèles permettent de prévoir le climat de l'avenir. Elle n'est cependant pas suffisante car un modèle fiable doit intégrer tous les éléments climatiques, avec les lois physiques qui les contrôlent et dont certaines nous échappent encore actuellement.

Datations et échelles de temps

15

PLAN

15.1 Types de chronologies

On distingue classiquement, en géologie et en archéologie, trois types de chronologies : relatives, absolues, flottantes.

Une **chronologie relative** permet de dire seulement si un événement est antérieur ou postérieur à un autre, ou s'il en est contemporain, sans considération de leur datation en unités de temps. C'est cette chronologie qui a été à la base de la **stratigraphie**. Cette science s'est en effet constituée en posant qu'une couche sédimentaire qui en surmonte une autre lui est postérieure, sauf si des bouleversements tectoniques sont intervenus pour en modifier les rapports. Les comparaisons à distance entre couches contemporaines s'effectuent par la considération de leur contenu en fossiles (**biostratigraphie**). À noter que la **magnétostratigraphie** (étude de l'enregistrement du magnétisme terrestre dans les sédiments ou les laves) permet aussi d'établir des comparaisons temporelles à grande distance entre les couches.

Une **chronologie absolue** donne la valeur du temps. Des exemples sont les datations historiques (qui peuvent remonter jusqu'à quelque 5 500 ans en arrière), la dendrochronologie, (comptage des anneaux du bois, qui peut remonter à plus de 12 000 ans en arrière, avec une précision d'un an ou moins), le comptage des lits annuels de glace dans les glaciers, les cycles astronomiques liés aux variations climatiques (qui peuvent donner des chronologies remontant à plusieurs millions d'années avec une précision pouvant, dans les meilleurs cas, être de l'ordre de 5 000 ans). On considère aussi que les méthodes de datation reposant sur les phénomènes de radioactivité naturelle sont à ranger dans cette catégorie. Cependant, compte tenu des incertitudes qui pèsent sur l'interprétation des mesures de radioactivité, et qui ont obligé, par exemple, à revoir les datations au radiocarbone, on préfère parler, dans leur cas, de datations, et d'âges, **radiométriques**.

Une **chronologie flottante** est une chronologie s'appliquant, avec un certain degré de précision, à un enregistrement sans que l'on puisse donner une valeur absolue à ces mesures. C'est, par exemple, fréquemment le cas des varves, sédiments laminaires annuels, dont on peut facilement compter les lits correspondant chacun à une année, sans que l'on puisse toujours dire de quelle année il s'agit. Il est parfois possible, ensuite, de les rattacher, par comparaison, à une série dont on connaît la chronologie absolue.

Si la fixation exacte de l'origine des chronologies n'a guère d'importance pour des périodes lointaines, où la précision des datations n'est pas grande, il en va différemment pour les périodes récentes où les datations atteignent un haut degré de précision. En ce qui concerne les datations radiométriques, et singulièrement celles obtenues à partir du déclin du radiocarbone (^{14}C), on a fixé une origine des temps au 1er janvier 1950, considéré comme étant le présent (à partir de 1950, la concentration en radiocarbone de l'atmosphère a en effet été grandement augmentée par les essais atomiques). Les âges, comptés en arrière avant cette origine, seront dits BP (pour *Before Present*, avant le présent). Cependant la pratique des historiens et des archéologues est d'utiliser les temps du calendrier de notre ère, indiqués av. J.C. ou BC (*Before Christ*), ou encore AEC (avant l'ère chrétienne ou avant l'ère commune, en anglais *Before Common Era*, BCE), par exemple 150 BC ou 150 AEC, pour les âges antérieurs à son origine, et ap. J.-C. ou AD (*Anno Domini*), ou encore EC (ère chrétienne ou ère commune, en anglais, *Common Era*, CE), par exemple 1000 AD ou 1000 EC, pour les âges postérieurs. Ainsi, en ajoutant 1950 à un âge BC, on obtient un âge BP. Pour des raisons de commodité, il a été suggéré d'utiliser comme origine à ces datations l'année 2000 (âge alors désigné comme « b2k » : *Before 2000*). Noter que la précision des mesures n'est pas telle qu'on tienne compte du fait qu'il n'existe pas d'année 0 pour les historiens, au contraire des astronomes.

15.2 Étendue et précision des méthodes de datation

L'étendue des temps accessibles dans le passé pour des datations absolues est très variable selon les différentes méthodes et techniques (tableau 15.1). Certaines de ces méthodes peuvent aussi être utilisées pour des temps plus anciens mais seulement pour des chronologies flottantes ; c'est par exemple le cas des varves ou de la scléro-chronologie. Une caractéristique commune de ces datations est leur précision, souvent exprimée par l'écart-type de leur mesure. Plus cette précision est grande, plus cette mesure est susceptible de mettre en évidence de hautes fréquences dans les signaux paléoclimatiques, à condition d'avoir un échantillonnage suffisamment dense de la série temporelle considérée.

Tableau 15.1 – Temps accessibles et précision des principales méthodes chronologiques (valeurs indicatives).

Méthode chronologique	Étendue de temps actuellement accessible pour une chronologie absolue	Précision maximale actuelle
Biostratigraphie	Sans objet	Dépend du groupe taxonomique utilisé : de 10^3 à 10^5 ans environ
Orbitochronologie	25 Ma ou davantage	5 000 à 10 000
Stratigraphie isotopique	25 Ma	1 000 à 5 000
Magnétostratigraphie	Sans objet	Quelques siècles
Téphrostratigraphie	Sans objet	Quelques jours ou semaines
Dendrochronologie	12 000 ans	Un an, une saison
Sclérochronologie	Quelques siècles	Un an, un jour
Varves	13 000 ans (en Suède)	Une année, une saison
Radiocarbone	40 000 à 60 000 ans	Quelques %
Potassium 40/ argon 40	300 000 ans	Quelques %
Uranium 238/ thorium 230	500 000 ans	Quelques %
Isotopes cosmogéniques	Très variable selon isotopes (jusqu'à 10^7 ans)	Quelques %
Thermoluminescence	100 000 ans ou au delà	5 % à 20 %
Lichenométrie	2 ou 3 siècles	Quelques décennies
Racémisation des acides aminés	100 000 ans	Très variable

15.3 Biostratigraphie

La biostratigraphie consiste à utiliser le contenu en fossiles de sédiments pour l'établissement d'une chronologie relative de ces dépôts, valable pour les régions les plus vastes possibles et même, si l'on y parvient, pour l'ensemble du globe. Cette méthode est basée sur le principe de superposition des couches sédimentaires (les plus récentes recouvrant les plus anciennes) et sur la contemporanéité supposée, à distance, des couches ayant le même contenu en fossiles. Elle a été longtemps la seule méthode permettant de « dater » les couches sédimentaires et les événements géologiques, aussi a-t-elle été l'objet de développements considérables.

Pour que des fossiles aient un intérêt stratigraphique, ils doivent répondre à certains critères et en particulier :

- avoir une évolution rapide : s'ils ne se modifient pas, ou s'ils se modifient peu pendant des millions d'années, leur intérêt à ce point de vue est mince ;
- être largement répandus géographiquement, afin que les échelles établies sur eux puissent s'appliquer à de vastes régions.

La plus petite division que l'on puisse faire de cette façon est appelée **zone** ou **biozone**. Ces zones permettent de détailler la division stratigraphique fondamentale qui est l'**étage géologique**, caractérisé par un étalon constitué par un ensemble de couches, désigné en un site particulier, et que l'on nomme **stratotype**. Les étages sont groupés en systèmes, eux-mêmes réunis en ères géologiques.

La constitution de cette chronologie, constamment révisée, a nécessité un énorme travail étalé sur plusieurs générations. Elle constitue la trame de tout travail géologique.

Suivant les époques et la nature des sédiments, c'est-à-dire les conditions environnementales où ils ont été formés, et notamment s'il s'agit de dépôts marins, ou continentaux, on fait appel à des groupes de fossiles différents. Pour le Paléozoïque, par exemple, on fait grand usage de groupes aujourd'hui disparus comme, pour les couches marines, les graptolithes ou les trilobites et, pour les couches continentales, les feuilles des fougères arborescentes qui abondaient dans les bassins houillers. Pour le Mésozoïque, les couches marines sont très souvent datées par des ammonites. Les foraminifères, organismes unicellulaires marins pourvus d'une coquille calcaire à loges multiples, sont utilisés pour des couches depuis le Paléozoïque et sont encore abondants de nos jours. Dans les dépôts continentaux, on utilise largement le pollen des phanérogames, souvent sans savoir de quelle espèce exacte de plante il est issu, cette précision n'étant pas toujours nécessaire pour l'établissement d'une chronologie.

Les vertébrés sont parmi les fossiles qui peuvent être étudiés pour l'établissement de biostratigraphies dans le domaine continental. Ces études ne se limitent pas aux restes de grande taille, mais s'étendent aussi à ceux qui, très petits, doivent être extraits des sédiments par tamisage, notamment les dents des petits mammifères.

15.4 Orbitochronologie

On a montré, notamment depuis les travaux de Milankovitch, que le climat terrestre était en partie contrôlé, à grande échelle de temps, par les paramètres de l'orbite terrestre qui a une influence sur la répartition, selon les latitudes, de l'énergie du rayonnement solaire. Si on peut déterminer ce contrôle, et si on peut mettre en évidence, dans des enregistrements, les changements climatiques qu'il entraîne, on doit pouvoir utiliser les paramètres orbitaux pour établir une chronologie de ces

Figure 15.1 – Processus d'enregistrement géologique des variations climatiques.

L'orbite terrestre détermine la répartition de l'insolation sur le globe terrestre. Cette insolation fournit de l'énergie au système climatique dont les variations sont enregistrées, avec plus ou moins de précision et selon des modalités diverses, dans les sédiments, les fossiles, les glaces, etc.

enregistrements basée sur la mécanique céleste. Les paramètres orbitaux ayant un caractère cyclique, on a souvent donné à cette chronologie le nom de **cyclostratigraphie**. Il est cependant plus exact, et plus explicite, de la nommer, comme ici, **orbitochronologie**. Le terme d'**astrochronologie** a été aussi employé.

Le calcul de l'orbite terrestre exige de connaître avec précision les masses et les distances du Soleil, des différentes planètes et de la Lune. Des calculs précis de cette orbite ont été effectués par A. Berger (depuis 1975) et par J. Laskar, ce dernier ayant montré, dès 1989, qu'il était pratiquement impossible de déterminer le mouvement orbital au-delà de quelques dizaines de millions d'années, le mouvement des planètes du système solaire étant chaotique.

L'orbite terrestre étant connue, il reste à déterminer les relations temporelles entre les caractéristiques de cette orbite et les indicateurs accessibles dans les enregistrements géologiques (figure 15.1). Ces relations sont commandées par les variations climatiques induites par les variations de l'orbite, conformément aux vues de Milankovitch.

De façon générale, on observe des déphasages entre les mouvements de l'orbite terrestre (signal d'entrée du système) et les valeurs des indicateurs climatiques (signal de sortie). Ces déphasages peuvent être estimés en modélisant les réactions des différents composants du système climatique (océan, atmosphère, cryosphère, etc.), compte tenu de leurs constantes de temps répondant aux sollicitations de la répartition de l'insolation contrôlée par l'orbite terrestre. On peut ainsi accorder une série temporelle d'indicateurs avec les variations de l'orbite terrestre afin de la mettre à l'échelle du temps. Cette opération est désignée comme « ***tuning*** » ou **syntonisation** (figure 15.2).

15.5 Stratigraphie isotopique

La constitution, à l'échelle des temps, de courbes types de variations isotopiques dans des enregistrements paléoclimatiques permet de les utiliser, par comparaison avec d'autres courbes isotopiques, comme un moyen d'établir des chronologies : c'est ce que l'on nomme **stratigraphie isotopique**.

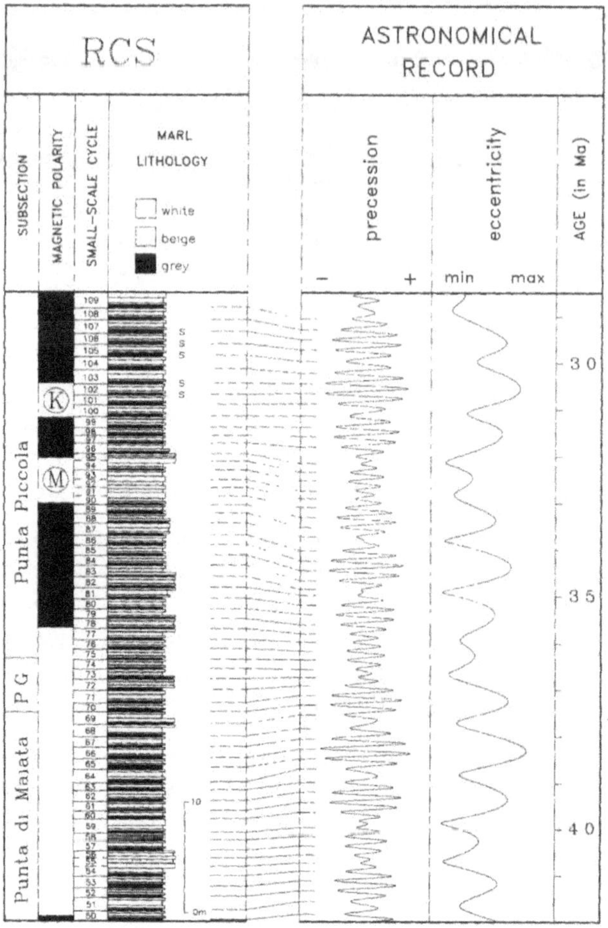

Figure 15.2 – Corrélation des cycles sédimentaires élémentaires et des variations de la précession et de l'excentricité dans le Pliocène de Sicile.

Corrélation entre les petits cycles marne-calcaire et les cycles de la précession, dans le cadre des cycles de l'excentricité, pour la coupe de terrain composite de Rosello, Sicile. L'établissement de cette corrélation, permet d'établir une chronologie absolue précise, basée sur la mécanique céleste, des couches de cette coupe. Les lettres s dans la colonne lithologie indiquent des couches contenant une proportion notable de matière organique et habituellement désignées ici, de façon quelque peu abusive, comme sapropèles. Des arguments basés sur la sédimentation récente font correspondre le dépôt de ces couches sapropéliques avec les minimums de précession.
Extrait de Hilgen, F.J., 1991, *Earth and Planetary Science Letters*, 107 : 349-368.

Les procédures permettant d'établir ces courbes types peuvent être résumées de la manière suivante :

1. Choix d'un certain nombre de carottes dans des régions non perturbées, où la sédimentation est continue et où les phénomènes de dissolution sont absents.
2. Mesure des isotopes de l'oxygène des tests de foraminifères choisis.

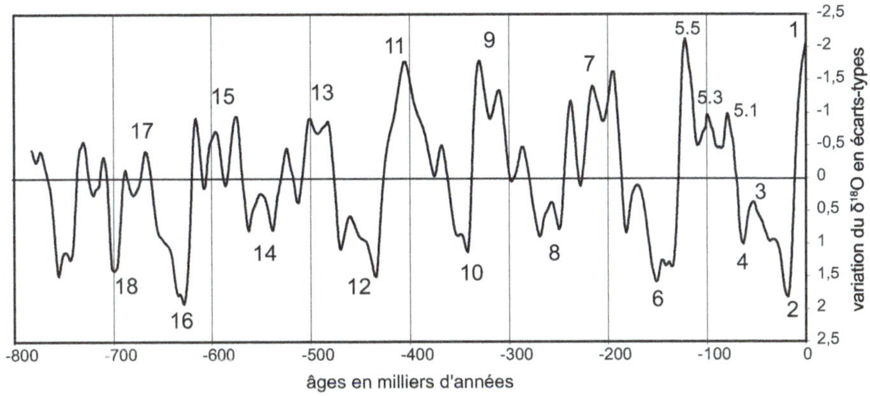

Figure 15.3 – Stratigraphie isotopique de 0 à 800 000 ans d'après les données de Imbrie et al. (1984).

Courbe type obtenue à partir de carottes prélevées dans l'Atlantique, le Pacifique et l'océan Indien. Les valeurs mesurées du $\delta^{18}O$ des foraminifères dans les différentes carottes ont été syntonisées (*tuning*) avec celles de l'insolation puis ajoutées les unes aux autres (*stacking*). Le résultat est ici présenté par une courbe lissée avec, en abscisse, une échelle de temps connue sous le nom de SPECMAP et, en ordonnée, les écarts-types du $\delta^{18}O$. On a indiqué, près de cette courbe, la numérotation classique des stades isotopiques : numéros pairs pour les maximums de delta isotopique (phases glaciaires), impairs pour les minimums de delta isotopiques (interglaciaires). Les données pour dessiner cette courbe ont été prises de la publication de Imbrie *et al.* 1984, *in* Berger, A.L. *et al.* (*eds*), Milankovitch and Climate. Dans cette publication, il faut corriger la valeur donnée pour 220 ky : – 1,01 au lieu de – 0,01. Pour une autre courbe-type plus récente, voir Bassinot, F. C. *et al.* 1994, *Earth Planet. Sci. Lett.* 126 : 91-108.

3. Constitution de courbes isotopiques avec, pour abscisses, les profondeurs des échantillons dans la carotte, et, pour ordonnées, les valeurs du $\delta^{18}O$.

4. Syntonisation (*tuning*), c'est-à-dire, mise à l'échelle des temps de ces courbes isotopique par comparaison avec les variations de l'insolation contrôlées par l'orbite terrestre. Cette étape demande que l'on puisse faire correspondre, par l'intermédiaire d'un modèle, ces variations avec celles des valeurs des isotopes de l'oxygène des tests des foraminifères.

5. Sommation (*stacking*) des courbes isotopiques pour en atténuer les variations individuelles. Les courbes résultantes, parfois lissées, sont souvent présentées avec, en abscisse, non les valeurs du $\delta^{18}O$, mais leurs écarts-types (figures 15.3 à 15.5).

Pour rendre plus aisée l'utilisation de ces courbes, tout en caractérisant les variations climatiques qu'elles représentent, on leur affecte des points de contrôle limitant des **stades isotopiques**, selon une pratique inaugurée par C. Emilani (1955). Très généralement, l'échelle des deltas isotopiques est inversée (maximums en bas, minimums en haut) pour que, dans une époque libre de glace, les températures les plus basses soient en bas du graphique et que, pendant une glaciation, ce soient les maximums de stockage de glace. Mais l'axe des temps est tourné, selon les auteurs, tantôt dans un sens, tantôt dans un autre.

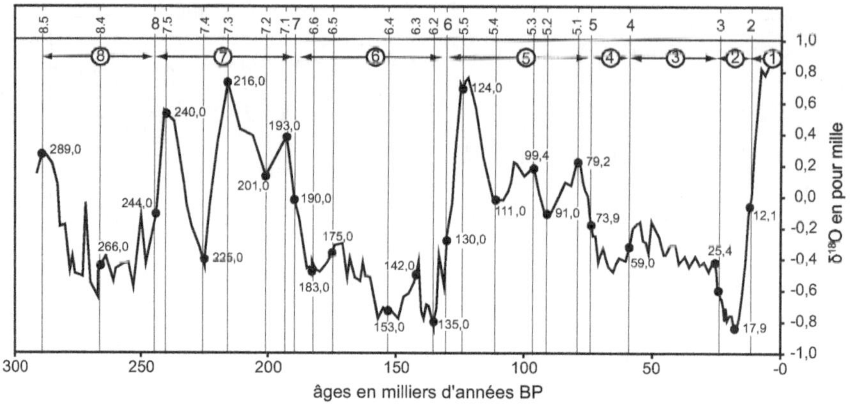

Figure 15.4 - Stratigraphie isotopique de 0 à 300 000 ans d'après les données de Martinson et al. (1987).

Courbe type dont l'échelle des temps a été obtenue à partir de l'étude d'une carotte prélevée dans le sud de l'océan Indien, en utilisant non seulement les variations du $\delta^{18}O$, mais aussi d'autres paramètres (abondance du radiolaire *Cycladophora davisiana*, estimation de la température des eaux de surface en été, $\delta^{13}C$, calcimétrie). Cette échelle de temps, élaborée par comparaison avec les variations de l'insolation (*tuning*), a été appliquée à une courbe moyennée (*stacked*) des valeurs de $\delta^{18}O$. Les chiffres indiqués en haut de la figure correspondent à une numérotation des événements isotopiques distingués. Leurs âges (BP non corrigés) ont été précisés aux endroits correspondants de la courbe. Les chiffres entourés correspondent à la numérotation des grands stades isotopiques. Courbe dessinée à partir des données de Martinson, D. G. *et al.*, 1987. *Quat. Res.* 27 : 1-29. Quelques précisions à ces âges ont été apportées par Thompson, W.G. et Goldstein, S.L, 2006, *Quat. Sci. Rev.*, 25 : 3207-3215.

15.6 Magnétostratigraphie

Il est bien connu que le globe terrestre possède un champ magnétique que l'on a mis à profit depuis l'Antiquité pour s'orienter avec une boussole. Ce champ est proche de celui qu'aurait un barreau aimanté passant par le centre de la Terre et faisant un angle faible et quelque peu variable (actuellement 11° environ) avec l'axe des pôles géographiques. L'existence de ce champ est en rapport avec les mouvements de convection à l'intérieur du globe terrestre.

On a constaté que ce champ pouvait être enregistré, et en quelque sorte fossilisé, lors de la cuisson de poteries ou de la formation de roches. C'est ainsi que l'on a montré qu'il variait de façon considérable au cours du temps, ce qui a permis de développer des études de **paléomagnétisme** (on parle parfois d'**archéomagnétisme** lorsqu'on se réfère aux périodes archéologiques).

Le champ magnétique terrestre peut être naturellement enregistré dans trois cas :

1. Lors du refroidissement de laves où de poteries (**aimantation thermorémanente**). En effet, lorsque des minéraux ferromagnétiques sont chauffés au-dessus d'une certaine température dite **point de Curie** (600 °C à 700 °C selon les minéraux), ils perdent l'aimantation qu'ils possédaient antérieurement. En se refroi-

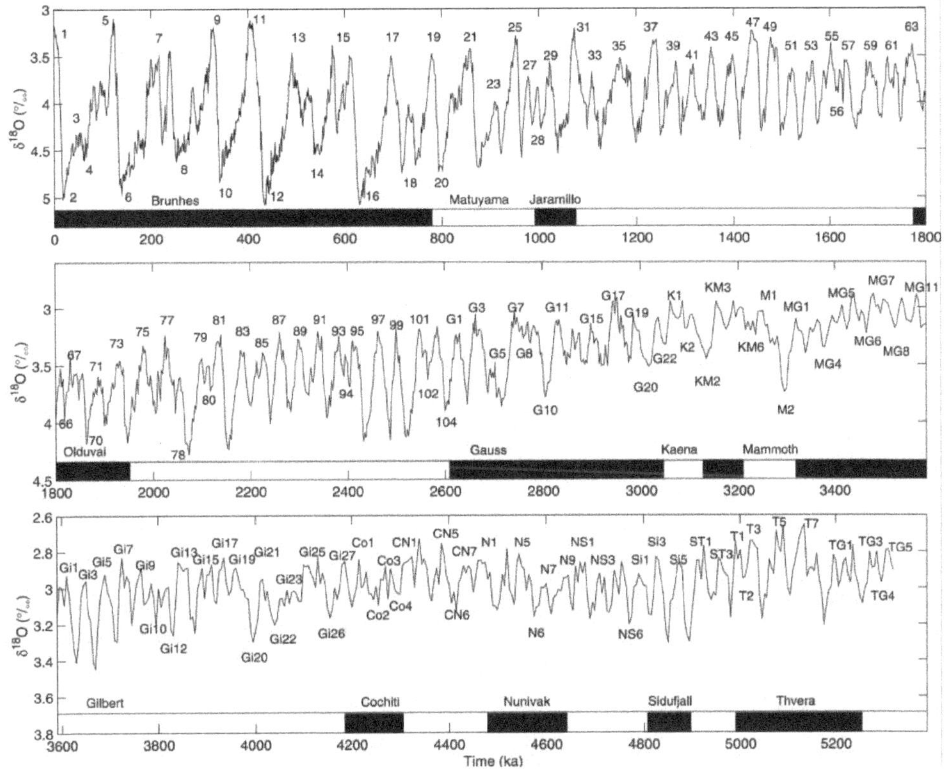

Figure 15.5 – Stratigraphie isotopique de 0 à 5 300 000 ans d'après Lisiecki, L.E. et Raymo M.E. (2005).

Courbe type (désignée comme LR04) obtenue à partir de séries de mesures du $\delta^{18}O$ des tests de foraminifères benthiques dans 57 carottes, moyennées (*stacked*) puis syntonisés (*tuned*) avec les variations de l'insolation. Les différents stades isotopiques distingués ont été numérotés. Noter que l'échelle du $\delta^{18}O$ (ordonnées) n'est pas la même pour tous les diagrammes. Au-delà de l'utilité chronostratigraphique de cette courbe, on notera son évident contrôle paléoclimatique. Elle marque d'abord un lent refroidissement auquel se superpose, vers 2,6 Ma, une cyclicité stable corrélative de l'agrandissement de la calotte polaire antarctique. La mise en place postérieure, et la croissance, des calottes polaires de l'hémisphère nord introduisent une nelle composante de période 100 000 ans vers 1 Ma. Extrait de Lisiecki, L.E., et Raymo, M.E., 2005. *Paleoceanography, Vol. 20, PA1003,* © *American Geophysical Union.*

dissant, ils prennent une nouvelle aimantation parallèle au champ magnétique dans lequel ils se trouvent. C'est évidemment le cas des laves et des terres cuites. Il suffit ensuite de mesurer le champ propre de ces roches ou de ces terres cuites (à condition que leur orientation n'ait pas été dérangée) pour retrouver en direction et en intensité le champ magnétique où elles se sont formées.

2. Lorsque des sédiments se déposent dans un milieu calme (**aimantation rémanente détritique**). Dans ce cas, les fines particules aimantées qui sont éventuellement présentes s'orientent dans le sens du champ magnétique terrestre qui, là aussi, peut être reconstitué ensuite.

3. Lorsque, dans un sédiment, des minéraux ferromagnétiques cristallisent (**aimantation rémanente chimique**). Ils s'aimantent en effet alors parallèlement au champ terrestre.

Les mesures qui ont été faites sur des roches ont montré que le champ magnétique terrestre s'était inversé de très nombreuses fois au cours des temps géologiques, les pôles géographiques Nord et Sud restant à leur place, ce qui fait qu'à certaines périodes, l'aiguille nord d'une boussole aurait pointé vers le sud et inversement.

On a pu ainsi, en s'appuyant sur des datations radiométriques, commencer d'établir une chronologie des inversions du champ magnétique terrestre basée sur des mesures faites sur des coulées volcaniques. Mais cette échelle manquait de continuité dans le temps, car il n'y a pas eu d'épanchements de laves sur les continents tout au long de leur histoire.

Il a été possible d'obtenir une échelle continue lorsque, dans les années 1960, ont été énoncées les premières idées concernant la tectonique des plaques et le renouvellement des fonds océaniques. On s'est alors rendu compte, en effet, que les dorsales océaniques, sortes de montagnes linéaires courant au fond des océans, étaient des volcans fournissant en permanence des laves basaltiques, ce volcanisme étant lié à l'écartement des deux parties de l'océan de part et d'autre de la dorsale. Ainsi, tout se passe comme si les fonds des océans constituaient de larges bandes magnétiques enregistrant les variations du champ terrestre que l'on a pu ainsi reconstituer en continu depuis quelque 160 millions d'années (figure 15.6).

Il est apparu que les renversements du champ magnétique terrestre étaient très capricieux. Aucune règle précise n'a pu y être mise en évidence même si on y suspecte certaines périodicités. Le rythme des inversions peut être rapide (une quinzaine d'inversions dans les dix derniers millions d'années) ou très lent (pas d'inversion entre –108 millions d'années et –85 millions d'années).

Un phénomène particulier s'attache aux mesures de paléomagnétisme faites dans les laves continentales. Les reconstitutions de l'emplacement des pôles magnétiques que l'on peut faire grâce à elles montrent que ces emplacements semblent s'être déplacés de façon parfois très importante au cours des temps géologiques. C'est ce que l'on a appelé la divagation des pôles (en anglais ***polar wandering***). Il est maintenant bien établi qu'il s'agit là simplement d'une apparence et que ce sont les continents qui se sont déplacés par rapport aux pôles, et non l'inverse.

En ce qui concerne les inversions du champ, on notera qu'elles présentent l'extrême intérêt de permettre une corrélation précise dans le temps entre des régions du monde entier, à condition d'être certain que l'on s'adresse partout aux mêmes inversions. Cela peut être délicat car il est actuellement pratiquement impossible de distinguer une inversion magnétique isolée d'une autre. Seule une succession d'inversions, mesurées sur une série de roches, appuyée sur d'autres arguments chronologiques, permet d'utiliser convenablement les **échelles paléomagnétiques** qui sont donc, en ce sens, de simples repérages d'événements. Cependant, les développements récents de ces techniques, qui permettent par exemple de mesurer en continu les variations de toutes les composantes du champ magnétique fossile,

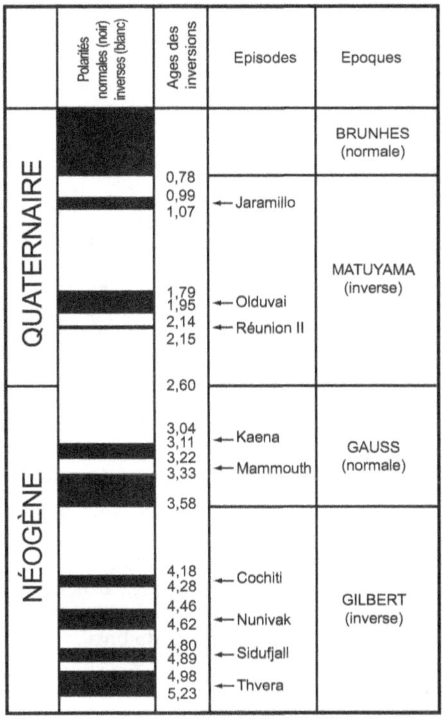

Figure 15.6 – **Magnétostratigraphie de 0 à 5 millions d'années.**

conduisent à établir des corrélations de détail qui se basent non seulement sur les inversions du champ mais aussi sur son évolution entre deux inversions.

15.7 Téphrochronologie

Les projections volcaniques peuvent jouer, sur une certaine étendue, le rôle que joue la magnétostratigraphie sur le plan mondial. En retrouvant, dans les sédiments ou dans les glaces de différentes localités, les cendres volcaniques d'une même éruption, on peut démontrer la contemporanéité de ces enregistrements. Il est cependant très difficile de s'assurer qu'il s'agit bien de la même éruption : magnétostratigraphie, géochimie et datations radiométriques sont bien souvent requises pour s'en assurer.

15.8 Dendrochronologie

Une section perpendiculaire à un tronc d'arbre montre, en général, des anneaux, appelés cernes (figure 15.7). Chacun correspond à la croissance en épaisseur du tronc durant une année. Ces anneaux sont visibles parce que, au cours de l'année, la

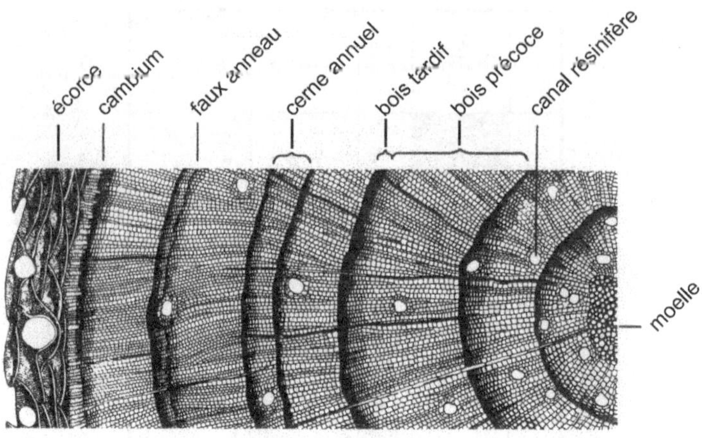

Figure 15.7 - Cernes saisonniers du bois.

Cette section transversale dans un jeune conifère montre ses cernes (ou anneaux de croissance) annuels. Le bois précoce (*earlywood*) correspond à une croissance rapide durant la saison printanière ; le bois tardif, plus dense (*latewood*), correspond à une croissance ralentie durant l'été et l'automne. L'épaisseur des anneaux dépend des conditions climatiques plus ou moins favorables durant l'année. Des irrégularités saisonnières peuvent être marquées par de faux anneaux de croissance. Le cambium est une couche de cellules qui engendrent la croissance du bois.
Extrait de Fritts, 1976, *Tree rings and climate*, fig. 2.3, p. 59.

croissance n'est pas régulière. Durant le printemps et l'été, la croissance est rapide et correspond à une zone claire de grosses cellules à faible masse spécifique (bois précoce). Durant l'automne et l'hiver, la croissance est lente et correspond à une zone sombre constituée de cellules étroites à forte masse spécifique (bois tardif). Ces différences ne sont marquées que si l'arbre vit dans une région où les saisons sont contrastées. Ainsi, les arbres qui croissent dans les zones équatoriales ne montrent pas, ou pratiquement pas, de cernes.

La chronologie des cernes est basée sur le fait que le cerne le plus externe est le dernier formé. Sur un arbre vivant, il correspond à l'année en cours. On peut ainsi dater chacun des cernes en remontant le temps, de la périphérie du tronc à son centre. Cette chronologie peut être faite sur une section du tronc mais aussi, sans avoir besoin d'abattre l'arbre, en y pratiquant des carottages, d'environ 1 cm de diamètre (figure 15.8), grâce à un petit carottier fileté dit tarière de Pressler (en anglais, *increment borer*).

Les arbres sur pied permettent de remonter dans le temps diversement selon leur longévité. Beaucoup de chênes ont commencé leur croissance il y a un ou deux siècles. Bien des séquoias géants (*Sequoiadendron giganteum*) de Californie dépassent 2 000 ans. On connaît des châtaigniers (*Castanea sativa*), des cyprès (*Cupressus sempervirens*) et des oliviers (*Olea europea*) de plusieurs milliers d'années. Les plus vieux arbres sont des pins à crochets (*Bristlecone pine*) de l'espèce *Pinus longaeva*, localisés dans les White Mountains (Californie, États-Unis). Certains exemplaires atteignent 4 800 ans.

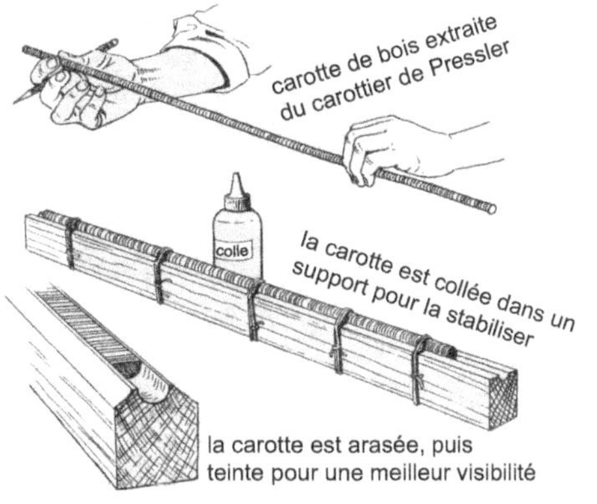

Figure 15.8 - Carottage dans le bois et façon de préparer la carotte pour mesurer les cernes.

Le carottier de Pressler (à gauche) permet de prélever de fines et longues carottes dans les arbres. Celles-ci doivent ensuite être préparées pour l'observation (à droite), extrait de *The ancient bristelcone pine*, Russ & Ann Johnson, Eastern Sierra Interpretative Association.

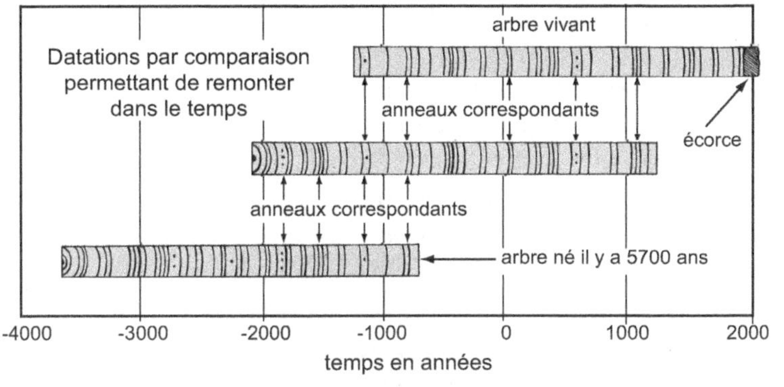

Figure 15.9 - Dendrochronologie composite à partir d'un arbre vivant et de bois archéologiques.

En partant d'un arbre abattu ou carotté récemment, on peut remonter dans le temps en mettant en parallèle les séquences de cernes d'épaisseurs variables en fonction des changements de l'environnement d'arbres coupés anciennement.

Mais on peut remonter encore plus loin dans le passé. Comme les épaisseurs des cernes dépendent des conditions climatiques, les successions de ces épaisseurs constituent des séries chronologiques caractéristiques des périodes considérées. Pour utiliser ces séries, il est nécessaire de les standardiser, c'est-à-dire de les ramener à des dimensions identiques, notamment en corrigeant les différences d'épaisseur des cernes dues à leur plus ou moins grande proximité avec le cœur de l'arbre. On peut ainsi comparer des séries entre elles et les synchroniser (figure 15.9). Cela peut être fait avec des bois anciens, par exemple issus de constructions archéologiques. Par le moyen de ces comparaisons, on a ainsi pu établir des chronologies remontant à plus de 12 000 ans. Elles sont notamment utilisées pour calibrer les mesures d'activité du radiocarbone.

À noter qu'à un morceau de bois montrant des cernes, on peut toujours faire correspondre une chronologie flottante. Celle-ci peut ensuite, par comparaison, être rattachée à une chronologie absolue. On a là un moyen de dater des objets mobiliers (c'est la **dendroarchéologie**).

15.9 SCLÉROCHRONOLOGIE

Beaucoup d'organismes aquatiques construisant un squelette calcaire voient leur croissance varier selon les conditions du milieu, et notamment l'alternance des saisons, parfois même des jours et des nuits. Il s'ensuit que l'étude de ce squelette peut donner des informations chronologiques (**sclérochronologie**) et paléoclimatiques (**scléroclimatologie**).

Parmi les organismes les plus étudiés, on trouve les bivalves, dont la coquille montre parfois de manière évidente des stries de croissance. La plupart sont interprétées comme annuelles mais, dans certains cas, on a montré que des stries étaient journalières, mais pas forcément quotidiennes. De très nombreuses espèces ont été examinées, notamment dans les groupes des Vénéroidés (*Arctica, Donax, Dreissena, Chione, Mercenaria, Saxidomus, Trachycardium, Tridacna*, etc.), des Ostréidés, des Pectinidés, etc. Certaines espèces ont une très grande longévité, comme *Panopea abrupta* (150 ans), *Margaritifera margaritifera* (200 ans) et *Arctica islandica* (plus de 400 ans). Certains gastropodes peuvent montrer des stries d'accroissement étudiables, sur leur coquille (par exemple *Patella*, dont certaines espèces vivent plus d'un siècle), ou sur leur opercule (par exemple *Turbo*).

Dans les madréporaires, surtout massifs comme *Montastraea, Porites*, etc., on peut pratiquer des carottages ou effectuer des sections montrant des zones de croissance tenues pour annuelles.

Depuis longtemps, on utilise les **otolithes** de poissons, pièces carbonatées, contenues dans l'oreille interne, pour déterminer l'âge des individus. De petites concrétions subsphériques servant à leur équilibre, les **statolithes**, montrent aussi des zones de croissances qui peuvent être interprétées en termes chronologiques. On les étudie également chez les céphalopodes et les gastropodes.

D'autres organes peuvent aussi permettre d'accéder à une chronologie du fait de leur croissance, contrôlée, au moins en partie, par le cycle des saisons. C'est par exemple le cas des défenses (exemple des mammouths) et des os dont l'étude, sous cet aspect, est appelée **squelettochronologie**.

Il ne doit pas échapper que la croissance des organismes n'obéit pas qu'à des sollicitations causées par l'alternance des saisons ou des jours ; d'autres contraintes, externes ou internes, entrent aussi en jeu, qui peuvent brouiller ou oblitérer le signal chronologique. La prudence doit donc s'imposer à tout stade de ce type d'étude.

La sclérochronologie ne s'applique pas qu'aux périodes récentes. On a pu l'utiliser pour des périodes du passé, au Cénozoïque, au Mésozoïque et au Paléozoïque, surtout par le biais de bivalves (*Cucullaea raea*, de l'Éocène antarctique, peut vivre plus d'un siècle) ou de coraux. Par l'étude comparée de lignes de croissance

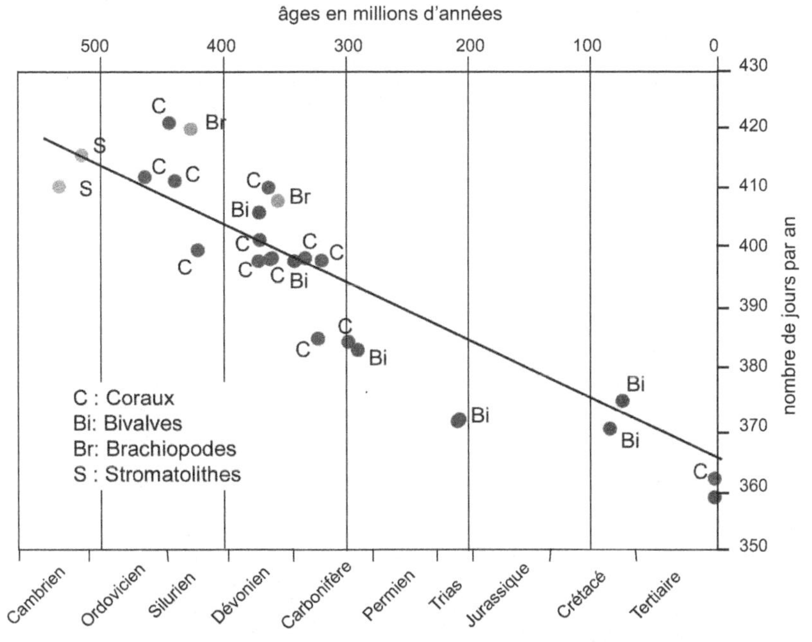

Figure 15.10 - Vitesse de rotation terrestre durant les temps géologiques d'après des arguments sclérochronologiques.

Les mesures de stries d'accroissement, faites sur différents groupes, montrent que l'année diminue d'un jour pour 10 millions d'années à cause du ralentissement de la rotation terrestre.
D'après Guinot, B., 1984, *in Bureau des longitudes, la Terre, les eaux et l'atmosphère*, Bordas, Paris, et Williams, G. E., 1989, *Épisodes,* 12(3) : 162-171.

annuelles et de stries journalières sur ces formes, on a pu mettre en évidence le ralentissement de la rotation terrestre depuis le Paléozoïque (figure 15.10). On estime ainsi que l'année comptait 400 jours au Dévonien. La prudence s'impose cependant sur ces évaluations.

15.10 Varves

Les sédiments qui se déposent dans des lacs nourris par des rivières issues de la fonte de glaciers montrent des rythmes annuels. Pendant l'hiver, en effet, l'eau, gelée, ne circule pratiquement pas et la sédimentation au fond du lac est réduite et constituée seulement par de fines particules d'argile. Au printemps, les rayons du soleil provoquent un dégel qui alimente les émissaires des glaciers dont la force érosive augmente et qui vont transporter vers le lac des particules plus grossières et plus abondantes. Le processus se répétant d'année en année, il en résulte l'accumulation de grandes épaisseurs de sédiments composés de milliers de feuillets annuels, que l'on a appelés **varves** après Gerard De Geer qui, en 1912, en a publié une série suédoise couvrant 12 000 ans.

Figure 15.11 – Varves dans une série évaporitique du Permien des États-Unis.

La figure montre, côte à côte, deux sections dans des varves de la Formation Castile du Bassin évaporitique permien du Delaware (Nouveau Mexique et Texas, États-Unis). Ces varves, dont l'épaisseur moyenne est de 2 à 4 mm, sont composées d'une alternance de lits de calcite et d'anhydrite. Bien que ces deux échantillons aient été prélevés à 14,5 km de distance, on peut aisément en établir le synchronisme, ce qui conforte l'idée que ces laminations sont saisonnières.
Extrait de Anderson, R.Y., 1984, *In* A.L. Berger *et al.* (eds.), *Milankovitch and climate, part I* : 147-162.

Comme pour la dendrochronologie, il est possible d'établir des chronologies flottantes qui peuvent éventuellement être raccordées les unes aux autres, les épaisseurs des feuillets étant variables selon les caractéristiques climatiques des différentes années. Éventuellement, ces chronologies peuvent être raccordées à la période actuelle.

Le terme de varve a été étendu à tout feuillet de sédiment présentant une lamination annuelle, le sédiment lui-même étant parfois appelé **varvite**.

Il est fréquent de voir des varves se former dans des lacs n'ayant rien de glaciaire, principalement dans deux conditions :

- L'une est quand l'évaporation y est telle, pendant la saison chaude, que s'y déposent des sels (évaporites) comme le sel gemme (ou halite, ClNa), l'anhydrite ($CaSO_4$), le gypse ($CaSO_4$, $2H_2O$). On observe alors souvent une alternance annuelle entre lits de sels et lits d'autre nature, argile, calcaire, etc. (figure 15.11).

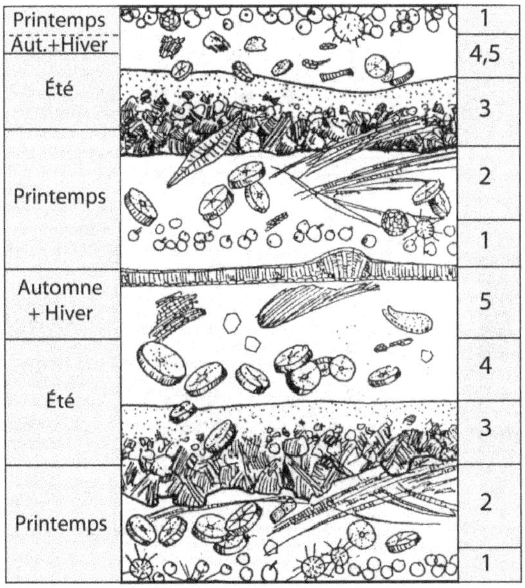

Figure 15.12 – Structure saisonnière de sédiments varvés lacustres.

Schéma de sédiments varvés à diatomées dans les dépôts holocènes lacustres du Schleinsee, Allemagne (47°36,7'N ; 9°38'E). La figure représente une coupe dans deux lamines successives (épaisseur moyenne d'une lamine : entre 0,5 mm et 1 mm). La composition de chaque lamine varie de bas en haut en fonction des saisons indiquées sur la colonne de gauche. Sur la colonne de droite, composition principale des lamines.
1 : kystes de chrysophycées (début du printemps ?).
2 : diatomées (printemps).
3 : cristaux de calcite, d'abord fins puis plus gros (fin du printemps, début de l'été).
4 : diatomées (*Cyclotella*, août-septembre).
5 : débris de feuilles et d'algues (automne).
Figure extraite de Geyh *et al., 1974, Soc. hydroth. Fr., 13e journ. Hydraul*, complétée et légendée d'après le texte.

- L'autre est lorsque les conditions hydrologiques s'y modifient de façon importante au cours de l'année. Dans les régions ensoleillées, par exemple, il arrive fréquemment que l'échauffement estival important de la couche superficielle empêche le renouvellement de l'oxygène dans les profondeurs du lac, la couche superficielle légère ne pouvant s'enfoncer par convection. Il en résulte un dépôt, au fond, de matières organiques sombres qui ne peuvent s'oxyder. Lorsque l'on avance dans la saison, l'eau superficielle se refroidit et la convection reprend, modifiant la nature de la sédimentation profonde. Le rythme annuel peut aussi se marquer par la succession des événements intra-annuels (par exemple fin lit de feuilles tombées à l'automne, etc.). Les varves ainsi formées sont habituellement épaisses de quelques dixièmes de millimètres (figure 15.12).

On peut aussi désigner comme varves les sédiments laminaires marins, où les diatomées jouent fréquemment un rôle, lorsque la cyclicité annuelle des lamines

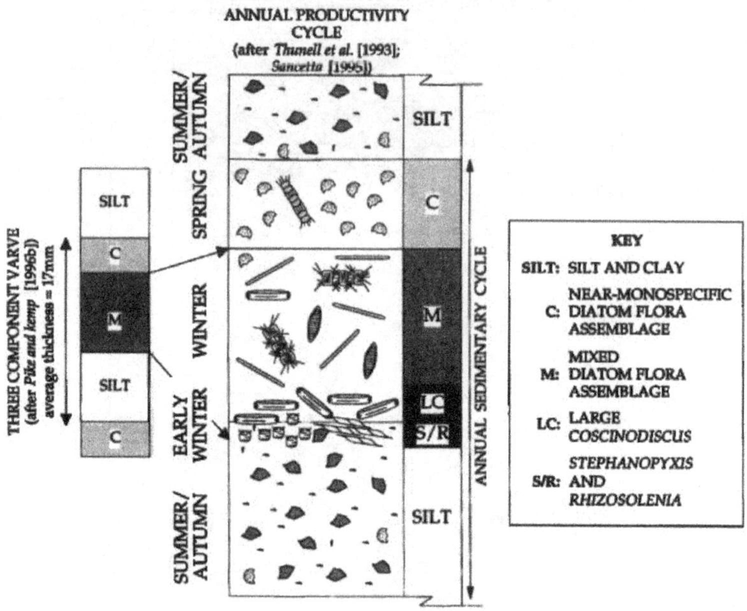

Figure 15.13 – Structure saisonnière de sédiments varvés marins.

Schéma de sédiments varvés à diatomées dans les dépôts holocènes marins du golfe de Californie. La figure représente une coupe dans une lamine et la base d'une seconde (épaisseur moyenne d'une lamine : 1 mm). La composition de chaque lamine varie de bas en haut en fonction des saisons avec, été et automne : silt (essentiellement apport éolien) ; début de l'hiver : diatomées (*Stephanopyxis* et *Rhizosolenia*) ; hiver : grands *Coscinodiscus*, puis flore de diatomées mixte ; printemps : assemblage de diatomées presque monospécifique.

Extrait de Pike, J. et Kemp, A.E.S., 1997, *Paleoceanography, 12(2): 227-238.*

peut être démontrée. De bons exemples de tels sédiments sont connus par exemple dans le Plio-Quaternaire du golfe de Californie (figure 15.13).

Rappelons que, dans tous les cas, la conservation de la structure varvée dans les sédiments exige que le fond des lacs ou des mers où ces couches se déposent ne soit pas labouré par des animaux y cherchant leur nourriture (phénomène que l'on nomme bioturbation). Cela implique leur absence, généralement due à un manque d'oxygène (ou anoxie) des eaux de fond, signe habituel d'un faible renouvellement de ces eaux.

15.11 Datations radiométriques

Principes

Toutes les datations radiométriques sont basées sur le phénomène de désintégration des éléments radioactifs naturels, qui est le changement de composition de leur noyau atomique. Cette désintégration est marquée par une radioactivité qui se manifeste par un ou plusieurs des trois phénomènes suivants :

- radioactivité α (alpha) : émission d'un noyau d'hélium (deux neutrons et deux protons) ;
- radioactivité β (bêta) : émission d'un électron ;
- radioactivité γ (gamma) : émission de photons de haute énergie.

Pour chaque atome d'un corps radioactif, il existe une certaine probabilité de se désintégrer (c'est-à-dire de voir la composition de son noyau se modifier) pendant un intervalle de temps donné. En pratique, cela signifie que, durant un petit intervalle de temps, une quantité proportionnelle à la masse du corps va se désintégrer. La masse du corps va diminuer d'autant, et le processus va se continuer, la quantité qui se désintègre diminuant toujours, puisque la masse diminue. Cette décroissance est exponentielle et obéit à la loi $N = N_0 e^{(-\lambda t)}$, N_0 étant le nombre d'atomes au début de la réaction, N ce nombre au temps t et λ une constante qui dépend de l'élément. Il n'est pas possible de caractériser ce phénomène par sa durée totale puisque, théoriquement, il restera toujours une certaine quantité de l'élément radioactif. On utilise, pour ce faire, le temps que met le corps à se désintégrer de moitié, que l'on nomme la **période radioactive** de ce corps ou, improprement, mais ce terme est consacré, sa **demi-vie**. Les périodes de radioactivité sont très diverses, par exemple 5 730 ans pour le ^{14}C, 1,31 million d'années pour le ^{40}K, 4,51 millions d'années pour le ^{238}U.

ENCART 15.1 Calcul de la loi de désintégration radioactive

Si l'on pose que, pour un élément radioactif, il existe une certaine probabilité de se désintégrer pendant un intervalle de temps donné dt, on peut dire que, statistiquement, le nombre d'atomes dN qui se désintègreront pendant cet intervalle de temps sera proportionnel au nombre total N des atomes de cet élément, avec un coefficient de proportionnalité λ dépendant de l'élément. Le nombre d'atomes va donc diminuer, de telle sorte que l'on peut écrire : $dN = -\lambda N dt$, donc

$$\int \frac{dN}{N} = -\int \lambda dt \text{ soit } \log N = -\lambda t + K$$

Comme, au début de la réaction, on a $t = 0$, la constante K est égale à $\log N_0$ (N_0 étant le nombre d'atomes au début), soit $\log N = -\lambda t + \log N_0$, et :

$$N = N_0 e^{-\lambda T}$$

Le temps écoulé depuis le début du processus est alors donné par la formule :

$$t = -\frac{1}{\lambda} \log \frac{N}{N_0}$$

La demi-vie T, ou période, temps que met l'élément à se désintégrer à moitié, peut alors être calculée :

$$\frac{N_0}{2} = N_0 e^{-\lambda T} \text{ soit } \frac{1}{2} = e^{-\lambda T}$$

d'où, en valeur absolue, $T = \dfrac{0{,}69}{\lambda}$

On voit que, la diminution de masse d'un élément radioactif étant fonction du temps, on peut dater un corps contenant cet élément. À une condition cependant : c'est de savoir quelle était la proportion de cet élément à l'origine, ce qui n'est pas toujours aisé à déterminer.

Radiocarbone

Pour les derniers 40 000 ans, c'est-à-dire à peu près depuis le Paléolithique supérieur, la plupart des datations sont obtenues grâce à la mesure de la radioactivité du carbone 14, méthode introduite dans les années 1950 par un physicien de l'université de Chicago, Williard F. Libby qui, pour cela, a reçu le prix Nobel de chimie en 1960.

Dans la nature, le carbone comporte trois isotopes ayant comme masses atomiques 12, 13 et 14 (que l'on note ^{12}C, ^{13}C, et ^{14}C). Ils se trouvent dans l'atmosphère combinés avec l'oxygène sous forme de dioxyde de carbone (gaz carbonique), CO_2. Leurs proportions relatives y sont très inégales, respectivement : 89,89 %, 1,11 % et 0,000 000 000 1 %, le rapport $^{14}C/^{12}C$ étant de $1{,}2 \times 10^{-12}$. Les isotopes 12 et 13 sont stables, mais l'isotope 14 est radioactif (on l'appelle aussi parfois **radiocarbone**). Il se transforme lentement et régulièrement en azote (^{14}N, dont l'atome comporte sept protons au lieu de six) en émettant un rayonnement bêta, c'est-à-dire des électrons. Sa concentration dans l'atmosphère devrait donc décroître ; elle se maintient cependant à cause de l'activité en altitude des rayons cosmiques qui, par l'intermédiaire de la production de neutrons n, transforment l'azote atmosphérique ^{14}N en ^{14}C selon la formule ${}_0^1n + {}_7^{14}N \rightarrow {}_6^{14}C + {}_1^1H$, un équilibre s'établissant entre la production et la disparition de ^{14}C.

Comme ce carbone a les mêmes propriétés chimiques que les deux autres isotopes du même élément, il va être utilisé comme eux par les êtres vivants qui vont l'incorporer à leur bois pour les arbres, à leur coquille pour les lamellibranches, les foraminifères, etc. À partir du moment où le carbone est définitivement fixé dans l'organisme, ce qui intervient au plus tard à la mort de l'individu, c'est-à-dire quand les échanges avec l'extérieur sont interrompus, les proportions des isotopes, jusque-là constantes, vont se mettre à changer car la quantité de ^{14}C va se mettre à décroître. L'horloge atomique s'est mise en marche et il suffit donc de mesurer la proportion des atomes de ^{14}C restant pour, connaissant sa vitesse de désintégration (constante quelles que soient les conditions de la réaction), savoir quel temps s'est écoulé depuis la fin des échanges avec le milieu.

Libby avait évalué la période (ou demi-vie, temps que met la moitié de l'isotope radioactif à se désintégrer) du ^{14}C à 5 568 ans. À noter que si cette durée de demi-vie est encore utilisée pour des raisons de continuité, on en donne aujourd'hui une valeur plus exacte : 5 730 ans (c'est la demi-vie dite de Cambridge). Ainsi, si l'on considère une certaine masse de ce carbone, il en restera la moitié au bout de 5 730 ans, le quart au bout de 11 460 ans, le huitième au bout de 17 190 ans, etc. (figure 15.14). Cette rapide décroissance fait qu'au-delà de 50 000 ou 60 000 ans, le carbone 14 restant est si peu abondant qu'on atteint la limite de la méthode. La

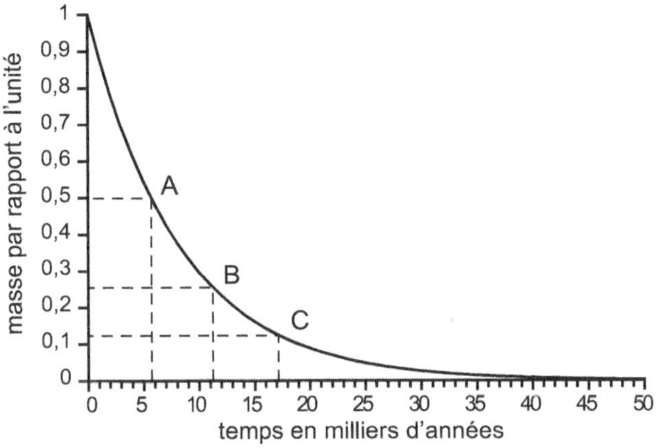

Figure 15.14 - Décroissance du radiocarbone.

À partir d'une certaine masse de radiocarbone (prise ici comme unité), il n'en restera plus que la moitié au bout de 5 730 ans (point A), le quart au bout de 11 460 ans (point B), le huitième au bout de 17 190 ans (point C), etc.

précision de l'évaluation des âges radiométriques ainsi calculés est souvent donnée avec une approximation représentant l'écart-type de cette évaluation, et la présentation définitive d'une datation peut ainsi se présenter de la façon suivante : 12 500 ± 140 ans BP. Dans le détail, on verra ci-dessous que les choses sont plus compliquées, la probabilité des âges fournis après certaines corrections ne suivant pas une loi normale.

Un problème est en effet apparu chemin faisant. Le raisonnement tenu plus haut suppose implicitement que la proportion $^{14}C/^{12}C$ de l'atmosphère reste constante. Cela n'est vrai qu'en première approximation. Dans le détail, les variations cycliques de l'activité solaire ont une influence sur le flux de rayons cosmiques que reçoit la Terre et donc sur la production de ^{14}C en haute atmosphère. Une correction, plus ou moins grande selon les moments, devra alors être faite pour obtenir un **âge** dit **calibré** que l'on conseille d'écrire, par exemple, 18 400 ± 110 calBP pour éviter les confusions.

Pour effectuer cette **calibration** (figure 15.15), il faut bien entendu avoir des courbes qui donnent la correspondance entre les âges non calibrés et les âges réels. Ces courbes peuvent être obtenues, par exemple, par des mesures effectuées sur des séries d'arbres, actuels ou archéologiques, dont on peut compter les anneaux annuels, ce que l'on a fait pour la période remontant jusqu'à il y a environ 12 000 ans. Pour remonter plus loin dans le temps, on peut utiliser des mesures faites sur des varves, sur des coraux, des stalactites ou des carottes de sédiments, mettant éventuellement en œuvre d'autres méthodes de datation radiométriques (radioactivité uranium-thorium, par exemple).

Il faut souligner que la différence entre un âge au carbone 14 traditionnel et un âge calibré peut être importante. Par exemple un âge classique de 18 000 ans BP (c'est l'âge du dernier maximum glaciaire) devient, lorsqu'il est calibré, 21 300 ans calBP. Il est donc fondamental de préciser de quel âge on parle. Notons que les âges calibrés sont parfois présentés en années de notre ère. Ainsi, un âge calibré de 6 000 calBP devient 4 050 calBC.

Enfin, il faut garder à l'esprit que, dans les deux cas, ces âges n'ont rien d'absolu et qu'il s'agit d'évaluations qui pourront être révisées dans l'avenir, même si l'âge calibré s'approche davantage de la réalité chronologique. La plus grande vigilance est donc de mise pour la lecture et l'interprétation des âges au carbone 14.

Ces considérations n'épuisent pas les difficultés de la méthode. Certaines sont dues à ce que les êtres vivants peuvent trier les isotopes et donc fausser les mesures au départ (**effet vital**), d'autres au fait que le milieu de vie de ces êtres peut avoir des concentrations en isotopes différentes de celles de l'atmosphère, par exemple s'il s'agit de lacs qui dissolvent des carbonates très vieux et n'ayant donc plus de ^{14}C : c'est ce que l'on appelle l'**effet réservoir**.

Enfin, bien des pièges sont tendus sur le chemin de celui qui prélève les échantillons à dater : mélanges, pollutions naturelles ou de son fait. On comprend ainsi la prudence avec laquelle on doit prendre les évaluations chronologiques au ^{14}C, surtout si elles sont en nombre réduit.

Du côté des techniques mises en œuvre, il faut savoir qu'il en existe deux catégories. La première, la plus ancienne, est celle qui mesure le rayonnement bêta induit par la radioactivité du ^{14}C restant dans l'échantillon. Elle exige d'avoir suffisamment de matériel à dater (quelques grammes de charbon, par exemple) pour être au-dessus du seuil de sensibilité de l'appareil. La seconde compte, en quelque sorte, le nombre d'atomes de chaque isotope avec un spectromètre de masse (notamment un spectromètre de masse à accélération, AMS) ; cette technique ne permet guère de remonter davantage dans le temps mais ne nécessite que des masses très faibles de matière (moins d'un milligramme) ce qui permet, par exemple, de dater, sur les parois des grottes, de simples traces de charbon de bois.

En conclusion, la méthode de datation au radiocarbone peut s'appliquer couramment, pour les derniers 50 000 ou 60 000 ans, à tout échantillon qui contient une quantité suffisante de carbone (charbons, tourbes, coquilles de carbonate de calcium, etc.). L'erreur instrumentale sur ces datations est de l'ordre de 5 %.

Autres isotopes radioactifs utilisés

Plusieurs éléments ayant des isotopes radioactifs sont aussi utilisés dans différentes conditions, l'une étant évidemment que ces éléments existent dans les échantillons à dater (tableau 15.2).

La méthode $^{40}K/^{40}Ar$ (potassium 40, argon 40) s'applique bien aux roches volcaniques. En effet, le ^{40}K, présent dans les minéraux de ces roches, est radioactif et se désintègre en ^{40}Ar. Lorsque la roche est encore en fusion, l'argon, qui est gazeux, ne peut pas s'y fixer et se dégage. Après le moment où la roche s'est solidifiée, l'argon formé y est retenu. Comme au moment de cette solidification il n'y avait pas d'argon, tout l'argon que l'on peut trouver dans la roche provient de la désintégration du ^{40}K, ce qui permet de calculer le temps écoulé depuis lors.

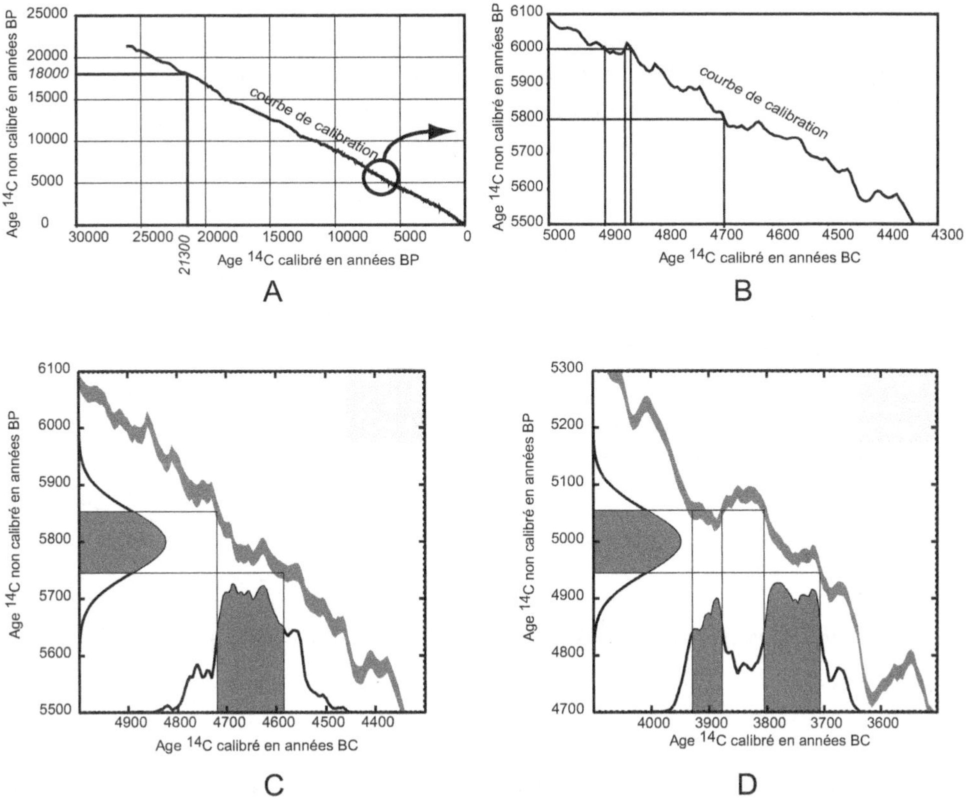

Figure 15.15 – Calibration d'un âge radiocarbone.

A. Courbe de calibration d'après Raimer *et al.* 2004, *Radiocarbon*, 46(3) :1029-1058. Cette courbe est obtenue par des mesures sur les cernes d'arbres jusqu'à 12 400 ans BP et par des mesures sur des coraux et des foraminifères au-delà. Un âge radiocarbone non calibré de 18 000 ans BP correspond à un âge calibré de 21 300 ans calBP.

B. Un détail de la figure précédente, entre 5 500 et 6 100 BP, montre les irrégularités de la courbe de calibration. Il en résulte qu'à un même âge radiocarbone, peuvent correspondre plusieurs intersections de la courbe de calibration, donnant plusieurs âges calibrés (comme en 6 000 BP) au lieu d'un seul (comme en 5 800 BP). Pour tenir compte des imprécisions des mesures, ces intersections sont insuffisantes, et l'on doit utiliser des calculs statistiques comme sur les figures C et D.

C. Sur le même détail que sur la figure B, on fait intervenir l'erreur de mesure sur le radiocarbone, considérée comme normale au sens statistique (représentée par la courbe de Gauss sur l'axe vertical) ici avec un écart-type de 55 ans (en grisé dans la courbe de Gauss), soit 5 800 ± 55 BP. Compte tenu de cette incertitude, et de celles de la courbe de calibration (zone en grisé de cette courbe), on calcule les intersections correspondantes (courbe sur l'axe horizontal avec, en grisé, l'aire correspondant à la distribution de probabilité pour l'écart-type de la mesure). Ici, cette surface est située entre 4 584 et 4 718 calBC. Noter que, dans ce mode de calcul, la distribution des âges calibrés n'est plus gaussienne.

D. Même chose que pour la figure C, mais pour 5 000 ± 55 BP. L'irrégularité de la courbe de calibration, fait qu'il y a ici, pour l'âge calibré, deux domaines correspondant à l'écart type, l'un entre 3 707 et 3 804 calBC et l'autre entre 3 877 et 3 928 BC. Si l'on fait le même calcul avec une précision de deux écarts-types pour la mesure de radiocarbone, on aurait un seul intervalle, plus large, de 3 693 à 3 945 calBC. Les figures C et D ont été dessinées avec le programme Calib de M. Stuiver et P.J. Reimer.

On utilise aussi les isotopes radioactifs de l'uranium (^{238}U, ^{234}U), et du thorium (^{230}Th, ^{232}Th), notamment par le rapport $^{238}U/^{230}Th$, qui permet des datations jusqu'à quelque 300 000 ans dans les coraux, les os et les dents.

Le rayonnement cosmique arrivant sur Terre pénètre sa surface sur quelques mètres et engendre des isotopes cosmogéniques radioactifs à vie longue comme le chlore 36 (^{36}Cl), l'aluminium 26 (^{26}Al) et le béryllium 10 (^{10}Be). La mesure de l'abondance de ces isotopes permet de préciser l'âge auquel des roches ont été mises à l'affleurement et ont été ainsi soumises à l'action du rayonnement cosmique. Ces méthodes peuvent ainsi être appliquées aux miroirs de faille, aux surfaces d'érosion, et particulièrement aux surfaces érodées puis abandonnées par les glaciers, aux roches des moraines, etc. Noter que le radiocarbone est un isotope cosmogénique.

Tableau 15.2 – **Demi-vie des principaux éléments radioactifs utilisés en géochronologie paléoclimatique.**

Élément	^{14}C	^{230}Th	^{234}U	^{36}Cl	^{26}Al	^{10}Be	^{40}K	^{238}U	^{232}Th
Demi-vie (années)	5 730	$7{,}54 \cdot 10^4$	$2{,}455 \cdot 10^5$	$3{,}01 \cdot 10^5$	$7{,}17 \cdot 10^5$	$1{,}51 \cdot 10^6$	$1{,}248 \cdot 10^9$	$4{,}468 \cdot 10^9$	$1{,}40 \cdot 10^{10}$

Thermoluminescence, luminescence stimulée optiquement

Un certain nombre de minéraux (quartz, feldspath, zircon, calcite, etc.), exposés à un rayonnement ionisant, voient leurs électrons portés à un niveau d'énergie élevé. Cette énergie, s'accumulant linéairement en fonction du temps jusqu'à saturation, peut être libérée avec production de lumière par diverses actions : chauffage (on parle alors de thermoluminescence), éclairement (luminescence stimulée optiquement, *Optically Stimulated Luminescence*, OSL), etc.

À condition de connaître la dose Dt de rayonnement ionisant reçue par l'échantillon depuis que, par chauffage ou fort éclairement, un événement l'a vidé de son énergie, on doit être capable de dater cet événement. Cette datation (en années) s'obtient en divisant cette dose par la dose Da reçue annuellement par l'échantillon :

$$T = Dt/Da$$

On peut ainsi, par exemple, dater la dernière activité d'un four de potier, donner l'âge de poteries, de stalagmites, ou celui de la sédimentation de grains de sables ayant auparavant été soumis à la lumière.

De façon pratique, on calcule la dose annuelle par la mesure de la radioactivité de l'échantillon ou/et de son environnement. La dose totale est obtenue par la mesure de la quantité de lumière émise par l'échantillon, par chauffage (thermoluminescence) ou par éclairement (luminescence stimulée optiquement), cette quantité de lumière étant rapportée à celle émise lors de mesures identiques après irradiation de l'échantillon en laboratoire à des doses connues. À noter que si l'échantillon étudié avait atteint un niveau de saturation, les mesures ne sont pas significatives.

Cette méthode de datation permet de remonter à quelques centaines de milliers d'années.

Résonance de spin électronique

Cette méthode, souvent désignée par son sigle anglais ESR (*Electron-Spin Resonance*), possède bien des analogies avec la thermoluminescence et est utilisée, dans la même étendue de temps, pour dater poteries, quartz, spéléothèmes, émail dentaire. Des électrons sont piégés dans ces matériaux du fait de l'action de la radioactivité ambiante. Leur nombre étant fonction de l'intensité de cette radioactivité et du temps, on peut s'en servir comme chronomètre, la dose reçue étant mesurée par celle de la résonance de spin des électrons. Cette mesure se fait en appliquant un très fort champ magnétique et en fournissant au matériel paramagnétique une énergie électromagnétique dans le domaine des micro-ondes.

15.12 Lichenométrie

La lichenométrie est utilisée pour évaluer l'âge à partir duquel des dépôts ou des constructions ont pu être colonisés par des lichens. On peut, par exemple, tenter de dater le moment où des moraines ont été libérées des glaces.

Le principe est de mesurer la taille de lichens d'espèces convenablement choisies (celles qui croissent en forme de disques collés à leur substratum) et de la comparer à des courbes de croissance des mêmes espèces obtenues à partir d'observations faites dans les mêmes conditions (figure 15.16). Pour que les résultats soient valables, il est nécessaire de multiplier les mesures. On peut ainsi remonter à quelques siècles (voire quelques millénaires) en arrière.

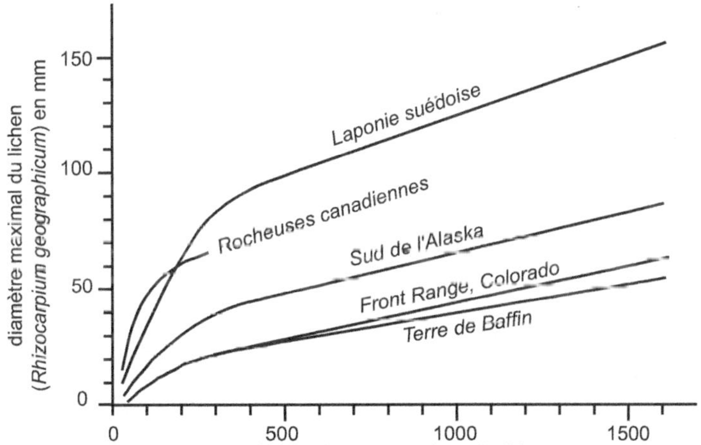

Figure 15.16 - Courbes de croissance lichenométriques types (mesurées sur l'espèce *Rhizocarpon geographicum*) dans diverses régions de l'hémisphère nord.

Ces courbes donnent le diamètre moyen des disques dessinés par ce lichen sur son substratum en fonction de leur âge. On notera que la croissance, d'abord rapide, se ralentit ensuite en devenant presque linéaire.

D'après Calkin, P.E. et Ellis, J.M., 1980, *Arctic and Alpine Research*, 12(3) : 245-264.

15.13 Racémisation des acides aminés

On sait que les molécules d'acides aminés existent sous deux formes symétriques (ou **énantiomères**) : D (dextrogyre, faisant tourner le plan de polarisation de la lumière dans le sens dextre), et L (lévogyre, le faisant tourner dans le sens senestre). Un mélange en proportions égales de ces deux énantiomères, qui ne fait pas tourner le plan de polarisation, est dit **racémique**.

Les êtres vivants ne métabolisent que l'énantiomère L. À leur mort, cet énantiomère se transforme lentement en forme D jusqu'à obtenir un racémique : c'est la racémisation. Ce processus, dépendant du temps, peut être utilisé pour dater des molécules organiques. Cependant, comme il dépend aussi d'autres facteurs du milieu, notamment la température et le pH, il est d'utilisation difficile.

ENREGISTREMENTS PALÉOCLIMATIQUES 16

PLAN

16.1 TYPES D'ENREGISTREMENTS PALÉOCLIMATIQUES

Pour reconstituer, au moins en partie, le climat du passé, il est nécessaire que les grandeurs qui le caractérisent, par exemple la température ou la pluviométrie, aient été enregistrées. Pour qu'il y ait enregistrement, il faut qu'existe un support matériel sur lequel il puisse s'inscrire, et la première tâche à laquelle doit se consacrer le paléoclimatologiste est la recherche de ces enregistrements (tableau 16.1). Une autre est la datation de ces enregistrements.

Comme nous l'avons vu, les variables paléoclimatiques ne sont pas directement accessibles mais peuvent être reconstituées, avec une plus ou moins grande précision, par la considération d'indicateurs (*proxies*), grandeurs qui peuvent être mesurées dans l'enregistrement et à partir desquelles on peut donner une estimation de la valeur de certaines de ces variables.

Constitue ainsi un support d'enregistrement climatique tout ce qui, d'une façon ou d'une autre, est susceptible d'être modifié par l'action du climat et de garder la trace de cette modification. Ces supports sont divers, et les indicateurs qu'ils peuvent fournir, extrêmement variés.

Ces supports peuvent ainsi être considérés comme de véritables archives de l'évolution du climat terrestre. Certaines de ces archives méritent particulièrement cette dénomination, étant directement tirées de témoignages historiques. D'autres sont purement physico-chimiques et pourraient exister sur notre planète même sans la présence d'êtres vivants. C'est notamment le cas des archives glaciaires et des archives géomorphologiques. C'est aussi en grande partie le cas des archives sédimentologiques, même si la contribution des restes biologiques y est parfois notable ou considérable. Enfin, certaines archives, ici désignées comme biologiques, n'existeraient pas sans la contribution du vivant. Ces remarques justifient le plan de l'exposé qui suit.

Tableau 16.1 – Domaines actuels de validité temporelle des enregistrements paléoclimatiques.

Type d'enregistrement	Étendue de temps maximale accessible à partir de l'actuel	Précision maximale (ordre de grandeur)
Archives historiques	2 000 à 3 000 ans	Un jour
Archives glaciaires	800 000 ans	Un siècle ou moins
Modelé glaciaire ou périglaciaire	Plusieurs milliards d'années	Sans objet
Spéléothèmes	Plusieurs centaines de milliers d'années	Un an
Gradient géothermique	Quelques siècles	Un siècle
Archives sédimentologiques	Plusieurs milliards d'années	10 000 ans à un million d'années
Archives biologiques en général	500 millions d'années	1 an ou moins à un million d'années
Dendroclimatologie	12 000 ans	Un an, une saison
Scléroclimatologie	Quelques siècles	Un an, un jour

16.2 Archives historiques

Les documents historiques qui font état de données paléoclimatiques sont souvent d'interprétation délicate.

Les plus aisés à utiliser sont ceux qui donnent directement des mesures de précipitations ou de températures dont certaines séries remontent en Europe jusqu'au XVIIe siècle (figure 16.1). Encore faut-il avoir une idée de la précision de ces mesures et des conditions dans lesquelles elles ont été effectuées, ce qui conduit à aborder de délicats problèmes de **métrologie**. Elles permettent d'étalonner d'autres séries de relevés incontestablement climatiques mais qui ne peuvent donner directement ni la température, ni l'intensité des précipitations.

Il existe, par exemple, des documents fournissant depuis dix siècles des renseignements sur les dates de formation et de débâcle des glaces marines sur les côtes de l'Islande. Ils se sont révélés assez précis, au moins depuis quatre siècles, pour que l'on puisse à partir d'eux calculer les températures moyennes annuelles locales en prenant comme référence les températures réellement mesurées depuis 1846 mises en regard de la formation et de la débâcle des glaces pendant les mêmes années (figure 16.2).

Des raisonnements identiques ont pu être tenus à partir d'archives donnant les dates du gel de canaux hollandais, de l'enneigement observé en Suisse, etc.

D'autres relevés historiques se rapportent au climat, mais parfois d'une façon si indirecte ou si complexe qu'il est difficile d'en tirer tout le parti que l'on aimerait.

Le plus ancien connu est celui qui a trait aux crues du Nil que l'on possède presque en continuité depuis près de 5 000 ans. Le niveau du Nil monte en effet en

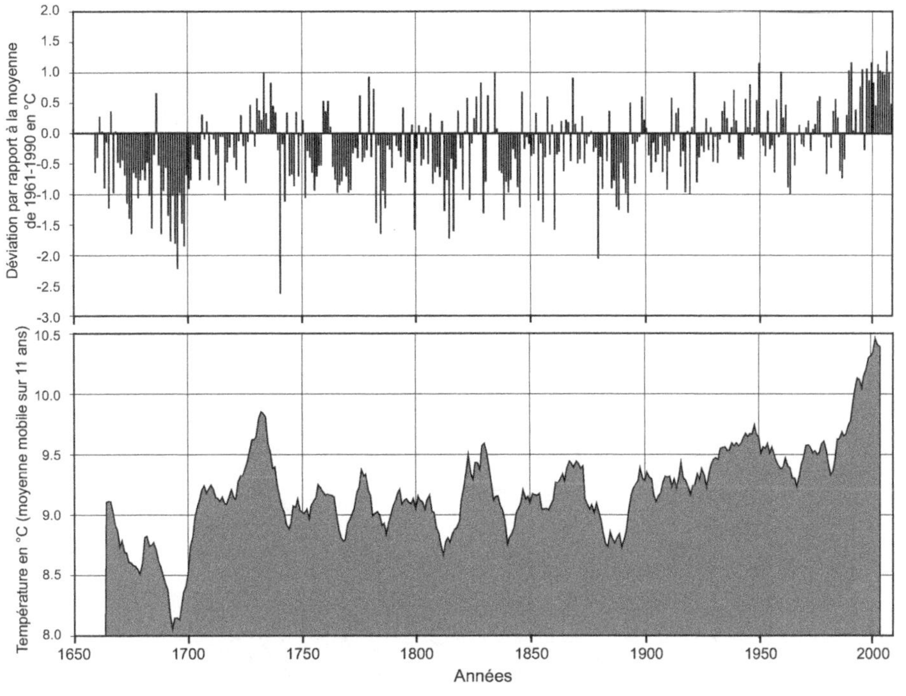

Figure 16.1 - Températures mesurées depuis 1659 dans le centre de l'Angleterre.

En haut : histogramme des déviations des températures moyennes annuelles (en degrés Celsius, °C) par rapport à la moyenne de 1961-1990 (9,475 °C). C'est la plus longue série connue de mesures directes de températures dans le passé (tracés d'après les données du *Met Office Hadley Centre Central England Temperature*. Sources : Manley, 1974, Parker *et al.*, 1992 ; Parker & Horton, 2005).
En bas : moyenne mobile sur 11 valeurs de la température montrant un clair gradient positif.

Égypte tous les ans durant les mois d'août, de septembre et d'octobre et envahit l'ensemble des terres cultivables, y apportant humidité et limon fertile. Cela s'explique par les pluies tropicales qui, chaque année, s'abattent régulièrement dans les régions des sources de ce fleuve, le plus long du monde. L'importance fondamentale de ce phénomène pour les Égyptiens, dont le pays serait sans le Nil un désert, et le fait que des taxes ou des redevances étaient calculées à partir de l'amplitude de cette crue annuelle, avaient justifié la mesure régulière du niveau de cette crue. Cette mesure était effectuée grâce à des nilomètres, sortes de puits creusés près des temples et dans lesquels on pouvait observer le niveau de la nappe phréatique en équilibre avec le fleuve tout proche.

Les archives chinoises donnent depuis plus de 2 000 ans des renseignements sur les périodes sèches ou humides, mais elles sont d'interprétation délicate. Par exemple, on y a remarqué parfois des anomalies locales dont la meilleure interprétation semble être que certaines situations extrêmes de sécheresse ou de pluie auraient été exagérées pour bénéficier d'exemption de taxes.

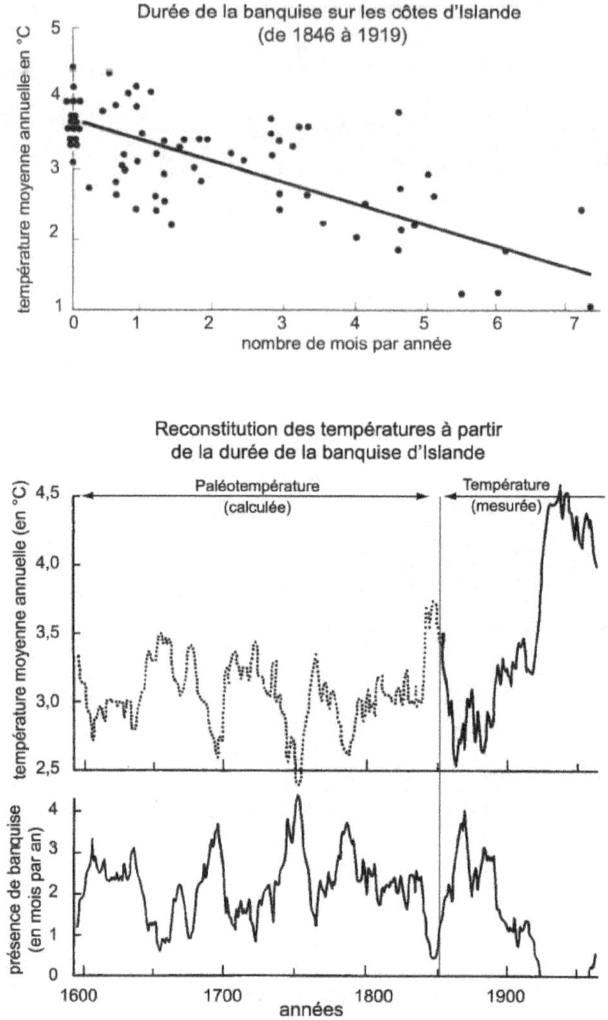

Figure 16.2 – Reconstitution des températures à partir des données historiques sur la banquise d'Islande.

La température et la durée de l'emprise de la banquise sur les côtes d'Islande étant connues depuis le milieu du XIXe siècle, on a pu calculer la formule de régression linéaire qui les liait (figure du haut). À partir de cette formule, il est possible d'estimer les températures de cette région dans un passé plus lointain à partir de l'emprise de la banquise notées dans les archives islandaises.
D'après Bergthorsson, P., 1969, *Jökull*, 19 : 94-101.

Parmi la variété immense des documents que l'imagination et la persévérance des historiens ont mis à profit, on citera encore la date de floraison des cerisiers au Japon, connue depuis le IXe siècle, la date des vendanges en France, bien utilisable depuis la fin du XVe siècle, la façon dont les ciels étaient représentés dans les peintures depuis le XVe siècle, etc. On voit combien tout cela est varié.

16.3 Archives physicochimiques et géomorphologiques

Archives glaciaires

La glace est un excellent support d'enregistrement paléoclimatique. Elle peut être échantillonnée dans les glaciers de montagne et dans les calottes polaires. Cependant, les premiers ne permettent de remonter que de quelques dizaines de siècles en arrière, contre plusieurs centaines de millénaires pour les secondes, auxquelles on s'attachera plus particulièrement.

Pour reconstituer les signaux paléoclimatiques contenus dans la glace, il faut la dater. Hors les quelques derniers siècles ou millénaires, où l'on peut encore reconnaître des strates saisonnières, il n'existe pas de moyen d'effectuer directement cette datation. En première approximation, on peut procéder en modélisant le tassement de cette glace sous son propre poids, qui est une fonction exponentielle de la profondeur (figure 16.3). Mais un simple tassement ne peut exister que s'il n'y a pas d'écoulement latéral de cette glace, ce qui ne peut se trouver qu'au tout sommet d'une calotte polaire, à condition que ce sommet ne se soit pas déplacé au cours du temps. L'écoulement de la glace doit donc être pris en compte, ainsi que les variations dans le temps de l'intensité des précipitations. Pour mieux asseoir cette chronologie, on utilise aussi des marqueurs téphrochronologiques, des poussières volcaniques étant souvent trouvées dans les glaces (comme celles projetées par l'éruption du Tambora, en 1815), ainsi que des comparaisons avec l'évolution d'indicateurs paléoclimatiques reconnus dans des carottes de sédiments marins datés.

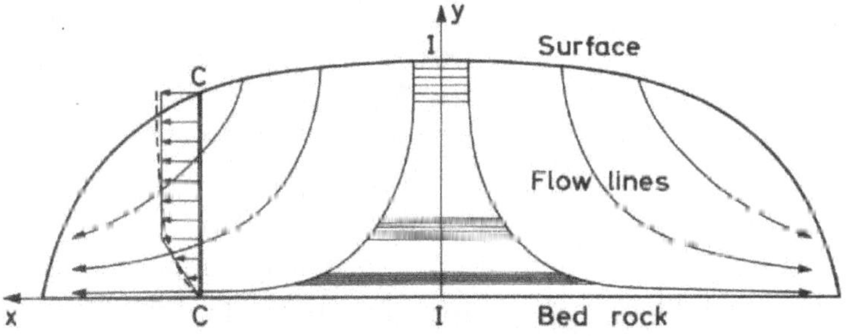

Figure 16.3 – Schéma du tassement et des flux de la glace dans une calotte glaciaire.

Cette figure, qui ne respecte pas les échelles, montre une coupe très schématique dans un dôme de glace. Au tout sommet de ce dôme, la glace n'est (idéalement) affectée que d'un tassement, évoqué par des traits horizontaux plus serrés vers le bas que vers le haut. En s'éloignant du sommet, la glace s'écoule vers l'extérieur selon des lignes indiquées ici par des flèches courbes et avec des vitesses évoquées par des flèches horizontales partant du trait marqué CC. Un sondage vertical selon ce trait rencontrera alors des glaces issues de précipitations tombées en des points différents à des altitudes diverses.

Extrait de Dansgaard, W. *et al.*, 1971, *in* Turekian (éd.) *The late Cenozoic Glacial Ages*, p. 37-56.

De façon très générale, le recueil des échantillons de glace se fait par carottage, soit mécaniquement, soit par chauffage. Il est important d'avoir conscience du fait que les échantillons de glace ainsi recueillis ne se sont pas formés à l'endroit où on les trouve, sauf pour le tout sommet de la carotte. Depuis leur dépôt, en effet, leurs altitudes et leurs situations géographiques ont pu changer du fait soit de l'accumulation des glaces, soit de leur tassement, soit de leur écoulement, soit de l'enfoncement du socle par isostasie. Par ailleurs, du fait de l'écoulement de la glace, des plissements ou des écaillages ont pu s'y produire, ce qui peut entraîner des erreurs d'interprétation.

De très nombreux carottages de grande profondeur ont été effectués dans la glace des calottes polaires depuis une cinquantaine d'années (figure 16.4 et tableau 16.1). Les plus longs ont traversé plus de trois kilomètres de glace et ont permis de remonter dans le temps de plus de 800 000 ans. L'étude physique, chimique et géochimique de cette glace a fourni de nombreux enseignements concernant l'évolution des climats.

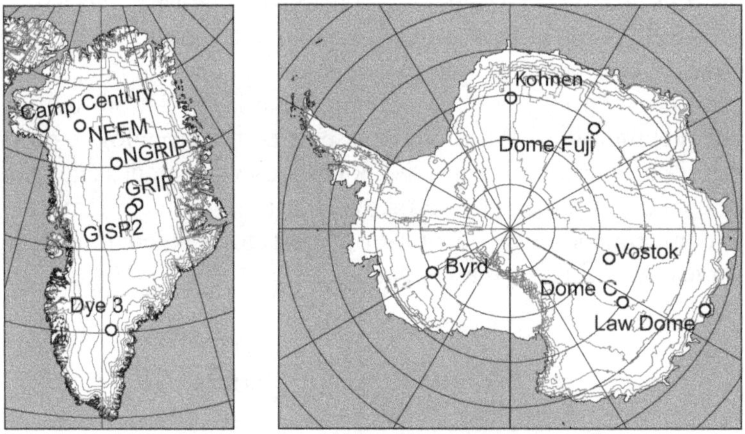

Figure 16.4 - Situation des sondages profonds dans les glaces du Groenland et de l'Antarctique.

L'analyse isotopique de l'oxygène et de l'hydrogène de la glace elle-même permet de déterminer la température des basses couches atmosphérique où la neige s'est formée. On a, en effet, depuis longtemps montré qu'il existait une très bonne corrélation linéaire entre le $\delta^{18}O$ de la glace et cette température (figure 16.5). Il en va de même pour le δD (deutérium). Cependant, la température de l'eau d'origine, dont dépend la composition isotopique de la vapeur d'eau, peut introduire des écarts à ces valeurs.

Outre la glace elle-même, les bulles d'air qu'elle a emprisonnées à l'époque où elle s'est formée constituent un témoignage irremplaçable sur l'atmosphère de l'époque dont elles nous permettent de connaître la composition.

L'enregistrement glaciaire de ces bulles se fait en deux temps. Dans le premier, les précipitations neigeuses, ayant lessivé les poussières et les aérosols atmosphériques

Tableau 16.1 – **Carottages longs de plus de 1 000 m au Groenland et en Antarctique.**

Groenland					
Nom	**Coordonnées**	**Altitude**	**Date de fin**	**Longueur**	**Âge maximum années BP**
Camp Century	77°11' N, 61°08' W	1 885 m	1966	1 388 m	~ 100 000
Dye 3	65°11' N, 43°50' W	2 477 m	1981	2 037 m	6 000 ?
NEEM	77°45' N, 51°06' W	2 450 m	2012	2 537 m	108 000
GRIP	72°35' N, 37°38' W	3 208 m	1992	3 028 m	120 000 ?
GISP2	72°35'N, 38°28' W	3 203 m	1993	3 053 m	110 000 ?
NGRIP	75°06'N, 42°19' W	2 917 m	2003	3 085	125 000
Antarctique					
Nom	**Coordonnées**	**Altitude**	**Date de fin**	**Longueur**	**Âge maximum années BP**
Byrd	80°01' S, 119°31' W	1 524 m	1968	2 164 m	~ 90 000
Law Dome	66°44' S, 112°50' E	1 390 m	1993	1 195 m	50 000 ??
VOSTOK	78°28' S, 106°48' E	3 488 m	1998-2007	3 623 m (*)	420 000
EPICA (Dome C, Concordia)	75°06' S, 123°21' E	3 233 m	2004	3 270 m	800 000
Kohnen (EDML)	75°00' S, 0°04' E	2 892 m	2006	2 774 m	150 000
Dome Fuji	77°19'S, 39°42' E	3 810 m	2007	3 035 m	720 000

(*) Sous ce niveau, le carottage continué a trouvé de la glace accrêtée surmontant un lac sous-glaciaire.

se déposent, leurs isotopes ayant enregistré la température de la condensation des nuages au-dessus des sites de dépôt.

Dans le second, l'air ambiant, qui remplit les interstices entre les particules de neige, est piégé sous forme de bulles au fur et à mesure que la neige se tasse et se transforme en glace compacte (figure 16.6) Il en résulte que les bulles d'air sont plus jeunes (de quelques dizaines d'années à quelques siècles selon le taux d'accumulation de la neige) que la glace qui les entoure.

L'analyse chimique et géochimique des gaz contenus dans ces bulles d'air (notamment O_2, CO_2, CH_4) permet de reconstituer l'évolution de la composition de l'atmosphère durant le dépôt de la glace.

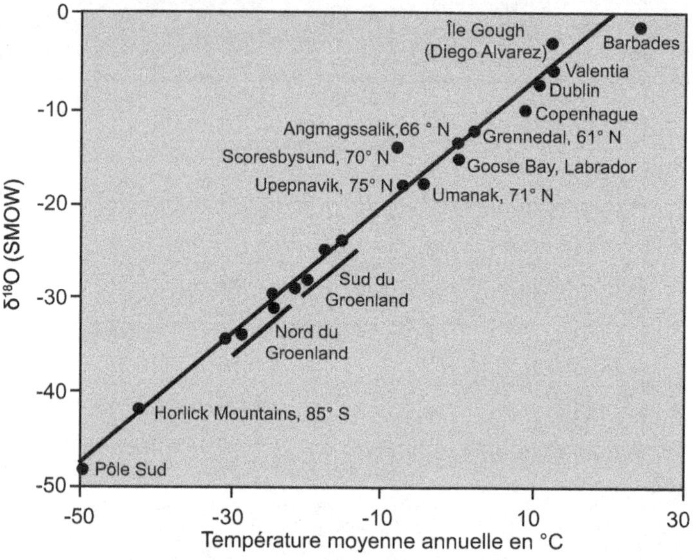

Figure 16.5 - $\delta^{18}O$ moyen observé dans les précipitations en fonction de la température annuelle moyenne.

Les mesures ont montré qu'il y avait une relation linéaire entre le $\delta^{18}O$ des précipitations et la température moyenne des lieux où s'effectuent ces précipitations. On peut ainsi utiliser cette relation pour, en mesurant le $\delta^{18}O$ des carottes de glace, calculer la température de l'endroit et de l'époque où s'est formée cette glace.
Données de Dansgaard, W., 1964. *Tellus* 16 : 436-468.

De nombreux autres témoignages relatifs à l'évolution du climat et de l'environnement terrestre peuvent être extraits de la glace.

L'abondance des poussières transportées par les vents peut être considérée comme un indicateur de l'étendue des déserts à la surface du globe : c'est là, en effet, que ces poussières sont principalement arrachées lors des périodes sèches corrélatives des maximums glaciaires.

De nombreux éléments chimiques, très faiblement concentrés, ont été analysés. Ils peuvent donner des renseignements variés. Par exemple, les variations d'abondance en métaux lourds (Pb, Cd, Tl) sont considérées comme des indicateurs de l'intensité de l'activité industrielle.

Enfin, les variations de l'activité solaire, qui modulent l'intensité des rayons cosmiques reçus sur Terre, peuvent être mises en évidence par l'analyse de l'isotope cosmogénique ^{10}Be.

Les figures 16.7 à 16.9 montrent des exemples de variation de certains de ces paramètres dans de longues carottes extraites des calottes antarctique ou groenlandaise.

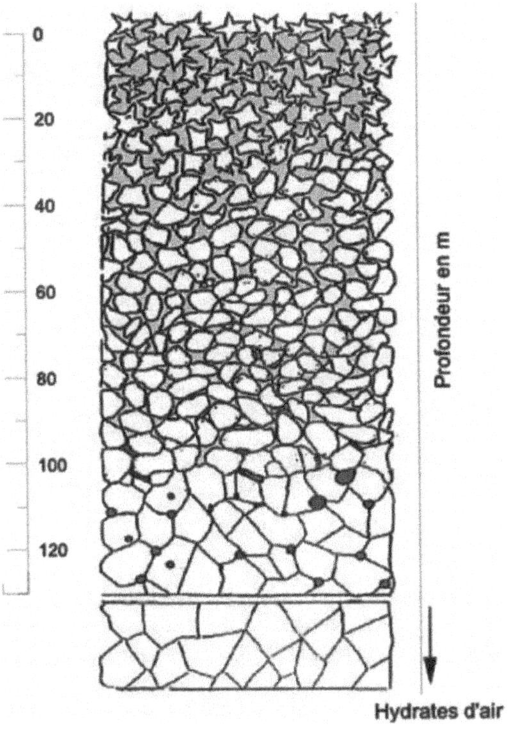

Figure 16.6 – **Processus du piégeage de l'air dans la glace au moment de sa formation.**

La figure montre une coupe schématique dans la glace du haut d'un inlandsis (les épaisseurs données correspondent au site de Vostok, Antarctique). Dans la partie supérieure, là où sont tombées les dernières neiges, l'air peut circuler librement entre les particules du névé. Plus bas, ces particules se tassant, l'air est enfermé sous forme de bulles et ne communique plus avec l'extérieur : il est donc plus récent que la glace qui l'entoure, la différence d'âge entre les deux pouvant, dans les régions les plus froides où les précipitations sont faibles, être de plusieurs siècles. Plus bas encore, la pression est telle que, à cette basse température, l'air forme, avec l'eau, des hydrates (ou clathrates), sans que les compositions isotopiques ne soient modifiées.
Extrait de Raynaud, D. et Lorius, C., 2004, *C. R. Geoscience*, 336 : 647-656, fig. 2.

Modelé glaciaire

Parmi les critères géomorphologiques capables de donner des informations sur les climats du passé, un rôle considérable est joué par le modelé glaciaire. C'est, on l'a vu, ce type d'arguments qui, le premier, a amené à l'idée que de grandes variations climatiques avaient eu lieu dans le passé géologique (V. chapitre 13).

L'empreinte que les glaciers laissent sur le relief est si durable que des témoignages en sont encore visibles pour des périodes aussi reculées que le Précambrien : les plus belles traces de glaciers de tous les temps antéquaternaires sont visibles en Ontario (Canada) et datent de plus de deux milliards d'années.

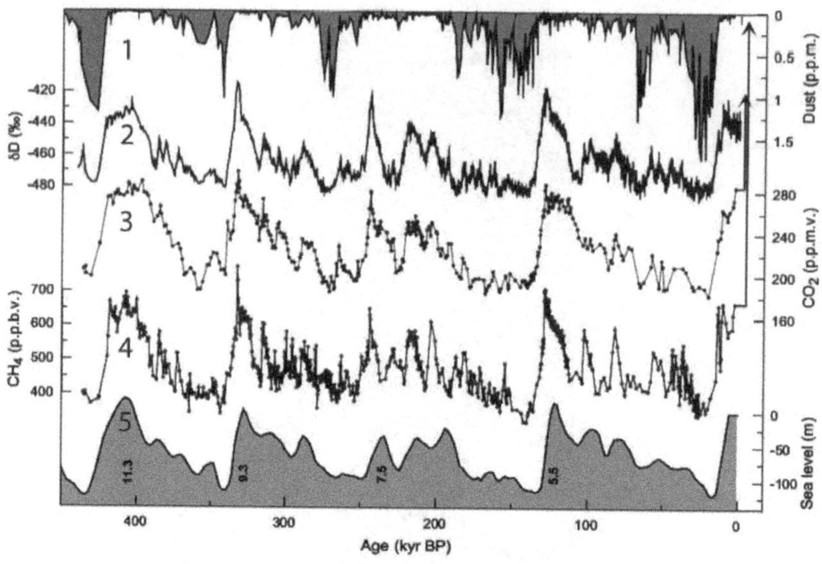

Figure 16.7 – Quelques résultats des analyses de la longue carotte de glace de Vostok.

De haut en bas, ces courbes, dont l'abscisse commune est l'échelle des temps (sens positif vers la droite), montrent :

1) L'abondance des poussières contenues dans les glaces (échelle en ppm inversée). Une grande abondance peut être interprétée comme résultant de périodes d'aridité contemporaines des phases glaciaires : les sols non protégés par la végétation sont plus facilement attaqués par l'érosion éolienne.

2) La mesure du δD (échelle en ‰ inversée), dont les valeurs peuvent être considérées comme inversement proportionnelles à la température de l'Antarctique.

3) et 4) La mesure de la proportion du dioxyde de carbone et celle du méthane contenus dans les bulles d'air de la glace (en ppm en volume). Les flèches qui prolongent ces courbes vers le haut, à droite, correspondent à l'augmentation récente de ces proportions.

5) Les variations du niveau de la mer, calculées à partir de l'enregistrement marin du $\delta^{18}O$. On y a indiqué les stades isotopiques correspondant aux périodes les plus chaudes (5.5, 7.5, 9.3 et 11.3).

Extrait de Lipenkov, V. on behalf of the Vostok Project Members, 2006, *PAGES News*, 14(1) : 29-31.

Cette empreinte se manifeste par des traces marquées à différentes échelles : stries glaciaires, roches moutonnées, moraines, forme des vallées.

Les **stries glaciaires**, visibles sur les roches des bords ou des fonds de vallées autrefois occupées par des glaciers, sont probablement les traces les plus apparentes, les plus convaincantes et les plus durables de l'ancienne présence de glaciers. Comme l'avait bien remarqué Jean-Pierre Perraudin dès 1815, elles sont orientées dans la direction où s'écoule la glace, étant creusées par des blocs de roches entraînés dans le mouvement du glacier. Cela permet de reconstituer le mouvement de celui-ci lorsque seules ces traces subsistent sur une surface ancienne. Des stries peuvent aussi se voir sur les roches entraînées par les glaciers, témoignant ainsi de leur ancien transport par la glace.

Des **figures d'arrachement** sont parfois visibles sur les substratums cohérents ayant subi la pression de glaciers. Elles permettent souvent de déterminer dans quel

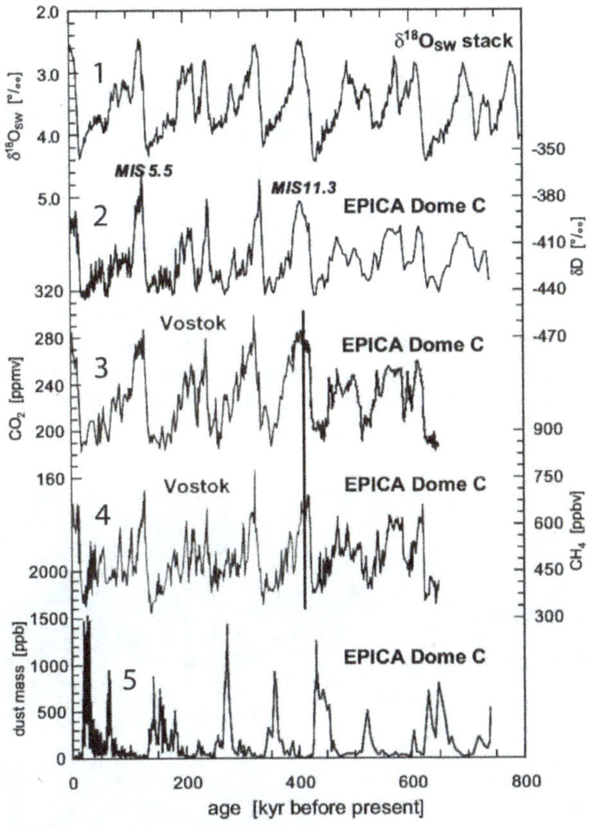

Figure 16.8 – Quelques résultats des analyses de la longue carotte de glace EPICA Dôme C.

De haut en bas, ces courbes, dont l'abscisse commune est l'échelle des temps (sens positif vers la gauche), montrent :

1) Courbe type des variations du $\delta^{18}O$ des tests de foraminifères benthiques (Lisiecki et Raymo, 2005).

2) La mesure du δD (échelle en pour mille inversée), dont les valeurs peuvent être considérées comme inversement proportionnelles à la température de l'Antarctique.

3) et 4) La mesure de la proportion du dioxyde de carbone et celle du méthane contenus dans les bulles d'air de la glace (en ppm du volume). Ces courbes sont composites : la partie la plus récente (jusqu'à 420 000 ans provient des mesures faites à Vostok, le reste à EPICA Dôme C).

5) L'abondance des poussières contenues dans les glaces (échelle en ppb). Une grande abondance peut être interprétée comme résultant de périodes d'aridité contemporaines des phases glaciaires : les sols non protégés par la végétation sont plus facilement attaqués par l'érosion éolienne.

Extrait de Wolf, E., on behalf of the EPICA community, 2006, *PAGES News*, 14(1) : 31-33.

sens le glacier se déplaçait, par exemple lorsqu'elles dessinent des croissants dont les pointes sont dirigées dans le sens de l'écoulement de la glace.

Les **roches moutonnées** sont des surfaces décamétriques ou hectométriques arrondies par le frottement de la glace de telle sorte qu'elles dessinent de larges convexités pouvant être groupées sur de vastes aires, très caractéristiques lorsque

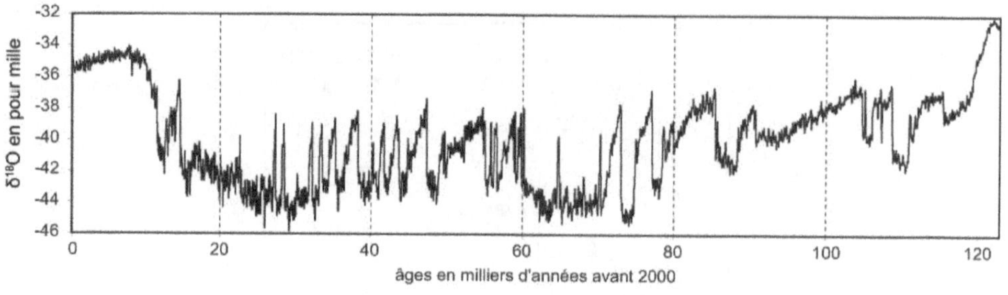

Figure 16.9 - **Le $\delta^{18}O$ de la longue carotte de glace de GRIP.**

En abscisse : échelle des temps (sens positif vers la gauche) ; en ordonnée : $\delta^{18}O$. Cette carotte embrasse la totalité du dernier cycle glaciaire. Son taux d'accumulation élevé (24 m.ka^{-1}) permet d'y voir en détail les nombreux changements rapides enregistrés entre 60 000 et 30 000 ans. Source : données GRIP.

Figure 16.10 - **Roche moutonnée et striée (Central Park, New York, États-Unis).**

Cette roche témoigne de la présence ancienne d'un glacier en ce point.

l'érosion les a respectées (figure 16.10). Ces formes sont bien décrites par leur nom anglais de ***whalebacks*** (dos de baleines). À noter que leur versant aval montre en général une pente plus forte que leur versant amont, ce qui peut indiquer le sens d'écoulement de la glace.

Les **moraines** sont formées d'accumulations de rochers, de cailloux et de sables entraînés par la glace. Ce matériel sédimentaire, caractérisé par un très mauvais classement granulométrique, est appelé **till**. Lorsqu'il est conservé, induré, au sein de séries stratigraphiques anciennes, on le désigne sous le nom de **tillite**. On distingue plusieurs sortes de moraines.

Les **moraines latérales** sont constituées par des roches tombées sur les côtés des glaciers le long des versants rocheux. Lorsque deux glaciers convergent, pour n'en former qu'un seul, leurs moraines latérales, situées sur leurs bords qui confluent, se soudent pour donner une **moraine centrale**. Ce processus peut se répéter le long du cours de glaciers qui peuvent avoir plusieurs confluences successives, et autant de moraines centrales parallèles.

La **moraine de fond** d'un glacier est constituée par le till entraîné sous ce glacier. Ses roches sont soumises à des pressions considérables et être écrasées progressivement jusqu'à, parfois, donner un sable glaciaire ou même une **farine glaciaire**, plus fine encore.

La **moraine frontale** est constituée par les rochers poussés en avant par le glacier. Elle a l'intérêt de marquer l'avancée maximale d'un glacier lorsque celui-ci a, depuis, reculé. Il abandonne en effet, au-devant de lui, sa moraine frontale qui forme une colline en forme de croissant concave vers l'amont de la vallée que l'on nomme **amphithéâtre** (ou **vallum**) **morainique**. On a fait grand cas de ces moraines frontales pour reconstituer les avancées successives de glaciers, notamment en bordure des inlandsis quaternaires d'Amérique du Nord et d'Europe du Nord. Cependant, il faut tenir compte du fait que, pour ces grandes masses glaciaires, d'anciennes moraines peuvent avoir été détruites plus ou moins complètement lors d'une avancée postérieure plus marquée de ces masses.

Les moraines comportent parfois des blocs de très grandes dimensions. Après la fonte de la glace, et du fait de l'érosion par les eaux courantes, ils se retrouvent parfois isolés dans le paysage en formant des **blocs erratiques**, très bien caractérisés lorsque leur composition lithologique diffère de celle de leur substratum.

Il ne faut pas omettre de signaler les dépôts de sables ou de blocs de tailles diverses (désignés en anglais par le terme de ***dropstones***) entraînés par les icebergs et relâchés dans le milieu marin lors de leur fonte.

Après la fonte de glaciers, on observe aussi parfois des **drumlins**, qui sont des collines allongées, façonnées par l'érosion de la glace ou/et constituées par l'accumulation de dépôts morainiques, et des **eskers**, qui sont des reliefs beaucoup plus longs que larges, sinueux, composés de galets et de sables transportés par des torrents sous glaciaires.

Lorsque des glaciers ont occupé suffisamment longtemps une vallée (figure 16.11) leur mode d'érosion donne à ces vallées, en coupe transversale, un profil en U (on dit aussi en **auge**), bien différent de celui donné par les rivières qui est dit en V. Si des vallées glaciaires confluent latéralement sur une vallée glaciaire principale, le niveau où elles confluent est situé à une cote nettement supérieure à celle du fond de la vallée principale. Une fois ces glaciers disparus, les vallées latérales restent **suspendues**, par rapport à la vallée principale. Les rivières qui s'y installent vont creuser cette marche d'escalier par une **gorge de raccordement**.

Sur le chemin d'un glacier, l'érosion particulière qu'il entraîne met en relief les régions dures en façonnant des **verrous glaciaires**. Derrière ces verrous, une fois le glacier disparu, se formeront des lacs glaciaires.

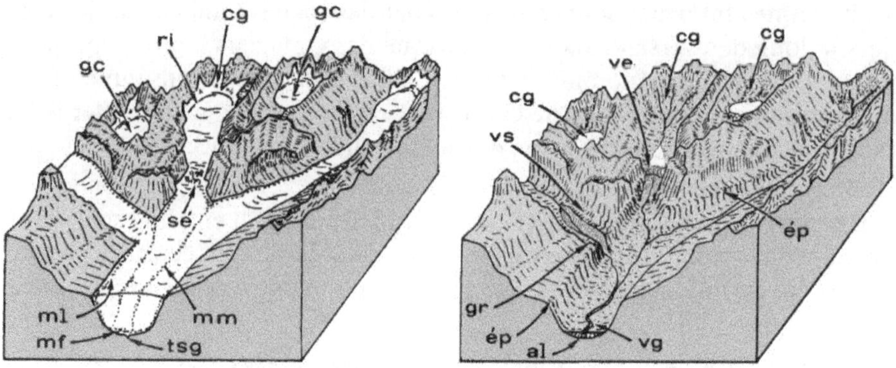

Figure 16.11 – Principales formes glaciaires pendant l'activité d'un glacier (à gauche) et après qu'il a disparu (à droite).

al : alluvions actuelles, cg : cirque glaciaire, ép : épaulement, gc : glacier de cirque, gr : gorge de raccordement, mf : moraine de fond, ml : moraine latérale, mm : moraine médiane, ri : rimaye, sé : séracs,

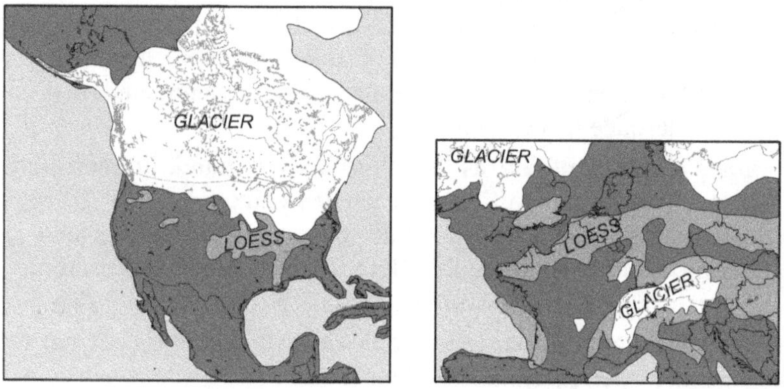

Figure 16.12 – Situation des lœss périglaciaires et des glaciers en Amérique du Nord et en Europe lors du dernier maximum glaciaire.

C'est le Würm, dans la terminologie européenne, ou le Wisconsin, dans la terminologie américaine.

Modelé périglaciaire

Dans les régions périphériques des glaciers, le froid intense a une action particulière sur les sols qui en conservent la trace longtemps après la fonte de la glace. Dans les sols qui ont été soumis à un gel permanent (**pergélisols** ou **permafrosts**), on voit principalement les marques de **coins de glace**, qui bordent les côtés de **polygones de toundra**, dessins hectométriques résultant de contractions thermiques. Les sols qui sont soumis à des alternances de gels et de dégels, montrent des **cryoturbations**, figure d'écoulement plus ou moins complexes au sein de ces sols. Sur les versants, **gélifraction** (éclatement des roches dû au gel) et **solifluxion** (écoulement des sols) engendrent des éboulis, souvent lités, nommés **grèzes**.

Les vents catabatiques (dévalant les pentes) qui soufflent autour des inlandsis, dont les régions périphériques sont parfois très pauvres en végétation, arrachent au substratum des particules qui sont transportées d'autant plus loin que leur granulométrie est plus fine. En se déposant, ils constituent des sédiments très fins appelés **loess** (figure 16.12).

La succession de phases glaciaires et interglaciaires est ainsi parfois enregistrée par des successions de dépôts lœssiques. Des exemples particulièrement parlants peuvent être observés en Chine du Sud (figure 16.13). À noter que ce type de sédiment n'est pas obligatoirement lié à un contexte périglaciaire, mais peut aussi s'observer autour d'autres aires dépourvues de végétation comme le sont les déserts tropicaux (exemple des Matmatas, Tunisie).

La trace de ces épisodes éoliens se retrouve en mer, comme l'atteste le contenu des carottes prélevées au large des zones à lœss. De même, les glaces polaires montrent que les particules les plus fines ont été entraînées très loin de leurs zones sources.

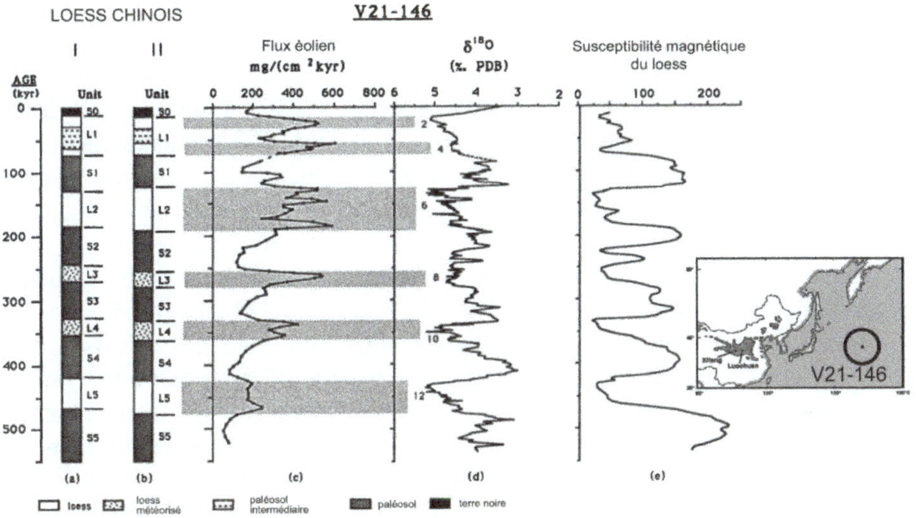

Figure 16.13 – **Flux éoliens contrôlés par les alternances climatiques dans le Pacifique du NE et comparaison avec les lœss de Chine.**

a et b : colonnes lithologiques schématiques dans le lœss chinois ; c : variation d'abondance des poussières (flux éolien), enregistrées dans les sédiments de la carotte V21-146 prélevée dans le Pacifique du Nord-Ouest ; d : enregistrement du $\delta^{18}O$ et e : courbe de la susceptibilité magnétique de la carotte. On constatera les ressemblances entre ces courbes et avec la série lithologique du lœss qui a bien enregistré les alternances de phases glaciaires et interglaciaires.
Extrait de Hovan, S. A. *et al.*, 1991, *Paleoceanography*, 6(3) : 349-370, © American Geophysical Union.

Enregistrement des glaciations préquaternaires

Si les différentes marques et dépôts glaciaires ou périglaciaires mentionnés ci-dessus ont permis de reconstituer très largement l'histoire des glaciations quaternaires, peu sont utilisables pour les temps plus anciens, l'érosion les faisant rapidement disparaître.

Les tills peuvent être conservés, généralement indurés sous forme de tillites, s'ils sont recouverts par des sédiments plus récents avant d'être complètement érodés. Cependant, il n'est pas toujours aisé de les reconnaître et l'on a souvent interprété comme tillites des dépôts détritiques grossiers mal classés ayant d'autres origines (éboulis, courants de turbidité, lahars, etc.). C'est pourquoi, on évite souvent de préciser l'origine de tous ces dépôts mal classés, en les désignant par le terme de **diamictites**. Un critère déterminant pour les rapporter à une origine glaciaire est la présence de blocs striés ou/et leur superposition à un substratum moutonné et strié. Cette dernière forme de relief est en effet la plus caractéristique des glaciations anciennes et, souvent, la seule forme qui permette de les caractériser.

Lignes de rivages, terrasses

Les variations de la quantité de glace à la surface du globe se traduisent par des variations en sens contraire du niveau moyen des mers dues, bien évidemment, au fait que l'eau qui s'est transformée en glace a été, en définitive, soustraite à l'océan. Ce phénomène, appelé **glacio-eustatisme**, n'a rien de négligeable puisque, entre une période sans glace et une période glaciaire, la différence des niveaux marins peut atteindre 200 m. Il y a 21 000 ans, lors de la dernière glaciation, le niveau des mers s'est trouvé abaissé de plus de 120 m. Ces variations du niveau marin, positives ou négatives, expliquent que l'on puisse observer, près des côtes, des plages marines au-dessus du niveau actuel de la mer : on les appelle terrasses marines. Il leur correspond des terrasses fluviatiles, surfaces des anciens dépôts alluviaux qui peuvent s'être formées lorsque les fleuves se raccordaient à des niveaux de base différents d'aujourd'hui, et qui sont entaillés par la vallée actuelle. On a cherché à établir des chronologies fondées sur les altitudes de ces terrasses, mais ces efforts n'ont pas toujours été couronnés de succès du fait de l'existence de déformations tectoniques ou isostatiques qui ont modifié les altitudes relatives des terrasses depuis leur formation. Notons aussi que l'abaissement du niveau de la mer durant les périodes glaciaires s'est traduit par un creusement des vallées fluviales au-dessous de leur niveau de base actuel, ce qui explique en partie l'existence de canyons sous-marins entaillant le talus continental.

Loin de la mer, le long des fleuves, on observe des terrasses, dites climatiques, dont le développement s'explique par les variations d'intensité du creusement ou de l'alluvionnement de ces cours d'eau selon les caractéristiques variables des climats. On a pu ainsi, notamment, les corréler à des épisodes glaciaires (figure 16.14).

Les déplacements des rivages lacustres constituent un indicateur important pour l'étude des reconstitutions des évolutions climatiques (figure 16.15). Les arguments utilisés sont proches de ceux que l'on vient de voir. En effet, si un lac est stable pendant un certain temps, il va marquer son étendue par le dépôt de sédiments, ceux qui se déposent en bordure repérant exactement, en principe, le niveau de l'eau. Si ce niveau baisse ou s'élève, les sédiments qui vont se former occuperont une surface plus petite ou plus grande. On aura ainsi formation de terrasses concentriques correspondant aux différents épisodes de stabilité. À condition de pouvoir dater ces

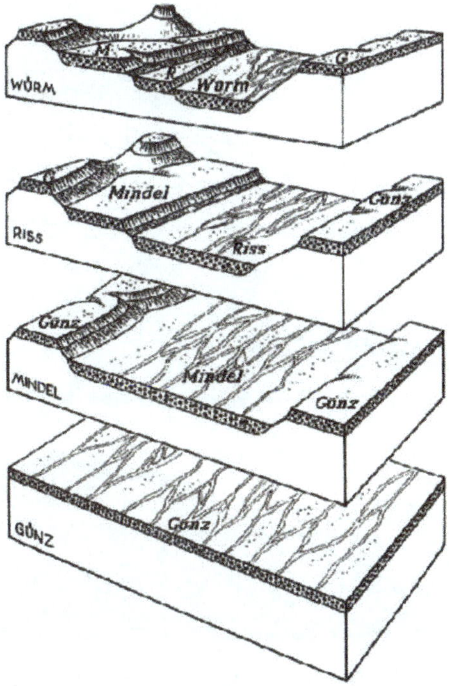

Figure 16.14 – **Un exemple de terrasses fluviatiles : celles qui, en Bavière, ont donné lieu à la chronologie classique des glaciations quaternaires alpines.**

À chacune de ces terrasses, qui correspondent à une période de moindre activité des cours d'eau, on a fait correspondre, après Penck et Brückner, une période glaciaire du Quaternaire, successivement Günz, Mindel, Riss et Würm.
D'après Jerz, H., *in* Benda, L., 1995, *Das Quartär Deutschland*, p. 302, fig. 2.

terrasses, on a là une possibilité d'établir la courbe des variations dans le temps du niveau du lac. Ce niveau dépend du bilan hydraulique, c'est-à-dire principalement de la différence des valeurs des précipitations et de l'évaporation, ce qui permet d'accéder aux variations climatiques avec souvent bien des difficultés dues à la diversité des situations réelles.

Spéléothèmes

On appelle **spéléothèmes** les concrétions qui se forment dans les grottes lors de l'évaporation des eaux qui y percolent. Les plus connues sont les **stalactites**, concrétions allongées qui pendent des plafonds, et les **stalagmites**, qui forment des sortes de chandelles montant du sol. Ces deux types de concrétions peuvent, à la longue, se réunir en formant des colonnes. D'autres types de concrétions peuvent se former comme, sur les parois, des draperies ou des enduits stalagmitiques et, au sol, des **planchers stalagmitiques**.

Figure 16.15 – Les terrasses du lac Bonneville, Utah, États-Unis.
Le Grand Lac salé de l'Utah n'est plus qu'un reste d'un lac beaucoup plus grand (Lake Bonneville) qui s'étendait du sud au nord sur quelque 400 km. Il a laissé, sur ses bords, des terrasses dont on voit, en haut, un dessin ancien publié par G.J. Gilbert (1890, US Geol. Survey, Monograph I) qui les a étudiées. En bas, une image actuelle (vue depuis 40,74 °N, 112,177 °W, septembre 2010). Photo A. Foucault.

Pratiquement, seules les stalagmites et, dans une moindre mesure, les planchers et les enduits stalagmitiques, sont étudiés. Les stalagmites montrent une structure stratifiée résultant de l'accumulation verticale de couches de calcite (épaisses de quelques micromètres à un millimètre par an), plus simple que celles des stalactites. Lorsque les infiltrations d'eau se tarissent du fait du gel lors de phases froides, elles cessent de se former : ces hiatus peuvent ainsi avoir une signification paléoclimatique. Les planchers stalagmitiques se forment lors d'arrivées d'eau importantes.

La mesure des variations de la vitesse d'accroissement des stalagmites peut être effectuée par la mise en évidence des épaisseurs de leurs lamines annuelles (sous réserve de confirmation de cette annualité), soit en lumière naturelle, soit en excitant leur luminescence grâce à des rayonnements ultraviolets. La vitesse de croissance de ces concrétions pouvant être fonction des précipitations, on peut considérer qu'il y a là un moyen de préciser les variations de celles-ci. Cette vitesse de croissance peut aussi être mesurée, sur de plus grands espaces de temps, grâce à des datations faites à différents niveaux par la méthode U/Th (figure 16.16)

La composition géochimique des spéléothèmes peut constituer des indicateurs climatiques. Le dioxyde de carbone dissous dans les eaux d'infiltration provient en grande partie de l'activité microbienne des sols, et sa composition en ^{13}C est ainsi

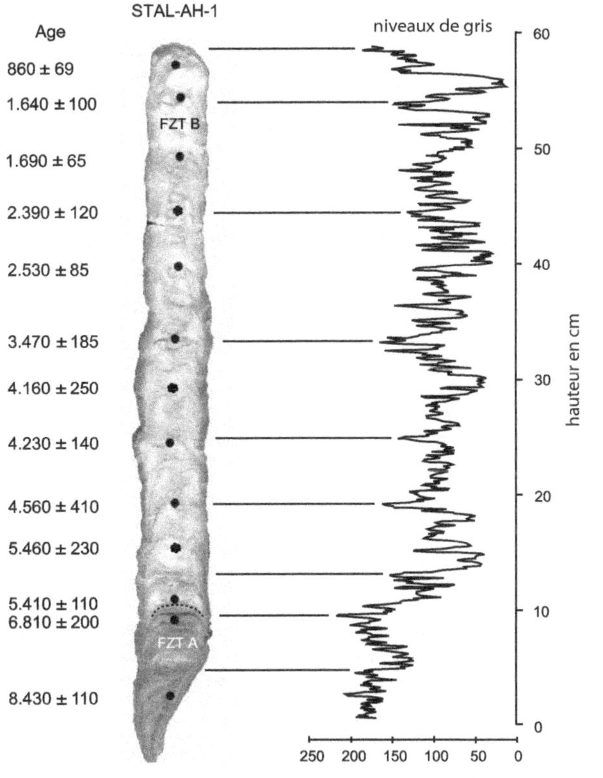

Figure 16.16 – Section longitudinale dans une stalagmite.

À gauche : photographie de la section. Les ronds noirs marquent des points d'échantillonnage auxquels correspondent les âges U-Th indiqués en face.
À droite : courbe des gris (valeurs en abscisse) mesurés sur la photographie, avec des valeurs allant de 0 à 250. Une échelle des longueurs est figurée en abscisse.
Extrait de S. Niggemann, S. *et al.*, 2003, *Earth Planet. Sci. Letters*, 216 : 539-547.

fonction de cette activité. On constate que le $\delta^{13}C$ du carbonate des spéléothèmes diminue lorsque le climat se réchauffe et que l'activité microbienne est augmentée (figure 16.17).

Le $\delta^{18}O$ de ce carbonate est lui aussi influencé par les variations climatiques, mais l'interprétation de ces variations est difficile, la composition isotopique des eaux de percolation n'étant souvent estimée que par des raisonnements parfois très indirects. Cependant, l'analyse des eaux de percolation, piégées dans les spéléothèmes sous forme d'inclusions fluides plus ou moins volumineuses, peut donner d'intéressantes précisions sur la composition de ces eaux.

Gradient géothermique

La radioactivité naturelle des éléments radioactifs contenus dans les roches profondes (U, Th, K) dégage de la chaleur qui engendre un gradient thermique

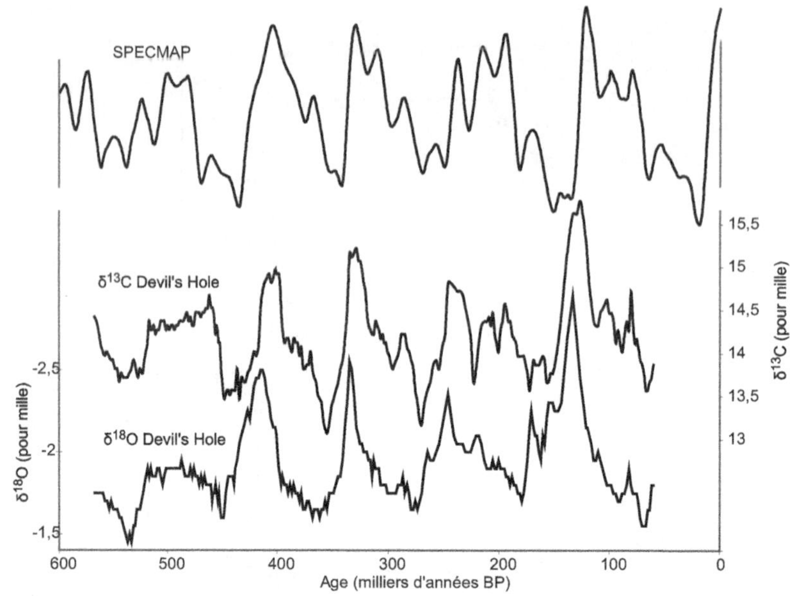

Figure 16.17 – Géochimie de la carotte DH-11 prélevée dans des enduits stalagmitiques de la grotte Devil's Hole (Nevada) comparée à la courbe SPECMAP du $\delta^{18}O$.

Les parois de cette caverne inondée sont recouvertes d'un enduit stalagmitique. Des carottages ont permis d'y analyser le $\delta^{18}O$ et le $\delta^{13}C$ sur une durée de plus de 500 000 ans. Le $\delta^{18}O$ y varie à l'inverse de celui de la courbe marine SPECMAP de Imbrie *et al.* 1984 (les eaux marines se concentrent en ^{18}O du fait de la concentration en ^{16}O des eaux d'évaporation dont proviennent les précipitations). Le $\delta^{13}C$ (dont l'échelle est ici inversée) diminue lors des périodes chaudes.
Courbes du bas dessinées d'après les données de Landwehr, J.M., Coplen, T.B., Ludwig, K., Winograd, I.J., et Riggs, A., 1997, *U.S. Geological Survey Open File Report,* 97-792.

négatif vers la surface terrestre. Dans une portion de l'écorce terrestre où les roches sont homogènes, et si la température de la surface est constante, un équilibre s'établit qui se traduit par un gradient constant d'environ 1 °C pour 33 m. Mais si la température de la surface change, ce gradient va se modifier à partir de cette surface, cette modification (dite transitoire) se propageant lentement en profondeur en perdant de son intensité (figure 16.18). Ainsi, si l'on mesure ce gradient thermique, on peut, par le calcul, remonter à l'histoire des variations de température qui ont altéré la régularité du gradient thermique. Ce gradient peut donc constituer un indicateur paléoclimatique.

Des difficultés peuvent cependant intervenir. Beaucoup sont dues à une répartition irrégulière en profondeur de roches de conductivités thermiques diverses. D'autres, à des phénomènes ayant altéré localement, directement ou indirectement, la température de la surface (défrichements, feux de forêt, proximité de lacs, circulation d'eaux souterraines, etc.).

D'une façon générale, les informations que l'on peut obtenir, avec lesquelles on peut remonter à quelques siècles, voire quelques millénaires, ne montrent pas de

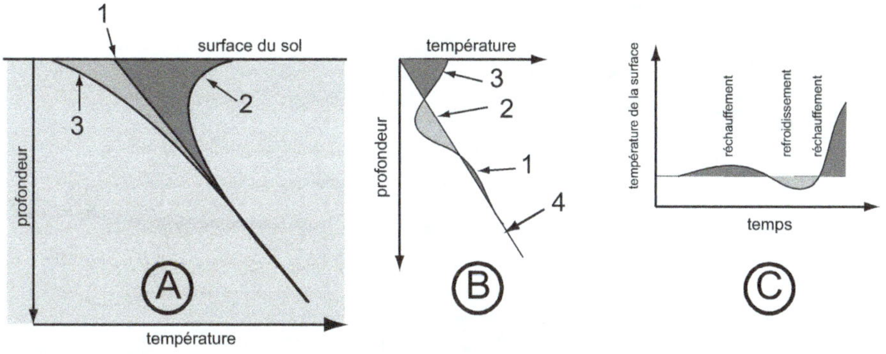

Figure 16.18 – L'enregistrement des variations de température du sol par le gradient géothermique.

A : gradient thermique du sous-sol en fonction de la profondeur et des variations éventuelles de température à la surface. 1 : gradient thermique constant correspondant à un état d'équilibre avec une température de surface constante. 2 : gradient thermique perturbé du fait d'un réchauffement de la surface. 3 : gradient thermique perturbé du fait d'un refroidissement de la surface. Les perturbations s'atténuent avec la profondeur.

B : gradient thermique du sous-sol perturbé successivement par (1) un réchauffement suivi d'un refroidissement (2), lui-même suivi d'un réchauffement (3). La droite (4) indique le gradient thermique non perturbé.

C : graphique des variations transitoires de la température au sol par rapport à un état non perturbé déduites de la figure B. En abscisse, les temps, en ordonnée, les températures.

Inspiré de Guillou-Frottier, L., 2006, *Géosciences*, 3 :12-17.

grands détails temporels. Elles ont cependant l'intérêt de pouvoir être faites pratiquement partout où l'on peut effectuer un sondage (figure 16.19).

16.4 Archives sédimentologiques

La nature même des sédiments peut fournir des indications concernant les climats sous lesquels ils se sont déposés. D'une façon générale, on ne pourra cependant pas en attendre de grandes précisions, la mesure quantitative des paramètres climatiques n'étant généralement pas accessible. Cependant, c'est souvent le seul moyen d'accéder à la connaissance des climats de périodes anciennes.

Les sédiments s'accumulent principalement au fond des lacs et des mers. Ils sont constitués surtout de particules de tailles diverses arrachées par l'érosion aux continents émergés (argiles, sables, etc.) et de débris de squelettes calcaires ou siliceux d'organismes vivants, le plus souvent très petits (foraminifères, radiolaires, algues microscopiques, etc.). Ces sédiments forment des boues d'abord très liquides qui se compactent ensuite lentement sous la pression des dépôts plus récents. Tant qu'elles restent sous l'eau, il faut des milliers d'années pour qu'elles prennent de la consistance et elles sont encore parfois très molles plusieurs centaines de milliers voire plusieurs millions d'années après leur dépôt. Leur émersion, phénomène qui s'est souvent produit au cours des temps géologiques, au moins pour une partie des sédiments, provoque rapidement leur durcissement, généralement expliqué par leur

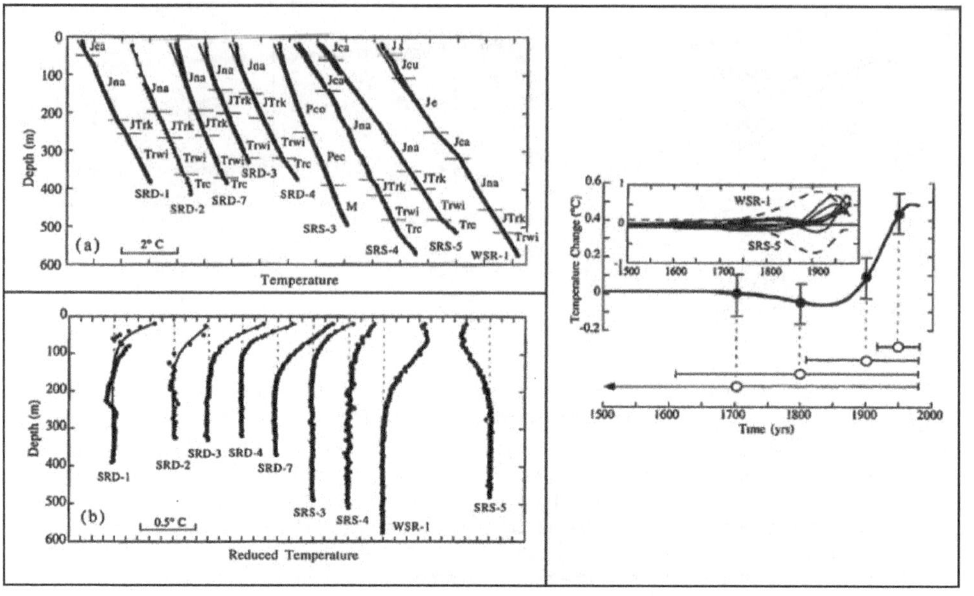

Figure 16.19 - Un exemple de reconstitution de l'évolution sur 500 ans des températures dans le sud-est de l'Utah à partir du gradient thermique.

En haut à gauche (a) : mesure des températures dans divers sondages (les courbes ont été décalées pour éviter qu'elles ne se superposent. Les mesures, très nombreuses, sont indiquées par des points. Des droites correspondant au gradient géothermique normal ont été tracées : elles ne sont visibles que vers le haut des sondages, là où les températures diffèrent nettement de ce gradient normal.
En bas à gauche (b) : mêmes températures dont on a soustrait le gradient géothermique normal (représenté par un pointillé qui est donc vertical). Une ligne continue souligne les températures transitoires. Noter que l'échelle des températures est quatre fois plus grande que sur la figure du haut. Presque toutes les courbes (sauf SRS-5 et, en partie, WSR-1) indiquent un réchauffement récent.
À droite : histoire des variations de la température de surface pour le sud-est de l'Utah, calculée par l'inversion des courbes géothermiques. Cette histoire est représentée par une courbe moyenne (avec des barres d'erreur) calculée à partir des courbes individuelles indiquées dans le rectangle au-dessus. Pour ce calcul, on n'a pas tenu compte des courbes WSR-1 et SRS-1 considérées comme aberrantes. Cette courbe montre bien un réchauffement récent après le Petit âge glaciaire entre 1700 et 1860.
Extrait de Harris et Chapman, 1998, *J. Geophys. Res.*, 103 (B4) : 7363-7369.

cimentation. L'ensemble des processus qui interviennent après le dépôt d'un sédiment, et contribuent à le transformer en roche, est appelé la **diagenèse**. Cette diagenèse tend à effacer le message dont les roches sont porteuses.

La composition des sédiments dépend d'une quantité de facteurs parmi lesquels la nature et la forme des reliefs, l'état de la surface des continents, désertiques ou couverts de forêts, la température de l'air ou de l'eau, la productivité des organismes aquatiques. Ainsi, lentement superposés les uns aux autres, ces sédiments constituent un enregistrement des conditions de l'environnement qui les a vus se former. Il faudra évidemment savoir lire cet enregistrement : certaines de ses caractéristiques seront plutôt en rapport avec la morphologie des continents, donc avec l'évolution tectonique, d'autres plutôt avec la température des eaux, des manifestations éruptives seront marquées par des lits de cendres volcaniques, etc.

Encart 16.1 Bioturbation et anoxie

Tout ce qui se produit à la surface du globe ne sera malheureusement pas enregistré et cela principalement pour deux raisons. L'une est que les composants de la sédimentation ne sont pas sensibles à tous les paramètres de l'environnement et certains de ceux-ci ne laisseront pas de trace. L'autre est que l'enregistrement sédimentaire peut être incomplet ou brouillé. Il est incomplet quand, par exemple, la sédimentation s'arrête pour cause d'émersion, dans le cas de couches marines, d'assèchement, s'il s'agit d'un lac. Il peut être brouillé en particulier par le phénomène de la bioturbation qui est le labourage que font subir au sédiment superficiel les animaux fouisseurs. Le fond des lacs ou des mers est en effet habituellement peuplé d'organismes, comme les annélides ou les mollusques, qui creusent la vase pour s'y abriter ou pour y chercher leur nourriture. Ils remontent à l'interface eau-sédiment des particules venant de quelques centimètres ou quelques décimètres plus bas et, inversement, enfouissent des particules superficielles. Il s'ensuit en quelque sorte un brouillage de l'enregistrement, un flou, qui correspond à une sorte de moyenne mobile de l'information sur l'épaisseur de la couche bioturbée qui se déplace vers le haut en suivant la sédimentation en cours. Il existe cependant des conditions où il n'y a pas de bioturbation, c'est quand il n'y a pas d'êtres vivants sur le fond, ce qui s'explique habituellement par l'absence d'oxygène au voisinage de ce fond. Ces conditions, dites anoxiques, sont dues soit à un non-renouvellement de l'oxygène consommé par les organismes du fait de la stagnation des masses d'eau, soit à une productivité organique tellement importante que tout l'oxygène du fond est utilisé pour oxyder cette matière organique. Dans ces conditions, on voit, dans les sédiments, des feuilletages qui correspondent aux variations rapides de l'environnement, par exemple à des alternances saisonnières (cas des sédiments varvés), accompagnés de matière organique noirâtre et à odeur fétide, du moins si cette matière organique n'a pas été oxydée et éliminée durant la diagenèse du sédiment.

Méthodes d'étude

Pour étudier les sédiments, il faut d'abord pouvoir les observer sur une épaisseur suffisante et, pour cela, deux techniques sont à notre disposition : les observations de terrain et les carottages.

Observations de terrain

C'est la technique de base. La plupart du temps, dans le domaine qui nous occupe, on relève des coupes représentant schématiquement les différentes couches. On y prélève échantillons à analyser et fossiles.

Carottages

Les carottages sont des prélèvements de longs cylindres de sédiments, ou carottes, effectués grâce à des appareils nommés carottiers.

Lorsque ces carottages sont effectués à terre, les carottiers sont montés sur des appareils de sondage qui permettent de prélever des centaines ou des milliers de mètres de carottes par tronçons successifs.

En mer, on peut effectuer des carottages identiques soit à partir de plates-formes reposant sur le fond sous-marin quand il n'est pas trop profond, soit à partir de bateaux. Ces derniers doivent être spécialement équipés non seulement pour pouvoir forer le fond sous-marin en quelque sorte à distance puisque la tour de forage est sur le bateau et non au fond de la mer, mais aussi pour que le carottier puisse être réintroduit dans le forage à chaque fois qu'il a été remonté pour en extraire une carotte puis redescendu au fond pour poursuivre l'opération. Depuis 1968 sont menés des programmes scientifiques internationaux de sondages océaniques profonds qui utilisent des bateaux foreurs spécialement conçus à cette fin (*Glomar Challenger* puis *Joides Resolution*). Plus communément, de nombreux navires océaniques sont munis de **carottiers à piston de type Kullenberg** permettant de récupérer des sédiments superficiels (figure 16.20). Ce sont des tubes creux, lourdement lestés à leur extrémité supérieure, suspendus verticalement au bout d'un câble, que l'on descend lentement jusqu'à ce qu'ils effleurent le fond. Un dispositif permet alors de les lâcher brusquement, ce qui les fait s'enfoncer dans le sédiment relativement meuble. On peut ainsi remonter des carottes d'excellente qualité mesurant couramment une dizaine de mètres mais pouvant atteindre 40 ou 50 m. Dans des sédiments ayant un taux d'accumulation de 1 cm par 1 000 ans, ce qui est une valeur courante, on voit que l'on peut faire des prélèvements correspondant aux quelques derniers millions d'années de l'histoire de la Terre.

Les affleurements de terrain et les carottes ne permettent pas de faire des observations identiques. Sur le terrain, il est possible de voir la continuité des couches latéralement et donc leur évolution dans l'espace : amincissements, épaississements,

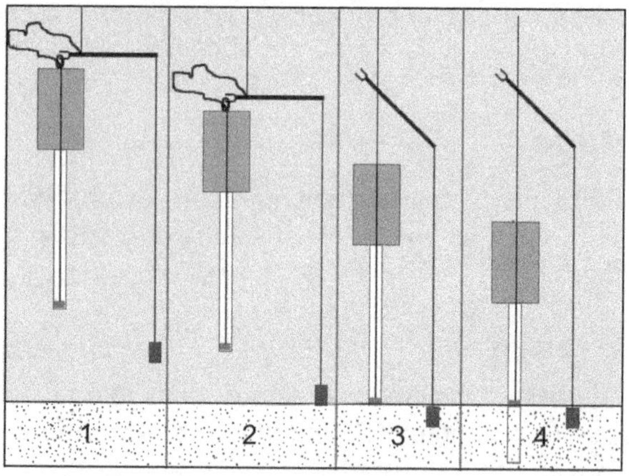

Figure 16.20 – Schéma de fonctionnement d'un carottier à piston de type Kullenberg.

Ce carottier est surtout utilisé pour échantillonner des sédiments marins.

1. Suspendu à un câble, et lourdement lesté (masse en gris foncé), il est descendu lentement.
2. Son contrepoids, qui est lui-même un petit carottier, touche le fond de la mer.
3. Le contact du contrepoids avec le fond a déclenché la chute brutale du carottier. Noter, à son extrémité, le piston retenu par le câble juste à la surface du sédiment (avec un figuré en pointillé).
4. Le carottier s'enfonce rapidement dans le sédiment protégé par le piston qui reste au niveau du fond sous-marin.

passage éventuel d'un type de sédiment à un autre. Mais, bien souvent, les évolutions verticales sont difficiles à établir avec précision car des parties peuvent être cachées par des alluvions, par des éboulis ou par la végétation. Enfin, les terrains qui affleurent sont altérés en surface plus ou moins intensément, ce qui empêche parfois de donner un sens à d'éventuelles analyses chimiques.

Les carottes permettent généralement d'avoir des successions de sédiments remarquablement continues où l'on peut observer les plus petits détails et prélever des échantillons indemnes d'altération superficielle. Cependant, les évolutions latérales des couches ne sont pas accessibles. On peut en partie remédier à cet inconvénient en comparant des carottes voisines et en interprétant les coupes géophysiques obtenues par l'enregistrement des réflexions d'ondes sur les couches situées en profondeur.

Quels que soient les inconvénients et les avantages des différentes techniques, on voit bien que l'utilisation de l'une ou de l'autre dépend davantage de contingences matérielles que d'un choix délibéré. L'étude des sédiments quaternaires récents qui, pour la plupart, sont situés au fond des mers ou des lacs, ne peut guère se faire que par carottage par gravité. Les sondages profonds impliquent une infrastructure et des coûts qui ne peuvent être justifiés que dans le cadre de grands programmes coordonnés, souvent internationaux. En tout état de cause, les terrains antérieurs au Jurassique (plus vieux que 200 millions d'années environ) ne se rencontrent pas sous les océans dont les fonds sont renouvelés du fait de la tectonique de plaques. Ils ne peuvent être étudiés que sur les continents et les études de terrain y sont primordiales. On trouvera, ci-après, des détails sur quelques types de sédiments aptes à donner des informations paléoclimatiques.

Évaporites

Sous le nom d'évaporites, on désigne des dépôts qui résultent de l'évaporation d'eaux chargées en sels dissous. Lors de cette évaporation, ces minéraux se déposent dans un certain ordre qui, pour les principaux, lorsqu'il s'agit d'eau de mer, est le suivant : gypse ($CaSO_4$, $2H_2O$), anhydrite ($CaSO_4$), sel gemme (ou halite, NaCl), carnallite ($KMgCl_3$, 6 H_2O), sylvite (KCl). Mais cet ordre n'est respecté que lorsque le processus d'évaporation est complet, sinon, seuls les premiers éléments de la liste se déposent. Ils forment soit des lits continus, soit des masses lenticulaires, soit des cristaux ou des amas isolés au sein d'argiles, de sables argileux, de dolomies. Souvent, au sein de ces séries, des dissolutions et des recristallisations interviennent. Ces séries évaporitiques sont connues, par exemple, aux États-Unis dans le Permien, en Europe dans le Trias supérieur de type germanique (Keuper), dans l'Éocène du bassin de Paris (gypse priabonien de Montmartre), dans l'Oligocène du Fossé rhénan (potasses d'Alsace). *A priori*, elles sont le signe de conditions climatiques arides, permettant l'évaporation de grandes quantités d'eau. Cependant, le rôle des conditions locales entre aussi en compte. Notamment l'isolement de domaines aquatiques aux eaux chargées de sel est une circonstance favorable à leur précipitation. C'est ainsi que la Méditerranée, isolée de l'Atlantique au Messinien, a pu donner d'épais dépôts évaporitiques alors qu'elle n'en donne plus aujourd'hui, son déficit hydrologique étant compensé par un apport d'eaux atlantiques.

D'une façon générale, cependant, on constate qu'aujourd'hui les évaporites ne se déposent, dans l'ensemble, qu'entre les parallèles 45 °N et 45 °S (figure 16.21). Cette constatation peut ainsi être utilisée comme un argument paléoclimatique et pour déterminer la position de l'équateur à des époques reculées où peu d'arguments permettent de le faire, ou pour confirmer cette position.

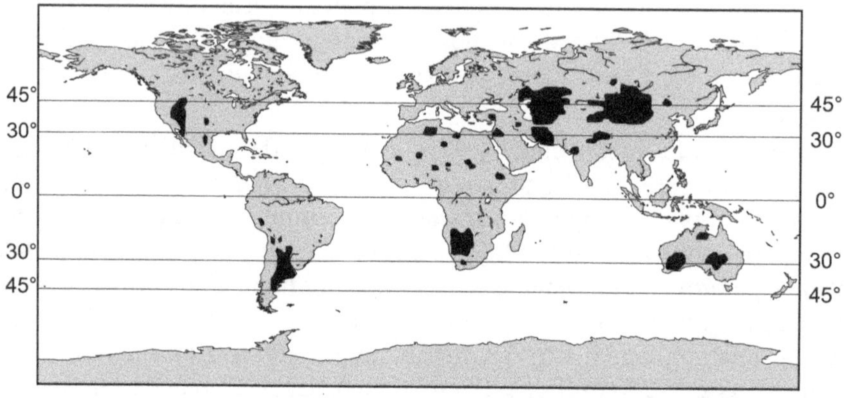

Figure 16.21 – Répartition actuelle des dépôts évaporitiques.
Les principales régions où se déposent actuellement des évaporites sont indiquées en noir. On constate qu'elles se situent très majoritairement entre les parallèles 45°.

Il est à noter que les évaporites des séries lacustres montrent souvent des lits annuels qui correspondent à des variations du taux d'évaporation engendré par les alternances des saisons (figure 15.11). Ces dépôts varvés permettent d'établir des chronologies flottantes à la précision d'une année, ou moins, et d'étudier des variations climatiques de haute fréquence.

Formations récifales

De nombreuses espèces de cnidaires fabriquent un squelette calcaire : on les désigne sous le nom de coraux. Certaines sont à rapporter au groupe des octocoralliaires (ou alcyonaires), comme le corail rouge, et d'autres au groupe des hexacoralliaires (dont la plupart des espèces à squelette calcaire forment les scléractinies). Sous le nom de **madréporaires**, on désigne les hexacoralliaires constructeurs ainsi que deux groupes constructeurs uniquement fossiles, les tétracoralliaires et les tabulés.

Beaucoup de madréporaires, dits hermatypiques, construisent des récifs coralliens plus ou moins importants. En règle générale, ces madréporaires vivent en symbiose avec des dinoflagellés photosynthétiques : les zooxanthelles ; mais cette règle n'a rien d'absolu. Cette symbiose implique que les madréporaires la pratiquant vivent dans la **zone photique**, où la lumière parvient, c'est-à-dire à faible profondeur. Ils se développent dans les eaux chaudes, dont la température ne descend pas au-dessous de 20 °C, qui, actuellement, ne se trouvent pratiquement jamais au-delà de 30° de latitude (figure 16.22). On a donc là un moyen de localiser l'équateur dans les périodes anciennes de l'histoire de la Terre et, dans une certaine mesure, d'avoir une idée de la répartition des paléoclimats, du moins si l'on pose qu'il y a eu une certaine constance dans l'écologie de ces groupes constructeurs.

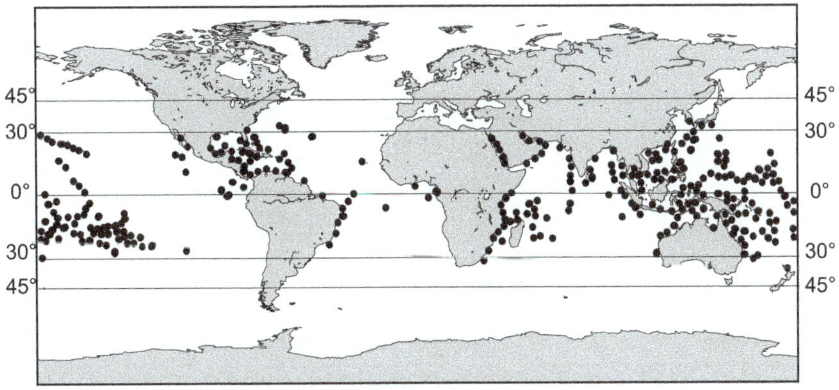

Figure 16.22 – Répartition actuelle des récifs coralliens (données : NOAA Ocean Service Education).

Il faut cependant ajouter qu'il existe aussi des coraux de mers froides, vivant à des températures pouvant être aussi basses que 4 °C, et à des profondeurs pouvant atteindre 2 000 m. Ces coraux, qui sont généralement dépourvus de zooxanthelles, peuvent se trouver à des latitudes dépassant 70°.

Glendonite

La glendonite (de Glendon, Australie) est une pseudomorphose en calcite d'ikaïte ($CaCO_3$, 6 H_2O), se présentant souvent sous forme de boule hérissée. Ce minéral hydraté ne se formant que dans des eaux froides (moins de 7 °C), on considère qu'il est un marqueur de périodes glaciaires par exemple dans le Paléozoïque du Gondwana.

Dunes

Dans un contexte continental, la présence de dunes sableuses signe des climats désertiques où la végétation est quasi nulle. Cette condition est en effet nécessaire pour que des grains de sable puissent être arrachés à leur substratum et transportés, sur des distances parfois considérables, par les vents. Selon la nature de ceux-ci, diverses formes de dunes peuvent être observées, comme les dunes longitudinales qui peuvent former des collines sableuses très allongées selon la direction des vents (**silks** parfois dits **sifs**, bien que ce terme désigne plutôt des dunes sinueuses, ou l'inverse selon les auteurs), ou les **barkhanes**, croissants dont les pointes sont tournées dans le même sens que le vent (figure 16.23).

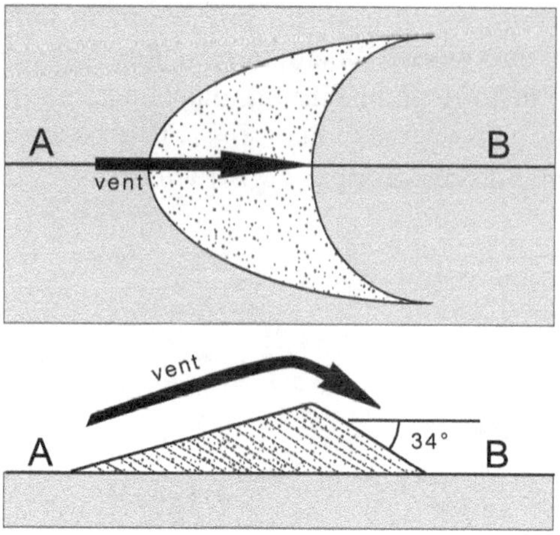

Figure 16.23 – Structure d'une dune de type barkhane.

Le vent transporte les grains de sable jusqu'au sommet de la dune. Ils roulent ensuite sur la pente (atteignant au maximum 34°) sous le vent. La pente des lits sableux successifs permet de déterminer la direction des vents qui les ont engendrés.

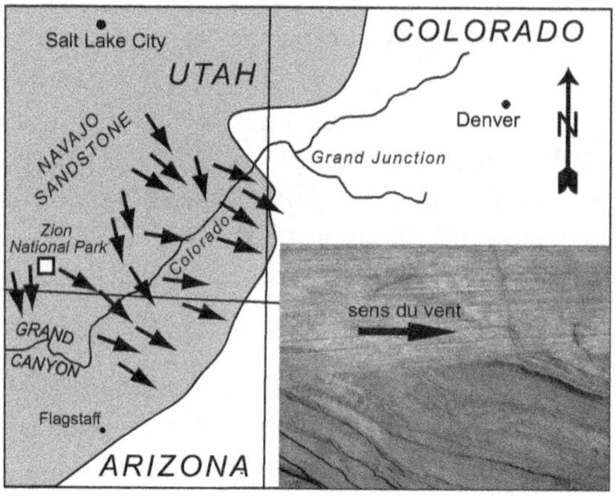

Figure 16.24 – Reconstitution de la direction des vents dans les grès dunaires de la Formation Navajo (Jurassique inférieur des États-Unis).

Largement représentée dans le centre des États-Unis, la formation gréseuse Navajo (en grisé sur la carte) est constituée majoritairement par des dunes d'âge jurassique inférieur dont les structures permettent de reconstituer la direction des vents (indiquée par des flèches) qui les ont constituées. (D'après F. G. Poole, 1962, 1964). La photo en bas à droite montre un détail d'affleurement (largeur environ 3 m) au parc national de Zion.

Ces formes ne sont pas visibles dans les sédiments anciens qui montrent très généralement des sections de ces édifices superposés. Ces sections permettent de déterminer la direction de la pente maximale des stratifications obliques, lesquelles sont statistiquement tournées dans le même sens que le vent qui les a fait naître (figure 16.24).

Il est à noter que des dunes peuvent aussi se former en contexte marin (**dunes hydrauliques**), ce qui peut engendrer des confusions. Cependant, les grains de sable des dunes éoliennes ont, au microscope, un aspect particulier dit rond mat, engendré par le mode de transport éolien par saltation et les chocs des grains les uns contre les autres.

Sédiments terrigènes

On qualifie de terrigènes les sédiments dont les éléments (galets, sables, argiles, etc.) sont arrachés par l'érosion aux terres émergées. Ils peuvent être lacustres, fluviatiles, ou marins. On considère que, dans l'ensemble, ils sont contrôlés essentiellement par les mouvements tectoniques de l'écorce terrestre : la création de reliefs activant l'érosion, et par conséquent la sédimentation de matériaux terrigènes, alors que celle-ci est atténuée ou annulée lorsque les reliefs sont aplanis, surtout si une couverture végétale se met en place.

Mais on peut, bien souvent, retrouver dans ce type de sédiments des contrôles d'origine climatique. Un exemple en a été donné plus haut (chapitre 15) avec les fines alternances argilo-sableuses que l'on nomme au sens propre des varves et qui sont contrôlées par les fontes annuelles des glaciers.

À des échelles plus grandes, certains sédiments rythmiques (flyschs) semblent aussi montrer des contrôles climatiques. L'origine de ces rythmes peut être trouvée dans les variations glacio-eustatiques des niveaux marins.

Les variations des composants mineurs des sédiments terrigènes sont parfois particulièrement significatives. Un exemple peut être donné dans la sédimentation récente du delta du Nil (figure 16.25). Ce fleuve est formé par la conjonction de trois rivières, du sud au nord, le Nil blanc, le Nil bleu et l'Atbara. Le premier prend sa source très au sud près de l'équateur, les deux autres dans les plateaux volcaniques de l'Éthiopie. Au cours des trente derniers millénaires, la végétation s'est considérablement modifiée dans cette dernière région qui s'est couverte de forêts au moment où le Sahara cessait d'être un désert pour être parsemé de lacs, habité par des hommes et sillonné de troupeaux (soit entre 9 000 ans et 4 500 ans BP). Le résultat est que l'érosion a alors pratiquement cessé d'arracher à l'Éthiopie les minéraux caractéristiques de cette contrée volcanique : toute cette histoire a été enregistrée dans les sédiments du delta du Nil et peut être lue dans les carottes qui y ont été prélevées.

Sédiments marno-calcaires

La sédimentation des océans présente souvent des boues composées d'argile, provenant surtout des continents lointains, et de calcaire, qui procède essentiellement de l'accumulation de coquilles de foraminifères ou de squelettes d'algues microscopiques, les coccolithophoridés.

Les proportions de ces deux constituants varient considérablement et l'on a pu montrer bien souvent que ces variations étaient liées à l'évolution climatique. De vrai, l'origine de ces variations n'est pas toujours la même, et l'on a pu invoquer

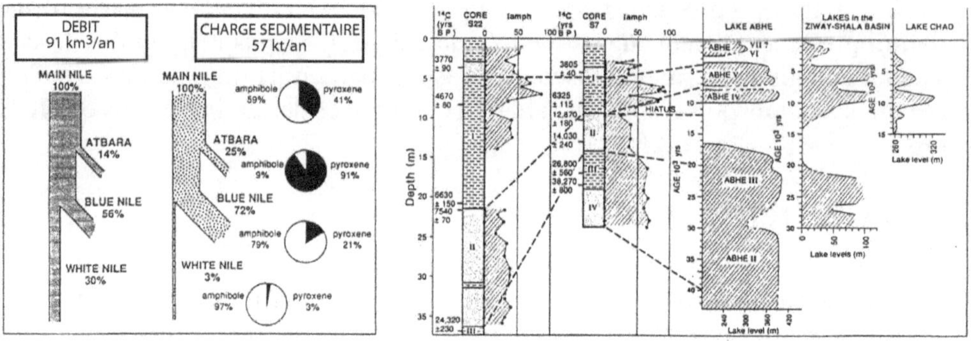

Figure 16.25 – Les variations climatiques dans le NE de l'Afrique enregistrées par la sédimentation terrigène du Nil.

À gauche, débits du Nil principal et des trois affluents qui le nourrissent, le Nil blanc, le Nil bleu et l'Atbara, et proportions relatives d'amphibole et de pyroxène actuellement transportés par ces cours d'eau. Le pyroxène est abondant dans ceux qui prennent leurs sources sur les hauts plateaux basaltiques éthiopiens, alors que le Nil blanc n'en contient pratiquement pas et que l'amphibole y domine.
Les schémas de droite montrent les colonnes stratigraphiques schématiques de deux carottes (S22 et S7) prélevées dans le cône alluvial du Nil (les chiffres I, II, III et IV désignent des unités stratigraphiques). Des datations sont indiquées à gauche de chaque colonne et à droite une courbe de l'indice Iamph = (fréquence d'amphibole/(fréquence d'amphibole + fréquence de pyroxène) x 100). Cet indice est maximum lorsque les lacs de l'est ou du centre africain (lac Abhe, etc., trois courbes de droite) montrent des hauts niveaux. Ainsi, les périodes humides correspondent à un faible apport en pyroxène depuis l'Éthiopie, région où pendant ces périodes, le couvert végétal, maximum, fait obstacle à l'érosion.
Extrait de Foucault, A. et Stanley, D. J., 1989, *Nature,* 339(6219) : 44-46.

plusieurs mécanismes pour les expliquer. Parmi eux, la variation de productivité des foraminifères et des algues, l'influence des courants marins, l'activation des phénomènes de dissolution sous-marine jouent un rôle important. Le Pliocène des régions méditerranéennes montre fréquemment des alternances marno-calcaires dont l'origine est attribuée aux variations climatiques contrôlées par l'orbite terrestre (figure 16.26).

Dans les sédiments anciens, on trouve des variations comparables qui se manifestent par l'existence d'épaisses séries où alternent bancs de calcaires et couches de marnes, et dont l'origine est très probablement climatique même si leur interprétation n'est pas toujours aisée.

L'analyse spectrale de propriétés de ces séries, telles que la calcimétrie ou la susceptibilité magnétique, y montre souvent des fréquences qui peuvent être rapportées à celles de paramètres de l'orbite terrestre (figure 16.27). Cependant, la difficulté d'avoir des datations précises dans ce type de formations empêche généralement d'avoir des certitudes à cet égard.

Sédiments houillers

L'existence de charbons dans les couches sédimentaires revêt une signification paléoclimatique. En effet, des restes de plantes ne peuvent être conservés que s'ils sont

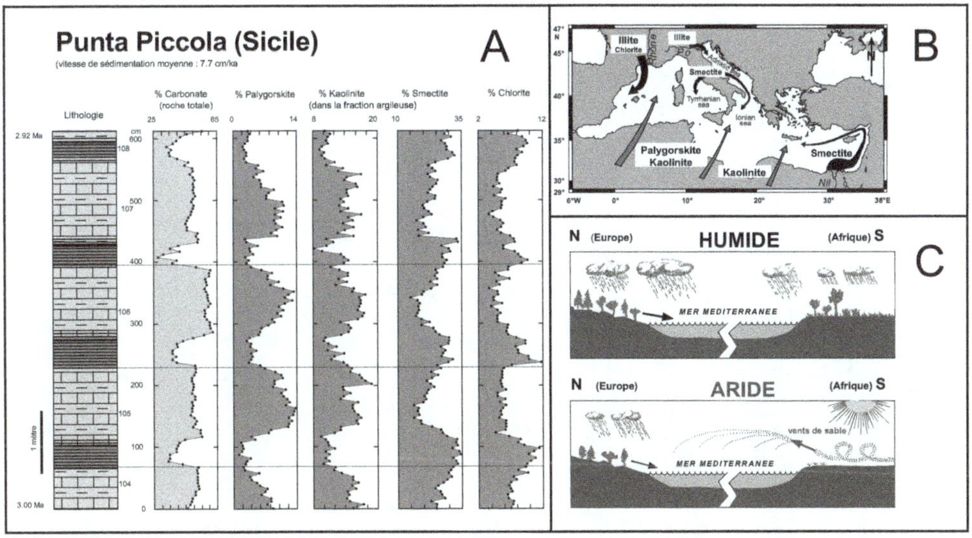

Figure 16.26 – **Alternances marno-calcaires contrôlées par les alternances climatiques dans le Pliocène de Sicile.**

La figure A montre, à gauche, une colonne stratigraphique schématique distinguant quatre alternances marnes-calcaires et, plus à droite, cinq courbes montrant les variations d'abondance de leurs composants minéralogique. Compte tenu du fait que (figure B) la palygorskite et la kaolinite sont arrachées par le vent aux régions sahariennes, on interprète (figure C) ces alternances comme résultant de l'alternance de périodes humides (végétation sur le Sahara et moins d'apports éoliens en provenant) et arides (reprise de l'érosion éolienne). Un contrôle astronomique de ces variations climatiques est probable. Voir aussi la figure 15.2.
Extrait de Foucault, A. et Mélières, F., 2000, *Palaeogeography, Palaeoclimatology, Palaeoecology*, 158 : 311-323, et de Foucault, A. et Mélières F., 2006, INQUA, AFEQ, Résumé congrès.

protégés de l'oxydation de l'air. Il est donc nécessaire, pour qu'ils persistent, qu'ils soient séparés de cet air par une lame d'eau, ce qui ne peut se faire que dans un climat humide. La répartition des charbons est, en cela, pratiquement exclusive de celle des évaporites (figure 16.28).

16.5 Archives biologiques

Foraminifères

Les foraminifères sont des organismes unicellulaires marins secrétant une coquille appelée test (figure 16.29). Le plus souvent, ce test est carbonaté, parfois organique ou agglutinant (composés de grains prélevés dans le sédiment), très rarement siliceux.

Ce test peut comprendre une ou plusieurs loges, alors diversement agencées (en spirale ou en bâtonnets formés d'une ou deux séries de loges). Connus dès le Cambrien, ils sont surtout abondants depuis le Mésozoïque. Ils peuvent être planctoniques ou benthiques (tous les agglutinants le sont).

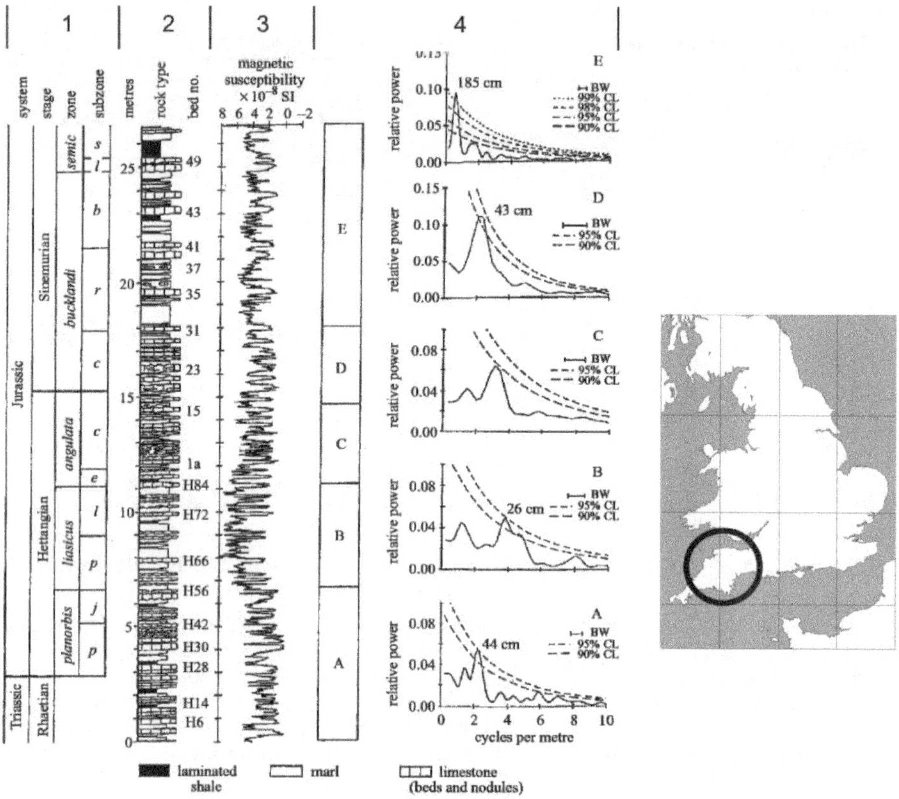

Figure 16.27 – Contrôle orbital de la sédimentation marno-calcaire du Lias du sud de l'Angleterre.

Cet exemple est pris dans le Lias inférieur de Lyme Regis (localisation en cartouche). Colonnes 1 : divisions stratigraphiques de la coupe étudiée, dessinée schématiquement plus à droite (colonne 2) avec ses épaisseurs en mètres et une numérotation de ses bancs. 3 : courbe de la susceptibilité magnétique de cette série. 4 : analyses spectrales correspondant à différentes sections de la coupe marquées de A à E. On voit des pics pour les valeurs 26 cm, 43 cm et 185 cm, que l'on peut faire correspondre respectivement aux périodes de l'excentricité (100 ky), de l'obliquité (40 ky) et de la précession (20 ky). BW : *bandwith* (bande passante), CL : *confidence level* (seuil de confiance).
Extrait de Weedon G. P., *et al.*, 1999, *Phil. Trans. Royal Soc.*, 357 : 1787-1813. V. aussi M. Ruhl *et al.*, 2010, EPSL, 295 : 262-276.

La répartition des espèces planctoniques dans les océans est largement conditionnée par la température de surface. Elle peut donc être utilisée comme indicateur paléoclimatique pour reconstituer l'évolution de cette température, à condition de connaître les exigences écologiques des espèces extraites de sédiments, ce qui n'est le cas que pour des périodes pas trop anciennes (figure 16.30). À cette fin, on peut utiliser des méthodes statistiques exposées plus haut, comme celle d'Imbrie et Kipp (figure 14.4) ou celle des analogues modernes. On peut aussi, plus simplement, utiliser comme marqueurs de température, l'abondance de certaines espèces particulièrement thermosensibles (figure 16.31).

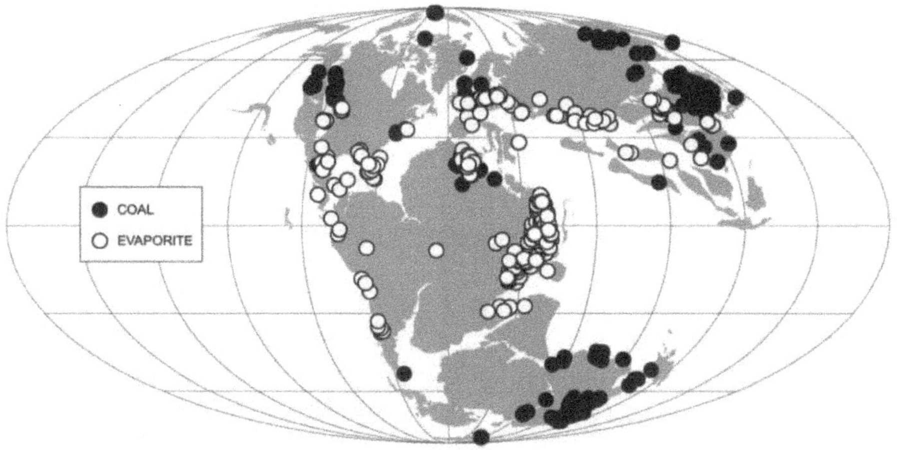

Figure 16.28 – **Répartition des dépôts de charbon et d'évaporites au Jurassique supérieur.**

On notera que les sédiments à charbon se sont surtout déposés à des latitudes moyennes ou hautes, qui devaient donc présenter un haut degré d'humidité. Par contraste, les basses latitudes montrent des dépôts évaporitiques caractérisant des climats arides.
Extrait de Rees, P. M. *et al*, 2004, *J. Geology*, 112 : 643-653.

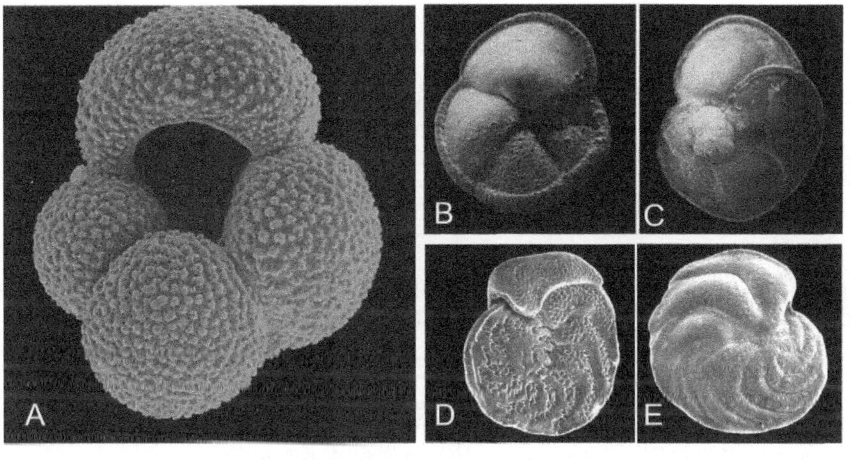

Figure 16.29 – **Aspects de foraminifères vus au microscope à balayage électronique.**

A : *Globigerina bulloides* (vue ventrale, espèce planctonique. B : vue ventrale. C : vue dorsale de *Globorotalia menardii*, espèce planctonique. D : vue ventrale. E : vue dorsale de *Planulina wuellerstorfi*, espèce benthique.

La géochimie des tests de foraminifères a permis des progrès très importants dans le domaine de la paléoclimatologie et de la paléoocéanographie.

En effet lorsqu'un foraminifère utilise le carbonate de calcium $CaCO_3$ dissous dans l'eau de mer pour fabriquer son test, cela correspond à une transformation

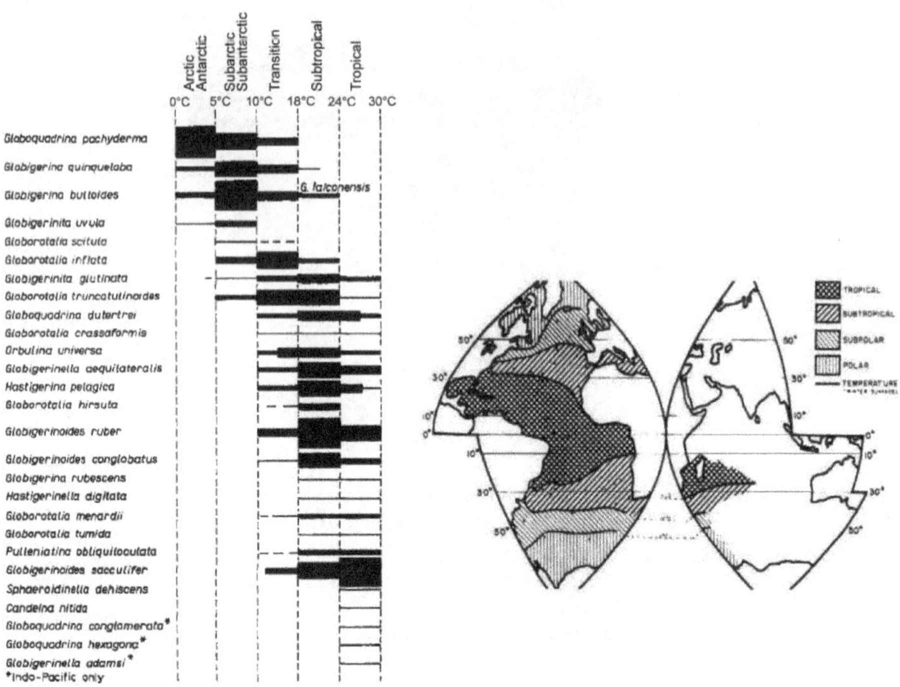

Figure 16.30 – Distribution de foraminifères planctoniques actuels en fonction de la température moyenne des eaux marines superficielles.

Le tableau, à gauche, montre les conditions de température dans lesquelles vivent les espèces mentionnées. L'épaisseur des barres correspond à leur abondance dans les différents intervalles de température. Ces intervalles définissent des assemblages dont la répartition géographique est indiquée sur la carte de droite.
Extrait de Haq, B.U., Boersma, A., 1978, *Introduction to Marine Micropaleontology*, Elsevier, NY.

physique (cristallisation) qui est accompagnée d'une modification des proportions des isotopes par rapport à l'eau de mer. Cette modification, que l'on peut exprimer par le rapport des isotopes de l'oxygène, dépend de la température de l'eau de mer où vit le foraminifère.

Pour exprimer la relation entre la température t de formation d'un test et sa composition isotopique $\delta^{18}O$, on utilise généralement, mais pas uniquement, la formule suivante ($\delta^{18}Ow$ correspondant à la composition isotopique de l'eau de mer dans laquelle le test s'est constitué) :

$$t = 16{,}9 - 4{,}2(\delta^{18}O - \delta^{18}Ow) + 0{,}13(\delta^{18}O - \delta^{18}Ow)^2$$

Ainsi, une augmentation de 1 du $\delta^{18}O$ du foraminifère correspond à une diminution d'environ 4 °C de l'eau de mer. Les mesures de $\delta^{18}O$ étant très précises, les températures peuvent être évaluées à 0,2 °C près, des imprécisions supplémentaires pouvant provenir d'autres facteurs (figure 16.32).

Cependant, pour utiliser cette formule au cours du temps, il faut connaître la composition isotopique $\delta^{18}Ow$ de l'eau de mer à l'époque considérée. Or elle varie

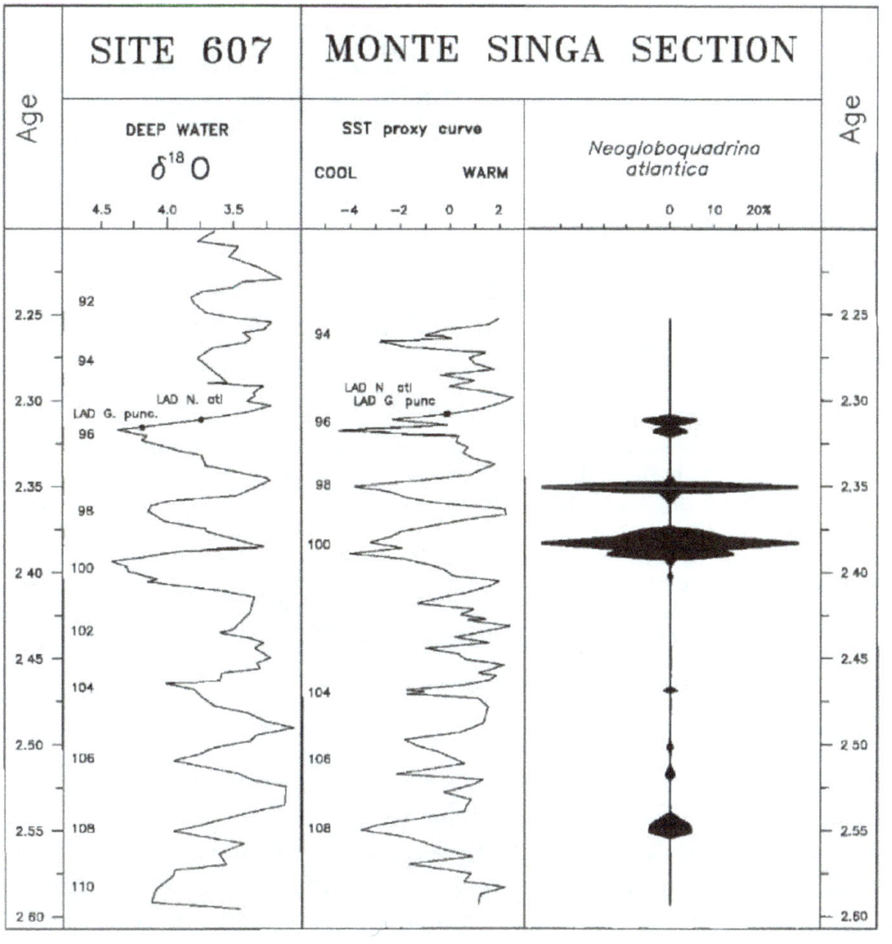

Figure 16.31 – Un foraminifère marqueur des eaux froides : Neogloboquadrina atlantica.

1re et dernière colonnes : chronologie en millions d'années. 2e colonne : $\delta^{18}O$ des tests des foraminifères benthiques du site de forage DSDP 607. 3e colonne : température estimée des eaux de surface. 4e colonne : épisodes de refroidissement des eaux de la Méditerranée au Pliocène, marqués par une brutale abondance du foraminifère planctonique d'eaux froides *Neogloboquadrina atlantica*. La coupe de Monte Singa est située en Calabre (Italie).
Extrait de Zachariasse, 1990, *Paleoceanography*, 5(2) : 239-252.

de façon importante durant les périodes glaciaires. Cela est dû au phénomène suivant : lorsque l'eau des océans s'évapore, celles de ses molécules composées avec l'isotope lourd ^{18}O de l'oxygène s'évaporent moins aisément que celles composées avec l'isotope léger ^{16}O (figure 16.33). L'eau de mer se concentre donc en isotope ^{18}O, et le $\delta^{18}O$ de la vapeur d'eau est inférieur à celui de l'eau de mer. Lorsque, à partir de cette vapeur d'eau, l'eau précipite, en pluie ou en neige, la condensation affecte de préférence l'isotope lourd et, par conséquent, la vapeur d'eau restante se

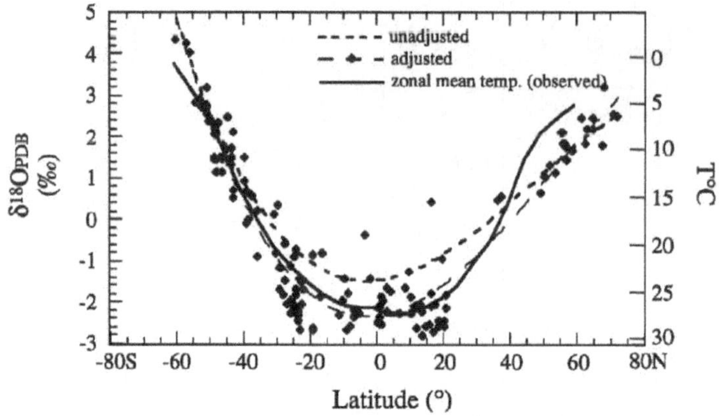

Figure 16.32 – Un exemple de corrélation entre isotopes de l'oxygène de tests de foraminifères et température de l'eau.

La mesure du $\delta^{18}O$ a été effectuée sur des tests de foraminifères planctoniques prélevés dans des sédiments marins récents à diverses latitudes. On voit que la courbe d'ajustement des températures calculées (en tirets) et la courbe des températures mesurées par satellite (en trait plein) sont très proches, ce qui justifie l'utilisation de ces isotopes pour le calcul des températures. La formule pour calculer ces températures (tirée de Erez et Luz, 1983) est $T°C = 16{,}998 - 4{,}52(\delta^{18}Of - \delta^{18}Ow) + 0{,}028(\delta^{18}Of - \delta^{18}Ow)^2$, le standard utilisé pour calculer $\delta^{18}Of$ (des foraminifères) étant PDB (*Pee Dee Belemnite*) et $\delta^{18}Ow$ étant le SMOW (*Standard Mean Ocean Water*).
Extrait de Zachos *et al.*, 1994. *Paleoceanography*, 9(2) : 353-387.

concentre encore davantage en isotope léger. Si les précipitations qui en résultent retournent intégralement à l'océan, la composition primitive sera retrouvée. Mais si les précipitations vont finalement grossir les calottes glaciaires, celles-ci vont retenir l'eau enrichie en isotope léger de l'oxygène et il en résultera finalement une concentration de l'isotope lourd dans l'eau océanique. Ces modifications se retrouveront évidemment dans les coquilles de foraminifères.

Durant les périodes glaciaires, les variations du $\delta^{18}O$ de l'eau de mer correspondent pour l'essentiel aux variations de la quantité d'eau stockée dans les glaces, notamment dans les grands inlandsis, et très peu aux variations de température de l'eau. Cela est confirmé par l'examen de l'enregistrement des variations du $\delta^{18}O$ dans les tests des foraminifères benthiques. En effet, l'eau qui se trouve au fond des océans est actuellement à une température très basse (de l'ordre de 2 °C ou moins), proche de son point de congélation. Il est donc exclu que, même au plus fort des glaciations quaternaires, cette température ait beaucoup baissé. On devrait donc s'attendre, si les variations du $\delta^{18}O$ dépendaient uniquement de la température de l'eau, à ce que les proportions isotopiques de l'oxygène des coquilles de foraminifères vivant sur ce fond soient restées pratiquement constantes. En fait, on constate que ces proportions ont varié presque de la même façon que celles correspondant aux foraminifères vivant dans les eaux de surface dont les températures ont, elles, beaucoup changé (figure 16.34). On est donc conduit à penser que la plus grande partie de ces variations, disons 80 %, est due aux modifications propres des propor-

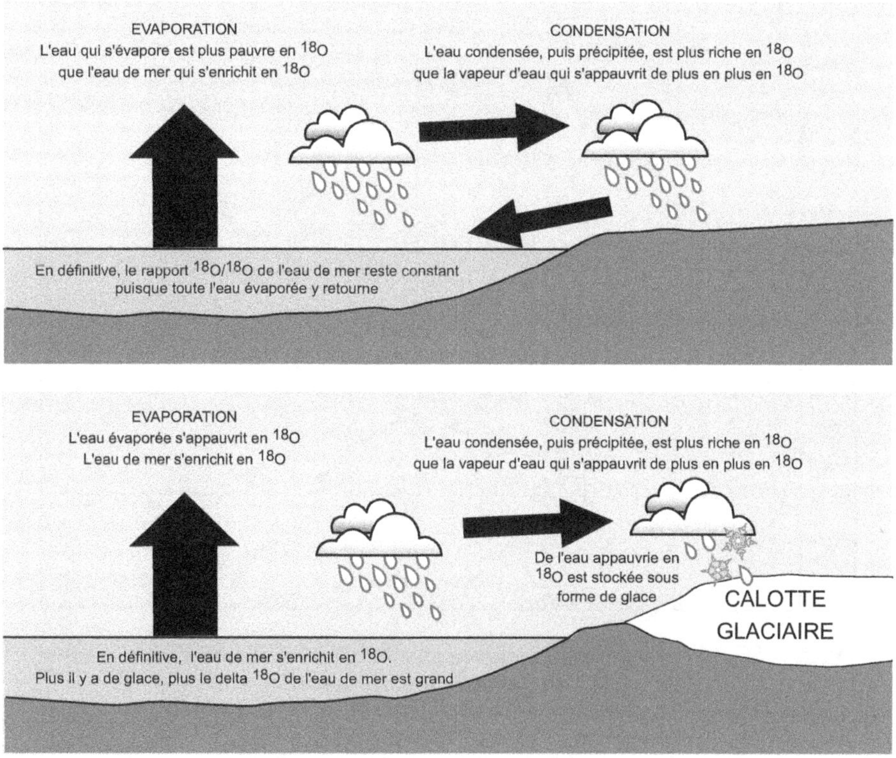

Figure 16.33 – Effet sur le $\delta^{18}O$ de l'évaporation de l'eau de mer et de son stockage dans les glaces.

Figure du haut : lorsqu'il y a peu ou pas de glace à la surface du globe, le $\delta^{18}O$ des océans reste constant. Figure du bas : lorsque les précipitations restent stockées sous forme de glace dans les calottes polaires, le $\delta^{18}O$ des océans augmente d'autant plus que ce stock de glace est grand.

tions isotopiques de l'oxygène de l'eau de mer, résultant en définitive du stockage d'une partie de son volume dans les glaces polaires.

Ainsi, pour cette période glaciaire, on peut considérer la courbe des variations du $\delta^{18}O$ comme un indicateur des variations des masses d'eau stockées sous forme de glace à la surface du globe, donc de l'importance des glaciations. Notons que, comme pour la température, la corrélation est négative, c'est-à-dire que le $\delta^{18}O$ varie en sens inverse du volume de la glace. Ce n'est que pour des périodes plus anciennes que le Quaternaire, souvent dépourvues de grandes calottes glaciaires comme le Crétacé, que le $\delta^{18}O$ peut donner la température des eaux océaniques.

Le $\delta^{18}O$ des tests des foraminifères permet aussi d'accéder, avec plus ou moins de précision, à la reconstitution de la salinité des eaux dans lesquelles ils se sont formés. D'autres indicateurs peuvent aussi être analysés dans ces tests, notamment le $\delta^{13}C$.

La connaissance de l'écologie des espèces planctoniques, et notamment celle de la profondeur où elles vivent, est importante, pour reconstituer les caractéristiques

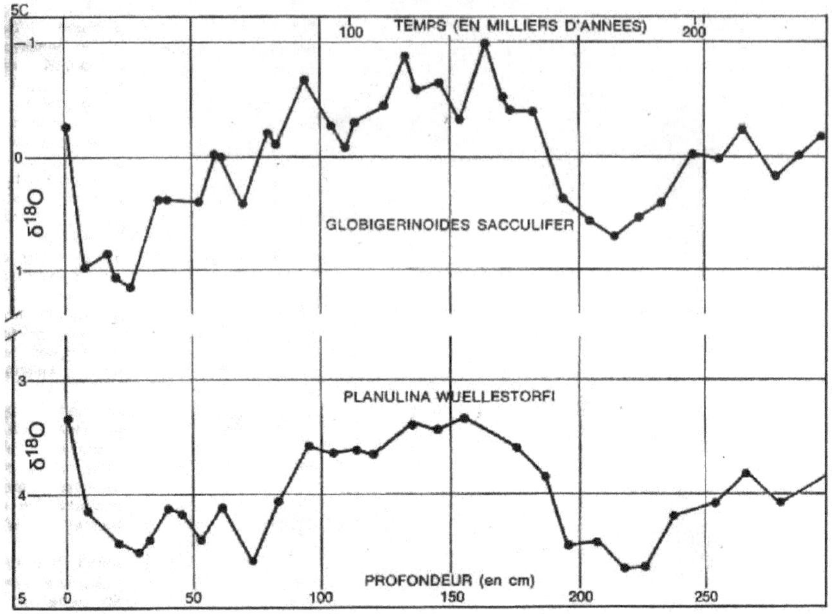

Figure 16.34 - Variations identiques du $\delta^{18}O$ d'un foraminifère planctonique et d'un foraminifère benthique

Ces courbes montrent les variations du $\delta^{18}O$ des deux foraminifères *Globigerinoides sacculifer* (planctonique) et de *Planulina wuellerstorfi* (benthique, V. fig. 16.29) échantillonnés dans une carotte marine. Elle traverse deux cycles glaciaires ayant eu leurs maximums il y a 21 000 ans (environ 30 cm de profondeur dans le sédiment) et il y a 130 000 ans (220 cm). Alors que la température des eaux de fond n'a pu baisser que très peu pendant ces glaciations (elle est aujourd'hui à 2 °C), les variations du $\delta^{18}O$ du foraminifère benthique sont très marquées : elles traduisent un changement de la composition isotopique de l'eau de mer dû au stockage de ^{16}O dans les inlandsis. Les variations du $\delta^{18}O$ du foraminifère planctonique sont très semblables : le signal thermique est occulté par le signal du stockage des glaces. Ainsi, en période glaciaire, ces signaux isotopiques révèlent en majorité les variations du stock de glaces mondial.
Extrait de Duplessy, J. C., Chenouard, L. et Reyss, J. L, 1974.

des milieux, par exemple en ce qui concerne la température des masses d'eau. Durant leur cycle de vie, ces espèces peuvent en effet vivre à des profondeurs variables (figure 16.35), ce qui a un effet sur la composition isotopique de leur test. Ces particularités sont difficilement maîtrisables pour des espèces fossiles, mais ne doivent pas être oubliées au moment d'interpréter des analyses isotopiques.

Par ailleurs divers phénomènes sont susceptibles d'engendrer des imprécisions ou des erreurs dans l'interprétation des mesures isotopiques des tests. L'un concerne l'« effet vital », c'est-à-dire les fractionnements isotopiques induits par le métabolisme du foraminifère (ou des algues symbiotiques) vis-à-vis du dioxyde de carbone durant la calcification, entraînant un écart à l'équilibre isotopique. Cet effet peut être lié à l'âge de l'individu (figure 16.36).

Un autre concerne la dissolution des tests dans l'eau de mer. Si ce phénomène est peu marqué à faible profondeur, son intensité augmente rapidement à une profon-

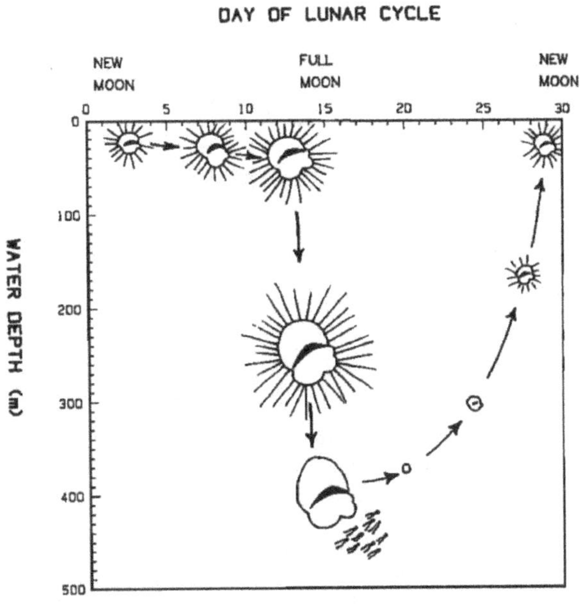

Figure 16.35 – Variation des profondeurs habitées par le foraminifère planctonique *Globigerinoides sacculifer* au cours de son cycle de vie.

Le cycle de vie de ce foraminifère est lié à celui de la lune. La population juvénile apparaît au sommet de la zone photique dans les premiers jours de la nouvelle lune. Les individus croissent jusqu'à 2 ou 3 jours avant la pleine lune, moment où, devenus adultes, ils s'enfoncent sons la zone photique, perdent leurs épines, digèrent leurs algues symbiotiques et, finalement, émettent leurs gamètes au cours de la pleine lune. Les gamètes se répandent, et les jeunes remontent dans la zone photique. La profondeur exacte où les gamètes sont émis et où leur fusion se produit n'est pas connue avec précision, et l'échelle des profondeurs de cette figure doit être seulement considérée comme une suggestion.

Extrait de Erez, J. *et al.*, 1991, *Paleoceanography*, 6(3) : 295-306.

deur (de l'ordre de 3 à 3,5 km) dite **lysocline**. Cette dissolution est totale au-dessous de la **profondeur de compensation des carbonates** (*Carbonate Compensation Depth*, **CCD**, figure 16.37) de l'ordre de 4 km à 5 km (variable selon les lieux et les époques), au-dessous de laquelle on ne trouve plus que des boues argileuses et siliceuses. Ces dissolutions ont, comme effet, d'altérer grandement le message paléoclimatique en modifiant la composition des assemblages spécifiques ainsi que leurs rapports isotopiques.

Coraux

On a vu que, sous le nom de coraux, on regroupait l'ensemble des cnidaires constructeurs. La majorité sont des madréporaires, zoanthaires à squelette calcaire essentiellement des scléractiniaires, sur lesquelles portent généralement les études paléoclimatiques : le genre *Porites* est souvent mis à contribution.

Leur squelette, construit dans l'eau de mer, en reflète la composition. En ce qui concerne les isotopes de l'oxygène, la différence entre le $\delta^{18}O$ du squelette et celui

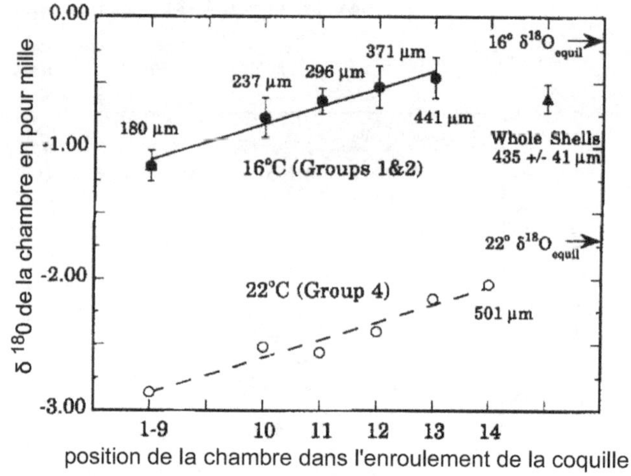

Figure 16.36 – Variation de la valeur du $\delta^{18}O$ du test d'un foraminifère selon son âge.

Cette figure montre le résultat de mesures faites sur des individus vivants (en culture) de l'espèce planctonique *Globigerina bulloides*. Ces mesures ont été faites pour deux températures différentes (16 °C et 22 °C) en analysant séparément les chambres sécrétées successivement au cours de la vie de l'animal. On constate que la valeur du $\delta^{18}O$ de ces chambres varie au cours de l'accroissement des individus, sans atteindre l'équilibre isotopique. Les chambres 1 à 9 ont été analysées ensemble. Les tailles moyennes des loges ont été indiquées au-dessus des points qui leur correspondent. Les valeurs des équilibres isotopiques ont été indiquées par des flèches.
Extrait de Spero, H. J. et Lea, D. W., 1996, *Mar. Micropal.*, 28 : 231-246.

de l'eau de mer dépend très largement, comme pour les foraminifères, de la température de cette eau (figure 16.38). Cependant, ce signal peut être troublé, entre autres, pour deux raisons. L'une est un effet vital qui, selon les espèces, peut éloigner la composition isotopique de l'oxygène du squelette de l'équilibre isotopique. L'autre est le fait que la composition isotopique de l'eau de mer où vivent ces organismes peut être modifiée localement par des arrivées massives d'eau douce moins riches en ^{18}O (pluies tropicales, fleuves) ou au contraire par des stades de forte évaporation.

Sans préjudice de ces difficultés, l'analyse de la variation de la composition isotopique du squelette de ces coraux est une source d'information paléoclimatique extrêmement précieuse. En liaison avec la sclérochronologie, fondée sur le comptage de leurs bandes de croissance annuelles, elle permet d'atteindre une très grande précision temporelle, les variations saisonnières pouvant être mises en évidence (figure 16.38, B).

La composition isotopique du carbone du squelette est en relation étroite avec l'activité photosynthétique des zooxanthelles, et donc, plus ou moins directement, avec l'intensité de l'insolation (figure 16.38, A).

Par ailleurs, on a souvent souligné que des éléments en trace dans le squelette (Sr, U, etc.) pouvaient avoir une signification paléoclimatique, leur abondance étant

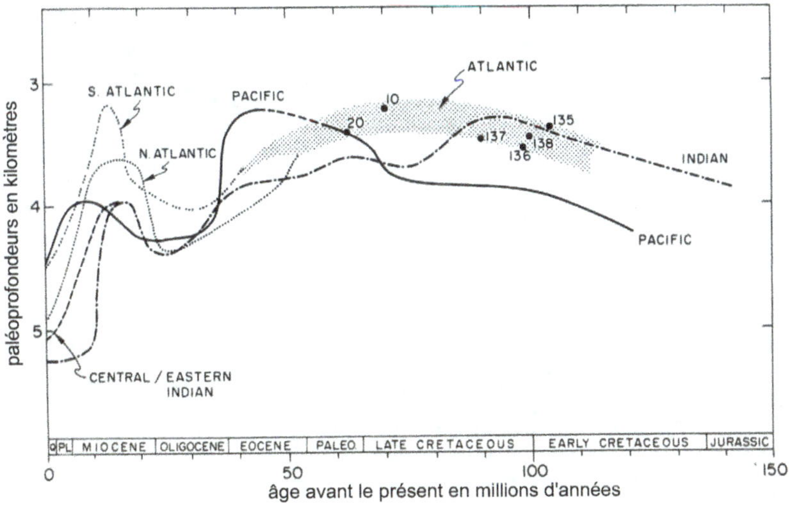

Figure 16.37 – Profondeur de la CCD depuis le Jurassique dans les divers océans.

On voit que cette CCD a fluctué, suivant les époques et les lieux, entre 3 et 5 km de profondeur. La profondeur de la CCD dans l'Atlantique au Crétacé est indiquée par une zone en grisé incluant plusieurs sites de sondage du *Deep Sea Drilling Project*, DSDP.
Extrait de Van Andel, T. H., 1975. *Earth and Planetary Science Letters*, 26 : 187-194.

corrélée à la température des eaux où ce squelette s'est constitué (figures 16.39, 16.40).

Le fait que les coraux ne puissent prospérer qu'à très faible profondeur permet de les utiliser pour marquer les variations du niveau marin. Pour cela, on a daté par la méthode U-Th différentes étapes de la croissance de divers récifs, ce qui a permis de montrer que, durant le dernier maximum glaciaire (21 000 ans BP cal.), le niveau marin était à 120 m au-dessous du niveau actuel, et de suivre l'allure de la remontée de ce niveau (figure 16.41).

Mollusques

De nombreux mollusques (bivalves, gastropodes, céphalopodes) secrètent une coquille carbonatée. Ces coquilles sont susceptibles de donner des informations par leur composition isotopique ; les travaux effectués montrent leur intérêt dans le domaine de la paléoclimatologie.

Il est cependant nécessaire que les coquilles ne se soient pas, ou pas trop, modifiées depuis leur formation. C'est généralement le cas de celles que l'on trouve dans les sédiments récents. Mais lorsqu'elles sont fossilisées dans des sédiments anciens, les nombreux phénomènes qui ont accompagné cette fossilisation risquent de leur avoir fait perdre tout ou partie de l'information utile, notamment par transfert de matière ou recristallisation.

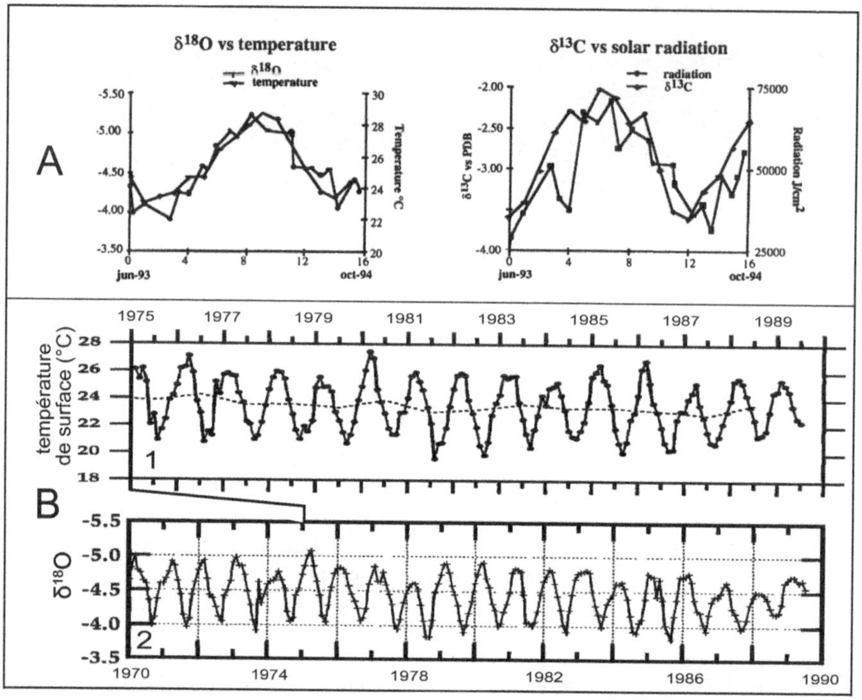

Figure 16.38 - Contrôle des variations du $\delta^{18}O$ du squelette des madréporaires.

A : comparaison entre température, insolation et composition géochimique de la paroi d'un madréporaire (*Porites* sp.) mesurées de juillet 1993 à octobre 1994 à Mururoa (Tuamotu). Les corrélations entre la température et $\delta^{18}O$ d'une part (courbes de gauche) et entre l'irradiation solaire en termes d'énergie et $\delta^{13}C$ d'autre part (courbes de droite), apparaissent clairement. Noter les déphasages entre les courbes de gauche et celles de droite.

D'après Juillet-Leclerc, A., 1999, Lettre PIBG-PMRC-France, 9 : 28-28, avril 1999.

B : en haut, variations de la température mesurée des eaux marines de surface de Nouvelle-Calédonie et, en bas, variations du $\delta^{18}O$ des coraux vivant dans ces eaux. La comparaison de ces deux courbes montre bien que leurs variations saisonnières sont étroitement corrélées. Cette liaison très étroite entre température et composition du test est bien rendue visible statistiquement du fait d'un échantillonnage chronologique identique (ici mensuel).

Extrait de Quinn, T.M. *et al.*, 1996, *Paleoceanography*, 11(5) : 529-542.

Nous avons vu (V. chapitre 15) que les stries de croissance des bivalves pouvaient être utilisées à des fins sclérochronologiques. La géochimie de la coquille permet aussi d'accéder à des renseignements paléoclimatiques. De même que pour les foraminifères et pour les coraux, et avec des limitations et des approximations comparables (effet vital, $\delta^{18}O$ modifié par le bilan en eaux douces ou salées), la proportion des isotopes de l'oxygène est liée à la température des eaux où l'animal a effectué sa croissance. On voit très clairement dans les variations de ces proportions le contrôle de l'alternance des saisons (figure 16.42). D'une façon générale, on constate que les lignes sombres de la coquille, qui marquent des ralentissements ou des arrêts de

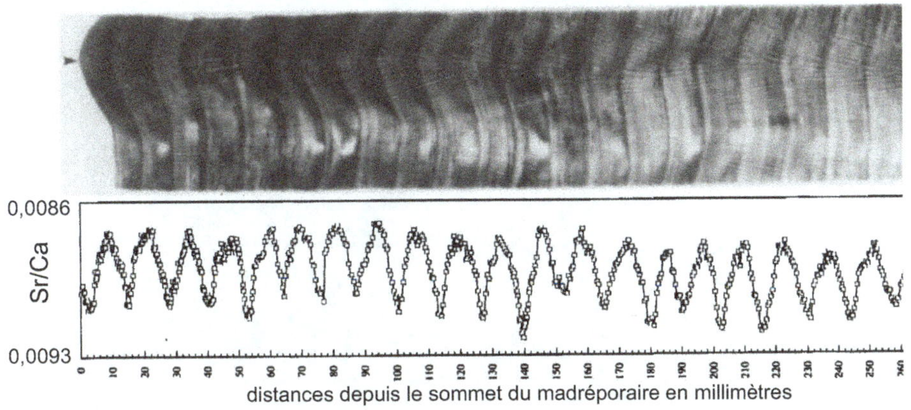

Figure 16.39 – Variations de la température moyenne mensuelle et variations du rapport Sr/Ca du madréporaire *Porites mayeri* d'Australie de 1970 à 1990.

En haut, radiographie d'une portion de carotte dans un madréporaire du genre *Porites* de la Grande barrière australienne, montrant ses stries de croissance annuelles et, en bas, les analyses correspondantes du rapport Sr/Ca de son squelette (échelle en millimètres). Les variations saisonnières de la température leur sont inversement corrélées.

Extrait de Alibert, C. et McCulloch, M.T., 1997, *Paleoceanography*, 12(3) : 346-363.

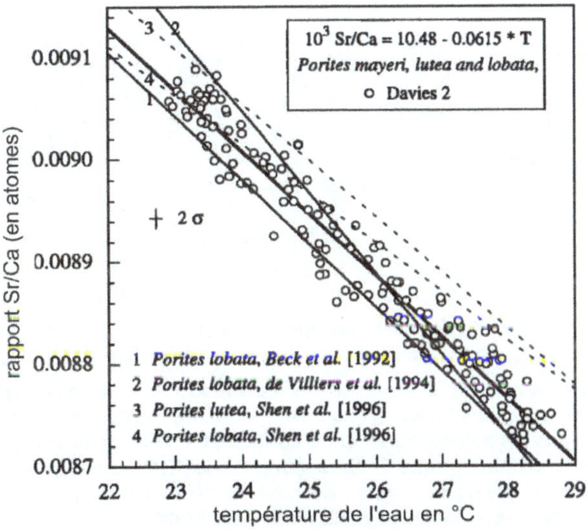

Figure 16.40 – Corrélation température-rapport Sr/Ca dans des madréporaires d'Australie.

Le rapport Sr/Ca mesuré dans les squelettes de plusieurs espèces du genre *Porites* de la Grande barrière australienne (échelle des ordonnées) montre une étroite corrélation inverse avec la température de l'eau de formation de ces squelettes (échelle des abscisses).

Extrait de Alibert, C. et McCulloch, M.T., 1997, *Paleoceanography*, 12(3) : 346-363.

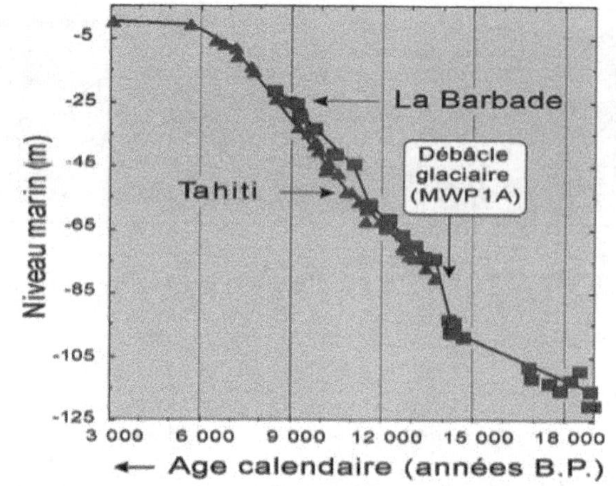

Figure 16.41 - Histoire du niveau marin, reconstituée d'après des carottes prélevées dans des coraux de Tahiti, des Barbades et de Nouvelle-Guinée.

Évolution du niveau marin déduite de l'analyse de carottages réalisés dans les récifs coralliens de Tahiti (triangles) et de La Barbade (carrés). Entre 20 000 ans et 6 000 ans avant nos jours, la dernière déglaciation a entraîné une rapide remontée du niveau marin mondial d'environ 120 mètres.

Les datations au ^{14}C ou au K-Th des différentes profondeurs où ont été échantillonnés les coraux ont été corrigées de la subsidence du fond marin.

Données de Bard, E., notamment Bard, E., *et al.*, 1996, *Nature*, 382 : 241-244. Voir aussi Peltier, W. R. & Fairbanks, R. G., 2006, *Quat. Sci. Rev.*, 25 : 3322-3377, fig. 2, p. 3326).

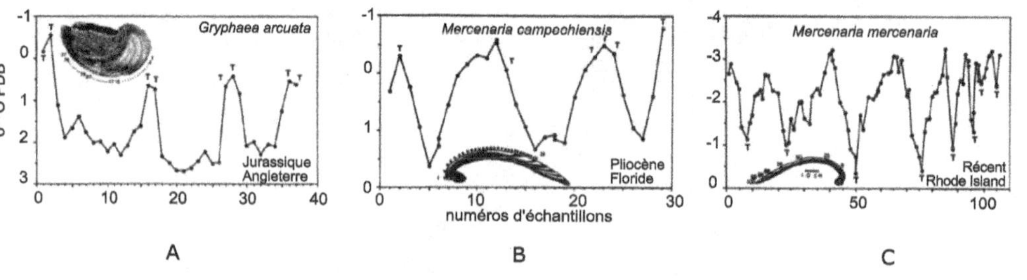

Figure 16.42 - Variations saisonnières du $\delta^{18}O$ dans les coquilles de quelques bivalves du Jurassique, du Pliocène et de l'actuel.

A : Profil isotopique au travers de trois lignes de croissance annuelle dans une valve gauche de *Gryphaea arcuata* du Jurassique inférieur (zone à Bucklandi) de Redcar (Angleterre).

B : Profil isotopique au travers de trois lignes de croissance annuelle dans une coquille de *Mercenaria campechiensis* du Pliocène des environs de Sarasota (Floride, États-Unis).

C : Profil isotopique au travers de huit lignes de croissance annuelle dans une coquille récente de *Mercenaria mercenaria* de Narragansett Bay (Rhode Island, États-Unis).

Extrait de Jones, D.S. et Quitmyer, I.R., 1996, *Palaios*, (11)4 : 340-346.

Pour les trois diagrammes, les endroits où ont été prélevés les échantillons sur la coquille sont indiqués sur sa section schématique et sur la courbe du $\delta^{18}O$. Ceux qui ont été prélevés dans les lignes sombres (translucides en lumière transmise) sont marqués « T ». Ces lignes correspondent à l'hiver pour l'espèce actuelle, mais c'est l'inverse pour les deux espèces fossiles.

croissance, correspondent à la période hivernale, mais ce fait n'est pas général et l'on connaît aussi des variations contraires.

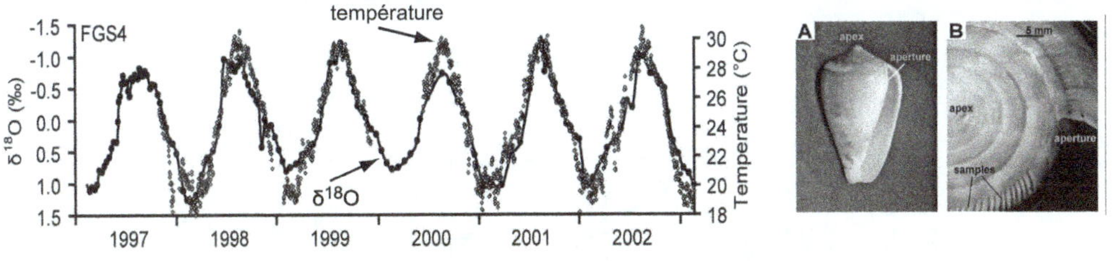

Figure 16.43 – Variations saisonnières du $\delta^{18}O$ dans la coquille d'un gastropode marin actuel : *Conus ermineus*.

À gauche variation du $\delta^{18}O$ du squelette aragonitique d'un *Conus ermineus* actuel de Stetson Bank, golfe du Mexique (courbe et cercles pleins, échelle de gauche) et variations de la température (symboles vides, échelle de droite) : noter leur étroite corrélation (l'échelle des temps commune des abscisses va de 1997 à 2002).
À droite, vues de la coquille de *Conus ermineus*. A : coquille complète, vue aperturale, et B : vue apicale montrant la position des prélèvements.
Extrait de Gentry, D.K., *et al.*, 2008, *Palaios* 23 : 195-209.

Les gastropodes à squelette carbonaté peuvent être utilisés dans les mêmes conditions. Sur des espèces actuelles, on a montré des corrélations extrêmement étroites entre leur $\delta^{18}O$ et la température de leur milieu de vie (figure 16.43).

Sur des céphalopodes marins comme les bélemnites, des mesures de $\delta^{18}O$ et de $\delta^{13}C$ montrent des variations qui peuvent être interprétées comme saisonnières et dues aux variations de la température de l'eau (figure 16.44). Il est cependant difficile d'avoir des certitudes à cet égard.

Alcénones

Les alcénones sont des molécules organiques formant de longues chaînes carbonées composées de 35 à 41 atomes de carbone (de C_{35} à C_{41}). Dans les océans, elles sont synthétisées dans la zone photique par des coccolithophoridés, notamment *Emiliana huxleyi*, le résultat de cette synthèse dépendant de la température des eaux superficielles. Elles sont ensuite incorporées dans les sédiments, dans lesquelles elles peuvent se conserver longtemps. Elles peuvent alors servir comme paléothermomètre des eaux de surface en analysant deux composés insaturés à 37 atomes de carbone ayant deux ou trois doubles liaisons C=C : $C_{37:2}$ et $C_{37:3}$. On montre en effet (notamment par des cultures en laboratoire) qu'il existe une relation linéaire entre la température et un indice d'insaturation défini comme $U^{k'}_{37} = (C_{37:2})/(C_{37:2} + C_{37:3})$ (figure 16.45).

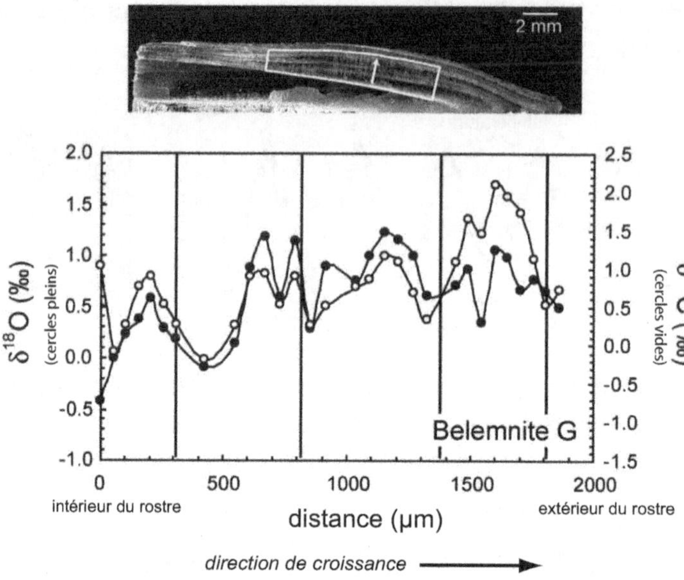

Figure 16.44 – **Variations isotopiques dans un rostre de bélemnite.**
Les variations des compositions isotopiques (courbes) dans ce rostre de bélemnite (*Dimitobelus seymouriensis* du Maestrichtien supérieur de la péninsule antarctique, photo du haut), en fonction de son âge, peuvent être interprétées comme reflétant la température de l'eau, malgré une éventuelle diagenèse. Les sinuosités des courbes reflètent selon toute apparence des alternances saisonnières.
Extrait de Dutton *et al.*, 2007, *Palaios*, 22 : 642-650.

Dendroclimatologie

La croissance des arbres est étroitement dépendante des conditions climatiques. Leur bois est par conséquent un support d'enregistrement de leurs variations qui peuvent ainsi être, dans une certaine mesure, reconstituées. Pour en extraire le signal climatique, ce qui est le but de la **dendroclimatologie** (du grec *dendron*, arbre), il est nécessaire d'établir une échelle des temps : c'est le rôle de la **dendrochronologie**, examinée dans un précédent chapitre.

La chronologie du bois une fois établie par la dendrochronologie, on peut reconstituer des signaux climatiques en utilisant divers indicateurs, parmi lesquels l'épaisseur des **cernes** (cette épaisseur étant normalisée, c'est-à-dire corrigée de la croissance en diamètre du tronc), leur densité, leur composition chimique ou isotopique (figure 16.46).

L'épaisseur des cernes dépend des conditions dans lesquelles a eu lieu la croissance de l'arbre. Une partie de ces conditions est liée directement au climat et notamment aux variations de la température ainsi qu'à celles de l'intensité et de la nature des précipitations. Mais d'autres conditions jouent aussi un rôle. Certaines sont dues aux lieux où croissent ces arbres : inclinaison et orientation des versants, d'autres aux influences des actions anthropiques, qu'il faut chercher à éviter pour des besoins paléoclimatiques.

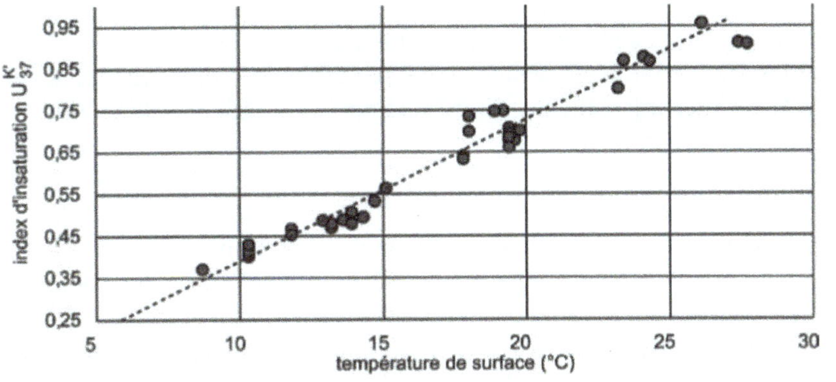

Figure 16.45 – Corrélation entre alcénones et température de surface de la mer.

Les ronds noirs correspondent à des mesures d'alcénones dans des sédiments de surface (en ordonnées) et aux températures de surface correspondantes (en abscisses) d'une série de prélèvements effectués dans le Pacifique sud de 10 °N à 45 °S. La droite en pointillé correspond à une équation de calibration obtenue à partir de sédiments de surface de plusieurs bassins océaniques (Muller *et al.*, 1998).
D'après les données de Prahl *et al.*, 2006, *Geochimica et Cosmochimica Acta,* 70 : 101-117.

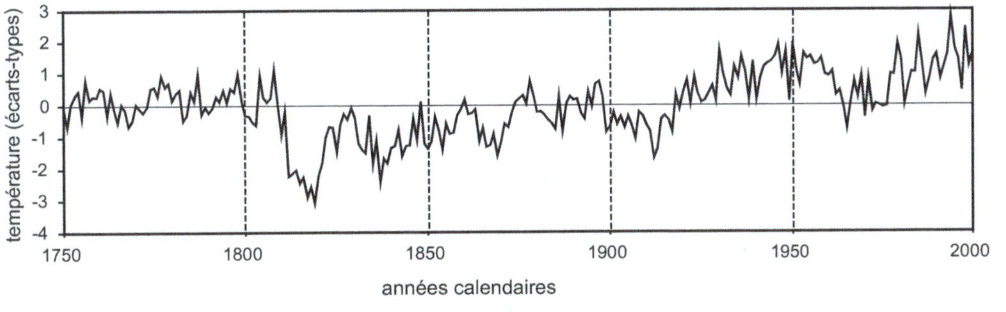

Figure 16.46 – Reconstitution, par dendroclimatologie, des températures extratropicales de l'hémisphère nord.

Cette reconstitution a été effectuée à partir de quinze enregistrements dendrochronologiques (épaisseur des cernes). Les températures sont exprimées en écarts-types par rapport à la moyenne de la période 1750-1988. Noter le refroidissement vers 1810 et la remontée de la courbe qui le suit, reflétant de près les mesures instrumentales, même si les valeurs récentes sont un peu plus faibles.
Source : données de IGBP PAGES/WMDCA, NOAA/NCDC, d'après Wilson R. *et al.*, 2007, *J. Geophys. Res.*, Vol 112, D17103.

Plutôt que d'utiliser simplement l'épaisseur des cernes, il est possible d'en mesurer la densité avec des appareils de densitométrie. Cette technique présente deux avantages. L'un est que les densités mesurées sur des anneaux situés à des distances différentes du cœur de l'arbre, ne présentent pas, en moyenne, de différences significatives : il n'est donc pas nécessaire d'en effectuer la standardisation. L'autre est que cette mesure est plus précise et plus détaillée que la simple mesure d'épaisseur des cernes.

Les mesures des isotopes des éléments constitutifs de la cellulose du bois devraient, *a priori*, donner des renseignements intéressants sur les conditions du milieu où les arbres ont vécu. Malheureusement, bien des difficultés rendent l'interprétation de ces mesures délicate, ou même impossible. L'une est la méconnaissance que l'on a, très généralement, de la composition des eaux de précipitation ou de circulation souterraine utilisées par l'arbre. L'autre est le fait que, dans cette utilisation, se manifeste un fractionnement isotopique, lui-même variant avec les espèces considérées et les conditions environnementales, notamment la température. Ainsi, la liaison entre les paramètres climatiques et la composition isotopique des bois est loin d'être simple.

La procédure à suivre dans le cas général pour reconstituer un signal paléoclimatique par dendroclimatologie est donc la suivante :

1. Collecter des échantillons d'un groupe homogène d'arbres.
2. Établir la chronologie des échantillons après avoir standardisé les épaisseurs de leurs cernes.
3. Assembler les données à utiliser (épaisseur, densitométrie, composition chimique ou isotopique des cernes) pour en tirer une série temporelle.
4. Constituer une ou des fonctions de transfert en recherchant les corrélations entre cette série temporelle et les paramètres climatiques mesurés pendant une période de calibration.
5. Utiliser cette fonction pour calculer les paramètres paléoclimatiques antérieurs à la période de calibration.
6. Il n'est pas inutile, enfin, de vérifier si ces résultats sont compatibles avec ce que l'on sait par ailleurs de ces variations paléoclimatiques.

La même procédure, utilisée sur des groupes d'arbres répartis régionalement, permet d'en tirer une cartographie des paramètres paléoclimatiques

Palynologie

La **palynologie** est principalement l'étude du **pollen** et des **spores** (figure 16.47), mais aussi celle des organismes microscopiques à paroi organique (acritarches, chitinozoaires, dinoflagellés, etc.) qui, comme eux, résistent à l'action des acides forts (acide fluorhydrique, acide nitrique) utilisés pour leur dégagement. Ces restes organiques sont désignés sous le nom de **palynomorphes**.

C'est l'étude du pollen et des spores qui a été la plus pratiquée et qui a livré le plus de résultats pour la reconstitution des paysages végétaux du Plio-Quaternaire.

Pollen et spores sont le plus souvent échantillonnés à partir de carottes prélevées dans des lacs, des tourbières ou en mer. De façon générale, on peut considérer que ces carottes permettent de reconstituer la pluie pollinique aux époques correspondant aux sédiments étudiés. Cette pluie pollinique peut donner des indications sur la végétation qui en était à l'origine. Cependant deux difficultés doivent être soulignées.

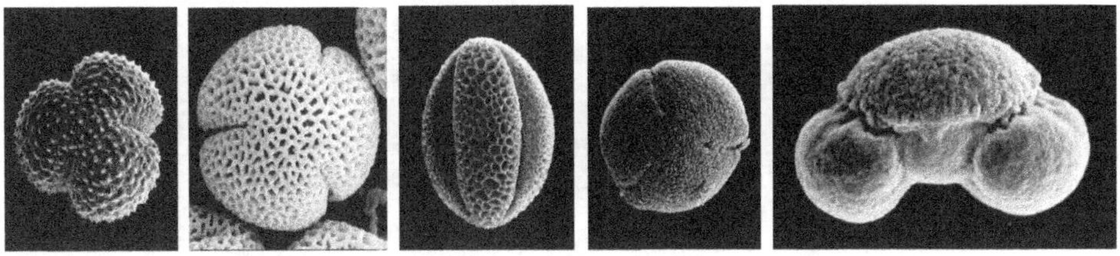

Figure 16.47 – **Quelques grains de pollen.**
(Images collections de l'université Montpellier 2).

La première est que les différentes espèces ont des productivités très diverses en matière de pollen, ce qui conduit à une représentation très inégale dans la pluie pollinique.

La seconde est que le transport de ce pollen dépend largement des caractéristiques physiques des grains de pollen, notamment leur forme et leur densité. Cela conditionne notamment la dispersion des grains de pollen et les distances auxquelles ils seront entraînés.

Ainsi, une approche quantitative précise, notamment en termes de fonctions de transfert, exige de connaître la relation existant entre la végétation et la pluie pollinique qui en provient.

Cependant, l'intensité des variations de la végétation en fonction de celle des climats est telle que la considération des proportions des différentes formes polliniques dans les sédiments met très clairement en évidence ces variations. Par exemple, l'alternance des périodes glaciaires et interglaciaires dans les plaines européennes et américaines est marquée par une alternance respectivement en pollen d'espèces herbacées et d'espèces arborées (figure 16.48).

La détermination spécifique des différents grains de pollen n'est pas toujours possible et il n'est parfois pas possible d'identifier que le genre, ou même la famille. Les diagrammes polliniques montrent, dans le cadre de la stratigraphie des dépôts, les abondances relatives de ces différents taxons. Ils permettent souvent de mettre en évidence la succession dans le temps des différentes associations végétales qui occupent les espaces à la suite de modifications climatiques (figure 16.49).

Forme des feuilles de Phanérogames

Les feuilles de végétaux phanérogames constituent l'organe qui les met en relation avec l'atmosphère. Il n'est donc pas surprenant que ces feuilles présentent des adaptations se conformant aux conditions climatiques dans lesquelles ces plantes se développent. Sur cette remarque, on a construit des méthodes permettant de quantifier ces adaptations.

L'une de ces méthodes, dite de l'**homologue vivant le plus proche** (*Nearest living relative*), consiste à trouver des associations modernes de phanérogames dont les espèces sont les plus proches possibles de celles d'associations anciennes. On

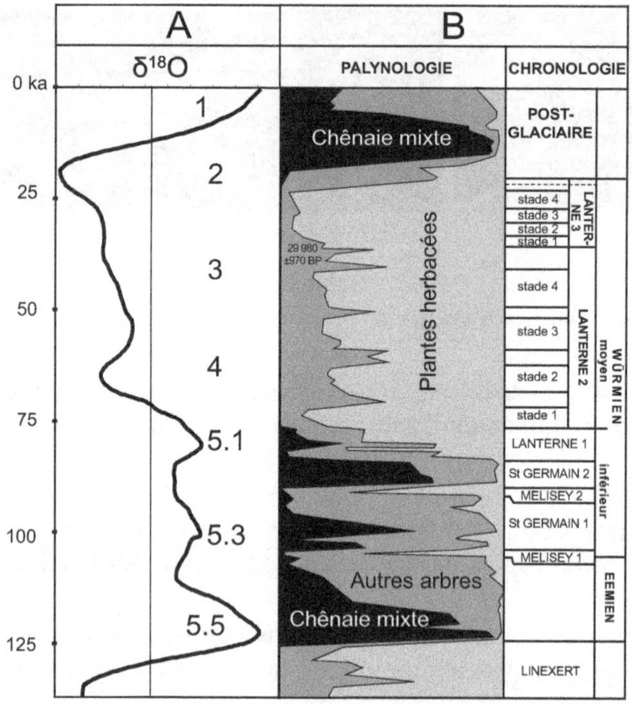

Figure 16.48 - Diagramme pollinique simplifié de la tourbière de la Grande-Pile (Saint-Germain, Haute-Saône, France).

Ce diagramme classique, qui a été complété par des travaux postérieurs, montre très clairement l'effet des grandes variations climatiques sur le paysage végétal. Les périodes où les plantes herbacées sont majoritaires correspondent au développement des steppes durant les périodes glaciaires arides. Les périodes où les végétaux arborés dominent correspondent à des intervalles moins froids et plus humides. Vers le haut du diagramme, la diminution de la chênaie mixte correspond aux défrichements anthropiques. Les chiffres de la colonne A désignent des stades isotopiques (figure 15.3).
Extrait de Woillard, 1978. *Quat. Res.*, 9(1) : 1-21. (Pour une révision de cette coupe, voir Beaulieu, J.-L. de, et Reille, M., 1992, *Quat. Sci. Rev.*, 11 (4) : 431-438.)

peut penser que les conditions climatiques qui régnaient alors, là où ces associations fossiles prospéraient, étaient les mêmes que celles qui prévalent pour les associations modernes. Même si ce raisonnement peut être recevable dans une certaine mesure, il présente bien des défauts. L'un est que rien n'assure que ce postulat soit vérifié : des espèces apparemment voisines peuvent avoir des écologies notablement différentes, surtout si une longue période les sépare. Un autre est que plus on remonte dans le temps, plus il est difficile de trouver des associations ayant des compositions spécifiques voisines de celles actuelles. Cette méthode est donc d'utilisation délicate.

Plutôt que de s'adresser à des espèces voisines, on préfère généralement utiliser des caractéristiques présentées par différentes espèces et dont on a pu démontrer qu'elles étaient corrélées, dans une mesure suffisante, avec le climat. Une de ces caractéristiques est la forme des feuilles qui peut être considérée comme un indica-

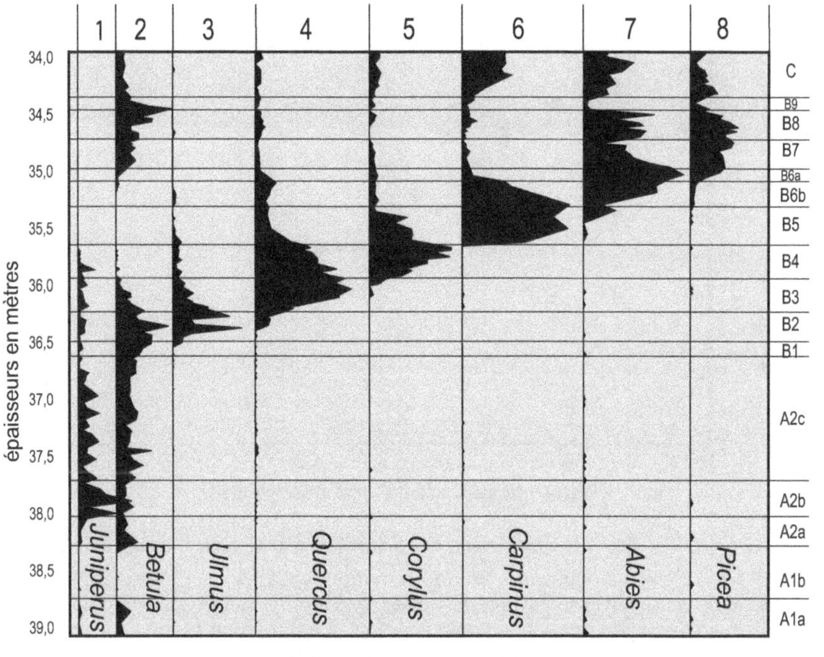

Figure 16.49 – **Diagramme pollinique au lac des Échets (Ain).**

Cette figure, qui est seulement un extrait de la coupe complète donnée par les auteurs, correspond à la fin de l'avant-dernière période glaciaire (Riss, zones A, à droite de la figure) et à l'interglaciaire qui lui fait suite (Eémien, zones B). Les courbes montrent les variations d'abondance du pollen de différents végétaux dans une carotte des sédiments du lac. On y voit, après la glaciation rissienne, où les herbes (ici non représentées) occupent la majeure partie de l'espace, les associations arborées gagner du terrain avec une très nette succession dans le temps de différents genres. Après les genévriers (*Juniperus*, colonne 1), et les bouleaux (*Betula*, colonne 2) apparaissent les ormes (*Ulmus*, colonne 3) au niveau B2, puis les chênes (*Quercus*, colonne 4, niveau B3), les noisetiers (*Corylus*, colonne 5, niveau B4), les charmes (*Carpinus*, colonne 6, niveau B5), les sapins (*Abies*, colonne 7, niveau B5), enfin les épicéas (*Picea*, colonne 8, niveau B6).
Redessiné d'après Beaulieu, J. L. de, et Reille, M., 1984, *Boreas*, 13 : 111-132.

teur paléoclimatique que l'on désigne sous le terme de **physionomie foliaire** (*Foliar physiognomy*). Par exemple, on a montré que plus de 80 % des espèces de phanérogames composant les forêts tropicales humides possédaient des feuilles dont les marges sont entières, alors que ce pourcentage n'est que de 10 % dans les forêts boréales caducifoliées. De façon plus précise, il existe une relation linéaire entre la température moyenne annuelle d'un lieu et le pourcentage de feuilles à marges entières vivant dans ce lieu (figure 16.50). De fait, il existe une étroite correspondance entre les courbes de température évaluées à partir du ^{18}O et celles établies d'après la physionomie foliaire (figure 16.51). On peut aussi, de même, mettre en évidence des corrélations avec l'intensité des précipitations.

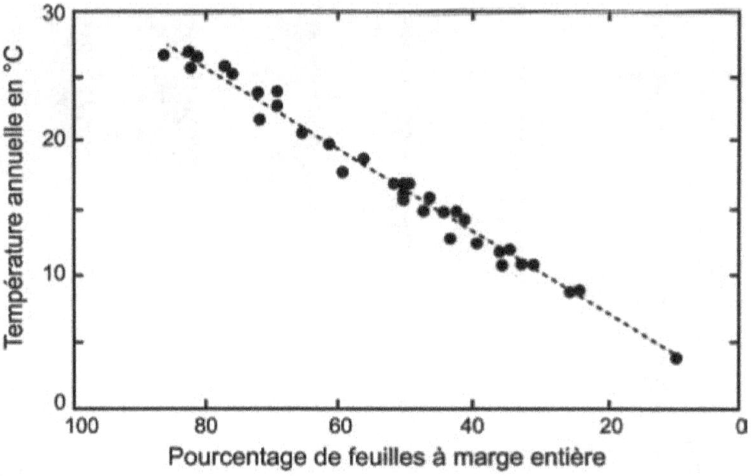

Figure 16.50 – Corrélation entre et la température et les marges foliaires.
En abscisse, le pourcentage d'espèces à feuilles à marges entières ; en ordonnée, les températures moyennes des lieux de prélèvements (actuels). Ces prélèvements ont été effectués sur des flores locales de forêts humides à tempérées de l'Asie orientale. Chaque rond représente une flore multispécifique.
D'après Wolfe, 1979, *US Geological Survey, Professionnal Paper,* 1106 : 1-37.

Ce raisonnement peut être étendu à d'autres caractères des feuilles (surface, densité et organisation des nervures, forme de la base foliaire, de l'apex), ce qui amène à utiliser des analyses multivariées. Ces dernières méthodes exigent cependant une bien meilleure conservation des feuilles que celle qui n'utilise que la seule forme des marges.

Stomates

Les échanges gazeux avec l'atmosphère se font, chez les phanérogames, au travers de petits orifices foliaires : les stomates. De l'oxygène et de l'eau en sortent alors que du CO_2 y entre. La répartition de ces stomates peut être caractérisée par leur nombre par unité de surface de la feuille (densité stomatique) ou par le pourcentage de cellules épidermiques des feuilles qui sont des stomates (indice stomatique).

On a montré qu'aussi bien la densité stomatique que l'index stomatique variaient en fonction de la concentration atmosphérique en CO_2 : il y a moins de stomates lorsque la concentration en CO_2 est élevée et inversement. On peut ainsi faire de la répartition de ces stomates un indicateur de la concentration du CO_2 au cours des âges, l'index stomatique étant à préférer car la densité stomatique peut aussi varier en fonction de l'état d'accroissement de la feuille. Cependant, la relation entre index stomatique et concentration de CO_2 n'est pas linéaire et est souvent d'utilisation difficile.

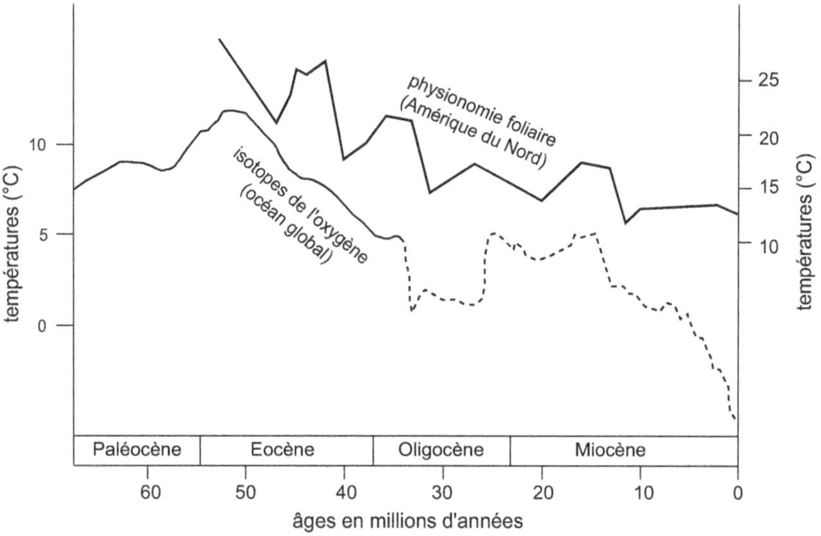

Figure 16.51 – Estimation de la température à partir de la physionomie foliaire depuis l'Éocène.

La comparaison entre l'évolution des températures calculées à partir des isotopes de l'oxygène (Zachos *et al.* 2001, voir figure 22.27) et de la physionomie foliaire (Wolfe, J.A., 1993, *Palaeogeography, Palaeoclimatology, Palaeoecology*, 108 : 195-205) montre la fiabilité de cette dernière méthode qui permet d'accéder aux conditions climatiques continentales.

Partie 3

L'évolution des climats, passé, présent, avenir

Le système climatique 17

Beaucoup de phénomènes abordés par la physique sont simples et ne mettent en jeu qu'un nombre limité de variables. C'est par exemple l'attraction entre deux masses ($f = k{\cdot}m{\cdot}m'/d^2$: la force f qui attire deux masses m et m' est proportionnelle à celles-ci, et inversement proportionnelle au carré de leur distance d) ou la loi de Boyle-Mariotte ($p{\cdot}v = k$: pour une certaine quantité de gaz, le produit de sa pression p et de son volume v est constant, à température constante).

Utilisées telles quelles pour décrire des phénomènes naturels, elles obligent à réduire ces derniers à ce qu'ils ont d'essentiel, laissant bien des modalités inexpliquées et, en définitive, s'avérant inefficaces en pratique. En effet, dans les cas réels, et notamment en ce qui concerne le climat et son évolution, on a généralement affaire à des phénomènes complexes, faisant intervenir de nombreux éléments dont les variations ne sont pas indépendantes. C'est en utilisant la notion de système que l'on peut aborder ces problèmes.

17.1 Qu'est-ce qu'un système ?

De façon générale, on peut définir un **système** comme un ensemble d'éléments liés entre eux par des relations de dépendance. On représente habituellement ces systèmes par des rectangles dont chacun représente un élément du système, ces éléments pouvant eux-mêmes être des systèmes (on dit souvent des sous-systèmes). Ces rectangles sont reliés entre eux par des flèches indiquant leurs relations et le sens de ces relations (figure 17.1). Elles peuvent correspondre à des transferts ou des échanges de quantités, souvent des masses ou des énergies, par exemple le transfert de l'eau entre l'atmosphère et le sol par précipitation ou le transfert d'énergie entre le sol et l'atmosphère par rayonnement.

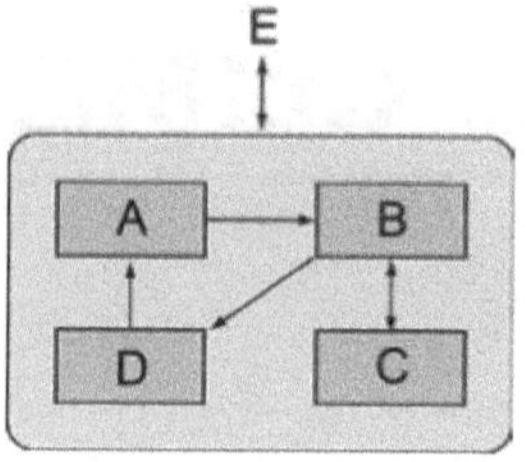

Figure 17.1 – **Un exemple de système.**

A communique avec B, mais B ne communique pas avec A ; B communique avec C et D ; C communique avec B et réciproquement ; D communique avec A mais pas avec B ni C. L'ensemble du système communique avec l'extérieur E et réciproquement.

Si un système a des échanges avec l'extérieur, il est dit **ouvert**, sinon, il est dit **fermé**. L'état d'un système peut être caractérisé par les valeurs de certaines de ses grandeurs, comme la quantité de matière, la pression, la température, etc. Ces caractéristiques sont dites **variables d'état**.

Un système est en équilibre si les valeurs de ses variables d'état sont constantes. Si cet équilibre est perturbé, soit le système se détruira, soit il tendra à trouver un nouvel équilibre. Ce processus n'est pas instantané et il est important de connaître sa vitesse. On pourrait penser à la caractériser par le temps mis à retrouver ce nouvel équilibre, mais de nombreux phénomènes ne l'atteignent jamais, au moins théoriquement, étant caractérisés par des quantités qui croissent ou décroissent en fonction du temps en s'approchant d'une limite sans jamais l'atteindre. C'est notamment le cas de ceux qui suivent une loi exponentielle. On peut donc caractériser ces processus par le temps mis pour retrouver un équilibre. Pour ce faire, on utilise leurs **constantes de temps**, durées au bout desquelles les valeurs atteignent une certaine proportion de leur limite. Pour une fonction exponentielle $Q = Q_0 e^{-\lambda t}$ (Q_0 étant la valeur au début du phénomène considéré, λ une constante caractéristique du phénomène, et t le temps), la constante de temps est définie comme $\tau = 1/\lambda$ (figure 17.2). Cette constante est donc le temps mis pour que les valeurs varient de 63 % par rapport à leur limite. Des exemples classiques de l'utilisation de ces constantes de temps se trouvent dans le calcul de la désintégration des corps radioactifs, et dans celui de la charge, où de la décharge, d'un condensateur électrique.

Un **système linéaire** est un système qui peut être décrit avec des équations linéaires, de la forme $a(x) + b = 0$.

Une propriété essentielle des équations linéaires est qu'elles obéissent au **principe de superposition** : ainsi, dans un tel système où une variation E_1 appliquée en entrée produit, en sortie, une réponse R_1, et une variation E_2 produit une réponse R_2, une variation $E_1 + E_2$ produira une réponse $R_1 + R_2$.

Cependant, beaucoup de systèmes naturels ne sont pas linéaires et sont de calcul difficile. On peut cependant les linéariser, c'est-à-dire en trouver une approximation

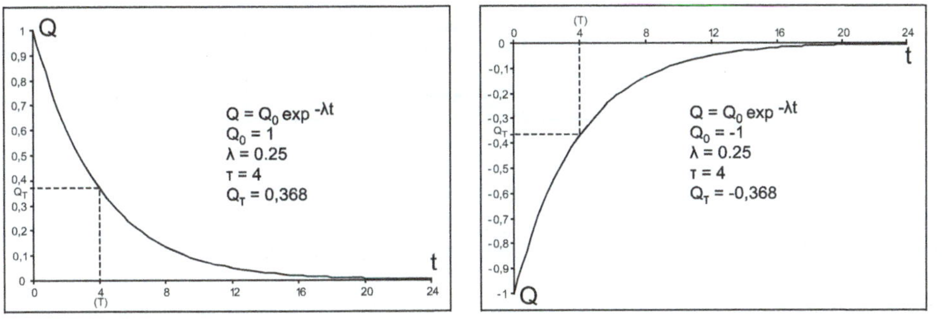

Figure 17.2 – Constante de temps.

La constante de temps τ de ces deux phénomènes exponentiels est égale à $1/\lambda$. Au bout de ce temps τ, la valeur de Q atteint Q_τ, c'est-à-dire varie de 63 % par rapport à sa limite.

linéaire, par exemple en posant que leurs variations sont linéaires sur un faible espace de variation.

Lorsque des systèmes comportent beaucoup d'éléments, il arrive que des valeurs très proches introduites en entrée du système donnent des résultats très différents en sortie. De tels systèmes sont dits **chaotiques** et ne permettent pas de prévisions fiables à un certain terme.

17.2 Rétroaction (ou *feedback*)

Il est fréquent, dans un système, que les variations d'une quantité à la sortie d'un élément de ce système influencent ces variations en entrée de cet élément (figure 17.3). Ce phénomène, nommé **rétroaction** (ou *feedback*) joue un rôle très important dans les processus climatiques.

La rétroaction est dite **positive** si elle s'ajoute au signal d'entrée : le signal de sortie sera amplifié. Elle est dite **négative** si elle s'y soustrait. Elle joue alors un rôle régulateur en diminuant les variations du signal par rapport à une situation de référence.

À noter que, s'il y a itération du processus (c'est-à-dire si rien ne vient arrêter la boucle de rétroaction), une rétroaction positive peut aboutir à la destruction du système alors qu'une rétroaction négative aboutit à la mise à zéro de la perturbation d'entrée.

Les boucles de rétroaction interviennent dans de nombreux domaines, outre la climatologie, le traitement du signal, les automatismes, la biologie, l'économie, etc.

17.3 Le système Terre

Du fait de la gravitation universelle, et de la façon dont elle s'est formée, la Terre est arrangée en couches de densités décroissantes à partir de son centre de gravité.

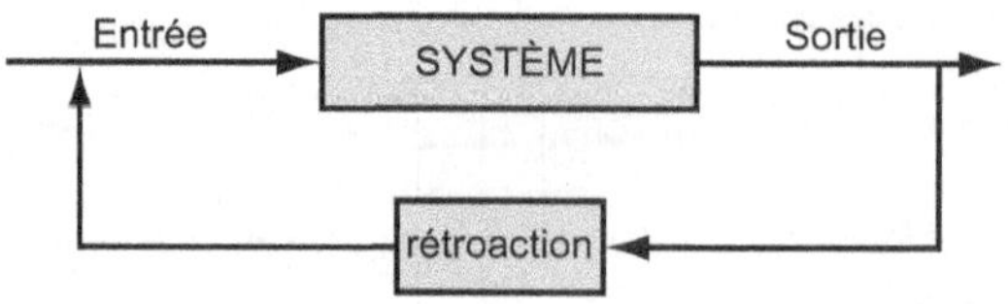

Figure 17.3 - Système avec rétroaction.
La figure montre une boucle de rétroaction : une partie du signal de sortie est renvoyée en entrée. Suivant qu'elle y est ajoutée ou soustraite, le signal de sortie sera augmenté ou diminué.

Du plus profond au plus superficiel, on distingue la graine, le noyau et le manteau inférieur (masses volumiques de 4 à 12 $kg \cdot dm^{-3}$) et la lithosphère (manteau supérieur et croûtes océanique ou continentale, masses volumiques de 2 à 3 $kg \cdot dm^{-3}$).

La **lithosphère** est constituée de plaques rigides qui glissent sur leur substratum visqueux (asthénosphère, du grec *asthenos*, sans force) à des vitesses pouvant aller jusqu'à 10 $cm \cdot an^{-1}$. Elles peuvent disparaître en s'enfonçant les unes sous les autres le long de plans de Benioff, en allant se fondre dans le manteau, et sont renouvelées par apport de basalte le long de dorsales océaniques.

Au-dessus, l'eau (densité ~ 1) forme une couche que le relief terrestre rend discontinue : c'est **l'hydrosphère** qui comprend non seulement l'eau des océans et des mers, mais aussi celle des lacs, des rivières et les eaux souterraines. Selon les cas, on y inclut, ou non, l'eau solide des glaciers, parfois distinguée sous le nom de **cryosphère** (du grec *kruos*, froid). Enfin, **l'atmosphère** ($d < 1,5\ kg \cdot m^{-3}$) constitue l'enveloppe gazeuse de la Terre. Elle est constituée d'un mélange de gaz, surtout azote et oxygène, dont la pression, de 1 013 hPa à la base, diminue exponentiellement de telle sorte que 80 % de sa masse est concentrée dans les dix premiers kilomètres.

Enfin, pour regrouper l'ensemble des êtres vivants, on utilise le terme **biosphère**, terme forgé à l'image des précédents.

Pour schématiser le système Terre, on considère souvent que la lithosphère, l'hydrosphère, l'atmosphère et la biosphère en constituent quatre sous-systèmes (figure 17.4). Il faut aussi y ajouter la Terre profonde dont le rôle n'est pas négligeable. C'est un système ouvert qui a des relations avec l'espace qui l'entoure.

17.4 Le système climatique

Ce que l'on nomme système climatique ne diffère pas sensiblement du système Terre mais considère surtout les variations des paramètres climatiques (température, pluviométrie, etc.), en particulier à la surface du sol ou près de cette surface. Pour cela, il est nécessaire de détailler certains éléments du système Terre (figure 17.5).

L'atmosphère intervient notamment par sa composition chimique, dont la présence de gaz en faibles proportions comme la vapeur d'eau (H_2O), le dioxyde de carbone (CO_2), le méthane (CH_4), l'ozone ou trioxygène (O_3), etc., ainsi que par son

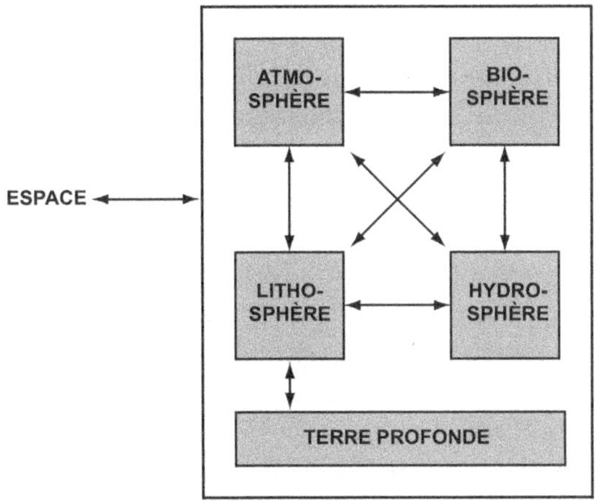

Figure 17.4 - **Schéma des principaux éléments du système Terre et de leurs relations.**

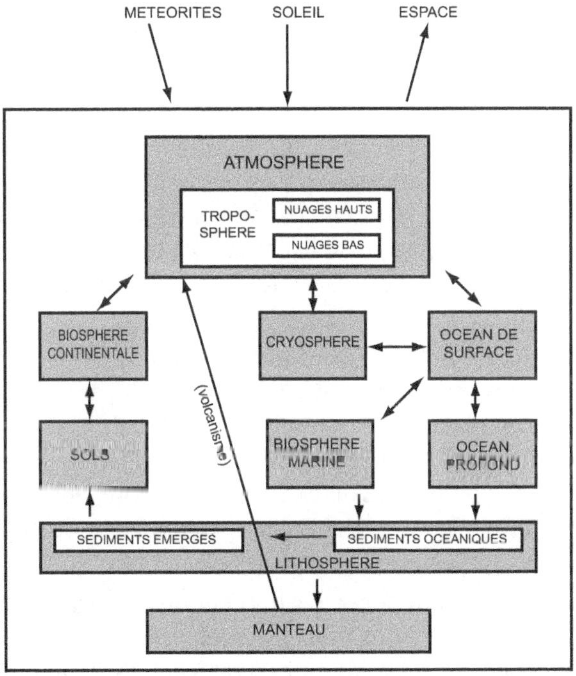

Figure 17.5 - **Principaux éléments naturels du système climatique.**

L'activité humaine, qui s'exerce de façon multiple, n'est pas indiquée. Les flèches représentent les principales relations entre les éléments du système climatique et peuvent correspondre à des transferts de matière et/ou d'énergie.

contenu en aérosols, gouttelettes ou poussières. Sa partie inférieure, la troposphère, épaisse de quelque 10 km, est plus particulièrement le lieu où l'on caractérise le climat. La présence de nuages, parmi lesquels il faut distinguer ceux de basse altitude et ceux de haute altitude est particulièrement importante. Les constantes de temps de l'atmosphère sont les plus courtes de tous les éléments du système climatique, les perturbations pouvant se faire sur une durée de quelques heures à une année environ.

L'océan interagit fortement avec l'atmosphère par sa partie supérieure qui est le lieu des échanges gazeux. De plus, cette partie est celle qui reçoit la lumière, laquelle est presque totalement absorbée dans les premiers 100 m sous la surface. C'est donc dans cette tranche d'eau que prolifèrent les algues unicellulaires vivant de la photosynthèse, qui sont les producteurs primaires de la matière vivante océanique.

La partie profonde de l'océan est dans l'obscurité et n'a donc pratiquement pas de rôle dans la production primaire, exception faite de la production chimiosynthétique autour des sources thermominérales. En revanche, elle est en relation avec le fond océanique dans les sédiments duquel elle exporte des substances. Par ailleurs, elle constitue un immense réservoir de substances dissoutes et joue un rôle majeur dans les lents transports de ces substances ainsi que dans la répartition de l'énergie calorifique. Les constantes de temps océaniques sont bien plus grandes que celles de l'atmosphère : quelques années à plus de dix siècles.

La **biosphère** doit être divisée en biosphère marine et biosphère continentale. La biosphère marine, on l'a vu, est en relation principalement avec l'océan de surface. La biosphère continentale interagit avec l'atmosphère et avec les sols. De l'atmosphère, elle tire le dioxyde de carbone à partir duquel, avec de l'eau, elle fabrique sa substance. Elle lui renvoie de l'oxygène par le fait de sa respiration. Elle fournit aux sols leurs éléments carbonés et y puise les éléments nutritifs dont elle a besoin. Elle a aussi un rôle notable dans le cycle de l'eau du fait de l'évapotranspiration.

La **cryosphère** comprend l'ensemble des glaces du globe. Une partie a de faibles constantes de temps : c'est la banquise dont la plus grande part fond annuellement. Une autre a de longues constantes de temps, de l'ordre du siècle à quelques millénaires : ce sont les glaciers de montagne et les calottes polaires. Ce sont des témoins essentiels de l'histoire climatique récente du globe dont les grands refroidissements sont marqués par des glaciations. Mais ils ont aussi un rôle climatique essentiel, leur blanche surface réfléchissant presque tout le rayonnement solaire qu'elle reçoit et qui est ainsi perdu pour le système climatique.

La **lithosphère** reçoit les sédiments marins et contribue ainsi à la lente exportation de produits en particules ou dissous dans les océans. Sa partie émergée est soumise à l'érosion qui contribue au recyclage des matériaux silicatés ou carbonatés. Par ailleurs, du fait du lent mouvement des plaques lithosphériques (quelques cm par an), elle modifie les contraintes géographiques que sont les reliefs, ainsi que les emplacements et les formes des continents, ce qui modifie les circulations océaniques et atmosphériques. La subduction de ces plaques recycle leurs matériaux dans le manteau.

Le **manteau** lui-même joue, de façon encore mal éclaircie, sur le mouvement de ces plaques et, parfois avec leur contribution, alimente le volcanisme fournissant des gaz à l'atmosphère.

Enfin **les parties profondes de la Terre** sont responsables du magnétisme terrestre dont les variations ont une chronologie qui nous échappe mais dont le rôle dans l'intensité du rayonnement cosmique est connu, les modulations de ce rayonnement ayant été soupçonnées d'induire certaines variations climatiques.

Le système climatique dans son ensemble a des relations avec l'espace qui l'entoure : il tire presque toute son énergie du rayonnement solaire et, étant dans un état d'équilibre ou de quasi-équilibre, recède à l'espace presque la même quantité d'énergie, sous forme de rayonnement infrarouge. Par ailleurs, il reçoit de l'espace un flux de météorites et de poussières cosmiques qui, s'il est très faible aujourd'hui, a été bien plus grand dans le passé jouant un rôle important dans des apports de matière, notamment d'eau et, hypothétiquement, de molécules biotiques ou prébiotiques.

Bilan énergétique et forçages

On peut caractériser les relations énergétiques entre le système climatique et l'espace qui l'environne, par le **bilan énergétique** de ces relations, défini par la différence entre l'énergie rayonnante (solaire) absorbée par le système climatique et celle renvoyée vers l'espace.

Calculé en moyenne pour l'ensemble de la planète et sur des périodes prolongées, ce bilan doit être égal à zéro si le système est en équilibre avec l'espace. Tout changement dans cet équilibre constitue un **forçage climatique** qui va rompre cet équilibre et entraîner des changements plus ou moins importants dans le fonctionnement du système climatique qui tendra vers un nouvel équilibre (tableau 17.1). Certains de ces forçages agissent en modifiant les caractéristiques radiatives relatives au

Tableau 17.1 - **Principaux forçages climatiques.**

Nature du forçage	Temps correspondants
Composition de l'atmosphère (dont volcanisme)	Heure → siècle
Réflexion sur la surface terrestre (albédo)	Saison → millénaire
Cycles d'intensité du rayonnement solaire	Décennie → siècle
Cycles de Milankovitch	10^4-10^6 ans
Tectonique des plaques	10^6-10^8 ans
Lent changement d'intensité du rayonnement solaire	10^7-10^9 ans

Les temps indiqués sont les durées où les forçages exercent une influence significative sur une modification climatique. Dans ce tableau, tous les forçages sont radiatifs, à l'exception de la tectonique des plaques (déplacement des continents, formation des chaînes de montagnes, etc.)

fonctionnement du système climatique (forçages radiatifs), d'autres en modifiant d'autres contraintes (forçages non radiatifs).

Forçages non radiatifs

Le principal de ces forçages est lié à la **tectonique des plaques** et aux changements géographiques (forme, situation et relief des continents) qu'elle entraîne. Les déplacements des continents, s'il se fait avec une composante méridienne, modifient les latitudes auxquelles ils se trouvent, et donc leur position dans la zonalité des climats. La formation des grands inlandsis exige la présence de grands continents près des pôles, et donc une disposition convenable de ces continents. Le fait, pour un continent, de se séparer en deux, ou au contraire, pour deux continents de se réunir en un seul, modifie considérablement les climats régionaux, du fait d'un éloignement plus ou moins grand des surfaces océaniques qui leur fournissent leurs précipitations. Du point de vue global, le déplacement des continents modifie la répartition des courants marins, élément important du système climatique. Enfin, la création de reliefs, conséquence du plongement d'une plaque sous une autre, a un effet sur la circulation atmosphérique et sur la répartition des surfaces enneigées ou englacées.

On a vu que les chutes de météorites avaient eu un rôle important dans les premiers âges de la Terre, rôle qu'elles ont perdu depuis. Cependant, au moins à la limite Crétacé-Paléocène, leur effet sur le climat et la biosphère a été considérable. Peut-être en trouvera-t-on d'autres exemples dans les temps géologiques et, en tout cas, on ne peut exclure que la Terre n'en montrera pas d'autres dans l'avenir.

Il faut, enfin, mentionner la possibilité d'un effet climatique du déplacement du système solaire dans la galaxie, comme certains auteurs en ont émis l'hypothèse.

Forçages radiatifs

Un forçage radiatif est un changement dans le bilan énergétique des radiations reçues et renvoyées par la Terre, mesurées au niveau de la tropopause. Il est habituellement exprimé en $W \cdot m^{-2}$.

Un forçage radiatif ΔQ déterminé peut induire, au niveau du sol, un changement de température ΔT qui dépend des caractéristiques du système. Un forçage radiatif positif entraîne une augmentation de la température, tandis qu'un forçage radiatif négatif entraîne une diminution de cette température. Le rapport $\lambda = \Delta T/\Delta Q$ est appelé **sensibilité climatique** du système. Il s'exprime en $K \cdot m^2 \cdot W^{-1}$.

Une des principales catégories de forçages radiatifs réside dans les modifications de la composition de l'atmosphère (gaz à effet de serre, aérosols). L'extension et la nature des nuages sont aussi à prendre en compte. Par ailleurs, la surface occupée par les glaces, marines ou continentales, modifie la quantité de rayonnement solaire renvoyé dans l'espace et perdu pour le fonctionnement du système climatique.

Ces forçages revêtent une très grande importance, aussi bien dans le fonctionnement naturel du climat que dans celui de ses modifications induites par les activités humaines qui injectent dans l'atmosphère des quantités non négligeables de gaz actifs du point de vue radiatif. Il est à noter que les constantes de temps relatives à ces forçages sont très courtes : de quelques heures à guère plus d'un siècle.

D'autres forçages, externes au système climatique, ceux-là, sont relatifs au rayonnement solaire. On sait que, comme toute étoile, il subit de lents changements de puissance, sensibles seulement à l'échelle de la centaine de millions d'années. Ils ont eu un rôle surtout au début de la longue histoire de la Terre, et en auront un autre à sa fin. À une toute autre échelle de temps, le rayonnement solaire subit des variations d'intensité au rythme d'environ 11 ans, rythme marqué par la plus ou moins grande abondance des taches solaires. On reste encore dans l'incertitude sur l'effet climatique de ces variations qui sont de très faible valeur (de l'ordre de 1 %). En revanche, la façon dont le rayonnement solaire est réparti à la surface du globe, du fait des irrégularités de son orbite, exerce un rôle fondamental sur les climats, à des échelles de temps allant de 10^4 à 10^6 ans. Ces variations rythmiques sont connues sous le nom de cycles de Milankovitch (V. chapitre 20).

Rétroactions dans le système climatique

La complexité du système climatique tient beaucoup à l'existence de nombreuses rétroactions.

Sans rétroaction (figure 17.6, A), si, à l'entrée du système climatique, on introduit un forçage radiatif ΔQ, c'est-à-dire une modification du bilan thermique, on aura en sortie une variation de la température $\Delta T = \lambda\ \Delta Q$, λ étant la sensibilité climatique du système.

Avec rétroaction (figure 17.6, B), une partie c du signal de sortie va intervenir pour modifier le signal d'entrée qui va devenir $\Delta Q + c\ \Delta T$. Le signal de sortie sera alors $\Delta T' = \lambda\ (\Delta Q + c\ \Delta T)$.

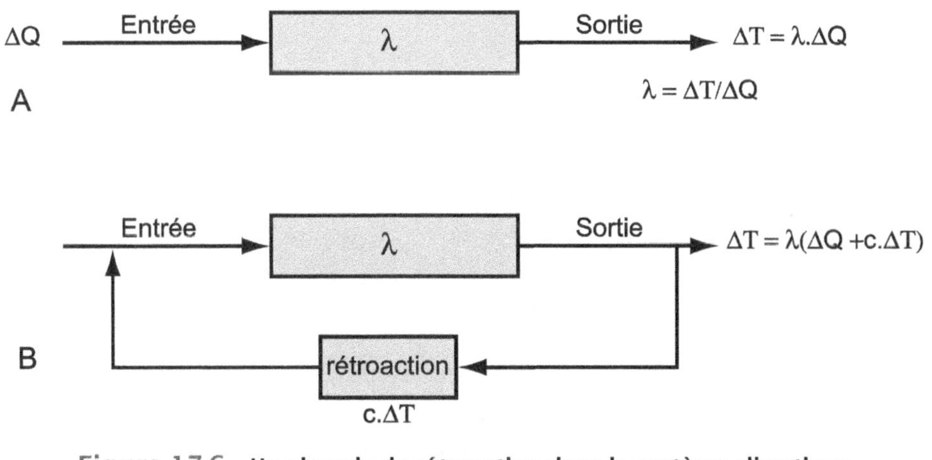

Figure 17.6 – Une boucle de rétroaction dans le système climatique.

A : boucle ouverte (sans rétroaction) ; B : boucle avec rétroaction : une partie c du signal de sortie est renvoyée en entrée. λ est la sensibilité climatique. Le facteur de rétroaction f est égal à $1/\lambda$.

En climatologie, on utilise couramment le **facteur (ou paramètre) de rétroaction** $f = 1/\lambda$ (Noter que, pour certains auteurs, ce paramètre est défini comme $f = (\Delta T' - \Delta T)/\Delta T$, qui est égal à $c{\cdot}\lambda$). Le rapport $G = \Delta T'/\Delta T$ est le **gain** du système.

Un exemple classique de rétroaction positive est donné par l'augmentation de température de l'air entraînant une augmentation de quantité de vapeur d'eau dans l'atmosphère. Cette augmentation doit augmenter l'effet de serre atmosphérique et donc entraîner une augmentation encore plus grande de la température de l'air.

Une autre rétroaction positive peut être celle qui suit un refroidissement entraînant un accroissement de la surface des glaciers et des glaces de mer. Cet accroissement va accroître l'albédo terrestre, ce qui va renvoyer vers l'espace davantage de rayonnement solaire et, par conséquent, entraîner un refroidissement encore plus fort. Un tel processus a été invoqué pour expliquer l'existence possible d'une Terre entièrement gelée (*Snowball Earth*) à certaines périodes du Précambrien (V. chapitre 22).

Mais il est parfois difficile de dire, pour des phénomènes voisins, si les rétroactions résultantes doivent être positives ou négatives. C'est notamment le cas des nuages qui ont deux effets radiatifs opposés. D'une part, ils réfléchissent les courtes longueurs d'ondes contribuant ainsi à augmenter l'albédo de la planète et, de l'autre, ils absorbent fortement les rayonnements infrarouges, ayant ainsi un effet de serre marqué. Ces deux effets diffèrent suivant les types de nuages et leur altitude, si bien qu'il faut en distinguer au moins deux catégories : les nuages bas et les nuages d'altitude.

Les nuages bas, essentiellement constitués par les stratocumulus, ont un faible effet de serre mais un fort albédo pouvant atteindre 0,8. Pour les régions situées en dessous d'eux, ils jouent ainsi le rôle d'un écran qui leur soustrait de l'énergie solaire. Ils sont particulièrement développés au-dessus des surfaces océaniques aux moyennes latitudes, surtout sur les parties est de ces surfaces (fig. 17.7). C'est d'ailleurs au-dessus d'elles que leur effet est le plus marqué puisque, sans ces nuages, l'albédo océanique est très faible (de l'ordre de 0,1).

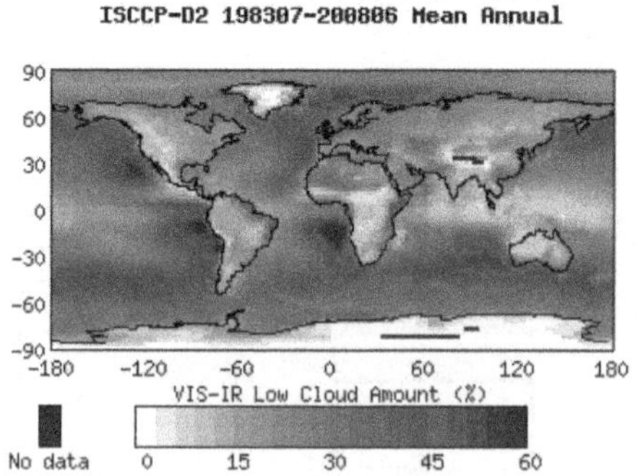

Figure 17.7 – Répartition mondiale des nuages bas (moyenne annuelle de 1983 à 2008).

Image obtenue par The International Satellite Cloud Climatology Project (ISCCP), site web `http://isccp.giss.nasa.gov`.

Les nuages hauts, essentiellement les cirrus, peu denses et très transparents, ont, de ce fait un faible albédo. En revanche, ils engendrent un effet de serre marqué. Leur répartition d'ensemble est très différente de celle des nuages bas, étant dans l'ensemble plus répandus sur les continents (figure 17.8).

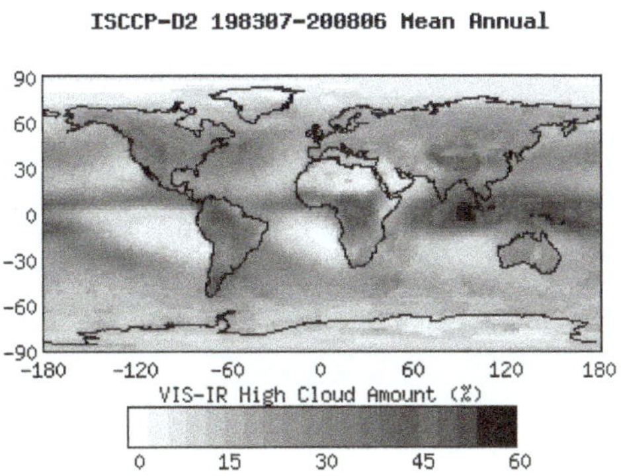

Figure 17.8 - Répartition mondiale des nuages élevés (moyenne annuelle de 1983 à 2008).

Image obtenue par The International Satellite Cloud Climatology Project (ISCCP), site web `http://isccp.giss.nasa.gov`.

Les mesures satellitaires ont permis de préciser les parts respectives de ces deux types de nuages (tableau 17.2). Il apparaît que l'influence des nuages bas est largement prépondérante et qu'elle soustrait au sol du rayonnement solaire pour environ 20 W·m^{-2}.

Ces valeurs dépendent étroitement de l'extension des nuages, laquelle est en relation avec les autres paramètres climatiques, température et humidité. Cette extension constitue ainsi une rétroaction importante du système climatique. Malheureusement, elle est très difficile à modéliser, en partie par le fait que les échelles où se produisent les phénomènes de convection à l'origine des nuages sont beaucoup plus petites que celles utilisées pour la constitution des modèles. C'est donc une importante source d'incertitude dans la prévision de l'évolution du climat.

Tableau 17.2 - Forçage radiatif des nuages.

Expérience	Forçage radiatif des nuages dans l'infrarouge	Forçage radiatif des nuages dans le visible	Forçage radiatif total
ERBE 3/85 - 2/89	+29,1	–47,6	–18,5
ScaRaB 3/94 - 2/95	+27,2	–48,2	–21,0

Moyenne annuelle globale du forçage radiatif des nuages (en W·m^{-2}) selon deux expériences : ERBE (de mars 1985 à février 1989 et ScaRab (de mars 1994 à février 1995). Sans nuages, la surface terrestre gagnerait environ 20 W·m^{-2}. Source : Laboratoire de météorologie dynamique.

Les cycles biogéochimiques 18

PLAN

Les matériaux, solides, liquides ou gazeux, dont sont composées les enveloppes de la Terre sont soumis à des mouvements, à des transformations et à des combinaisons. Certains, notamment les éléments chimiques ou les molécules simples et stables, reviennent à leur état d'origine au bout d'un temps plus ou moins long, formant ainsi un cycle. Comme, dans ces transformations, interviennent des processus biologiques ou chimiques, on les désigne sous le nom de **cycles biogéochimiques**. Pour les schématiser, on utilise, comme pour les systèmes (figure 17.1), des rectangles reliés par des flèches. Les rectangles représentent des **réservoirs**, c'est-à-dire des ensembles pouvant contenir sous une certaine forme (liquides, solutions, solides, gaz, mélanges, etc.) les substances impliquées dans un certain cycle. Ces substances sont généralement caractérisées par leur masse (souvent exprimée en gigatonnes, Gt, équivalents de pétagrammes Pg : 1 Pg = 10^{15} g) ou par leur quantité de matière, exprimée en moles (mol). Les flèches représentent des flux de matière (souvent exprimés en Gt/an ou en Pg/an) allant d'un réservoir à un autre (figure 18.1).

Si le flux d'entrée $F_i = m_i/t$ est plus grand que le flux de sortie $F_o = m_o/t$, le contenu M du réservoir s'accroît. S'il est plus petit, le contenu diminue. Si les deux

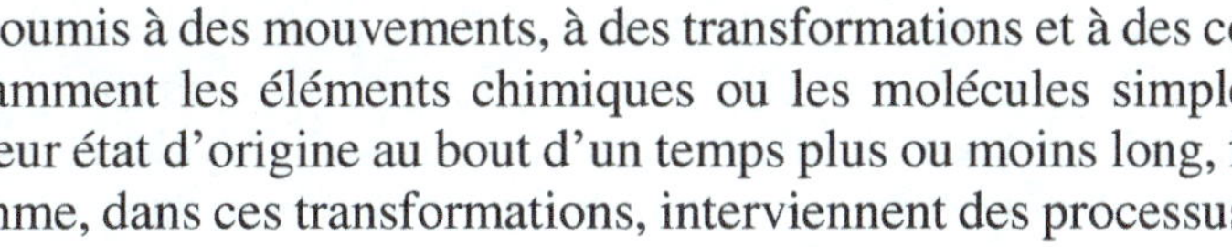

Figure 18.1 – Fonctionnement d'un réservoir.

Le réservoir contient une quantité M de matière de la catégorie considérée. Cette matière entre dans le réservoir avec un flux d'entrée $F_i = m_i/t$ et en sort avec un flux $F_o = m_0 t$. Si $F_i > F_o$, le réservoir se remplit. Si $F_i < F_o$, le réservoir se vide. Si les deux flux sont égaux, il y a équilibre. Le temps de résidence de cette matière dans le réservoir est $T = (M/F_o)$.

flux sont égaux, le contenu reste constant et l'on dit qu'il y a équilibre. Si le flux d'entrée était stoppé, le flux de sortie restant constant, le réservoir serait ainsi vidé au bout d'un temps T que l'on appelle **temps de résidence**. T est ainsi égal au rapport entre la masse M du réservoir et le flux de sortie (ou d'entrée s'il y a équilibre) soit $T = (M/F_0)$. Le temps de résidence caractérise donc l'inertie des réservoirs.

Lorsqu'un réservoir reçoit une substance d'un autre réservoir, on dit que c'est un **puits** pour cette substance. L'autre réservoir en est une **source**. Certains réservoirs peuvent être l'un ou l'autre selon les points ou selon les moments.

Un certain nombre de cycles géochimiques sont en rapports étroits avec les climats. Les deux plus importants sont le cycle de l'eau et celui du carbone, qui sont des gaz à effet de serre. Mais des éléments mineurs sont aussi à considérer, comme le phosphore ou l'azote, qui ont un rôle fondamental dans les processus biologiques, lesquels ont une action sur les climats.

18.1 Le cycle de l'eau

L'eau sur Terre représente un composant essentiel. On s'accorde à voir dans sa présence une condition nécessaire à la vie. Du fait de la distance du Soleil à la Terre, qui rend celle-ci ni trop chaude, ni trop froide, l'eau peut s'y trouver dans ses trois états, solide, liquide et gazeux et, sous ces trois formes, joue un rôle primordial dans les phénomènes climatiques, chimiques et biologiques. Son cycle, et les variations de celui-ci, sont donc des éléments essentiels du fonctionnement du système climatique.

Ce cycle peut être représenté schématiquement en utilisant trois réservoirs, l'océan, l'atmosphère et les surfaces émergées des continents (figure 18.2).

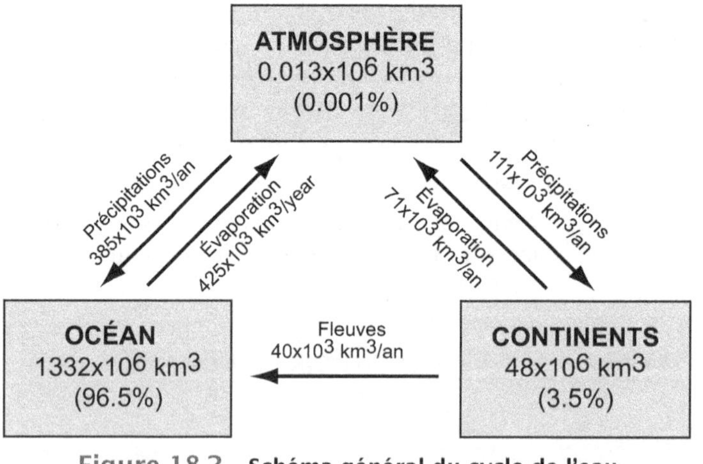

Figure 18.2 – Schéma général du cycle de l'eau.

L'eau évaporée des continents et des océans entre dans le réservoir atmosphérique sous forme de vapeur d'eau. Elle se condense ensuite pour donner des précipitations. Une partie de celle qui tombe sur les continents va, par les fleuves, retourner aux océans. Noter la très grande différence de dimension des réservoirs. Presque toute l'eau est renfermée dans les océans, l'atmosphère en contenant une très petite part.

Tableau 18.1 – **Les réservoirs de l'eau.**

Réservoirs d'eau	Volume d'eau (km^3)	Pourcentage du total	Temps de résidence
Océans	1 332 000 000	96,52	3 000 ans
Continents	47 971 610	3,48	1 000 ans
Atmosphère	12 900	0,001	9,5 jours

Les réservoirs de l'eau sont de tailles très diverses, de même que leurs temps de résidence.

Tableau 18.2 – **Eaux continentales.**

Réservoirs d'eau continentaux	Volume d'eau (km^3)
Calottes polaires, glaciers et neiges permanentes	24 064 000
Eaux souterraines	23 400 000
Humidité du sol	16 500
Glaces souterraines et pergélisols	300 000
Lacs	176 400
Zones humides, marais	11 470
Cours d'eau	2 120
Biosphère	1 120
Total	47 971 610

La plus grande partie des eaux continentales est contenue dans les glaciers et dans le sous-sol. (Données de I. A. Shiklomanov, *in* Peter H. Gleick (Ed.), 1993, *Water in Crisis: A Guide to the World's Fresh Water Resources* (Oxford University Press, New York). Voir aussi Shiklomanov I, A. & Rodda, J.C. (Eds) 2003. *World water resources at the beginning of the twenty-first Century*. Cambridge Univ. Press.

L'océan contient presque toute l'eau du globe : $1\,332 \cdot 10^6$ km^3, soit 96,5 %. Cette eau contient des sels dissous, notamment du ClNa (en moyenne 35 ‰), du fait de l'apport des substances dissoutes par les fleuves, diminué des sels déposés au fond des mers et des océans. Le flux correspondant à l'apport en eau par ces fleuves est évalué à $40 \cdot 10^3$ km^3 par an. Un autre apport pour ces océans est celui des précipitations évalué à $385 \cdot 10^3$ km^3 par an. Ces apports sont équilibrés par des pertes par évaporation de $425 \cdot 10^3$ km^3 par an. Compte tenu de ces valeurs, le temps de résidence de l'eau océanique est d'environ 3 000 ans (tableau 18.1).

Les continents, en y comprenant toutes les surfaces émergées, contiennent $48 \cdot 10^6$ km^3 d'eau, soit 3,5 % de son volume total. En prenant les chiffres donnés plus haut, on peut calculer un temps de résidence moyen de l'eau d'environ 1 000 ans. Mais ce chiffre n'a guère de signification car l'eau continentale se trouve sous des formes diverses, formant autant de réservoirs partiels (tableau 18.2). Actuellement, la moitié de ces eaux est contenue dans la cryosphère (glaces, neige, permafrost). Mais cette proportion a évolué considérablement au cours du temps en fonction des réchauffements ou des refroidissements du climat, le stock de glace pouvant atteindre $90 \cdot 10^6$ km^3 lors des glaciations quaternaires, ce qui implique une baisse générale du niveau des océans de 120 mètres par glacio-eustatisme. Le temps de résidence de l'eau dans les calottes glaciaires est, aujourd'hui, de l'ordre de 10 000 ans.

Les eaux souterraines constituent presque toute l'autre moitié du stock continental mais, mobiles, elles se renouvellent plus vite que l'eau des glaciers, leur temps de résidence moyen étant de quelque 4 000 ans. Le reste des eaux continentales, qui se trouve dans les lacs, les marais et les rivières constitue ainsi un pourcentage très réduit de ce réservoir. Il est à noter que les quantités d'eau douce stockées dans ces eaux, ainsi que dans les réservoirs souterrains, ne comptent que pour $11{,}5 \cdot 10^6$ km^3, ce qui est une proportion extrêmement faible des eaux terrestres (0,8 %). De plus, seulement une partie est accessible et propre à la consommation, montrant la fragilité des ressources en eau utilisables pour les besoins humains.

L'atmosphère est le réservoir le plus directement lié au climat ; pourtant c'est le plus petit réservoir du cycle de l'eau puisqu'il en contient $0{,}013 \cdot 10^6$ km^3, soit moins de 0,001 %. Il reçoit son eau sous forme de vapeur par l'évaporation des eaux marines ainsi que par celles des eaux continentales ($71 \cdot 10^3$ km^3 par an). Dans ce dernier cas, la biosphère joue un rôle très actif par le mécanisme de l'évapotranspiration. Ces apports sont équilibrés par les précipitations sur les océans et les continents, en tout $496 \cdot 10^6$ km^3 par an. Avec ces chiffres, on trouve que le temps de résidence de l'eau atmosphérique est de quelques 9 jours. Ce temps est extrêmement court, mais la continuité de la présence de l'eau atmosphérique est assurée par la taille de l'océan et par leurs relations d'évaporation-précipitation.

À long terme, ce cycle n'est pas un système clos. Il reçoit de l'eau de l'intérieur de la Terre par le fait du métamorphisme et de la subduction. Il en reçoit aussi de l'espace : 0,01 km^3/an par les poussières cosmiques et les météorites. Par ailleurs, il en perd 0,1 km^3/an par dissipation dans l'espace. Ces valeurs, modestes aujourd'hui, ont été bien plus grandes dans les premiers âges de la Terre.

18.2 Le cycle du carbone

Le cycle du carbone est particulièrement important en ce qui concerne le climat, car c'est de lui que dépend la concentration de l'atmosphère en dioxyde de carbone, principal responsable de l'effet de serre sur Terre. Pour décrire ce cycle, on distingue des réservoirs dans lesquels le carbone peut être stocké. Ce sont principalement l'atmosphère, l'océan, dont on distingue souvent la partie superficielle (où se font les échanges gazeux à court terme avec l'atmosphère) et la partie profonde (où les échanges se font à moyen terme), la partie marine de la biosphère, sa partie terrestre, les sols et les sédiments (figure 18.3).

Les tailles de ces réservoirs, ainsi que les flux de leurs échanges, et donc les temps de résidence, sont très divers (tableau 18.3). Il en résulte que les effets sur le climat peuvent se faire à des vitesses variées. De ce fait, on distingue souvent des processus

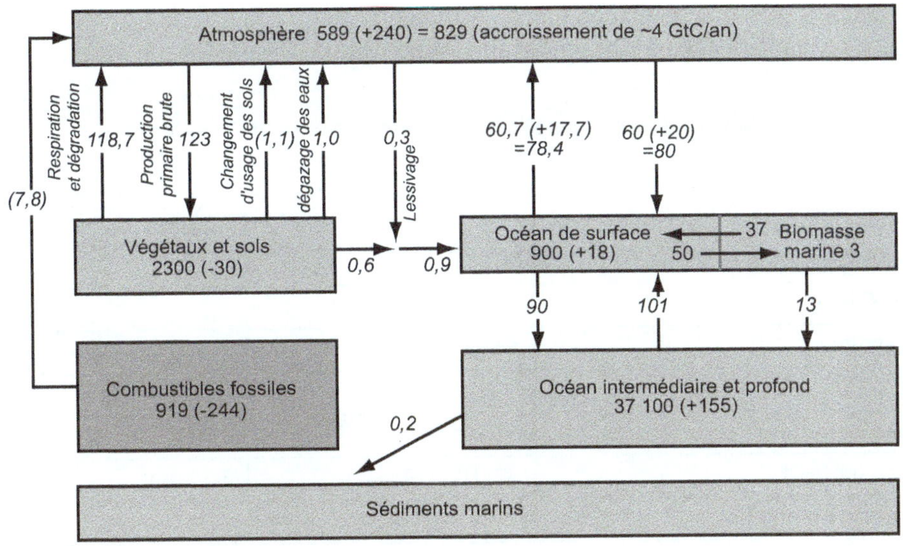

Figure 18.3 – Le cycle global du carbone dans les années 2010.

La figure montre les flux (caractères italiques, en GtC/an, GtC : gigatonne de carbone) et les stocks (caractères romains, en GtC) préindustriels « naturels » et, entre parenthèses, les changements anthropogéniques (de 1750 à 2011) des flux et des stocks. Valeurs d'après IPCC, *Climate Change 2013: The Physical Science Basis*, fig. 6.1, sauf stock combustibles fossiles (réserves prouvées) : données de US Energy Information Administration, 2014 (charbon 66 %, pétrole 21 %, gaz 13 %). Les ressources ultimes d'hydrocarbures (y compris non conventionnels), pourraient contenir plus de 1 000 GtC.

rapides, dont les effets peuvent se faire sentir à court terme, quelques années, quelques mois, voire quelques jours, et des processus à long terme, dont les effets ne peuvent être notables qu'à des échelles beaucoup plus longues : dizaines ou centaines de siècles, voire millions d'années. Ces effets à long terme sont très importants dans l'histoire de la Terre car ils ont accompagné les lents processus de l'évolution des climats et des êtres vivants.

L'ensemble des réactions du carbone au sein de son cycle est contrôlé, en définitive, par ses propriétés d'oxydo-réduction (caractérisées par son nombre d'oxydation), au sein de ses différentes combinaisons. Dans les composés très oxydés, comme les carbonates (par exemple $CaCO_3$, nombre d'oxydation maximum, +4), le carbone ne peut entrer dans de nouvelles réactions d'oxydation productrices d'énergie. C'est l'inverse pour ses formes réduites par l'activité photosynthétique (par exemple, dans le glucose $C_6H_{12}O_6$, dans le carbone élémentaire C ou dans les hydrocarbures C_nH_m). L'oxydation du carbone appartenant à une matière organique donnée dépend ainsi de la part respective des formes déjà oxydées ou encore réduites des atomes de carbone qu'elle contient. Cette oxydation du carbone peut être ralentie par son appartenance à des formes résistantes à la dégradation (lipides, cires végétales, enveloppes de spores), par la présence d'argiles auxquelles elle peut se lier, et par une lente stabilisation des composants carbonés résiduels (cas de l'humus des sols qui se révèle stable, à l'échelle de quelques dizaines à quelques centaines d'années, face à l'oxygène atmosphérique).

Tableau 18.3 – **Masses de carbone et temps de résidence des principaux réservoirs.**

Réservoir	Masse en Gt (= Pg = 10^{15} g)	Temps de résidence (ans)
Atmosphère	589 (+240) = 829	4
Végétation	650 (–39)	10
Sols	> 2,000	30
Océan de surface	900 (+18)	400
Océan profond	37 100 (+155)	100 000
Biomasse océanique	3	–
Charbons et pétroles	~ 2 000 (–244)	?
Clathrates de méthane	10 000 ?	?
Carbone organique dispersé dans les roches sédimentaires	1 000 000	?
Carbone des minéraux carbonatés sédimentaires	60 000 000	200 000 000

Valeurs avant l'ère industrielle avec, entre parenthèses, leurs modifications entre 1750 et 2011. Les temps de résidence sont approximatifs. Ces chiffres ne doivent pas faire oublier que, pour un même réservoir, peuvent agir des processus ayant des constantes de temps très diverses. Source principale des données (avec ajustements) : IPCC, *Climate Change 2013: The Physical Science Basis*, fig. 6.1.

Dans son cycle, un même atome de carbone peut être engagé successivement dans des composés carbonés issus de la photosynthèse (carbone organique) et dans des composés purement inorganiques (essentiellement des carbonates).

Cycle du carbone organique à la surface terrestre, à court terme

La phase caractéristique du cycle du carbone organique à la surface terrestre est celle où du carbone contenu dans des molécules de CO_2 est utilisé pour la fabrication de la matière vivante par le processus de la **photosynthèse**. La biosphère végétale et une grande partie de la biosphère microbienne se comportent ainsi comme des puits de carbone du fait de l'utilisation du dioxyde de carbone et de l'eau nécessaires à la fabrication de leurs composés organiques, en utilisant les énergies solaires ou chimiques.

Les processus conduisant à la synthèse de ces composés sont très complexes et impliquent l'intervention d'éléments mineurs comme le phosphore et l'azote dont les abondances sont des facteurs limitants de ces réactions. On peut schématiser cette photosynthèse par la réaction suivante :

$$6CO_2 + 6H_2O + \text{photons} \rightarrow C_6H_{12}O_6 + 6O_2$$

Dioxyde de carbone + eau + énergie lumineuse → glucose + oxygène

Inversement, en l'absence de lumière, la matière organique de la biosphère se comporte comme une source de CO_2 du fait de la **respiration cellulaire** qui peut être schématisée par la réaction :

$$C_6H_{12}O_6 + 6O_2 \rightarrow 6CO_2 + 6H_2O + \text{énergie}$$

Glucose + oxygène → dioxyde de carbone + eau + énergie

La matière organique peut également se décomposer, en l'absence d'oxygène, sous l'influence de micro-organismes, à travers des processus anaérobies comme la fermentation alcoolique $C_6H_{12}O_6 \rightarrow 2\ C_2H_5OH + 2\ CO_2$, ou la **méthanogenèse** $C_6H_{12}O_6 \rightarrow 6\ CO_2 + CH_4$.

Dans le milieu marin, l'essentiel de la matière vivante est synthétisé dans la zone photique (où parvient la lumière, c'est-à-dire à guère plus de 100 m de profondeur) par le phytoplancton (essentiellement diatomées et coccolitophoridés). La plus grande partie de cette matière est consommée par le zooplancton monocellulaire (foraminifères, radiolaires, etc.) ou pluricellulaire, comme les copépodes producteurs de pelotes fécales. L'essentiel de ces substances organiques, constituées de débris biologiques ou de pelotes fécales produites du vivant des organismes marins, est dégradé et minéralisé par oxydation selon la réaction globale $C_6H_{12}O_6 + 6O_2 \rightarrow 6CO_2 + 6H_2O$. Le reste se sédimente.

Selon les endroits, l'océan peut constituer un puits ou une source de carbone. Il se comporte comme un puits lorsque la production biologique est considérable : c'est par exemple le cas des mers froides des zones arctiques où les diatomées abondent : on parle là de « **pompe biologique** ». Il se comporte comme une source là où des eaux profondes, riches en CO_2 du fait de la décomposition de matière organique, remontent en surface. C'est le cas des zones d'upwelling.

Cycle du carbone organique à long terme

Les processus à long terme du cycle du carbone organique voient se succéder des périodes de stockage et de déstockage de cet élément dans les réservoirs sédimentaires.

L'un de ces réservoirs est constitué par les charbons et les hydrocarbures. Une partie des végétaux terrestres aériens ou lacustres peut donner des résidus carbonés qui sont stockés dans les sols ou même dans les sédiments, donnant des charbons, particulièrement abondants durant certaines périodes géologiques (par exemple au Carbonifère). Une très faible partie de la biosphère marine (0,2 %) est incorporée aux sédiments lorsque les fonds océaniques, sur lesquels elle se dépose finalement, sont dans un état anoxique. Cela se produit lorsqu'il n'y a pas assez d'oxygène pour que toute la matière organique soit oxydée (faible renouvellement des eaux profondes ou/et fort flux de matière organique sur le fond marin). Noter que cet état anoxique, interdisant aux animaux fouisseurs de vivre sur ces fonds, y empêche la bioturbation, ce qui se traduit, dans les sédiments, par une fine lamination.

Par enfouissement, et suite à une maturation impliquant des contraintes particulières de température et de pression (que l'on caractérise en définissant des fenêtres d'huile ou de gaz), ces matières organiques peuvent donner divers hydrocarbures. À noter que le méthane peut aussi être stocké dans les sédiments sous forme de **clathrates** (molécules en forme de cage, ici d'hydrates de méthane).

Par ailleurs, une partie du carbone utilisé par les organismes marins (unicellulaires ou invertébrés) sert, sous forme de carbonate de calcium (aragonite ou calcite) à constituer leurs coquilles ou tests. S'il n'est pas dissous dans l'eau de mer, il sera exporté dans les sédiments. À noter que, si ce flux de carbonate vers les sédiments est très faible, le fait qu'il ait persisté, avec des intensités variables, pendant plus de deux milliards d'années explique l'énormité du carbone ainsi stocké sous forme de calcaire dans les sédiments : de l'ordre de 60 000 000 Gt de carbone, ce qui, avec les quelque 1 000 000 Gt stockés sous forme de carbone organique dans les sédiments, représente 100 000 fois le stock atmosphérique.

ENCART 18.1 Clathrates

Les clathrates sont des composés formés par l'inclusion de certaines molécules (invités) dans les cavités d'un réseau d'autres molécules formant une cage (hôte). Quand l'hôte est de l'eau, et l'invité un gaz, on parle d'hydrate de gaz. Dans ce cas, le gaz peut être du méthane, de l'éthane, du butane, de l'azote, du dioxyde de carbone ou de l'hydrogène sulfuré. Le clathrate de méthane ressemble à de la glace et est stable à haute pression et/ou basse température. On le trouve dans les pergélisols polaires et dans les sédiments océaniques à des profondeurs supérieures à 300 m, là où la température au fond est de l'ordre de 2 °C. Le méthane peut être relâché soit par réchauffement, soit par abaissement de la pression.

Cycle du carbone minéral

Reçu de diverses sources, océaniques ou biologiques, le carbone minéral est stocké dans l'atmosphère pour une petite part sous forme de méthane CH_4, mais surtout sous forme de dioxyde de carbone CO_2. Bien que sa concentration y soit très faible (0,03 %), il y joue un rôle considérable dans le contrôle climatique car c'est un gaz à effet de serre qui contribue au réchauffement de la troposphère. Les variations climatiques depuis l'origine de la Terre ont ainsi été liées à cette proportion. Sa source primitive est le volcanisme dont la contribution se fait sous forme de CO ou de CO_2. À notre époque elle est très faible : moins de 0,1 $GtCy^{-1}$. Cependant, par le passé, elle a été beaucoup plus importante.

Les échanges gazeux entre l'atmosphère et l'océan sont constants et considérables : de l'ordre de 60 GtC/an. À l'état de régime, avant l'époque industrielle qui les a perturbés, ils étaient équilibrés.

Le carbone emprunté à l'atmosphère par l'océan, sous forme de dioxyde de carbone, réagit avec l'eau en relâchant un ion hydrogène pour donner un ion bicarbonate (HCO_3^-). Si un autre ion hydrogène se dissocie aux dépens de cet ion, on a production d'un ion carbonate (CO_3^{2-}) :

$$CO_2 + H_2O \leftrightarrow HCO_3^- + H^+ \leftrightarrow CO_3^{2-} + 2H^+$$

L'équilibre de ces réactions réversibles est lié au pH du milieu. Un pH basique (supérieur à 7, faible concentration de H^+) favorise la production des ions carbonates, alors qu'un pH acide (inférieur à 7) favorise les ions bicarbonates.

Il résulte de ces équilibres que si la concentration en CO_2 de l'atmosphère augmente, davantage d'ions carbonate seront produits ainsi que davantage d'ion H^+, entraînant une diminution du pH de l'eau, qui s'acidifie, et la transformation d'ions carbonate en ions bicarbonate. Les proportions actuelles de ces ions dans l'eau de mer sont d'environ 90 % pour l'ion bicarbonate, 9 % pour l'ion carbonate et 1 % pour le dioxyde de carbone. Cet ensemble de réactions agit ainsi comme un tampon de l'acidité océanique. Cependant la capacité de l'océan à absorber ce CO_2 est limitée, et ne peut compenser toute augmentation de concentration de l'atmosphère en CO_2, notamment celle qui a pour origine notre consommation en combustibles fossiles. Aujourd'hui, on constate que les activités humaines sont une source supplémentaire de dioxyde de carbone, non compensée par une absorption dans ses puits naturels. Il en résulte que la concentration de l'atmosphère en ce gaz va croissant, ce que l'on rend responsable de l'élévation de la température constatée depuis plus d'un siècle.

L'altération des minéraux des roches par les agents atmosphériques (*weathering*) joue un rôle dans le cycle du carbone. La dissolution des minéraux silicatés sous l'influence du CO_2 produit dans les sols confère à la lithosphère en rôle de puits de carbone. Les eaux de pluie se chargent en CO_2, faiblement au contact de l'atmosphère, mais fortement au sein des sols en présence du CO_2 produit par la respiration des racines et des micro-organismes : en effet, la teneur en CO_2 au sein des sols est une centaine de fois supérieure à celle de l'atmosphère. On a production d'acide carbonique.

$$CO_2 + H_2O \rightarrow H_2CO_3$$

Cet acide va réagir à son contact avec les minéraux silicatés. Cette attaque affecte surtout sur des silicates présents dans les roches magmatiques ou métamorphiques comme des pyroxènes, des amphiboles ou des feldspaths. Comme les formules chimiques de ces minéraux sont complexes, on prend généralement comme exemple, pour écrire une relation simple, la wollastonite ($CaSiO_3$), qui est un silicate de métamorphisme des roches calcaires :

$$CaSiO_3 + 2H_2CO_3 \rightarrow Ca^{2+} + 2HCO_3^- + SiO_2 + H_2O$$

réaction qui consomme du dioxyde de carbone.

Il en va de même pour la dissolution du carbonate de calcium selon la réaction :

$$CaCO_3 + H_2CO_3 \rightarrow Ca^{2+} + 2HCO_3^-$$

Régulation et pompage du dioxyde de carbone

La continuité dans le temps du cycle du carbone assure le transfert de cet élément entre ses sources et ses puits. Pour caractériser le partage entre eux, il est commode de considérer qu'il est assuré par des pompes qui fournissent ou soustraient à l'océan certaines quantités de carbone (figure 18.4). On a cité plus haut la pompe biologique actionnée principalement par la photosynthèse des algues unicellulaires marines. Elle fait de la biomasse marine un puits pour le carbone et l'on peut trouver son opposé dans les processus d'upwelling. Une autre pompe marine est constituée par la production de coquilles calcaires (algues ou invertébrés), agissant, cette fois-ci, comme source de CO_2. Enfin, un troisième puits marin est constitué par la dissolution du dioxyde de carbone dans les eaux froides, contrebalancé par l'émission de ce gaz dans les eaux chaudes. Le fonctionnement de ces pompes a ainsi un rôle fondamental dans le cycle global du carbone et, par conséquent, dans l'évolution du climat de la planète.

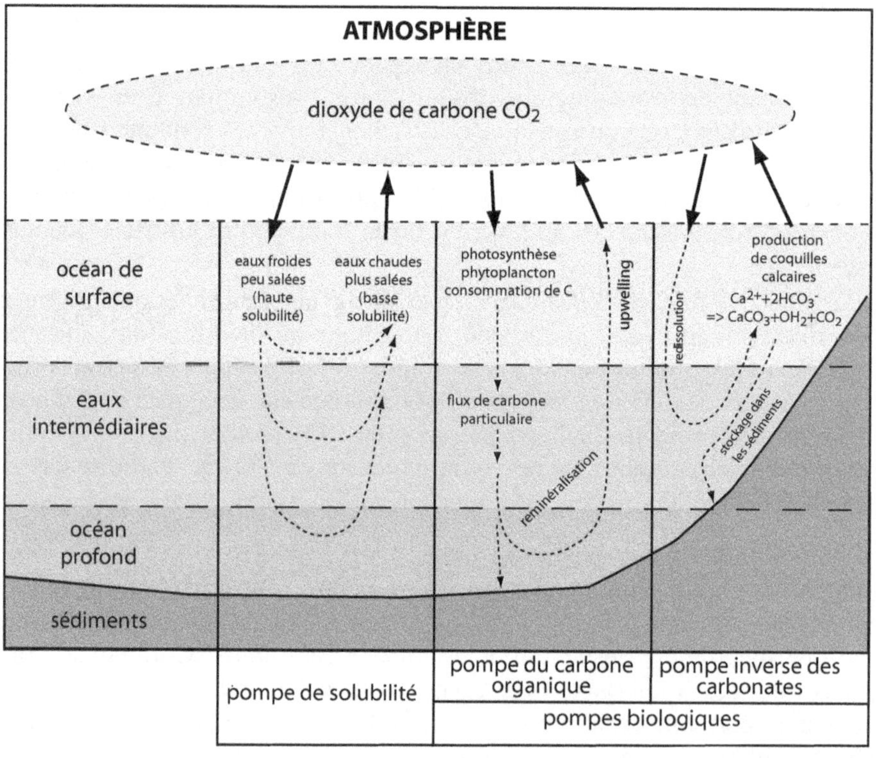

Figure 18.4 – Les pompes océaniques qui contrôlent la concentration de l'atmosphère en CO_2.

Trois principales pompes de carbone océanique gouvernent la régulation de changements de CO_2 océanique naturel par l'océan : la pompe de solubilité, la pompe du carbone organique et la pompe du CO_3Ca. L'absorption par l'océan du CO_2 anthropogénique est dominée par l'absorption du carbone inorganique au niveau de la surface océanique et par le transport physique du carbone anthropogénique depuis la surface vers les profondeurs. Données de IPCC, *Climate Change 2007, The physical science basis*, fig. 7.10. Voir aussi Heinze, C., E. *et al.* 1991, *Paleoceanography*, 6 : 395-430, fig. 1.

La pompe de solubilité

Au contact de la surface océanique, le CO_2 atmosphérique se dissout et se répand dans la zone de mélange. Cette dissolution se fait d'autant mieux que les eaux sont plus froides. C'est donc dans les eaux polaires que ce processus sera le plus intense. Les eaux, froides et denses, y plongent vers les profondeurs et relâcheront leur CO_2 lorsqu'elles retrouveront la surface et se réchaufferont. Ce retour du CO_2 se fera donc avec un retard correspondant au temps de parcours des masses d'eau, retard qui peut atteindre plusieurs siècles si ces masses sont entraînées dans la circulation thermohaline du *Conveyor belt* (V. chapitre 9).

La pompe biologique du carbone organique

Dans les parties superficielles de l'océan, là où parvient la lumière, prolifère le phytoplancton. Il emprunte le CO_2 dissous à l'interface atmosphère-océan.

Le carbone organique de ce phytoplancton est, directement ou après consommation en partie par le zooplancton ou d'autres organismes, transféré sous forme particulaire dans les profondeurs de l'océan.

Avant ou après avoir atteint le plancher océanique, il est reminéralisé par des actions bactériennes et, en définitive, restitué à l'atmosphère, notamment dans les eaux froides des upwellings. Une très petite partie (0,2 GtC) est incorporée aux sédiments et stockée jusqu'à ce que des événements géologiques la libèrent.

La pompe inversée des carbonates

La constitution de coquilles calcaires (en calcite ou en aragonite) par les organismes marins (algues, bivalves, etc.) libère du CO_2 par la réaction :

$$Ca^{2+} + 2HCO_3^- \rightarrow CaCO_3 + H_2O + CO_2$$

Ce CO_2, qui a été emprunté à l'atmosphère, lui est ainsi rendu. Ce mécanisme s'oppose ainsi à celui de la pompe du carbone organique.

Les coquilles calcaires sont transférées par gravité vers les profondeurs et, soit se dissolvent pendant leur descente ou pendant leur séjour sur le fond, soit, pour une faible part, sont ensevelies dans les dépôts sédimentaires. Ils contribuent alors, à long terme, au stockage du CO_2 atmosphérique. C'est par ce processus que, dans les sédiments géologiques carbonatés, ont été stockés, au cours des temps, quelque 60 millions de Gt de carbone.

Globalement, le bilan du cycle de carbone serait équilibré si l'activité humaine n'introduisait pas dans l'atmosphère une quantité de carbone de quelque 4 Gt par an.

18.3 Le cycle de l'azote

L'azote est un élément dont la faible abondance, dans les sols ou les eaux, peut constituer un facteur limitant pour la croissance des végétaux. Ceux-ci en ont besoin pour fabriquer les acides aminés sans lesquels ils ne peuvent synthétiser leurs protéines. Le cycle de l'azote intervient donc indirectement dans le cycle du carbone, et donc dans le fonctionnement du système climatique.

L'atmosphère contient de l'azote diatomique N_2 (diazote). Mais cette molécule est peu réactive et, pour utiliser l'élément, les plantes doivent en disposer sous forme d'un ion nitrate (NO_3^-). Certaines réactions sont capables d'oxyder la molécule N_2 pour la rendre ainsi utilisable et permettre à l'azote de se fixer. Inversement, d'autres bactéries transforment les nitrates en azote diatomique (N_2) ou en oxyde nitreux (N_2O) : c'est la dénitrification.

Ce cycle peut être décrit dans sa partie terrestre comme suit. À partir de l'azote de l'air (figure 18.5), des bactéries, certaines étroitement associées au système racinaire de plantes, synthétisent l'ammonium (NH_4^+). D'autres le transforment en nitrite (NO_2^-, nitritisation), d'autres, ensuite, en nitrates (NO_3^-, nitratisation). Une partie de ces nitrates va être prise en charge par d'autres bactéries qui vont en extraire l'azote et la livrer à l'atmosphère (dénitrification). Une autre partie va être assimilée par des plantes. Ces dernières pourront être consommées par des herbivores, qui pourront être eux-mêmes dévorés par des carnivores. Les cadavres des animaux, ainsi que leurs déjections et les résidus non consommés des plantes, seront décomposés par des populations bactériennes qui livreront l'azote à l'atmosphère sous forme d'ammoniac (NH_4^+, ammonisation).

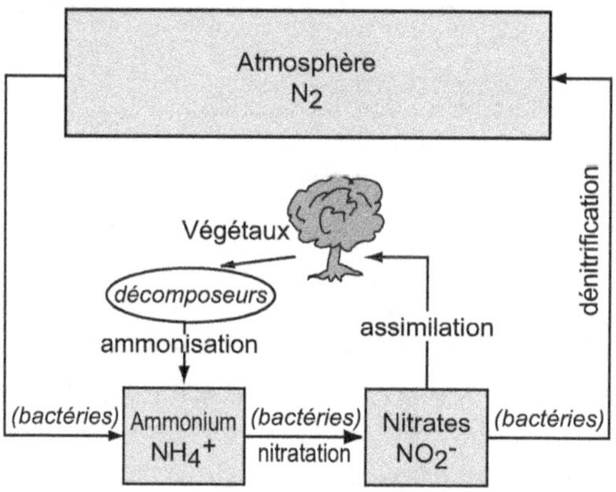

Figure 18.5 - Cycle terrestre de l'azote.

Les bactéries du sol transforment l'azote de l'air en ammonium puis en nitrates. Pour une part, ces nitrates sont utilisés par les plantes. Après la mort ou la consommation de celles-ci, l'azote qu'elles contenaient est transformé en ammonium et réintroduit dans le cycle. Une autre partie des nitrates est retransformée en azote par des bactéries (dénitrification), et restituée à l'atmosphère.

Si l'on examine le cycle global de l'azote (figure 18.6), on doit aussi tenir compte des quantités d'azote transportées par les fleuves à l'océan, lequel restitue de l'azote à l'atmosphère par dénitrification. Il est à noter que même si l'on connaît encore mal les quantités exactes d'azote impliquées dans toutes les étapes de son cycle, on constate l'énorme importance des quantités ajoutées par les activités humaines par

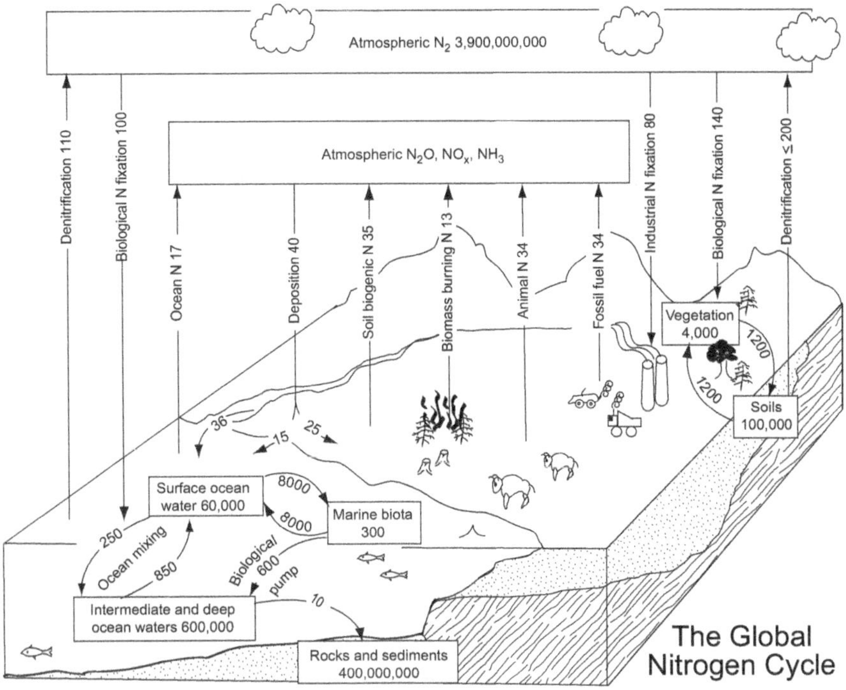

Figure 18.6 – Le cycle global de l'azote.

Les valeurs approchées des principaux réservoirs (rectangles) et des flux (flèches) sont données en Gt et en Gt par an. L'atmosphère contient la majeure partie de l'azote terrestre. La dénitrification est le principal phénomène qui l'extrait. Les activités humaines y ajoutent de l'azote par l'usage de fertilisants, la culture de végétaux fixant ce gaz, et l'emploi de combustibles fossiles.
Extrait de Chapin III, F. S. *et al.*, 2002, *Principles of terrestrial ecosystem ecology*, Springer-Verlag New York, fig. 2.4, p. 344.

l'utilisation des combustibles fossiles et surtout par l'usage des engrais, usages qui ont complètement déséquilibré ce cycle.

18.4 Le cycle du phosphore

Comme l'azote, le phosphore est un élément limitant de l'activité biologique. C'est un composant indispensable à la vie notamment par son rôle dans les processus énergétiques cellulaires (par l'adénosine triphosphate, ATP), dans la composition de l'ADN et de l'ARN, dans celle des membranes cellulaires et des os et des dents des vertébrés.

Il est emprunté aux minéraux des roches par dissolution (figure 18.7). Utilisé en partie par la biosphère terrestre, il est surtout entraîné vers l'océan par les fleuves où il permet l'existence du plancton qui, en définitive, le transfère dans l'océan

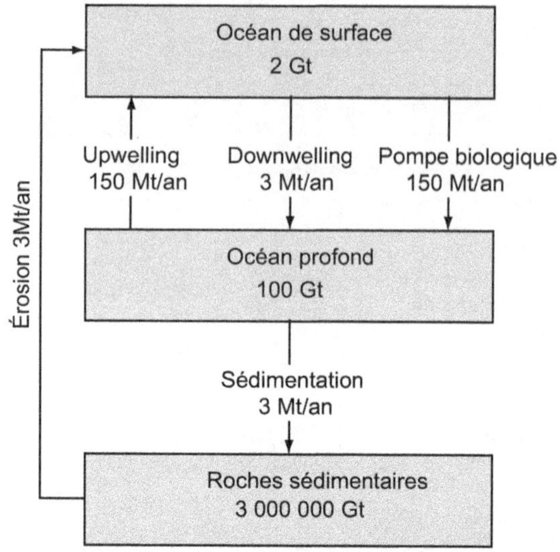

Figure 18.7 – **Le cycle marin global du phosphore.**
Valeurs d'après Kump, L. R. *et al. The Earth system*, 3rd ed., 2010, Prentice Hall.

profond, sous forme dissoute ou au sein de pelotes fécales. Là, il est en partie intégré aux sédiments, mais aussi en partie repris par les phénomènes d'upwelling qui, le transférant à nouveau dans la zone photique permet la multiplication du phytoplancton et le fonctionnement de la chaîne biologique qui lui est inféodée.

Plus que l'azote, qui est moins rare, le phosphore peut être considéré comme un ultime élément limitant pour la multiplication du vivant.

Causes naturelles des changements climatiques

19

PLAN

19.1 Causes terrestres, causes extraterrestres

La réalité de changements de climat parfois considérables n'est pas contestable. Il est donc convenable d'en chercher les causes. Beaucoup ont été proposées et il n'est pas toujours aisé, dans l'état actuel des connaissances, d'évaluer les poids de leurs contributions respectives. D'ailleurs, il apparaît que ces multiples causes s'exercent généralement sur des durées très diverses et peuvent donc jouer ensemble, mais à des échelles de temps différentes.

Certaines de ces causes sont à rechercher à l'intérieur du globe, dans les mouvements de sa lithosphère ainsi que dans le volcanisme. D'autres viennent de l'extérieur, comme les variations intrinsèques du rayonnement solaire ou la façon dont il est modulé par différents phénomènes, dont les variations de l'orbite terrestre, ou dans les apports de matière qui peuvent nous venir de l'espace (météorites, comètes, etc.). D'autres, enfin, viennent de modifications d'éléments du système climatique, et notamment de l'activité humaine que nous envisagerons au chapitre 23. Pour désigner les contraintes qui produisent ces changements climatiques, on parle de **forçages** (V. chapitre 17).

Déplacement des continents à la surface de la Terre

Du fait du mouvement des plaques lithosphériques, il résulte qu'un point donné du globe est susceptible, au cours du temps, d'occuper des positions variées, et donc d'être situé successivement dans des zones climatiques diverses. En ce point, on pourra donc assister à des variations climatiques importantes qui ne sont pas attribuables à des changements du climat terrestre global mais au déplacement des plaques. Si ce point se trouve un jour près d'un pôle, rien d'étonnant alors que l'on voie s'y accumuler de la glace. Les vitesses de déplacement des plaques étant de l'ordre de quelques centimètres par an, un changement notable de climat résultant de ce mouvement ne pourra être appréciable que pour des durées considérables, de l'ordre de la centaine de millions d'années et cela sans perdre de vue que seules les composantes nord-sud ou sud-nord des déplacements ont une influence notable sur la répartition des zones climatiques. Ces variations climatiques ont caractère apériodique, les déplacements des plaques n'étant apparemment soumis à aucune contrainte impliquant une périodicité.

Une deuxième conséquence du mouvement des plaques lithosphériques est que la répartition des surfaces continentales perturbe la zonalité latitudinale des climats. La fracturation d'une masse continentale avec formation d'un océan entre ses deux parties, ou au contraire la réunion de deux masses continentales en une seule ont des conséquences importantes dans le domaine climatique. De tels événements se sont produits à plusieurs reprises dans l'histoire géologique. Les régions qui sont aujourd'hui en bordure des côtes de l'Atlantique, et dont les climats sont tempérés par cet océan, ont eu un caractère continental très affirmé avant son ouverture, il y a quelque 200 millions d'années.

Une troisième conséquence est que les mouvements dont sont animées les plaques lithosphériques provoquent, dans certaines circonstances, la formation de reliefs et en particulier de chaînes de montagnes. Ces reliefs peuvent modifier de façon importante les conditions climatiques, non seulement localement, les parties les plus élevées étant plus froides, et souvent mieux arrosées, mais aussi plus généralement en constituant des guides ou des obstacles au déplacement des masses atmosphériques. Les modifications climatiques engendrées par ces mécanismes ne peuvent qu'être très lentes étant, comme les précédentes, liées au déplacement des plaques lithosphériques.

Une quatrième conséquence de la mobilité des continents réside dans les modifications qu'elle impose aux formes des océans. Il en résulte une redistribution des courants marins et donc des caractéristiques différentes pour les mouvements océaniques qui interviennent actuellement pour 40 % dans le transfert de l'excès de chaleur de l'équateur vers les pôles.

Modifications de l'atmosphère et de l'albédo de la Terre

Du rayonnement solaire intercepté par la terre, 29 % est réfléchi par les nuages, la glace, les régions désertiques et certains aérosols. Le reste est absorbé par l'atmosphère, le sol et les océans, qui s'échauffent et émettent des rayonnements infrarouges. La répartition de la température à l'intérieur de l'atmosphère dépend de sa composition, notamment en gaz à effet de serre. Le bilan climatique peut donc varier si ces conditions sont modifiées, soit qu'elles s'opposent à l'entrée du rayonnement incident, soit qu'elles contribuent à un accroissement de l'effet de serre.

Parmi les phénomènes qui peuvent s'opposer à l'entrée du rayonnement solaire incident, on peut comprendre les éruptions volcaniques qui projettent dans l'atmosphère des quantités parfois considérables de très fines particules de gaz et de cendres volcaniques et des aérosols (figure 19.1). Leur impact climatique est encore difficile à évaluer car des observations précises des modifications atmosphériques induites

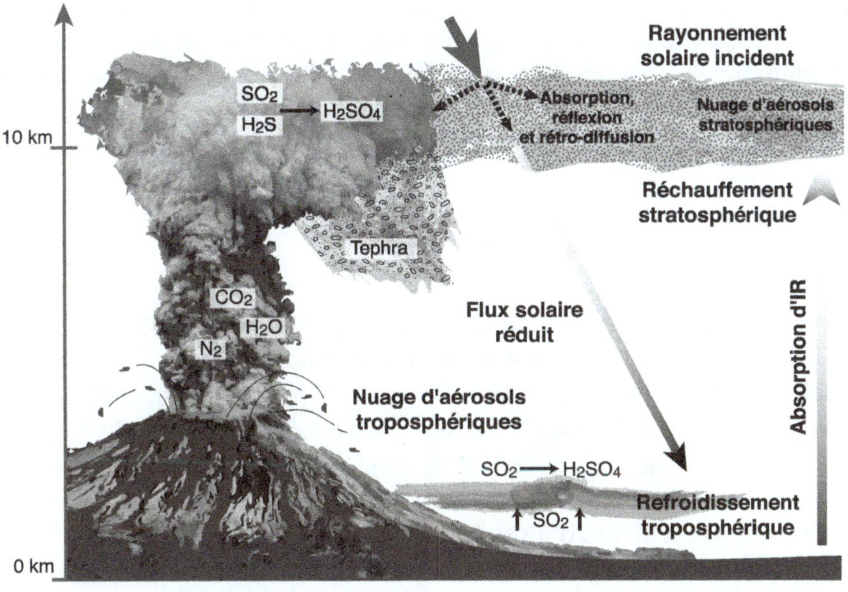

Figure 19.1 – **Impact d'une éruption volcanique sur l'atmosphère.**

Vers le haut, l'émission d'aérosols et de gaz s'oppose à l'entrée du rayonnement solaire. Vers le bas, l'absorption, par ces éléments, du rayonnement infrarouge émis par la surface terrestre conduit, par effet de serre, à un réchauffement de la troposphère. Il est souvent difficile de faire le bilan de ces actions contradictoires.

Extrait de Courtillot V., *Nouveau voyage au centre de la Terre*, 2009. Voir aussi Robock A., Volcanic eruptions and climate, *Reviews of Geophysics*, 2000, 38(2) :191-219.

par ces phénomènes ne peuvent se faire que par satellite et l'on ne possède, de ce fait, qu'un recul insuffisant. Il semble que cet impact dépende beaucoup de la latitude des volcans et de la composition des gaz émis (notamment du flux de SO_2) autant ou davantage que des poussières.

Quelques exemples peuvent donner une idée de l'impact de ces phénomènes.

En 1783, le Laki, en Islande, fut le siège d'éruptions particulièrement importantes. Une fissure s'ouvrit qui atteignit 25 km de long et d'où s'écoulèrent 15 km^3 de lave s'étalant sur 565 km^2. Les projections furent peu abondantes, mais beaucoup de gaz furent émis parmi lesquels 120 millions de tonnes d'anhydride sulfureux. Sans doute à cause du pouvoir d'absorption de la lumière par ce gaz qui, au contact de l'eau, donne de l'acide sulfurique, l'hiver fut particulièrement rigoureux comme le nota Benjamin Franklin séjournant alors en Europe. À tort ou à raison, on a vu dans cet événement une des causes de la Révolution française.

En 1815, l'éruption du Tambora, en Indonésie, produisit 150 km^3 de projections, record historique ; ces projections ont sans doute été la cause de la fraîcheur anormale de l'année 1816 (« l'année sans été ») où l'on vit la neige tomber en août à Londres, et où bien des récoltes furent perdues en Europe et aux États-Unis.

En 1883, l'explosion du Krakatoa a entraîné sur tout le globe une baisse de la température de l'ordre de 0,4 °C. Plus près de nous, l'éruption du volcan Pinatubo dans les Philippines, en juin 1991, a entraîné, pendant 2 ou 3 ans, des baisses de température de 0,2 °C à 0,4 °C.

Les récents progrès, notamment dans les satellites d'observation, ont permis de préciser ces effets et de les incorporer aux modélisations, ce qui les a notablement améliorées. C'est ainsi que plusieurs grandes éruptions récentes ayant eu une influence marquée sur le climat ont pu être étudiées avec précision grâce à des mesures très nombreuses.

En 1963, le volcan Agung, situé à Bali, entra en éruption. À l'émission de coulées de laves succéda une violente explosion projetant des produits, poussières et gaz, jusque dans la stratosphère. Ces projections produisirent un refroidissement qui globalement abaissa la température de 0,25 °C et mis deux ans à s'atténuer.

En 1982, le volcan mexicain El Chichón, considéré jusque-là comme éteint, entra en éruption. Une explosion violente projeta 500 millions de tonnes de produits dans la stratosphère jusqu'à 30 km d'altitude. Il en résultat un refroidissement, cependant difficile à évaluer car un phénomène El Niño se déroulait en même temps.

Plus proche de nous, en 1991, eut lieu l'éruption du mont Pinatubo. Ses effets ont été étudiés en grand détail par de nombreuses stations situées à terre, par des satellites, par des avions et par des ballons sondes. Elle peut être prise comme modèle concernant l'influence climatique, non seulement des éruptions, mais aussi de tout ce qui pourrait être projeté dans la stratosphère par divers processus, sans excepter les explosions nucléaires. C'est en juin de l'année 1991 que ce volcan des Philippines, inactif depuis cinq siècles et considéré comme éteint, entra dans une violente phase d'éruption. Il éjecta quelque 10 km^3 de matériaux dont une partie (30 milliards de tonnes) gagna la stratosphère sous forme de gaz et d'aérosols jusqu'à une altitude de 30 km. Ce nuage se déplaça vers l'ouest, faisant le tour de la terre en trois semaines tout en s'élargissant sur 5 000 km du nord au sud. Les très fines gouttelettes d'acide sulfurique renfermées dans ce nuage ayant provoqué une augmentation de l'albédo de l'atmosphère, et en conséquence renvoyé vers l'espace davantage de radiation solaire, abaissèrent la température moyenne du globe de quelque 0,5 °C. Cet abaissement, plus marqué dans l'hémisphère nord, fut en partie occulté par un réchauffement induit par un fort El Niño. Deux ans après, il était encore de 0,2 °C.

Comme on le voit, ces éruptions ont un effet sensible sur le climat et peuvent expliquer une grande partie des sinuosités de la courbe qui montre l'augmentation de la température globale. Mais dans le passé géologique, cet effet peut avoir été bien plus important.

On a constaté, en effet, une étroite corrélation entre les âges des émissions majeures de laves basaltiques ayant donné des superpositions du type trapp et ceux d'épisodes de disparition d'espèces vivantes (figure 19.2). Cette corrélation peut être expliquée par l'action climatique des gaz émis lors de ces phases éruptives, action qui serait ainsi de grande importance.

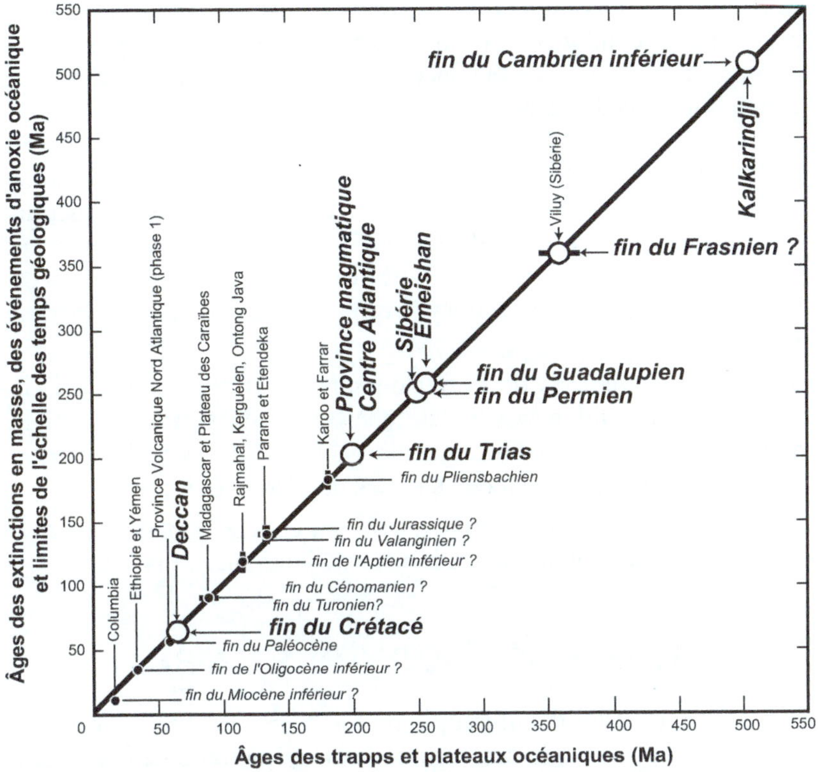

Figure 19.2 – Corrélation entre les âges de formation des grands trapps volcaniques et ceux des grandes extinctions d'espèces.

Les coordonnées de chaque point sont les âges de deux événements : une extinction importante de faune (échelle des ordonnées) et une émission considérable de lave basaltique (échelle des abscisses). Le fait que ces points soient alignés sur une droite inclinée à 45° montre la contemporanéité de ces événements.
Extrait de Courtillot, *Nouveau voyage au centre de la Terre*, 2009. Voir aussi Courtillot, V. E. et Rebbe, P. R, 2003, *C. R. Geoscience*, 335 : 113-140.

Des variations de l'albédo peuvent être engendrées du fait de modifications dans l'extension des surfaces englacées, glaciers ou banquises, des forêts ou des déserts. De façon générale, ces modifications proviennent elles-mêmes de l'effet de variations climatiques et peuvent renforcer ou affaiblir ces variations par des rétroactions positives ou négatives.

D'autres phénomènes font obstacle à la sortie vers l'espace du rayonnement infrarouge émis par le sol réchauffé, principalement les concentrations, dans l'air, de gaz à effet de serre (vapeur d'eau, dioxyde de carbone CO_2, méthane CH_4, ozone O_3, etc.). Les variations de ces concentrations peuvent être naturelles ou artificielles. Ces variations mettent en jeu les cycles géochimiques des éléments de ces gaz et toute modification dans un des éléments de ce cycle peut se traduire par un effet climatique. Certaines donnent lieu à des rétroactions. Par exemple, une augmentation de la concentration en CO_2 doit conduire, par effet de serre, à un réchauffement de la basse troposphère, conduisant à un accroissement de l'évaporation des eaux marines, à une augmentation de la concentration en vapeur d'eau donc à un accroissement encore plus fort de l'effet de serre : il s'agit là d'une rétroaction positive. Une rétroaction négative pourra s'observer dans la végétation à partir des mêmes causes, une augmentation de la température et de la concentration en CO_2 entraînant une augmentation de la surface occupée par les forêts, laquelle va provoquer une diminution de la concentration du dioxyde de carbone dans l'air puisque le carbone des arbres est justement pris au dioxyde de carbone de l'air par le processus de la photosynthèse. L'effet de serre devrait alors être moins intense et la température devrait diminuer.

On sait que des variations de l'effet de serre sont produites par l'Homme par l'utilisation de combustibles fossiles, du charbon et du pétrole essentiellement, ce qui introduit dans l'air des quantités considérables de dioxyde de carbone augmentant l'effet de serre et provoquant des hausses de la température.

Tous ces processus sont très complexes et sont encore imparfaitement saisis dans le détail du fait de notre connaissance limitée de leurs mécanismes.

19.2 Variations de l'activité solaire

L'énergie fournie au système climatique provient presque uniquement du Soleil. Il est donc naturel de penser que des variations dans l'activité de cet astre pourraient entraîner des modifications climatiques. Cette activité montre effectivement des irrégularités qui se traduisent par l'apparition, par périodes, de taches sombres sur le fond brillant de la partie lumineuse du Soleil appelée photosphère. Ces taches sont connues depuis longtemps mais ce n'est que depuis 1611, avec l'utilisation par Galilée à des fins astronomiques de la lunette, que ces observations ont pris un caractère systématique. Pour suivre les variations de ces taches, on a coutume d'exprimer leur importance par le nombre de Wolf qui tient compte de leur abondance et de leurs groupements. Ce nombre varie avec une nette périodicité de 11 ans (figure 19.3). Ces variations sont liées à celles du champ magnétique, complexe, du Soleil. Celui-ci s'inversant d'un cycle de 11 ans sur l'autre, la périodicité, de ce point de vue, est de 22 ans.

Les variations de ce champ magnétique ont une influence sur la répartition du rayonnement cosmique qu'elles modulent en quelque sorte. Étant donné que la production de carbone 14 (^{14}C) en haute atmosphère à partir de l'azote 14 dépend de l'intensité de ce rayonnement, il en résulte une légère anomalie dans les quantités de ^{14}C absorbé par les végétaux et fixé dans leur bois. La mesure de la composition isotopique du carbone des anneaux successifs des troncs d'arbres met en évidence ces anomalies et permet de reconstituer les variations de l'activité solaire sur plusieurs milliers d'années, bien avant les premières observations directes. Dans ces courbes reconstituées, on retrouve le cycle de 11 ans bien caractérisé ainsi que des périodicités plus longues (environ 200 ans en particulier). Pour la même raison, la

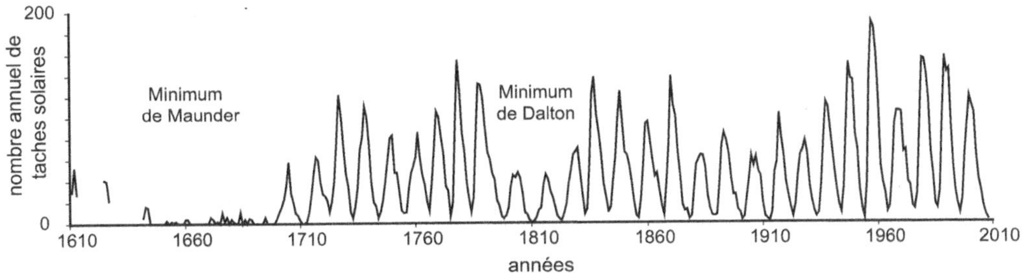

Figure 19.3 - **Variation de l'abondance des taches solaires depuis Galilée (1612).**

Ce diagramme, dessiné d'après les observations faites depuis 1612, montre clairement la périodicité d'environ 11 ans de l'abondance des taches solaires. Ces taches ont presque disparu durant le XVIIe siècle (minimum de Maunder) et leur abondance a nettement faibli au début du XIXe siècle (minimum de Dalton).

concentration en ^{10}Be varie comme l'activité solaire et son enregistrement constitue un témoignage de cette activité.

D'autres phénomènes solaires sont corrélés avec les variations d'abondance des taches. Le diamètre du Soleil diminue très légèrement quand les taches sont abondantes et augmente un peu quand leur nombre se restreint ; l'irradiation solaire augmente très légèrement (de l'ordre de 1 millième) avec cette abondance.

Lorsque Galilée a fait ses premières observations, ces taches étaient relativement nombreuses. Mais à partir de 1645 elles devinrent très rares et ce n'est que vers 1700 qu'on les a vues réapparaître en nombre appréciable. Cette période de disparition, ou de quasi-disparition, des taches est désigné sous le nom de minimum de Maunder. Un autre minimum, le minimum de Dalton, est visible un peu après 1800. D'autres minimums ont pu être mis en évidence par les variations de concentration en ^{14}C (figure 19.4) ou en ^{10}Be, notamment le minimum de Spörer, repéré entre 1450 et 1550 BC.

Le refroidissement appelé « Petit âge glaciaire » s'étant produit approximativement pendant le minimum de Maunder, on a cherché à trouver sa cause dans ce minimum d'activité solaire. Plus généralement, on a cherché à mettre en évidence une relation entre des variations climatiques et les variations de cette activité. Ces recherches ont donné lieu à un nombre considérable de publications dont l'abondance même souligne l'ambiguïté. Peu de résultats entraînent la conviction en ce qui concerne ce contrôle, sauf en ce qui concerne les hautes couches de l'atmosphère où une corrélation entre la température, le niveau des surfaces de pression, qui lui est liée, et l'activité solaire semble avoir été démontrée (figure 19.5). Mais il est bon de rappeler que la stratosphère ne comprend qu'une très faible part de la masse atmosphérique.

En définitive, il ne semble pas que les cycles solaires puissent engendrer des effets climatiques de plus de 0,1 °C. L'influence des minimums successifs pourrait être plus importante.

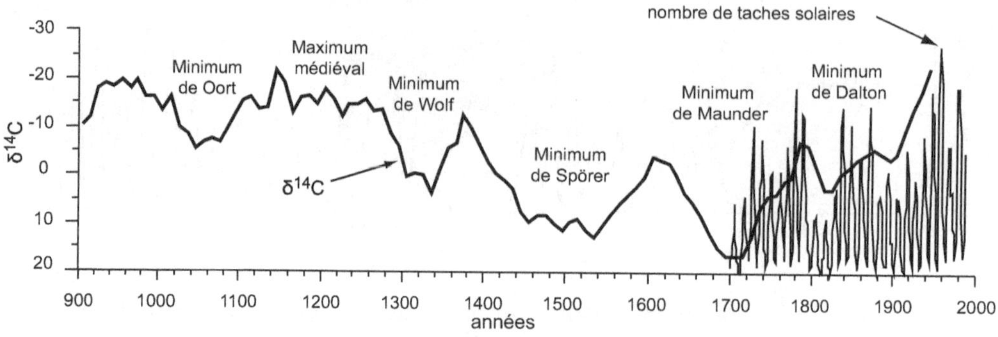

Figure 19.4 - Variations de l'intensité de l'activité solaire depuis 1 000 ans.

Cette figure montre les variations du $\delta^{14}C$ enregistré dans le bois des arbres, dont la chronologie peut être établie par le comptage de leurs cernes annuels. Ces variations étant inversement corrélées à l'activité solaire, cette courbe peut se lire comme montrant cette activité, à condition d'inverser l'échelle des ordonnées comme c'est le cas sur ce diagramme. On note que les minimums d'activité semblent présenter une périodicité de quelque 200 ans (dite cycles de Suess). La courbe représentant les variations d'abondance des taches solaires a été tracée depuis 1700.
Figure d'après *US Geological Survey*, Fact Sheet 0095-00, août 2000, modifié.

Il a été exprimé l'idée que, l'activité solaire modulant le flux de rayons cosmiques, ceux-ci pourraient engendrer des modifications de la nébulosité, ayant elles-mêmes des effets sur le climat. Il ne semble pas que des preuves convaincantes aient été apportées en faveur de cette hypothèse.

19.3 Irrégularités de l'orbite terrestre

Une des causes des variations climatiques, peut-être la mieux assurée et dont le caractère est le plus rigoureux, est liée à l'orbite terrestre ou, plus exactement, aux irrégularités du déplacement de la Terre sur cette orbite. Si la Terre était seule à tourner autour du Soleil, son orbite serait exactement une ellipse. Mais d'autres planètes, ainsi que la Lune, sont en concurrence avec elle dans le système solaire et perturbent son mouvement. De ces actions conjuguées, il résulte que le rayonnement solaire n'est pas toujours réparti de la même façon à la surface du globe. L'idée que cette répartition, dans le temps et dans l'espace, déterminait largement l'évolution des climats et particulièrement celle des glaciations a été largement développée, dès 1920, par le mathématicien yougoslave Milutin Milankovitch. Pour lui, la connaissance du mouvement de la Terre par rapport au Soleil est donc la clé des variations climatiques : c'est ce que l'on a appelé la théorie astronomique des climats, que nous allons examiner plus en détail dans le prochain chapitre.

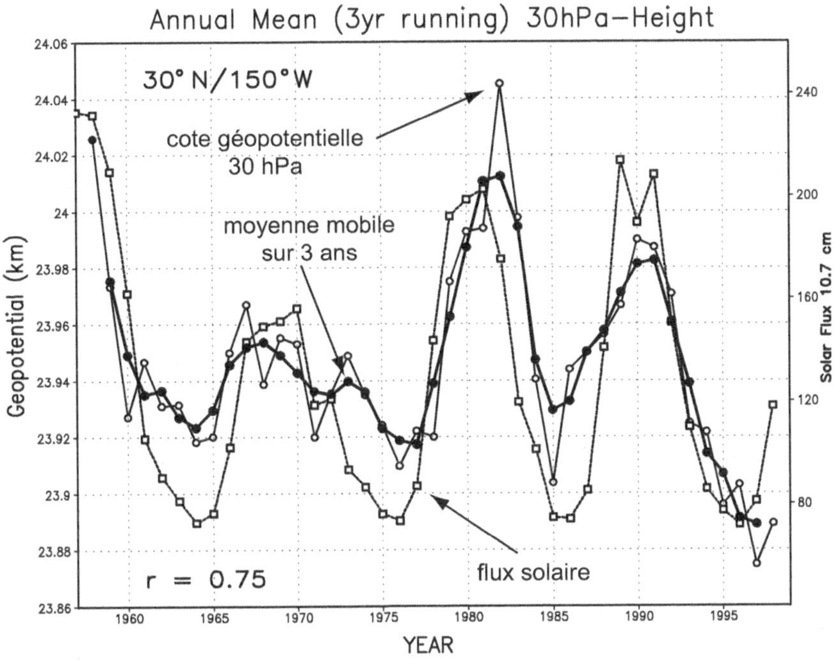

Figure 19.5 – Corrélation entre les variations du flux solaire infrarouge et la cote géopotentielle de la surface à 30 hPa.

Série temporelle de la valeur du flux solaire de longueur d'onde 10,7 cm et de la moyenne annuelle de la cote géopotentielle de la pression 30 hPa (moyenne mobile sur 3 ans) à 30 °N, 150 °W. On constate que ces courbes sont très comparables, ce qui permet de penser que les températures stratosphériques (associées aux cotes des pressions) sont contrôlées par l'activité solaire.
Extrait de Labitzke, K. et Van Loon, H., 2000, *Space Sci. Rev.* 94(1-2) : 259-270.

La théorie astronomique des climats

20

PLAN

20.1 Les éléments variables de l'orbite terrestre

Les caractéristiques de l'orbite terrestre (précession des équinoxes, obliquité de l'axe de rotation terrestre par rapport au plan de l'écliptique et excentricité, figure 20.1), varient au cours du temps, modifiant ainsi les rapports entre la Terre et le Soleil et donc la répartition de l'insolation à la surface du globe.

Ces variations orbitales sont dues aux influences gravitationnelles mutuelles exercées par le Soleil, les planètes et la Lune. Ce sont des fonctions périodiques du temps que l'on peut exprimer par des sommes de fonctions sinusoïdales dont il faut connaître les amplitudes, les périodes et les phases. Après Joseph Alphonse

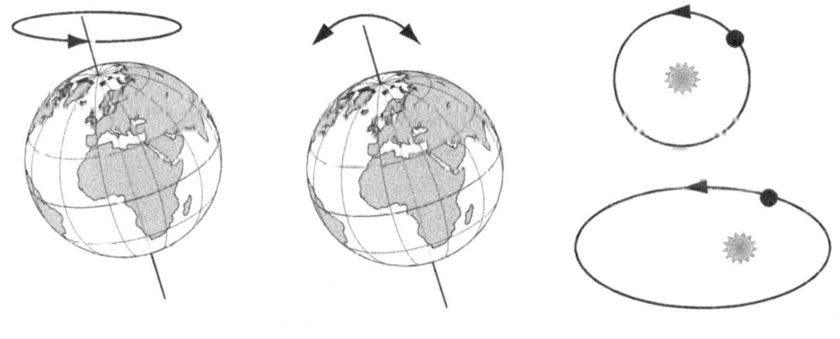

Figure 20.1 – **Les éléments variables de l'orbite terrestre : précession, obliquité, excentricité.**

Ces trois paramètres permettent de calculer les variations du mouvement de la Terre autour du Soleil, et donc celles de la répartition de l'insolation à sa surface. La précession des équinoxes résulte du fait que l'axe de rotation de la Terre sur elle-même décrit une surface conique par rapport aux étoiles. L'obliquité de cet axe par rapport au plan de l'écliptique, dans lequel se trouve l'orbite terrestre, varie aussi, ainsi que la forme de cette orbite, plus ou moins allongée.

Adhémar, James Croll et Milutin Milankovitch, on y voit l'explication de certaines variations climatiques, et notamment des phases glaciaires du Quaternaire.

La précession des équinoxes

Si l'on considère une période de temps assez courte, de l'ordre du siècle par exemple, on peut dire que l'axe de rotation terrestre reste parallèle à lui-même. Mais si l'on envisage des durées plus longues, on constate que, par rapport aux étoiles, il décrit un cône dans le sens des aiguilles d'une montre, un tour complet étant effectué en 26 000 ans. Ce mouvement est dû à l'attraction de la Lune et du Soleil sur le bourrelet équatorial de la Terre. Comme les points où se trouve la Terre aux solstices et aux équinoxes dépendent justement de l'orientation de l'axe de la Terre, ils vont se déplacer au cours du temps et, chaque année, solstices et équinoxes se produiront environ un vingt-millième d'année, soit 26 minutes, plus tôt. Cela explique pourquoi ce phénomène est nommé **précession des équinoxes** : chaque année l'équinoxe précède celle de l'année d'avant dans le calendrier.

La précession des équinoxes peut être décrite de deux façons. La première utilise comme repère les étoiles ainsi que nous venons de le voir : c'est la **précession générale**. La seconde utilise un repère lié à l'orbite terrestre et est mesurée par l'angle que fait le point gamma (point vernal) avec le périhélie. Vu à partir de la Terre, on parle de **longitude du périhélie** parce que, par convention, les longitudes des points de la voûte céleste sont mesurées sur Terre à partir du point gamma. Les deux mesures sont différentes car le plan de l'écliptique est mobile par rapport aux étoiles. En effet, non seulement la forme de l'orbite terrestre est variable, mais aussi l'orientation du plan qui la contient, qui est, rappelons-le, l'écliptique. Lorsqu'il s'agit d'étudier les rapports réciproques de la Terre et du Soleil, importants pour fixer la répartition de l'insolation à la surface du globe, seule importe la précession définie par rapport à l'orbite terrestre (figure 20.2). C'est le cas pour ce qui concerne les problèmes de paléoclimatologie et c'est pourquoi on parle aussi, dans ce cas, de **précession climatique** que l'on caractérise par l'arc d'ellipse entre le point gamma et le périhélie, soit la longitude du périhélie. La période moyenne de cette précession est, pour les cinq derniers millions d'années, de 21 700 ans, mais deux périodes ont une importance particulière : 19 000 et 23 000 ans.

L'obliquité

Actuellement, l'obliquité ε est de 23° 27' mais, dans les cinq derniers millions d'années, elle a varié de 22° 02' à 24° 30' avec une période de 41 000 ans (figure 20.3). Les variations de cette valeur ont entraîné évidemment un déplacement des tropiques et des cercles polaires dont les latitudes sont, pour les premiers, égales à l'obliquité, et, pour les seconds, complémentaires (soit actuellement 90° – 23° 27' = 66° 33').

L'excentricité

La forme de l'orbite varie dans le temps depuis un cercle parfait (excentricité $e = 0$) jusqu'à une ellipse qui, dessinée à l'échelle, n'est pas très différente d'un cercle

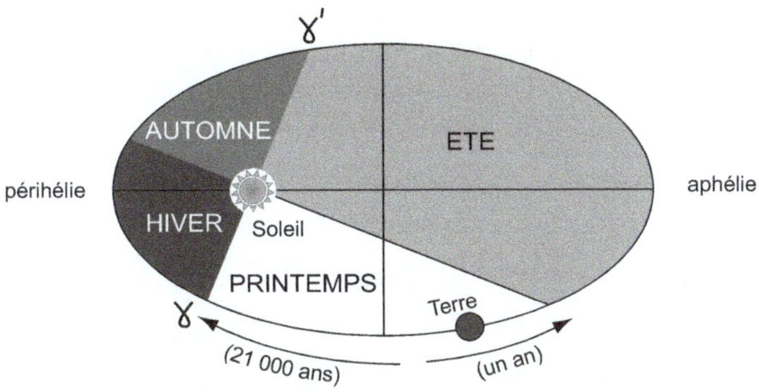

Figure 20.2 - **Précession des équinoxes.**

Parce que l'axe de rotation de la Terre décrit lentement un cône, le point gamma (γ), qui matérialise l'équinoxe de printemps, se déplace (un tour en 21 000 ans) dans le sens inverse du mouvement annuel de la Terre : c'est la précession climatique (la précession générale, dont le rythme est de 26 000 ans, est repérée par rapport aux étoiles et dépend aussi du mouvement du plan de l'écliptique). Conformément à la deuxième loi de Kepler, les saisons auront des durées proportionnelles aux aires balayées par le rayon vecteur correspondant. Ici, dans un ordre de durée croissant, on aura donc l'hiver, l'automne, le printemps et l'été. La mesure de la précession climatique est la valeur de la longitude du périhélie (c'est-à-dire de l'angle γ-Soleil-périhélie).

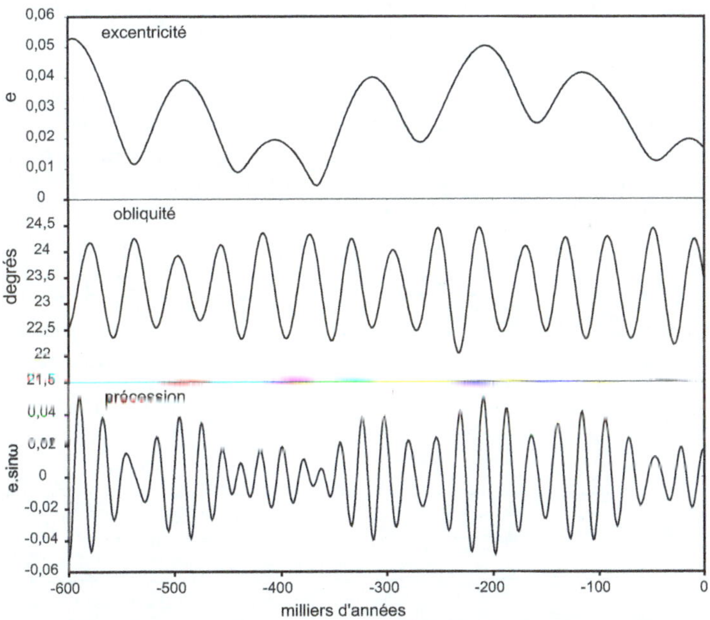

Figure 20.3 - **Variation de l'excentricité, de l'obliquité et de la précession depuis 600 000 ans.**

Ce graphique montre que ces variations sont quasi périodiques, avec des périodes dominantes d'environ 100 000 ans pour l'excentricité, 40 000 ans pour l'obliquité et 20 000 ans pour la précession. Pour calculer cette dernière, voir l'encart 20.1 et l'exercice C6.

(e = 0,06). La valeur actuelle est de 0,0167. Il n'est pas significatif de donner une moyenne pour les périodes de ces variations car deux périodes bien différentes sont d'amplitudes importantes : 100 000 et 400 000 ans.

ENCART 20.1 Calcul de la variation de l'excentricité, de la précession et de l'obliquité

Ce calcul peut être fait en utilisant les formules et les coefficients donnés par Berger, A. L., 1977, *Nature*, 269(5623) : 44-45, et par Berger, A. L., 1978, *J. Atmosph. Sci.*, 35(12) : 2362-2367 avec :
Temps : t (= 0 pour 1950,0 AD)
e : excentricité. e_0 = 0,028 707
ϖ : précession climatique. $e\sin\varpi$: paramètre de précession
ε : obliquité. ε_0 = 23°320 556

$$e = e_0 + \sum E_i \cos(\lambda_i t + \Phi_i)$$
$$e\sin\varpi = \sum P_i \sin(\alpha_i t + \beta_i)$$
$$\varepsilon = \varepsilon_0 + \sum A_i \cos(\gamma_i t + \delta_i)$$

Le tableau suivant donne les six premières périodes des paramètres de l'orbite terrestre, en années, rangées dans l'ordre décroissant de leurs amplitudes selon Berger, A.L., 1977, *Nature*, 269(5623) : 44-45. La précession climatique ω (qui varie de 0 à 360°) est caractérisée par le produit de son sinus avec l'excentricité (paramètre de précession). Sur 5 millions d'années, les moyennes de ces paramètres sont, précession : 21 700 ans, obliquité : 41 000 ans, excentricité : 95 800 ans, mais cette moyenne est peu significative car s'appliquant à des périodes très différentes, parmi lesquelles se distinguent un groupe d'environ 400 000 ans et un autre d'environ 100 000 ans.

Précession $e \cdot \sin\varpi$	Obliquité ε	Excentricité e
23 716	41 000	412 885
22 428	39 730	94 945
18 976	53 615	123 297
19 155	40 521	99 131
19 261	28 910	2 035 441
23 293	41 843	102 535

Concernant l'insolation, on se référera à Berger, A.L., 1978, *J. Atmosph. Sci.*, 35(12) : 2362-2367 et à Laskar, J. *et al.*, 2004, *Astron., Astroph.*, 428 : 261-285, qui, par ailleurs, ont précisé les paramètres de l'orbite terrestre.

20.2 Effet des variations de l'orbite terrestre sur la répartition de l'insolation

Rôle de l'obliquité

L'obliquité entraîne l'alternance des saisons. Les effets de cette alternance varient selon la valeur de l'obliquité dont dépend l'inclinaison des rayons solaires reçus à terre. Prenons une surface S perpendiculaire aux rayons solaires, délivrant, sur cette surface, une puissance W. Si cette surface est oblique et s'incline d'un angle i, on voit facilement que la puissance reçue ne sera plus que $W{\cdot}\cos(i)$ (figure 20.4).

Prenons maintenant le cas de la Terre et raisonnons comme si l'obliquité était nulle. À l'équateur, la surface de la Terre éclairée sera, à midi, perpendiculaire aux rayons solaires, et l'énergie reçue sera maximale. Mais près du pôle, une surface horizontale sera très oblique par rapport aux rayons solaires et recevra moins d'énergie. À la limite une surface posée à plat au pôle même ne recevra aucune énergie étant parallèle aux rayons du Soleil.

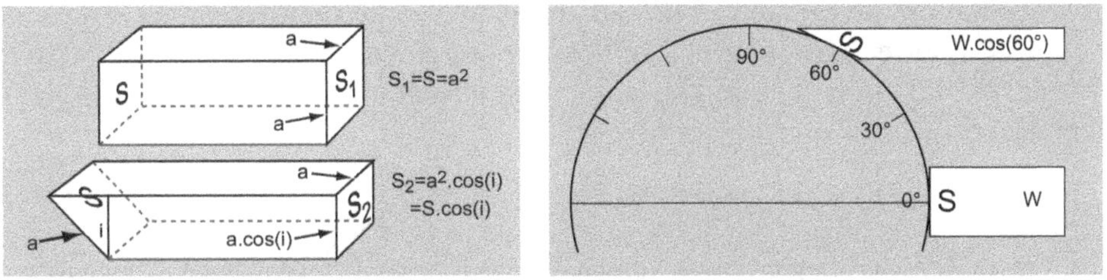

Figure 20.4 – **Effet de l'inclinaison des rayons solaires sur l'insolation.**

À gauche : si, dans un certain flux lumineux, une surface S perpendiculaire aux rayons reçoit une puissance W (le flux de rayons étant proportionnel à S_1), cette même surface, inclinée d'un angle i, recevra une puissance $W{\cdot}\cos(i)$ (le flux de rayons étant proportionnel à S_2).

À droite : sur Terre, si cette surface, posée horizontalement à l'équateur avec le soleil au zénith reçoit une puissance W, elle recevra, à la latitude 60°, une puissance égale à $W{\cdot}\cos(60°)$, soit $0{,}5{\cdot}W$.

Si l'obliquité n'est pas nulle, comme c'est le cas, l'insolation des pôles ne sera pas nulle non plus, en général. Certes, à l'intérieur du cercle polaire, le Soleil sera constamment couché pendant une partie de l'année, d'autant plus longue que l'on est près du pôle. Mais, réciproquement, il fera constamment jour pendant une autre partie de l'année, même si le Soleil n'est jamais bien haut dans le ciel, et l'énergie fournie à cette région ne sera plus négligeable (figure 4.4). À l'équateur, le Soleil ne sera plus au zénith au milieu de chaque jour et cette obliquité des rayons entraînera une diminution de l'énergie solaire distribuée.

À l'échelle du globe, ces phénomènes se compensent puisque la somme des énergies solaires distribuées aux différentes latitudes doit rester la même.

En définitive, une augmentation de l'obliquité :

1. Atténue les contrastes géographiques entre les zones de latitudes différentes puisque davantage de rayonnement est reçu au pôle et moins à l'équateur.
2. Augmente les contrastes saisonniers puisqu'elle augmente la différence des durées des jours et des nuits.

Rôles de l'excentricité et de la précession

À elle seule, l'excentricité (e) n'a qu'un rôle modeste sur la quantité d'insolation reçue à la surface du globe, n'intervenant que par un facteur $\frac{1}{\sqrt{1-e^2}}$, qui est très petit (V. encart 20.2).

L'influence combinée de la précession et de l'excentricité est, de beaucoup, plus importante en ce qui concerne le contrôle des climats. Cela est une conséquence de la deuxième loi de Kepler. Pour expliquer ce phénomène, divisons l'année, comme l'a fait Milankovitch, en deux « saisons astronomiques » séparées par les équinoxes. Dans l'une, groupons le printemps et l'été (on peut appeler cet ensemble saison chaude), et dans l'autre l'automne et l'hiver (on parlera ici de saison froide). Intéressons-nous d'abord aux quantités de radiations reçues en tout durant ces « saisons » par l'un et l'autre hémisphère. La formule en a été donnée par Milankovitch (voir encart 20.2). On y note que les seuls termes variables sont l'obliquité et l'excentricité.

ENCART 20.2 Quantité de radiation reçue dans un hémisphère durant la « saison chaude » (printemps + été) et la « saison froide » (automne + hiver) selon Milankovitch (1941)

Appelons *Ne* la quantité de radiation reçue par l'hémisphère nord pendant la « saison chaude » et *Nh* celle reçue pendant la « saison froide » et *Se* et *Sh* les quantités équivalentes reçues par l'hémisphère sud. On démontre les relations suivantes :

$$Ne = Se = S_0 \frac{T}{4} \frac{r^2}{\sqrt{1-e^2}} (\pi + 2\sin\varepsilon)$$

$$Nh = Sh = S_0 \frac{T}{4} \frac{r^2}{\sqrt{1-e^2}} (\pi - 2\sin\varepsilon)$$

avec T : durée de l'année sidérale, S_0 : constante solaire, r : rayon de la Terre, e : excentricité, ε : obliquité.

Dans ces formules, il y a des termes que l'on peut considérer comme constants : la durée de l'année, la constante solaire, le rayon de la Terre. Les seules grandeurs variables sont l'excentricité et l'obliquité. La précession n'entre pas en jeu dans la quantité d'énergie reçue durant ces « saisons », mais elle détermine leur durée, donc la quantité de rayonnement reçue par unité de temps.

La radiation totale reçue par la Terre Wt est égale à $2Ne + 2Nh$, soit

$$Wt = S_0 T \frac{\pi r^2}{\sqrt{1 - e^2}}$$

On voit que l'excentricité qui ne varie que très peu (de 0 à 0,06) n'a qu'une très faible influence sur les variations de l'insolation.

Si l'on considère seulement les variations de l'excentricité, dont la période la plus courte est de l'ordre de 100 000 ans, on constate qu'elles sont environ cinq fois plus lentes que celles de la précession dont la période est de l'ordre de 21 000 ans. Ainsi pendant un cycle de précession, les quantités de radiations $Ne = Se$ et $Nh = Sh$ varient très peu. Au contraire, les durées des saisons peuvent varier beaucoup, passant par un minimum et un maximum. Elles sont courtes lorsque la surface balayée par le rayon vecteur est petite, longues dans le cas contraire.

Les conséquences en sont très importantes car, toutes choses égales par ailleurs, lorsqu'une saison (chaude ou froide) est longue, la quantité d'énergie totale qui lui correspond est répartie sur un plus grand nombre de jours qui, chacun, en recevront une part plus réduite. Cette saison sera donc relativement froide. Si cette saison est courte, chaque jour recevra davantage d'énergie et cette saison sera relativement chaude. Ainsi, on peut attendre de ce phénomène des variations climatiques ayant la fréquence de la précession.

Bien entendu, les effets de la précession sont plus ou moins importants en fonction de l'excentricité, comme le montre bien l'examen des cas extrêmes (figure 20.5) :

1. **Excentricité nulle**. Si l'excentricité est nulle, l'orbite terrestre est alors un cercle. En application de la deuxième loi de Kepler, la durée de toutes les saisons est la même, quelle que soit la précession. En effet, le Soleil est au centre du cercle et les aires balayées par le rayon vecteur sont proportionnelles aux chemins parcourus par la Terre : un quart de cercle, soit le chemin d'une saison, est parcouru exactement en un quart d'année. La précession n'aura alors pas d'effet sur les variations de l'insolation.
2. **Excentricité importante**. Dans ce cas, l'orbite est très elliptique et, en fonction de la valeur de la précession, l'écart des durées entre les saisons peut passer par des valeurs importantes (voir encadré).

Résumons l'ensemble de ces notions, un peu complexes. Les variations de l'obliquité jouent un rôle notable sur la répartition saisonnière de l'énergie solaire à la surface de la Terre, surtout sensible près des pôles. Les variations de l'excentricité ont un rôle très discret si elles sont considérées isolément, mais très important combinées avec la précession. Lorsque l'excentricité est faible, toutes les saisons ont la même durée, quelle que soit la valeur de la précession qui ne joue aucun rôle climatique. Lorsque l'excentricité est forte, la durée des saisons dépend de la valeur de la précession. Si le solstice d'été a lieu lorsque la Terre est près du périhélie, la durée

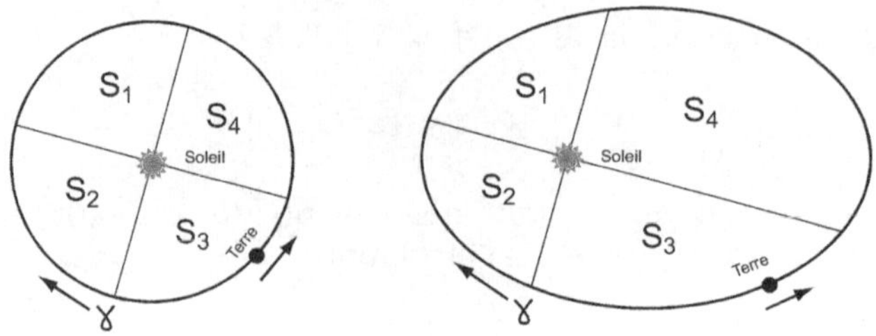

Figure 20.5 – **Excentricité, précession et durée des saisons.**

Si l'orbite terrestre est circulaire (à gauche), les saisons sont égales quel que soit l'angle de précession (les surfaces S_1, S_2, S_3 et S_4 restant toujours égales). Si l'orbite terrestre est elliptique (à droite), la durée des saisons varie avec l'angle de la précession déterminée par la position du point gamma (les aires des surfaces S_1 à S_4 étant différentes).

Encart 20.3 Durée des saisons caloriques

Si on appelle *Tc* la durée de la saison chaude (printemps + été) et *Tf* la durée de la saison froide (automne + hiver) et $D = Tc - Tf$ la différence de ces saisons, on a, en jours, $D = 465 \cdot e \cdot \sin \varpi$, avec e : excentricité et ϖ : précession. Le maximum de différence est atteint quand la précession est de 90° ou 270° (c'est-à-dire quand $\sin \varpi = 1$ ou -1). Avec une valeur de l'excentricité élevée, comme celle atteinte il y a trois millions d'années (0,06), on peut avoir des différences de 28 jours dans ces saisons caloriques.

de la saison chaude sera minimale et elle sera très chaude car l'insolation, par unité de temps, y sera intense alors que la saison froide sera longue et rigoureuse. Si le solstice d'été a lieu lorsque la Terre est à l'aphélie, la durée de la saison chaude sera maximale et donc chaque jour ne recevant qu'une insolation réduite sera frais, alors que la saison froide sera courte et tiède.

Conditions favorables pour une glaciation ; l'hypothèse de Milankovitch

Au contraire de ses prédécesseurs, Milankovitch a défendu l'idée que la situation où le solstice d'hiver de l'hémisphère boréal se produit lorsque la Terre est au périhélie ($\varpi = 90°$) pourrait être la plus favorable au déclenchement d'une glaciation (figure 20.6). Y alternent une saison froide courte et peu rigoureuse et une saison chaude longue mais plutôt fraîche. Alors, au moins à des latitudes assez hautes de l'hémisphère boréal, la neige tombée pendant l'hiver ne peut pas fondre entièrement pendant l'été. Ainsi, d'année en année, les quantités de neige qui restent vont s'accumuler en se transformant peu à peu en glace par compaction. C'est l'amorce d'un phénomène de glaciation. À ceci s'ajoute le fait que l'extension des surfaces ainsi englacées va augmenter le pouvoir réfléchissant des régions correspondantes, le rayonnement réfléchi étant alors soustrait à la quantité totale d'énergie lumineuse reçue par la Terre, ce qui accélère le refroidissement (rétroaction positive). Rendre les périodes à étés longs responsables des glaciations quaternaires est ce qui fait l'originalité de la théorie de Milankovitch.

Milankovitch a aussi souligné l'importance des variations de l'obliquité. Pour cet auteur, elles contribuent à l'apparition d'une période glaciaire lorsqu'elle est faible et que donc le contraste saisonnier est minimal : la période chaude longue et relativement fraîche étant encore plus fraîche.

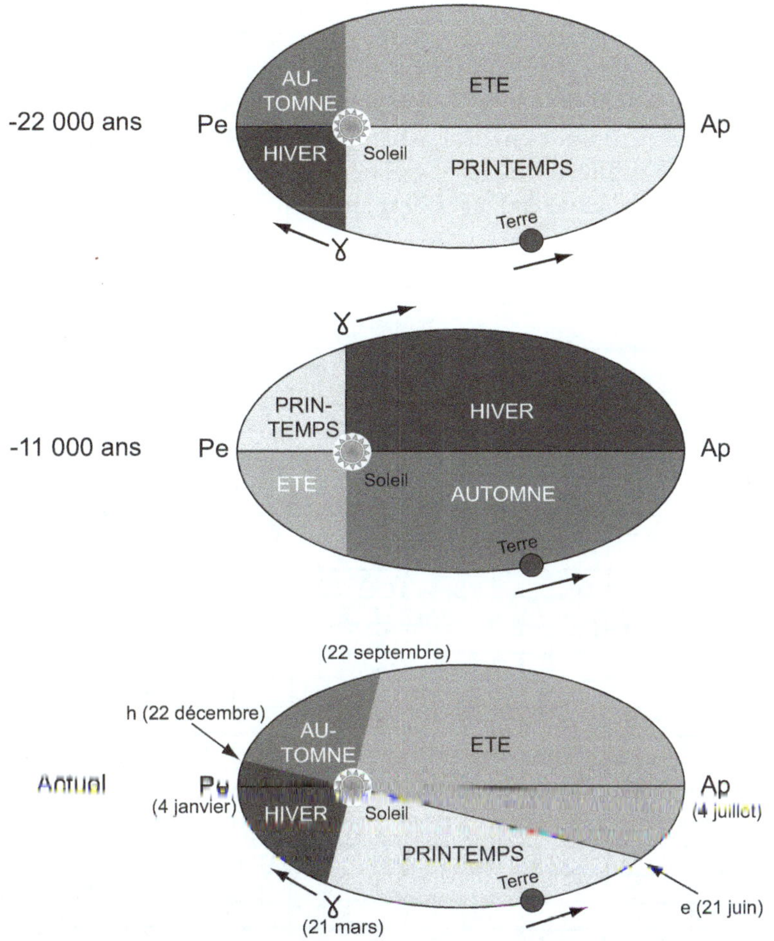

Figure 20.6 – Situations extrêmes de la position de la Terre sur son orbite pour les durées maximales des saisons chaude ou froide, et situation actuelle.

En haut : situation extrême pour la durée maximale de la saison chaude de l'hémisphère boréal il y a 22 000 ans ($\varpi = 90°$). Au milieu : situation extrême pour la durée maximale de la saison froide de l'hémisphère boréal il y a 11 000 ans ($\varpi = 270°$). C'est le premier cas de figure qui correspond aux maximums des glaciations (insolation de la saison chaude répartie sur beaucoup de jours).
En bas : situation correspondant à la valeur actuelle de la précession ($\varpi = 100{,}4°$). L'ellipse représente l'orbite terrestre. Pe : périhélie, Ap : aphélie, e : solstice d'été, h : solstice d'hiver, γ : point vernal (équinoxe de printemps), une flèche marque son mouvement relatif qui lui fait parcourir un tour en à peu près 21 700 ans. Le mouvement de la Terre, en sens contraire, est aussi indiqué par une flèche (un tour par an).

Répartition de l'insolation dans le temps et dans l'espace

Les remarques qui précèdent sont en grande partie qualitatives et ne seraient guère utiles si elles ne s'appuyaient pas sur une expression mathématique des variations de l'insolation. Aussi Milankovitch a-t-il calculé celles-ci pour différentes latitudes, en fonction du temps, compte tenu des différents paramètres de l'orbite terrestre qui sont l'excentricité, l'obliquité et la précession. Cela lui a permis de dessiner des courbes visualisant le phénomène (figure 20.7). La courbe des variations de l'insolation moyenne par unité de temps au cours de la saison chaude à 45° N est considérée comme très caractéristique car elle est située à une latitude où il neige en abondance en hiver. On y voit bien des minimums d'insolation qui, pour Milankovitch, se seraient produits il y a 23 000 ans, 72 000 ans et 116 000 ans.

Plus récemment, A. Berger puis J. Laskar ont recalculé d'une manière très précise les paramètres de l'orbite terrestre et donné des formules et des courbes pour le calcul de l'insolation valables pour les derniers millions d'années (figure 20.8).

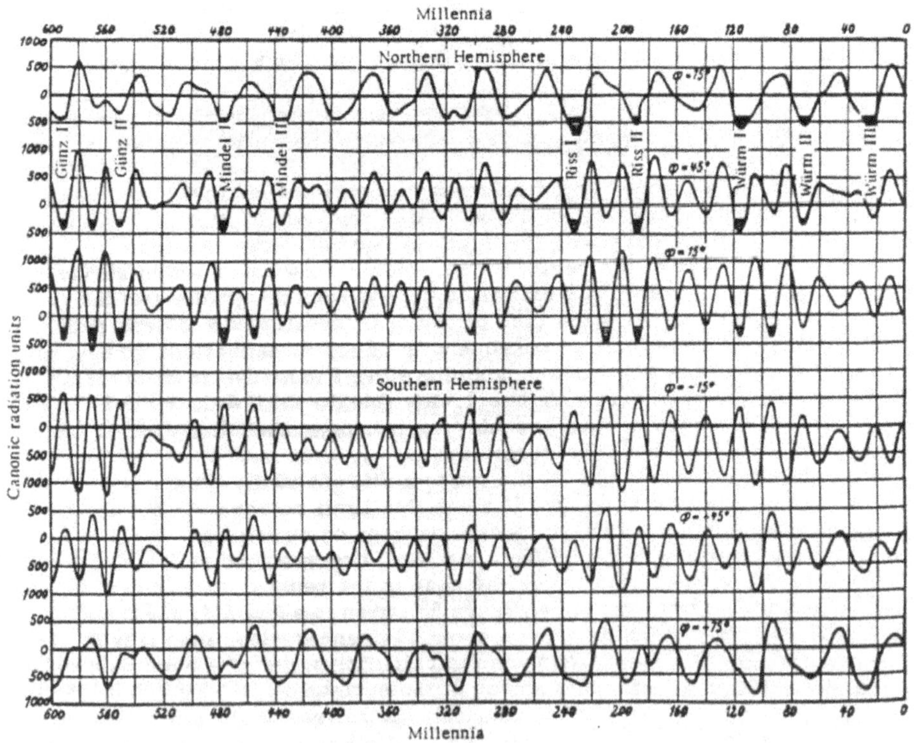

Figure 20.7 - Insolations pour la saison estivale calculées depuis 600 000 ans à différentes latitudes de l'hémisphère nord d'après M. Milankovitch.

Les épisodes glaciaires indiqués par l'auteur à certains minimums d'insolation ne correspondent pas avec les données actuelles (voir fig. 15.3 et 15.4).

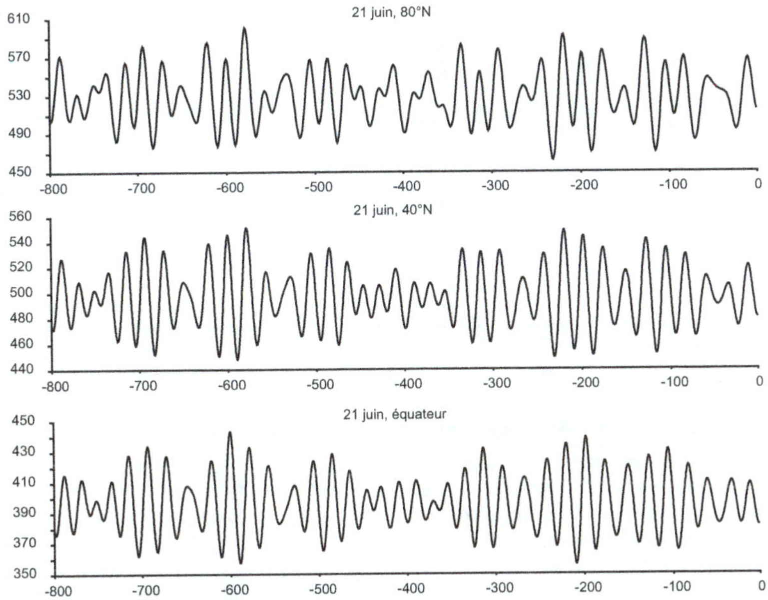

Figure 20.8 – Insolations pour le solstice d'été (~21 juin) calculées depuis 800 000 ans à diverses latitudes de l'hémisphère nord.

Ces insolations ont été calculées ici pour les latitudes 80 °N, 40 °N et pour l'équateur avec les données et les programmes publiés par A. Berger (1978, *J. atm. Sci.*, 35(12), p. 2 362-2 367 et publications postérieures). Des données plus précises, pouvant être utilisés pour des calculs paléoclimatiques jusqu'à 50 millions d'années, peut-être davantage, ont été publiées par J. Laskar *et al.* (2004, *Astronom. Astroph.*, 428, p. 261-285). Leur utilisation ne modifie que très peu les courbes ci-dessus pour ces derniers 800 000 ans.). On notera la façon dont les paramètres de l'orbite terrestre s'expriment dans ces courbes :
– la précession (période d'environ 21 700 ans) explique le rythme des variations de l'insolation les plus rapides. Leur amplitude est d'autant plus grande que l'excentricité est forte, de telle sorte que leur ligne de crête (c'est-à-dire leur amplitude maximale) suit les variations de l'excentricité (période visible d'environ 100 000 ans) ;
– l'obliquité (période d'environ 41 000 ans) vient en quelque sorte brouiller le signal de la précession en s'y surimposant. On notera que son effet est d'autant plus fort que l'on s'approche des pôles.

Il est extrêmement important de souligner que l'analyse spectrale des variations de l'insolation (figure 20.9) ne montre pas de fréquence correspondant à l'excentricité, le rôle de celle-ci ne consistant qu'à moduler en amplitude les variations de la précession. Comme nous l'avons vu, l'influence de l'excentricité e, prise isolément, sur l'insolation, ne joue que par le facteur $\frac{1}{\sqrt{1-e^2}}$, qui est très petit. En effet, au cours des derniers cinq millions d'années, le calcul (A. Berger, 1977) montre qu'elle a oscillé entre 0,00483 et 0,060791, et que la variation totale de son fait dans la radiation solaire reçue par la Terre, par rapport à la valeur actuelle (0,0167), n'a pas dépassé – 0,17 % ou + 0,013 %.

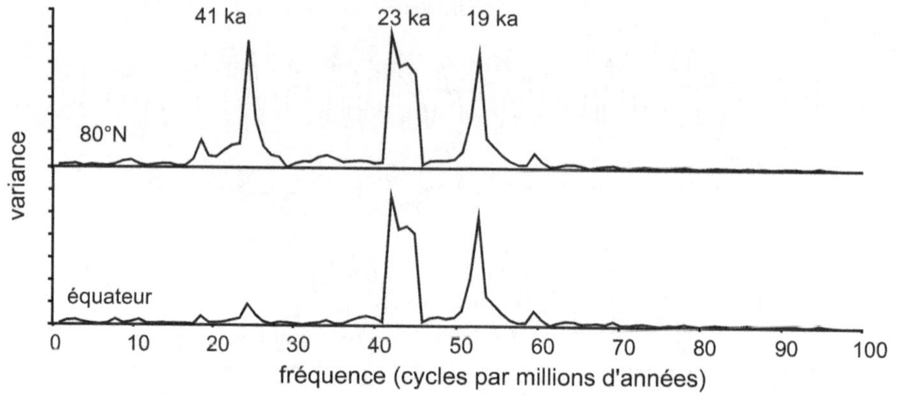

Figure 20.9 – Analyse spectrale des variations de l'insolation.

L'analyse spectrale des variations d'intensité de l'insolation (courbes de la Fig. 20.8) montre, pour 80° N, des pics marqués à 19 000 ans, 23 000 ans et 41 000 ans. À l'équateur, le pic à 41 000 ans est absent : l'obliquité n'y a pas d'influence. Dans les deux cas, aucun pic ne correspond à l'excentricité (il devrait se trouver vers 100 000 ans).

21 PREUVES ET CONSÉQUENCES DE LA THÉORIE ASTRONOMIQUE DES CLIMATS

PLAN

La théorie astronomique des climats pose que des variations climatiques importantes sont contrôlées par les variations de l'insolation engendrées par le mouvement de la Terre autour du Soleil. Ces variations de l'insolation sont, du point de vue mathématique, une fonction du temps. Pour éprouver la théorie, il va donc falloir comparer cette fonction aux variables climatiques et trouver des transformations qui, connaissant la première, permettront de reconstituer les secondes.

Il a fallu attendre les années 1970 pour être en possession, d'une part, de signaux climatiques convenables et, de l'autre, de données astronomiques suffisamment précises pour aboutir à des conclusions crédibles.

21.1 FRÉQUENCES ASTRONOMIQUES DANS L'ENREGISTREMENT SÉDIMENTAIRE

La comparaison des signaux climatiques et des courbes des variations de l'insolation au cours du temps amène à la constatation que ces courbes sont loin d'être identiques. On le verra en comparant des courbes d'insolation avec, par exemple, des courbes de variation du $\delta^{18}O$ d'enregistrements marins (figure 21.1). Si ces courbes ont quelques ressemblances, elles sont loin d'être superposables, à échelles de temps identiques. Cela est assez décevant et peut amener à penser que la théorie astronomique des climats est à rejeter.

Pour essayer d'apporter des éléments au débat, on peut émettre l'idée que, si ce contrôle existe, il doit y avoir, dans le signal climatique résultant, au moins une trace des périodicités du signal injecté à l'entrée du système, c'est-à-dire de l'insolation. Autrement dit, si l'on trace les spectres des signaux climatiques relevés par exemple dans des carottes océaniques, le fait d'y trouver des fréquences identiques à celles

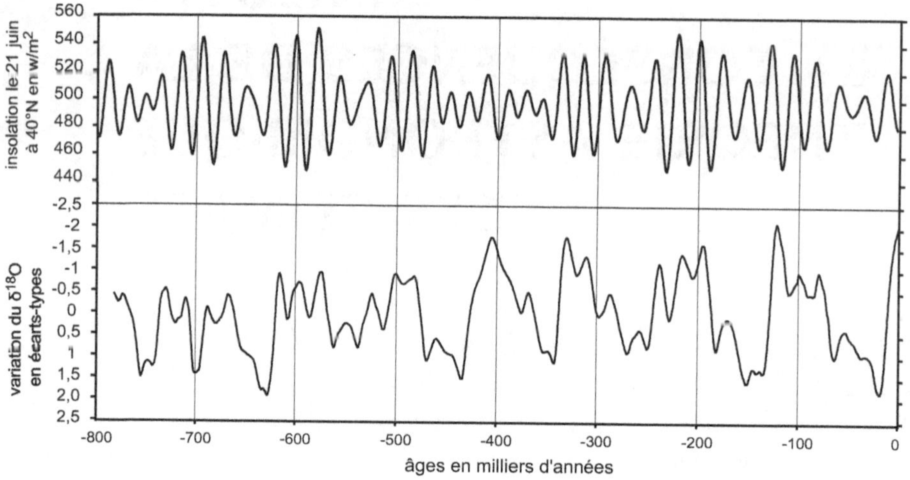

Figure 21.1 - Comparaison entre les variations de l'insolation et la variation du stock de glace mondial.

La courbe du haut montre les variations de l'insolation sur 800 000 ans, calculées à 40 °N (voir figure 20.8) ; la courbe du bas est celle du $\delta^{18}O$ de tests de foraminifères (SPECMAP, voir figure 15.3) et qui peut être comprise comme représentant les variations du stock mondial de glaces. Si on peut percevoir que ces deux courbes montrent des périodes de l'ordre de 20 000 ans que l'on peut rapporter à la précession (avec des amplitudes bien différentes), il est bien difficile d'y voir des corrélations.

des paramètres de l'orbite terrestre constituerait un puissant argument en faveur de la théorie astronomique des climats.

C'est sur ces idées que repose un travail convaincant et documenté qui a été publié en 1976 par J.D. Hays, J. Imbrie et N.J. Shackleton. Ces auteurs ont utilisé les signaux climatiques suivants, relevés dans des sédiments âgés de 0 à 450 000 ans prélevés par carottage au sud de l'océan Indien :

- température de surface de l'eau de mer évaluée par des méthodes statistiques d'après les assemblages de radiolaires extraits des sédiments ;
- pourcentage d'une espèce de radiolaire (*Cycladophora davisiana*) dont l'abondance est reconnue comme liée à la température de l'eau ;
- $\delta^{18}O$ du carbonate de la coquille des foraminifères.

Soumis à une analyse spectrale, ces signaux ont montré l'existence d'une structure périodique marquée où dominent les périodes proches de celles de la précession, de l'obliquité et de l'excentricité (figure 21.2).

Pour ces auteurs, la variance climatique de ces enregistrements est concentrée dans trois pics spectraux distincts centrés sur les périodes d'environ 23 000, 42 000 et 100 000 ans. Ces pics correspondent aux périodicités dominantes de l'orbite terrestre et contiennent approximativement 10 %, 25 % et 50 % de la variance climatique.

Il est bien difficile d'expliquer ces coïncidences par le fait du hasard et il est plus vraisemblable d'admettre que ces signaux climatiques sont commandés par les

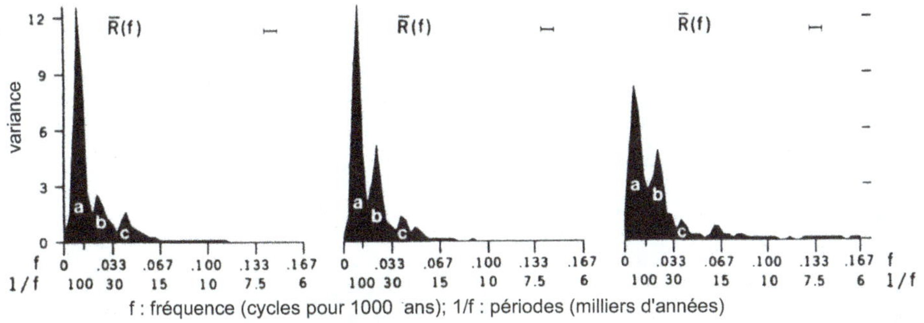

Figure 21.2 - Spectres des signaux climatiques contenus dans une carotte de sédiments océaniques.

Ces spectres résultent de l'analyse spectrale de trois courbes obtenues d'après l'étude d'une carotte de sédiments du sud de l'océan Indien déposés de –250 000 ans à nos jours : à gauche, spectre de la température de l'eau de surface, estimée quantitativement par l'étude de l'abondance des différentes espèces de radiolaires ; au milieu, spectre de la variation du $\delta^{18}O$ de tests de foraminifères planctoniques ; à droite, spectre de l'abondance d'un radiolaire sensible aux différences de température (*Cycladophora davisiana*). Dans les trois cas, on trouve des périodes proches des plus importantes de l'orbite terrestre à savoir, pour les pics a, 87 000 à 119 000 ans, pour b, 37 000 à 47 000 ans, pour c, 21 000 à 24 000 ans.
Extrait de Hays J.D., Imbrie J. et Shackleton N.J., 1976, *Science*, 194 : 1121-1132.

variations de l'insolation. Ces travaux ont donc apporté un argument très important en faveur de la théorie astronomique des climats mais n'ont pas expliqué la différence marquée entre les signaux climatiques et les variations de l'insolation.

21.2 De l'insolation au signal climatique : le rôle des inlandsis

Il reste donc à expliquer comment les variations de l'insolation peuvent rendre compte des variations climatiques observées dans les dernières centaines de milliers d'années. L'un des signaux climatiques du passé les plus accessibles étant le $\delta^{18}O$ du test des foraminifères fossiles, on peut chercher à élaborer un modèle qui en reproduira les variations à partir des variations de l'insolation calculées.

Deux difficultés se présentent. L'une concerne les différences entre les deux courbes et le décalage qui existe entre leurs maximums et leurs minimums. L'autre concerne la présence, dans le signal climatique, d'une période proche de celle de 100 000 ans de l'excentricité, période qui, on l'a vu, n'existe pas dans le spectre de l'insolation (voir figure 20.9).

Le décalage peut être expliqué par le temps de réaction d'un système où une sollicitation en entrée n'est pas immédiatement répercutée en sortie (figure 21.3). Ce phénomène peut être caractérisé par une **constante de temps** que l'on définit comme le temps *T* mis par le système pour atteindre une certaine proportion de son

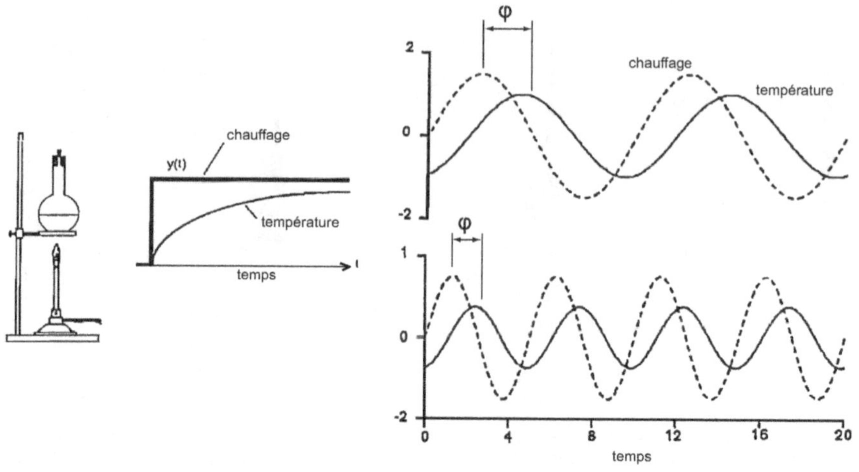

Figure 21.3 - Représentation schématique d'un système présentant une constante de temps.

Ce schéma est destiné à faire comprendre la réaction différée d'un phénomène ayant une constante de temps. À gauche, un ballon d'eau est chauffé : la courbe, à sa droite, montre que sa température augmente en fonction du temps selon une courbe exponentielle. Si, au lieu de chauffer l'eau de façon continue, on le fait de façon périodique, cette périodicité se répercutera de façon décalée dans la température de l'eau, ce déphasage φ étant fonction de la fréquence de la sollicitation, comme l'exprime la figure de droite. Une figure comparable pourrait être dessinée avec un morceau de glace fondant.

Extrait de Pisias *et al.*, 1990, *Paleoceanography*, 5(2) : 147-160 (lui-même d'après Imbrie, J., 1985, *J. Geol. Soc. London*, 142 : 417-432).

état d'équilibre limite (V. chapitre 17). Si la variation est exponentielle de la forme $y = y_0 e^{-kt}$ on a, par définition, $T = 1/k$.

Ce type de variation entraîne une conséquence. Une impulsion périodique fournie en entrée d'un système linéaire (c'est-à-dire amplifiant ou diminuant l'impulsion sans la déformer) donnera une réponse en sortie déphasée, ce déphasage φ dépendant de la fréquence f du signal d'entrée et de la constante de temps T du système selon la relation $\varphi = \arctan 2\pi fT$.

J. et J.Z. Imbrie (1980) ont élaboré un modèle mettant essentiellement en jeu le phénomène glaciaire et la formation des inlandsis (figure 21.4). Si l'on admet que, face à une impulsion donnée par une brusque augmentation (ou diminution) de l'insolation, la quantité de glace présente à la surface de la terre va augmenter (ou diminuer), il est évident que cette augmentation (ou diminution) ne sera pas immédiate. La vitesse de croissance (ou de décroissance) des masses de glaces sera d'autant plus grande que l'on sera plus loin du nouvel état d'équilibre qui, en théorie, ne sera jamais atteint complètement, mais qui constitue une limite de la courbe.

En suivant ces auteurs, il résulte que le signal du $\delta^{18}O$ (représentant les masses de glace), s'il est une fonction linéaire de l'insolation, sera décalé dans le temps par rapport à l'insolation, son déphasage étant d'autant plus grand que les fréquences

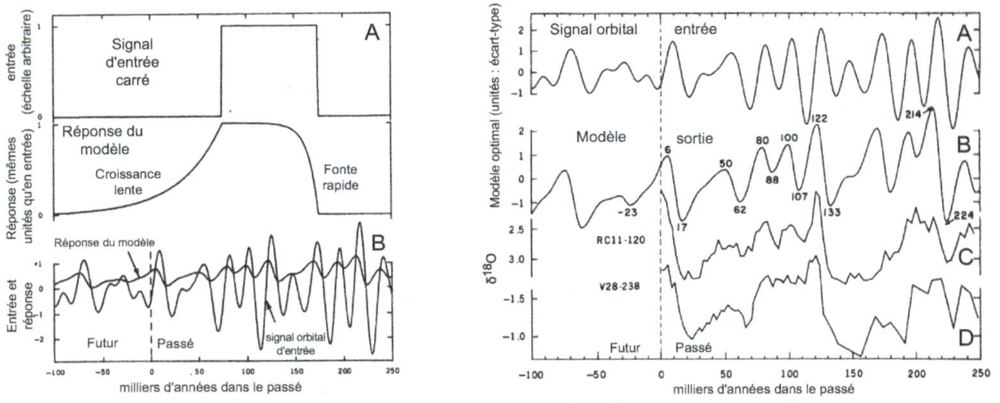

Figure 21.4 – Modélisation des variations du stock de glace mondial en fonction de l'insolation selon J. Imbrie et J. Z. Imbrie.

Partie gauche. A : schéma de la réponse d'un système ayant deux constantes de temps. La courbe du haut montre la sollicitation en entrée, celle du bas, la réponse en sortie. À une impulsion négative en entrée (par exemple insolation), correspond une réponse lente en sortie (dans cet exemple, croissance des calottes polaires). À une impulsion positive en entrée, correspond une réponse rapide en sortie (dans cet exemple, fonte des glaces). B : courbe de l'insolation à 65°N (signal orbital d'entrée) et réponse du système selon le modèle de A.
Partie droite. A : courbe d'insolation à 65 °N pour le mois de juillet. B : courbe obtenue par le modèle en utilisant, comme constantes de temps (exprimées en demi-réponses du système) 29 500 ans pour le refroidissement, et 7 300 ans pour le réchauffement. La courbe est dessinée pour le passé, mais aussi pour l'avenir (avec des augmentations du volume des glaces prévues dans 23 000 et ~70 000 ans). C et D : courbes des valeurs de $\delta^{18}O$ (standard : PDB) mesurées dans deux carottes océaniques (RC11-120, du sud de l'océan Indien et V28-238, du Pacifique). La grande ressemblance entre ces courbes et la courbe calculée B justifie le raisonnement tenu par les auteurs de ce modèle.
Extrait de Imbrie, J. et Imbrie, J. Z., 1980, *Science*, 207 : 943-953.

seront grandes. Cela rend effectivement compte des décalages dans le temps des deux signaux.

Cependant, si le système est linéaire, le signal en sortie ne doit pas avoir d'autres fréquences que le signal en entrée, alors que l'on sait que les variations du $\delta^{18}O$ montrent une forte composante correspondant à environ 100 000 ans qui est pratiquement absente dans le spectre de l'insolation. Pour rendre compte de ce phénomène, les auteurs ont posé que les constantes de temps rendant compte de la croissance et de la décroissance des inlandsis étaient différentes. Pour eux, la croissance d'un inlandsis s'effectuerait plus lentement que sa fonte. En ajustant les différents paramètres de ce modèle, on aboutit effectivement, à partir des valeurs calculées de l'insolation, à calculer des valeurs pour le $\delta^{18}O$ qui ne sont pas trop éloignées de celles réellement mesurées. En particulier, on constate que les courbes dessinées à partir des résultats du modèle présentent un aspect en dents de scie très caractéristique qui n'existe pas sur les courbes d'insolation. Par ailleurs, l'analyse spectrale des séries temporelles données par le modèle (figure 21.5) montre des périodes proches de 100 000 et 400 000 ans, identiques à celles de l'excentricité, que l'on souhaitait

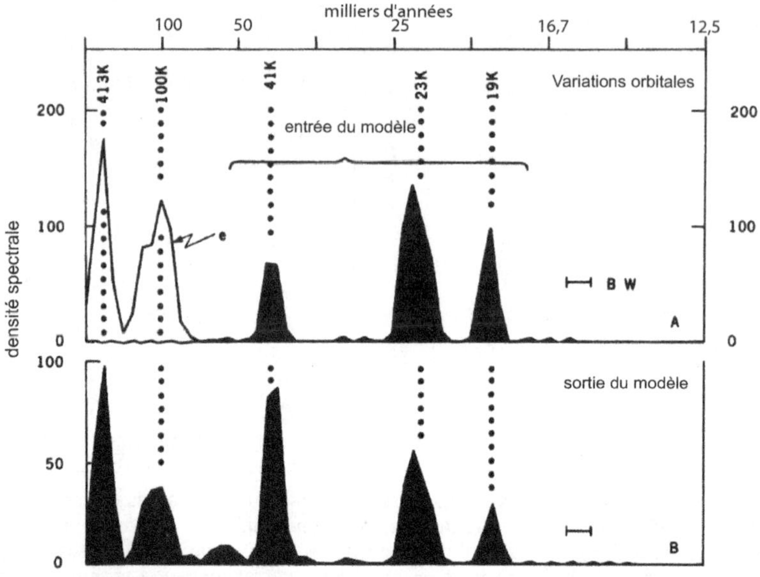

Figure 21.5 - Analyse spectrale du résultat du modèle d'Imbrie et Imbrie.

La figure montre deux diagrammes de densité spectrale en fonction des périodes. En haut, les pics noirs correspondent à des périodes de variations de l'insolation utilisées dans le modèle de la figure. Les pics clairs correspondent à de périodes de l'excentricité qui ne se retrouvent pas dans celles de l'insolation. En bas, les pics mettent en évidence les périodes contenues dans le signal de sortie du modèle des auteurs : ils montrent non seulement les périodes existant dans le signal d'entrée, mais aussi celles de l'excentricité. BW : bande passante.
Extrait de Imbrie, J. et Imbrie, J. Z., 1980, *Science*, 207 : 943-953.

trouver. On peut donc estimer que, dans les limites où il a été défini, le modèle rend bien compte de la réalité.

Ce modèle étant établi, une conséquence est évidente : si les conditions dans lesquelles il est valide ne changent pas, il est possible de prévoir grâce à lui ce qui va se produire dans l'avenir. Si l'on suit la courbe de l'insolation (figure 21.4, à droite), on voit qu'elle est passée par un maximum il y a environ 10 000 ans et qu'elle diminue actuellement jusqu'à atteindre un minimum dans quelque 1 000 ans. Le volume des glaces, qui est en retard sur cette courbe, et qui était très grand lors du dernier maximum glaciaire, est passé, d'après le modèle, par un minimum il y a 6 000 ans, et croît lentement depuis lors, ce qui est proche de ce que l'on observe. Nous abordons donc un nouvel épisode glaciaire qui trouvera un maximum dans 23 000 ans et un autre dans 60 000 ans. Mais ce modèle est aujourd'hui perturbé par les activités humaines qui rejettent dans l'atmosphère des gaz à effet de serre, ce qui entraîne un réchauffement. Pour revenir à la situation du modèle, il faudrait revenir à la situation antérieure à ces perturbations.

D'autres modèles ont été proposés pour rendre compte plus finement des fluctuations de la courbe du $\delta^{18}O$. Ainsi, celui proposé par D. Paillard (1998), met en œuvre

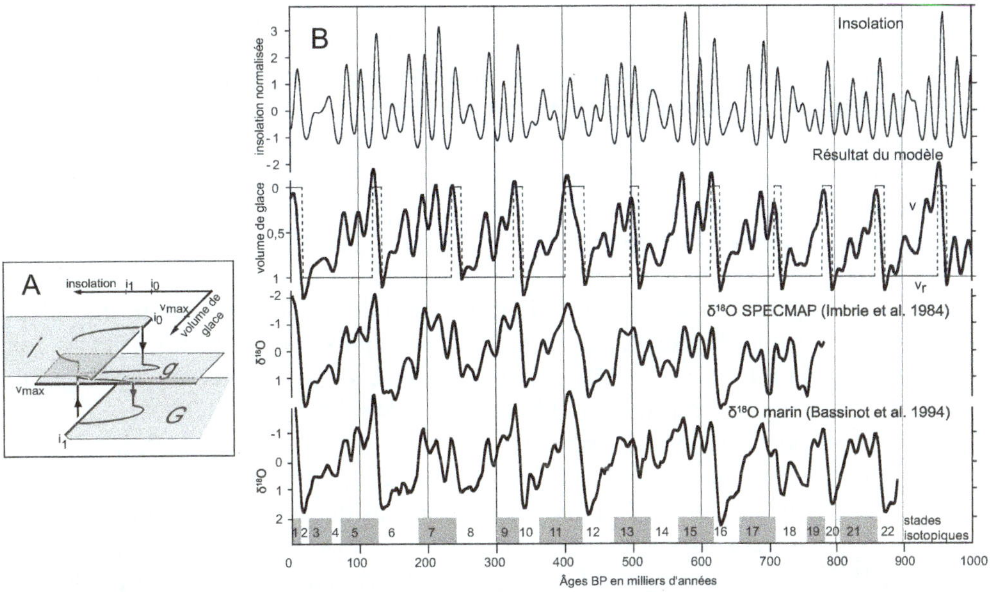

Figure 21.6 – Modélisation des variations du stock de glace mondial en fonction de l'insolation selon Paillard (1998).

A : structure schématique du système à plusieurs états utilisé. On pose que le climat a trois régimes distincts : i, g et G. La transition i-G est déclenchée quand l'insolation baisse au-dessous du seuil i_0, la transition g-G se produit quand le volume des glaces excède v_{max}, la transition G-i se produit quand l'insolation dépasse le niveau i_1.

B : résultat d'un modèle (D. Paillard 1998) tenant compte d'une variation continue du volume de glace. En haut, courbe d'insolation utilisée en entrée du modèle. Au-dessous, courbe du volume de glace global obtenue en sortie du modèle. En bas, courbes du $\delta^{18}O$ océanique (Courbe SPECMAP de Imbrie *et al.*, 1984 et courbe de Bassinot, F. *et al*, 1994), dessinées pour comparaison avec la courbe de sortie du modèle.

Images (complétées par la courbe SPECMAP) aimablement communiquées par D. Paillard. Voir Paillard, D. 1998, *Nature*, 391(6665) : 378-381 ainsi que Parrenin, F. et Paillard, D. 2003, *EPSL*, 214 : 243-250.

trois stades d'équilibre de la circulation océanique (interglaciaire, glaciaire modéré, pléni-glaciaire) séparés par des seuils franchis lorsque l'insolation ou le volume des glaces atteignent certains niveaux (figure 21.6).

21.3 Synchronisme des glaciations et variation de la concentration en CO_2 de l'atmosphère

Un point constitue une difficulté importante dans la validation de la théorie astronomique des climats. Étant donné que les variations de l'insolation sont, dans leur ensemble, symétriques entre l'hémisphère nord et l'hémisphère sud, il serait logique d'attendre que les successions des épisodes glaciaires dans ces deux régions soient opposées dans le temps. Or il n'en est rien et il est clair que les évolutions des volumes de glace des deux régions polaires sont synchrones.

Un élément de réponse à cette question a été depuis longtemps apporté par la considération de la dissymétrie géographique entre les deux hémisphères. Dans l'hémisphère sud, le continent antarctique étant complètement entouré par l'océan, ne peut pas voir croître le volume de ses glaces au-delà d'une certaine limite. Rappelons que les glaciers sont des accumulations de neige qui peuvent atteindre des kilomètres d'épaisseur mais doivent obligatoirement reposer sur un substratum rocheux. La glace de mer, ou banquise, peut au plus atteindre une épaisseur de quelques mètres. L'hémisphère nord, du fait de la répartition des continents autour du pôle, a la possibilité d'accueillir des volumes de glace bien plus considérables, comme cela a été le cas pendant les grandes glaciations, et peut donc jouer un rôle prépondérant. Mais cette prééminence explique mal le couplage des deux hémisphères.

Ce couplage peut s'expliquer par la variation de la composition de l'atmosphère, laquelle nous est connue par l'analyse des bulles d'air emprisonnées dans les glaciers. On y voit que les variations des proportions du dioxyde de carbone (CO_2) dans l'atmosphère correspondent de très près à celles du stock de glace mondial défini par le $\delta^{18}O$. On peut rejeter l'idée que la variation de la concentration du CO_2 atmosphérique est la cause première de la variation du volume des glaces puisqu'on a vu que ce volume était contrôlé par les variations de l'insolation. On peut penser, au contraire, que ce sont les variations climatiques qui ont eu un effet sur la concentration du CO_2 qui a, comme propriété, d'augmenter considérablement l'effet de serre atmosphérique. Si sa concentration augmente, sol, océans et atmosphère vont se réchauffer et ceci dans les deux hémisphères puisque la circulation atmosphérique générale y aura réparti ce gaz. On a donc là une explication plausible du couplage entre le pôle Nord et le pôle Sud.

Ainsi, en définitive, on peut penser que la cause première des alternances des glaciations pendant le Quaternaire se trouve bien dans les variations de l'insolation commandées par l'orbite terrestre. Les effets de ces glaciations seraient surtout sensibles dans l'hémisphère nord qui contrôlerait, d'une façon encore imparfaitement connue, les variations du CO_2 atmosphérique. Les variations de la concentration de ce gaz dans l'atmosphère auraient deux effets. L'un serait de renforcer les variations de l'insolation, relativement faibles en elles-mêmes. L'autre serait d'étendre les variations climatiques qui se manifestent majoritairement dans l'hémisphère nord à l'ensemble de la planète, assurant ainsi un couplage des deux hémisphères et expliquant pourquoi ce que l'on observe au Sud est proche de ce que l'on observe au Nord.

Histoire des climats 22

22.1 Temps et états climatiques

La perspective du temps

La reconstitution de l'histoire de la Terre est une opération difficile, et plus difficile encore celle de son système climatique, étroitement lié à ses fluides géophysiques (eau et air) qui n'ont laissé que des traces indirectes dans les enregistrements géologiques. Plus on recule dans le temps, plus les difficultés s'accumulent. Les enregistrements géologiques ont en effet d'autant plus de chance d'être perturbées par la diagenèse ou le métamorphisme qu'ils sont plus anciens. Beaucoup ont disparu du fait de la subduction des plaques lithosphériques : leur témoignage nous est perdu et nos connaissances en seront lacunaires.

Par ailleurs, nos méthodes de datation sont, dans l'ensemble, d'autant moins précises que les temps sont plus anciens, et les âges qui peuvent être donnés présentent un caractère provisoire. Dans cet ouvrage, on a, sauf exception, utilisé les divisions et les âges établis par la Commission internationale de stratigraphie (2020), mais, ici où là, des contradictions peuvent apparaître, notamment lorsque nous avons dû respecter des âges différents donnés par des auteurs. De plus, les conditions environnementales à la surface du globe ont pu changer considérablement et, bien qu'un des principes de la géologie soit que les lois physiques sont restées les mêmes au cours du temps, leur application à des périodes anciennes n'est pas aisée.

En définitive, plus on recule dans le passé, et plus l'histoire de la Terre devient floue, donnant l'image d'une perspective dans le temps comparable à la perspective dans l'espace. Du fait de cet effet de perspective, les descriptions qui suivent seront d'autant plus imprécises que les temps qu'elles embrassent sont plus anciens. On ne les prendra donc qu'avec la prudence qu'impose toute attitude scientifique.

Périodes de serre (*Greenhouse*) et périodes de glacière (*Icehouse*)

Du fait de la concentration en gaz à effet de serre, la température de la basse troposphère semble avoir toujours été relativement élevée (figure 22.1) au moins durant de longues périodes dites périodes de serre (*Greenhouse periods*). Mais ces périodes ont été coupées d'intervalles froids, marqués par le développement de calottes glaciaires (périodes glaciaires, *Icehouse periods* ou périodes de glacière). Cette nomenclature peut s'appliquer à grande échelle pour les six grandes périodes glaciaires que l'on recense aujourd'hui dans les temps géologiques. Mais elle convient aussi à des échelles de temps plus courtes (dizaines ou centaines de milliers d'années), où le contrôle des climats par les variations de l'insolation est marqué, notamment lorsqu'existent des calottes glaciaires.

De fait, les transitions entre les états « *greenhouse* » et « *icehouse* » sont assez rapides pour faire penser qu'ils correspondent chacun à des conditions relativement stables, la bascule de l'un à l'autre étant un phénomène à seuil.

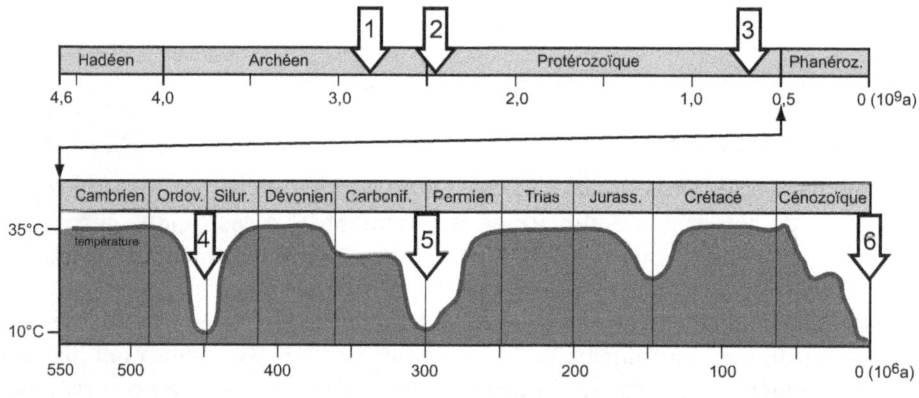

Figure 22.1 – Variations climatiques majeures des temps géologiques.

Ce diagramme, très schématique, tente de représenter les variations climatiques majeures de la Terre. Les périodes glaciaires sont indiquées par des flèches numérotées avec 1) glaciation du Witwatersrand (2,9 Ga), 2) glaciation huronienne (2,4 Ga), 3) glaciations néoprotérozoïques (0,8-0,6 Ga), 4) glaciation fini-ordovicienne (445 Ma), 5) glaciations du Permo-Carbonifère (370-260 Ma), 6) glaciations quaternaires (après 2 Ma). Le Précambrien (avant 0,5 Ga) est probablement très chaud, malgré ses trois grands épisodes glaciaires. Le Phanérozoïque (après 0,5 Ga) montre, dans l'ensemble, un climat majoritairement chaud, dominé par un effet de serre notable (périodes de « *greenhouse* »). Il est coupé par des périodes de glaciation (périodes de « *icehouse* »). À cette échelle, aucune périodicité ne semble apparaître. En revanche, des périodicités climatiques de courtes périodes, correspondant à des contrôles par l'orbite terrestre, sont souvent mises en évidence si l'on utilise une échelle plus petite. Inspiré de C. R. Scotese.

« Crises » biologiques et changements climatiques

On a depuis longtemps remarqué que des disparitions marquées de faunes, ou de flores, s'étaient produites à certains moments de l'histoire géologique. Le terme de crise a souvent été employé pour les caractériser. Ce terme, qui évoque une disparition brutale et rapide, ne doit pas nous cacher que la durée de ces épisodes est généralement, encore aujourd'hui, difficile à préciser. C'est une des raisons qui fait que les causes de ces disparitions sont d'explication délicate et que les mécanismes invoqués pour en rendre compte sont controversés.

Bien que des mécanismes inhérents aux processus évolutifs aient été parfois invoqués, il semble que les explications proposées puissent aujourd'hui se ranger en deux groupes. L'un comprend celles qui sont fondées sur des modifications de l'environnement, et particulièrement des climats, au premier rang desquelles vient l'influence du volcanisme. À l'appui de cette thèse est, entre autres, avancée la contemporanéité de disparitions de faunes et d'épisodes de volcanisme basaltique (voir figure 19.2).

L'autre comprend les explications basées sur des phénomènes extraterrestres, parmi lesquels un bombardement météoritique vient en tête. À l'appui de cette thèse est le fait que des concentrations élevées d'éléments considérés comme d'origine météoritique (iridium) aient été montrées, notamment à la limite Crétacé-Paléocène, où des disparitions de faune particulièrement nombreuses ont été mises en évidence.

Ces disparitions de faunes sont plus ou moins marquées, ce qui rend difficile leur dénombrement. Cependant, on s'accorde généralement pour retenir au moins 5 épisodes majeurs d'extinctions (figure 22.2).

Le plus ancien se situe il y a 445 millions d'années, à la fin de l'Ordovicien, où environ 50 % des genres d'animaux marins s'éteignent, dont ce qu'il reste des trilobites développés dès le Cambrien, divers brachiopodes et coraux primitifs, et les graptolithes.

Il y a 360 millions d'années, à la fin du Dévonien, une crise importante voit disparaître 40 % des genres marins dont des groupes entiers de coraux et d'éponges.

Il y a 250 millions d'années, à la fin du Permien, se produit la crise que l'on s'accorde à trouver la plus grave jamais enregistrée. Elle a justifié d'y placer la limite des ères Paléozoïque et Mésozoïque. Presque la moitié des espèces connues disparaissent.

Il y a 200 millions d'années, à la fin du Trias, d'autres disparitions se produisent, mais l'une des crises les plus connues est celle qui s'est produite, il y a 65 millions d'années, à la limite Crétacé-Paléocène. Elle a vu disparaître la plus grande partie des grands reptiles, les ammonites et beaucoup d'unicellulaires marins.

22.2 Le Précambrien (de -4,57 Ga à -541 Ma)

Contexte géologique

Alors que l'on a calculé que la Terre avait été formée il y a 4,57 Ga, on ne connaît pas de roche aussi ancienne, et une longue période s'est écoulée sans que l'on ait pu trouver de témoignages directs de son histoire : cette période a été nommée Hadéen (figure 22.3). Quelques zircons remaniés ont, en Australie, été datés de 4,36 Ga,

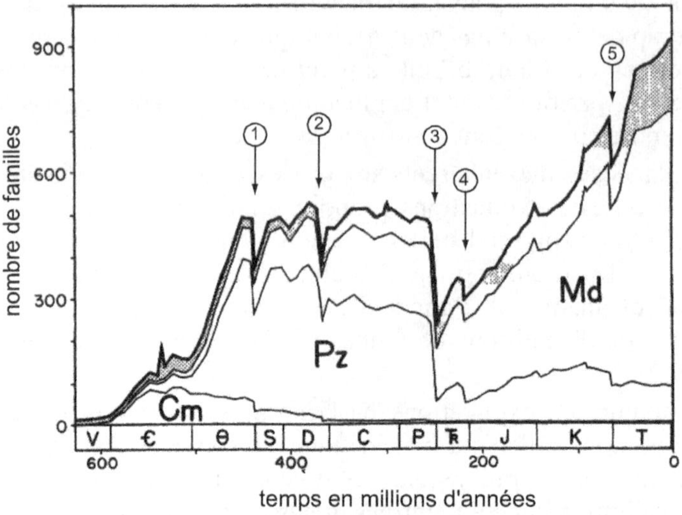

Figure 22.2 - Évolution et crises de la biodiversité.

Histoire de la biodiversité au Phanérozoïque. La courbe du haut montre le nombre total des familles fossiles marines pour chaque moment de l'histoire géologique. Il a été distingué des assemblages particulièrement développés à certaines époques mais pouvant aussi se trouver à d'autres : Cm : faune cambrienne, Pz : faune paléozoïque, Md : faune moderne. Les chiffres 1 à 5 indiquent les principales périodes d'extinction de faunes.
Extrait de Sepkoski J.J. Jr., 1984. *Paleobiology*, 10(2) : 246-267.

mais il semble que les premières roches connues, qui ont été datées de 4,39 Ga, aient été trouvées près de la baie d'Hudson dans la formation des roches vertes de Nuvvuagittuq. Cette datation, si elle était confirmée, détrônerait le record d'ancienneté tenu auparavant par les gneiss d'Acasta (ouest du Canada), datés de 4,03 Ga, ce qui marquait, jusque-là, la fin de l'Hadéen et le début de l'Archéen.

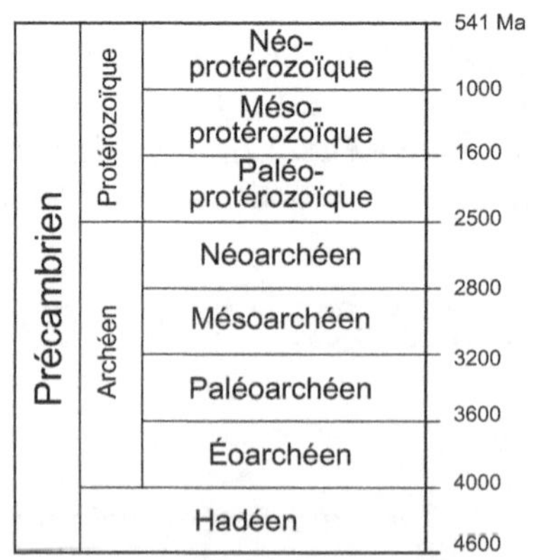

Figure 22.3 - Divisions stratigraphiques du Précambrien.

Avec l'Archéen, commence l'histoire de la Terre basée sur des échantillons. Au cours de cette très longue période, ainsi que dans le Protérozoïque qui lui fait suite, plusieurs noyaux continentaux, de plus en plus étendus, ont été formés puis dissociés par le jeu de la tectonique des plaques. On y distingue parfois, successivement, les supercontinents de Ur (vers 3,0 Ga), de Kenorland (vers 2,5 Ga), de Nena-Columbia (vers 1,8 Ga) et de Rodinia (vers 1 Ga).

La composition de l'atmosphère a beaucoup changé pendant le Précambrien. Surtout concentrée en dioxyde de carbone CO_2 à ses débuts, elle s'est progressivement enrichie en oxygène du fait de l'activité photosynthétique des organismes qui s'y développaient. Les premiers éléments figurés pouvant être des fossiles d'unicellulaires n'ont été repérés que vers 3,4 Ga dans le Swaziland (Afrique du Sud) et en Australie (formation de Warrawoona, *Apex cherts*). Mais, dans les premières roches sédimentaires connues (à Isua, Groenland), qui sont datées de 3,8 Ga, on a trouvé des globules de graphite dont le delta $\delta^{13}C$ très bas (–13 pour mille) est considéré comme indiquant une origine biogénique, dérivant peut-être de formes planctoniques. À ces premières traces de vie, vont succéder, dans beaucoup de régions, des constructions stromatolithiques de cyanobactéries dont l'activité photosynthétique a dû être notable.

Les premiers fossiles de métazoaires ne sont connus qu'à partir de 670 Ma. Connus sous le nom de faune d'Ediacara, d'après le nom des monts d'Australie du Sud où ils ont d'abord été trouvés, ils sont répandus sur tous les continents. On y a recensé de très nombreuses formes, toutes sans squelette, l'apparition de ce dernier ne se faisant qu'au Cambrien, vers 500 Ma.

Le paradoxe du jeune Soleil faible et l'évolution de la température

On s'accorde à penser qu'au moment où la Terre s'est formée, il y a 4,57 Ga, la luminosité du Soleil était plus faible qu'aujourd'hui. Selon Gough (1981, *Solar Phys.* 74 : 21-34.), elle répondrait en effet à la formule $S_t = S_0/(1 + 0{,}4(1 - t/t_0))$, S_t étant la luminosité à l'instant t (compté en millions d'années depuis la formation de la Terre), S_0 la luminosité actuelle (1 361 W/m^2) et t_0 étant égal à 4,57 Ga. À cet âge de 4,57 Ga, la luminosité solaire n'aurait donc été que 70 % de celle d'aujourd'hui (figure 22.4).

Les premiers sédiments connus (à 3,8 Ga) démontrent, qu'alors l'eau existait sous forme liquide à la surface de la planète. Pourtant, la luminosité du Soleil ne devait pas être encore supérieure à 75 % de sa luminosité actuelle, ce qui aurait dû entraîner des températures au-dessous de 0 °C, incompatibles avec la présence d'eau liquide. Il y a donc là un paradoxe que l'on dit du **jeune Soleil faible** (***Faint Young Sun***). Pour le résoudre, on invoque habituellement un réchauffement par effet de serre dû à la présence dans l'atmosphère, pendant cette période, d'une forte concentration en gaz issus du volcanisme, très majoritairement du dioxyde de carbone (CO_2, figure 22.5), éventuellement du méthane (CH_4), et de l'ammonium (NH_4).

Des indications sur la température des océans peuvent être données par l'étude géochimique de leurs dépôts. Les roches siliceuses, très abondantes à ces époques,

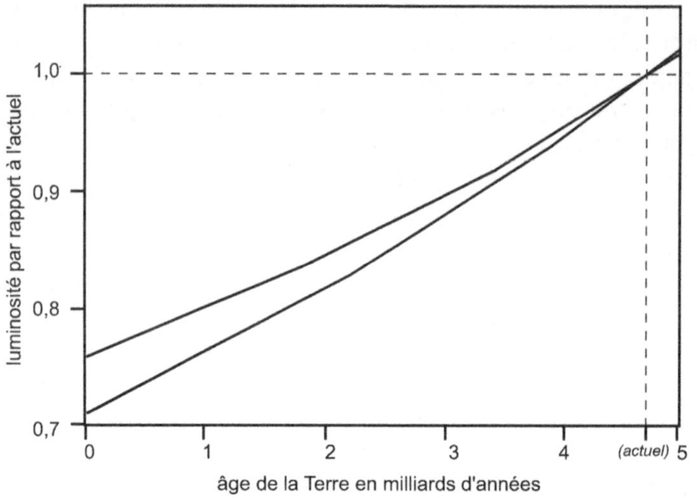

Figure 22.4 – Évolution à long terme de la luminosité solaire.

Ces courbes, calculées au moyen de deux modèles, montrent des résultats voisins : la luminosité du Soleil aurait été, au moment de la formation de la Terre, de 30 % inférieure à ce qu'elle est aujourd'hui. Échelle des abscisses : temps en 10^9 années, comptés à partir de la formation de la Terre. Échelle des ordonnées : luminosité par rapport à l'état actuel.

D'après Endal, A.S., 1981, Evolutionary variations of solar luminosity. *In*: *Variations of the Solar Constant.* NASA Conference Publication 2191, p. 175-183.

semblent pouvoir avoir conservé leurs caractéristiques géochimiques et être susceptibles de fournir des indicateurs paléoclimatiques utilisables.

L'analyse des isotopes de l'oxygène ($\delta^{18}O$) et du silicium ($\delta^{30}Si$) de ces roches, utilisées comme paléothermomètres, a montré que, vers 3,5 Ga, la température des eaux était de l'ordre de 70 °C, donc bien loin de leur point de congélation (figure 22.6). Cette température s'est abaissée progressivement au cours du temps et semble avoir atteint 20 °C à 30 °C il y a 1 Ga, au Protérozoïque supérieur. Les témoignages géologiques indiquent cependant l'existence d'une glaciation dès 2,8 Ga et de plusieurs glaciations autour de 0,7 Ga. On peut voir là une contradiction entre les deux approches. Cependant, le peu de connaissances que l'on a sur ces périodes ne permet pas de l'affirmer, bien des modifications climatiques pouvant intervenir pendant les longs intervalles de temps peu documentés.

L'évolution de l'atmosphère

Les premiers sédiments connus étant datés de 3,8 milliards d'années (Isua, Groenland), seul le raisonnement, basé sur les lois de la physique et de la chimie et appuyé par la considération de l'état des autres planètes, nous permet d'imaginer ce qui s'est passé auparavant.

Une atmosphère primitive a dû exister, formée par les gaz du nuage stellaire et par ceux issus d'un volcanisme sans doute très actif. Cette atmosphère, contenant essen-

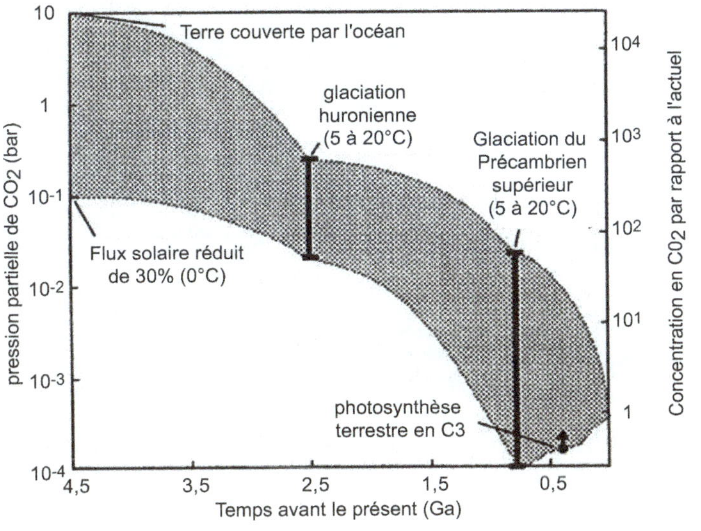

Figure 22.5 – Concentrations en CO_2 de l'atmosphère nécessaire pour compenser une faible luminosité solaire dans le passé.

Le calcul a été fait en supposant un albédo constant. Les zones en grisé indiquent les concentrations en CO_2 possibles. Durant les périodes glaciaires, à 2,5 Ga et 0,8 Ga, elles ont été calculées en posant que les températures moyennes de surface étaient entre 5 °C et 20 °C. Pour les autres périodes, pendant la majeure partie du Précambrien, on a posé que la Terre ne comportait pas de glaces. Échelle des abscisses : temps BP (en Ga) ; échelle des ordonnées : à gauche pression partielle de CO_2 ; à droite, concentration en CO_2 avec, comme unité, la pression partielle de CO_2 de l'atmosphère actuelle. D'après ce modèle, la concentration en CO_2 de l'atmosphère au début du Précambrien aurait été de plus de 100 fois celle d'aujourd'hui.
Extrait de Kasting, J. F., 1993, *Science*, 259(5097) : 920-926. V. aussi, du même auteur, 1987, *Precambrian Research*, 34 : 205-229.

tiellement des gaz légers ou inertes (hydrogène, hélium, néon, argon, etc.), n'a pas survécu au refroidissement du globe, certains gaz étant chimiquement inclus dans des minéraux, d'autre échappant, dans l'espace, à la gravitation terrestre.

Une fois le globe suffisamment refroidi, l'atmosphère a dû se concentrer en vapeur d'eau (H_2O), azote (N_2), dioxyde et oxyde de carbone (CO_2 et CO), fournis par les volcans, à des pressions pouvant atteindre plusieurs centaines de fois la pression atmosphérique totale actuelle, ainsi qu'en méthane (CH_4). Une grande partie de l'eau provient d'un apport extérieur par des bombardements de météorites, intenses jusque vers 3,8 milliards d'années. Cette atmosphère, qui a pu se maintenir plusieurs centaines de millions d'années, était donc, à l'époque, pratiquement dépourvue d'oxygène, le peu qui s'y formait étant issu de la décomposition de la vapeur d'eau par les rayons ultraviolets solaires qui, de plus, en transformaient une partie en ozone filtrant peu à peu ces mêmes ultraviolets.

La vapeur d'eau, en se condensant, a engendré les pluies qui sont à l'origine des océans. La vie a alors pu se développer, sans que l'on sache encore si elle est d'origine terrestre ou si elle est le résultat d'un apport extérieur.

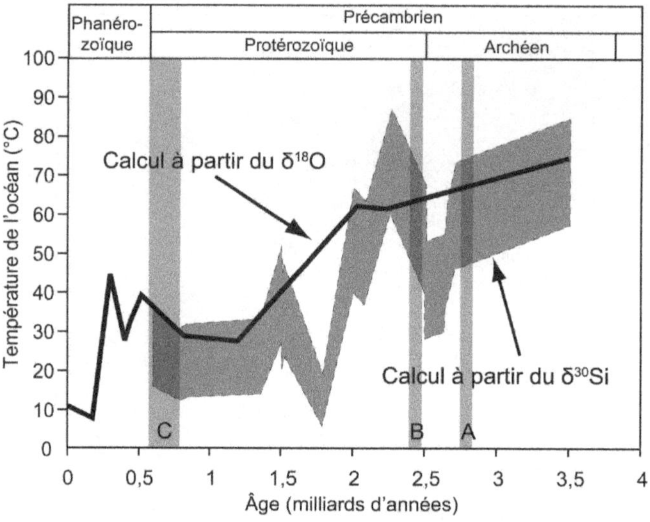

Figure 22.6 – Variations de la température des eaux au Précambrien.
Ces variations de température ont été calculées à partir des proportions isotopiques de l'oxygène et de la silice de cherts. Ces proportions s'accordent pour indiquer une baisse considérable de température des eaux au Précambrien, depuis environ 70 °C vers 3,5 Ga, à environ 20 °C vers 600 Ma. Les points d'échantillonnage étant peu nombreux au regard de l'immensité des temps considérés, ces résultats ne s'opposent pas à ce que de fortes variations de température puissent avoir eu lieu sans être détectées par ces analyses. Au demeurant, elles sont obligatoires si des glaciations (marquées par A, B et C) ont eu lieu pendant cette période, comme on le pense.
D'après Robert, F. et Chaussidon, M., 2006, *Nature*, 443(7114), p. 969-972 ; les barres A, B et C ont été ajoutées au schéma des auteurs. V. aussi Tartese, R. *et al.*, 2017, *Geochemical Perspectives Letters*, 3(1), p. 55-65, fig. 2b.

Les premiers sédiments connus sont très transformés par le métamorphisme. On n'en a observé de bien conservés qu'à partir de 3,5 milliards d'années. Ils sont surtout représentés par des couches détritiques (grès). Les dépôts de sels (évaporites), qui marquent aujourd'hui les zones arides, y sont absents mais pas forcément pour des raisons climatiques. En effet, la rareté de l'oxygène à cette époque peut expliquer ce fait, les évaporites étant pour beaucoup composés de sulfates contenant justement de l'oxygène. Peut-être aussi la concentration des mers en sels dissous était-elle insuffisante pour donner lieu, par évaporation, à des précipitations. Les calcaires sont rares à cette époque et surtout représentés par des **stromatolithes**, encroûtements mamelonnés construits par des cyanobactéries. Ces organismes constructeurs, qui constituent les premiers témoignages de la vie à la surface du globe, sont connus depuis 3,5 milliards d'années dans l'ouest de l'Australie (Dresser Formation, Pilbara) ainsi qu'au Swaziland, Afrique. Ils ont traversé tous les temps géologiques puisqu'on en voit encore de nos jours dans des lacs de régions chaudes.

L'absence d'oxygène dans l'atmosphère pendant la plus grande partie du Précambrien est attestée par la présence de roches contenant d'abondants débris de minéraux qui n'auraient pas dû subsister longtemps à la surface de la Terre en présence d'oxygène car ils auraient été transformés par oxydation. C'est notamment le cas de l'uraninite UO_2, abondante dans des gisements d'Afrique du Sud (Witwatersrand) et du Canada (Ontario), et de la pyrite FeS_2.

Des formations sédimentaires marines très caractéristiques de ces époques reculées sont des minerais de fer sédimentaires rubanés (***Banded Iron Formation***, ou **BIF**), souvent désignées par le terme d'**itabirites** (de Itabira, Brésil), parfois par celui de **jaspilites** ou, au Canada, de **taconites** (figure 22.7). Ces formations sont composées d'épaisses alternances de bancs centimétriques de cherts de couleur grise ou verdâtre et d'hématite rouge plus ou moins cristallisée. Elles sont souvent plissées et métamorphisées.

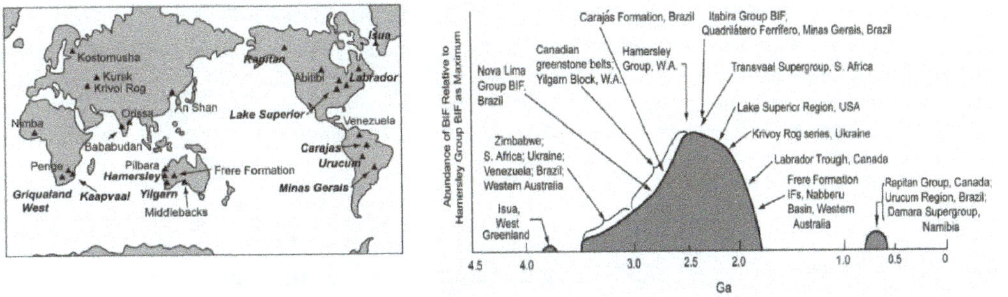

Figure 22.7 – Répartition des minerais de fer sédimentaires rubanés (BIF) dans l'espace et dans le temps.

À gauche : carte montrant les principaux affleurements de BIF, ce qui souligne leur vaste répartition.
À droite : répartition très schématique de l'abondance des BIF en fonction du temps. Ils sont pratiquement limités à la période allant de 3,5 Ga à 1,8 Ga, sauf quelques occurrences à 3,8 Ga et à 0,8 Ga.
Extrait de Klein, C., 2005. *Amer. Mineralogist*, 90(10) : 1473-1499.

Deux origines peuvent être invoquées pour le fer de ces formations (figure 22.8). L'une est le lessivage des roches émergées en contenant. Ce fer a pu être transporté par les fleuves sous une forme peu oxydée soluble (fer ferreux, Fe^{2+}), ce qui n'aurait été possible qu'en l'absence d'oxygène atmosphérique. L'autre source, plus favorablement envisagée, peut être l'hydrothermalisme du fond des océans. La précipitation de ce fer, sous une forme oxydée (fer ferrique Fe^{3+} : magnétite Fe_3O_4, sidérite $FeCO_3$), exige cependant la présence d'oxygène dans les eaux marines. On l'explique par l'existence d'organismes photosynthétiques primitifs (cyanobactéries, stromatolithes) qui commençaient déjà, localement, à fournir cet oxygène. Diverses modalités ont été imaginées pour expliquer les détails de cette sédimentation. Cependant, l'alternance rythmique des couches ferriques et siliceuses semble encore mystérieuse.

Dans les séries sédimentaires datées d'il y a quelque 2,4 milliards d'années, on trouve des couches rouges (figure 22.9). Elles doivent s'être déposées aux dépens de sols rouges formés sous climat chaud, et dont la coloration est due à leur contenu en fer ferrique, ce qui exige une atmosphère oxygénée. C'est un argument, entre autres, pour penser que l'atmosphère avait commencé à s'enrichir en oxygène, du fait de ce

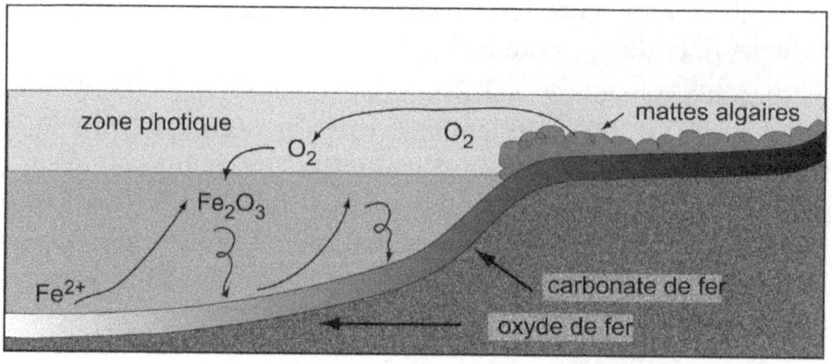

Figure 22.8 – Modèle classique de dépôt des BIFs.
Selon ce modèle, le fer bivalent d'origine hydrothermale serait oxydé par combinaison avec l'oxygène dissous à partir de la photosynthèse algaire selon la réaction : $4Fe^{2+} + CO_2 + 4H_2O \rightarrow 2Fe_2O_3 + 8H^+$. Étant alors insoluble, il serait précipité en profondeur sous forme d'oxydes, donnant alors les BIF. Des carbonates de fer se déposeraient à des profondeurs moindres. D'autres modèles ont été proposés pour expliquer ces dépôts, inconnus après le Précambrien.
Inspiré de Beukes, N., 2004, *Nature*, 431(7008) : 522-523.

que l'on a désigné comme le **Grand événement d'oxydation**. On a tendance à penser que ces périodes étaient relativement chaudes, bien que, dans cette atmosphère ou abondaient donc vapeur d'eau et CO_2, il est difficile de savoir si dominait l'effet de la nébulosité (obstacle aux rayons du soleil, donc tendant à un refroidissement de la surface terrestre) ou l'effet de serre du CO_2 (tendant à un réchauffement). À noter que cet événement n'a pas fait cesser le dépôt des minerais de fer sédimentaires rubanés qui se continue jusque vers 1,8 Ga.

Le développement des organismes photosynthétiques a eu comme effet une augmentation de la concentration de l'atmosphère en oxygène aux dépens de son dioxyde de carbone, dont la concentration s'est ainsi corrélativement abaissée. L'accroissement relativement rapide de la teneur de l'atmosphère en oxygène s'est ainsi produit à partir d'environ il y a 2,4 milliards d'années et a pu se faire par étapes du fait du comportement différent des réservoirs d'O_2 que sont l'océan profond, l'océan superficiel et l'atmosphère.

À la fin du Protérozoïque, les valeurs élevées du rapport $^{13}C/^{12}C$ dans les carbonates marins montrent un accroissement marqué de l'enfouissement du carbone organique et donc de la conservation de l'oxygène, lequel a ainsi enrichi l'atmosphère. On a souvent souligné que cet enrichissement aurait pu conditionner le développement des organismes pluricellulaires qu'inaugure la faune d'Ediacara.

Les glaciations précambriennes et la « boule de neige » (*Snowball*)

Les témoignages indubitables de variations proprement climatiques au Précambrien sont surtout constitués par des dépôts ou des modelés glaciaires. C'est pourquoi leur étude constitue l'essentiel de nos connaissances dans ce domaine pour ces époques

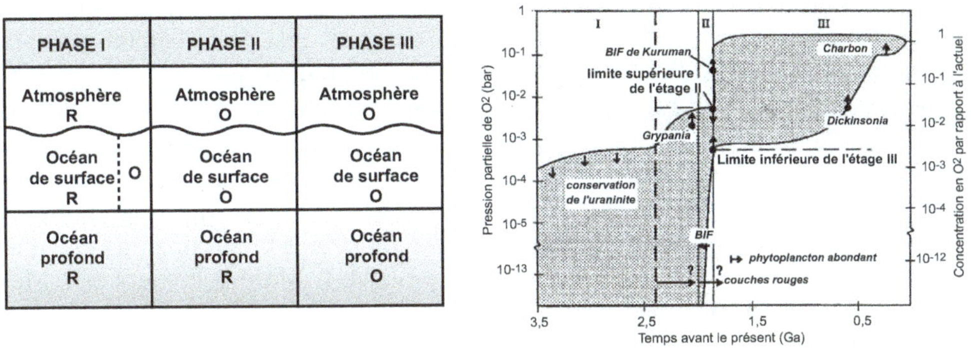

Figure 22.9 - Estimation des concentrations en oxygène de l'atmosphère au cours des temps géologiques.

À gauche : trois phases de l'extension de l'oxygène. Phase I : atmosphère et océans sont réducteurs (R), sauf quelques oasis oxygénées (O) ; phase II : après le Grand événement d'oxydation, l'oxygène a gagné l'océan de surface et l'atmosphère ; phase III : l'oxygène est présent aussi bien dans l'océan que dans l'atmosphère.

À droite : la surface en grisé représente la fourchette des concentrations en O_2 autorisée par les données. Les lignes continues verticales indiquent les trois phases d'oxydation avec les âges les plus probables pour les transitions entre les différentes périodes. La ligne verticale en tirets à 2,4 Ga indique une date plus précoce, actuellement privilégiée (c'est le Grand événement d'oxydation), pour le début de la période II, compatible avec l'apparition de couches rouges et celle de *Grypania spiralis,* première algue eucariote (?) connue. *Dickinsonia* est un fossile de la faune d'Ediacara.

Extrait de Kasting, J. F., 1993, *Science*, 259(5097) : 920-926.

reculées. Cependant, l'attribution de formations conglomératiques anciennes à des dépôts glaciaires ou périglaciaires ne fait souvent pas l'unanimité, de telle sorte que l'on évite, sans preuve convaincante, d'employer pour eux le terme de **tillites**, leur préférant celui de **diamictites** qui désigne plus généralement toute roche sédimentaire détritique dont les éléments, de tailles diverses, sont mal classés.

Par ailleurs, la chronologie de ces dépôts est loin d'être claire. Ils sont généralement datés du fait de leur intercalation entre des formations dont l'âge a été obtenu par radiochronologie. De ce fait, bien des imprécisions demeurent, parfois de dizaines de millions d'années, ce qui rend difficile d'assurer la contemporanéité d'affleurements distants et le comptage précis des phases glaciaires, regroupées dans des périodes parfois fort longues. De ce fait, interprétations et synthèses sont souvent fragiles.

La plus ancienne période glaciaire connue remonte à quelque 2,8 milliards d'années. On en a des traces surtout en Afrique du Sud (formation du Witwatersrand, Mozaan Group). Elles sont constituées par plusieurs niveaux de tillites.

Un peu plus tard, il y a 2,4 ou 2,5 milliards d'années, on trouve d'autres témoignages de glaciations dans la même région, ainsi qu'en Inde et en Australie. Mais les meilleurs affleurements sont visibles en Ontario (Canada) d'où le nom de glaciation **huronienne** que l'on donne à ces épisodes. Dans cette dernière région, on peut voir, en particulier dans la formation Gowganda, les plus belles traces glaciaires de tous les temps anté-quaternaires puisqu'elles sont constituées non seulement par des tillites, mais aussi par des blocs et des surfaces striés. Les affleurements sont assez développés pour que l'on puisse avancer qu'il existait une vraie calotte glaciaire d'au moins 1 500 km de diamètre au sud de la baie d'Hudson.

On ne connaît plus ensuite de dépôts glaciaires importants pendant un milliard d'années et demi jusqu'au moment où on en repère d'autres au Néoprotérozoïque (Précambrien supérieur). Pour autant que l'on puisse les dater avec quelque précision (précision qui n'excède pas, pour certains affleurements, quelques millions, parfois quelques dizaines de millions, d'années), on peut les regrouper, très synthétiquement, en trois périodes : Sturtien (vers 740 Ma), Marinoen (vers 635 Ma), Gaskiers (vers 580 Ma).

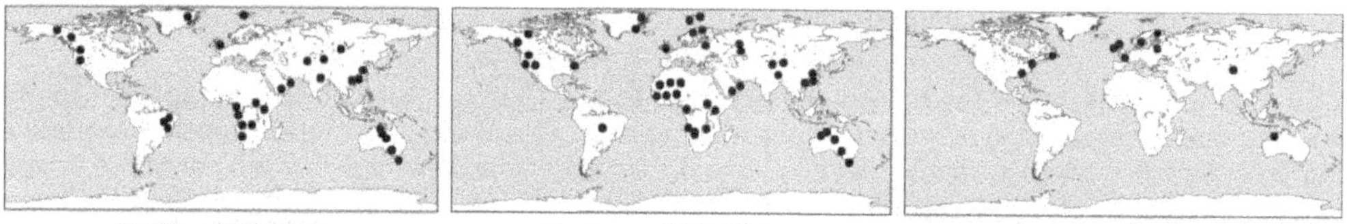

Figure 22.10 – Situation des affleurements rapportés aux glaciations néoprotérozoïques.

Ces affleurements sont reportés sur des cartes avec les continents dans leur position actuelle.

La glaciation **sturtienne** (figure 22.11), nommée en Australie, est aussi connue dans l'ouest du Canada, au Brésil, au Groenland, au Svalbard, en Écosse, en Afrique centrale et australe, en Oman, en Inde et en Chine.

La glaciation **marinoenne** (ou **élatinienne**), également nommée en Australie, se retrouve dans les mêmes régions que la précédente, mais aussi dans le Sahara, en Scandinavie et dans l'Oural.

Quant à la glaciation de **Gaskiers**, nommée à Terre-Neuve (ou glaciation **varangienne**, ou encore **édiacarienne**), elle est aussi connue dans les Appalaches, en Écosse, en France (Normandie), en Grande-Bretagne, en Norvège, dans le nord de l'Australie ainsi que dans le sud de la Chine (d'où le nom de glaciation **sinienne** qu'on lui a aussi parfois donné ici).

Cette énumération, non exhaustive, des sites où l'on a mis en évidence ces dépôts glaciaires, montre leur large et intrigante extension, qui s'oppose à la dimension limitée des glaciations postérieures paléozoïques ou quaternaire. Les refroidissements ayant mené à ces glaciations peuvent être une conséquence de l'enrichissement de l'atmosphère et des océans en oxygène. Ce gaz est en effet un poison pour les bactéries méthanogènes, ce qui aurait conduit à une chute de la proportion de méthane dans l'atmosphère, donc à une forte diminution de son effet de serre, suffisante pour conduire à une terre glacée.

Par ailleurs, si l'on connaît mal la paléogéographie de ces périodes reculées, les études paléomagnétiques pratiquées dans ces dépôts ont démontré, semble-t-il de

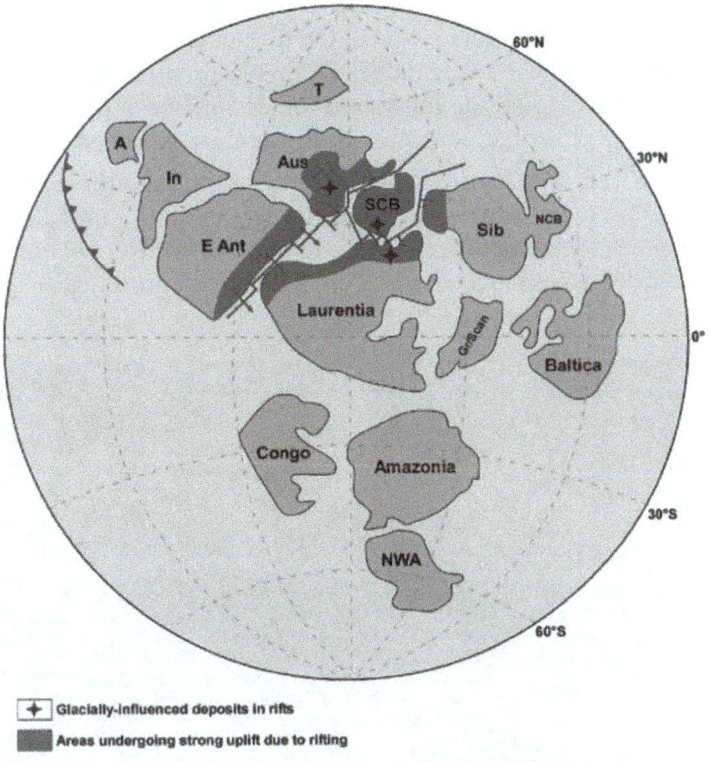

Figure 22.11 – Reconstitution paléogéographique au moment de la glaciation sturtienne (vers 700-750 Ma).

L'image montre le continent **Rodinia**, affecté par un rifting, en train de se fragmenter. C'est dans les régions de ce rifting, qui devaient aussi être soumises à une élévation, que, à des latitudes assez basses, on trouve des dépôts glaciaires (marqués avec des croix).
Extrait de Eyles, N., 2008. *Palaeogeography, Palaeoclimatology, Palaeoecology*, 258 : 89-129.

façon définitive, qu'au moins deux d'entre eux (sturtiens et marinoens) avaient été constitués non loin de l'équateur et au niveau de la mer.

Étant donné que les régions équatoriales sont, au moins dans la situation actuelle, les plus chaudes du globe, on est amené à penser que, si des glaciations s'y produisaient, les autres latitudes devraient être *a fortiori* englacées, ce qui conduit à imaginer, pendant ces périodes, un globe couvert de glace, ressemblant à une boule de neige, une « *snowball* » (J. Kirschvink, *In* J. W. Schopf & C. Klein (eds.), *The Proterozoic Biosphere: A Multidisciplinary Study*. Cambridge University Press, 1992).

L'albédo d'un tel globe, s'il a existé, devrait être très grand, proche de l'unité, c'est-à-dire que ce globe renverrait directement la plus grande partie du rayonnement solaire. Il ne pourrait donc pratiquement pas se réchauffer, ce qui conduirait à un blocage de cet état glaciaire qui persisterait indéfiniment.

Un déblocage pourrait cependant intervenir si la concentration en dioxyde de carbone de l'atmosphère, fourni par le volcanisme qui n'a pas de raison de cesser, augmentait jusqu'à un niveau suffisant pour échauffer l'atmosphère et faire fondre l'énorme quantité de glace alors stockée. On a calculé que la concentration requise en ce gaz devrait être plusieurs centaines de fois la valeur actuelle. Cela doit exiger quelques millions ou dizaines de millions d'années, même si l'absence de photosynthèse et d'érosion des silicates, consommatrices de CO_2, devait en limiter l'extraction.

Le retour du climat à des températures élevées expliquerait pourquoi les couches glaciaires protérozoïques sont habituellement recouvertes immédiatement par des séries carbonatées, généralement des dolomies (« **cap carbonate** »), qu'on s'accorde à voir déposées dans des eaux chaudes et peu profondes (figure 22.12).

Figure 22.12 - **Formation glaciaire néoprotérozoïque et « cap carbonate ».**
Les deux géologues (D.P. Schrag et P.F. Hoffman) que l'on voit sur cette image prise en Namibie sont debout devant une formation glacio-marine à blocs (« dropstones »). Ils indiquent de la main la base de sa couverture carbonatée (« cap carbonate »), reposant sans transition sur cette formation glaciaire (photo : Gabrielle Walker).

On peut se poser la question de la possibilité pour la vie (connue depuis l'Archéen) de se perpétuer sur un globe entièrement gelé : il est clair qu'elle s'en serait accommodée d'une façon ou d'une autre, peut-être en tirant parti de la chimiosynthèse. Par ailleurs, il pouvait rester des surfaces marines libres de glace. En tout cas, elle s'est largement manifestée, juste après ces glaciations, par une explosion de formes, selon toute apparence de métazoaires, bien représentées dans la faune d'Ediacara.

On a proposé une solution alternative pour expliquer que des glaciers puissent se trouver à la fois près de l'équateur et au niveau de la mer (figure 22.13). En imaginant que l'inclinaison de l'axe de la Terre sur l'écliptique ait été, au Protérozoïque, beaucoup plus forte qu'aujourd'hui, on montre que l'insolation à l'équateur aurait été, en moyenne, plus faible que dans les régions polaires. Cela permet de rendre compte de la position équatoriale de glaciers protérozoïques, en laissant le reste de la

ENCART 22.1 Faune d'Ediacara

Dénommée à partir d'un de ses gisements situé dans les Ediacarian Hills (Australie), cette faune, connue depuis 575 Ma jusqu'à la fin du Précambrien (543 Ma), est aussi présente dans beaucoup d'autres régions (Russie, Namibie, Inde, Chine, Canada). Elle comprend de très nombreuses formes sans squelette connues par leurs empreintes dans des roches terrigènes ou volcanogènes à grain fin n'ayant pas subi de bioturbation. Beaucoup de ces formes montrent une symétrie bilatérale, d'autres sont discoïdes. On les a d'abord rapprochées de groupes comme les cnidaires (gorgones, méduses, etc.), les polychètes ou les arthropodes. Mais d'autres interprétations, très diverses, ont été proposées (protistes, lichens, colonies cellulaires, etc.). On y a vu aussi des groupes n'ayant pas laissé de descendance. Leur disparition au début du Cambrien peut n'être qu'apparente, les conditions des milieux de vie et de sédimentation ayant changé (bioturbation et prédation des premiers animaux à squelette).

surface de la Terre libre de glaces. Cependant, rien ne vient confirmer la réalité d'une telle inclinaison.

22.3 Le Paléozoïque (de -541 Ma à -252 Ma)

Contexte géologique

Les caractéristiques principales ayant justifié la création d'une division paléozoïque (figure 22.14) ont été l'apparition de métazoaires pourvus d'un squelette (en particuliers les Trilobites) et la présence, dans beaucoup de régions, d'une discordance marquée à la base des couches renfermant leurs fossiles. Dans le détail, des niveaux sans Trilobites ont été ajoutés à la base de l'étage, aujourd'hui bizarrement caractérisée par des pistes fossiles : *Trichophycus* (ex *Phycodes*) *pedum*.

L'apparition des trilobites et, plus généralement, des métazoaires à squelette externe, constitue un fait majeur dans l'histoire de la vie. Leur diversification, au Cambrien, est remarquable comme on peut en juger, par exemple, par la considération de l'extraordinaire faune du Cambrien moyen des schistes de Burgess (ouest du Canada). Mais les autres groupes d'invertébrés marins qui apparaissent pendant cette ère, dont beaucoup ont disparu depuis avec les trilobites, comme les goniatites, les tabulés, les fusulines, ont trouvé aussi des conditions qui ont permis leur développement. Les premiers vertébrés, qui sont des agnathes, sont connus à l'Ordovicien, les poissons placodermes puis actinoptérigyens n'ayant été trouvés que plus tard, au Silurien.

Le Paléozoïque est aussi le temps de la conquête, par les êtres vivants, des espaces émergés. Les témoignages que l'on en a montrent que, dès l'Ordovicien, elle avait été commencée par des végétaux dont on a les spores, continuée au Dévonien inférieur par des arthropodes, puis par des vertébrés tétrapodes comme *Ichtyostega*

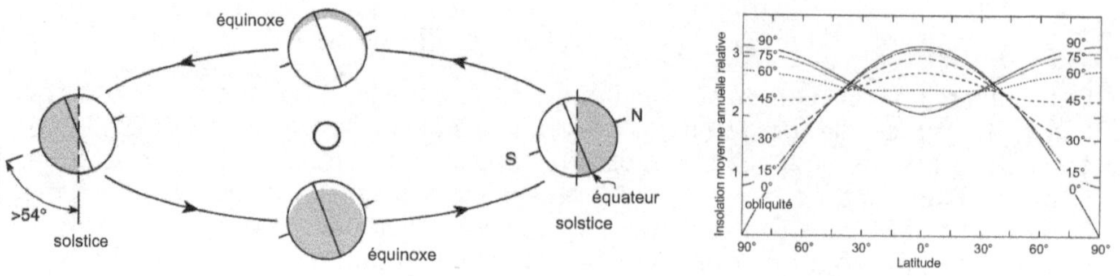

Figure 22.13 – Hypothèse d'une grande obliquité de l'axe de rotation terrestre.

À gauche, l'image montre une situation hypothétique où l'obliquité serait beaucoup plus grande qu'aujourd'hui où elle est de 23° 27' : la répartition de l'insolation à la surface du globe y serait alors très différente.

À droite, le graphique montre que, à partir d'une obliquité de 54°, l'insolation aux pôles serait supérieure à celle de l'équateur où des glaciations pourraient se produire préférentiellement. En abscisse : latitudes ; en ordonnée : insolations relatives en moyenne annuelle pour chacune des courbes correspondant à des obliquités différentes (de 0° à 90°). Il est cependant difficile d'admettre que la Terre ait jamais eu une telle obliquité.

Extrait de Williams, G.E, 2008, *Earth-Science Reviews,* 87 : 61-93.

		251,9 Ma
Paléozoïque	Permien	
		298,9
	Carbonifère	
		358,9
	Dévonien	
		419,2
	Silurien	
		443,8
	Ordovicien	
		485,4
	Cambrien	
		541,0

Figure 22.14 – Grandes divisions stratigraphiques du Paléozoïque.

(Dévonien supérieur du Groenland). Il est difficile de ne pas mettre en relation ce mouvement général du vivant avec l'évolution de son environnement, particulièrement la composition de l'atmosphère, riche en dioxyde de carbone (figure 22.15), et dont la teneur en oxygène n'est devenue celle d'aujourd'hui qu'à la fin du Paléozoïque. Cette fin est marquée par la disparition de très nombreuses espèces, la plus importante connue de tous les temps géologiques.

La longue période du Paléozoïque a été coupée par de nombreux événements orogéniques ayant laissé des traces aujourd'hui visibles dans bien des régions. Deux groupes de mouvements tectoniques sont généralement distingués : l'**orogenèse calédonienne**, qui se termine avec le Silurien, et l'**orogenèse hercynienne**, qui marque le reste des temps paléozoïques. Dans l'ensemble, on peut dire que cette ère succède à la fracturation d'un super-continent, la Rodinia, et se clôt par la constitution d'un autre : la Pangée. Ce continent unique est entouré par une mer unique : la Panthalassa.

Le climat de cette ère est réputé être chaud dans l'ensemble, mais coupé par deux phases glaciaires marquées, de durées très inégales, à la fin de l'Ordovicien et au Permo-Carbonifère.

Bien que les modèles calculant la concentration en CO_2 de l'atmosphère ne s'accordent pas entre eux, certains (GEOCARB III en particulier) sont compatibles avec un contrôle climatique par ce gaz à effet de serre.

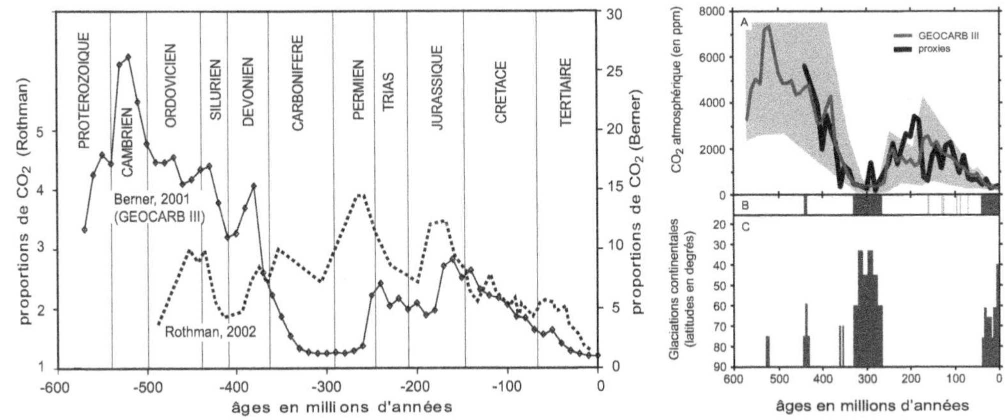

Figure 22.15 - **Dioxyde de carbone atmosphérique et glaciations.**

À gauche : résultats des calculs de deux modèles géochimiques donnant des évaluations de l'évolution de la concentration du CO_2 atmosphérique depuis le Cambrien. Divergents avant le Trias, ils s'accordent ensuite, au moins en ce qui concerne leurs tendances (Redessiné respectivement d'après Berner, R. A, et Kothavala, Z., 2001, *Am. J. Sci*, 301 : 182-204 et Rothman, D. H., 2002, *PNAS* 99(7) : 4167-4171). À droite, les variations de concentration en CO_2 calculées par le modèle GEOCARB III montrent des minimums pendant les grandes glaciations. A : courbe grise : variations de la concentration en CO_2 de l'atmosphère selon le modèle GEOCARB III. Le grisé autour de la courbe représente son incertitude. Courbe noire : reconstitution de cette concentration d'après des indicateurs paléoclimatiques (proxies). B : intervalles glaciaires (grisés foncés) ou froids (grisés clairs). C : distribution latitudinale des dépôts ou des morphologies glaciaires (tillites, substratums striés, etc., selon Crowley, 1998). Extrait de Royer *et al.*, 2004. *GSA Today*, 14(3) : 4-10.

Les glaciations du Paléozoïque

À quelques mouvements près, l'essentiel de ce qui forme aujourd'hui l'Amérique du Sud, l'Afrique, l'Inde, l'Antarctique et l'Australie composait au Paléozoïque un seul bloc continental désigné sous le nom de continent de **Gondwana**. Les mesures de paléomagnétisme ont précisé le déplacement apparent du pôle Sud au travers de ce continent (figure 22.16). Rasant le Gondwana au début du Paléozoïque, il le traverse ensuite, depuis ce qui est aujourd'hui le nord de l'Afrique jusqu'à ce qui est aujourd'hui l'Antarctique où il parvient au Permien.

Quelles que soient les questions qui se posent au sujet du fort effet de serre pendant cette période, on peut aisément comprendre que le passage du pôle sur ce continent ait rendu possibles des accumulations glaciaires, la formation de glaciers

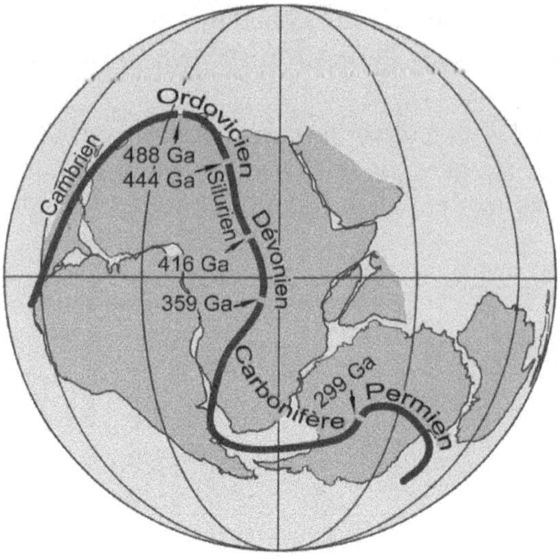

Figure 22.16 – Cheminement relatif du pôle Sud au travers du continent de Gondwana durant le Paléozoïque.

Assemblé au début du Paléozoïque, le continent de Gondwana s'est notablement déplacé par rapport aux pôles. Les mesures de paléomagnétisme permettent de retracer ces mouvements relatifs, avec encore des imprécisions qui permettent des reconstitutions quelque peu différentes de celle dessinée ci-dessus, laquelle est cohérente avec ce que l'on sait de la position des masses glaciaires à la fin de l'Ordovicien et au Permo-Carbonifère. Noter que le continent de Gondwana a subi quelques modifications durant cette longue période (Âges selon Internat. Comm. Strati., 2008).
Modifié de Vérard, C. *et al.*, 2005, *J. Geophys. Res.*, 110, B06201.

ne pouvant se faire en domaine marin. Au contraire des glaciations antérieures, celles que l'on a reconnues au Paléozoïque sont bien localisées. Elles sont effectivement toutes situées près de ce qui était alors le pôle Sud. Il est cependant plus difficile de comprendre pourquoi elles ont été coupées par une période interglaciaire durant le Dévonien. Inévitablement, on est conduit à penser que la position du pôle n'était pas une condition suffisante à la mise en place des glaciers, mais que d'autres circonstances devaient jouer, en particulier la teneur de l'atmosphère en gaz à effet de serre. Il est effectif que, selon certains modèles, la concentration en CO_2 de l'atmosphère montre une baisse très sensible durant le Carbonifère et le Permien.

Glaciation fini-ordovicienne

Un épisode glaciaire bien marqué caractérise l'Hirvantien, dernier étage de l'Ordovicien, vers 445 Ma (figure 22.17). Il semble qu'il ait été très court : de l'ordre de 1 Ma ou moins. Mais il a laissé des traces particulièrement nettes dans la partie septentrionale de l'Afrique, dans les régions sahariennes (Tassili, Tanezrouft). On les a reconnues aussi au Maroc (Bassin du Taoudenni), en Sierra Leone et au Ghana. Elles se développent au Silurien et gagnent l'Amérique du Sud, en particulier au Brésil (Bassin du Parana). Le Pérou et la Bolivie montrent aussi la trace de glaciers.

Il est difficile de ne pas voir une relation entre cette courte, mais intense, glaciation et l'extinction majeure des espèces qui lui est pratiquement contemporaine : 85 % des espèces marines ont alors disparu.

Sans être tout à fait libre de glaces, le Dévonien peut être considéré comme une période interglaciaire, au moins en ce qui concerne ses divisions inférieure et moyenne, car une autre glaciation se manifeste dans sa partie supérieure qui va se développer au Carbonifère.

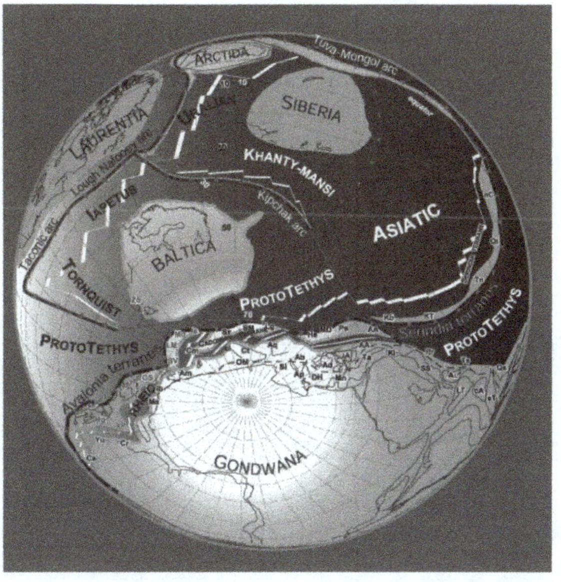

Figure 22.17 – La planète à l'Ordovicien, au début des glaciations siluro-ordoviciennes.

C'est autour du pôle, situé au Sahara, que se développe la calotte glaciaire de l'Hirvantien (Ordovicien terminal).
Extrait de Stampfli, G.M. et Borel, G.D., 2002, *Earth Plan. Sci. Lett.*, 196(1-2) : 17-33.

Glaciations du Permo-carbonifère

Au contraire de ce qui s'est passé à l'Ordovicien, la période glaciaire du Permo-Carbonifère va s'étaler sur au moins 60 millions d'années. Elle débute au tout sommet du Dévonien (Famennien), vers 360 Ma. Elle intéresse des régions situées aujourd'hui plus au sud que celles affectées par la glaciation antérieure, très probablement parce que le mouvement des plaques vers le nord a entraîné ces régions au droit du pôle Sud (figure 22.18). Les glaciers se forment d'abord dans des régions, alors déjà montagneuses, d'Amérique du Sud : Bolivie, Pérou et Brésil. Au Mississippien, particulièrement au Sepukhovien (328 Ma), la glaciation gagne l'Afrique du Sud, alors à l'endroit du pôle Sud, qui se couvre de glaciers. Des traces (substratums striés et moutonnés) et des dépôts (tillites, diamictites, sédiments glacio-marins) en sont visibles dans le Bassin du Karroo (formation de Dwyka).

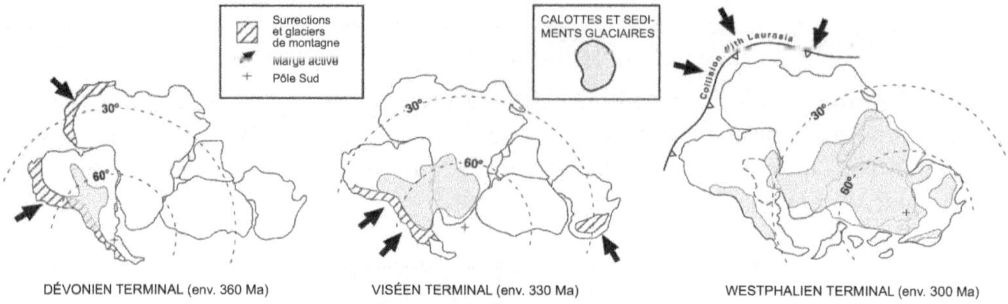

Figure 22.18 - Phases de croissance des glaciers durant les glaciations paléozoïques du Gondwana.

À la fin du Dévonien, un noyau glaciaire se met en place sur les topographies élevées de la marge active d'Amérique du Sud. Au Viséen (Mississippien moyen), ces glaciers s'accroissent en gagnant l'Afrique du Sud, puis, au Pennsylvanien, l'Antarctique, l'Inde et l'Australie alors que l'ensemble du Gondwana défile vers le nord.
Extrait de Eyles, N., 2008. *Palaeogeography, Palaeoclimatology, Palaeoecology*, 258 : 89-129.

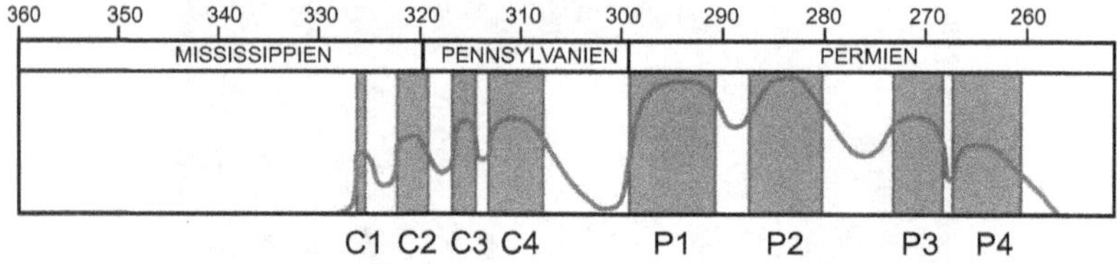

Figure 22.19 - Phases glaciaires durant la glaciation du Paléozoïque dans l'est de l'Australie.

Les barres verticales montrent la position dans le temps des phases glaciaires mises en évidence en Australie ; la courbe indique leur importance.
D'après Fielding, C. R., 2008, *Geol. Soc. Amer.*, Spec. Pub. 441 : 41-57.

Au Pennsylvanien (Carbonifère supérieur), ces glaciers s'étendent en Antarctique, en Inde et en Australie, suivant, semble-t-il, le mouvement apparent du pôle.

On a montré que cette période glaciaire était composée de plusieurs phases : huit ont été dénombrées en Australie (figure 22.19), et au moins neuf au Brésil. Ces alternances de phases glaciaires se font à des rythmes qui sont de l'ordre de plusieurs millions d'années. Elles doivent entraîner des variations glacio-eustatiques au même rythme. Mais on a mis en évidence des variations isostatiques à des rythmes plus rapides. C'est ainsi que des sédiments du Carbonifère ont montré des rythmes de 400 000 ans dans le centre des États-Unis (Kansas, Illinois), et que des rythmes de 100 000 ans ont été mis en évidence dans les Appalaches, au NE du Canada et dans le nord du Groenland. Ces rythmes sédimentaires peuvent être expliqués par des variations glacio-eustatiques dont l'amplitude pourrait être de l'ordre de 50 à 100 m. Les fréquences de ces variations les font évidemment rapprocher de celles connues de l'orbite terrestre : 400 000 ans et 100 000 ans. On pourrait ainsi les expliquer par un contrôle orbital des conditions climatiques selon les idées de Milankovitch.

Plus largement, les épais dépôts connus depuis longtemps dans les bassins houillers carbonifères, constitués de très nombreuses alternances de couches de charbon et de couches schisto-gréseuses, souvent désignées par le terme de **cyclothèmes** forgé par Wanless et Weller (1932, *Geol. Soc. Amer. Bull.* 43, p. 1003-1016), pourraient recevoir la même explication, proposée dès 1935 par Shepard et Wanless (*Science*, 81, p. 521-522). Ces bassins houillers, d'âge surtout pennsylvanien, se sont mis en place dans les régions chaudes et humides encadrant l'équateur (figure 22.20)

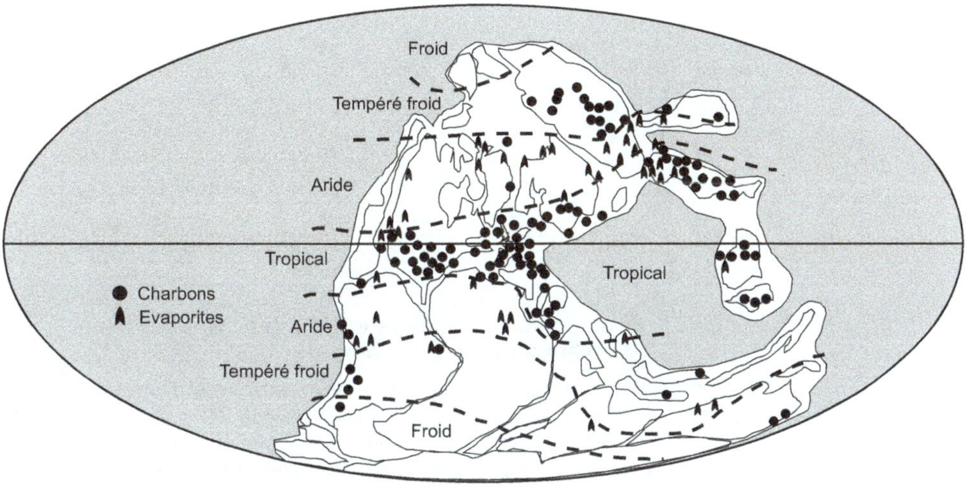

Figure 22.20 – **Zones climatiques au Pennsylvanien (Bashkirien-Moscovien, environ 312 Ma).**

On notera l'abondance des dépôts de charbon marquant la zone équatoriale, chaude et humide, alors que le pôle Sud est englacé. Le contraste géographique climatique est important.
D'après C. R. Scotese.

Ces glaciations amorcent leur déclin au Permien inférieur qui voit, dès l'Artinskien, l'Afrique du Sud libérée des glaces. Elles persistent jusqu'au milieu du Permien (vers 260 Ma) en Australie avant le réchauffement qui sonne le glas de ces glaciations pour quelque 250 millions d'années. À cette fonte des glaces correspond une remontée du niveau marin et une décroissance du $\delta^{18}O$ des océans, ce qui a été enregistré dans les coquilles des mollusques qui y vivaient (figure 22.21).

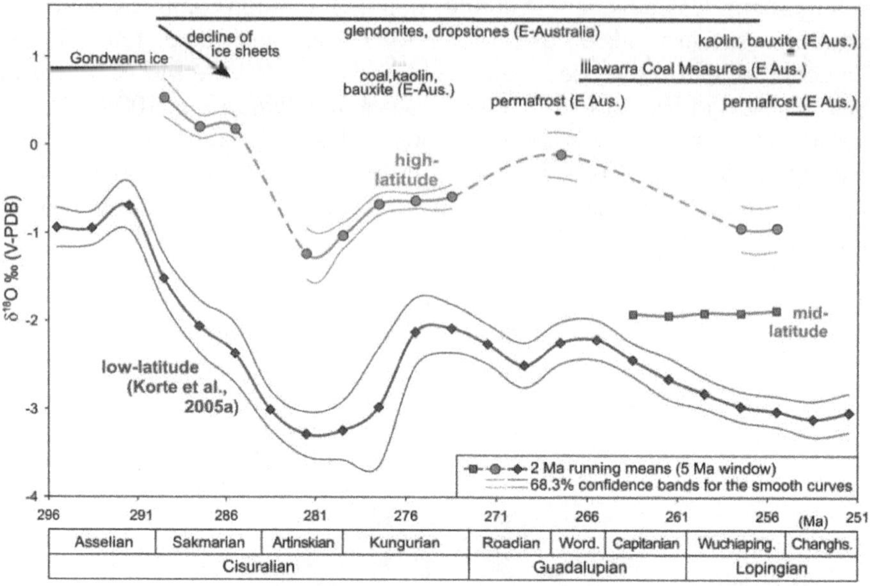

Figure 22.21 – Déglaciation permienne et $\delta^{18}O$ des coquilles de brachiopodes et de bivalves.

La décroissance du $\delta^{18}O$ (de coquilles de brachiopodes et de bivalves d'Australie et d'Inde) vers le début du Permien (Sakmarien) correspond à un enrichissement de la mer en isotope ^{16}O attribué à la fonte des glaciers. Une reprise de la glaciation peut expliquer la remontée des courbes au Koungourien.
Extrait de Korte, C. *et al.*, 2008, *Palaeogeography, Palaeoclimatology, Palaeoecology*, 269 : 1-16.

22.4 Le Mésozoïque (de −252 Ma à −66 Ma)

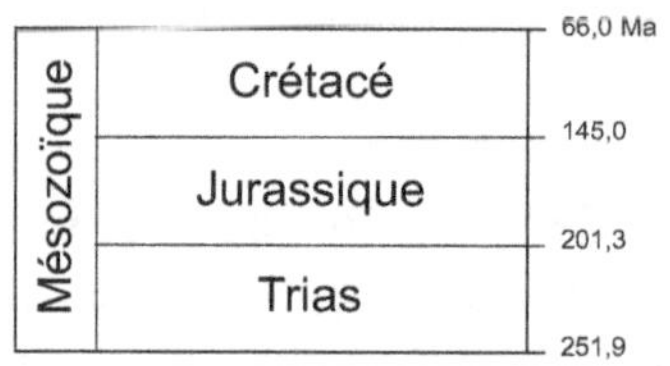

Figure 22.22 – Grandes divisions stratigraphiques du Mésozoïque.

Contexte géologique

L'histoire tectonique du Mésozoïque (figure 22.22) est, pour beaucoup, celle du démembrement de la Pangée. Dès le Trias, le bloc dont elle est formée au Permien, qui rassemble l'ensemble des terres émergées disponibles, donne des signes de désagrégation. Deux vastes continents se partagent son héritage : le Gondwana, au sud, qui retrouve pour un temps son autonomie perdue à la fin du Paléozoïque, et la Laurasia, au nord. Ces continents sont séparés par un bras de mer est-ouest qui constitue une sorte de prolongement vers l'ouest de la Panthalassa : la Téthys. Mais ces deux vastes continents vont à leur tour être découpés par la tectonique des plaques. La partie nord de l'océan Atlantique s'ouvre au Jurassique moyen, suivie de la partie sud au Crétacé inférieur. L'Australie, l'Antarctique et l'Inde péninsulaire prennent leur indépendance. À la fin de la période, la configuration des continents n'est pas très loin de l'actuelle, si l'on excepte le domaine alpin, seulement esquissé.

Dans le monde du vivant, on voit apparaître, et se développer, les plantes à fleurs (Angiospermes), les oiseaux, les mammifères, encore discrets. Mais les occupants les plus apparents de la planète sont les reptiles, dont on sait le succès sur terre, dans l'air, dans les mers. Dans ce dernier milieu, vont pulluler des céphalopodes, en particulier les ammonites et les bélemnites.

Climat

Le climat du Mésozoïque est très différent de celui du Paléozoïque auquel il succède (figure 22.23). Si, ici ou là, des glaciers peuvent exister, on n'y a mis en évidence aucune calotte glaciaire. Il est, dans l'ensemble, chaud, avec cependant, semble-t-il, un refroidissement marqué à la limite Jurassique-Crétacé.

Le Trias montre des signes d'aridité, soulignés par d'abondants dépôts d'évaporites. Sans doute la continentalité des régions subtropicales a exacerbé les phénomènes de sécheresse. Au Trias, supérieur, même les régions polaires sont tempérées.

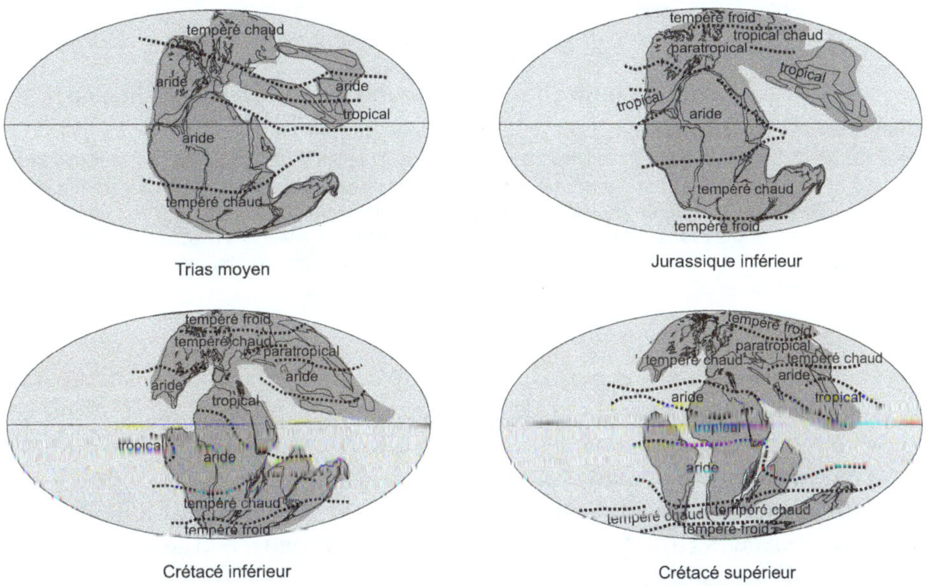

Figure 22.23 - Répartition des climats au Mésozoïque.

Quatre images de la répartition des continents au Mésozoïque et de leurs zones climatiques (ces dernières d'après J.J. Scotese Jr., selon la répartition de faunes, de flores et de sédiments caractéristiques : charbons, évaporites, bauxite, glendonite, etc.). Aucune des périodes figurées ne montre de régions englacées, ou même vraiment froides, même si, au Crétacé inférieur, un épisode froid est connu. L'aridité est maximale au Trias et au début du Jurassique. L'Atlantique n'est alors pas encore ouvert, et les régions qu'il séparera montrent des climats continentaux. La situation se diversifiera au Crétacé, surtout au Crétacé supérieur.

Le Jurassique (figure 22.24) est chaud et, au début, bien plus humide que le Trias : les charbons sont d'abord abondants dans l'est de l'Asie mais sont remplacés, à la fin du Jurassique, par des déserts où se déposent des sels (voir figure 16.28) : cela est dû au mouvement de l'Asie, depuis des régions humides vers les régions subtropicales sèches.

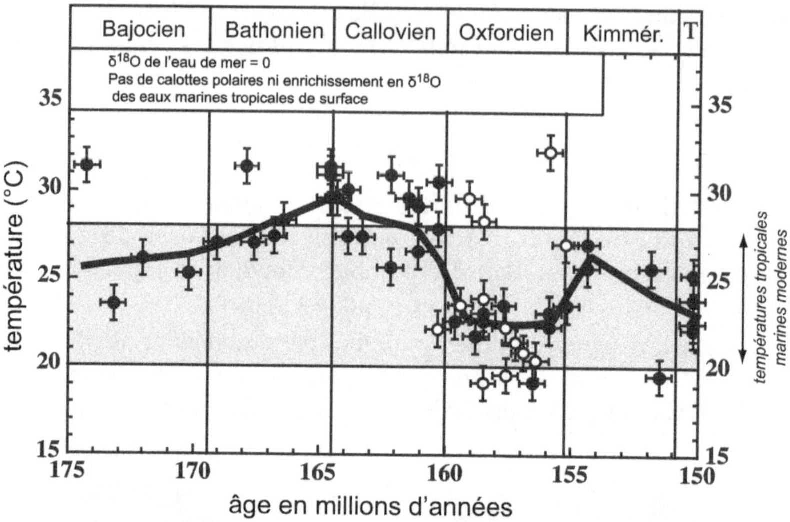

Figure 22.24 – Évolution des températures du Bajocien au Tithonien.

Ces températures ont été calculées pour un $\delta^{18}O$ de l'eau de mer de 0 (océan libre de glaces) par la mesure du $\delta^{18}O$ du phosphate de dents de poissons du Bassin anglo-parisien. La surface entre les deux traits horizontaux comprend l'étendue actuelle des températures de l'eau de mer tropicale de surface. La courbe a été obtenue en prenant en compte uniquement les assemblages des dents du requin *Asteracanthus* et de poissons téléostéens pycnodontes (cercles pleins) en utilisant la méthode des moindres carrés. Les cercles vides indiquent des requins à dents non tabulaires.
Extrait de Lécuyer, C. *et al.*, 2003, *Paleoceanography*, 18(3) : 1076.

Le Crétacé est encore une période chaude, avec une répartition des températures sans contraste : des dinosaures et des palmiers étaient présents au nord du cercle arctique, en Antarctique et dans le sud de l'Australie. Cette douceur du climat peut être attribuée, au moins en partie, à une transgression marine généralisée : le niveau marin était en effet plus haut de quelque 150 m à 200 m qu'aujourd'hui, du fait de la création de nouveaux rifts ayant remonté le fond des océans, et d'une rapide production de ce fond océanique.

Cependant, il apparaît que des épisodes froids, marqués par des excursions du $\delta^{18}O$, et, à de hautes latitudes, par des concrétions de **glendonite** (pseudomorphose en calcite d'ikaïte, calcite hydratée qui ne se forme que dans des eaux plus froides que 8 °C) ont été enregistrés dans le Crétacé inférieur. Des baisses du niveau marin pourraient alors correspondre à la mise en place de calottes polaires pendant ces périodes froides. De plus, au Crétacé supérieur, la température, après avoir remonté, redescend (figure 22.25), mouvement qui s'affirmera au Cénozoïque.

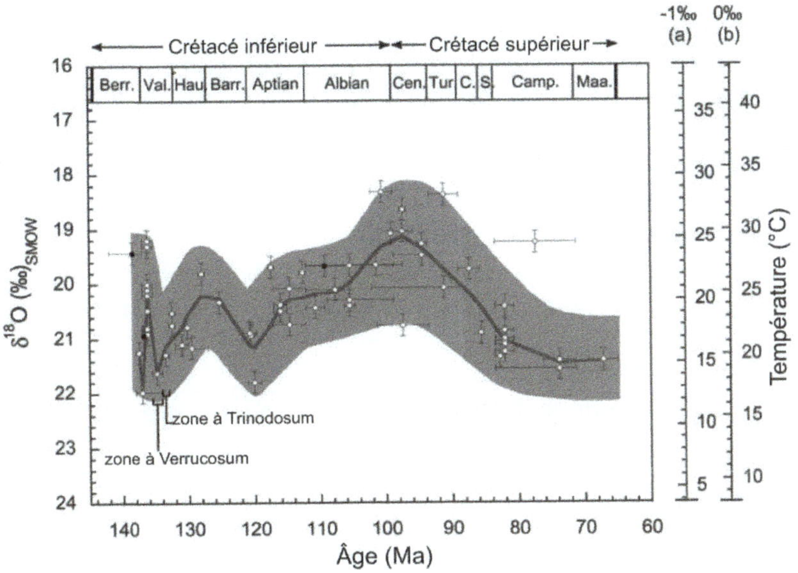

Figure 22.25 – **Évolution des températures des eaux marines au Crétacé.**

Les mesures du $\delta^{18}O$ ont été faites sur des dents de poissons de la plateforme téthysienne. Les cercles vides marquent des mesures faites sur des échantillons ayant un rapport La/Sm > 0,3, et les cercles pleins sur des échantillons ayant un rapport La/Sm < 0,3. Les températures ont été calculées selon la formule de Kolodny *et al.*, 1983, avec un $\delta^{18}O$ de l'eau de mer de a) –1 ‰, et b) 0 ‰.
Extrait de Pucéat, E. *et al.*, 2003, *Paleoceanography*, 18(2) : 1029.

La crise de la limite Crétacé-Paléocène

À la fin du Crétacé, de nombreux animaux disparaissent en un temps qui semble très court. Il en va ainsi des dinosaures, groupe de reptiles apparu au Trias et dont les représentants s'étaient développés dans tous les milieux. Ils ont cependant laissé une descendance, les oiseaux, qui en proviennent par l'intermédiaire de formes primitives comme l'archaeoptéryx. Les ammonites, céphalopodes ayant illustré le Mésozoïque, disparaissent en même temps, ainsi que les bélemnites. Le groupe des foraminifères est très éprouvé : on estime que 90 % des foraminifères planctoniques ont disparu à ce moment. Il en va de même de 80 % des espèces du groupe des coccolithophoridés, algues vertes unicellulaires alors très abondantes. Tout de suite après cette limite, la faune de foraminifères se reconstitue, mais avec des espèces et une répartition écologique différentes. Ces perturbations ont été longues à s'effacer et il semble que la situation ne se soit pas normalisée avant des centaines de milliers d'années.

Parmi les reptiles, ont échappé à l'hécatombe les crocodiles et les tortues. Les oiseaux ne semblent pas non plus touchés, les amphibiens non plus. Les mammifères, petits et discrets au Crétacé supérieur, paraissent insensibles. Dans le monde marin, ceux des foraminifères qui vivaient sur les fonds, sous une lame d'eau épaisse, ne semblent pas avoir été touchés. Les radiolaires, unicellulaires marins possédant un squelette siliceux, ne paraissent pas non plus affectés. Dans l'ensemble, il semble que les organismes marins les plus perturbés aient été ceux qui vivaient dans les eaux peu profondes des océans tropicaux et qui étaient pourvus d'un squelette calcaire.

En ce qui concerne les végétaux terrestres, si l'on y observe des disparitions, il n'est pas sûr qu'elles se produisent à la limite Crétacé-Paléocène, non plus, d'ailleurs que des apparitions.

Deux explications principales ont été proposées pour expliquer ces disparitions : l'une extraterrestre (chute d'un bolide), l'autre terrestre (volcanisme).

Explication par la chute d'un bolide

Dans les sédiments de la limite Crétacé-Paléocène, on a reconnu, d'abord à Gubbio (Italie), après Luis et Walter Alvarez, puis dans de très nombreuses régions, de très fortes concentrations en iridium, élément rare dans la croûte terrestre, mais commun dans certaines météorites.

On s'est généralement accordé sur l'hypothèse que ces concentrations ne pouvaient s'expliquer que par la chute sur terre, à la vitesse de 20 km à la seconde, d'une météorite d'environ 10 km de diamètre. L'énergie cinétique du bolide aurait creusé un cratère de plusieurs centaines de kilomètres de diamètre, et injecté dans l'atmosphère 10 à 100 fois sa masse de débris arrachés au sol. Il semble que ce cratère ait été identifié dans le Yucatan, à Chicxulub près de Mérida (Mexique). L'énergie cinétique de ces débris projetés en l'air se serait transformée en chaleur, par frottement, lorsque les plus gros de ces débris auraient, à grande vitesse, traversé l'atmosphère en retombant, et porté localement l'air à des températures de plusieurs centaines de degrés pendant une heure ou davantage. Les plus fines poussières auraient été expédiées jusque dans la stratosphère et se seraient répandues dans le monde entier. Leur concentration aurait été si importante qu'elle aurait provoqué une nuit totale pendant une durée évaluée de 1 à 6 mois. Cette absence de lumière aurait empêché la photosynthèse des végétaux, notamment dans le milieu marin, avec des répercussions sur toute la chaîne alimentaire.

Par ailleurs, l'obscurité engendrée par les poussières aurait aussi conduit à un refroidissement marqué. La température aurait baissé rapidement jusqu'à atteindre des valeurs nettement au-dessous de 0 °C. La neige et la glace auraient recouvert le sol sur de très vastes étendues, et ceci pendant une durée double de la précédente.

L'ensemble de ces phénomènes aurait conduit aux disparitions constatées des espèces vivantes, le processus de cette disparition n'ayant, dans cette hypothèse, duré guère plus de deux ans.

Explication par le volcanisme

Les grandes éruptions volcaniques que l'on a pu observer, Laki, en Islande (1783 et 1784), Tambora, en Indonésie (1815), explosion du Krakatoa (1883), n'ont montré que des effets climatiques limités. Mais il est peu douteux que l'injection dans l'atmosphère de quantités importantes de gaz ou d'aérosols doit avoir des répercussions sur le climat (V. chapitre 19). Il se trouve qu'à la limite Crétacé-Paléocène, des effusions basaltiques de très grande ampleur se sont produites. En effet, on rapporte aujourd'hui à cette époque les énormes coulées basaltiques connues depuis très longtemps en Inde sous le nom de trapps du Dekkan, région qui occupe la plus grande partie de la péninsule indienne.

La masse de ces roches volcaniques est considérable car leur épaisseur cumulée est de plus de trois kilomètres. Par ailleurs, il a été montré que, alors que l'on pensait qu'elles étaient le résultat d'éruptions s'étant étalées sur plusieurs millions d'années, elles s'étaient en réalité mises en place en un temps très court géologiquement parlant, de l'ordre d'un demi-million d'années ou moins et, justement, à la limite Crétacé-Paléocène.

Cette rapidité de mise en place a une conséquence. Les gaz émis lors de ces éruptions ont dû être relativement concentrés, au contraire de ce qui aurait pu se produire si le phénomène avait duré très longtemps. Ainsi ils ont pu avoir une grande efficacité et jouer un rôle notable sur le climat, en refroidissant l'atmosphère. De plus, l'injection de gaz sulfureux et de chlore aurait pu provoquer la précipitation de pluies acides qui auraient perturbé le métabolisme des animaux marins, en particulier du plancton, et rendu difficile la fabrication des coquilles calcaires.

En ce qui concerne le gaz sulfureux, son injection dans l'atmosphère où il se combine avec l'eau, doit y produire la formation de très fines gouttelettes d'acide sulfurique constituant un obstacle efficace au rayonnement solaire incident et conduisant ainsi à un refroidissement de la basse atmosphère. Ce phénomène est d'autant plus marqué et généralisé que ces injections atteindraient de hautes altitudes. Moins visibles que les cendres volcaniques, ces gouttelettes séjourneraient beaucoup plus longtemps dans l'air et leur action serait ainsi bien plus importante.

Les coulées basaltiques du Dekkan se sont produites sans doute lors d'éruptions répétées relativement courtes suivies de périodes de repos. On peut imaginer que chaque éruption a déclenché une baisse importante de la température et d'abondantes pluies acides, ayant eu une influence négative considérable sur la biosphère. Il est cependant difficile, en l'absence presque totale de termes de comparaison, de les évaluer. À plus longue échéance, l'injection de gaz carbonique, en renforçant l'effet de serre atmosphérique, aurait eu comme conséquence un relèvement général de ces températures.

Cependant, l'existence d'un volcanisme à la limite Crétacé-Paléocène ne peut rendre compte de certaines observations que seul le choc d'un bolide extraterrestre peut aujourd'hui expliquer. La présence d'iridium dans les sédiments a fait à ce sujet, l'objet d'une controverse. On a d'abord pensé que des concentrations en cet élément ne pouvaient s'expliquer que par l'apport de matière cosmique, comme des chutes de météorites. Ensuite, on a montré d'une part que certains volcans en émettaient et, d'autre part, que certains organismes marins étaient capables de le concentrer, à partir des quantités infinitésimales contenues dans l'eau de mer. Cependant, ces mécanismes ne semblent pas suffisants pour rendre compte des concentrations très élevées observées à la limite Crétacé-Paléocène. Par ailleurs, le volcanisme ne permet pas d'expliquer la présence de quartz « choqués » (à la structure cristallographique modifiée par une très haute pression) ni celle des magnétites nickélifères qui ne semblent pouvoir provenir que des retombées engendrées par le choc d'un objet extraterrestre. On doit donc conclure que l'existence du volcanisme des trapps du Dekkan n'est pas de nature à remettre en cause l'hypothèse d'un choc météoritique à la limite Crétacé-Paléocène.

Les deux explications invoquent des durées très différentes : mois ou années pour la météorite, siècles ou millénaires pour celle qui fait appel au volcanisme des trapps. Nous n'avons pas aujourd'hui la possibilité d'accéder à une précision suffisante pour les départager. Mais comme chacune semble avoir des arguments très forts pour son existence, rien n'empêche de penser que ces deux phénomènes aient joué en concurrence, même si la probabilité en semble faible.

En conclusion, l'impact d'un astéroïde sur Terre à la limite K-Pg semble indubitable et peut, à lui seul, expliquer les extinctions en masse observées à cette époque. Mais on n'a pas trouvé de tels impacts correspondant aux autres extinctions en masse connues durant l'histoire géologique, alors qu'elles semblent contemporaines de grandes coulées basaltiques qui pourraient en être la cause.

En toute analyse, ces deux groupes d'hypothèses font appel à un changement climatique brutal, phénomène qui semble en fait le seul à pouvoir rendre compte des réductions drastiques de la biodiversité à la limite Crétacé-Paléocène. Rappelons que le rôle du volcanisme dans la disparition d'espèces vivantes a été invoqué pour l'essentiel de ces disparitions au cours des temps géologiques (voir figure 19.2).

22.5 Le Cénozoïque (de -66 Ma à l'actuel)

Contexte géologique

Après les événements qui, à la limite Crétacé-Paléocène, ont porté un coup sévère à la biodiversité, celle-ci se reconstitue lentement. Les grands reptiles ayant disparu, les mammifères prennent les places qu'ils avaient auparavant occupées, sur Terre et, dans une moindre mesure, dans l'eau et dans les airs.

L'ouverture de l'Atlantique se poursuit ainsi que, par rapprochement puis collision des plaques africaine, indienne et eurasiatique, l'édification de la chaîne alpine. Cette édification comporte, en particulier, la surrection de l'Himalaya et du plateau Tibétain, éléments importants du contrôle des climats asiatiques. Ces modifications tectoniques ont sans doute contribué à un refroidissement favorisant le déclenchement de la glaciation plio-quaternaire. Mais des modifications dans la géographie des océans, retentissant sur la répartition des grands courants océaniques, ont probablement joué aussi un rôle important dans ce déclenchement. Dans l'hémisphère sud, on voit s'ouvrir le passage de Drake et le Bassin de Tasmanie, rendant possible la dérive circumpolaire antarctique. Dans les régions équatoriales, la fermeture de la communication entre l'Atlantique et le Pacifique, entre l'Amérique du Nord et l'Amérique du Sud, s'effectue progressivement à partir du milieu du Miocène, devenant complète au Pliocène, vers 2,7 Ma. On peut estimer qu'alors le réchauffement de l'Atlantique nord par le

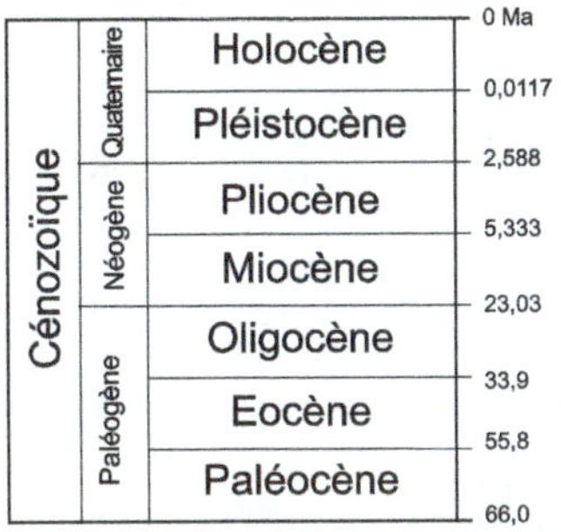

Figure 22.26 – **Grandes divisions stratigraphiques du Cénozoïque.**

Gulf Stream, ainsi détourné, a, par une évaporation plus accentuée, augmenté la concentration de l'atmosphère en vapeur d'eau, condition favorisant un accroissement des masses de glace et le déclenchement de la période glaciaire.

Vers la glaciation

Dans son ensemble, l'histoire du climat au Mésozoïque est celle d'une lente baisse de la température moyenne du globe, aboutissant à l'établissement de la période glaciaire qui caractérise particulièrement le Quaternaire (figure 22.27). Mais ce refroidissement a, dans le détail, subi maintes accélérations ou ralentissements, et a même été coupé par des périodes de réchauffement.

C'est d'ailleurs par une période de réchauffement que commence le Paléocène, réchauffement qui va durer jusqu'au début de l'Éocène, vers 50 Ma. Mais juste à la fin du Paléocène, vers 55 Ma, intervient un brusque et court réchauffement connu sous le nom de **Maximum thermique tardi-paléocène** (figure 22.28). Cet événement est caractérisé par une élévation de 5 °C à 6 °C de la température des eaux de fond marines en moins de 10 kyr. La mesure du $\delta^{18}O$ des foraminifères planctoniques montre une élévation de la température des eaux de surface de quelque 8 °C aux hautes latitudes, un peu moins près de l'équateur. Cet événement est aussi caractérisé par une excursion négative de quelque 0,3 % du $\delta^{13}C$. Cette excursion implique une augmentation de concentration en gaz à effet de serre pouvant avoir comme origine la dissociation et l'oxydation de méthane isotopiquement léger jusque-là stocké dans les clathrates océaniques. Pour des raisons aussi bien théoriques que pratiques (une telle mobilisation, si elle se produisait actuellement, pourrait causer de graves perturbations dans le climat), cette hypothèse demanderait à être confirmée, et ses causes et son mécanisme explicités.

Un autre événement climatique marque, à 34 Ma, la limite entre l'Éocène et l'Oligocène. Il s'agit d'un brusque refroidissement de près de 4 °C ainsi que d'un renforcement de la variabilité saisonnière. Il correspond, à peu près, à l'installation de la calotte glaciaire antarctique, mais aussi à une très importante phase d'extinction d'invertébrés marins dont il est peut-être la cause. Le refroidissement va durer environ huit millions d'années avant qu'un rapide réchauffement ne ramène la température à son niveau antérieur.

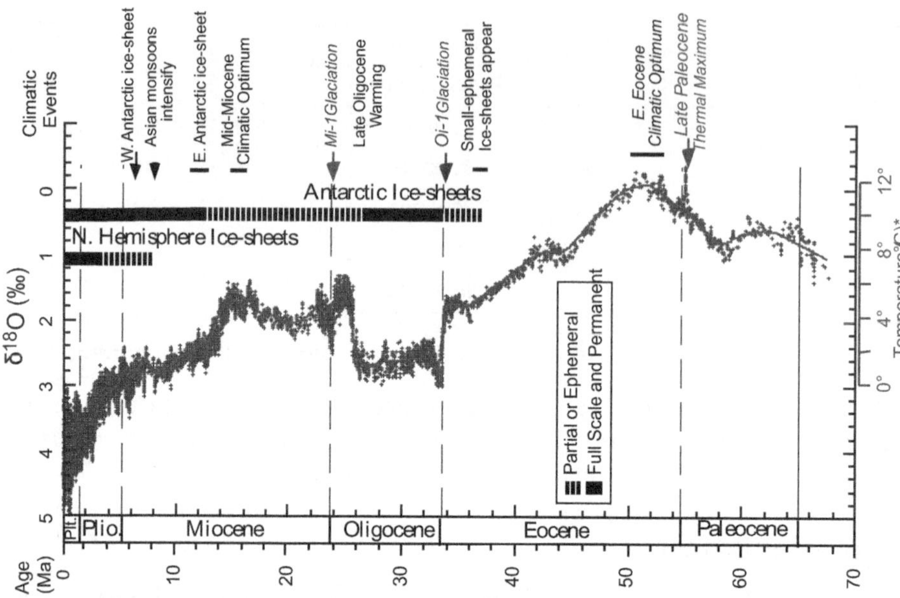

Figure 22.27 - Évolution du δ^{18}O et de la température de l'océan global durant le Cénozoïque.

Courbe de variation de la composition en isotopes de l'oxygène du test de foraminifères benthiques (échelle de gauche) tracée d'après les données de plus de 40 sites de carottages à des profondeurs supérieures à 1 000 m. Ces courbes ont été lissées par une moyenne mobile sur 5 points. La température de ces eaux (échelle de droite) a été calculée à partir du δ^{18}O pour un océan libre de glaces, et ne vaut donc que pour la période précédant la mise en place de la glaciation antarctique, il y a 35 millions d'années. Depuis le début de l'Oligocène jusqu'à aujourd'hui, les changements dans le δ^{18}O reflètent surtout les changements dans le volume des glaces des calottes polaires. Des barres horizontales donnent une représentation approximative des volumes de glace dans chaque hémisphère par rapport au dernier maximum glaciaire, les sections en tirets représentant les périodes de minimum (moins de 50 %) et les sections pleines les périodes de maximum (plus de 50 %).
Extrait de Zachos, J. *et al.*, 2001. *Science*, 292(5517) : 686-693. Voir aussi Zachos, J. *et al.*, *Nature*, 2008, 451 : 279-283.

Un autre réchauffement conduit à un optimum climatique au milieu du Miocène, il y a quelque 16 Ma. Ces événements sont bien moins brutaux que celui de la fin du Paléocène. Leurs causes sont difficiles à préciser, mais on peut les suspecter dans les modifications tectoniques affectant les continents et les océans, et particulièrement les courants dont sont parcourus ces derniers.

Les temps glaciaires : le Quaternaire

On peut considérer que les vrais temps glaciaires du Cénozoïque commencent avec la mise en place des calottes polaires arctiques, vers 2,6 Ma. C'est pourquoi la base du Quaternaire, auparavant confondue avec celle du Calabrien (à 1,806 Ma), a été aujourd'hui fixée à la base du Gélasien, à 2,588 Ma.

Une chronologie établie avec beaucoup de précision et de nombreux indicateurs climatiques fait de cette époque la mieux connue des temps géologiques. On peut

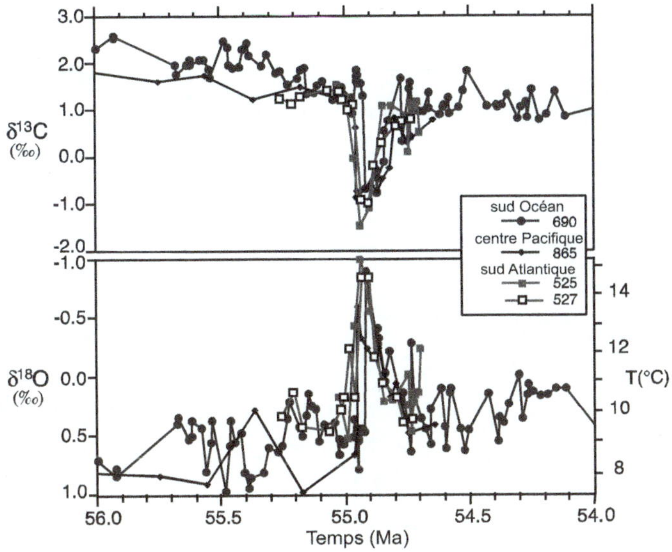

Figure 22.28 - Le maximum thermique tardi-paléocène vers 55 Ma.

Enregistrement du maximum thermique paléocène par le $\delta^{13}C$ (courbes du haut) et le $\delta^{18}O$ (courbes du bas) du test de foraminifères benthiques. Les températures calculées à partir des valeurs de δ1⁸O valent pour un océan libre de glaces. L'excursion négative du $\delta^{13}C$ peut représenter l'émission de plus de 2 600 Gt de méthane provenant de la dissociation de clathrates du fond sous-marin.
Extrait de IPCC 2007, WG1, fig. 6.2. Voir aussi Zachos, J. *et al.*, 2001, *Science*, 292(5517) : 686-693.

ainsi mettre en évidence beaucoup de détails. Tous ne seront pas développés ici où l'on se contentera de souligner les grands faits.

L'un est l'importance du contrôle climatique par les variations de l'orbite terrestre. Celui-ci est bien visible si l'on considère les variations du $\delta^{18}O$ des tests des foraminifères benthiques (voir figure 15.5). Une nette évolution dans le temps est visible, la périodicité orbitale de 100 ka montrant une importance particulière à partir de quelque 800 000 ans (voir figure 15.3), ce que l'on peut attribuer à l'augmentation des masses de glaces et à l'influence croissante sur le climat de la constante de temps des calottes polaires arctiques. La variation très importante des volumes de glace implique des variations du niveau marin, au même rythme, de plus de 100 m.

Le dernier cycle glaciaire, qui correspond à ce que l'on avait, depuis le début du XXe siècle, désigné sous le nom de Würm, donne un bon exemple des variations pouvant exister au cours des cycles quaternaires. Une partie de la préhistoire humaine s'est déroulée durant ce dernier cycle (figure 22.29). Les changements climatiques considérables qui ont eu lieu durant cette période ont certainement eu une influence sur le développement de notre évolution et sur celui de nos civilisations, sans que l'on puisse encore en saisir l'importance et les modalités. On notera que l'existence d'*Homo sapiens* est contemporaine de la dernière glaciation et que l'avènement néolithique de sa sédentarisation correspond au réchauffement holocène.

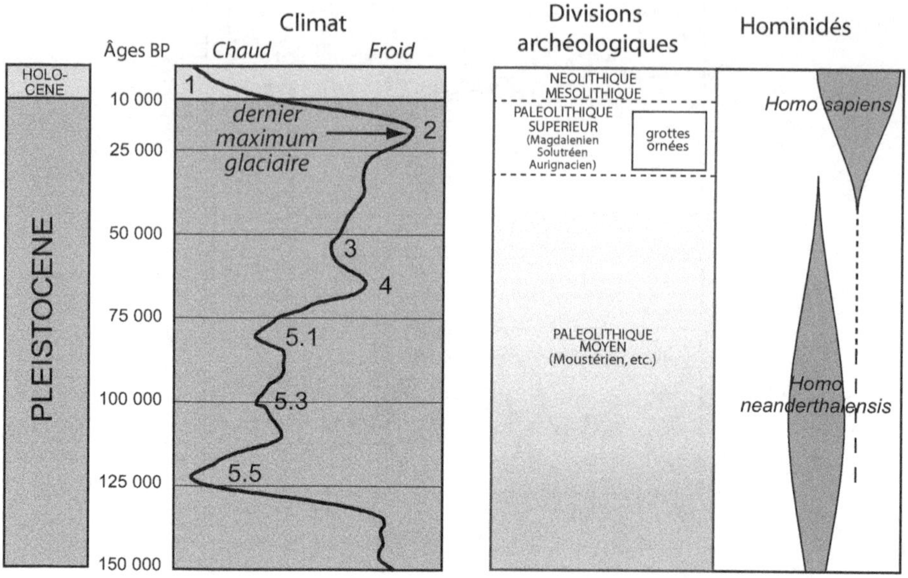

Figure 22.29 – **Le dernier cycle glaciaire (Würm) et l'Homme.**

La fin de l'avant-dernier cycle glaciaire (Riss) est marquée, vers 130 000 ans BP, par une remontée des températures et une fonte rapide des calottes glaciaires arctiques (figure 22.29). Cette fonte entraîne une élévation du niveau des océans de quelque 120 m. Le réchauffement est maximum au cours du stade isotopique 5.5, vers 120 000 ans BP. Un refroidissement s'opère alors, qui s'effectue par paliers. Deux premiers paliers, soulignés par une légère décroissance du volume des glaces correspondent aux stades isotopiques 5.3 et 5.1. Un refroidissement marqué correspond au stade 4. Il est suivi d'un léger réchauffement (stade 3) avant le dernier maximum glaciaire (*Last Glacial Maximum,* LGM, stade 2), daté, ici de 18 000 BP, soit d'il y a 21 000 ans en âge calibré. On notera que la durée de ce cycle glaciaire, qui est le même pour ceux qui l'ont précédé pendant 800 000 ans, est à peu près de 100 000 ans, ce qui correspond à un des rythmes de l'excentricité de l'orbite terrestre. Les variations plus petites, ayant un rythme d'environ 20 000 ans, ont le rythme de la précession des équinoxes qui les contrôle.

Les paysages de cette période glaciaire étaient très différents de ceux d'aujourd'hui, notamment aux hautes et moyennes latitudes, dans le nord de l'Amérique, de l'Europe et de l'Asie (figure 22.30). Aujourd'hui, ces régions sont occupées au nord par de la toundra, plus au sud par des forêts, taïga (forêt boréale à conifères) dans les régions froides, forêt caducifoliée, dans les régions tempérées, au moins là où elle n'a pas été défrichée pour laisser place à l'occupation humaine. Au maximum de la dernière glaciation, on y trouvait, au nord, les coupoles glaciaires des Laurentides (en Amérique), de Scandinavie (en Europe), à leur bord méridional, la toundra, et, plus au sud, de très grandes surfaces occupées par la steppe, surfaces

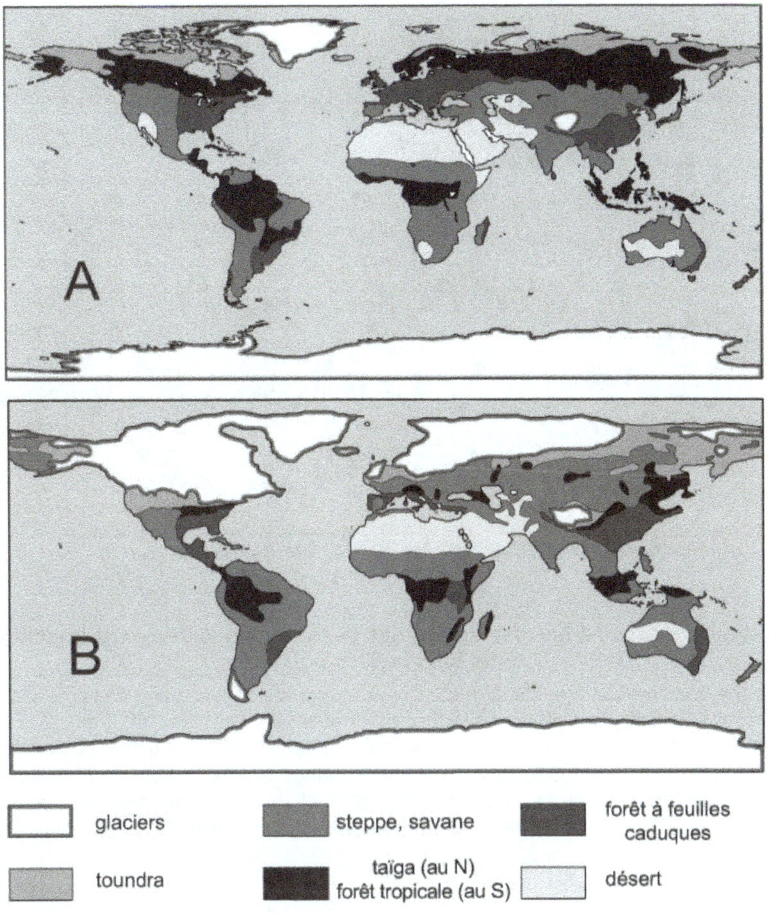

Figure 22.30 - Répartition des glaciers et des biomes au dernier maximum glaciaire et à l'actuel.

Il y a 21 000 ans (B), durant le dernier cycle glaciaire, les glaciers occupaient une surface considérable des régions septentrionale de l'hémisphère nord. La répartition des climats et des biomes était très différente d'aujourd'hui (A), surtout aux hautes latitudes. On notera particulièrement l'extension, pendant ces périodes, des zones de steppe, zones aujourd'hui majoritairement occupées par des forêts caducifoliées ou de résineux.

agrandies par la baisse du niveau marin qui avait, entre autres, découvert le plateau continental reliant l'Asie et l'Europe, la **Béringie**.

De grands vertébrés se partageaient ces espaces herbacés. Plusieurs ont disparu à la fin de cette glaciation, et parmi eux, en Europe le mammouth laineux (*Mammuthus primigenius*), le rhinocéros laineux (*Coelodonta antiquitatis*), le bison des steppes (*Bison priscus*), l'ours des cavernes (*Ursus spelaeus*), l'hyène des cavernes (*Crocuta spelaea*), le cerf mégaceros (*Megaceros megaceros*) ; en Amérique du Nord, le mastodonte, des paresseux géants, des grands tatous, des lions, un ours, un chameau, pour ne parler que des plus grandes espèces.

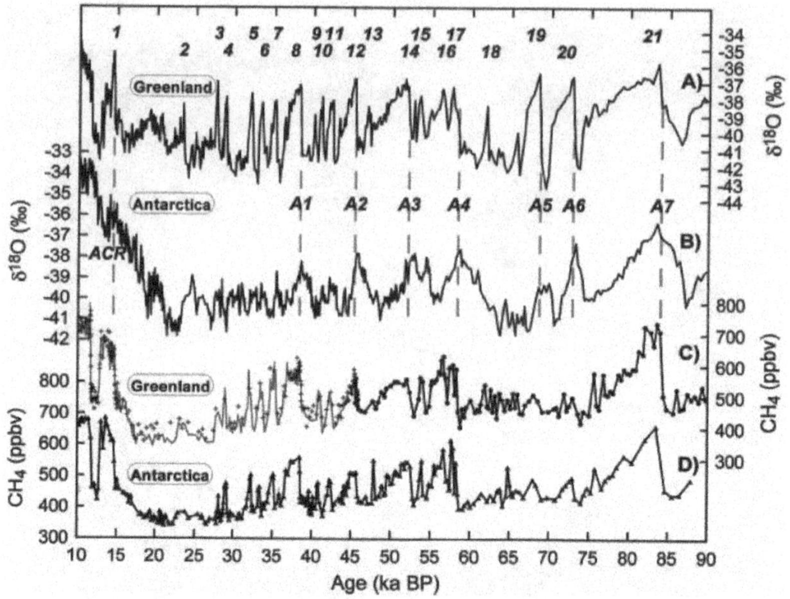

Figure 22.31 – **Enregistrement des événements Dansgaard-Oeschger dans les glaciers polaires.**

La figure montre des enregistrements de méthane et d'isotopes de l'oxygène de la glace de glaciers du Groenland et de l'Antarctique. Les lignes verticales en tirets indiquent le début des principaux événements Dansgaard-Oeschger (A1 à A7, du plus récent au plus ancien), et les chiffres en haut de la figure (1 à 21), les stades isotopiques. Courbe A) : $\delta^{18}O$ du sondage GISP2 (Groenland) ; courbe B) : $\delta^{18}O$ de Byrd Station (Antarctique) ; courbe C) : CH_4 de GISP2 et de GRIP (les croix et les points sont de GISP2). La courbe en gris est de GRIP, celle en noir de GISP2 ; courbe D) CH_4 de Byrd Station. Extrait de Blunier, T. et Brook, E.J., 2001, *Science*, 291 : 109-112.

D'autres grandes espèces ont migré vers des zones plus propices à leur développement, dont le bœuf musqué (*Ovibos moschatus*), le renne (*Rangifer tarandus*), le glouton, ou carcajou (*Gulo gulo*), l'antilope saïga (*Saiga tatarica*).

Les événements Dansgaard-Oeschger et Heinrich

Le climat de la dernière période glaciaire a montré beaucoup de signes d'instabilité. L'étude de carottes de glace du Groenland a permis d'y mettre en évidence plus de 20 événements climatiques consistant en un réchauffement très rapide, de quelque 10 °C, amenant en quelques dizaines d'années à des conditions presque interglaciaires, suivi d'un lent refroidissement (figure 22.31). À ces événements, on a donné les noms de ceux qui, les premiers, les ont mis en évidence : Willi Dansgaard et Hans Oeschger.

Par ailleurs, les carottages de sédiments du nord de l'Atlantique ont montré, dans un fond sédimentaire de boues fines, plusieurs passées détritiques parfois très grossières (certains débris atteignent le centimètre) que l'on a désigné sous le nom de **événements de Heinrich**, du nom de leur découvreur (figure 22.32). L'analyse de ces débris a montré qu'ils étaient arrachés pour la plus grande partie aux roches du Canada et, pour le reste, à celles de la Scandinavie. Dans ces épisodes détritiques, on note aussi une abondance particulière d'un foraminifère caractéristique d'eaux froides : *Neogloboquadrina pachyderma*. Il se trouve que la fin de ces derniers événements précède juste le début de plusieurs événements Dansgaard-Oeschger. Dans le détail, on a pu montrer que les autres événements Dansgaard-Oeschger étaient aussi précédés par la sédimentation de niveaux détritiques, plus discrets que les événements de Heinrich.

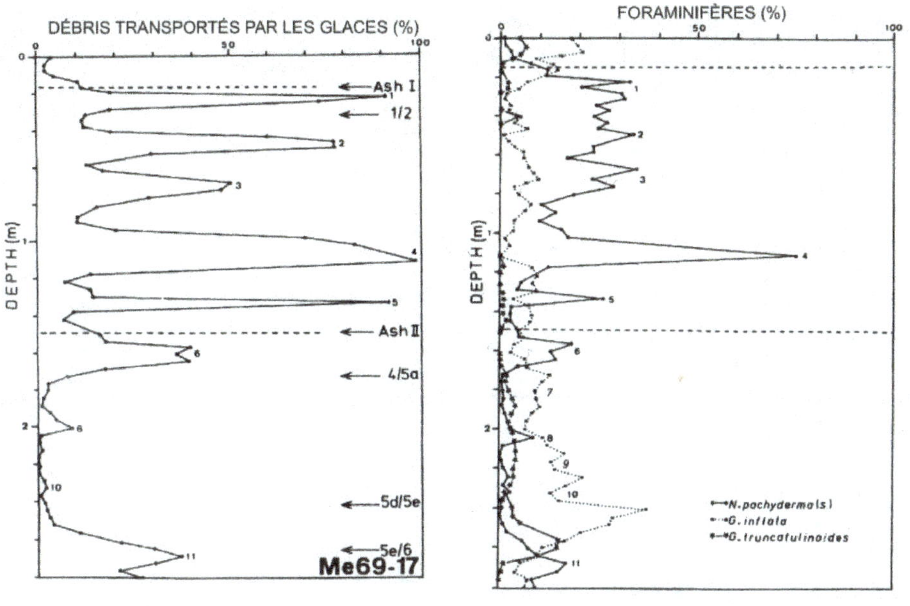

Figure 22.32 – Les événements de Heinrich.

Résultats de l'étude d'une des carottes récoltées dans l'Atlantique nord ayant montré des événements aujourd'hui dits de Heinrich (47°21,4'N, 19°42,9'W, profondeur 3 905 m). Les échelles correspondent à la profondeur des échantillons étudiés dans la carotte. La figure de gauche montre l'abondance des particules détritiques (apportées par des icebergs) trouvés dans la carotte en % du sédiment total. Quelques éléments de datation sont indiqués (lits de cendres volcaniques, événements isotopiques). La figure de droite montre les variations d'abondance de certains foraminifères. On note que les grandes abondances de *Neogloboquadrina pachyderma*, foraminifère d'eaux froides, correspondent à des apports sableux des icebergs.
Extrait de Heinrich, H., 1988. *Quat. Res.*, 29 : 142-152.

On s'accorde pour penser que l'explication de ces variations climatiques brutales et de ces arrivées sédimentaires détritiques est d'ordre océanographique. Le climat de l'Atlantique nord est aujourd'hui pour une grande part lié au fonctionnement de la dérive nord-atlantique (le *Gulf Stream*) qui le parcourt. Faisant partie du grand ensemble du *conveyor belt* (voir figure 9.14), elle vient apporter dans ces régions les calories qu'elle a prises dans les zones équatoriales, avant de se refroidir et de plonger dans les profondeurs en mer de Norvège. Si ce courant est ralenti, ou s'il est empêché d'atteindre ces régions septentrionales, ces dernières subiront un refroidissement marqué. On peut alors imaginer un processus déclenché par un début de fonte des calottes glaciaires, soit par un réchauffement extérieur, soit par un mécanisme propre résultant par exemple d'une limitation dans l'épaisseur des glaciers compte tenu du gradient géothermique. Cette fonte serait marquée par une débâcle d'icebergs, lesquels entraîneraient, sous eux, des sables arrachés à leur substratum, sables sédimentés lors de la fonte de ces icebergs, expliquant les événements de Heinrich (figure 22.33). Les quantités d'eaux douces ainsi relâchées sur l'océan auraient eu comme conséquence de réduire la salinité des eaux océaniques, donc leur densité, rendant plus difficile leur plongement et causant ainsi une réduction dans la circulation thermohaline. On aboutit ainsi à un refroidissement pouvant avoir

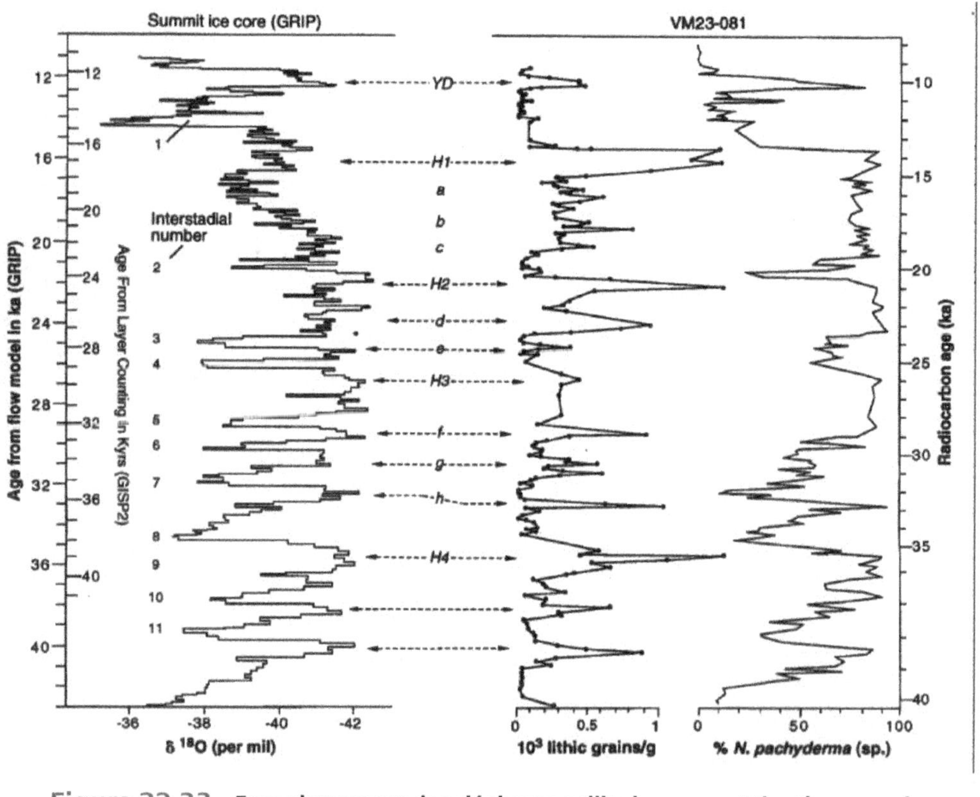

Figure 22.33 - Enregistrement des décharges d'icebergs en Atlantique nord durant la dernière glaciation.

Cette figure compare l'enregistrement du $\delta^{18}O$ du sondage de GRIP, dans les glaces du Groenland, avec l'enregistrement sédimentaire d'une carotte (VM 23-81) prélevée à 500 km à l'ouest de l'Irlande. De cet enregistrement sédimentaire, on a analysé les concentrations en matériel détritique et l'abondance du foraminifère d'eaux froides *Neogloboquadrina pachyderma*. On note une très grande correspondance entre les cycles de concentration du détritique (événements de Heinrich, H1 à H4, et Younger Dryas YD) et les cycles de température de la carotte glaciaire. La correspondance est moins bonne avec les abondances de *N. pachyderma*.
Extrait de Bond, G. C., et Lotti, R., 1995. *Science*, 267 : 1005-1010.

comme effet de faire stopper la débâcle glaciaire, de faire retourner la dérive nord-atlantique à sa situation initiale, engendrant un réchauffement marqué par un événement Dansgaard-Oeschger.

Si les causes premières du déclenchement de ces événements restent encore à préciser, on peut cependant constater que le climat de ces régions semble basculer, en des temps relativement courts entre deux états, l'un chaud, l'autre froid. Il semble clair que ces deux états ne s'étendent pas synchroniquement à l'ensemble de la planète : une comparaison avec ce que l'on constate dans les glaces de l'Antarctique montre qu'il y existe aussi des variations de température selon le même rythme, mais dans un sens opposé (voir figure 22.31).

Ces événements rapides de cette période glaciaire intéressent donc à des titres divers l'ensemble du système climatique. Il est difficile de penser qu'ils sont contrôlés par les variations de l'orbite terrestre, leur rythme, inconstant, de quelques milliers d'années étant plus rapide que la plus courte période de l'orbite terrestre qui est la précession, de quelque 20 000 ans. Le contrôle semble plutôt à chercher dans une instabilité propre au système climatique lui-même, le réchauffement que marquent les événements Dansgaard-Oeschger pouvant conduire à un début de fonte des calottes glaciaires et réamorcer ainsi le processus.

Le dernier sursaut de la glaciation : le Dryas récent

Après le dernier maximum glaciaire, la température se met de nouveau à croître, les glaciers à fondre et le niveau de la mer à remonter. La glaciation semble finie mais cette remontée de la température est interrompue, il y a 14 500 ans, par un brusque refroidissement (figure 22.34). Il atteint son maximum vers 12 800 ans au cours du **Dryas récent** (***Younger Dryas***), le terme de Dryas ayant été utilisé pour qualifier

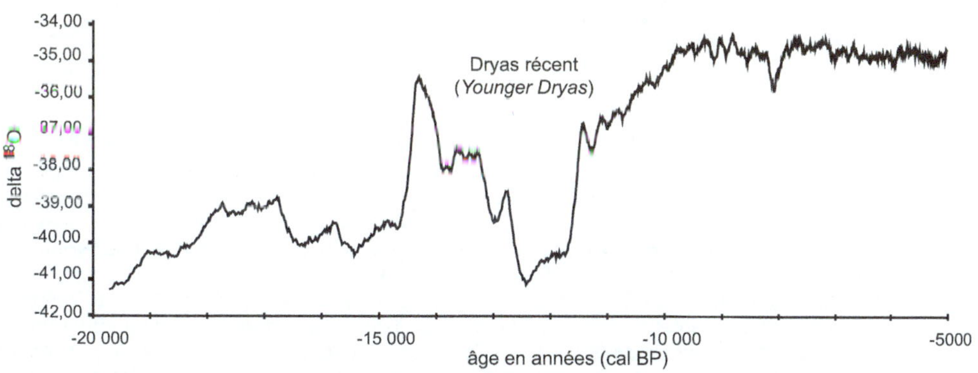

Figure 22.34 – Enregistrement du refroidissement du Dryas récent dans la glace du Groenland (sondage GRIP).

L'enregistrement du $\delta^{18}O$ de ce sondage montre un réchauffement rapide vers 14 500 ans cal BP. Mais, très vite, ce réchauffement est contrarié par un fort refroidissement qui va durer plus de vingt siècles. Il se termine brusquement vers 11 700 ans cal BP. Cette date a été prise comme début de l'Holocène.

deux ou trois périodes froides du Quaternaire récent pour lesquelles l'analyse pollinique montrait qu'abondait alors la rosacée *Dryas octopetala,* connue actuellement des régions nordiques. Cette période de froid a duré environ 10 siècles, se terminant vers 11 700 ans. Cette fin a été particulièrement brutale : au Groenland, la température s'est élevée de 18 °C en quelque 10 ans. Ce froid a provoqué, dans l'hémisphère nord, un retour aux conditions d'aridité qui avaient prévalu durant la dernière glaciation, avec une nouvelle avancée des paysages steppiques.

On interprète aujourd'hui généralement ce coup de froid du Dryas récent comme dû à un changement de la répartition des courants dans l'Atlantique nord lié à la fonte de la calotte glaciaire Laurentide recouvrant l'Amérique du Nord (figure 22.35). Durant le maximum de la glaciation, le drainage des eaux courantes de l'Amérique du Nord vers l'est ne peut s'exercer que par la voie du Mississippi dans le golfe du

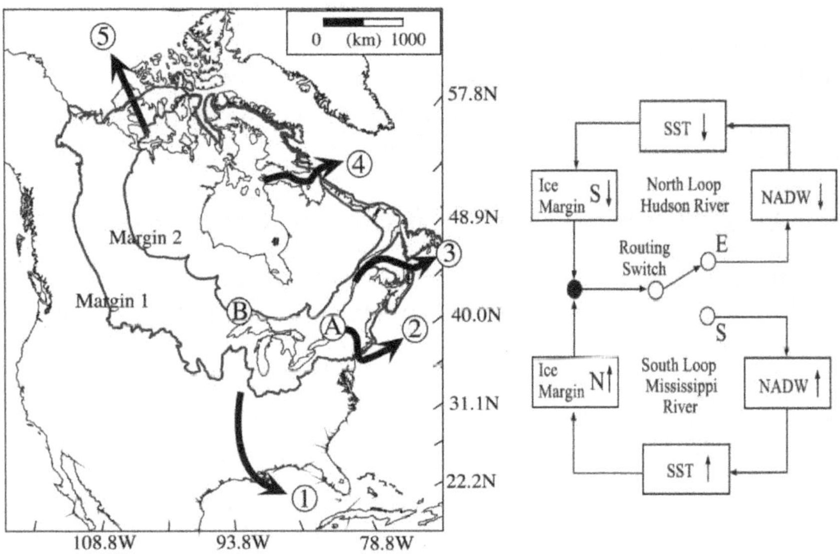

Figure 22.35 - Mécanisme ayant produit le refroidissement du Dryas récent.

À gauche : carte de l'Amérique du Nord montrant la marge du glacier Laurentide à son maximum d'extension à 21 000 ans BP, âge calibré (Margin 1) et à une position où il est moins étendu à 13 000 ans calBP (Margin 2). Les chiffres identifient cinq voies d'écoulement continentales. Lorsque le glacier est au maximum, la seule voie possible pour l'écoulement des eaux est le Mississippi (1). Lorsque le glacier régresse, cet écoulement peut se faire par les voies du fleuve Hudson (2) ou du Saint-Laurent (3). Les autres voies, baie d'Hudson (4) et océan Arctique (5) exigent la fonte complète des glaces. À droite : représentation schématique de l'oscillation permettant le changement entre un écoulement vers le sud (par le Mississippi) ou vers l'est (par l'Hudson). Une arrivée d'eaux douces par l'Hudson cause une réduction de la circulation des eaux profondes nord-atlantiques (NADW), ce qui produit un abaissement de la température des eaux de surface (SST) et une avancée du glacier. Cette avancée entraîne un changement dans les directions d'écoulement qui vont alors être orientées vers le Mississippi, produisant une augmentation de la circulation profonde atlantique, une élévation de la température marine de surface et une retraite du glacier.
Extrait de Clark, P. U. *et al.*, 2001, *Science*, 293 : 283-287.

Mexique. Il en va autrement si la calotte Laurentide régresse : elle laisse alors la possibilité d'un drainage d'une grande partie des eaux vers le nord-est, par la voie de l'Hudson. Cet apport d'eaux douces dans l'Atlantique, éventuellement augmenté par la décharge de lacs glaciaires, aurait eu comme conséquence, de la même façon que pour les événements de Heinrich, de réduire la salinité des eaux océaniques, donc leur densité, rendant plus difficile leur plongement et causant ainsi une réduction dans la circulation thermohaline. On sait qu'actuellement cette dernière engendre un réchauffement des régions de l'Atlantique nord sous l'effet du *Gulf Stream* ; sa réduction aurait ainsi pu causer le refroidissement caractérisant le Dryas récent.

Après le coup de froid du Dryas récent, un réchauffement, que l'on s'accorde à voir, cette fois, contrôlé par les modifications de l'insolation liées aux irrégularités de l'orbite terrestre, provoque la fonte des calottes polaires de l'hémisphère nord, dont il ne reste plus aujourd'hui que les masses de glace du Groenland. Corrélativement, le niveau des océans remonte de 120 m. C'est la fin de la glaciation et le début de l'Holocène.

L'Holocène

On a récemment fixé la limite de l'Holocène, par référence à une carotte de glace, à 11 700 ans avant l'année 2000 (11 700 ans b2k, voir encart 22.2) soit 9 700 ans avant notre ère. C'est la date de la fin du Dryas récent. À partir d'elle, le climat n'est plus glaciaire et, à des détails près, est celui d'aujourd'hui.

Cependant, il y a 8 200 ans, on assiste encore à une baisse brutale de température, détectée d'abord dans les carottes de glace du sondage GISP2 au Groenland où elle est évaluée à 3 °C. Cet événement de 8,2 ka n'a duré qu'un ou deux siècles et ne peut guère être expliqué par une variation de l'insolation. C'est, encore une fois à une modification des courants dans l'Atlantique nord que l'on fait appel pour cela. Au début de l'Holocène, ce qui restait de la coupole de glace Laurentide avait en effet constitué vers le nord un barrage le long duquel s'étaient accumulées les eaux de vastes lacs. Il en reste aujourd'hui les Grands lacs américains, mais ils étaient reliés vers l'est à une immense nappe d'eau, s'étendant aux États-Unis sur le nord du Dakota du Nord et du Minnesota et, au Canada, sur le sud du Saskatchewan, du Manitoba et de l'Ontario : le lac Agassiz (figure 22.36). La fonte du barrage glaciaire, il y a 8 200 ans, a permis que ces eaux se déversent catastrophiquement vers le nord dans la Baie d'Hudson, gagnant ensuite la mer du Labrador. Ces eaux douces, par le même processus invoqué pour le Dryas récent et pour les événements Dasnsgaard-Oescher auraient perturbé la circulation thermohaline nord-atlantique, conduisant au refroidissement constaté.

On voit ici, encore une fois, combien la dynamique des grands glaciers polaires a pu contrôler l'évolution climatique, à l'intérieur du cadre général donné par les variations de l'insolation d'origine orbitale.

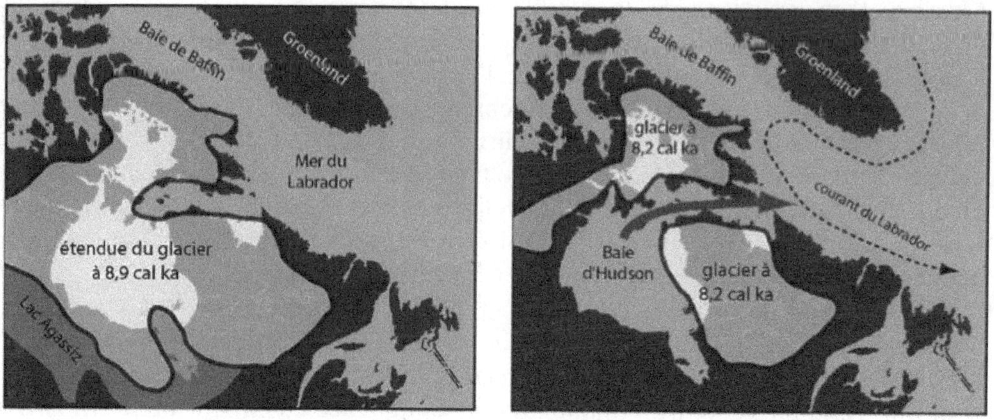

Figure 22.36 – Vidange du lac Agassiz à l'Holocène.

À gauche, le lac Agassiz (grisé foncé) s'est formé à la marge sud du glacier laurentide, lorsque celui-ci a commencé sa fonte, dans une zone déprimée du fait de l'isostasie (un phénomène comparable s'est produit au bord sud de la calotte glaciaire scandinave). On pense que, il y a 8 200 ans (à droite), le barrage glaciaire, ayant fondu, n'a pu retenir ses eaux qui se sont alors déversées (grosse flèche grise), par la baie d'Hudson, dans la mer du Labrador, perturbant les courants marins et causant un refroidissement des régions nord-atlantiques.
Inspiré de Barber, D.C. *et al.* 1999, *Nature*, 400 : 344-348, fig. 1.

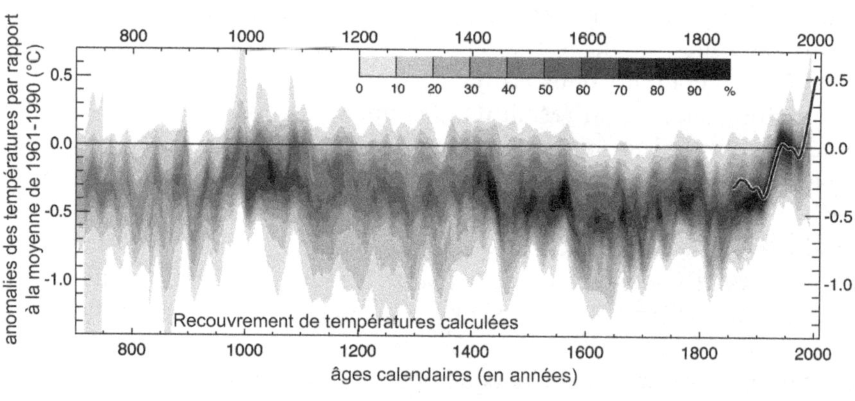

Figure 22.37 – Synthèse des températures calculées depuis 1 300 ans.

Compte tenu des nombreuses incertitudes qui règnent concernant le calcul de la température moyenne de la Terre, la synthèse des graphiques de leurs estimations se présente comme un nuage d'autant plus sombre que les probabilités de ces estimations sont grandes. La figure ci-dessus permet de voir une très légère augmentation de cette température autour de l'an mil (qui peut correspondre à l'Optimum climatique médiéval), et une baisse un peu plus nette au XVIIe et au XIXe siècle (Petit âge glaciaire). Beaucoup plus clair est le rapide accroissement des températures à partir du XIXe siècle.
Source : IPCC Fourth Assessment Report, Working Group I, Chapter 6.

Encart 22.2 La définition de la base de l'Holocène dans une carotte de glace

La coupe type et le point de définition (*Global Boundary Stratotype Section and Point*, GSSP) de la base de l'Holocène ont été fixés dans la carotte de glace NorthGRIP (NGRIP, forée dans le glacier du Groenland, à 75,06 °N ; 42,19° W, et archivée à l'université de Copenhague), à 1 492,45 m de profondeur dans cette carotte. Ce niveau correspond au début du réchauffement rapide de la fin du Dryas récent. Cet événement climatique est clairement identifiable par un changement abrupt des valeurs du deutérium, suivi par un changement plus graduel dans le $\delta^{18}O$, la concentration en poussières, celui des espèces chimiques et de l'épaisseur des lits annuels de glace. Une échelle de temps basée sur le comptage de ces lits, caractérisés par divers paramètres et contrôlés par des lits de téphra, donne un âge de 11 700 ans 2bk (avant l'an 2000) pour la base de l'Holocène, avec une erreur 2σ estimée de 99 ans.

Le dernier millénaire

Si la période holocène n'a pas été marquée, depuis l'événement à 8,2 Ka, par de grandes variations climatiques, les faibles variations ont été ressenties avec une certaine intensité par les populations et ont laissé une trace dans l'histoire. C'est ainsi que, depuis une dizaine de siècles, on a pu distinguer, plus ou moins nettement, des variations parmi lesquelles ce que l'on a désigné sous les termes d'Optimum climatique médiéval et de Petit âge glaciaire (figure 22.37).

Durant l'Optimum climatique médiéval, entre le IXe et le XIVe siècle, le climat a été relativement doux dans les régions de l'hémisphère nord. Les températures moyennes ne devaient pas être très différentes des moyennes actuelles. Mais les études faites dans d'autres régions du globe montrent que cet optimum n'était pas général, d'autres régions, comme Terre-Neuve, ayant subi, à cette même époque, un refroidissement.

En contraste avec cet optimum, on a distingué, du XIVe au XIXe siècle, une période dite Petit âge glaciaire. Cette expression a été justifiée par le fait que, dans l'hémisphère nord, de nombreux glaciers ont subi un accroissement important. Cet accroissement est attesté par des témoignages historiques et par l'examen des positions successives de leurs moraines frontales.

L'extension des glaciers de montagne est donc la caractéristique principale du Petit âge glaciaire. L'un des glaciers les mieux étudiés à ce sujet est le glacier suisse d'Aletsch, aujourd'hui long de quelque 23 km. Pour reconstituer ses variations (figure 22.38), on a utilisé pour les derniers 150 ans, des observations directes, pour remonter jusqu'à environ 1550, des sources historique (cartes, photographies, peintures, chroniques), et, pour remonter jusqu'au Moyen Âge, des analyses de traces d'occupation humaine (fondations, chemins, etc.).

Après un maximum à l'époque romaine, un net recul du glacier entre le IXe et le XIIIe siècle correspond à l'Optimum climatique médiéval. Au XIVe siècle, le glacier

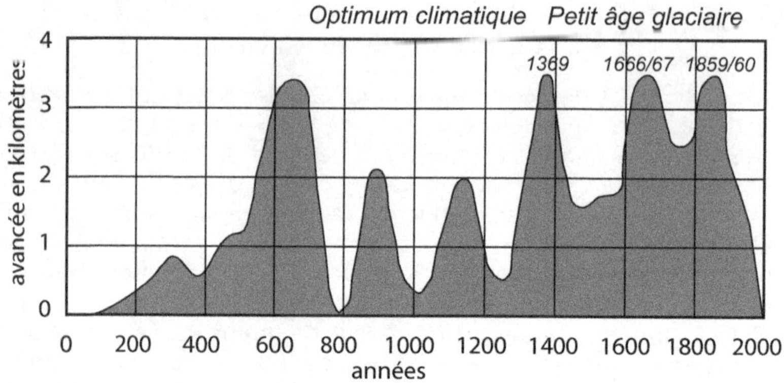

Figure 22.38 – Évolution de l'extension du glacier d'Aletsch (Suisse) au cours du dernier millénaire par rapport à sa situation actuelle, d'après H. Holzhauser et H. Zumbühl.

s'allonge de nouveau pour, en 1369, atteindre une longueur supérieure de 3,3 km à sa situation d'aujourd'hui. Il recule ensuite de près de 2 km au cours du XVIe siècle pour croître de nouveau au XVIIe siècle et retrouver son maximum en 1666-1667. Un nouveau recul, de seulement 1 km, s'observe au XVIIIe siècle avant une dernière avancée qui culmine en 1859-1860. Il amorce alors une régression qui ne va pas cesser. Ainsi, si l'on prend comme référence ce glacier, le Petit âge glaciaire aurait commencé vers 1300 pour se terminer aux environs de 1860. Il aurait duré plus de cinq siècles.

Pratiquement tous les glaciers des Alpes montrent des accroissements durant le Petit âge glaciaire. Mais, dans le détail, ils ont chacun leur particularité. Par exemple, les glaciers savoyards, dont la Mer de Glace près de Chamonix, montrent un maximum en 1825, 35 ans avant celui du glacier d'Aletsch. Les données que l'on a pu recueillir concernant des glaciers d'autres pays montrent que s'ils ont eu des avancées, il est difficile de les synchroniser avec celles du glacier d'Aletsch.

La croissance d'un glacier n'est pas une chose simple. Les variations de la température et des précipitations ne s'y reflètent pas directement, car bien d'autres paramètres interviennent (situation, longueur, pente, etc.). D'ailleurs, si l'on examine des courbes de température (figures 16.1 et 22.37), de corrélations n'apparaissent pas nettement.

Cependant, ces courbes montrent un net refroidissement, au moins dans l'hémisphère nord, qui peut être évalué en moyenne à environ 0,8 °C. Toutes les années n'ont pas été froides, mais certaines, particulièrement rigoureuses, ont été à l'origine de famines, maladies et troubles sociaux. Des moyennes de température annuelles, ou même mensuelles, peuvent ne pas permettre de détecter des refroidissements ayant entraîné des effets marqués : un gel de quelques jours peut être suffisant pour entraîner de graves conséquences.

On a voulu trouver la cause de ces refroidissements dans les périodes de faible activité solaire constatés entre 1300 et 1900 (figure 19.4). Si un lien de causalité existe, il n'est sans doute pas direct, le synchronisme des variations d'activité solaire, de celles de la température et des mouvements des glaciers ne montrant pas de corrélations évidentes. D'autres phénomènes doivent intervenir, comme les oscillations océaniques et les éruptions volcaniques. L'effet de ces dernières est particulièrement marqué lorsqu'elles projettent gaz, aérosols et poussières jusque dans la stratosphère, parfois à plus de 30 km d'altitude, absorbant les rayons du soleil, et conduisant à un refroidissement (V. chapitre 19).

En définitive, pour être compris, Optimum climatique médiéval et Petit âge glaciaire, demandent à être intégrés dans le cadre du fonctionnement du système climatique global lequel reste encore, à cette échelle, largement à préciser.

CHANGEMENTS CLIMATIQUES RÉCENTS ET FUTURS

23

PLAN

23.1 LES ÉVOLUTIONS OBSERVÉES

L'espèce humaine est sur Terre depuis plus de 2 millions d'années. Comme toutes les espèces vivantes, elle est un élément du système climatique. Son existence, et probablement son évolution anatomique et sociale, a été conditionnée par le climat. Réciproquement, elle a contribué à le modifier. Mais cette modification n'a été sensible que depuis qu'elle s'est largement développée, après la dernière glaciation, c'est-à-dire depuis quelque 10 000 ans. Cette contribution, d'abord modeste et limitée aux conséquences des pratiques agricoles, défrichements, cultures, élevage, s'est considérablement augmentée depuis le milieu du XVIIIe siècle, par le fait du développement industriel, du recours à divers types d'énergie (bois, charbon, pétrole) et à l'utilisation de produits chimiques en agriculture.

Divers enregistrements permettent de suivre les modifications de l'environnement et du climat dans un passé récent. Beaucoup de ces modifications peuvent être attribuées à l'action de l'Homme, mais celle-ci se superposant à des modifications naturelles, il n'est pas toujours aisé d'en évaluer la part.

Une grande partie des renseignements que nous possédons sur ces modifications, ainsi que sur leurs causes et sur l'avenir du climat, ont été compilés et discutés par le GIEC (Groupe d'experts internationaux sur l'évolution du climat, *Intergovernmental Panel on Climate Change*, IPCC, encart 23.1). Ce chapitre empruntera beaucoup aux publications de ce groupe auxquelles on pourra se reporter pour en savoir plus et consulter une abondante bibliographie.

ENCART 23.1 Le GIEC (Groupe d'experts internationaux sur l'évolution du climat ; *Intergovernmental Panel on Climate Change*, IPCC).

Le Groupe d'experts intergouvernemental sur l'évolution du climat (GIEC) a été établi en 1988 par l'Organisation météorologique mondiale (OMM) et le Programme des Nations unies pour l'environnement (PNUE), qui l'ont chargé d'évaluer les informations scientifiques relatives au changement climatique, de mesurer les conséquences environnementales et socioéconomiques de ce changement et de formuler des stratégies de parade réalistes.

Depuis sa création, le GIEC a fait paraître une série de rapports d'évaluation (en 1990, 1995, 2001, 2007, 2013-2014 et 2021), de rapports spéciaux, de documents techniques et de rapports méthodologiques. Ces rapports s'appuient sur les travaux d'une vaste communauté de chercheurs : 743 rédacteurs originaires de quelque 85 pays ont participé à la rédaction du sixième rapport d'évaluation.

Ces rapports ont, les uns après les autres, précisé les conditions de l'évolution climatique passée et future sans que les conclusions du premier de ces rapports soient sensiblement contredites. De nombreuses modélisations ont été effectuées, leurs résultats étant rendus de plus en plus probables par la multiplication des observations et par la prise en compte, chaque fois, de davantage d'éléments du système climatique.

Plusieurs illustrations de ce chapitre proviennent des rapports du GIEC. Leurs références sont données comme suit :

IPCC 2001 (WG1) : IPCC, 2001 : Climate Change 2001: The Scientific Basis. Contribution of Working Group I to the Third Assessment Report of the Intergovernmental Panel on Climate Change [Houghton, J.T.,Y. Ding, D.J. Griggs, M. Noguer, P.J. van der Linden, X. Dai, K. Maskell, and C.A. Johnson (eds.)]. Cambridge University Press, Cambridge, United Kingdom and New York, NY, USA, 881 p.

IPCC 2007 (WG1) : IPCC, 2007: Climate Change 2007: The Physical Science Basis. Contribution of Working Group I to the Fourth Assessment Report of the Intergovernmental Panel on Climate Change [Solomon, S., D. Qin, M. Manning, Z. Chen, M. Marquis, K.B. Averyt, M. Tignor and H.L. Miller (eds.)]. Cambridge University Press, Cambridge, United Kingdom and New York, NY, USA, 996 p.

IPCC 2013 (WG1) : IPCC, 2013: Climate Change 2013: The Physical Science Basis. Contribution of Working Group I to the Fifth Assessment Report of the Intergovernmental Panel on Climate Change [Stocker, T.F., D. Qin, G.-K. Plattner, M. Tignor, S.K. Allen, J. Boschung, A. Nauels, Y. Xia, V. Bex and P.M. Midgley (eds.)]. Cambridge University Press, Cambridge, United Kingdom and New York, NY, USA, 1535 p.

23.2 Le changement de composition de l'atmosphère

Si, jusqu'au XIXe siècle, les variations climatiques ont été guidées par des processus naturels, l'activité industrielle, qui s'est développée à partir de cette période, a apporté à ce fonctionnement des modifications non négligeables.

Ces modifications sont dues, pour la plus grande part à l'introduction dans l'atmosphère de gaz à effet de serre. Les variations de leurs concentrations sont connues par des mesures directes dans l'atmosphère pour les quelques dernières dizaines d'années et, pour les périodes antérieures, par des mesures dans les bulles d'air enfermées dans les glaces (figures 16.6 à 16.9).

Les mesures dans les glaciers peuvent remonter à plusieurs centaines de milliers d'années dans les calottes polaires (800 000 ans dans l'Antarctique, voir figure 16.8) contre seulement quelques milliers d'années dans les glaciers de montagnes qui cependant permettent des mesures dans des latitudes plus basses. Les bulles d'air des glaciers peuvent être échantillonnées par simple fonte de la glace pour être ensuite analysées chimiquement ou géochimiquement. L'analyse directe de l'atmosphère peut se faire par voie chimique ou grâce à des appareils mesurant l'absorption, par ces gaz, des rayonnements infrarouges.

Si l'on s'en tient au dernier millénaire, les résultats de ces mesures ont montré que, jusqu'au milieu du XVIIIe siècle, la composition de l'atmosphère était à peu près constante. À partir de cette date, les concentrations de certains constituants comme le dioxyde de carbone (CO_2), le méthane (CH_4) et l'oxyde nitreux (NO_2) augmentent d'abord lentement, puis plus rapidement (figure 23.1). Ces constituants n'entrent

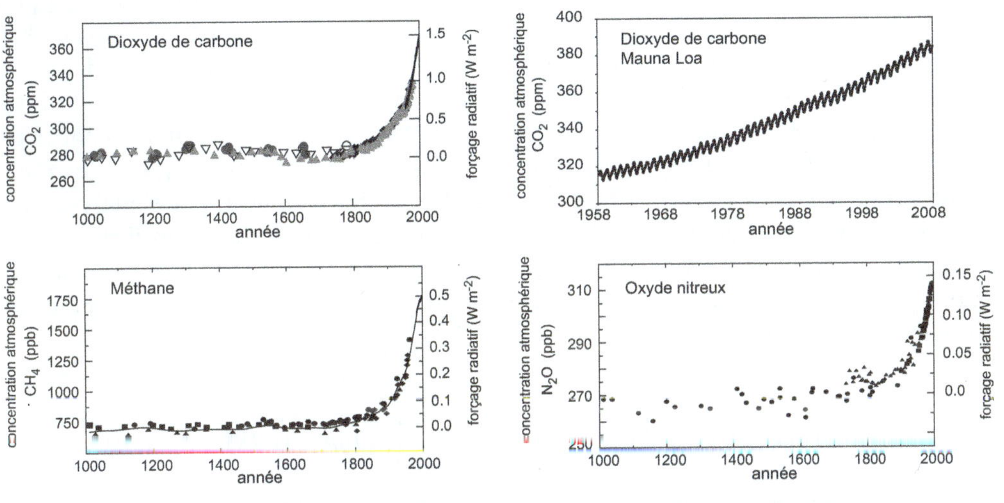

Figure 23.1 – Évolution de la concentration de l'atmosphère en dioxyde de carbone, méthane et oxyde nitreux

La concentration de ces gaz dans l'atmosphère est restée à peu près la même jusqu'au milieu du XVIIIe siècle. À partir de là, leur accroissement est net : de 280 ppm en 1750 à 357 ppm en 1993, et 441 ppm en 2019 soit, en tout, 47 %. Les mesures directes (en haut à droite le détail de celles faites à l'observatoire du Mauna Loa depuis 50 ans) ne datent que de quelques décennies, les données antérieures provenant de l'analyse de bulles d'air piégées dans les glaciers.
Source : IPCC 2001 (WG1) et données Observatoire du Mauna Loa.

que pour une faible part dans la composition de l'atmosphère, mais sont importants du fait de leurs forts coefficients d'absorption dans l'infrarouge.

ENCART 23.2 Charles D. Keeling (1928-2005)

Né en 1928 en Pennsylvanie, Charles D. Keeling a d'abord été chercheur au California Institute of Technology où il développa un appareillage pour mesurer la concentration du dioxyde de carbone dans l'air basé sur le principe d'absorption des infrarouges. Il l'utilisa d'abord pour effectuer des mesures sur la côte californienne. Grâce aux fonds affectés par l'Année géophysique internationale, il put, à partir de 1959, étendre ses mesures en fondant une station observatoire sur l'île volcanique du Mauna Loa (Hawaï).

Il a ainsi obtenu le plus long enregistrement continu de la concentration du dioxyde de carbone dans l'atmosphère. La courbe qui en résulte est mondialement connue sous le nom de « courbe de Keeling » qui s'est révélée de grande importance pour la reconnaissance du rôle de l'enrichissement de l'atmosphère en CO_2 dans le réchauffement global.

Après sa mort, en 2005, les mesures ont été poursuivies. Elles sont accessibles à l'adresse internet `http://www.esrl.noaa.gov/gmd/ccgg/trends/`.

Pour le dioxyde de carbone, cette concentration a été, en volume, de 280 ppm (parties par million, c'est-à-dire 280×10^{-6}) jusqu'en 1750. En 1959, année des premières mesures systématiques effectuées au Mauna Loa, Hawaï, par Charles D. Keeling (encart 23.2), elle était de 315 ppm. Elle a atteint 357 ppm en 1993 et 411 ppm en 2019, soit un accroissement de 15 % pendant ces 25 dernières années et un accroissement de plus de 45 % depuis les temps préindustriels, ce qui correspond à une masse de carbone de 280 Gt (tableau 23.1). On a montré, par l'analyse des isotopes du carbone de ce gaz, que son origine se trouvait dans l'utilisation des combustibles fossiles servant de source d'énergie aux activités humaines, industries, transport, chauffage, etc. Un accroissement du même ordre a été noté pour le méthane et pour l'oxyde nitreux.

Tableau 23.1 – Quelques repères dans l'accroissement des quantités de dioxyde de carbone et de carbone dans l'atmosphère (données de IPCC 2007 et Mauna Loa Observatory).

Année	Concentration de CO_2 dans l'atmosphère (ppmv)	Masse de C dans l'atmosphère (Gt)
1750	280	597
1959	315	672
1993	357	762
2010	389	829
2019	411	877

L'origine de ce gaz carbonique ne peut se trouver dans des sources naturelles. Le volcanisme, que l'on pourrait invoquer, est bien trop faible puisqu'il n'apporte que moins de 0,1 Gt de C par an alors que l'accroissement de la masse de carbone de l'atmosphère, qui était de l'ordre de 3 Gt par an dans les années 1980 ou 1990, a dépassé 4 Gt par an dans les années 2000 (tableau 23.2).

Tableau 23.2 – **Budget global du carbone.**
Les chiffres correspondent à des flux en Gt de carbone par an (GtC/an). Données de IPCC 2007 (WG1), Technical summary, p. 26, tab. TS.1.

	Années 1980	Années 1990	2000-2005
Accroissement atmosphérique	3,3 ± 0,1	3,3 ± 0,1	4,1 ± 0,1
Émissions de CO_2 fossile	5,4 ± 0,3	6,4 ± 0,4	7,2 ± 0,3
Flux net atmosphère-océan	1,8 ± 0,8	2,2 ± 0,4	2,2 ± 0,5
Flux net atmosphère-sol	0,3 ± 0,9	1,0 ± 0,6	0,9 ± 0,6

Les seules sources appréciables connues sont l'usage des combustibles fossiles (charbon et pétrole, tableau 23.3) et l'usage des sols et de la biomasse. Elles sont plus que suffisantes pour rendre compte de l'accroissement des masses de carbone atmosphérique puisque l'usage des combustibles fossiles introduit des flux bien supérieurs (de 5,4 à 7,2 de 1980 à 2000). Il faut y ajouter ce qui provient de l'usage des sols et de la biomasse, qui est de l'ordre de 1 Gt/an. En définitive, on voit que l'on a produit plus de carbone que l'atmosphère n'en a gagné. Ceci s'explique par le fait que l'océan en a absorbé une partie, d'abord dissous dans l'océan superficiel, ensuite transféré à l'océan profond par la biomasse.

Si l'on fait le point des transferts de carbone par le jeu des activités humaines, on estime que, jusqu'en 1994, il a été consommé 244 Gt de carbone par l'usage des combustibles fossiles (337 Gt en 2007) et que l'usage des sols et de la végétation (surtout la déforestation) en a libéré 39 Gt, soit au total 283 Gt. Ces masses se sont retrouvées pour 165 Gt (soit 58 %) dans l'atmosphère, et pour 118 Gt (soit 42 %) dans l'océan. L'accroissement de la masse totale des émissions de carbone par l'usage des combustibles fossiles est très comparable à l'accroissement du stockage de carbone dans l'atmosphère.

Il n'est donc pas douteux que l'accroissement de la concentration en dioxyde de carbone de l'atmosphère soit dû aux activités humaines.

La concentration atmosphérique en **méthane** (CH_4) a atteint aujourd'hui plus du double de sa valeur préindustrielle (voir figure 23.1). Elle a augmenté de près de 1 000 ppb dans les deux derniers siècles. Cette forte concentration est due à des émissions anthropogéniques continuelles, supérieures aux émissions naturelles. Ces

Tableau 23.3 – Émissions globales de carbone par l'usage des combustibles fossiles pour 2009.

Source : Tom Boden, Gregg Marland and Bob Andres, Oak Ridge National Laboratory, Carbon Dioxide Information Analysis Center http://cdiac.ornl.gov/trends/emis/glo.html)

Total de l'usage des combustibles fossiles (GtC/an)	8 738
Hydrocarbures gazeux	18,0 %
Hydrocarbures liquides	35,0 %
Combustibles fossiles solides	41,5 %
Production de ciment	4,7 %
Brûlage des gaz d'hydrocarbure	0,8 %
Émission de carbone par tête (TC/an)	1,28 %

émissions sont majoritairement biogéniques et comprennent des gaz issus des zones humides, des rizières, des ruminants et de la combustion de la biomasse. Une petite contribution vient des activités industrielles.

La concentration en **oxyde nitreux** (N_2O) a augmenté d'environ 20 % par rapport à sa valeur préindustrielle. Environ 40 % de ce gaz est émis par les activités humaines, particulièrement par l'usage des fertilisants et la combustion des combustibles fossiles.

23.3 Le réchauffement climatique

L'augmentation de l'effet de serre dû à l'introduction de ces gaz dans l'atmosphère a été rendue responsable du réchauffement de la troposphère que l'on constate en examinant les variations séculaires de sa température moyenne (figure 23.2). Entre 1880 et 2014, elle a été d'environ 0,8 °C. Cette augmentation n'a pas été régulière. Négative ou hésitante avant 1910, elle a été franche jusqu'en 1945 avant de s'inverser en marquant un léger refroidissement jusqu'aux années 1960. Depuis, cette augmentation est nette, avec un gradient de 0,2 °C à 0,3 °C par décennie. Il est difficile de cerner avec exactitude les causes de ces irrégularités pour lesquelles on a invoqué divers processus (volcanisme, activité solaire, etc.). Ces irrégularités disparaissent lorsque l'on calcule des moyennes décennales (figure 23.3), les quatre dernières décennies montrant bien la montée des températures.

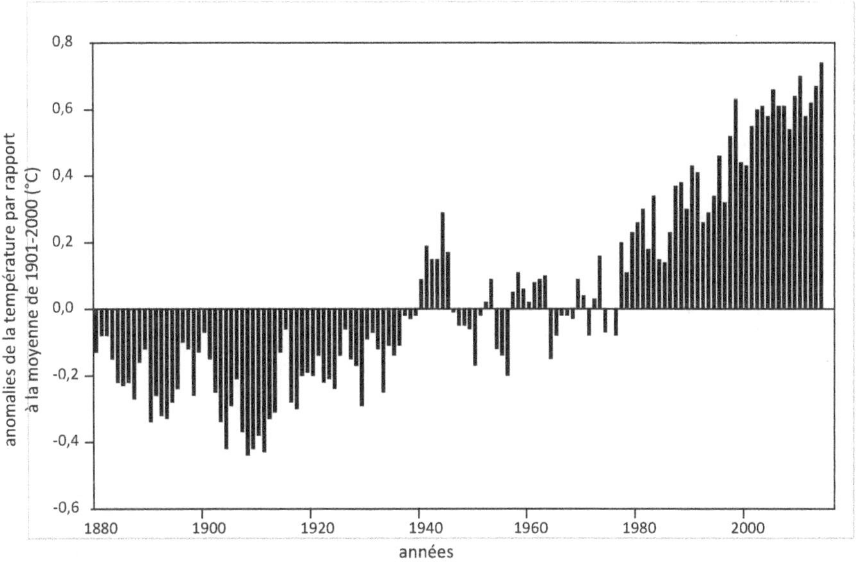

Figure 23.2 – Anomalies de température mondiale par rapport à la moyenne de 1901-2000 (°C).

On est capable d'avoir de très bonnes estimations de la température moyenne mondiale, grâce à des mesures directes, depuis la fin du XIXe siècle. On constate que, depuis les années 1880 et jusqu'à nos jours (ici, 2016), cette température s'est élevée de 1 °C. Cette augmentation est généralement attribuée à un effet de serre croissant avec la concentration de l'atmosphère en CO_2 et en CH_4. Les irrégularités de cette montée sont plus difficiles à expliquer, les causes invoquées étant diverses (volcanisme, variations de l'activité solaire, réactions propres du système climatique, etc.).
Données NOAA, ici pour la température globale (continents et océans).

ENCART 23.1 L'Anthropocène

Si le terme d'Anthropozoïque a été parfois utilisé pour désigner le Quaternaire, celui d'Anthropocène a été proposé en 2000 dans un article de Paul J. Crutzen et Eugene F. Stoermer (*Global Change Newsletter*, 41, p. 17-18). Ces auteurs ont ainsi voulu désigner la période récente qui a vu l'Homme introduire artificiellement dans l'atmosphère des gaz à effet de serre. Ils proposent ainsi de prendre pour date de départ de cette période la dernière partie du XVIIIe siècle qui coïncide avec l'invention de la machine à vapeur par James Watt en 1784.
Sans doute à cause de l'importance reconnue à l'action de l'Homme sur l'évolution climatique, ce terme a connu un grand succès car il permet de souligner cette action et la responsabilité qui lui est liée.
Il a cependant été critiqué pour de multiples raisons, notamment parce qu'il fait la part belle à une vision anthropocentrique de l'environnement. Créé à l'imitation de noms d'étages géologiques comme Miocène, Pliocène et Holocène (étymologiquement moins récent, plus récent, et tout à fait récent), son étymologie est contestable (humainement récent ?). En termes de chronologies, il n'ajoute rien aux dates du calendrier. On ne peut cependant nier son efficacité médiatique.

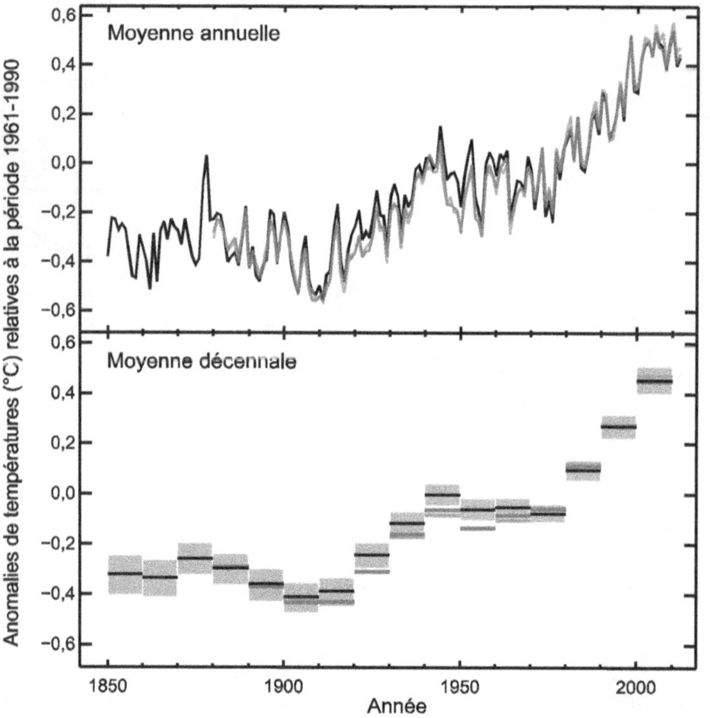

Figure 23.3 - Anomalies observées de températures moyennes en surface, combinant les terres émergées et les océans, de 1850 à 2012.

Anomalies observées de températures moyennes en surface, combinant les terres émergées et les océans, de 1850 à 2012, tirées de trois ensembles de données. Partie supérieure : valeurs moyennes annuelles. Partie inférieure : valeurs moyennes décennales comprenant l'estimation d'incertitude pour un ensemble de données. Les anomalies sont relatives à la moyenne sur la période 1961-1990. Source : IPCC WG1AR5.

Il est clair, cependant, que la considération de la variation des températures moyennes est loin d'être suffisante à la description, et à la compréhension du phénomène climatique, tant est contrastée la répartition géographique de ces modifications (figure 23.4). Par exemple, on constate que les réchauffements de la période comprise entre 1920 et 1960 ont été beaucoup plus marqués dans les régions septentrionales de l'hémisphère nord que dans l'hémisphère sud, pouvant atteindre 6 °C au Groenland. Cette inégalité de la répartition des variations de température en fonction du temps selon les régions est un fait extrêmement important qui doit être très sérieusement pris en compte dans le domaine de la prévision de l'évolution des climats et de leurs conséquences sur les activités humaines.

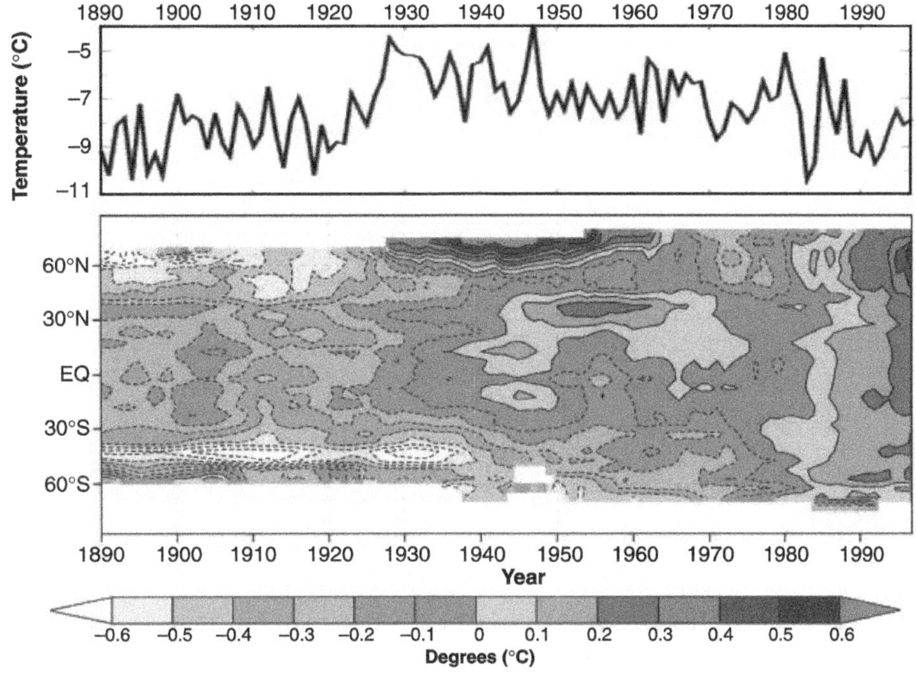

Figure 23.4 – Évolution de la température de surface en fonction de la latitude et du temps depuis 1890.

La carte montre, en bas, les anomalies de la température de l'air sur les surfaces continentales (en °C) en fonction de la latitude et du temps avec, en haut, la courbe des températures relevées à Upernavik (Groenland). On y voit un réchauffement important entre 1930 et 1970, limité aux régions septentrionales et bien marqué à Upernavik. À partir de 1985, on note un autre réchauffement qui, celui-là, intéresse toutes les latitudes.
Extrait de Alley, R.B. *et al.*, 2003, *Science* 299 : 2005-2010.

23.4 Autres modifications

Le réchauffement global observé depuis le début de l'ère industrielle a eu de nombreuses conséquences parmi lesquelles on soulignera la régression du manteau neigeux de l'hémisphère nord au printemps, la décroissance de la banquise arctique en été, le réchauffement des océans, la montée du niveau des mers (figure 23.5).

Toutes les données historiques concernant les modifications climatiques de la période industrielle ont été synthétisées par le GIEC (encart 23.4).

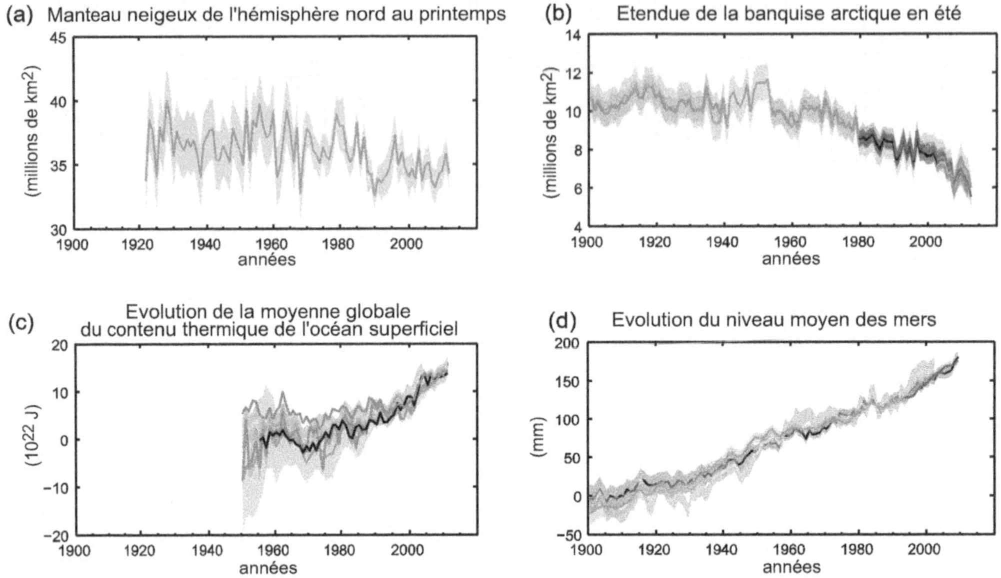

Figure 23.5 - Différents indicateurs observés des évolutions du climat du globe (GIEC WG1AR5).

a) étendue moyenne du manteau neigeux de l'hémisphère nord en mars-avril (printemps) ; b) étendue moyenne de la banquise arctique en juillet-août-septembre (été) ; c) évolution de la moyenne globale du contenu thermique de l'océan superficiel (0-700 m) aligné par rapport à 2006-2010, et par rapport à la moyenne de tous les ensembles de données pour 1970 ; d) niveau moyen des mers par rapport à la moyenne 1900-1905 de l'ensemble de données le plus long, avec tous les ensembles de données alignés par rapport à 1993 (la première année de données d'altimétrie par satellites). Toutes les séries chronologiques (plusieurs courbes représentent différents ensembles de données) indiquent des valeurs annuelles et, lorsqu'elles sont estimées, les incertitudes sont représentées par des zones de différents gris.
Source : IPCC.

ENCART 23.4 Évolution récente du climat selon le cinquième rapport du GIEC (2014)

Concernant l'évolution des climats pendant l'époque industrielle (depuis 1750), les principales conclusions du GIEC sont les suivantes :
Le réchauffement du système climatique est sans équivoque et, depuis les années 1950, beaucoup de changements observés sont sans précédent depuis des décennies voire des millénaires. L'atmosphère et l'océan se sont réchauffés (de 0,85 [0,65 à 1,06] °C au cours de la période 1880-2012), la couverture de neige et de glace a diminué, le niveau des mers s'est élevé (entre 1901 et 2010, de 0,19 m [de 0,17 à 0,21 m]) et les concentrations des gaz à effet de serre ont augmenté.
Le réchauffement océanique constitue l'essentiel de l'augmentation de la quantité d'énergie emmagasinée au sein du système climatique et représente plus de 90 % de l'énergie accumulée entre 1971 et 2010.

Les concentrations atmosphériques de dioxyde de carbone, de méthane et de protoxyde d'azote ont augmenté pour atteindre des niveaux sans précédent depuis au moins 800 000 ans. La concentration du dioxyde de carbone a augmenté de 40 % depuis l'époque préindustrielle. Cette augmentation s'explique en premier lieu par l'utilisation de combustibles fossiles et en second lieu par le bilan des émissions dues aux changements d'utilisation des sols. L'océan a absorbé environ 30 % des émissions anthropiques de dioxyde de carbone, ce qui a entraîné une acidification de ses eaux.
Le forçage radiatif total est positif et a conduit à une absorption nette d'énergie par le système climatique. La plus grande contribution à ce forçage radiatif provient de l'augmentation de la teneur de l'atmosphère en CO_2 depuis 1750.
L'influence de l'Homme sur le système climatique est clairement établie, et ce, sur la base des données concernant l'augmentation des concentrations de gaz à effet de serre dans l'atmosphère, le forçage radiatif positif, le réchauffement observé et la compréhension du système climatique.

23.5 Causes des changements climatiques récents

Les changements climatiques sont le résultat de forçages (V. chapitre 17), soit internes, produits par la dynamique propre du système climatique, soit externes, comme des éruptions volcaniques, des variations solaires où des activités humaines (figure 23.6).
La plupart des forçages non radiatifs, comme le déplacement des continents, jouent à long terme et ne sont pas à prendre en compte pour des prévisions à l'échelle humaine. Au contraire, les forçages radiatifs exigent des délais bien plus courts pour donner des effets, parfois quelques jours ou même quelques heures. Les réponses du système climatique à des forçages radiatifs peuvent être complexes, surtout si des phénomènes de rétroaction sont impliqués. Certains forçages sont d'origine naturelle, comme l'activité solaire ou les éruptions volcaniques, d'autres sont le produit des activités humaines, comme certaines émissions de gaz à effet de serre ou d'aérosols, ou la modification de l'albédo terrestre.

Encart 23.5 Forçage radiatif

Un forçage radiatif est un changement dans le bilan des radiations (entrantes moins sortantes) au niveau de la tropopause dû à une modification dans un élément ayant une action climatique, par exemple dans la concentration en gaz à effet de serre ou dans l'irradiance du Soleil. Un forçage positif entraîne un réchauffement de la surface terrestre alors qu'un forçage négatif tend à la refroidir.

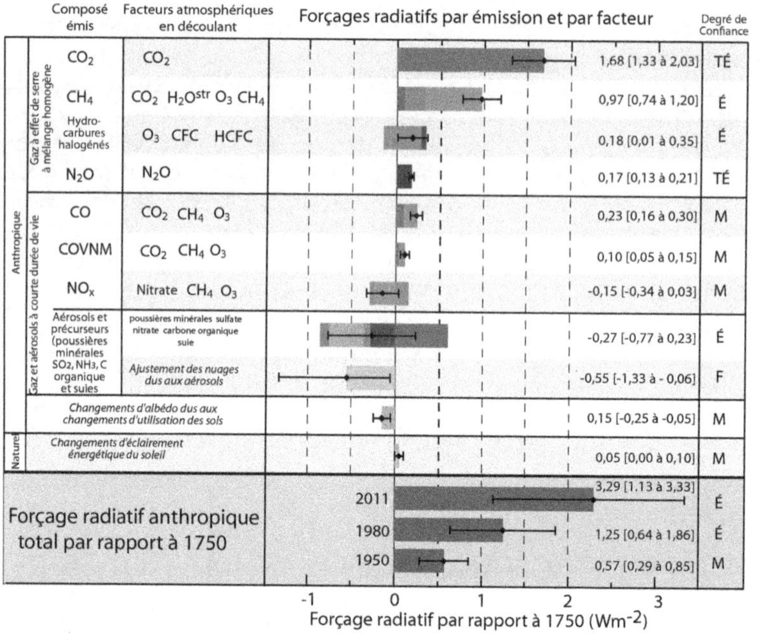

A

B

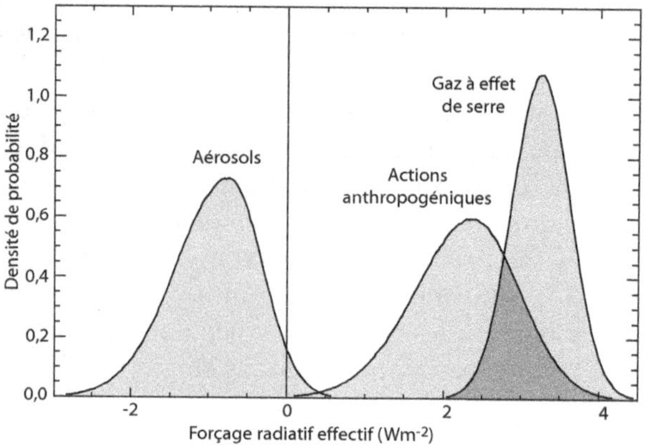

Figure 23.6 - Estimations du forçage radiatif en 2011 par rapport à 1750.

A : Estimations du forçage radiatif en 2011 par rapport à 1750 et incertitudes agrégées associées concernant les principaux facteurs du changement climatique. Les valeurs sont des moyennes du forçage radiatif global, réparties selon les composés émis ou les processus qui aboutissent à une combinaison de facteurs. Les meilleures estimations du forçage radiatif net sont présentées sous la forme d'un petit losange noir avec les intervalles d'incertitude correspondants ; les valeurs numériques sont fournies sur la droite de la figure de même que le degré de confiance (TÉ - très élevé, É - élevé, M - moyen, F - faible, TF - très faible). Le forçage radiatif des suies carbonées inclut le forçage de l'albédo induit par la présence de suie sur la neige ou la glace. Les faibles forçages dus aux traînées de condensation (0,05 W m^{-2}, incluant les cirrus produits par ces traînées) ne sont pas représentés. Le forçage des volcans n'est pas inclus en raison de sa nature épisodique qui rend difficile sa comparaison aux autres mécanismes de forçage. Le forçage radiatif anthropique total est indiqué pour trois années différentes par rapport à 1750. Source : IPCC 2013 (WG1).

B : Densités de probabilité des forçages climatiques de 1750 à 2011 pour les aérosols, les gaz à effet de serre et le total des forçages anthropogéniques. Source : IPCC 2013 (WG1).

Radiation solaire

Parce que pratiquement toute l'énergie du système climatique vient du Soleil, on pourrait penser que celui-ci a un rôle important dans les changements du climat. Le cycle solaire de 11 ans est évident. Les mesures précises de l'irradiation solaire sur plusieurs décennies ont montré que cette irradiation variait de 0,08 % entre le minimum et le maximum d'un cycle. Le forçage radiatif direct dû au changement de l'irradiation solaire depuis 1750 est estimé à + 0,12 [+ 0,06 à + 0,3] W/m^2. On connaît des variations à plus long terme dont le rythme n'est pas clair, comme le minimum de Maunder (voir figure 19.4). Mais toutes ces variations sont très faibles et on ne voit que difficilement comment elles auraient une action sur l'atmosphère excepté sur la troposphère (voir figure 19.5). Des effets indirects ont été imaginés (effets des rayons cosmiques sur les nuages, etc.), mais n'ont pas pu être positivement démontrés.

Gaz à effet de serre

L'accroissement des concentrations de l'atmosphère en gaz à effet de serre est une caractéristique de notre ère industrielle. Ils existent naturellement dans notre atmosphère, mais les activités humaines y ont, depuis 250 ans, augmenté les concentrations. Certains sont des gaz à longue durée de vie, comme le dioxyde de carbone (CO_2), le méthane (CH_4) et l'oxyde nitreux (N_2O). Étant donné leur stabilité chimique, ils peuvent persister dans l'atmosphère pendant des décennies, des siècles ou davantage. Ils peuvent ainsi avoir une influence à long terme sur le climat. Ils se mélangent bien dans l'atmosphère, ce qui fait que l'on peut évaluer leurs concentrations en utilisant des mesures prises dans un faible nombre de stations.

L'accroissement de la concentration du CO_2 dans l'atmosphère depuis le début de l'ère industrielle est responsable d'un forçage radiatif de + 1,68 ± 0,17 W/m^2, supérieur aux autres forçages, le double de celui du CH_4, et dix fois celui du N_2O.

Les gaz à courte durée de vie, comme le dioxyde de soufre (SO_2), le monoxyde de carbone (CO) et le trioxygène ou ozone (O_3), sont chimiquement réactifs et leurs concentrations atmosphériques sont très variables.

Aérosols

Les propriétés des aérosols sont extrêmement variables et ils peuvent absorber ou diffuser les rayonnements ce qui, selon les cas, peut entraîner refroidissement ou réchauffement.

Le forçage radiatif direct des aérosols (sulfate, carbone organique des combustibles fossiles, combustion de la biomasse, nitrates et poussière minérale) est estimé à – 0,5 [± 0,4] W/m^2. Leur effet radiatif est plus important et s'exerce du fait de l'albédo des nuages car la formation de ceux-ci dépend largement de la présence de noyaux de condensation contenus dans les aérosols. À cela, il y a lieu d'ajouter l'effet des aérosols volcaniques.

Albédo

L'albédo de la surface terrestre peut être modifié par les activités humaines de plusieurs façons. L'usage des combustibles fossiles émet des particules de suie qui, en se déposant en surface et très particulièrement sur des surfaces neigeuses, diminue leur albédo et cause aussi leur fonte. Ce forçage radiatif est estimé à + 0,15 W/m^2. La déforestation joue aussi un rôle en augmentant l'albédo des surfaces dont la forêt a été privée, ce qui aurait pu amener un léger refroidissement (0 à 0,25 °C). Enfin, le réchauffement climatique, en provoquant la fonte des glaciers et de la banquise, produit une diminution de l'albédo entraînant un effet de rétroaction.

ENCART 23.6 Aérosols

Les aérosols sont constitués par de très petites particules ou gouttelettes en suspension dans l'air. Ils ont un rôle significatif sur le budget radiatif de la Terre et de l'atmosphère. Leurs effets radiatifs peuvent être soit directs, en diffusant ou absorbant les rayonnements visibles ou infrarouges, soit indirects en ayant une influence sur l'extension et les propriétés des nuages.
Ils sont produits par divers processus, soit naturels (dont les tempêtes et l'activité volcanique), soit anthropogéniques (dont la combustion du charbon, des hydrocarbures ou du bois).
Lorsqu'ils sont dans l'atmosphère, les aérosols subissent des transformations physiques et chimiques, notamment au sein des nuages, et sont largement lessivés par les précipitations. Ils sont ainsi très irrégulièrement distribués dans l'atmosphère. Leur forçage radiatif dépend non seulement de cette distribution irrégulière, mais aussi de la taille, de la forme et de la composition chimique des particules qui les composent, ainsi que de l'histoire du cycle dans lequel ils sont entraînés. Toutes ces caractéristiques expliquent la difficulté de modéliser le rôle qu'ils peuvent jouer dans le changement climatique. Source : IPCC 2001 (WG1), Technical summary, C3, p. 44.

23.6 Les évolutions à venir

Si l'on ne considère que les variations naturelles entraînées par les variations de la répartition de l'insolation à la surface du globe, selon les idées de Milankovitch, il faut s'attendre à ce que la Terre subisse un refroidissement dans 23 000 ans, et un autre, plus sévère, dans 60 000 ans (voir figure 21.4). Mais l'avenir à court terme dépend étroitement des variations de composition de l'atmosphère, notamment de sa concentration en gaz à effet de serre introduits par les activités industrielles.

Pour envisager cet avenir, compte tenu du fait qu'il dépend beaucoup, à l'échéance du siècle, de l'évolution de l'activité des sociétés humaines (lesquelles sont difficilement prévisibles), le GIEC a élaboré des scénarios de ces évolutions concernant l'émission de gaz à effet de serre, sans se prononcer sur leur probabilité. Dans son troisième rapport, il avait envisagé quatre scénarios et leurs variantes (scénarios dits SRES, pour *Special Report on Emission Scenarios*). Depuis, d'autres scénarios ont été proposés (dits post-SRES) dont, pour le cinquième rapport, les scénarios RCP (encart 23.7).

Encart 23.7 Les scénarios du GIEC (scénarios SRES et RCP)

Décrits en 2000 dans le rapport spécial du GIEC sur les scénarios d'émissions (SRES 2000, SRES étant l'abréviation de *Special Report on Emission Scenarios*, Rapport spécial sur les scénarios d'émissions), les scénarios SRES, au nombre de 40, ont été regroupés en quatre familles (A1, A2, B1 et B2), qui étudient différentes voies de développement en fonction d'un large éventail de facteurs démographiques, économiques et technologiques ainsi que des émissions de gaz à effet de serre qui en résultent. Seules les politiques climatiques actuelles sont prises en considération dans ces scénarios qui sont utilisés pour estimer les changements climatiques à venir.

Le canevas A1 fait l'hypothèse d'un monde caractérisé par une croissance économique très rapide, un pic de la population mondiale au milieu du siècle et l'adoption rapide de nouvelles technologies plus efficaces. Cette famille de scénarios se répartit en trois groupes qui correspondent à différentes orientations de l'évolution technologique du point de vue des sources d'énergie : à forte composante fossile (A1FI), non fossile (A1T) et équilibrant les sources (A1B).

Le canevas B1 décrit un monde convergent présentant les mêmes caractéristiques démographiques que A1, mais avec une évolution plus rapide des structures économiques vers une économie de services et d'information.

Le canevas B2 décrit un monde caractérisé par des niveaux intermédiaires de croissances démographique et économique, privilégiant l'action locale pour assurer une durabilité économique, sociale et environnementale.

Le canevas A2 décrit un monde très hétérogène caractérisé par une forte croissance démographique, un faible développement économique et de lents progrès technologiques.

Aucun de ces scénarios ne s'est vu affecter un niveau de probabilité.

Pour son cinquième rapport (2013), le GIEC a utilisé un autre type de scénarios dit RCP (*Representative Concentration Pathways*, Évolution de concentration représentative).

Au lieu de partir de critères essentiellement économiques, comme pour les SRES, il pose un objectif à atteindre pour 2100 en termes de forçage radiatif. Différentes « histoires » (*Storylines*) avec leurs caractéristiques sociales, techniques ou économiques propres peuvent être définies pour atteindre ces objectifs.

Quatre de ces RCP (désignés par le forçage radiatif qui leur est attaché) ont été retenus comme particulièrement caractéristiques (figure 23.7) :

- RCP2.6 : scénario correspondant à une forte atténuation (mitigation). Ce scénario permettrait que l'augmentation de la température en 2100 par rapport à la période 1986-2005 ne dépasse pas 1 °C (soit 2° par rapport au début de l'ère industrielle) ;
- RCP4.5 : scénario d'atténuation où le forçage radiatif est stabilisé avant 2100 ;
- RCP6.0 : scénario d'atténuation plus lent où le forçage radiatif est stabilisé après 2100 ;
- RCP8.5 : scénario d'émission extrême où les émissions de gaz à effet de serre s'accroissent.

Les scénarios SRES et RCP peuvent être comparés en mettant en regard leurs effets sur l'évolution des forçages climatiques (figure 23.8).

À partir de ces scénarios, des modélisations ont permis de calculer les effets climatiques futurs concernant notamment les variations de la température (globale, régionale) et celles du niveau des mers.

Encart 23.8 Modélisation climatique

La modélisation climatique a pour objectif de représenter aussi bien que possible le fonctionnement du système climatique. À cette fin, un modèle est élaboré représentant l'espace affecté par le climat – principalement la troposphère – découpé en cellules, auxquelles on associe certains paramètres physiques (pression, température, contenu en vapeur d'eau, etc.), échangeant entre elles matière et énergie en fonction du temps. La précision géographique des résultats est limitée par la taille des cellules, mais plus celles-ci sont petites, plus leur nombre est grand, ce qui demande alors des moyens de calcul très puissants.
Ces modélisations exigent, en principe, que l'on connaisse les mécanismes physiques qui s'exercent dans les processus climatiques, afin de mettre en équation les échanges entre les cellules. Lorsque cette connaissance est insuffisante, on remplace les valeurs manquantes par des paramètres obtenus ou interpolés à partir de mesures réelles (paramétrisation).
Dans l'idéal, un modèle devrait prendre en compte tous les éléments ayant un rôle dans le système climatique. Pour des raisons pratiques, on est amené à en limiter le nombre. C'est ainsi que ces modèles ont d'abord rendu compte des mouvements de l'atmosphère, pour ensuite intégrer son couplage avec l'océan et les glaces marines avant d'inclure peu à peu les processus chimiques et biochimiques (notamment du carbone), puis les cycles de la végétation, etc. À la limite, ce type de modélisation dépasse le cadre climatique pour intégrer tous les composants du système Terre. Une des difficultés des modèles climatiques consiste dans l'évaluation de l'impact des rétroactions entre les éléments du système.
Notre capacité à prévoir l'évolution du climat dans l'avenir dépend de la fiabilité des modèles climatiques. Leur validation ne peut guère se faire qu'en éprouvant leurs résultats à ce que l'on sait de l'évolution des climats dans le passé, dont la bonne connaissance est donc essentielle.

Concernant l'élévation des températures, les variations prévues dans les troisième, quatrième et cinquième rapports du GIEC sont homogènes (figure 23.9). De façon plus précise (tableau 23.4), pour le scénario RCP2.6, la moyenne des augmentations de températures par rapport à la période 1986-2005 attendues pour la fin du XXIe siècle est de 1 °C. Pour le scénario RCP8.5, elle est de 3,7 °C. Cependant, on doit noter que les intervalles d'incertitude sont encore importants.

Tableau 23.4 – Réchauffement et montée des eaux par rapport à la période 1986-2005 selon les scénarios RCP.

		2046-2065		2081-2100	
	Scénario	**Moyenne**	**Plage probable**	**Moyenne**	**Plage probable**
Évolution de la température moyenne à la surface du globe (°C)	RCP2,6	1,0	0,4 à 1,6	1,0	0,3 à 1,7
	RCP4,5	1,4	0,9 à 2	1,8	1,1 à 2,6
	RCP6,0	1,3	0,8 à 1,8	2,2	1,4 à 3,1
	RCP8,5	2,0	1,4 à 2,6	3,7	2,6 à 4,8
	Scénario	**Moyenne**	**Plage probable**	**Moyenne**	**Plage probable**
Élévation du niveau moyen des mers (m)	RCP2,6	0,24	0,17 à 0,32	0,40	0,26 à 0,55
	RCP4,5	0,26	0,19 à 0,33	0,47	0,32 à 0,63
	RCP6,0	0,25	0,18 à 0,32	0,48	0,33 à 0,63
	RCP8,5	0,30	0,22 à 0,38	0,63	0,45 à 0,82

À ces réchauffements attendus, devront correspondre une fonte des glaciers et un réchauffement des océans, ces deux phénomènes donnant lieu à une montée des eaux océaniques (figure 23.10 et tableau 23.4)

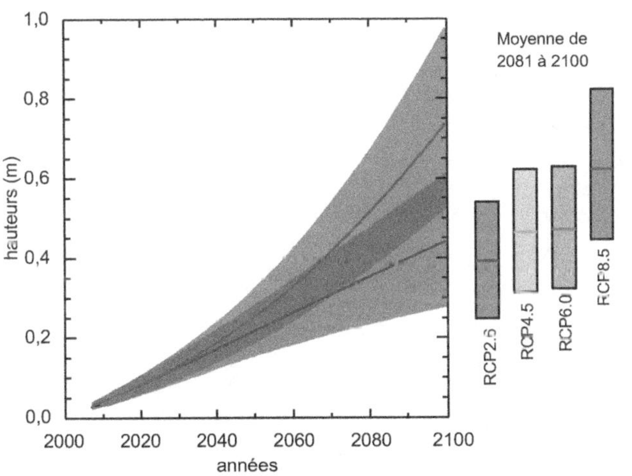

Figure 23.10 – Montée des eaux prévue jusqu'en 2100 selon les scénarios RCP.

Les hauteurs des eaux sont indiquées par rapport à la valeur de 1986-2005. Sur le graphique, deux courbes correspondant aux RCP2.6 et RCP8.5 sont entourées par un grisé figurant leurs incertitudes. Les barres à droite indiquent, par un trait horizontal, les moyennes pour la période 2081-2100, encadrées par un grisé figurant l'incertitude de la prévision.
Source : cinquième rapport du GIEC.

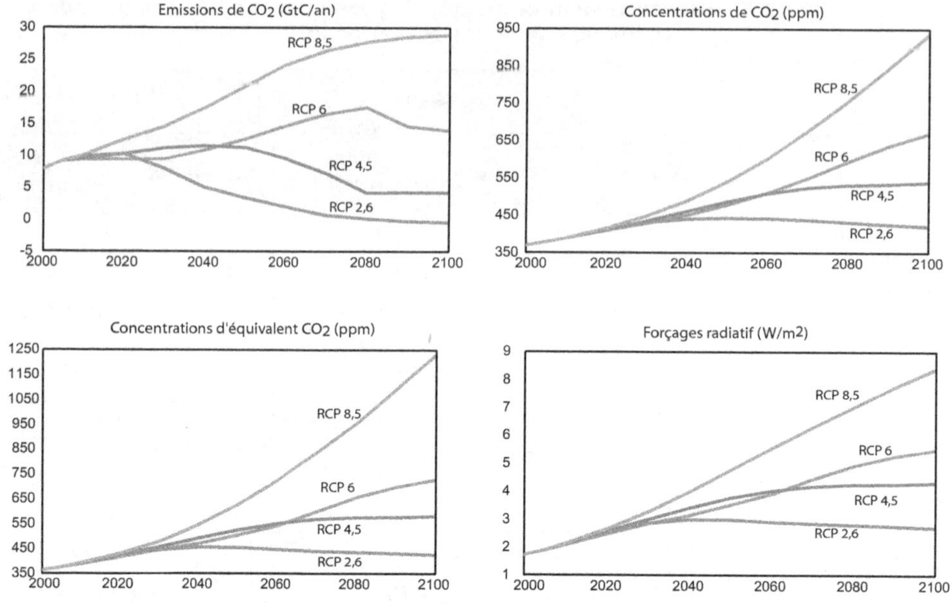

Figure 23.7 - Quelques caractéristiques des quatre principaux scénarios RCP du cinquième rapport du GIEC.

Évolution prévue de quelques paramètres selon quatre scénarios RCP du GIEC de 2000 à 2100. Source des données : RCP Database.

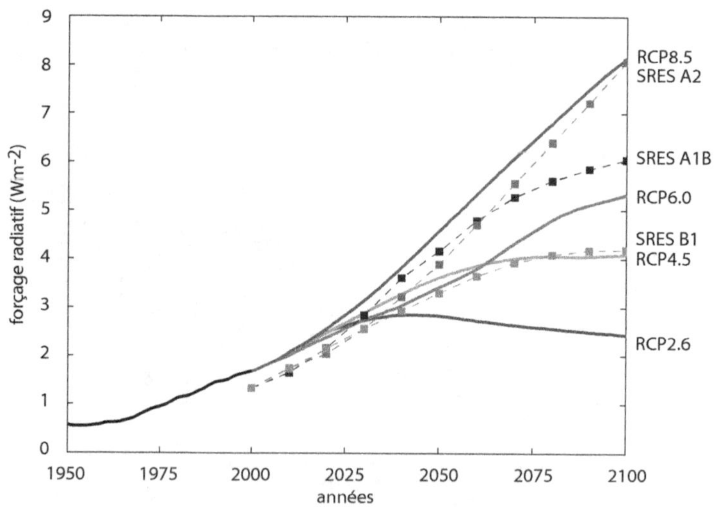

Figure 23.8 - Forçage radiatif anthropogénique mesuré ou anticipé de 1950 à 2100.

Les scénarios RCP du cinquième rapport du GIEC sont comparés aux scénarios SRES des rapports précédents. Les forçages sont donnés en $W{\cdot}m^{-2}$ par rapport à la valeur préindustrielle (vers 1765). Pour certains scénarios SRES et RCP les valeurs des forçages radiatifs en 2100 sont identiques. Le scénario RCP2.6 n'avait pas d'équivalent dans les rapports antérieurs.
Source : IPCC 2013 (WG1), fig. 1.15.

L'essentiel des modifications climatiques prévues a été synthétisé par le GIEC dans son résumé à l'intention des décideurs (encart 23.9).

Encart 23.9 L'avenir du climat selon le cinquième rapport du GIEC (2014)

À la fin du XXIe siècle, l'augmentation de la température à la surface du globe sera probablement supérieure à 1,5 °C par rapport à l'époque allant de 1850 à 1900, pour tous les RCP sauf le RCP2,6. Il est probable qu'elle dépassera 2 °C selon les RCP6,0 et RCP8,5, et il est plus probable qu'improbable qu'elle dépassera 2 °C selon le RCP4,5. Dans tous les RCP envisagés à l'exception du RCP2,6, le réchauffement se poursuivra après 2100.

Ce réchauffement continuera à présenter une variabilité interannuelle à décennale et ne sera pas uniforme d'une région à l'autre. Les changements concernant le cycle mondial de l'eau en réponse au réchauffement au cours du XXIe siècle ne seront pas uniformes. Le contraste des précipitations entre régions humides et régions sèches ainsi qu'entre saisons humides et saisons sèches augmentera, bien qu'il puisse exister des exceptions régionales.

À l'échelle mondiale, l'océan continuera à se réchauffer au cours du XXIe siècle. De la chaleur sera absorbée à la surface et pénétrera jusqu'à l'océan profond, perturbant la circulation océanique. Il est très probable qu'au cours du XXIe siècle, l'étendue et l'épaisseur de la banquise arctique continueront à diminuer, de même que l'étendue du manteau neigeux de l'hémisphère nord au printemps, au fur et à mesure de l'augmentation de la température moyenne à la surface du globe. À l'échelle mondiale, les glaciers continueront de perdre de leur volume.

Le niveau moyen mondial des mers continuera à s'élever au cours du XXIe siècle. Selon tous les RCP, il est très probable que cette élévation se produira à un rythme plus rapide que celui observé entre 1971 et 2010, en raison du réchauffement accru de l'océan et de l'augmentation de perte de masse des glaciers et des calottes glaciaires.

Le changement climatique affectera les processus liés au cycle du carbone d'une manière qui amplifiera l'accroissement du CO_2 atmosphérique (degré de confiance élevé). Le phénomène d'acidification de l'océan augmentera, puisque celui-ci continuera de piéger du carbone.

Le cumul des émissions de CO_2 détermine dans une large mesure la moyenne mondiale du réchauffement en surface vers la fin du XXIe siècle et au-delà. La plupart des caractéristiques du changement climatique persisteront pendant de nombreux siècles même si les émissions de CO_2 sont arrêtées. L'inertie du changement climatique est considérable, de l'ordre de plusieurs siècles, et elle est due aux émissions de CO_2 passées, actuelles et futures.

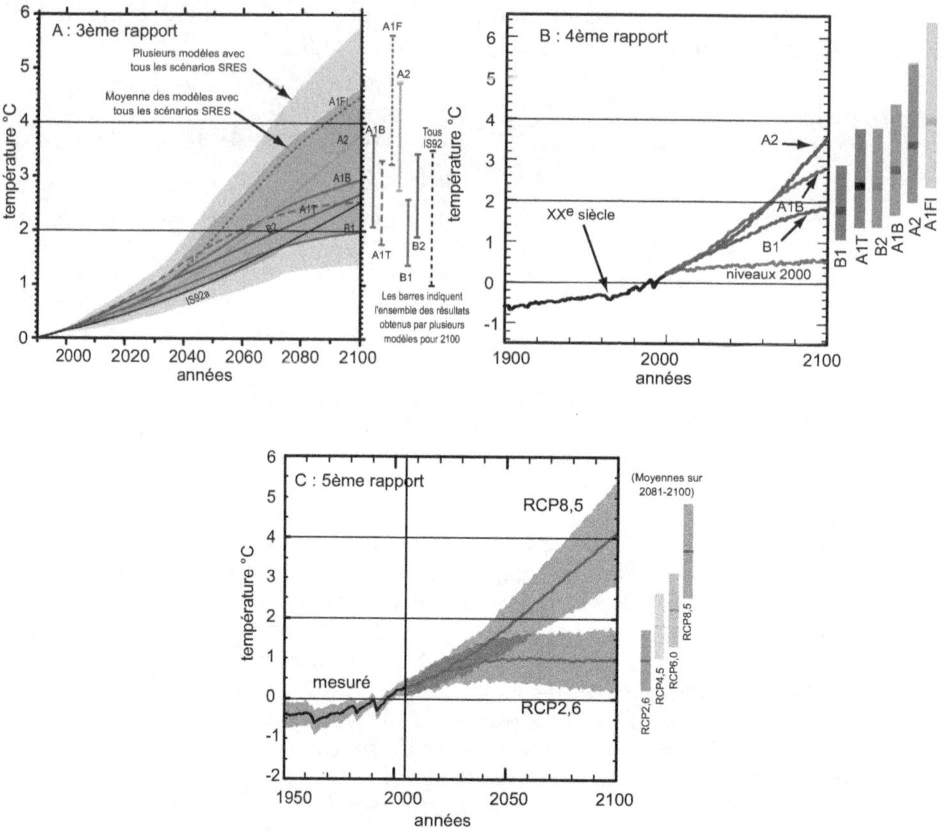

Figure 23.9 - Évolution future des températures d'après les troisième, quatrième et cinquième rapports du GIEC.

A : Troisième rapport (2001) : résultats des modélisations effectuées à partir des prévisions d'émission de gaz à effet de serre selon les différents scénarios concernant la température moyenne du globe. Les zones en grisé foncé indiquent l'enveloppe de tous les scénarios SRES 2000 (40 avaient été élaborés) ; la moyenne de cette zone, pour les températures, se situe à 2,8 °C. La zone en grisé clair est l'enveloppe basée sur les incertitudes des sept modèles utilisés (les barres, à droite des figures, indiquent ces incertitudes pour les scénarios figurés) ; pour cette zone, le minimum prévu du réchauffement se situe à 1,7 °C et le maximum à 4,2 °C (extrait du troisième rapport du GIEC/IPCC).
B : Quatrième rapport (2007) : ce rapport ne fait que confirmer, à très peu près, les conclusions publiées dans le troisième rapport, les meilleures estimations des élévations de température pour le XXIe siècle donnant une fourchette allant de 1,8 °C à 4,0 °C. Les courbes en trait plein correspondent aux moyennes mondiales multimodèles du réchauffement en surface pour les scénarios A2, A1B et B1, en prolongement des simulations relatives au XXe siècle. Ces projections intègrent les émissions de gaz à effet de serre et d'aérosols de courte durée de vie. La courbe la plus basse ne correspond pas à un scénario mais aux simulations effectuées à l'aide de modèles de la circulation générale couplés atmosphère-océan en maintenant les concentrations atmosphériques aux niveaux de 2000. Les barres sur la droite précisent la valeur la plus probable (zone foncée) et la fourchette probable correspondant aux six scénarios de référence du SRES pour la période 2090-2099. Tous les écarts de température sont calculés par rapport à 1980-1999.
C : Cinquième rapport (2013) : résultat des modélisations effectuées pour les scénarios RCP extrêmes concernant la température globale. Bien que les comparaisons soient difficiles (pas d'équivalent SRES de RCP2,6), on constate que valeurs et incertitudes n'ont que peu changé entre le troisième et le cinquième rapport du GIEC.

ANNEXES

A.1 CALCUL DE LA PRESSION ATMOSPHÉRIQUE STANDARD EN ALTITUDE

Soit un cylindre de base S, de hauteur h, de masse m, d'une matière homogène de masse volumique ρ, posé verticalement. L'accélération de la pesanteur, considérée comme constante, étant g, son poids est $F = mg = \rho Shg$ et il exerce donc sur sa base une pression $P = F/S = \rho hg$. Cette formule peut s'appliquer pour calculer la pression sur une section horizontale du cylindre quelle que soit sa hauteur. Mais, pour l'air, qui est compressible, il en va différemment, puisque sa masse volumique change avec l'altitude.

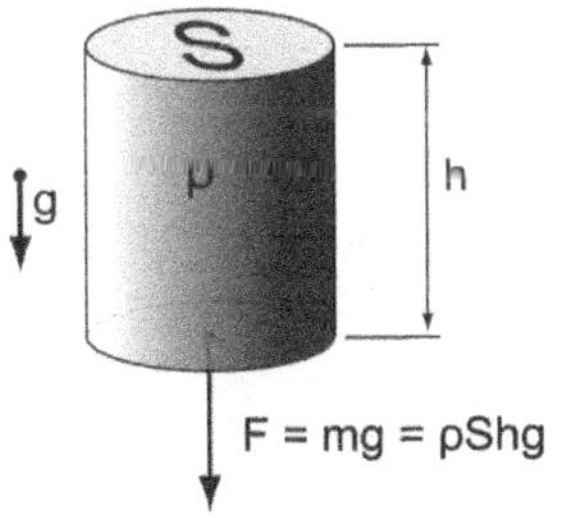

Figure A.1

Prenons le cas d'un cylindre vertical de base S_0 découpé dans l'atmosphère. La pression qui s'applique sur cette base du fait du poids de cette colonne d'air est P_0. Pour une petite élévation d'altitude dh, cette pression va diminuer de $dP = -\rho g dh$.

Pour calculer cette diminution, il faut faire intervenir l'équation des gaz parfaits $PV = nRT$, avec P : pression, V : volume, n : nombre de moles, R, constante des gaz parfaits, T : température en kelvin (K).

En combinant les deux dernières expressions, on trouve $dP/P = -dhMg/RT$, M étant la masse molaire de l'air.

Si, dans un premier temps, on néglige l'influence de la variation de la température avec l'altitude, c'est-à-dire en posant T constant, on peut écrire, en intégrant :

$$\int\frac{dP}{P} = -\frac{Mg}{RT}\int dh, \text{ soit } \log(P/P_0) = -(Mgh/RT) \text{ soit } P = P_0 e^{-Mgh/RT}$$

Pour affiner ce résultat, on peut tenir compte de la variation de la température de l'air en fonction de l'altitude. En posant un taux de variation $\lambda = dT/dh$ constant, on peut écrire $T = T_0 + h\lambda$, T_0 étant la température à la base de la colonne d'air. Cela permet d'écrire $dP/P = -dTMg/RT\lambda$, et

$$\int\frac{dP}{P} = -\frac{Mg}{R\lambda}\int\frac{dT}{T}$$

soit

$$\log(P/P_0) = \log(T/T_0)^{-Mg/R\lambda} \text{ ou } P = P_0(1 + h\lambda/T_0)^{-Mg/R\lambda}$$

Ces calculs sont largement théoriques car, dans l'atmosphère réelle, les valeurs de plusieurs paramètres sont difficiles à connaître, notamment le gradient de température. C'est pourquoi, pour les besoins courants, notamment aéronautiques, on a défini des atmosphères standards avec des valeurs conventionnelles. L'atmosphère standard ISA *(International Standard Atmosphere)* utilise les valeurs suivantes :

Masse molaire de l'air : M = 0,0289644 kg/mol

Accélération de la pesanteur (supposée constante) : g = 9,80665 m/s^2

Constante des gaz parfaits : R = 8,31432 J/mol·K

et, pour T_0 (température à la base) et λ (gradient de température), les valeurs qui se trouvent dans le tableau 1.2 (atmosphère standard pour les différentes couches de l'atmosphère).

Pour la troposphère (jusqu'à 11 km d'altitude), on trouve : $P = 101325(1 - 2{,}256\cdot10^{-5}h)^{5{,}256}$, avec P en pascals, et h en mètres (h étant, en toute rigueur, la cote géopotentielle, guère différente, dans notre cas, de l'altitude). Exemple : à 10 km d'altitude, la pression calculée est de 264 hPa.

A.2 Calcul de la température moyenne de la Terre et des planètes, à l'extérieur de leur atmosphère

Avec les données suivantes :

R : rayon de la planète

d : distance de la planète au Soleil en unités astronomiques UA (pour la Terre : $d = 1$)

F : constante solaire pour la Terre (puissance du rayonnement reçu du Soleil à l'extérieur de l'atmosphère terrestre par m², soit 1 361 $W{\cdot}m^{-2}$. Pour une planète quelconque, cette puissance, qui décroît comme le carré de la distance au Soleil sera F/d^2)

A : albédo (proportion de rayonnement renvoyé vers l'espace sans modification : 0,29 pour la Terre)

P_i : puissance reçue par la planète

P_r : puissance retournée vers l'espace par la planète

σ : constante de Stephan $5{,}67{\cdot}10^{-8}$ $W{\cdot}m^{-2}{\cdot}K^{-4}$

T : température de la planète (en Kelvins)

On a :

$$P_i = \frac{\pi R^2 F}{d^2}(1 - A)$$

(le rayonnement solaire est intercepté par un disque de rayon égal à celui de la planète), et

$$P_r = 4\pi R^2 \sigma T^4$$

(le rayonnement renvoyé par la Terre selon la loi de Stefan se fait par sa surface sphérique).

À l'état d'équilibre thermique, l'énergie renvoyée est égale à l'énergie reçue et on a $P_i = P_r$, soit :

$$\frac{\pi R^2 F}{d^2}(1 - A) = 4\pi R^2 \sigma T^4$$

d'où l'on tire :

$$T^4 = \frac{F}{4\sigma d^2}(1 - A)$$

et :

$$T = 278{,}33\frac{(1 - A)^{1/4}}{\sqrt{d}}$$

soit, pour la Terre : $T = 255$ K ou –18 °C.

Rappelons que cette température est celle de la Terre vue de l'espace, hors de l'atmosphère. Dans l'atmosphère, il y a lieu de faire intervenir ces phénomènes d'absorption (effet de serre) qui font que la température moyenne au sol est d'environ 16 °C.

Si des sources d'énergie interne venaient réchauffer la planète, il faudrait en tenir compte en les ajoutant à P_i. Pour la Terre, ces sources géothermiques (0,05 $W{\cdot}m^{-2}$) sont aujourd'hui négligeables devant le rayonnement solaire.

A.3 Effet d'un forçage radiatif et sensibilité climatique de référence

Pour calculer un changement de température consécutif à un forçage radiatif, il faut connaître la sensibilité de référence (c'est-à-dire en l'absence de rétroactions) du système.

Rappelons le bilan énergétique de la Terre au sommet de l'atmosphère :

En entrée, rayonnement visible reçu : P_i.

En sortie, somme du rayonnement réfléchi $A \cdot P_i$ (A : albédo) et du rayonnement infrarouge R : $P_o = A \cdot P_i + R$.

Ce rayonnement suit la loi de Stefan en σT^4, avec sigma = $5{,}67 \cdot 10^{-8}$ W·m^{-2}·K^{-4} (pour la Terre entière, on a $R = 4\pi R^2 \sigma T^4$, soit par m^{-2}, $4\ \sigma T^4$).

Le bilan est $Q = P_i + P_o$ (P_o négatif), et, à l'équilibre, on a $Q = 0$.

Cet équilibre peut être rompu s'il survient un forçage radiatif ΔQ (mesuré en W·m^{-2}) positif (augmentant le bilan, donc la température) ou négatif (diminuant le bilan).

Soumise à ce forçage radiatif, l'atmosphère va trouver un nouvel équilibre en modifiant son bilan (température et émission d'infrarouge) pour s'ajuster à ce forçage.

Son paramètre de sensibilité climatique $\lambda = \Delta T / \Delta Q$ peut être calculé :

$\Delta Q = (dP_i/dT + dP_o/dT)\ \Delta T$

$\lambda = 1/(dP_o/dT) = 1/4\sigma T^3$

À la température d'équilibre hors atmosphère de 255 K (–18 °C), on trouve comme sensibilité climatique de référence :

$\lambda = 0{,}27$ K·(W.m^{-2})$^{-1}$ (dans la pratique, il est en fait plus proche de 0,31 ou 0,32).

Ainsi pour, par exemple, un doublement de la concentration du dioxyde de carbone, qui entraînerait un forçage climatique de 4 W·m^{-2}, l'élévation de la température serait d'environ :

$$T = 0{,}31 \times 4 = 1{,}24\ °C$$

A.4 Quelques rappels de statistique

x est une variable aléatoire.

Moyenne. Soit $\bar{x}$, la moyenne de n valeurs de x : x_1, x_2, ..., x_n, on a $\bar{x} = \dfrac{x_1 + x_2 + x_3 + \dots x_n}{n}$. Cette moyenne est un estimateur sans biais de l'espérance mathématique de x, avec laquelle on le confond souvent.

Variance. La variance de ces valeurs de x, var(x_i), est la moyenne des carrés de leurs écarts à la moyenne $\bar{x}$:

$$\mathrm{var}(x_i) = \frac{(x_1-\bar{x})^2+(x_2-\bar{x})^2+\ldots(x_n-\bar{x})^2}{n} = \frac{\sum_{i=1}^{n}(x_1-\bar{x})^2}{n}$$

On montre que :

$$\mathrm{var}(x_i) = \frac{\sum_{i=1}^{n}x_i^2}{n} - \bar{x}^2 = \overline{x^2} - \bar{x}^2$$

(espérance mathématique du carré de x moins le carré de l'espérance mathématique de x), formule plus simple à calculer. Sa racine carrée σ_i est appelée écart-type :

$$\sigma_i = \sqrt{\mathrm{var}(x_i)}$$

À partir d'une série de valeurs d'une variable aléatoire, on montre que la meilleure estimation de la variance var(x) de cette variable aléatoire est donnée par la formule :

$$\mathrm{var}(x) = \frac{\sum_{i=1}^{n}(x_i-\bar{x})^2}{n-1}$$

et celle σ de son écart-type par :

$$\sigma = \sqrt{\frac{\sum_{i=1}^{n}(x_i-\bar{x})^2}{n-1}} = \sigma_i\sqrt{\frac{n}{n-1}}$$

Loi normale. Beaucoup de variables aléatoires x, notamment les moyennes de mesures, suivent une loi normale dont la densité de probabilité (y) est représentée par une courbe en cloche dite courbe de Gauss dont l'équation est :

$$y = \frac{1}{\sqrt{2\pi}\sigma}e^{-\frac{(x-\bar{x})^2}{2\sigma^2}}$$

La probabilité, pour une variable aléatoire suivant une loi normale d'être située à moins d'un écart-type de la moyenne, est de 68 % (intervalle de confiance au seuil de 32 %), celle d'en être située à moins de deux écarts-types est de 95 % (intervalle de confiance au seuil de 5 %).

Régression linéaire. x étant une valeur contrôlée, et y une variable aléatoire dépendante de x, on montre que la droite qui rend au mieux compte de la relation entre x et y, avec certaines conditions fréquemment admissibles (en particulier variable normale, variance constante ou **homoscédasticité**), passe par le point ayant comme coordonnées les moyennes $\bar{x}$ et $\bar{y}$ de x et de y. L'équation de la droite, dite droite de régression, est :

$$y = \frac{\sum_{i=1}^{n}(x_i - \bar{x})(y_i - \bar{y})}{\sum_{i=1}^{n}(x_i - \bar{x})^2}(x - \bar{x}) + \bar{y}$$

La régression linéaire est souvent utilisée avec non pas une, mais plusieurs variables aléatoires (régression multilinéaire). La régression est aussi pratiquée avec des modèles non linéaires.

Corrélation. On peut chercher à connaître l'intensité de la liaison entre deux quantités ayant le caractère de variables aléatoires. En posant que ces variables suivent une loi normale, on peut définir un coefficient de corrélation r entre ces deux variables :

$$r = \frac{\sigma_{xy}}{\sigma_x \sigma_y} \text{ soit } r = \frac{\sum_{i=1}^{n}(x_i - \bar{x})(y_i - \bar{y})}{\sqrt{\sum_{i=1}^{n}(x_i - \bar{x})^2}\sqrt{\sum_{i=1}^{n}(y_i - y)^2}}$$

Si $r = 0$, il n'y a aucune corrélation entre les deux variables, Si $r = 1$ ou -1, il existe, entre elles, une relation strictement linéaire.

QUESTIONS ET EXERCICES CORRIGÉS

Questions

Ces questions constituent en quelque sorte une révision des principales questions exposées dans cet ouvrage.

Chapitre 1

1.1 Quels sont les deux principaux gaz de l'atmosphère. Quels sont leurs pourcentages approximatifs ?

1.2 Quel est le pourcentage approximatif du CO_2 dans l'atmosphère ?

1.3 Quelle est l'épaisseur approximative de la troposphère ?

1.4 Il existe une concentration d'ozone dans la stratosphère. Vers quelle altitude approximative ?

1.5 Si tout l'ozone stratosphérique était rassemblé au sol en une couche continue, quelle serait l'épaisseur de cette couche ?

Chapitre 2

2.1 La Terre reçoit du Soleil un rayonnement de 1 361 W/m^2. Mais en moyenne par mètre carré de surface terrestre ce rayonnement reçu est de 340 W. Pourquoi ?

2.2 Qu'est-ce que le corps noir ?

2.3 Quelle loi nous permet de calculer la puissance rayonnée par le corps noir connaissant sa température ?

2.4 Quelle loi nous permet de calculer la température du corps noir connaissant la longueur d'onde de son rayonnement ?

2.5 Quel est le gaz atmosphérique le plus absorbant dans l'infrarouge ?

Chapitre 3

3.1 Qu'est-ce que l'albédo ?

3.2 Expliquer l'effet de serre radiatif.

3.3 La température au sol est en moyenne de 16 °C. Quelle serait cette température si, toutes choses égales par ailleurs, il n'y avait pas d'atmosphère ? Pourquoi cette différence ?

Chapitre 4

4.1 Qu'est-ce qui fait l'inégalité des jours et des nuits ?

4.2 Quand les jours et les nuits ont-ils la même durée (12 h) sur toute la Terre ?

4.3 Où, sur la Terre, les jours et les nuits ont-ils toujours la même durée (12 h) ?

4.4 Les droites joignant les points de l'écliptique γ et γ' d'une part, et h (solstice d'hiver) et e (solstice d'été) d'autre part, sont perpendiculaires. Le démontrer.

4.5 L'énergie rayonnante reçue par la Terre et celle qu'elle rayonne sont à peu près égales. Mais vers l'équateur, la puissance reçue est plus grande que celle émise, alors que, vers les hautes latitudes, c'est l'inverse. Comment cela est-il possible ?

Chapitre 5

5.1 Dessiner schématiquement une coupe verticale de l'atmosphère représentant la circulation générale atmosphérique et en particulier les cellules de Hadley, de Ferrel et polaires.

5.2 Qu'est-ce que le pot-au-noir ?

5.3 Une masse d'air se déplace horizontalement du N vers le S dans l'hémisphère nord. Elle est soumise à la force de Coriolis. Dans quel sens est-elle déviée ? Dans quel sens serait-elle déviée si elle se déplaçait dans l'hémisphère sud ?

5.4 Une masse d'air m qui se déplace horizontalement en partant d'un pôle est déviée (par rapport à un repère terrestre) par une force de Coriolis $Fc = 2m\cdot\omega\cdot v$ (v : vitesse de déplacement de la masse d'air, ω : vitesse angulaire de rotation de la Terre). Si elle se déplaçait horizontalement à la latitude 45°, que vaudrait Fc ? Et à l'équateur ? Réécrire F en fonction de la latitude φ.

Chapitre 7

7.1 Dessiner schématiquement une coupe verticale dans un cumulonimbus engendré par un front froid (forme du nuage, position du front, direction des vents, pluie, direction de l'avancée du front).

7.2 Dessiner schématiquement en plan et en coupe un cyclone extra-tropical.

7.3 Tracer schématiquement une courbe montrant la variation de la température de l'air au passage d'un cyclone extra-tropical (axe des x en heures de 0 à 30 ; axe des y, températures, échelle arbitraire). On posera que la traversée du front chaud s'effectue de 4 à 8 h, celle du front froid de 22 h à 26 h. Même chose pour la pression.

Chapitre 8

8.1 Dessiner schématiquement dans un diagramme avec en *x* les latitudes de + 90° à – 90° de l'océan Atlantique, et en *y* une échelle arbitraire, les variations 1) de la salinité, 2) de la température et 3) de la densité.

8.2 Qu'appelle-t-on couche de mélange ?

8.3 Qu'est-ce que la thermocline, la halocline, la pycnocline ?

8.4 Qu'est-ce que la couche de minimum d'oxygène ?

Chapitre 9

9.1 Qu'est-ce que la spirale d'Ekmann ? En faire un schéma.

9.1 Qu'est-ce qu'un upwelling ?

9.2 Qu'est-ce qui produit les upwellings ? Donner des exemples.

9.3 On distingue cinq grands gyres océaniques. Lesquels ? Donner leur sens de rotation.

9.4 Qu'est-ce que l'ENSO ? Décrire son mécanisme et en donner les effets.

9.5 Comment et où prend naissance la circulation thermohaline ?

9.6 Dessiner schématiquement une coupe nord-sud de l'océan Atlantique montrant les trois principales masses d'eau définies par leur salinité.

9.7 Quel est l'âge des masses d'eau profondes dans le nord de l'océan Pacifique ?

9.8 Donner, en quelques mots, le cheminement du Conveyor belt à partir des plongées d'eau profonde (mer du Labrador, mer de Weddell).

Chapitre 10

10.1 Qu'est-ce qui caractérise la zonalité des climats ?

10.2 Qu'est-ce que l'azonalité des climats ?

10.3 Décrire le fonctionnement de la mousson asiatique.

10.4 Décrire le mécanisme d'un épisode cévenol.

10.5 Décrire le mécanisme du foehn.

10.6 Qu'est-ce qu'un vent catabatique ?

Chapitre 11

11.1 Qu'est-ce qu'un biome ?

11.2 Donner les noms et les caractéristiques de quelques biomes dans un ordre logique à partir de l'équateur.

11.3 Quels sont les cinq étages végétaux que l'on distingue généralement dans les Alpes ? Donner leur définition en termes de végétaux.

Chapitre 12

12.1 Köppen a défini cinq grands groupes de climats, désignés de A à E. Lesquels ?

Chapitre 13

13.1 En quelle année Horace-Bénédict de Saussure est-il parvenu au sommet du mont Blanc ?

13.2 Qui était Jean-Pierre Perraudin ? Quel a été son apport dans le domaine de la paléoclimatologie ?

13.3 Qui était Louis Agassiz ? Pouvez-vous donner ses dates de naissance et de décès (au moins approximativement…) ? Quel a été son apport dans le domaine de la paléoclimatologie ?

13.4 Qu'appelait-on « blocs erratiques » ? Comment expliquait-on leur présence avant Louis Agassiz et comment l'explique-t-on aujourd'hui ?

13.5 Au début du XXe siècle, on a distingué quatre stades dans les glaciations du Quaternaire, stades définis par des terrasses et désignés par les noms d'affluents du Danube. Lesquels (leur ordre alphabétique correspond à leur ordre chronologique) ?

Chapitre 14

14.1 Qu'est-ce qu'un *proxy* ? (au pluriel *proxies*).

14.2 Dans le langage climatologique, qu'appelle-t-on fonction de transfert ?

14.3 Qu'est-ce que la période de calibration d'une fonction de transfert ?

14.4 Qu'est-ce qu'une régression linéaire ?

14.5 Qu'est-ce qu'un isotope ? Donner des exemples d'isotopes stables et d'isotopes radioactifs.

14.6 Quelles sont leurs différences en termes de propriétés physiques ou chimiques ?

14.7 Faites un schéma d'un spectromètre de masse.

14.8 Qu'est-ce qu'un signal ? Qu'est-ce que le bruit ?

14.9 Que faut-il pour transformer en signal une série de proxies, provenant, par exemple, de l'étude d'une carotte de sédiments ?

14.10 Comment peut-on mettre en évidence les composantes périodiques existant dans un signal ?

Chapitre 15

15.1 Qu'est-ce qu'une chronologie relative ? Une chronologie absolue ? Une chronologie flottante ? Donner des exemples.

15.2 Définir en quelques mots la biostratigraphie, l'orbitochronologie, la stratigraphie isotopique, la magnétostratigraphie, la téphrochronologie, la dendrochronologie, la sclérochronologie.

15.3 Qu'est-ce qu'une varve, au sens strict et au sens large ?

15.4 Qu'est-ce que le radiocarbone ?

15.5 Qu'appelle-t-on demi-vie d'un isotope radioactif ? Quelle est celle du radiocarbone (à 500 ans près...) ?

15.6 Expliquer le principe de la datation de restes végétaux (par exemple charbons de bois) par le radiocarbone.

15.7 Qu'appelle-t-on un âge BP ? Et un âge BP calibré ?

15.8 Expliquer succinctement le principe de la calibration des âges radiocarbone.

Chapitre 16

16.1 Donner des exemples, en quelques mots, de reconstitutions de paramètres climatiques obtenues à partir des archives historiques.

16.2 Dans une carotte prélevée dans un glacier, que peut-on tirer de l'analyse du $\delta^{18}O$ de la glace ? De son δD (deutérium) ? Des bulles d'air qu'elle inclut ? Des poussières qu'elle renferme ?

16.3 Quelles sont les principales traces des glaciers qui permettent d'en déterminer l'extension passée ?

16.4 Qu'est-ce qu'un pergélisol (ou permafrost) ?

16.5 Qu'est-ce qu'un lœss ? Comment se forme-t-il et que peut-on en tirer du point de vue paléoclimatique ?

16.6 Qu'est-ce qu'une terrasse fluviatile ? Comment peut-on expliquer sa formation en prenant en compte l'alternance de phases de glaciations ?

16.7 Qu'est-ce qu'un spéléothème ? Donner des exemples.

16.8 Qu'est-ce que le gradient géothermique ? Quelle est sa valeur moyenne près de la surface de la Terre ?

16.9 Expliquer comment le gradient géothermique peut se modifier en profondeur du fait de variations climatiques (éventuellement dessiner un schéma) ?

16.10 Expliquer le fonctionnement d'un carottier à piston de type Kullenberg (avec schémas).

16.11 Qu'est-ce que la bioturbation des sédiments ?

16.12 Qu'est-ce que l'anoxie des fonds marins ou lacustres ? Comment peut-on, en principe, la détecter par l'examen d'un sédiment ?

16.13 Que sont les évaporites ? De quoi sont-elles ordinairement composées ? Que peut-on conclure, du point de vue paléoclimatologique, de leur présence dans une série sédimentaire ?

16.14 Que peut-on conclure, du point de vue paléoclimatologique, de la présence de colonies de madréporaires dans une série sédimentaire ?

16.15 Qu'est-ce que la glendonite ? Que peut-on conclure, du point de vue paléoclimatologique, de sa présence dans une série sédimentaire ?

16.16 Retrouver des restes de dunes éoliennes dans une série sédimentaire amène à conclure qu'à l'époque de leur dépôt le climat était désertique. Mais comment être sûr qu'il s'agit bien d'un dépôt éolien ? Et comment peut-on retrouver quelle était la direction principale du vent ? (Faire un schéma.)

16.17 En quelques mots, comment peut-on utiliser les espèces de foraminifères extraits de sédiments pour évaluer la température des eaux où ils ont vécu ?

16.18 Comment la mesure du $\delta^{18}O$ du test des foraminifères permet-elle d'évaluer la température des eaux où ils ont vécu ? Doit-on pour cela connaître le $\delta^{18}O$ de ces eaux ?

16.19 Comment une période glaciaire modifie-t-elle le $\delta^{18}O$ des eaux marines ? Quelle est la conséquence de cette modification pour l'interprétation de la mesure du $\delta^{18}O$ du test des foraminifères pour évaluer la température des eaux où ils ont vécu ?

16.20 Comment peut-on reconstituer les variations du niveau marin à partir de l'étude des récifs coralliens ?

16.21 Qu'est-ce que la dendroclimatologie ?

16.22 Qu'est-ce que la palynologie ?

16.23 Comment peut-on utiliser les diagrammes polliniques à ces fins paléoclimatologiques ?

16.24 Qu'est-ce que la physionomie foliaire et comment peut-on l'utiliser à ces fins paléoclimatologiques ?

Chapitre 17

17.1 Dans un système, qu'est-ce qu'une rétroaction ? Qu'est-ce qu'une rétroaction positive ? Une rétroaction négative ? Donner des exemples.

17.2 Quels sont les cinq principaux éléments du système climatique ?

17.3 Qu'est-ce que le bilan énergétique de la Terre dans le domaine des rayonnements solaire et terrestre ?

17.4 Qu'appelle-t-on forçage dans le vocabulaire de la climatologie ?

17.5 Qu'est-ce qu'un forçage non radiatif ? Donner des exemples.

17.6 Qu'est-ce qu'un forçage radiatif ? Donner des exemples.

Chapitre 18

18.1 Quelles sont les trois pompes océaniques du carbone ?

Chapitre 19

19.1 Quelles sont les principales causes naturelles de modification du climat ?

Chapitre 20

20.1 Quels sont les éléments variables de l'orbite terrestre ? À quelles périodes (approximatives) varient-ils ?

20.2 Que sont la précession générale et la précession climatique ? En quoi sont-elles différentes ? Et pourquoi l'adjectif « climatique » ?

20.3 La durée des saisons est variable. Expliquer pourquoi.

20.4 La durée des saisons dépend de la précession mais aussi de l'excentricité. Comment ?

20.5 Si une saison est longue, la quantité de rayonnement reçue du Soleil chaque jour est-elle plus grande ou plus petite que si cette même saison était courte ?

20.6 Pour Milankovitch, le déclenchement d'une période glaciaire était-il favorisé par une saison chaude de l'hémisphère nord courte ou longue ?

20.7 Quels sont les pics que montre l'analyse spectrale des variations de l'insolation ? Y voit-on un pic correspondant à l'excentricité ? Pourquoi ?

Chapitre 21

21.1 Si l'on compare la courbe des variations de l'insolation sur 800 000 ans, calculées à 40 °N à celle du $\delta^{18}O$ de tests de foraminifères (qui peut être comprise comme représentant les variations du stock mondial de glaces), on les trouve très différentes. Cependant, elles présentent, concernant les fréquences, un point commun. Lequel ?

20.2 En termes généraux, comment peut-on expliquer les différences entre les variations de l'insolation liées aux irrégularités de l'orbite terrestre et les variations du stock de glaces durant le Quaternaire ?

Chapitre 22

22.1 Dans l'ensemble, le climat de la Terre est chaud. Mais il est coupé, dans le temps, par des périodes froides plus ou moins importantes. On en retient généralement six majeures. Pouvez-vous dire lesquelles et, si possible, préciser leur âge ?

22.2 Des disparitions marquées de faunes, ou de flores, se sont produites à certains moments de l'histoire géologique. Le terme de crise a souvent été employé pour les caractériser. Les causes en sont encore controversées (changements climatiques résultant d'émissions volcaniques, chutes de météorites ?). Cinq de ces crises sont majeures. Pouvez-vous donner leur âge stratigraphique et quelques détails sur les disparitions de flore ou de faune les caractérisant ?

22.3 Qu'est-ce que le paradoxe du jeune Soleil faible ?

22.3 En paléoclimatologie, qu'entend-on par *snowball* ?

22.4 Que sont les « cap carbonate » au Protérozoïque ?

22.5 Où se situe le pôle Sud au moment de la glaciation fini-ordovicienne (par rapport aux continents actuels) ?

22.6 Où se situe le pôle Sud au moment de la glaciation carbonifère ?

22.7 Où se situaient les glaciers durant le Mésozoïque ?

22.8 Beaucoup d'espèces animales disparaissent à la limite Mésozoïque-Cénozoïque ? Comment explique-t-on cette disparition ?

22.9 À la fin du Paléocène (vers 55 Ma), on a détecté une brusque excursion négative du $\delta^{13}C$ interprétée comme la marque d'un réchauffement transitoire. Comment explique-t-on celui-ci ?

22.10 Que sont les événements Dansgaard-Oeschger ?

22.11 Que sont les événements de Heinrich ?

22.12 Comment explique-t-on les événements Dansgaard-Oeschger et de Heinrich ?

22.13 Que nomme-t-on Dryas récent ?

22.14 Où a-t-on fixé la limite de la base de l'Holocène ?

Chapitre 23

23.1 Quelle était la concentration de l'atmosphère en CO_2 vers 1750 et en 2015 (en ppmv) ?

23.2 Quelle a été l'élévation de température moyenne de la basse troposphère depuis les années 1880 ?

23.3 À quoi attribue-t-on la montée de la température depuis le début de l'ère industrielle (1750) ?

23.4 Qui a été le principal analyste du CO_2 atmosphérique à partir de 1959 ?

23.5 Que signifient les sigles GIEC et IPCC ?

23.6 Qu'est-ce que le GIEC ?

23.7 Que désigne-t-on par le sigle de RCP ?

Quelques exercices pour ceux qui ne reculent pas devant des calculs !

C1 En utilisant un tableur (par exemple Excel) et la formule de Planck (encart 2.2), calculer et dessiner l'irradiance spectrale (axe des *y*) du corps noir pour 5 780 K (axe des *x* : longueurs d'onde en micromètres, échelle linéaire).

C2 Même chose que C1 avec 6 000 K et 255 K (axe des *x* : longueurs d'onde de 0,1 à 100 micromètres, échelle logarithmique).

C3 Pression de vapeur d'eau. Avec un tableur (par exemple Excel), calculer et dessiner la courbe correspondante (avec un pas de 1 °C) de :

1) La pression de vapeur d'eau saturante de – 40 °C à 30 °C ;

2) La pression de vapeur d'eau saturante de – 40 °C à 0 °C, avec la courbe de vapeur d'eau saturante en présence de glace.

On donne pour l'eau liquide : $p_w = 6{,}112 \exp(17{,}62\, t/(243{,}12 + t))$ et, pour la glace : $p_i = 6{,}112 \exp(24{,}46\, t/(272{,}62 + t))$, avec *t* en degrés Celsius (°C).

C4 Soit le tableau de valeurs de précipitations ci-dessous (il correspond à la figure A.1 de l'avant-propos).

	Janv.	Fév.	Mars	Avril	Mai	Juin	Juillet	Août	Sept.	Oct.	Nov.	Déc.
Valentia (1 415 mm)	140	132	114	94	81	81	97	122	104	142	140	168
Calcutta (1 492 mm)	10	28	35	51	127	284	308	292	229	110	13	5

Calculer la moyenne des précipitations et leur écart-type (voir annexe 4). Que peut-on en conclure ?

C5 En utilisant un tableur (par exemple Excel), calculer la décroissance de la luminosité solaire depuis la formation de la Terre jusqu'à aujourd'hui en valeurs et en pourcentages par rapport à l'actuel, puis tracer la courbe de ce pourcentage en fonction du temps (avec un pas de temps de 0,5 Ga).

Pour ce calcul, on prendra la formule de Gough : $S_t = S/(1 + 0{,}4(1 - t/t_0))$, S_t étant la luminosité à l'instant *t* (compté en millions d'années depuis la formation de la Terre), *S* la luminosité actuelle (1 370 W/m^2) et t_0 étant égal à 4,57 Ga.

C6 Cet exercice s'adresse à ceux qui ont l'expérience de la programmation car Excel n'est pas indiqué pour cela. On peut par exemple utiliser un langage BASIC (QB64, logiciel libre, peut s'utiliser sous Windows 10).

En se référant à la formule du paramètre de précession climatique donnée dans l'encart 20.1, la calculer de – 800 000 ans à l'actuel et dessiner la courbe correspondante. Comparer avec la figure 20.3.

Ne pas oublier les conversions des degrés (ou des minutes) en radians, car les langages de programmation ne connaissent qu'eux !

On utilisera le tableau de valeurs suivantes (faire un fichier texte extérieur à lire, ou insérer ces valeurs dans le programme en DATA), donnant 10 lignes de valeurs, séparés par des virgules respectivement de droite à gauche, l'amplitude (P_i) la vitesse de déplacement du point gamma (α_i, « *Mean rate* » en secondes d'arc par an) et la phase β_i (en degrés).

0.0186080, 54.646484, 32.01

0.0162752, 57.785370, 197.18

–0.0130066, 68.296539, 311.69

0.0098883, 67.659821, 323.59

–0.0033670, 67.286011, 282.76

0.0033308, 55.638351, 90.58

–0.0023540, 68.670349, 352.52

0.0014002, 76.656036, 131.83

0.0010070, 56.798447, 157.53

Réponses aux questions et aux exercices

Chapitre 1

1.1 L'oxygène (sous forme de dioxygène O_2), pour environ les trois quarts (plus exactement 78 %) et l'azote (sous forme de diazote N_2), pour environ un quart (plus exactement 21 %).

1.2 0,03 %.

1.3 10 km.

1.4 Entre 20 et 30 km d'altitude.

1.5 3 mm (on dit 300 unités Dobson).

Chapitre 2

2.1 Parce que le flux de rayonnement solaire intercepté par la Terre est proportionnel à la surface S d'un disque de même rayon R qu'elle (soit $S = \pi R^2$) et que la surface totale de la Terre est quatre fois plus grande, étant égale à $4\ \pi R^2$ (voir figure 2.1).

2.2 Le corps noir est un corps idéal qui absorbe toutes les radiations électromagnétiques qu'il reçoit.

2.3 C'est la loi de Stéphan : $W = \sigma \cdot T^4$.

2.4 C'est la loi de Wien : $L_{max} = 2\,898/T$.

2.5 C'est la vapeur d'eau (voir figure 2.4).

Chapitre 3

3.1 C'est la proportion de rayonnement électromagnétique (en général lumière) renvoyé sans changement par un corps.

3.2 Une surface éclairée par le Soleil va s'échauffer à une certaine température d'équilibre et rayonner des infrarouges correspondant à cette température. Si on intercale entre le Soleil et cette surface un corps transparent aux longueurs d'ondes visibles, mais absorbant en partie les infrarouges, une certaine proportion de ces derniers seront renvoyés vers le corps, ce qui le contraindra à se porter à une température supérieure.

3.3 La température serait de –18 °C (si l'albédo n'avait pas changé…). Avec une atmosphère, les gaz à effet de serre qu'elle contient (OH_2, CO_2, CH_4, etc.) renvoient vers le sol une partie des infrarouges qu'il émet, ce qui produit son échauffement (voir figure 3.3).

Chapitre 4

4.1 C'est l'inclinaison de l'axe de rotation de la Terre par rapport au plan de l'écliptique (voir figure 4.2).

4.2 Aux équinoxes (voir figure 4.3).

4.3 À l'équateur (voir figure 4.2).

4.4 Aux équinoxes, le cercle d'illumination passe par les pôles : les points H et E seront donc opposés par rapport au Soleil. Aux solstices, il en est le plus éloigné : les points γ et γ' seront alignés avec le Soleil, la Terre sera à une position intermédiaire entre les équinoxes et les droites HE et $\gamma\gamma'$ seront perpendiculaires.

4.5 Cela se fait par un transfert de chaleur vers les pôles par la circulation générale atmosphérique et les courants marins.

Chapitre 5

5.1 Même si on ne dessine pas bien, il est essentiel de retenir ce schéma. Voir la figure 5.5.

5.2 Ce sont les zones océaniques situées à l'endroit de la convergence intertropicale, habituellement très nuageuses et pluvieuses et redoutées des navigateurs à voile par leur absence de vents.

5.3 Vers la droite dans le premier cas, vers la gauche dans le second.

5.4 Il faut projeter ce qui se passe au pôle sur un plan horizontal à la latitude $\varphi = 45°$, ce qui donne $Fc_{45} = 2m \cdot \omega \cdot v \cdot \sin(45°)$, soit $Fc_{45}/Fc = 0{,}70$.
À l'équateur, on aura $Fc_0 = 0$ (car $\sin(0°) = 0$).
De façon générale, on peut écrire $Fc = 2m \cdot \omega \cdot v \cdot \sin(\varphi)$.

Chapitre 7

7.1 Voir figure 7.1.

7.2 Voir figure 7.4.

7.3 Voir figure 7.5.

Chapitre 8

8.1 Voir figure 8.3.

8.2 C'est la partie superficielle de l'océan, épaisse de quelques mètres à quelques dizaines de mètres, où la turbulence, trouvant son origine essentiellement dans l'action du vent, engendre le brassage des eaux et l'activation des échanges avec l'atmosphère.

8.3 Ce sont des couches de l'océan, couramment épaisses de quelques dizaines de mètres, marquées par de forts gradients, respectivement de température, de salinité ou de densité, entre des eaux de surface et des eaux plus profondes.

8.4 C'est une couche des eaux océaniques, qui peut exister à des profondeurs moyennes, où l'oxygène dissous est moins concentré que dans les eaux sus-jacentes ou sous-jacentes.

Chapitre 9

9.1 C'est une représentation, en forme d'escalier à vis, de l'action de la force de Coriolis sur les courants marins superficiels. Voir figure 9.1.

9.1 C'est une remontée d'eau profonde océanique à la surface.

9.2 C'est le frottement du vent sur la surface océanique qui, dans certaines conditions, produit les upwellings : il entraîne des eaux superficielles qui, déviées par la force de Coriolis, sont remplacées par des eaux profondes. Exemples, upwellings côtiers (Californie, etc.), upwellings équatoriaux (produits par les alizés), upwellings des tourbillons cycloniques.

9.3 Gyres nord-atlantique, nord-pacifique, sud-atlantique, de l'océan Indien, sud-pacifique. Les deux premiers tournent dans le sens des aiguilles d'une montre, les trois autres dans le sens inverse.

9.4 L'ENSO (*El Niño-Southern Oscillation*) est une oscillation des masses d'eaux du Pacifique proches de l'équateur.

On constate un basculement entre deux situations : situation El Niño (aux environs de Noël, des eaux chaudes bloquent un upwelling engendré par les alizés sur les côtes du Pérou ; situation inverse dite La Niña.

Ce basculement correspond à celui des centres de pression entre la partie est et la partie ouest du Pacifique central et à celui de la circulation de Walker dans ces régions.

Un effet des périodes El Niño concerne la pêche sur la côte du Pérou (peu rentable alors), un autre l'établissement de sécheresses sur l'Australie, l'Indonésie et le Brésil, et l'augmentation des précipitations sur le nord-est de l'Amérique, le sous-continent indien et le centre de l'Afrique.

9.5 La circulation thermohaline s'explique par un plongement des eaux superficielles océaniques consécutif à une augmentation de leur densité due à leur refroidissement et à l'augmentation de leur salinité lorsque la banquise (qui ne concentre pas le sel) se forme à leurs dépens.

Ces eaux se forment, au Nord, dans la mer du Labrador, et au Sud, dans la mer de Weddell.

9.6 Voir la figure 9.12 qu'il faut retenir, au moins grossièrement.

9.7 Environ 1 500 ans.

9.8 Si l'on part de la mer du Labrador, ces eaux plongent et suivent la côte est américaine, puis, vers l'Est, gagnent le Pacifique où, se réchauffant, elles remontent et regagnent l'Atlantique par le nord de l'Australie et le sud de l'Afrique. Les plongées d'eau de la mer de Weddell rejoignent ces courants profonds au sud de l'Afrique.

Chapitre 10

10.1 Cette zonalité est marquée par leur répartition dans l'ensemble selon des bandes parallèles à l'équateur.

10.2 C'est une répartition des climats qui ne se fait pas selon des bandes est-ouest mais selon des orientations dépendant essentiellement de la répartition des terres et des mers.

10.3 En été, le sud de l'Eurasie (Tibet, Himalaya) et l'Inde s'échauffent beaucoup plus que l'océan Indien et les pressions y sont bien plus faibles. Il s'ensuit un déplacement des masses d'air vers le NE (figure 10.3). Venues de l'océan, ces masses d'air sont humides et entraînent des pluies torrentielles sur le continent avec des inondations souvent catastrophiques. En hiver, le continent se refroidit davantage que l'océan et est le siège de hautes pressions. Le sens de déplacement des masses d'air s'inverse. Elles viennent alors du NE et sont très sèches, puisqu'il s'agit d'air venu du continent asiatique.

10.4 Si des masses d'air humides sont entraînées vers le nord depuis le golfe du Lion, elles vont rencontrer les hauteurs cévenoles, être forcées à s'élever, se refroidir par détente adiabatique et déverser des pluies abondantes. Ces circonstances se rencontrent en automne, lorsque les eaux de la Méditerranée sont encore chaudes et que des hautes pressions en place en Europe centrale entraînent des vents orientés vers le nord sur le golfe du Lion.

10.5 Si des masses d'air humide sont soumises à une montée forcée sur des reliefs, elles se refroidissent et perdent leur humidité en engendrant des précipitations. Si elles franchissent la barre des reliefs, elles vont redescendre et se comprimer de nouveau. Cette compression adiabatique va entraîner leur réchauffement ; mais, pour une même différence d'altitude, elles se réchaufferont davantage dans leur descente qu'elles ne se sont refroidies dans leur montée car le gradient adiabatique, obligatoirement sec dans cette descente, est plus grand que le gradient en partie humide (et plus faible) de la montée. Ainsi, c'est un vent sec et chaud (foehn ou chinook) qui soufflera au pied de ces reliefs. Ce phénomène s'observe dans différents reliefs (Alpes en Europe, montagnes Rocheuses aux États-Unis, etc.)

10.6 Un vent catabatique est un vent froid qui descend de hauteurs, étant plus dense que les masses d'air moins froides plus basses.

Chapitre 11

11.1 C'est une association végétale et animale suffisamment homogène et suffisamment caractéristique pour être distinguée d'autres associations.

11.2 Voici quelques réponses : forêt intertropicale ou pluviale (températures élevées, précipitations abondantes, arbres de grande taille au feuillage persistant) ; savane (régions chaudes à saison sèche marquée, précipitations de l'ordre de 1 000 mm par an, arbres éloignés les uns des autres par des espaces ou croissent des herbes hautes) ; steppe (températures entre 6 °C et 12 °C, saison sèche marquée avec précipitations entre 400 et 600 mm, associations composées uniquement ou essentiellement de plantes herbacées), semi-désert (températures élevées, végétation rare), forêt méditerranéenne (températures et précipitations moyennes, petits arbres adaptés à la sécheresse), forêt tempérée, forêt boréale (basses températures, résineux), toundra (basses températures, pergélisols, absence presque complète d'arbres).

11.3 Étage collinéen (forêts de feuillus) ; étage montagnard (forêts de sapins et de feuillus) ; étage subalpin (forêts de mélèzes et de pins) ; étage alpin (pelouse alpine) ; étage nival (lichens). Voir tableau 11.1.

Chapitre 12

12.1 A : climats tropicaux pluvieux, B : climats secs, C : climats humides tempérés, D : climats boréaux subarctiques, E : climats neigeux. (Bien des variantes existent à partir de ces divisions). Voir chapitre 12.

Chapitre 13

13.1 1787. Bien qu'anecdotique, cette date est intéressante parce qu'elle marque une étape importante dans l'étude des massifs alpins et de phénomènes glaciaires, initiée par de Saussure. Elle est facile à retenir : 2 ans avant la Révolution française !

13.2 Bien que simple paysan suisse et chasseur de chamois, Perraudin a été le premier à laisser une trace écrite de l'idée que les glaciers alpins avaient, jadis, été bien plus étendus qu'aujourd'hui.

13.3 Agassiz s'est surtout illustré dès sa jeunesse par ses travaux sur la paléontologie des poissons. Il a été celui qui a généralisé et popularisé l'idée d'un « âge de la glace ». Né en Suisse en 1807, il est mort à Cambridge (Massachusetts, États-Unis) en 1873 (on peut retenir, au moins, qu'il a vécu pendant les trois premiers quarts du XIXe siècle).

13.4 On a appelé blocs erratiques des blocs rocheux reposant, dans la plaine suisse, et sur la partie sud-est du Jura, sur un substratum de molasse oligo-miocène ou de terrains jurassiques ou crétacés surtout calcaires. La nature pétrographique de ces blocs, souvent granitique ou métamorphique montre qu'ils ont une origine lointaine car, dans cette région, ce n'est que dans les Alpes que ce type de roches affleure. On a imaginé divers mécanismes pour expliquer leur transport (crues, mouvements tectoniques, etc.) maintenant reconnu comme dû à la poussée de glaciers largement étendus pendant les glaciations quaternaires.

13.5 Les noms de ces quatre stades sont Günz, Mindel, Riss et Würm. On les a fait précéder par les stades Biber et Donau.

Chapitre 14

14.1 Un proxy est une caractéristique d'un enregistrement (espèces de foraminifères dans les sédiments, isotopes dans la glace, épaisseur des cernes dans le bois, etc.) qui peut donner des indications sur le climat du passé, étant porteur d'une information corrélée, au moins en partie, aux paramètres de ce climat.

14.2 Une fonction de transfert est une fonction qui, à partir de caractéristiques d'enregistrements climatiques (proxies), donne la valeur (avec une certaine approximation) de paramètres climatiques (notamment la température).

14.3 C'est un laps de temps où l'on possède à la fois la mesure de paramètres climatiques (par ex. température) et la valeur de proxies correspondants, ce qui permet, par des méthodes statistiques (par ex. régression linéaire) d'établir une fonction de transfert.

14.4 La régression linéaire est une opération statistique qui permet de calculer au mieux une relation linéaire $y = ax + b$ entre une variable contrôlée x (par exemple température mesurée) et une variable aléatoire y dépendante de x (par exemple proxy).

14.5 On appelle isotopes, des éléments chimiques dont les atomes comportent le même nombre de protons (électriquement positifs) mais un nombre de neutrons (sans charge électrique) différents. Exemples d'isotopes stables : ^{16}O, ^{18}O, ^{13}C. Exemples d'isotopes radioactifs : ^{10}Be, ^{14}C, ^{40}K, ^{235}U.

14.6 Les isotopes ont le même numéro atomique (c'est le nombre de leurs protons) mais des masses atomiques différentes (c'est le total de leurs nucléons : protons et neutrons). Comme les propriétés chimiques de ces éléments sont liées au nombre de leurs protons, les isotopes d'un même élément ont des propriétés chimiques identiques : ils sont inclus indistinctement dans des composés les contenant. Mais comme la masse de leurs atomes n'est pas la même, ils ont des propriétés physiques légèrement différentes : eux, ou leurs composés, sont affectés différemment par des transformations physiques telles que fusion, cristallisation, évaporation, etc.

14.7 Voir figure 14.8.

14.8 Un signal est une quantité variable en fonction du temps et qui porte une information. Le bruit est toute variation indésirable qui se superpose à un signal.

14.9 Il faut dater ces proxies pour en faire une série temporelle.

14.10 Cette mise en évidence peut se faire par analyse spectrale et notamment la transformée de Fourier (voir figure 14.9).

Chapitre 15

15.1 Une chronologie relative permet de dire seulement si un événement est antérieur ou postérieur à un autre, ou s'il en est contemporain, sans considération de leur datation en unités de temps. Une chronologie absolue donne la valeur du temps. Une chronologie flottante est une chronologie s'appliquant, avec un certain degré de précision, à un enregistrement sans que l'on puisse donner une valeur en temps à ces mesures.

15.2 La biostratigraphie consiste à utiliser le contenu en fossiles de sédiments pour l'établissement d'une chronologie relative de ces dépôts.

L'orbitochronologie permet d'établir une chronologie des variations climatiques basée sur les cyclicités de l'orbite terrestre.

La stratigraphie isotopique utilise des enregistrements isotopiques datés pour, par comparaison, dater d'autres courbes isotopiques.

La magnétostratigraphie permet de dater des enregistrements paléomagnétiques par comparaison avec des échelles d'enregistrements paléomagnétiques d'âges connus.

La téphrochronologie utilise les niveaux de projections volcaniques pour établir des stratigraphies (par comparaisons ou datations isotopiques).

La dendrochronologie établit des chronologies par comptage des cernes du bois et par comparaison entre différents bois.

La sclérochronologie établit des chronologies par comptage des stries d'accroissement de formations squelettiques d'organismes marins (bivalves, madréporaires, etc.)

15.3 Les varves sont de fins feuillets de sédiments lacustres annuels dont la structure résulte de l'alternance du dépôt de particules fines (lors de l'hiver, où les rivières gelées n'apportent pas ou peu de sédiments) ou plus grossières (après leur dégel). Au sens large, on parle de varve pour tout sédiment montrant des alternances de feuillets annuels.

15.4 On appelle parfois radiocarbone l'isotope radioactif ^{14}C du carbone.

15.5 La demi-vie (ou période) d'un élément radioactif est le temps qu'il met à perdre la moitié de sa masse. Pour le ^{14}C, la demi-vie est 5 568 ans pour Libby, 5 730 ans pour une valeur plus exacte dite de Cambridge. (Retenir au moins qu'elle est de l'ordre de 5 500 ans.)

15.6 Le carbone du bois provient du gaz carbonique de l'air et contient les mêmes proportions d'isotopes que lui. À partir de la mort de l'arbre, la proportion de carbone radioactif diminue en fonction du temps. La mesure de ce qu'il en reste dans cet arbre (ou dans du charbon de bois qui en provient) permet de calculer depuis combien de temps cet arbre est mort.

15.7 Un âge BP est un âge mesuré par le calcul de la décroissance radioactive du ^{14}C en prenant comme origine l'année 1950. Un âge BP calibré est un âge BP corrigé par rapport à des chronologies précises connues par ailleurs (dendrochronologie, âge U/Th, etc.). On l'écrit « calBP ».

15.8 Le principe de la calibration est de faire correspondre un âge donné par une mesure de radiocarbone à une courbe dite de calibration obtenue à partir de chronologies calendaires. Les intersections de l'âge radiocarbone avec la courbe de calibration donnent un ou plusieurs âges calibrés, éventuellement affectés d'une certaine probabilité (voir figure 15.15).

Chapitre 16

16.1 Mesures de températures depuis le XVIIe siècle, embâcles et débâcles de la banquise, date du gel de canaux, crues du Nil, fleurissement des cerisiers du Japon, dates de vendanges, etc.

16.2 L'analyse du $\delta^{18}O$ ou du δD de la glace permet d'évaluer la température lors de sa formation car il existe une très bonne corrélation linéaire entre elle et ces isotopes (voir figure 16.5). Les bulles d'air contenues dans la glace permettent de reconstituer l'évolution de la composition de l'atmosphère durant son dépôt. Les poussières qu'elle renferme, donnent, par leur concentration, une idée de l'étendue des zones arides dont elles proviennent et de l'existence d'éruptions volcaniques.

16.3 Stries glaciaires, roches moutonnées, moraines, vallées glaciaires (en auge), etc.

16.4 C'est un sol gelé en permanence sur plusieurs dizaines ou centaines de mètres. Seule sa partie superficielle (sol actif) dégèle en été.

16.5 C'est un sédiment continental formé par l'accumulation de très fines particules entraînées par le vent. Comme ces particules sont arrachées à des zones désertiques (notamment celles qui se trouvent au front des calottes polaires), on fait correspondre ces accumulations aux épisodes glaciaires qui peuvent ainsi se refléter dans la superposition de plusieurs couches de lœss.

16.6 C'est une surface d'anciens dépôts alluviaux qui se sont formés lorsqu'un cours d'eau se raccordait à un niveau de base plus élevé qu'aujourd'hui et qui sont entaillés par la vallée actuelle.

Le long des fleuves, on observe des terrasses, dites climatiques, dont le développement s'explique par les variations d'intensité du creusement ou de l'alluvionnement de ces cours d'eau selon les caractéristiques variables des climats. Chaque terrasse correspondrait à une moindre activité des cours d'eau durant un épisode glaciaire.

16.7 On appelle spéléothèmes les concrétions qui se forment dans les grottes lors de l'évaporation des eaux qui y percolent. Exemples : stalactites, stalagmites, colonnes, draperies, planchers et enduits stalagmitiques.

16.8 C'est l'augmentation de la température en fonction de la profondeur. Valeur moyenne, 1 °C pour 33 m.

16.9 Le gradient thermique résulte d'un équilibre entre la chaleur venue de l'intérieur de la Terre (du fait de la radioactivité des roches profondes) et celle de la surface. Il peut être modifié par une variation de cette dernière résultant de variations climatiques (voir figure 16.18).

16.10 Le carottier est d'abord descendu lentement. Lorsque son contrepoids, qui est lui-même un petit carottier, touche le fond de la mer, il déclenche la chute brutale du carottier. Le carottier s'enfonce alors rapidement dans le sédiment protégé par le piston qui reste au niveau du fond sous-marin.

16.11 La bioturbation est le labourage que font subir au sédiment superficiel les animaux fouisseurs.

16.12 L'anoxie des fonds marins ou lacustres est l'absence d'oxygène dissous dans les eaux de ces fonds.

Il en résulte une absence de vie sur ces fonds, donc pas de bioturbation, ce qui fait que les sédiments présentent alors très fréquemment une structure varvée correspondant à des variations annuelles dans la sédimentation.

16.13 Les évaporites sont des dépôts résultant de l'évaporation d'eaux chargées en sels dissous. Elles sont généralement composées de gypse ($CaSO_4$, $2H_2O$), d'anhydrite ($CaSO_4$), de sel gemme (ou halite), ainsi que de carnallite ($KMgCl_3$, 6 H_2O) et de sylvite (KCl). Leur présence, dans des séries sédimentaires, indique des conditions d'aridité et une situation géographique très vraisemblablement entre les 45e parallèles.

16.14 La présence de colonies de madréporaires dans une série sédimentaire fait conclure à un environnement d'eaux chaudes, transparentes et peu profondes, vraisemblablement situées entre les trentièmes parallèles.

16.15 La glendonite est une pseudomorphose en calcite d'ikaïte ($CaCO_3$, $6H_2O$), se présentant souvent sous forme de boule hérissée et qui ne se forme que dans des eaux froides (moins de 7 °C). On en fait un marqueur de périodes glaciaires.

16.16 Les grains de sable des dunes éoliennes ont, au microscope, un aspect particulier dit rond mat, engendré par le mode de transport de ces grains.

Le vent transporte les grains de sable jusqu'au sommet des dunes ; ils roulent ensuite sur la pente (atteignant au maximum 34°) sous le vent. La pente des lits sableux successifs, quand on l'observe dans des sédiments anciens, permet de déterminer la direction des vents qui les ont engendrés (voir figures 16.23 et 16.24).

16.17 Les espèces de foraminifères extraits de sédiments peuvent être utilisées pour évaluer la température des eaux où elles ont vécu, soit en comparant leurs assemblages aux assemblages actuels (par des méthodes statistiques, *cf.* Imbrie et Kipp), soit en considérant l'abondance d'espèces particulièrement sensibles à la température.

16.18 Le $\delta^{18}O$ du test des foraminifères dépend de la température dans laquelle ce test s'est formé. Sa mesure permet donc d'évaluer cette température.

Pour cela, il faut connaître quel était le $\delta^{18}O$ de ces eaux à l'époque. Il varie pendant les périodes glaciaires.

16.19 La vapeur d'eau qui provient de l'évaporation de l'eau marine s'enrichit en ^{16}O. Si elle précipite en neige et vient augmenter les stocks de glace des calottes polaires, l'eau marine va s'enrichir en ^{18}O. Pendant les périodes glaciaires, ce phénomène est plus important que la variation du $\delta^{18}O$ du test des foraminifères dû aux variations de la température et le masque.

Ainsi, si l'on peut, grâce à la mesure de ce $\delta^{18}O$, évaluer la température des eaux dans un monde sans glace, on ne le pourra pas (ou très difficilement) lors de glaciations.

16.20 En datant ces récifs à différents niveaux de leur édifice puisque ces formations se construisent toujours près de la surface de la mer.

16.21 La dendroclimatologie est la reconstitution des évolutions climatiques par l'étude des cernes des arbres.

16.22 La palynologie est principalement l'étude des pollens et des spores, mais aussi celle des organismes microscopiques à paroi organique (acritarches, chitinozoaires, dinoflagellés, etc.) qui, comme eux, résistent à l'action des acides forts (acide fluorhydrique, acide nitrique) utilisés pour leur dégagement. Ces restes organiques sont désignés sous le nom de palynomorphes.

16.23 Les diagrammes polliniques montrent, dans le cadre de la stratigraphie des dépôts, les abondances relatives de ces différents taxons. Ils permettent souvent de mettre en évidence la succession dans le temps des différentes associations végétales qui occupent les espaces à la suite de modifications climatiques.

16.24 La physionomie foliaire est la forme des feuilles, laquelle peut être considérée comme un indicateur paléoclimatique.

Chapitre 17

17.1 Une rétroaction est le fait de prélever une partie du signal de sortie d'un système pour le réinjecter à l'entrée.

Une rétroaction positive augmente le signal de sortie, une rétroaction négative le diminue.

Exemple de rétroaction positive : l'augmentation de température de l'air entraînant une augmentation de quantité de vapeur d'eau dans l'atmosphère qui doit, à son tour, augmenter l'effet de serre atmosphérique et donc entraîner une augmentation encore plus grande de la température de l'air.

Exemple de rétroaction négative : une augmentation de la concentration en CO_2 fera, par effet de serre radiatif, augmenter la température, mais aussi produira une augmentation de la surface occupée par les forêts, laquelle va provoquer une diminution de la concentration du dioxyde de carbone dans l'air et faire baisser la température.

17.2 On distingue généralement l'atmosphère, l'océan, la biosphère, la cryosphère et la lithosphère.

17.3 Le bilan énergétique de la Terre est la différence entre l'énergie rayonnante (solaire) absorbée par le système climatique et celle renvoyée vers l'espace (dans les infrarouges).

17.4 Calculé en moyenne pour l'ensemble de la planète et sur des périodes prolongées, le bilan énergétique doit être égal à zéro si le système est en équilibre avec l'espace. Tout changement dans cet équilibre constitue un forçage climatique qui va rompre cet équilibre et entraîner des changements plus ou moins importants dans le fonctionnement du système climatique qui tendra vers un nouvel équilibre.

17.5 Un forçage non radiatif modifie le bilan énergétique du système climatique par des phénomènes autres que radiatif. Exemples : modification de la répartition des terres et des mers, création de reliefs, modifications dans le cheminement des courants marins.

17.6 Un forçage radiatif modifie le bilan énergétique du système climatique par des phénomènes radiatifs. Exemples : modification de la composition atmosphérique en gaz à effet de serre, augmentation des concentrations en aérosols (volcanisme entre autres), modification de l'albédo (fonte ou extension des glaces ou des neiges), etc.

Chapitre 18

18.1 La pompe de solubilité (dissolution du CO_2 dans les océans), la pompe biologique (utilisation du CO_2 dissous par le plancton), la pompe des carbonates (fabrication des tests et des coquilles à partir du CO_2 dissous).

Chapitre 19

19.1 Le déplacement des continents à la surface de la Terre (y compris la formation de reliefs), les modifications de l'atmosphère et de l'albédo de la Terre, les variations de l'activité solaire, les irrégularités de l'orbite terrestre.

Chapitre 20

20.1 Ces éléments variables sont l'excentricité, l'obliquité de l'écliptique et la précession des équinoxes. Leurs périodes dominantes sont d'environ 100 000 ans pour l'excentricité, 40 000 ans pour l'obliquité et 20 000 ans pour la précession.

20.2 La précession générale est mesurée par rapport aux étoiles, la précession climatique est mesurée par rapport au périhélie. Elles sont différentes parce que l'écliptique n'est pas fixe par rapport aux étoiles. On parle de « climatique » parce que c'est cette précession qui est utilisée pour calculer les variations de l'insolation sur la Terre.

20.3 Si l'orbite terrestre est circulaire, les saisons sont égales quel que soit l'angle de précession. Si l'orbite est elliptique, la durée des saisons varie avec l'angle de la précession déterminée par la position du point gamma (les aires des surfaces balayées pendant les saisons étant différentes, *cf.* deuxième loi de Kepler). Voir figure 20.5.

20.4 La précession fait varier la durée des saisons mais ce phénomène est d'autant plus accusé que l'excentricité est plus forte. Si l'excentricité est nulle, toutes les saisons ont la même durée quelle que soit la valeur de la précession.

20.5 Si le solstice d'hiver a lieu lorsque la Terre est au périhélie, la durée de la saison chaude sera maximale et donc chaque jour ne recevant qu'une insolation réduite sera frais, alors que la saison froide sera courte et tiède. Voir figure 20.6.

20.6 Au contraire de ses prédécesseurs, Milankovitch a défendu l'idée que la situation où le solstice d'hiver de l'hémisphère boréal se produit lorsque la Terre, au solstice d'hiver, est au périhélie ($\varpi = 90°$) pourrait être la plus favorable au déclenchement d'une glaciation (figure 20.6). Y alternent une saison froide courte et peu rigoureuse et une saison chaude longue mais plutôt fraîche.

20.7 Les pics les plus évidents sont approximativement 20 000 ans (précession) et 40 000 ans (obliquité). Il n'y a pas de pic correspondant à l'excentricité car le rôle direct de celle-ci dans les variations de l'insolation est presque négligeable (elle ne joue que sur l'intensité de l'action de la précession).

Chapitre 21

21.1 Toutes les deux montrent une série de pics espacés d'environ 20 000 ans que l'on peut rapporter à une périodicité de la précession.

21.2 Par l'effet retard de la formation ou de la fonte des calottes polaires.

Chapitre 22

22.1 1) glaciation du Witwatersrand (2,9 Ga), 2) glaciation huronienne (2,4 Ga), 3) glaciations néoprotérozoïques (0,8-0,6 Ga), 4) glaciation fini-ordovicienne (445 Ma), 5) glaciations du Permo-Carbonifère (370-260 Ma), 6) glaciations quaternaires (après 2 Ma).

22.2 Fin de l'Ordovicien (445 Ma), environ 50 % des genres d'animaux marins s'éteignent, dont les trilobites, et les graptolithes et divers brachiopodes ou coraux primitifs.

Fin du Dévonien (360 Ma), disparition de 40 % des genres marins dont des groupes entiers de coraux et d'éponges.

Fin du Permien (250 Ma), la plus grave jamais enregistrée. Presque la moitié des espèces connues disparaissent.

Fin du Trias (200 Ma), disparition d'espèces marines, de reptiles et d'amphibiens.

Limite Mésozoïque-Cénozoïque (66 Ma). Disparition de la plus grande partie des grands reptiles, de toutes les ammonites et de beaucoup d'unicellulaires marins.

22.3 On s'accorde à penser qu'au moment où la Terre s'est formée, il y a 4,57 Ga, la luminosité du Soleil était 70 % de ce qu'elle est aujourd'hui. La température aurait dû être au-dessous de 0 °C, pourtant, il existait de l'eau liquide alors que l'on pense qu'une concentration importante du CO_2 atmosphérique aurait, par son effet de serre, maintenu la troposphère à une température positive.

22.3 Au Protérozoïque on connaît des traces de glaciation au niveau de la mer et près de l'équateur de l'époque. On pense que, *a fortiori*, les latitudes plus hautes devaient être aussi englacées, ce qui conduit à imaginer, pendant ces périodes, un globe couvert de glace, ressemblant à une boule de neige, une « *snowball* ».

22.4 Les couches glaciaires protérozoïques sont habituellement recouvertes immédiatement par des séries carbonatées, généralement des dolomies nommées « cap carbonate ». On pense qu'après un épisode « *snowball* », le retour du climat à des températures élevées expliquerait le dépôt de ces couches qu'on s'accorde à voir déposées dans des eaux chaudes et peu profondes.

22.5 Au nord de l'Afrique.

22.6 Au sud de l'Afrique et au sud de l'Amérique (alors réunies dans le continent de Gondwana).

22.7 Durant le Mésozoïque, aucune région ne semble englacée.

22.8 Deux hypothèses sont émises (qui ne s'excluent pas) : effet de la chute d'un bolide extraterrestre (dont le cratère d'impact a été repéré dans le Yucatan, à Chicxulub près de Mérida, Mexique), effet du volcanisme intense ayant donné les trapps du Dekkan (Inde).

22.9 L'excursion négative du $\delta^{13}C$ peut représenter l'émission de plus de 2 600 Gt de méthane provenant de la dissociation de clathrates du fond sous-marin.

22.10 L'étude de carottes de glace du Groenland a permis d'y mettre en évidence plus de vingt de ces événements climatiques consistant en un réchauffement très rapide, de quelque 10 °C, amenant en quelques dizaines d'années à des conditions presque interglaciaires, suivi d'un lent refroidissement.

22.11 Les carottages de sédiments du nord de l'Atlantique ont montré, dans un fond sédimentaire de boues fines, plusieurs passées détritiques parfois très grossières (certains débris atteignent le centimètre) que l'on a désigné sous le nom de événements de Heinrich.

22.12 Ces variations climatiques brutales et ces arrivées sédimentaires détritiques s'expliqueraient par des épisodes de fonte rapide des glaces sur le continent américain. Elles engendreraient une débâcle d'icebergs (entraînant des particules détritiques responsables des événements de Heinrich) et des arrivées massives d'eaux froides bloquant la dérive nord-atlantique (le Gulf Stream) et provoquant un refroidissement. Celui-ci ferait augmenter le volume des glaces, revenant à l'état initial.

22.13 C'est le brusque refroidissement qui, il y a 14 500 ans, vient interrompre pour un temps le réchauffement post-glaciaire (Holocène).

22.14 Dans la carotte de glace NGRIP, forée dans le glacier du Groenland.

Chapitre 23

23.1 Respectivement 280 et 400 ppmv. (Il faut au moins retenir ces deux chiffres !)

23.2 Depuis les années 1880 et jusqu'à nos jours, cette température s'est élevée de 1 °C.

23.3 À l'émission, par les activités humaines (notamment l'usage des combustibles fossiles), de gaz à effet de serre, principalement CO_2.

23.4 Charles D. Keeling, depuis la station observatoire sur l'île volcanique du Mauna Loa (Hawaï).

23.5 GIEC (Groupe d'experts internationaux sur l'évolution du climat ; *Intergovernmental Panel on Climate Change*, IPCC).

23.6 Le GIEC a été établi en 1988 par l'Organisation météorologique mondiale (OMM) et le Programme des Nations unies pour l'environnement (PNUE), pour évaluer les informations scientifiques relatives au changement climatique et à ses conséquences.

23.7 RCP est mis pour *Representative Concentration Pathways* (Évolution de concentration représentative). Ce sont des scénarios permettant de calculer l'effet de différents cheminements des activités mondiales sur l'évolution du climat.

Ils sont désignés par le forçage radiatif qui leur est attaché. Ex. : RCP2.6, RCP4.5, etc.

Réponses aux calculs

C1 Résultat visible sur la figure 2.3, où le rayonnement du corps noir à 5 780 K est comparé à celui du Soleil.

C2 Résultat visible sur la figure 3.2. Le rayonnement à 6 000 K est approximativement celui du Soleil ; celui à 255 K, celui que la Terre réémet vers l'espace.

C3 Résultat visible sur la figure 6.2.

C4 Moyenne : Valentia : 117,9 ; Calcutta : 124,4.

Écart-type : Valentia : 26,2 ; Calcutta 115,8.

Les moyennes sont très proches, les écarts-types, très différents.

À Calcutta, les pluies sont très inégalement réparties au cours de l'année alors qu'à Valentia, il pleut tout le temps.

Une moyenne ne suffit donc pas à caractériser un phénomène, qu'il soit météorologique ou climatique.

C5 Résultat visible dans la figure 22.4.

C6 À titre de corrigé, voici un programme en BASIC qui répond à la question :

```
'valeurs de Berger 1979, J. Atmosph. Sci.
CLS
'Tableau de données (10 valeurs)
'P: amplitude, A: Mean rate, B: Phase

n = 10
DIM P(n), A(n), B(n)

DATA 0.0186080, 54.646484, 32.01
DATA 0.0162752, 57.785370, 197.18
DATA -0.0130066, 68.296539, 311.69
DATA 0.0098883, 67.659821, 323.59
DATA -0.0033670, 67.286011, 282.76
DATA 0.0033308, 55.638351, 90.58
DATA -0.0023540, 68.670349, 352.52
DATA 0.0014002, 76.656036, 131.83
DATA 0.0010070, 56.798447, 157.53
DATA 0.0008570, 66.649292, 294.66

'Facteurs de conversion
PI = 3.1415926535
PIR = PI / 180
```

```
PIRR = PIR / 3600

'Lecture données et conversion en radians
FOR i = 1 TO n
    READ P(i), A(i), B(i)
    A(i) = A(i) * PIRR
    B(i) = B(i) * PIR
NEXT i

'Ouverture d'un fichier pour écrire les résultats
OPEN "precess.txt" FOR OUTPUT AS #1 'fichier texte qui peut
être ouvert avec Excel pour dessiner la courbe

'Entrée des dates de début, de fin et de l'incrément de calcul
INPUT "date début du calcul en milliers d'années (peut être
négative) : ", T1
INPUT "date  fin  du calcul en milliers d'années (peut être
négative) : ", T2
INPUT "incrément  de  temps en milliers d'années (positif) :
", dt

IF T2 < T1 AND dt > 0 THEN dt = -dt
dt = dt * 1000
T1 = T1 * 1000
T2 = T2 * 1000

'calcul du paramètre de précession
'deux boucles imbriquées
FOR t = T1 TO T2 STEP dt
    pre = 0
    FOR j = 1 TO n
        par = ((A(j)) * t + B(j))
        pre = pre + (P(j) * SIN(par))
    NEXT
    PRINT t, pre
    PRINT #1, t, pre
NEXT
CLOSE
PRINT "les résultats sont dans le fichier precess.txt"
PRINT "----- fin -----"
END
```

BIBLIOGRAPHIE

N'ont été retenues ici que quelques publications essentielles : de nombreuses références peuvent être trouvées dans les légendes des figures. Une bibliographie extensive pourra aussi être trouvée dans l'ouvrage de R. S. Bradley cité ci-dessous. Mais c'est seulement sur Internet que l'on pourra se tenir au courant des nouvelles publications.

Ouvrages d'enseignement ou de vulgarisation

Acot, P. (2009, 1re éd. 2003). *L'histoire du climat, du Big-bang aux catastrophes climatiques*. Perrin éd. ISBN 978-2262030285.

Bard, E. (2005). *L'homme et le climat : une liaison dangereuse*. Gallimard éd. ISBN 978-2070300945.

Berger, A. (1992). *Le climat de la Terre. Un passé pour quel avenir ?* De Boeck Université. ISBN 978-2804114978. (Ouvrage original, très illustré, abordant l'ensemble des problèmes, par un des acteurs principaux des progrès en paléoclimatologie astronomique.)

Bradley, R.S. (2014, 3e éd.). *Paleoclimatology*. Elsevier éd. ISBN 978-0123869135. (Ouvrage de base, très complet en ce qui concerne les méthodes d'étude paléoclimatologiques appliquées au Quaternaire.)

Duplessy, J.-C. et Ramstein, G. (2013). *Paléoclimatologie*. Deux tomes. EDP Sciences éd. ISBN 978-2759807406. (Ouvrage collectif abordant toutes les questions de la paléoclimatologie.)

Foucault, A. (2019). *La contrainte climatique ; passé, présent, conditionnel*. Omniscience éd. ISBN 979-109750224.

Godard, A. et Tabeaud, M. (2009, 4e éd.). *Les climats. Mécanismes et répartition*. Armand Colin éd. ISBN 978-2200244514. (Ouvrage universitaire.)

Hufty, A. (2001). *Introduction à la climatologie*. De Boeck Université. ISBN 978-2804137113. (Ouvrage assez technique présentant des vues originales.)

Jeandel, C. et Mosseri, R. (2011). *Le climat à découvert*. CNRS éditions. ISBN 978-2271071989.

Jouzel, J. et Debroise, A. (2014). *Le défi climatique*. Dunod éd. ISBN 978-2100705276.

Jousseaume, S. (2000, 2e éd.). *Climats d'hier à demain*. CNRS éditions. ISBN 978-2271057327. (Ouvrage édité par le CNRS, orienté vers le public, très bien illustré.)

LeRoy Ladurie, E. (2009). *Le climat depuis l'an mil*. 2 tomes. Flammarion éd. ISBN 978-2081228689 et 2081228696. (Livre dont les qualités littéraires rendent la lecture attrayante. Sa première édition date de 1957.)

Maréchal, C. et Mélières, M.-A. (2015). *Climats - Passé, présent, futur*. Belin éd. ISBN 978-2701196244.

Petit, M. (sous la direction de, 2015). *Climat, le temps d'agir*. Cherche-midi éd. ISBN 978-2749143446.

Poitou, J., Braconnot, P. et Masson-Delmotte, V. (2015). *Le climat : la Terre et les Hommes.* EDP Sciences éd. ISBN 978-2759808816.

Ramstein, G., (2015). *Voyage à travers les climats de la Terre.* Odile Jacob éd. (Ouvrage destiné au grand public, sans illustrations ou presque.)

Ruddiman W. F. (2013, 3e éd.). *Earth's climate: past and future.* W. H. Freeman éd. ISBN 978-1429255257. (Ouvrage d'enseignement remarquablement illustré.)

Tabaud, M. (2008, 3e éd.). *La climatologie générale.* Armand Colin éd. ISBN 978-2200354237. (Petit ouvrage condensé bien adapté à l'enseignement.)

Publications spécialisées

Seules ont été indiquées ici quelques publications constituant l'histoire de la climatologie.

Agassiz, L. (1840). *Études sur les glaciers.* Neuchâtel, Jent et Gassmann, Soleure, 356 p., un atlas de 32 planches. (Cet ouvrage résume les travaux d'Agassiz, de ses collaborateurs et de leurs prédécesseurs sur les glaciers, fondant ainsi la glaciologie. Accessible en ligne sur Internet).

Berger, A. (1977). *Support for the astronomical theory of climatic changes. Nature*, 269: 44-45. (Cet article a marqué la reprise, par cet auteur, des calculs de Milankovitch, sous une forme nouvelle. De nombreuses publications en ont développé ou précisé le contenu qui a été largement utilisé pour les besoins des paléoclimatologistes.)

Berger, A., Imbrie, J., Hays, J., Kukla, G., Salzman, B. (1984). *Milankovitch and climate*, Reidel, Dordrecht, (Ouvrage qui a largement contribué à la reprise des idées de Milankovitch et de leurs applications.)

Emiliani, C. (1955). *Pleistocene temperatures. Journal of Geology*, 63: 538-578. (Première application des travaux de Urey à un problème paléoclimatologique. Voir aussi 1966, *Isotopic temperatures. Science* 154 : 851-857.)

Hays, J. D., Imbrie, J., Shackleton, N. J. (1976). *Variations in the Earth's Orbit: Pacemaker of the Ice Ages. Science* 194 : 1121-1132. (Article ayant donné aux idées de Milankovitch une confirmation solide.)

Imbrie, J. et Imbrie, J.Z., (1980). *Modeling the climatic response to orbital variations. Science* 290 : 943-953. (Article fondamental comme introduction à la modélisation des paléoclimats.)

Imbrie, J. et Imbrie, K.J. (1986). *Ice Ages: Solving the Mystery.* Harvard University Press. ISBN 978-0674440753. (De lecture intéressante pour suivre l'histoire récente de la paléoclimatologie.)

Imbrie, J. et Kipp, N.G. (1971). *A new micropaleontological method for quantitative paleoclimatology: application to a late Pleistocene Carribean core. In The late Cenozoic glacial ages*, K.K. Turekian (ed.), Yale Univ. Press, p. 71-181. (Article fondamental ayant introduit l'usage de la régression multiple pour l'interprétation des proxies paléoclimatiques.)

Martinson, D. G., Pisias, N. G., Hays, J. D., Imbrie, J. D., Moore, T. C., Shackleton, N. J. (1987). *Age Dating and the orbital theory of the ice ages: development of a high-resolution 0 to 300,000-year chronostratigraphy, Quaternary Research* 27 : 1-29. (Un magistral exemple de mise au point d'une stratigraphie isotopique accordée sur les variations de l'orbite terrestre.)

Milankovitch, M. (1920). *Théorie mathématique des phénomènes thermiques produits par la radiation solaire.* Gauthiers-Villars, Paris, (Première grande publication de Milankovitch. Imprimée en français, elle n'est pratiquement jamais citée par les auteurs, qui mentionnent généralement la traduction anglaise de sa publication en allemand de 1941, il est vrai un peu plus complète. Sa lecture n'en est pas difficile. À noter que la première publication de Milankovitch sur ce sujet date de 1913 : *Über ein Problem der Warmeleitung und dessen Anwendung auf die Theorie des Solaren Klimas, Zeitschrift für Mathematik und Physik,* 62 Bd, Heft 1, 63-77.)

Milankovitch, M. (1941). *Kanon der Erdbestrahlung und seine Anwendung auf das Eisenzeitenproblem.* Acad. Royale serbe, Belgrade, Traduction anglaise par Israel program for scientif. transl., published by US Dept of Commerce and the NSF, sous le titre : *Canon of insolation and the ice-age problem.* (Plus difficile à lire que l'ouvrage de 1920 du même auteur, mais plus complet. Malheureusement presque introuvable.)

Penck, A. et Brückner, E. *Die Alpen im Eiszeitalter.* T1, 1901; T2 et 3, 1909. Leipzig. (Ouvrage fondamental sur l'extension et la chronologie des glaciations alpines.)

Saussure H. B. de. (1779-1796). *Voyages dans les Alpes.* 4 vol., Neuchâtel. (Récit du premier explorateur scientifique à s'intéresser aux Alpes, leur géologie, leurs glaciers. Un fac-simile se trouve en ligne sur Internet.)

Urey, H.C. (1947). The thermodynamic properties of isotopic substances. Journal of the Chemical Society, p. 562-581 (Article fondateur des applications d'analyse isotopique).

Par ailleurs, on pourra consulter avec profit tous les rapports du Groupe d'experts intergouvernemental sur l'évolution du climat (GIEC, www.ipcc.ch).

QUELQUES SITES INTERNET

Les sites internet dont nous donnons les références nous semblent avoir des garanties suffisantes de sérieux et de continuité. Mais beaucoup d'autres sont aussi plein d'intérêt.

Météorologie, climatologie

National Oceanic and Atmospheric Administration, NOOA (USA) : http://www.noaa.gov

(en particulier, National Climatic Center : https://www.ncdc.noaa.gov/)

NASA Goddard Institute for Space Studies (USA) : http://www.giss.nasa.gov/

University Corporation for Atmospheric research (UCAR) et The National Center for Atmospheric Research (NCAR) : http://www2.ucar.edu/

MétéoFrance : http://www.meteofrance.com

Met Office (Royaume-Uni) : http://www.metoffice.gov.uk/

Deutscher Wetterdienst (Allemagne) : http://www.dwd.de

MétéoSuisse : http://www.meteosuisse.admin.ch

Agencia estatal de meteología (Espagne) : http://www.aemet.es

Paléoclimatologie

NOAA Paleoclimatology : http://www.ncdc.noaa.gov/paleo/paleo.html

Intergovernmental Panel on Climate Change : http://www.ipcc.ch/

IGBP (International Geosphere-Biosphere Programme) : http://www.igbp.net/

PAGES (Past Global Changes) : http://www.pages.unibe.ch

PANGAEA, Publishing Network for Geoscientific & Environmental Data : http://www.pangaea.de/

ACCES (Institut français de l'éducation) : http://acces.ens-lyon.fr/acces/terre/paleo

Crédits et remerciements

Fig. 6.5 : extrait de Manabe, S. et Strickler, R. F. (1964), *J. Atmosph. Sci.*, 21 : 361-385, fig. 4. **Fig. 7.7 et 7.8** : source NOOA, National Hurricane Center, rapport de R. D. Knabb, J. R. Rhome, et D. P. Brown, 2005-2006. Reproduction autorisée. **Fig. 10.5** : source FAO. Reproduction autorisée. **Fig. 11.1** : extrait de Whittaker, R.H., *Communities and ecosystems*, 2e éd., 1975. Droits réservés. **Fig. 11.2** : tiré de Bonan, G., 2002, *Ecological Climatology*. Avec l'aimable autorisation de Cambridge University Press. **Fig. 12.1** : source FAO. Reproduction autorisée. **Fig. 12.2** : extrait de Kottek, M., J. Grieser, C. Beck, B. Rudolf, and F. Rubel, 2006, *Meteorologische Zeitschrift*, 15(3): 259-263 (June 2006), fig. 1. Avec l'aimable autorisation de E. Schweizerbart'sche Verlagsbuchhandlung, http://borntraeger-Cramer.de. **Fig. 13.2** : bibliothèque publique et universitaire, Neuchâtel, Suisse. Reproduction autorisée. (Image en basse définition sur site Web.) **Fig. 14.3 et 14.4** : extrait de Imbrie, J. et Kipp, N.G. (1971) In *The late Cenozoic glacial ages*, K.K. Turekian (ed.), Yale Univ. Press., p. 71-181. Avec l'aimable autorisation de Yale University Press. **Fig. 14.5** : d'après Imbrie, Van Donk et Kipp, *Quat. Res.*, 3 : 10-38. Avec l'aimable autorisation de Elsevier Ltd. **Fig. 14.6 (haut)** : extrait de Mc Intyre, A. *et al.*, 1996 in R.M. Cline et J.D. Hays (ed.). 1976. Investigation of Late Quaternary Paleoceanography and Paleoclimatology. *Geol. Soc. Amer., Mem.* 145. Fig. 16, p. 66 et Fig. 17, p. 67. Avec l'aimable autorisation de The Geological Society of America. **Fig. 14.6 (bas)** : extrait de Moore, T.C. *et al*, 1980, *Mar. Micropal.* (5) : 215-247. Avec l'aimable autorisation de Elsevier Ltd. **Fig. 15.2** : d'après Hilgen, F.J., 1991. *Earth and Planetary Science Letters*, 107 : 349-368. Avec l'aimable autorisation de Elsevier Ltd. **Fig. 15.5** : extrait de Lisiecki, L.E., et Raymo, M.E., 2005. *Paleoceanography*, Vol. 20, PA1003. Avec l'aimable autorisation de l'American Geophysical Union (AGU). **Fig. 15.7** : extrait de Fritts, H.C. 1976. *Tree rings and climate*. Reproduction autorisée par l'ayant droit. **Fig. 15.8 (à droite)** : d'après *The Ancient Bristlecone Pine*. Russ and Ann Johnson. Eastern Sierra Interpretative Association. Droits réservés. **Fig. 15.11** : extrait de Anderson, R.Y., 1984, In A.L. Berger *et al.* (eds.), *Milankovitch and climate*, part I : 147-162. Avec l'aimable autorisation de Springer Science and Business Media. **Fig. 15.12** : extrait de Geyh *et al.*, 1974, Soc. hydroth. Fr., 13e *Journ. Hydrol.* Droits réservés. **Fig. 15.13** : extrait de Pike, J. et Kemp, A.E.S., 1997, *Paleoceanography*, 12(2) : 227-238. Avec l'aimable autorisation de l'American Geophysical Union (AGU). **Fig. 16.2** : modifié d'après Bergthorsson, P., 1969, Jökull, 19 : 84-104, avec l'autorisation de l'auteur, que je remercie. **Fig. 16.3** : extrait de Dansgaard, W. *et al.,* 1971, in Turekian (ed.) *The late Cenozoic Glacial Ages*, p. 37-56. Avec l'aimable autorisation de Yale University Press. **Fig. 16.6** : extrait de Raynaud, D. et Lorius, C., 2004.

C. R. *Geoscience*, 336 : 647-656. Avec l'aimable autorisation de l'Académie des sciences. **Fig. 16.7** : extrait de Lipenkov, V. on behalf of the Vostok Project Members, 2006. *PAGES News*, 14(1) : 29-31. Avec l'aimable autorisation de PAGES. **Fig. 16.8** : extrait de Wolf, E., on behalf of the EPICA community, 2006, *PAGES News*, 14(1) : 31-33. Avec l'aimable autorisation de PAGES. **Fig. 16.13** : extrait de Hovan, S. A. *et al.*, 1991, *Paleoceanography*, 6(3) : 349-370. Avec l'aimable autorisation de l'American Geophysical Union (AGU). **Fig. 16.14** : extrait de Jerz, H., in Benda, L. 1995. *Das Quartär Deutschlands*. Avec l'aimable autorisation de E. Schweizerbart'sche Verlagsbuchhandlung, http://www.schweizerbart.de. **Fig. 16.15** : extrait de G.J. Gilbert, 1890, US Geol.Survey, Monograph I. Domaine public. **Fig. 16.16** : extrait de Niggemann, S. *et al.*, 2003, *Earth Planet. Sci. Letters*, 216 : 539-547. Avec l'aimable autorisation de Elsevier Ltd. **Fig. 16.19** : extrait de Harris et Chapman, 1998. *J. geophys. Res.*, 103 (B4) : 7363-7369. Avec l'aimable autorisation de l'American Geophysical Union (AGU). **Fig. 16.25** : extrait de Foucault, A. et Stanley, D. J., 1989, *Nature* 339 (6219) : 44-46. Reproduction autorisée pour les auteurs. **Fig. 16.26** : extrait de Foucault, A. et Mélières, F., 2000, *Palaeogeography, Palaeoclimatology, Palaeoecology*, 158 : 311-323. Reproduction autorisée pour les auteurs. **Fig. 16.27** : extrait de Weedon G. P., *et al.*, 1999, Phil. Trans. Royal Soc. Lond., 357 : 1787-1813. Avec l'aimable autorisation de la Royal Society, London. **Fig. 16.28** : extrait de Rees, P. M. *et al.*, 2004. *J. Geology*, 112 : 643-653. Avec l'autorisation de University of Chicago Press. **Fig. 16.29 A** : *Globigerina bulloides* (vue ventrale). Photothèque du CNRS, réf. 2000D00907. Avec l'aimable autorisation de la photothèque du CNRS, Photo Laurence Froget, LSCE/IPSL. **Fig. 16.29 B et C** : *Globigerina menardii* : Site web http://www.ucl.ac.uk/GeolSci/micropal/images/fora/fora008.gif. Avec l'aimable autorisation du Department of Earth Sciences, University College London. **Fig. 16.29 D et E** : *Planomalina wuellerstofi*. Aimablement communiqué par Robert Mathieu. **Fig. 16.30** : extrait de Haq, B.U. and Boersma, A., 2007 (1st ed. 1978). *Introduction to Marine Micropaleontology*, Elsevier, NY. Avec l'aimable autorisation de B. Haq. **Fig. 16.31** : extrait de Zachariasse, 1990, *Paleoceanography*, 5(2) : 239-252. Avec l'aimable autorisation de l'American Geophysical Union (AGU). **Fig. 16.32** : extrait de Zachos *et al.*, 1994, *Paleoceanography*, 9(2) : 353-387. Avec l'aimable autorisation de l'American Geophysical Union (AGU). **Fig. 16.34** : extrait de Duplessy, J. C., Chenouard, L. et Reyss, J. L. In « *Les méthodes quantitatives d'étude des variations du climat au cours du Pléistocène* », Colloque Intern. du CNRS n° 219, Gif-sur-Yvette, 1973 (Ed. CNRS, 1974) 127-134. Remerciements à J. C. Duplessy pour son aimable autorisation. **Fig. 16.35** : extrait de Erez, J. *et al.*, 1991, *Paleoceanography*, 6(3) : 295-306. Avec l'aimable autorisation de l'American Geophysical Union (AGU). **Fig. 16.36** : extrait de Spero, H. J. et Lea, D. W., 1996. *Mar. Micropal.*, 28, p. 231-246. Avec l'aimable autorisation de Elsevier Ltd. **Fig. 16.37** : extrait de Van Andel, T. H., 1975, *Earth and Planetary Science Letters*, 26 : 187-194. Avec l'aimable autorisation de Elsevier Ltd. **Fig. 16.38 A** : extrait de Juillet-Leclerc, A., 1999, *Lettre PIBG-PMRC-France*, 9 : 28-28, avril 1999. Avec l'aimable autorisation de A. Juillet-Leclerc. **Fig. 16.38 B** : D'après Quinn, T.M., *et al.*, 1996,

Paleoceanography, 11(5) : 529-542. Avec l'aimable autorisation de l'American Geophysical Union (AGU). **Fig. 16.39 et 16.40** : extraits de Alibert, C. et McCulloch, M.T., 1997, *Paleoceanography*, 12(3) : 346-363. Avec l'aimable autorisation de l'American Geophysical Union (AGU). **Fig. 16.41** : image aimablement communiquée par E. Bard. Avec mes remerciements. **Fig. 16.42** : d'après Jones, D.S., et Quitmyer, I.R., 1996, *Palaios*, 11(4) : 340-346. Avec l'aimable autorisation de la SEPM (Society for Sedimentary Geology). **Fig. 16.43** : d'après Gentry, D.K., *et al.*, 2008, *Palaios* 23 : 195-209. Avec l'aimable autorisation de la SEPM (Society for Sedimentary Geology). **Fig. 16.44** : d'après Dutton, *et al.*, 2007, *Palaios*, 22 : 642-650. Avec l'aimable autorisation de la SEPM (Society for Sedimentary Geology). **Fig. 16.47** : source : *Paléoenvironnements et Paléoclimats de l'ISEM* - Service des collections de l'université Montpellier 2. Avec l'aimable autorisation de l'université Montpellier 2. **Fig. 16.48** : extrait de Woillard, 1978, *Quat. Res.* 9(1) : 1-21, modifié et complété. Avec l'aimable autorisation de Elsevier Ltd. **Fig. 16.49** : Remerciements à J. L. de Beaulieu. **Fig. 18.6** : extrait de Chapin III, F. S. *et al.*, 2002, *Principles of terrestrial ecosystem ecology*, Springer-Verlag New York, fig. 2.4, p. 344. **Fig. 19.1 et 19.2** : extraits de V. Courtillot, Nouveau voyage au centre de la Terre, Odile Jacob éd., Paris. 2009, dessin Joël Dyon. Mes remerciements à V. Courtillot pour m'avoir transmis ces figures en m'autorisant à les utiliser. **Fig. 19.4** : figure d'après US Geological Survey, Fact Sheet 0095-00, août 2000, modifié. Reproduction autorisée. **Fig. 19.5** : extrait de Labitzke, K. et Van Loon, H., 2000. *Space Sci. Rev.* 94(1-2) : 259-278. Avec l'aimable autorisation de Springer Science and Business Media. **Fig. 21.2** : extrait de J.D. Hays, J. Imbrie et N.J. Shackleton, 1976, *Science*, 194 : 1121-1132. Avec l'autorisation de l'American Association for the Advancement of Science. **Fig. 21.3** : extrait de Pisias, *et al.*, 1990, *Paleoceanography*, 5(2) : 147-160. Avec l'aimable autorisation de l'American Geophysical Union (AGU). **Fig. 21.4 et 21.5** : extrait de Imbrie, J. et Imbrie, J. Z., 1980, *Science*, 207 : 943-953. Avec l'autorisation de l'American Association for the Advancement of Science. **Fig. 21.6** : images (assemblées) aimablement communiquées par D. Paillard. Avec mes remerciements. **Fig. 22.2** : extrait de Sepkoski Jr., J.J., 1984. *Paleobiology*, 10(2) : 246-267, Fig. 1. Avec l'aimable autorisation de The Paleontological Society. **Fig. 22.4** : d'après Endal, A.S., 1981, *NASA Conference Publication* 2191, p. 175-183, fig. 1. **Fig. 22.5** : extrait de Kasting, J. F., 1993, *Science*, 259(5097) : 920-926. Avec l'autorisation de l'American Association for the Advancement of Science. **Fig. 22.6** : image (complétée) aimablement communiquée par F. Robert. Avec mes remerciements. **Fig. 22.7** : extrait de Klein, C., 2005. Some Precambrian banded iron-formations (BIFs) from around the world. *American Mineralogist*, 90(10):1473-1499. Avec l'aimable autorisation de The Mineralogical Society of America. **Fig. 22.9** : extrait de Kasting, J. F., 1993, *Science*, 259(5097) : 920-926. Avec l'autorisation de l'American Association for the Advancement of Science. **Fig. 22.11** : extrait de Eyles, N., 2008. *Palaeogeography, Palaeoclimatology, Palaeoecology*, 258, p. 89-129. Avec l'aimable autorisation de Elsevier Ltd. **Fig. 22.12** : photographie Gabrielle Walker. Remerciements à Paul F. Hoffmann pour l'autorisation de reproduire cette image. **Fig. 22.13** : extrait de Williams, G.E,

2008. *Earth-Science Reviews*, 87, p. 61-93. Avec l'aimable autorisation de Elsevier Ltd. **Fig. 22.15** : extrait de Royer, *et al.*, 2004. GSA Today, 14(3): 4-10. Avec l'aimable autorisation de The Geological Society of America. **Fig. 22.16** : modifié de Vérard, C., *et al.*, 2005. *J. Geophys. Res.*, 110 : B06201. Avec l'aimable autorisation de l'American Geophysical Union (AGU). **Fig. 22.17** : extrait de G. M. Stampfli, G.M. et Borel, G. D. 2002, *Earth Plan. Sci. Lett.*, 196(1-2) : 17-33. Avec l'aimable autorisation de Elsevier Ltd. **Fig. 22.18** : extrait de Eyles, N., 2008, *Palaeogeography, Palaeoclimatology, Palaeoecology*, 258, p. 89–129. Avec l'aimable autorisation de Elsevier Ltd. **Fig. 22.19** : d'après Fielding, C. R., 2008, *Geol. Soc. Amer., Spec. Pub.* 441, p. 41-57. Avec l'aimable autorisation de The Geological Society of America. **Fig. 22.21** : extrait de Korte, C. *et al.*, 2008, *Palaeogeography, Palaeoclimatology, Palaeoecology*, 269, p. 1-16. Avec l'aimable autorisation de Elsevier Ltd. **Fig. 22.24** : extrait de Lécuyer, C., *et al.*, 2003, *Paleoceanography*, 18(3) : 1076. Avec l'aimable autorisation de l'American Geophysical Union (AGU). **Fig. 22.25** : extrait de Pucéat, E., *et al.*, 2003. *Paleoceanography*, 18(2) : 1029. Avec l'aimable autorisation de l'American Geophysical Union (AGU). **Fig. 22.27** : d'après Zachos, J., *et al.*, 2001, *Science*, 292(5517) : 686-693. Avec l'autorisation de l'American Association for the Advancement of Science. **Fig. 22.28** : extrait de *IPCC Third Assessment Report*, 2001. Working Group I, fig. 6.2. Reproduction autorisée. **Fig. 22.31** : extrait de Blunier, T. et Brook, E.J., 2001, *Science* 291, p. 109-112. Avec l'autorisation de l'American Association for the Advancement of Science. **Fig. 22.32** : extrait de Heinrich, H., 1988, *Quat. Res.* 29, p. 142-152. Avec l'aimable autorisation de Elsevier Ltd. **Fig. 22.33** : extrait de Bond, G. C., et Lotti, R., 1995, *Science*, 267 : 1005-1010. Avec l'autorisation de l'American Association for the Advancement of Science. **Fig. 22.35** : extrait de Clark, P. U., *et al.*, 2001, *Science* (293) : 283-287. Avec l'autorisation de l'American Association for the Advancement of Science. **Fig. 22.37, 23.1, 23.3, 23.5 à 23.10** : extrait des troisième, quatrième et cinquième rapports du GIEC, groupe de travail 1 de IPCC Fourth Assessment Report, 2007, Working Group I, Reproduction autorisée **Fig. 23.4** : extrait de Alley, R.B., *et al.*, 2003, *Science*, 299 : 2005-2010. Avec l'autorisation de l'American Association for the Advancement of Science. Les autres figures sont de l'auteur.

Remerciements

Remerciements à Michel Rochas pour ses aimables remarques météorologiques, à Jean Trichet pour celles concernant la matière organique et à André Berger pour ses multiples conseils.

INDEX

B

C

O

P

82835 (I) OSB 80° NOC-API
Dépôt légal : octobre 2021
Imprimé par Laballery, Clamecy
Numéro d'impression : 108417
Imprimé en France